프렌즈 시리즈 10

프렌즈 스페인·포르투갈

박현숙 지음

Spain·Portugal

중앙books

Prologue
저자의 말

저의 첫 스페인 여행을 떠올려 봅니다.

스무 살 때 처음으로 100일 동안 유럽 여행을 했습니다. 유럽의 최북단 핀란드부터 시작해 최남단 그리스, 그당시 사회주의 국가에서 막 민주화된 체코까지 둘러보고, 유럽의 최서단 스페인으로 향하는 열차에 올랐습니다. 여러 도시 중 가장 처음 돌아본 곳이 바로 바르셀로나였습니다. 당시 스페인은 여행자를 대상으로 한 각종 사건 · 사고 소식들이 전설처럼 여행자들 사이에서 오르내리던 때라 혼자 여행하는 저로서는 긴장되고 부담스러웠습니다. 거기에 온몸을 녹일 듯한 한여름의 무더위까지……. 첫 스페인 여행은 그리 즐겁지 않았습니다. 얼마나 대충 둘러봤는지 바르셀로나가 항구 도시인 줄도 몰랐고, 지금은 여행자들 사이에서 최고 인기 있는 곳으로 꼽는 람블라스 거리도 잠시 머물다 지하철을 타고 다음 여행지로 이동했습니다. 람블라스 거리에서 조금만 더 걸어가면 멋진 지중해가 펼쳐지는 것도 모.른.채. 말이죠.

알면 알수록 더 매력적인 나라가 스페인입니다.

여행에서 돌아와 보니 놓친 게 많았다는 사실을 깨닫게 되었습니다. 가우디라는 건축가는 이런 사람이었구나. 피카소와 미로가 이곳 출신이라고? 전 세계인들이 세상에서 가장 살아보고 싶은 도시가 바르셀로나라고? 나는 도대체 뭘 보고 온 걸까…….
여행사에서 근무하면서 업무상 유럽에 자주 오갔고 갈 때마다 빼놓지 않고 여행한 곳이 스페인이었습니다. 매번 방문할 때마다 스페인은 제게 새로운 매력으로 다가왔고, 저를 매료시켰습니다. 스페인은 파란만장한 역사와 그 뿌리 깊은 전통 위에 강렬한 개성이 넘쳐나며, 우리나라와 너무 다른 기후와 자연마저도 참 매력적인 곳입니다.

여러분의 여행이 저보다 훨씬 즐겁고 행복하길 바랍니다.

사실 저는 스페인 전문가는 아닙니다. 유럽 여행 전문가입니다. 유럽과 동유럽을 아우르는 책은 써봤지만, 한 나라를 집중적으로 다루는 책은 이번이 처음입니다. 글을 쓰는 동안에 지식의 한계를 느꼈고 그럴 때마다 많이 좌절했습니다. 하지만 여행가로서 효율적인 여행 방법과 동선을 짜주고, 도시의 매력 포인트를 잡아주는 것만큼은 자신이 있습니다.
스페인을 떠나는 여행자들에게 몇 가지 당부드리고 싶은 게 있습니다. 여행 첫날은 철저하게 관광객이 되어 시내의 주요 명소들을 섭렵해 보세요. 둘째 날부터는 개인의 취향에 맞게 테마 여행을 즐기세요. 하루 종일 박물관이나 미술관을 관람하는 것도 좋고, 철저하게 식도락 여행을 즐겨도 좋습니다. 뒷골목과 시장을 어슬렁거리며 서민들의 삶에 가까이 다가가 보는 것도 재밌는 일이고, 매일 밤 클럽을 돌며 현지 친구들을 마음껏 사귀어 보는 것도 좋습니다. 스페인에서라면 무엇이든 가능합니다. 자신만의 살아 있는 스페인을 발견할 수 있을 것입니다.
여행 중에 느꼈던 설렘과 행복, 즐거움을 이 책에 충분히 담아내려고 노력했습니다. 저의 피와 땀, 열정이 여러분의 여행에도 좋은 기운을 미쳤으면 합니다. 당신의 여행이 저보다 훨씬 즐겁고 행복하다면 저는 더 바랄 게 없습니다.

스페인은 제게 준 가장 큰 선물

책을 쓰는 동안 심리학과 힐링에 관한 책을 많이 읽었습니다. 저 역시 한때는 일 중독에 빠져 앞만 보고 달려온 평범한 직장인이었습니다. 그런데 어느 순간 '나는 무엇을 위해 살까'라는 질문이 머릿속을 떠나지 않았고, 삶에 의욕이 사라졌습니다. 그때 잠시 모든 걸 내려놓고 여행을 했습니다.

여러분 자신에게도 물어보세요. "너는 지금 행복하니?"

얼마 전 읽은 책에서 '잘 노는 만큼 성공한다'라고 하더군요. 예전의 저처럼 사는 게 재미없고, 행복하지 않다면 여러분에게 잘 놀고 잘 쉴 수 있는 곳으로 스페인을 추천합니다. 스페인을 여행하는 내내 무척 자유롭고 행복했거든요. 스페인으로 떠나보세요. 그리고 일상으로 조용히 돌아와 더 행복해지세요!

여행작가 박현숙

개정판을 내며… **가볍게 더 깊은 여행을 해 보세요!**

지금은 스마트폰만 있음 뭐든 해결할 수 있으니, 스페인과 포르투갈에 대한 깊은 이야기를 담아야겠다는 생각이 들었습니다. 어떤 정보를 읽든 쉽게 이해하려면 전체적인 맥락을 알고 있는 게 중요하니까요. 역사, 지리, 기후 그리고 그 안에서 살아온 사람과 그들이 꽃피운 삶과 문화 이야기를 쉽게 이해할 수 있게 담으려 노력했습니다.

얼마 전 가방 없이 순례자의 길을 완주한 여행자 영상을 봤습니다. 가방이 없으니, 고행이 아닌 매일 산책하듯 그 멀고 험한 길을 걷고 있었습니다. 그때 무릎을 '탁' 치며 '그래 무거운 짐이 없으니 몸도 마음도 얼마나 가벼울까? 저래야 온전히 나를, 나만의 여행을 느낄 수 있지'라고 생각했어요. 무거운 짐을 싸고 들고, 지켜내느라 고생하지 말고 가볍게 떠나보면 어떨까요? 〈프렌즈 스페인·포르투갈〉한 권으로 몸은 가볍게, 여행의 즐거움은 더 깊이 누려보세요. 그리고 지구 환경과 현지인을 위한 배려도 잊지 마세요.

Thanks to

현지 취재와 지도·원고·사진 작업을 도와준 유진·보라, 바르셀로나 취재를 도와준 연주와 윤정이, 2024년 개정판을 위해 애써주신 사진작가 황영근님, 가격 개정 작업에 도움을 주신 이문희 님, 언제나 든든한 후원자 정아 언니, 감탄사가 나올 만큼 꼼꼼하게 교열을 봐주신 중앙일보 어문연구소, 책을 예쁘게 디자인해 주신 변바희 님, 김미연 님, 양재연 님, 복잡한 모든 과정을 진두지휘해 주신 책임 에디터 문주미 님, 허진 님, 그리고 이 책이 발간될 수 있도록 애써주신 보이지 않는 곳에서 일하는 모든 분들 감사하고 고맙습니다. 끝으로 언제나 나를 응원해주는 소중한 가족과 친구들에게 감사와 사랑하는 마음을 전하고 싶습니다.

How to Use
일러두기

이 책에 실린 정보는 2023년 9월까지 입수한 정보를 바탕으로 하고 있습니다. 빠르게 급변하는 시대라 현지의 물가와 여행 관련 정보(입장료, 운영 시간, 교통 요금, 교통편 운행 시각, 숙소) 등은 수시로 바뀔 수 있습니다. 혹 바뀐 정보가 있더라도 양해 부탁드리며 변경된 내용이 있다면 아래로 연락주시기 바랍니다.

저자 이메일 honeyquest@naver.com

스페인 & 포르투갈 여행을 위한 베스트 추천 루트

이 책은 스페인, 포르투갈의 도시 중에서 여행지로서 가장 매력적인 곳만을 중심으로 다뤘습니다. 베스트 추천 루트는 단기 여행자를 위한 8·10일 루트와 중·장기 여행자를 위한 14·22일 루트로 나눠 소개합니다.

전체 일정을 한눈에 볼 수 있도록 표로 제시했으며, 교통 어드바이스와 여행 경비 등을 상세히 다뤘습니다. 첫 여행을 계획하는 초보여행자, 스스로 여행을 계획하고 루트를 짜는 자유여행자도 루트대로 따라하기만 하면 무난하게 스페인·포르투갈 여행을 소화할 수 있습니다. 일정을 가감하여 자신의 취향에 따라 자신만의 여행 루트를 만들어 보세요.

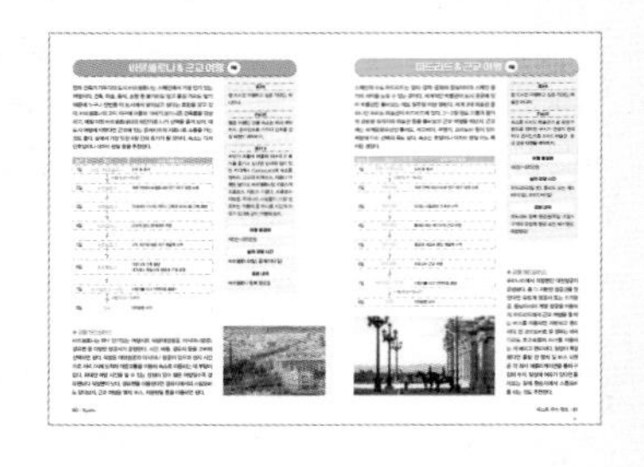

국가·도시 매뉴얼

도시별로 대도시, 중도시, 근교 도시 총 3개의 형태로 구분됩니다.

대도시

❶ 국가 개요

간략한 국가 소개와 현지에서 꼭 필요한 기초 여행 정보를 꼼꼼하게 체크할 수 있습니다. 국가 기초 정보에는 간추린 역사, 한국과의 관계, 여행시기와 기후 등 여행하기 전 알아둬야 할 국가의 이해도를 높이고 있습니다. 오리엔테이션에서는 현지 관광에서 실질적으로 필요한 치안 정보, 여행 예산, 현지 교통편, 추천 음식과 쇼핑품목 등의 다양한 엔터테인먼트 등의 정보를 수록했습니다.

❷ 여행의 기술_ 여행 전 유용한 정보 & 가는 방법 & 시내교통

여행의 기술만 잘 이해하면 초보 여행자라도 누구나 쉽게 현지에 익숙해질 수 있습니다. **여행 전 유용한 정보**에는 관광안내소, 환전소, 인터넷, 우체국 등 알아두면 도움이 되는 현지 기초 정보를 수록했습니다. **가는 방법과 시내 교통**에서는 그 도시로 들어가는 국제·국내 항공편, 열차 정보와 시내를 효율적으로 돌아다닐 수 있는 특색 있는 시내 교통편 등을 최대한 자세히 소개했습니다.

중도시 근교 도시

❸ ○○ 완전정복

도시마다 효율적인 관광 동선과 적절한 관광시간을 제시하여 여행 계획을 짤 수 있도록 돕습니다. 시내 관광을 위한 키 포인트에서는 길의 중심이 되는 랜드마크와 베스트 코스 Best Course, 밥 먹기 좋은 곳들을 콕 짚어 뽑아주었습니다.

❹ 하루만에 ○○와 친구 되기

낯선 도시에 대한 두려움을 최대한 빨리 해소할 수 있도록 추천 코스를 만들었습니다. 대도시에 도착한 첫 날 하루 핵심 볼거리를 알차고 재미있게 관광함으로써 현지에 적응할 수 있습니다. 해당 볼거리에는 미션을 설정해 놓아 여행의 재미를 더해 줍니다.

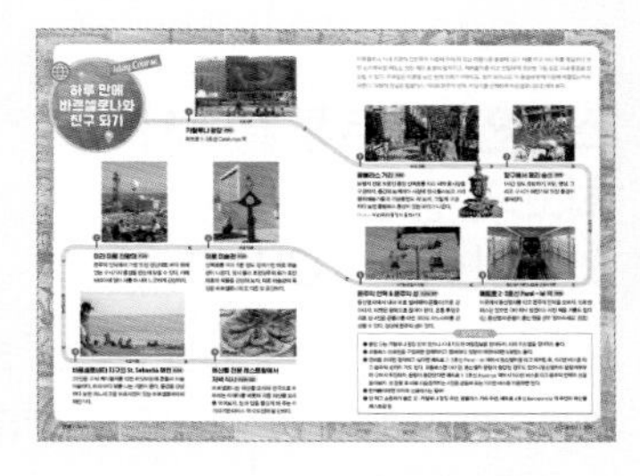

❹ 보는 즐거움·먹는 즐거움·사는 즐거움·노는 즐거움·쉬는 즐거움의 의미

<u>보는 즐거움</u> 기본 볼거리에 충실하면서도 요즘 뜨는 새로운 볼거리와 취향을 고려한 마니아적인 곳까지 소개.

<u>먹는 즐거움</u> 배낭 여행자를 고려해 저렴한 현지 전통 레스토랑과 한국 음식점, 중국 음식점 등을 다양하게 소개.

<u>사는 즐거움</u> 슈퍼마켓, 벼룩시장, 뒷골목의 작은 숍, 한국인에게 인기 스파 브랜드 등을 소개.

<u>노는 즐거움</u> 즐길 줄 아는 트랜디한 여행자를 위한 엔터테인먼트. 플라멩코, 클래식 공연, 축구 경기장 등을 소개.

<u>쉬는 즐거움</u> 저렴하게 묵을 수 있는 호스텔과 민박, 특색 있는 지역별 숙소 등을 소개.

지도에 사용한 기호

관광 명소	식당	숍	엔터테인먼트	숙소	여행 정보
관광 안내소	공항	메트로 역	역사	은행	역
성당	건물	우체국	버스 터미널	전망대	성벽
인터넷 카페	페리 터미널	다리	페리 노선	와이너리	푸니쿨라르

Contents
스페인·포르투갈

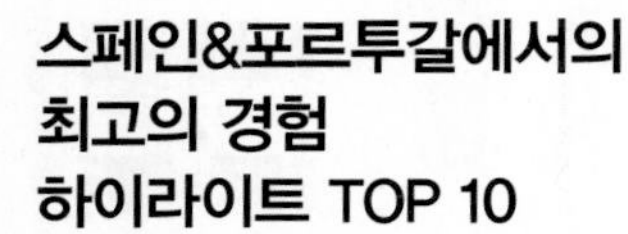

스페인&포르투갈에서의 최고의 경험 하이라이트 TOP 10

출발 전, 스페인과 친구 되기

스페인 여행 키워드 9

전문가가 이야기하는 생생한 현지 여행 노하우 9

스페인&포르투갈 여행을 위한 베스트 추천 루트

스페인 Spain

그라나다와 근교도시

포르투갈 Portugal

리스본과 근교도시

여행 준비&실전

스페인·포르투갈 전도
0 100km
대서양
Atlantic Ocean
아 코루냐
A Coruña
산티아고 데 콤포스텔라
Santiago de Compostela
갈리시아
GALICIA
아스투리아스
ASTURIAS
히혼
Gijón
오비에도
Oviedo
산티야나 델 마르
Santillana del Mar
칸타브리아
CANTABRIA
코르디에라 칸타브리카 산맥
Corillera Cantabrica
레온
Leon
오렌세
Ourense
비고
Vigo
카스티야
CASTILLA
바야돌리드
Valladolid
포르투 P.427
Porto
세고비아 P.170
Segovia
살라망카
Salamanca
아빌라
Ávila
엘 에스코리알
El Escorial
그레도스 산맥
Sa de Gredos
포르투갈
PORTUGAL
아란후에스
톨레도 P.160
Toledo
카세레스
Caceres
투루히요
Trujillo
스페인
SPAIN
고달루페
Guadalupe
에스트레마두라
EXTREMADURA
호카곶 P.426
Cabo da Roca
신트라 P.420
Sintra
리스본(리스보아) P.382
Lisbon(Lisboa)
카스카이스 P.418
Cascais
바다호스
Badajoz
메리다
Mérida
카스티야 라 만차
사프라
Zafra
시에라 모레나 산맥
Sierra Morena
코르도바 P.345
Córdoba
세비야 P.315
Sevilla
카르모나
Carmona
안달루시아
ANDALUCIA
산루카르 데 바라메다
Sanlúcar de Barrameda
론다 P.358
Ronda
말라가
Málaga
헤레스 데 라 프론테라
Jerez de la Frontera
토레몰리노스
Torremolinos
카디스
Cádiz
마르베야
Marbella
미하스
Mijas
알헤시라스
Algeciras
히브랄타르(영국령)
Gibraltar
타리파
Tarifa
대서양
Atlantic Ocean
세우타
Ceuta
모로코
MOROCCO
탕헤르
Tanger

프랑스
FRANCE
툴르즈
Toulouse
게르니카
Gernika
빌바오
Bilbao
산 세바스티안
San Sebastián
비토리아
Vitoria
나바라
NAVARA
팜플로나
Pamplona
하비에르
Javier
피 레 네 산 맥
Pirineos
안도라 공화국
ANDORA
안도라 라 베야
Andorra la Vella
리오하
RIOJA
로그로뇨
Logroño
카탈루냐
CATALUNYA
피게레스 P.270
Figures
카다케스
Cadaqués
지로나 P.279
Girona
몬세라트 P.273
Montserrat
바르셀로나 P.186
Barcelona
시체스 P.272
Sitges
사라고사
Zaragoza
타라고나
Tarragona
아라곤
ARAGÓN
테루엘
Teruel
페니스콜라
Peñíscola
마드리드 P.94
Madrid
쿠엥카 P.176
Cuenca
카스테욘데 라 플라나
Castellón de la Plana
발렌시아
VALENCIA
발렌시아
Valencia
부뇰
Buñol
마노르카 섬
Isla de Menorca
마요르카 섬
Isla de Mallorca
팔마 데 마요르카
Palma de Mallorca
이비사 섬
Isla de Ibiza
발레아레스 제도
Islas Baleares
지중해
Mediterranean Sea
알바세테
Albacete
엘체
Elche
알리칸테
Alicante
무르시아
Murcia
카르타게나
Cartagena
무르시아
MURCIA
알메리아
Amería
포르
투갈
스페인
모로코
알제리
카나리아 제도

스페인&포르투갈에서의 최고의 경험
하이라이트 TOP 10

비 온 뒤 마드리드 왕궁 풍경

TOP 01

해가 지지 않는 제국의 수도 '마드리드'

스페인 통일, 신대륙 발견, 무적함대, 왕손들의 결혼으로 탄생한 유럽 최고의 왕가 스페인 합스부르크와 부르봉 왕가 등 세계사 속 주인공으로 등장했던 스페인 최고 전성기(16~17세기)를 상상해 볼 수 있는 곳! 왕들의 도시, 구시가지는 각기 다른 왕들에 의해 세워진 왕궁과 저택이 즐비하고 왕가의 컬렉션을 전시하는 크고 작은 박물관과 미술관에는 세계 보물이라 불리는 예술작품들로 가득하다.

◆ **더 알아보기** : 카를로스 1세, 펠리페 2세, 펠리페 6세

TOP 02 마드리드와 바르셀로나에서 만난 피카소, 그리고 작품들

아비뇽의 처녀들

16살 피카소는 수도에 있는 스페인 최고의 미술 아카데미에 입학한다. 하지만 수업보다는 프라도 미술관(마드리드) 거장들의 작품 감상에 많은 시간을 보냈다. 엘 그레코의 작품은 그의 후기 작품에 반영했을 만큼 큰 영향을 받았고, 바르셀로나 아비뇽 거리의 여인들을 그린 '아비뇽의 처녀들'이 그 예이다. 벨라스케스의 '시녀들'(마드리드)을 재해석 해 그린 피카소의 '시녀들'(바르셀로나 피카소 박물관)은 선배 미술가에 대한 경의를 표한 오마주이다.

'게르니카'(마드리드)는 전 세계에 스페인 내전의 참상을 알린 작품으로 선배 예술가 고야의 나폴레옹의 침략과 전쟁의 참상을 기록한 것과 같다. 천재로 불렸던 아이가 선배 예술가들의 작품에서 배움과 영감을 얻고 자신의 작품에 녹여 또 다른 기법을 창조해 내고 시대상을 담은 그림을 그려 자신의 영향력으로 세상에 메시지를 전했다. 그런 예술가에게 어떻게 사람들이 열광하지 않을 수 있을까? 마드리드와 바르셀로나를 여행하며 인간 피카소를 따라 그림을 감상하고 교감하다보면 저절로 멋진 사람이 될 거 같은 기분이 든다.

◆ **더 알아보기 :** 프라도 미술관, 엘 그레코, 벨라스케스, 고야, 톨레도, 피카소 미술관

게르니카

시녀들

1808년 5월 3일 마드리드

엘 그레코의 오르가스 백작의 매장

람블라스 거리와 콜럼버스 탑

TOP 03

바르셀로나에서는 먹고! 보고! 사랑하라!

사람들이 꿈꾸는 완벽한 기후, 도시 곳곳에서 만나는 천재 예술가들의 건축과 작품, 유럽 어디에서도 찾을 수 없는 재래시장과 수많은 쇼핑거리, 세계 미식가들이 인정한 요리와 언제나 휴식을 즐길 수 있는 해변과 공원, 거기에 쾌활하고 느긋한 사람들까지 천의 매력을 가진 곳이 바로 바르셀로나이다.

바르셀로나 사람들은 매년 4월 23일 성 조르디 Sant Jordi 날에는 사랑하는 사람에게 장미와 책을 선물한다. 장미는 아름다움을 책은 지혜를 상징한다. 바르셀로나를 여행한다면 사랑하는 사람을 위해 '아름다움과 지혜'를 선물해 보자!

TOP 04

산, 몬세라트에서의 하루

바르셀로나 근교 태초의 자연을 그대로 간직한 산. 옛날 천지가 개벽하는 지각변동으로 바다가 솟아올라 산이 되었다. 6만여 개의 봉우리로 이루어진 산세가 마치 톱으로 잘라놓은 거 같아서 '톱으로 썬'이라는 뜻의 몬세라트로 불렀다. 카탈루냐의 수호신인 검은 마리아상이 발견돼 산 중턱에 성당과 수도원이 세워지고 순례자들의 성지가 됐다. 천재 건축가 가우디에게도 수많은 영감을 준 곳으로 유명하다. 등산열차를 타고 성당에 들러 검은 마리아 상 앞에서 이루고 싶은 소원을 빌고, 산 여기저기를 등산하다보면 웅장하고 이국적인 카탈루냐 자연에 매료된다.

TOP 05

엉뚱하지만 신기한 달리 극장 박물관

"사람들은 미스테리를 사랑한다.
그것이 사람들이
내 작품을 좋아하는 이유다."
-살바도르 달리-

◆ **초현실주의** : 현실을 초월한다는 의미, 무의식과 꿈의 세계를 표현한 예술.

살바도르 달리는 초현실주의의 거장이자 기행을 일삼는 종잡을 수 없는 천재이다.
달리의 트레이드 마크인 콧수염은 존경하는 화가 디에고 벨라스케스의 수염을 오마주 한 것.
우리에게 친숙한 사탕 츄파춥스의 로고를 디자인한 것으로도 유명한데,
카페에서 커피를 마시다 친구를 위해 휴지에 그려 준 것에서 시작됐다.

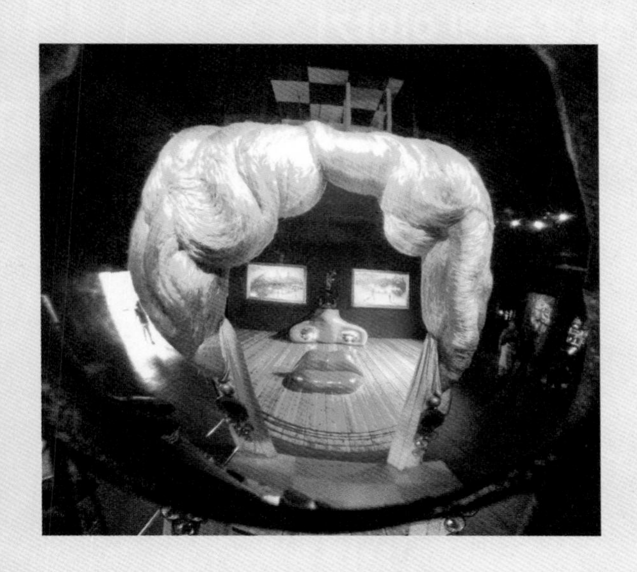

"나는 매일 아침마다
최고의 즐거움을 경험한다.
그것은 내가
살바도르 달리라는 것이다."
-살바도르 달리-

피게레스는 달리가 태어난 곳으로 그의 작품을 전시한 박물관이자, 극장이자 무덤이 있는 건물이 있다.
괴짜, 천재라는 표현에 걸맞게 어디에서도 감상할 수 없는 엉뚱하고 신기한 전시물로 가득하다.
작품을 감상하다보면 저절로 상상력이 발동한다.

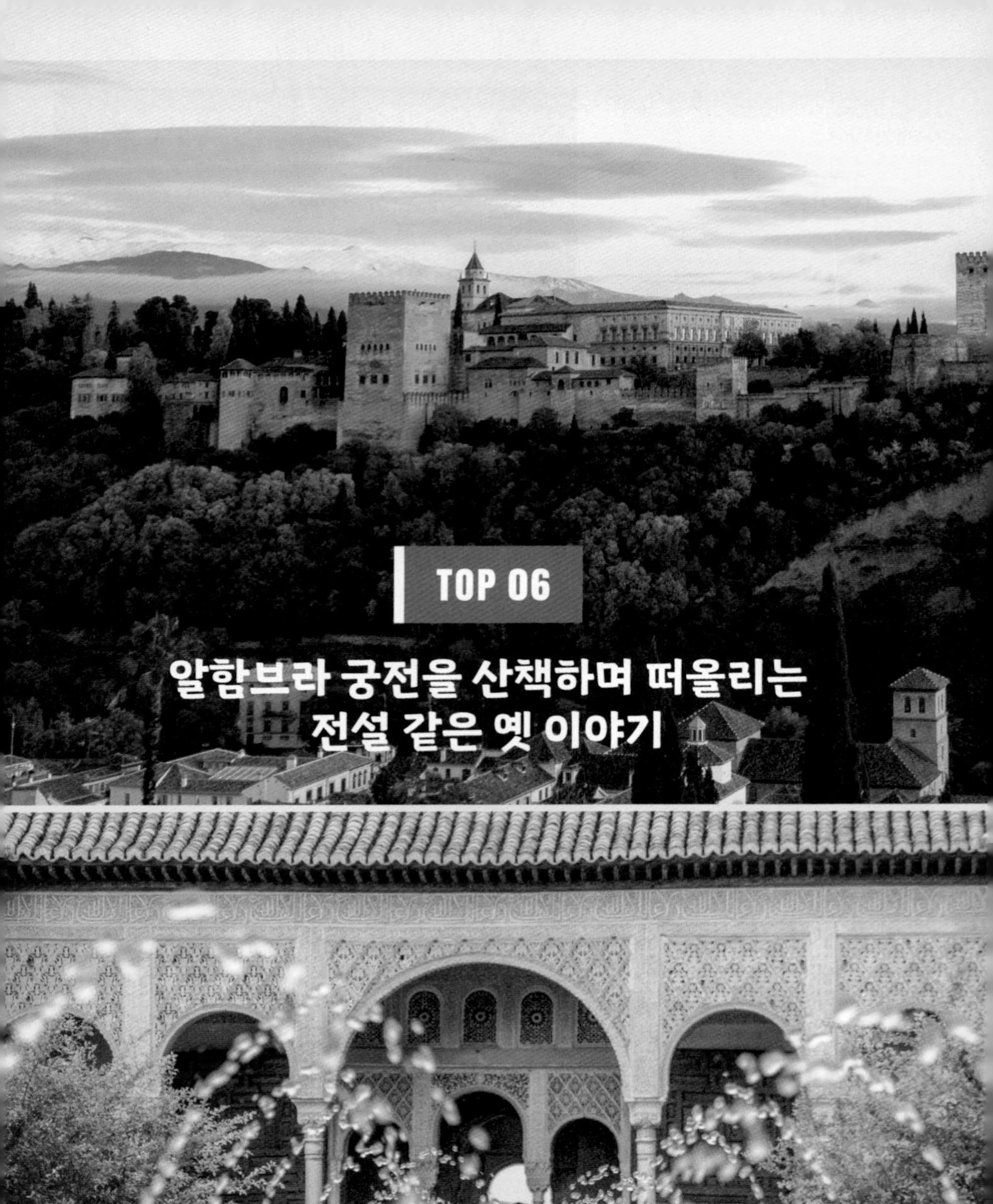

TOP 06

알함브라 궁전을 산책하며 떠올리는 전설 같은 옛 이야기

"영토를 빼앗긴 것보다
이 궁전을 떠나는 게 더 슬프구나!"

1492년 1월 2일은 스페인의 마지막 이슬람 왕국이 사라지는 날이었다. 알함브라 궁전의 열쇠를 넘겨주며 마지막 왕이 북아프리카로 떠나며 남긴 말이다.

석양 무렵의 알함브라 궁전이 가장 신비롭고 아름답게 보인다. 사람들은 모두 그 멋진 궁전의 모습을 눈에 담기 위해 반대편 언덕에 오른다. 오래 봐도 질리지 않는 풍경은 명화 그 자체이다. 궁전은 하나의 도시처럼 복합적인 공간으로 이뤄져 있다. 소박하게만 느껴졌던 외관과는 다르게 궁전 내부는 말로 표현할 수 없는 정교한 조각으로 꾸며진 건 반전이다. 접견실, 왕의 집무실, 하렘, 왕과 공주의 방, 정원 등을 감상하다보면 14세기 유럽 이슬람 왕국으로의 상상 여행을 하게 된다.

TOP 07

태양, 정열, 플라멩코와 투우는 세비야에서

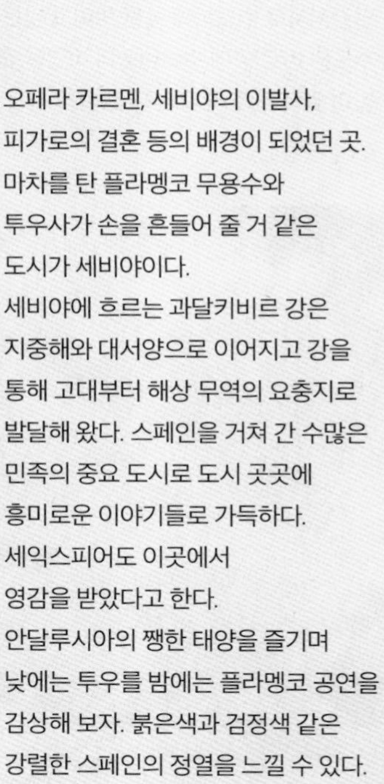

오페라 카르멘, 세비야의 이발사,
피가로의 결혼 등의 배경이 되었던 곳.
마차를 탄 플라멩코 무용수와
투우사가 손을 흔들어 줄 거 같은
도시가 세비야이다.
세비야에 흐르는 과달키비르 강은
지중해와 대서양으로 이어지고 강을
통해 고대부터 해상 무역의 요충지로
발달해 왔다. 스페인을 거쳐 간 수많은
민족의 중요 도시로 도시 곳곳에
흥미로운 이야기들로 가득하다.
세익스피어도 이곳에서
영감을 받았다고 한다.
안달루시아의 쨍한 태양을 즐기며
낮에는 투우를 밤에는 플라멩코 공연을
감상해 보자. 붉은색과 검정색 같은
강렬한 스페인의 정열을 느낄 수 있다.

TOP 08

리스본에서 맛보는 '에그 타르트'

머금직스런 노란색 자태, 한입 깨물면 '바삭' 소리가 난다.
크림의 달콤한 맛과 고소한 맛이 입 안 가득,
어머 벌써 사라졌네! 재빨리 한 개 더 입에 넣고 처음 먹은 거처럼 또 음미한다. 음~

에그 타르트는 포르투갈이 원조라는 사실. 벨렝지구 제로니무스 수도원에서 수녀들이 달걀흰자로 수도복에 풀을 먹이고 남은 노른자로 만들어 먹던 게 시초이다. 수도원 바로 옆에 수녀님들의 비법을 전수 받아 190여 년 동안 사랑받고 있는 에그 타르트 집이 있다. 원조라 그런지 긴 줄을 서서 먹는 에그 타르트 맛이 잊혀 지지 않는다.

TOP 09

정말 작은 마을 신트라에서의 1박

영국의 시인 바이런은 신트라를 포르투갈의 에덴동산으로 칭송했다. 아껴봐야 할 만큼 작은 마을이지만 고깔모자를 꽂아 놓은 거 같은 굴뚝이 인상적인 왕궁, 서양의 비밀 결사단체인 프리메이슨 신봉자였던 백만장자 몬테이루의 궁전, 유럽 어디에서도 볼 수 없는 독창적인 페나성, 마치 만리장성 같은 무어인의 성터 등 흥미로운 볼거리로 가득하다. 버스를 타고 한 시간만 가면 유럽 최서단 호카곶도 나온다.

TOP 10

해리포터 작가처럼 포르투에서 소설 써 보기

유럽에서 꼭꼭 숨어있고 싶은 도시를 꼽으라면 포르투가 아닐까 싶다. 언덕 위 마을 풍경,
빛바랜 1970년대 영화 속 풍경을 그대로 간직한 번화가, 언덕길을 오르내리는 트램,
영국으로 포트 와인을 실어 날랐다는 도루강과 버스킹을 감상할 수 있는 강변 산책로까지.
해리포터의 작가 J.K 롤링도 소박하지만 낭만적인 포르투에 반해 이곳에 왔을까?
묵묵히 안아주고 들어주는 든든한 친구처럼 사람의 마음을 편안하게 해 주는 게 포르투의 매력이다.
쉼과 힐링의 시간은 새로운 아이디어를 샘솟게 한다.

출발 전,
스페인과 친구 되기

01 국기에 담긴 의미

스페인 국기의 황금색은 국토를, 적색은 국토를 지킨 피를 상징한다. 방패 모양의 중앙부는 15세기 말 스페인을 대표하는 5개의 왕국으로 카스티야, 레온, 나바라, 아라곤 왕국의 문장이 있고, 아래 한 송이 석류꽃이 그라나다 왕국의 문장이다. 중앙 3개의 나리꽃은 현재 왕실인 부르봉 가문을 의미한다. 방패 위 왕관은 스페인 국왕을 상징하며, 양옆의 기둥은 헤라클라스의 기둥으로 불리는 지브롤터와 세우타를 의미한다. 기둥의 'PLUS ULTRA' 글귀는 '보다 먼 세계로'를 뜻한다. 헤라클라스 기둥 위 작은 왕관은 신성 로마제국의 카를 5세 황제를 상징한다.

그리스 로마 신화 속 스페인

지중해 중심의 고대 세계사에서 스페인은 세상의 끝이었다. 유럽과 아프리카를, 지중해와 대서양을 잇는 지브롤터 해협을 헤라클라스가 만들었다고 믿었으며 이곳을 지나 대서양으로 가면 끝없는 암흑세계로 추락한다고 믿었다. 그래서 신대륙 발견 전 스페인 국기에는 'NON PLUS ULTRA', '이것 넘어 아무것도 없다'라는 글귀가 있었다. 이베리아 반도는 그리스로마 신화에도 등장하는 곳으로 세비야사람들은 과달키비르 강을 따라 도착한 헤라클라스가 세운 도시가 세비야라고 믿는다.

지명 이야기

에스파냐 España는 로마의 '토끼의 땅'이라는 히스파니아 Hispania에서 유래, 스페인은 유럽 토끼의 원산지이기도 하다.

info

국가 기초 정보

국가명 에스파냐 왕국 Reino de España 또는 에스파냐, 영어로 스페인 Spain

수도 마드리드

면적 약 50만 5,955㎢ (한반도의 약 2.3배)

인구 약 4,700만 명

공용어 스페인어 (세계 사용 인구 2위, 카스티야어가 표준어로 그 외 갈리시아어, 카탈루냐어, 바스크어 등 공식 언어가 있다)

인종 이베리아족·켈트족·라틴족·게르만족·무어족 등의 혼혈

종교 가톨릭

통화 유로 €

정치 입헌군주제, 의원내각제 (국왕 펠리페 6세 Felipe VI, 총리 페드로 산체스 Pedro Sanchez)

02 역사, 스페인이 걸어온 길

스페인을 대표하는 키워드는 '다양성'이다. 스페인의 조상은 스페인을 거쳐 간 모든 민족이며, 그 민족들의 역사가 곧 스페인이다. 이베리아 반도를 수많은 민족들이 정복하고 거쳐 갈 수 있었던 건 지리적 이유가 가장 크다. 세계 지도를 펼쳐보면 스페인은 유럽·아프리카·중동(아시아)등 세 문명이 교류했던 지중해에 위치하고 있다. 지중해를 통해 수많은 민족들과 교류했으며 지중해에서의 경험은 대서양으로 진출할 수 있었던 원동력이었다. 스페인(이베리아반도)은 고대부터 인류 문명 교류의 장이었으며 그래서 유럽 속에서 가장 이국적인 문화를 꽃피운 매력적인 나라가 되었다.

기원과 식민지 그리고 통일 스페인 왕국의 탄생

이베리아 반도의 원주민에 대해 알려진 바는 거의 없으나 약 1만~2만 년 이전의 것으로 추정되는 인류 최고 最高의 미술 작품으로 알려진 알타미라 Altamira 동굴벽화를 남겼다.

스페인의 역사는 BC 9~8세기 피레네 산맥을 통해 이주해 온 켈트족과 원주민인 이베리아족이 정착하면서부터 시작됐다.

중동, 아프리카를 잇는 지중해에 있는 지리적인 조건 때문에 상업의 요충지로 발달할 수 있었지만 다른 민족의 침략을 자주 받게 되는 요인이 되기도 했다.

기원전 1세기 말에는 로마인들이 이베리아 반도를 침략해 스페인은 600여 년간 로마의 식민지가 된다. 이때 로마인들은 이 지역을 히스파니아 주로 불렀는데 이것이 스페인 국명인 에스파냐의 어원이다. 도로와 관개시실, 신전, 원형극장 등 로마시대 건축물을 남겼으며 스페인의 언어, 법, 종교(가톨릭) 등이 이 시기에 뿌리를 두고 있다. 유대인도 이 시기에 이베리아 반도로 이주해 왔다.

기원후 5세기 중엽 로마 제국이 쇠퇴하자 게르만족의 대이동과 함께 침략해온 서고트족은 이 땅에 왕국을 세우고 7세기 초 아리우스파 기독교에서 가톨릭을 국교로 받아들였다.

8세기에는 이슬람군이 지브롤터 해협을 건너 침입해 서고트 왕국이 무너지면서 800년 동안 이슬람 세력의 지배를 받는다. 이로 인해 인종·문화·종교 등이 다른 무슬림·기독교인·유대인 등이 함께 어우러져 살며 스페인만의 독특한 문화가 탄생, 발전하게 됐다.

그 후 스페인의 국토회복운동(레콩키스타)이 꾸준히 전개된다. 11세기 당시 스페인은 카스티야 왕국과 아라곤 왕국으로 양분되어 있었는데 1459년 양국의 수반인 페르난도 2세와 이사벨 여왕의 결혼으로 통일 스페인 왕국을 이룰 수 있었다.

황금시대와 몰락 그리고 오늘

통일된 스페인은 15세기 후반 마침내 잔재한 이슬람 세력을 몰아내고 절대왕정 시대를 맞이하게 된다. 또한 대항해 시대를 열고 활발한 해외 진출을 거듭한 결과 많은 부를 축적할 수 있었다. 신세계는 스페인에 전례 없는 부를 안겨주었으며 당대 최고의 예술가들이 스페인으로 몰려들어 건축과 예술작품을 남겼다.

1519년 가톨릭 양왕의 손자 카를로스 1세(카를 5세)가 신성로마제국의 황제 자리를 계승하면서 합스부르크 왕가 대제국이 탄생한다. 카를로스 1세의 아들 펠리페 2세(1527~1598년) 때에는 수도를 톨레도에서 마드리드로 옮기고 포르투갈을 합병해 스페인 최대의 번영을 누렸다. 16·17세기에는 정치·경제·문화가 발달한 황금시대를 구가한다.

그러나 식민지의 독립운동과 정치적 혼란, 그리고 나폴레옹의 침략으로 인해 몰락의 길을 걷게 된다. 1939년에는 스페인 내전을 진압한 프랑코 장군이 총통에 취임하면서 36년간 군부 독재를 경험하게 된다. 1975년 프랑코 총통 사후 부르봉 일가에서 왕정이 복고되고, 입헌군주제의 국가 체제를 수립해 오늘에 이르고 있다. 1968년 EU에 가입, 1992년 바르셀로나 올림픽과 세비야 세계 박람회를 통해 전 세계에 스페인의 매력을 알렸다.

◆ 지역 정보

스페인은 유럽에서 3번째로 큰 나라로 유럽과 아프리카를 연결하는 다리 연할을 한다. 지중해와 대서양 사이에 위치하고 있고 북부는 피레네 산맥을 경계로 프랑스와 접해 있으며 서쪽은 포르투갈과 국경을 맞대고 있다.

총 17개의 자치주를 구성하는 50개 주가 있다. 크게는 마드리드를 중심으로 한 중앙부, 동쪽 해안에 있는 카탈루냐와 발렌시아, 남쪽의 안달루시아, 포르투갈 북쪽에 있는 갈리시아 지방과 스페인 북부의 바스크 지방으로 나눌 수 있다. 지역에 따라 민족과 언어, 문화가 크게 다르고 각각의 자치주는 하나의 국가로 발전해 왔다. 그래서 스페인 사람이라기보다는 카스티야인, 카탈루냐인, 안달루시아인, 갈리시아인, 바스크인 등으로 불리는 것을 선호한다.

지역감정이 심한 마드리드와 바르셀로나는 축구에 관해서는 절대 양보할 수 없는 운명의 라이벌이다. 스페인 북부의 소수민족인 바스크인은 독립을 위한 잦은 테러를 일으켜 여전히 스페인의 숙제로 남아 있다.

지역에 따라 기후도 다양하다. 북부·북서부는 비가 많이 내리는 해양성 기후, 중부·남서부는 건조한 대륙성 기후, 남부는 연중 온난한 지중해성 기후다. 마드리드를 포함한 스페인 중부는 고원지대로 국토의 3분의 2를 차지한다. 평균고도 600m로 여름에는 무덥고 겨울에는 추운 편이다. 1년 내내 여행하기 좋은 나라지만 지역에 따라서 겨울에는 방한을 위한 복장에 신경을 써야 한다. 스페인의 여름은 길고 매우 무덥다. 한낮의 더위는 살인적이라 강한 태양열에 대한 대비가 필요하다.

◆ 우리나라와의 관계

1950년 3월 17일 외교관계 수립. 1970년에 주스페인 대사관 개설, 1972년 초 마드리드에 KOTRA가 개설되면서 본격적인 수출 활동이 시작되었다.

역사적으로 우리나라에 최초로 발을 디딘 유럽인은 스페인 신부 세스페데스 Cespedes로 16세기 임진왜란 당시 일본에서 건너와 1년간 머물렀고, 20세기 초 동아시아를 두루 여행한 스페인 기자 블라스코 이바네스 Blasco Ibanez는 『조선 기행문』을 저술하기도 했다. 우리나라의 애국가를 작곡한 안익태 선생은 스페인 여인과 결혼해 스페인에서 지휘 활동을 하며 여생을 마쳤다. 그가 상임 지휘자로 활동했던 교향악단이 있는 마요르카에는 '안익태 거리'가 있다.

03 사람, 전통과 문화

개인은 신 다음으로 여겨 개인주의가 강하고 정복의 역사로 문화적 자긍심과 거만함도 있다. 자신감이 있고 개방적이다. 인생에 대해 열정적이며 특유의 사교성, 친화력, 따뜻한 환대로 유명하다. 예의를 중요시 여기고 외국인에게 친절한 편이다. 스페인 사람들은 애국심이 강하며, 자국의 전통과 문화에 대한 자부심이 크다. 대부분의 공휴일과 축제는 종교와 관련이 있으며 몇몇 축제는 세계적으로 유명하다. 축제 기간 동안 가장행렬, 불꽃놀이, 거리 공연 등으로 들뜨고, 흥분하게 된다.

알아두면 좋은 인사와 예의범절

안녕! 올라 Olla!

스페인 사람들은 만날 때, 헤어질 때 양 볼에 키스를 한다. 여성은 다른 여성과 남성과 인사를 할 땐 양 볼에 한 번씩 키스를 한다. 남성끼리는 악수를 하고 가까운 사이라면 포옹을 하며 등을 두드린다.

공주님! 여왕님!

시장에 가면 여성 손님을 프린세사(공주님) 또는 레이나(여왕님)로 부르고, 거리에서 아름다운 여성이 지나가면 '올라! 과파! 안녕 멋쟁이 아가씨?'라고 표현하는 데 부끄러움이 없다. 특별한 뜻이 담겼다고 생각하지 말고 가볍게 미소를 띄고 지나가면 된다. 윙크는 관심의 표현이 아니라 잘 지냈느냐는 인사이니 괜한 오해하지 말자.

배려의 문화

문을 열고 출입할 때는 반드시 뒤를 돌아보고 뒷사람을 위해 출입문을 잡고 있어야 한다. 나를 위해 출입문을 잡아준 사람이 있다면 감사하다는 인사를 잊지 말자.

화장실에서 노크는 NO!

화장실에서 노크하면 절대 안된다. 모든 화장실에는 열림, 닫힘 표시가 돼 있다. 한줄 서기는 기본이고 문에 표시된 열림, 닫힘 표시를 확인한 후 사용해야 한다.

아기와 애완동물에 대한 예의

아기와 애완동물은 귀엽다고 함부로 만지면 큰일 난다. 보호자의 허락 없이는 사진을 찍어서도 안 된다.

특별한 날 흥미로운 전통

선물 없는 크리스마스

크리스마스 이브에 가족이 모여 저녁 만찬을 즐기지만 선물은 주고받지 않는다. 휴일도 25일 딱 하루! 크리스마스트리 대신 성가족, 양치기, 동방박사로 꾸며진 말구유를 준비한다. 카탈루냐 지방의 말구유에는 바지를 내리고 쪼그려 앉아 똥 싸는 모습의 엘 카가네르 Caganer도 함께 넣는다. 똥은 땅을 비옥하게 해 주는 귀한 것으로 가정에 기쁨과 행운, 번영을 상징한다. 준비하지 않으면 불행이 닥친다고 해 반드시 준비하는 인형이다.

카탈루냐 가정에서는 크리마스가 다가오기 전에 통나무 인형, 카가티오 Cagatio를 준비한다. 그릇처럼 가운데가 파인 인형으로 사탕, 투론 같은 단 과자를 넣어둔다. 크리스마스 이브가 되면 아이들은 "나무토막아 똥을 눠"를 부르며 선물이 나올 때까지 두드린다.

뚱뚱한 남자
'엘 고르도'

크리스마스 한 달 전부터 판매하는 복권, 12월 22일에 추첨하는데 복권에 당첨되면 정말 많은 돈을 벌어 뚱뚱해진다는 의미. 외국인도 구입할 수 있으니 도전해 보자!

제야의 종소리에 맞춰 포도 삼키기

1월 1일을 알리는 마드리드 시청사의 종소리에 맞춰 스페인 사람들은 외다리로 서서 12알의 포도를 먹는다. 폭죽을 터트리고 축제 분위기의 다른 나라와 달리 포도를 먹느라 조용하다. 포도를 모두 먹으면 새해에 행운을 얻게 된다고 믿는다. 여행을 많이 하고 싶다면 포도를 먹은 후 슈트 케이스를 끌고 집을 한바퀴 돌거나 비행기표, 기차표를 품고 자면 된다. 돈을 많이 벌고 싶다면 12월 31일 신발 속에 동전을 넣어두고 1월 1일 하루 종일 그 신발을 신고 다니면 된다. 사랑하는 사람을 만나고 싶다면 각 방마다 파란 레몬 3개씩을 두고 저녁 때 모으면 된다.

선물 있는 동방박사의 날

예수의 탄생을 축하하러 온 것을 기념한 날로 1월 6일 아침 아이들은 구두 속의 선물을 발견한다. 이날 먹는 로스콘 데 레예스 빵 속에 있는 작은 조각상을 발견한 아이가 왕과 여왕으로 뽑혀 왕관을 받는다. 동방박사의 날은 스페인의 어린이날이다.

따라해 보면 재밌을 일상

일요일 아침에는 추로스를 먹어요!

아침 9~11시 사이 스페인 남자들은 가족들을 위해 추로스를 사러 나온다. 갓 튀긴 맛있는 추로스를 가족들에게 맛보게 하기 위해 서두른다. 추로스는 스페인사람들이 아침으로 즐겨 먹는 빵. 밤새 즐긴 클러버들의 해장 음식으로도 유명하다.

일요일 점심에는 파에야를 먹어요!

파에야는 카탈루냐어로 커다랗고 바닥이 깊은 두 개의 손잡이가 달린 프라이팬을 말한다. 프라에팬에 고기, 해산물, 야채 등을 넣고 볶다가 쌀과 샤프란, 로즈마리, 소금 등을 넣고 부글부글 끓여 온 가족이 둘러 앉아 먹는 스페인에서 가장 유명한 음식이다.

소울 푸드 '하몬'

스페인 전국을 여행해도 '하몬의 맛을 모르면 스페인을 안다고 할 수 없다'라는 말이 있을 만큼 하몬은 스페인 사람들의 소울 푸드이다. 로마 시대부터 먹었던 음식으로 돼지 뒷다리에 소금을 고루 바른 뒤 잘 씻어서 6~9개월 동안 말린 후 1년 반 이상 숙성시켜야 한다. 아주 얇게 썰어서 먹는 게 제 맛인데 도토리를 먹고 자란 하몬 이베리코를 최고로 친다. 한국으로 사올 수 없는 것 중 하나로 여행 중 맛있는 하몬을 찾아 실컷 맛보자.

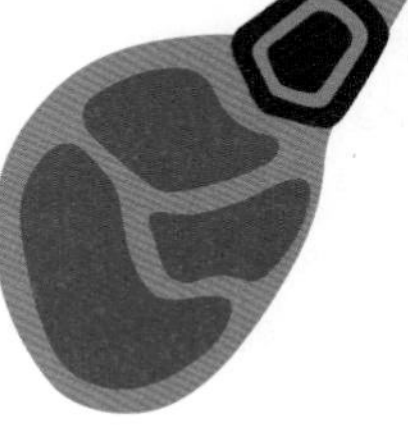

현지인들과 함께 즐기기 좋은 축제

성주간, 세마나 산타 Semana Santa

가톨릭의 나라 스페인에서 1년 중 가장 중요한 종교, 전통행사. 예수의 수난과 고통, 부활을 기리는 일주일을 기념하는 행사로 스페인 전역에서 한다. 주요 행사는 각 성당에서 예수와 마리아 성상을 모신 가마와 속죄를 상징하는 망토를 입고 고깔을 쓴 나사레 사람들의 행렬이다.

불의 축제, 라스 파야스 Las Fallas

3월 15~19일 발렌시아에서 열리는 봄맞이 불꽃 축제. 발렌시아의 수호성인 마리아에게 감사의 뜻으로 꽃을 받치고 묵은 것을 태우고 새해를 맞이한다는 의미의 전통 축제. 축제 몇 달 전부터 종이로 만든 거대한 인형들의 행렬과 축제 마지막 날 투표로 뽑은 단 한 개의 인형만 남기고 모두 태워 버린답니다.

세비야의 봄 축제, 페리아 데 아브릴 Feria de abril

4월 15~21일 세비야에서 열리는 봄맞이 축제. 성주간이 끝나고 바로 이어지는 축제로 지금은 스페인 3대 축제 중 하나가 됐다. 도시 전체에 세비야 전통 음악인 세비야나스가 흐르고 화려한 전통 의상을 차려입은 사람들이 음악에 맞춰 노래하고 춤을 춘다. 플라멩코 무용수와 마초 투우사가 사는 스페인을 체험하고 싶다면 이때 스페인을 여행해야 한다.

마드리드 고유의 축제, 산 이시드로 축제 Fiesta de San Isidro

마드리드 수호성인 산 이시드로 축일인 5월 15일을 전후로 기념하는 축제. 산 이시드로는 '농부의 수호신', 마드리드에서 태어난 소작농으로 평생 가난한 농부와 동물을 돌봤다고 한다. 축제 기간 동안 도시 전체에 춤과 음악이 가득하고 큰 투우 경기도 열린다.

소몰이 축제, 산 페르민 축제 Fiesta de San Fermin

팜플로냐에서 열리는 세계적인 소몰이 축제. 7월 6일 정오에 시작해 7월 14일 자정에 끝난다. 북부 나바라 주의 수호성인인 산 페르민을 기리기 위한 축제로 매년 100만 명 이상이 방문하는 것으로 유명하다. 헤밍웨이의 소설 '태양은 다시 떠오른다'에 자세히 묘사해 세계적으로 널리 알려지게 됐다.

토마토 전쟁, 라 토마티나 축제 Fiesta la Tomatina

부뇰 Buñol에서 8월 마지막 주 수요일에 열리는 토마토 축제. 1945년 전통 축제 중 청소년들이 싸움이 나 노점상에 있던 채소를 던지며 싸웠다. 다음해엔 잘 익은 토마토를 준비해 싸움을 한 것에서 유래했다. 1년 단 두 시간 광장에 100톤이나 되는 토마토가 준비되면 사람들은 뒤엉켜 토마토 전쟁을 즐긴다.

카탈루냐와 바르셀로나 축제, 라 메르세 La Mercé

카탈루냐 지방의 가장 큰 축제로 매년 9월 말, 4일간 열린다. 바르셀로나의 수호성인 마리아를 기리기 위한 축제로 메르세는 카탈루냐어로 '자비'를 의미한다. 축제 기간 동안에는 큰 머리 가면의 행진과 카탈루냐 전통 춤 사르다나, 인간 탑 쌓기 등을 감상할 수 있으며 축제 기간 동안 세계적인 인디 음악 축제인 BAM music festival이 열린다.

스페인 여행 키워드 9

Keyword 01 무어인과 기독교인의 재정복과 공존의 역사 레콩키스타와 콘비벤시아

Keyword 02 독창적인 스페인만의 건축예술 무데하르 건축 양식

Keyword 03 스페인 건축을 말하다! 세라믹 타일

Keyword 04 주옥같은 상징물을 남긴 건축계의 시인 가우디

Keyword 05 신대륙 발견의 주역! 콜럼버스

Keyword 06 스페인을 대표하는 3대 거장! 피카소&미로&달리

Keyword 07 축구전쟁, FC 바르셀로나 vs 레알 마드리드! 엘 클라시코

Keyword 08 절제된 멋, 그 속에 담긴 열정! 플라멩코

Keyword 09 소와 인간이 펼치는 박진감 넘치는 한 편의 드라마! 투우

KEYWORD 01

무어인과 기독교인의 재정복과 공존의 역사

레콩키스타와 콘비벤시아

스페인을 여행하다 보면 무어인이 건설한 알카사르 옆에 대성당이 세워져 있거나, 무어인이 지은 모스크와 왕궁을 성당과 기독교식 왕궁으로 개조한 곳을 쉽게 볼 수 있다. 그런 건축물이 있는 곳에는 어김없이 유대인이 모여 살았다는 유대인 지구가 그대로 남아있는데 기독교를 근간으로 세워진 다른 서유럽 나라들의 도시 풍경과는 많이 다름을 느낄 수 있다. 도대체 천 년 전 스페인은 어떤 곳이었을까? 500년 전 스페인의 기독교 왕국들은 무어인을 몰아내고 가톨릭을 근간으로 하는 통일 국가(레콩키스타)를 세운다.

◆ **무어인** Moors
711년부터 이베리아 반도를 정복한 아랍계 무슬림

통일 국가 전 스페인의 800년은 이슬람 왕국과 기독교 왕국들이 전쟁과 화해를 하며 발전한 공존(콘비벤시아)의 시대였다. 오늘날 스페인에서 무어인과 기독교의 건축물, 유대인 지구가 함께 어우러진 모습을 이해하려면 스페인의 레콩키스타와 콘비벤시아의 역사를 알아야 한다. 이런 역사를 배경으로 중세 스페인에는 종교가 달라 이루어질 수 없는 남녀 간의 비극적인 사랑 이야기, 전쟁 영웅과 순교자 이야기 등이 많아 훗날 셰익스피어는 물론 많은 작가들에게 영감을 주었다고 한다.

그라나다 함락
프란치스코 프라디아 오르티즈의 1882년 작품

독립이 아닌 '재정복', 레콩키스타 Reconquista

로마에 이어 서고트족의 지배를 받았던 스페인은 가톨릭을 국교로 삼았다. 711년 서고트족의 내분으로 약해진 틈을 타 우마이야 왕조(이슬람제국)의 타리크 이븐 지야드 장군이 이끄는 아랍인과 베르베르인 연합군이 지브롤터 해협을 건너 3년 만에 이베리아 반도 북부 아스투리아스를 제외한 대부분을 점령한다. 그 후 스페인은 무어인들이 지배하는 이슬람 왕국과 기독교 왕국들로 나뉘고, 서로 수많은 전쟁을 치르며 국경선을 바꿔 나간다.

15세기까지 국토회복운동으로 가장 넓은 땅을 차지한 왕국이 카스티야와 아라곤 왕국이었다. 1469년 카스티야 왕국의 이사벨 여왕과 아라곤 왕국의 페르난도 왕이 결혼함으로써 정치적 통합을 이뤘는데 두 왕의 동등한 위상을 고려해 이들을 '가톨릭 왕들 또는 양왕'으로 불렀다. 가톨릭 왕들은 1492년 이베리아 반도의 마지막 이슬람 왕국인 그라나다를 정복한 후 통일국가를 세운다. 무어인과 기독교인의 800년간의 공존과 전쟁에 종지부를 찍은 것이다.

"레콩키스타 Reconquista는 '재정복 또는 국토 회복운동'이란 뜻으로 스페인 역사에서 유래한 고유명사이다. 1492년은 통일 스페인의 탄생과 콜럼버스가 신대륙을 발견한 아주 특별한 해로 기억된다."

800년 공존의 시대, 콘비벤시아 Convivencia

기독교 왕국의 승리로 쓰여진 역사 '레콩키스타'에 가려져 우리에게 잘 알려지지 않은 부분이 중세 스페인 이슬람 왕국에 대한 이야기이다. 8세기 이베리아 반도 대부분을 차지한 무어인들은 코르도바를 수도로 한 코르도바 왕국을 세웠으며 전성기에는 통일 왕국(칼리파국)으로, 힘이 약해졌을 때에는 여러 소왕국(타이파)으로 나뉘어 존재했다.

소수의 지배층이었던 무어인들은 종교, 민족, 언어, 문화 등이 다른 다수의 기독교인과 유대인들을 억압보다는 관용으로 지배했다. 세금만 내면 종교의 자유를 보장해줬으며 무엇보다 중세시대 선진국이었던 이슬람 제국의 고도로 발달된 지식과 문화 등이 중세 스페인 이슬람 왕국으로 전해졌다. 당시 이슬람 제국의 지식은 그리스·로마, 동로마, 사산조 페르시아, 이집트, 중앙아시아, 인도, 중국까지 총망라한 것으로 '인류 지식의 종합판'이라고 해도 과언이 아니었다. 인류 최초의 대학이 바그다드에 세워지고 중국을 통해 전해진 종이의 사용은 모든 문명이 남긴 지식을 기록하는 혁명이 일어난다.

이 문화는 중세 스페인 이슬람 왕국에도 전해졌으며 코로도바 근교에는 거대한 도서관이 생기고 당대 최고의 철학자들이 활동한다. 톨레도 번역소에서는 아랍어로 기록된 그리스·로마 철학과 학문, 과학, 의학, 수학책 등이 히브리어와 라틴어로 번역돼 유럽에 전해졌으며 **훗날 유럽 르네상스와 17세기 과학혁명의 싹이 된다.**

"중세 스페인 이슬람 왕국은 종교가 다른 무어인, 기독교인, 유대인이 조화롭게 어울려 살았다고 한다. 레콩키스타로 기독교 왕국이 된 곳에서도 무어인은 종교와 문화를 보장받고 기독교 사회에 동화돼 살았다. 레콩키스타가 마무리되기 전 800년을 '공존의 시대, 콘비벤시아'로 부르는데 레콩키스타처럼 역사에서 유래한 고유명사로 지금도 세 종교

의 충돌은 계속되고 있어 이 시기를 그리워하거나 꿈꾸며 탄생한 말이 아닌가 싶다."

'세파르디' 유대인 이야기

로마 제국 멸망 후 세계 각지로 유랑하던 유대인 중 많은 사람들이 스페인에 정착한다. 특별히 스페인에 정착한 유대인을 세파르디 Sephardi로 불렀다. 서고트 왕국 시절까지 핍박받았던 유대인들은 관용과 종교의 자유를 보장해준 무어인의 지배를 환영했다. 집과 땅을 소유할 수 있었고, 상업과 농업은 물론 다양한 직업도 가질 수 있었다. 고위 정치인, 군인, 학자도 많았다. 이런 분위기는 영국, 프랑스 등에서 추방당한 유대인들의 이주로 인구가 늘어나고 스페인 유대인의 문화를 꽃피운 황금기였다. 하지만 레콩키스타 직후 내려진 '알함브라 칙령'으로 기독교로 개종하지 않는 모든 유대인은 추방당했다. 천년의 세월 동안 살아온 터전에서 빈털터리로 쫓겨난 것이다. 대부분의 유대인은 이슬람 국가를 선호했으나 네덜란드로도 많이 이주해 16~17세기 네덜란드 황금기를 이끌기도 했다. 500년이 지난 2015년 스페인 정부는 '알함브라 칙령의 역사'에 대해 반성하고 세파르디의 국적을 회복하는 법을 제정했다. 세계 어디서든 세파르디의 후손임을 입증하면 스페인, 포르투갈의 국적을 취득할 수 있다.

KEYWORD 02

독창적인 스페인만의 건축예술

무데하르 건축 양식

19세기 말 20세기 초 유럽 전역에 유행했던 아르누보 예술은 스페인에도 스페인 스타일로 유행했다. 그때 세워진 모더니즘 건축물로 오늘날 바르셀로나를 세계 제일의 건축 도시로 만들었으며 그 대표 건축가가 가우디이다. 가우디의 카사 빈센트, 구엘 궁전, 몬타네르의 카탈라나 음악당, 산 파우 병원, 바르셀로나의 개선문, 세비야의 스페인 광장 등 한 번만 봐도 독창적인 아름다움에 매료된다. 동서양의 건축 양식에 현대적인 요소와 작가의 창의성이 발휘되었다고 해야 할까? 스페인의 모더니즘은 중세 스페인에서 유행했던 무데하르 양식의 영향을 받았으며 그래서 네오 무데하르 Neo-Mudéjar로 부른다. 현대적인 건물 외관에 말굽 아치, 추상적인 모양의 벽돌 장식, 아라베스크 타일링 등이 특징이다. 스페인 건축만의 매력을 만들어낸 네오 무데하르의 뿌리, 무데하르 예술에 대해 알아보자.

무데하르 Mudéjar는 아랍어에서 유래한 말로 '잔류자', '길들인' 등을 의미한다. 10세기 기독교 왕국의 레콩키스타(재정복)가 시작되면서 '기독교 왕국에 정복당한 곳에 사는 무어인'을 뜻한다. 1492년 레콩키스타가 마무리될 때까지 기독교 왕국에 살았던 무어인들은 차별은 받았으나 그들의 종교와 문화를 지키고 살 수 있었다. 레콩키스타의 진행과 함께 무데하르의 수는 점차 증가했고 자연스럽게 기독교 사회에 동화됐다. 무데하르의 활동으로 이슬람과 기독교의 문화, 예술, 건축 양식 등이 융합되고 이렇게 탄생한 게 무데하르 예술, 무데하르 건축 양식이다. 12세기 스페인 북부에서 시작돼 17세기 무어인들이 스페인 땅에서 완전히 추방될 때까지 스페인 전역에서 유행했다.

무데하르 건축 양식의 특징은 궁전, 성당, 성채 등 로마네스크, 고딕 및 르네상스 양식의 기독교 건축물에 이슬람 건축 양식과 장식 기술을 더한 것이다. 벽돌, 타일, 회반죽 등 주로 구하기 쉽고 저렴한 재료를 사용했으며 무데하르 장인들의 뛰어난 솜씨로 아름다운 건축물을 완성했다. 아르테소나도 Artesonado 기법으로 마무리한 기하학적 디자인의 목재 천장은 무데하르 건축 양식의 또 다른 특징 중 하나이다. 아라곤 왕국의 무데하르 건축은 현재 세계문화유산에 등재돼 있으며 지금도 톨레도, 코르도바, 세비야, 그라나다 등에서는 중세시대 무데하르 양식으로 지어진 많은 건축물을 감상할 수 있다.

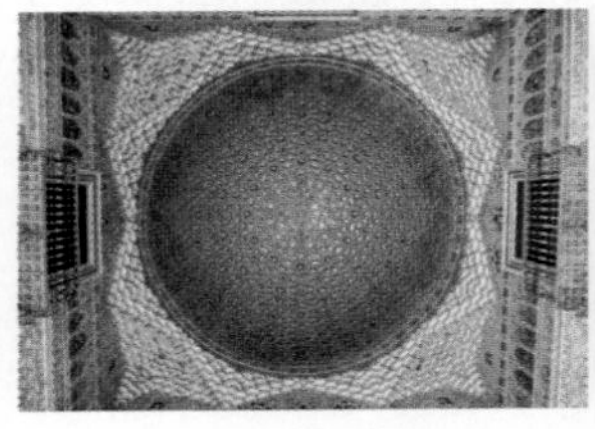

KEYWORD 03

스페인 건축을 말하다!

세라믹 타일

마드리드 거리의 이정표, 바르셀로나의 모더니즘 건축물, 세비야의 스페인 광장과 구시가, 그라나다의 알함브라 궁전, 코르도바의 파티오 등은 모두 아름다운 채색 타일(아줄레주 Azulejo)로 장식돼 있다. 스페인을 여행하고 나면 그곳의 건물들이 하나같이 아름다운 도자기처럼 느껴질 정도다.
세라믹 타일 사용은 스페인 건축의 가장 큰 특징인데 남부 지방의 이슬람 제국 시절에 전해졌다. 벽, 바닥, 천장, 외장 등 건물의 모든 부분에 타일을 사용한다. 천연 재료인 흙으로 만들어 인체에 무해하고, 한여름에는 더위를 식혀주며, 화재에도 강하다. 미적으로도 뛰어나 그 안에 사는 사람들을 행복하게 해 준다.

세라믹 건축의 발달

유럽에서 스페인 건축만이 가지고 있는 특징은 이슬람 양식이 가미됐다는 것이다. 스페인에 정착한 무어인들은 칼리프 양식을 창조하고 기독교인들은 서고트족이 남긴 건축 기술에 칼리프 양식을 결합해 모사라베 양식을 만들어낸다. 여기에 로마네스크와 고딕 양식이 결합해 탄생한 것이 바로 무데하르 Mudéjar 양식이다. 13~16세기에 걸쳐 발달한 건축 양식으로 단순한 로마네스크 양식의 건물에 타일과 이슬람의 아라베스크 문양을 이용한 게 한 예다. 무데하르 양식의 건축물은 세비야, 그라나다, 코르도바 같은 안달루시아 지방에서 흔히 볼 수 있으며 19세기 가우디를 비롯해 모더니즘 건축가들에게 많은 영향을 미쳤다.
모데르니스모(모더니즘) Modernismo 양식은 19세기 말 바르셀로나를 중심으로 생겨났다. 카탈루냐 지방의 독자적인 문화를 만들려는 데서 탄생한 예술운동이자 건축양식이다. 고딕 양식, 무데하르 양식과 자연의 영향을 받았으며 대표적인 건축가로는 가우디와 몬타네르 등이 있다. 바르셀로나 시내 곳곳에서 이들의 건축물을 볼 수 있는데, 두 건축가 모두 세라믹 타일을 즐겨 사용했다.
채색 세라믹 타일은 예부터 아버지로부터 아들에게, 스승으로부터 제자에게 은밀하게 제작법이 전수됐으며, 일일이 수작업으로 만들어지는 장인의 예술 작품이다. 오늘날 스페인에서는 세라믹 타일을 건축에 사용할 뿐만 아니라 예술작품이나 기념품 등으로도 제작해 판매한다. 세라믹 타일의 역사와 발달 과정을 보여주는 박물관까지 있을 정도다.
역사적으로 스페인과 비슷한 포르투갈 역시 무데하르 양식 건물과 세라믹 타일로 유명하다. 리스본과 포르투에서는 안달루시아 지방과는 차별화되는 색다른 타일 장식도 감상할 수 있다.

KEYWORD 04

주옥같은 상징물을 남긴 건축계의 시인
가우디

바르셀로나를 걷다 보면 여행객들이 고개를 한껏 젖히고 건물을 감상하고 있는 모습을 보게 된다. 이것은 십중팔구 가우디의 건축물에 빠진 것이다. 마치 동화 속 세상에나 존재할 것 같은 가우디의 건물은 부드러운 곡선으로 이뤄졌으며, 하나같이 자연을 그대로 옮겨놓은 듯하다. 그라시아 거리를 떠들썩하게 했던 카사 바트요와 카사 밀라는 20세기 초반부터 지금까지 아파트로 사용되었고, 영화 세트장 같은 구엘 궁전은 친구에게 바쳐진 개인 주택이다. 테마 파크 같은 구엘 공원은 가우디와 그의 후원자 구엘이 꿈꿨던 세상에서 가장 아름다운 주택 단지였다. 가우디가 집을 설계해준다면 당신은 어떤 집, 어떤 공간에서 살고 싶은가? 가우디의 주옥같은 건축물을 둘러보며, 나만의 공간을 그려보자.

"자연은 신이 창조하신 건축이므로
인간의 건축은 그것을 배워야 한다."
– 안토니오 가우디 –

안토니오 가우디 코르네트 Atonio Gaudi Cornet (1852~1926)의 일생

가우디는 1852년 6월 스페인 카탈루냐 지방의 레우스에서 가난한 구리 세공업자의 막내아들로 태어났다. 17세에 건축 공부를 위해 바르셀로나로 이주, 1887년 파리 세계박람회에 '곤잘로 코메야'의 장갑 진열대를 출품하여 주목받기 시작했다. 이 작품으로 가우디 평생의 후원자이자 친구인 구엘과의 운명적인 만남이 이뤄진다. 가우디는 구엘을 위해 구엘 저택, 구엘 별장, 구엘 공원 등을 지었으며, 점점 이름이 알려지기 시작해 시내 곳곳에 그의 작품을 남기게 된다. 그중 사그라다 파밀리아 성당은 그가 74세 때 트램에 치여 사망할 때까지 한평생을 바친 건물이다. 구엘 공원, 구엘 저택, 카사 밀라, 카사 바트요, 사그라다 파밀리아 성당 등 대부분의 건축물이 세계문화유산에 등록돼 있다. 19세말 모더니즘 건축의 선구자로 오늘날 현대 건축에 많은 영향을 미치고 있다.

가우디 건축 양식

건축의 시인, 20세기의 미켈란젤로로 불리는 천재 건축가 가우디는 기발한 건축물들을 바르셀로나 곳곳에 남겼다. 그는 인류 역사상 가장 뛰어난 상상력을 소유한 건축가로 사람들의 머릿속에 각인돼 있다. 모 CF에 나오는 '생각대로 해. 그게 답이야'의 발상이 꼭 들어맞는 인물이다. 그래서 그의 건축은 어느 시대의 건축 양식으로 분류되지 않는 오직 '가우디 건축'인 것이다. 가우디 건축의 가장 큰 특징은 자신만의 방식을 고집하는 자유주의, 자연에서 영감을 얻은 자연주의적 요소를 믹스한 것이다. 가우디는 자연을 그의 영원한 스승으로 삼았으며 자연의 순수함을 통해 상쾌한 이미지를 얻었다. 그 때문에 자연의 아름다움을 제대로 표현할 줄 아는 조형의 마술사로 불린다. 그의 건축물은 하나같이 일렁이는 물결처럼 곡선과 곡면으로 이루어져 있다. 또한 고대 그리스와 로마네스크·고딕·이슬람 양식 등을 재창조해 그만의 독특한 양식을 탄생시켰다. 카탈루냐 사람으로서의 자부심도 대단해 건물마다 카탈루냐 고유의 정신, 문화, 자연 등을 담아냈다. 특히 종교 부분을 중요시해 그를 신의 건축가로 부르기도 한다.

KEYWORD 05

신대륙 발견의 주역!
콜럼버스

스페인의 어느 도시를 가든 콜럼버스 동상, 콜럼버스 거리, 콜럼버스 광장, 콜럼버스 레스토랑이 있고 어른과 아이들의 이름도 콜럼버스다. 심지어 남미에는 그의 이름을 딴 도시도 있다. 스페인 전역 어디를 가나 영웅 대접을 받는 콜럼버스 그는 누구일까?

콜롬버스의 일생과 업적

크리스토퍼 콜럼버스 Christopher Columbus(1441~1506)는 이탈리아 항구도시 제노바 출신으로 어려서부터 지중해를 보며 탐험가의 꿈을 키웠다. 13세기 이탈리아 상인이자 탐험가인 마르코 폴로의 『동방견문록』을 읽고 당시 유럽 사람들이 가장 멀고 신비롭게 여겼던 미지에 땅 인도와 중국으로의 항해를 꿈꿨다.

포르투갈 선장의 딸과 결혼해 장인의 영향으로 항해술과 지도 제작에 능했으며 1484년부터 든든한 후원자를 찾기 위해 영국, 포르투갈, 스페인 등을 오가며 왕들을 알현했다. 1492년 드디어 스페인의 이사벨 여왕이 콜럼버스의 후원자로 나섰다. 당시 모두에게 퇴짜를 맞았던 그와 최상의 조건으로 계약을 맺어 이사벨 여왕과 콜럼버스가 서로 좋아한다는 소문까지 나돌았다고 한다. 콜럼버스는 신대륙 발견 시 평민에서 귀족으로의 신분 상승과 새로운 땅에서 창출되는 수익의 10%를 요구했다. 또한 식민지로 개발할 경우 그 땅의 총독으로 임명해 줄 것을 요구했다.

1492년 8월 3일 콜럼버스는 세비야에서 가톨릭 페르난도 왕과 이사벨 여왕을 알현한 후 산타마리아호를 타고 대서양으로 항해를 떠나 아메리카(신대륙)를 발견하게 된다. 콜럼버스는 아메리카에 30여 명의 선원을 남겨놓고 1493년 3월에 스페인으로 금의환향한다.

현재 바르셀로나의 왕의 광장에는 그때 콜럼버스가 이사벨 여왕을 알현하기 위해 오른 왕궁 계단이 그대로 남아 있다. 당시 아메리카에서 가져온 금제품은 유럽 전역에서 센세이션을 일으켰으며 아메리카의 담배가 유럽에 처음 유입된 게 바로 콜럼버스에 의해서다. 첫 항해를 성공리에 마친 콜럼버스는 신대륙의 부왕으로 임명됐고 2·3차 항해를 시도하며 아메리카 대륙을 식민지화했다. 54세로 생을 마감할 때까지 그는 자신이 발견한 아메리카를 향신료와 금은보화가 넘쳐나는 중국과 인도로 착각했다. 아메리카 대륙의 원주민을 의미하는 인디오도 인도인이라는 뜻인데 콜럼버스가 붙인 이름이다.

1492년은 가톨릭 양왕에게는 최고의 해로 기억된다. 그라나다의 마지막 이슬람 왕조를 몰아내고 스페인을 기독교 국가로 통일했으며 탐험가 콜럼버스의 신대륙 발견으로 세상의 중심에 우뚝 서게 된 것이다. 신대륙 발견은 세계의 중심이 지중해에서 대서양으로 바뀌고 스페인을 막강한 산업국가로 만드는 데 견인차 역할을 했다. 하지만 아메리카 땅의 진짜 주인인 원주민들 입장에서는 엄청난 재앙이 아닐 수 없다.

KEYWORD 06

스페인을 대표하는 3대 거장!

피카소&미로&달리

15세기 이탈리아에 레오나르도 다빈치, 미켈란젤로, 라파엘로가 있었다면, 20세기 스페인에는 피카소, 미로, 달리가 있다. 이들 6명은 우리에게 잘 알려진 천재 예술가로 미술계에서 새로운 예술 사조를 개척하고 발전시킨 인물들이라 할 수 있다. 15세기의 화풍이 르네상스 시대의 사실주의라면 20세기에는 초현실주의, 추상주의라는 새로운 미술 사조가 탄생했다. 스페인 현대미술의 3대 거장으로 불리는 피카소, 미로, 달리는 인간의 심리, 내면, 무의식 등을 그림에 담았다. 재밌는 사실은 15세기 이탈리아의 3대 거장이 비슷한 시기에 이탈리아에서 태어나 피렌체를 중심으로 활동했던 것처럼 20세기 스페인의 3대 거장들 역시 비슷한 시기에 스페인에서 태어나 바르셀로나와 파리를 중심으로 활동했고 서로 알고 지낸 사이이다. 모두들 장수를 누렸고 죽기 전까지 왕성한 작품 활동을 했다. 회화뿐만 아니라 조각, 도예 등 다방면으로 재주가 많았다.

"12세에 라파엘로처럼 그리다."

– 피카소 –

파블로 피카소 Pablo Ruiz y Picasso (1881년 10월 25일~1973년 4월 8일)

20세기를 대표하는 입체파(큐비즘) 화가로 현대미술의 창시자이자 현대미술 자체다. 안달루시아 지방의 말라가에서 태어나 92세까지 수많은 그림, 도예, 조각 작품 등을 남겼다. 1907년에 선보인 「아비뇽의 아가씨들」은 입체파의 시작을 알리는 작품으로 피카소 작품 하면 떠오르는, 알 것 같기도 하고 모를 것 같기도 한 형이상학적 모습으로 그려져 있다. 소년 시절 바르셀로나로 이사한 후 청년 피카소는 단골 선술집인 '4 Gats 네 마리의 고양이'에서 처음으로 개인전을 열었다. 1901~1904년은 그에게 있어 청색 시기다. 실연의 아픔으로 권총자살을 한 친구에 대한 슬픔을 표현하는 블루 톤의 그림만 그렸다. 또한 블루 계통의 옷만 입었다고 한다. 1904~1906년은 장밋빛 시기로 파리에서 사랑에 빠진 피카소의 행복이 그림에 그대로 표현돼 있다. 제2차 세계대전과 스페인 내전을 경험하면서 전쟁의 참상을 표현한 「게르니카」와 거장들의 작품을 재해석해 그린 「시녀들」은 그의 역사의식을 대표하는 작품들이다. 「한국에서의 학살」(1951), 「전쟁과 평화」(1952) 등은 6·25 전쟁을 소재로 한 작품으로 우리나라와도 인연이 깊다. 피카소는 생전에 이미 스타 화가로 세상에 알려졌고 평생 왕성한 작품 활동을 하며 열정적인 삶을 살았다. 스페인을 대표하는 투우와 플라멩코만큼 강렬하게 말이다.

호안 미로 Joan Miró i Ferrá
(1893년 4월 20일~1983년 12월 25일)

스페인에서 가장 존경받는 미술가로 스페인 20세기 추상미술 및 초현실주의의 대표적 화가이자 도예가, 조각가다. 미로는 바르셀로나 태생으로 바르셀로나와 파리를 오가며 왕성한 작품 활동을 했고 입체파·야수파·초현실주의 등의 영향을 받았다. 그는 초현실주의적 환상과 율동적인 형상, 곡선과 대담한 색채 활용을 통해 시적이며 유머러스한 화풍을 창조하였다. 그의 작품 속의 단순명료한 표현과 강렬한 색체는 카리스마 넘치는 스페인의 투우와 플라멩코를 연상시키고 이해하기 어려운 형이상학적인 모양들은 꿈속에서 본 것처럼 친근감이 느껴질 정도. 순수한 아이의 세계를 표현한 그림 같기도 하다.

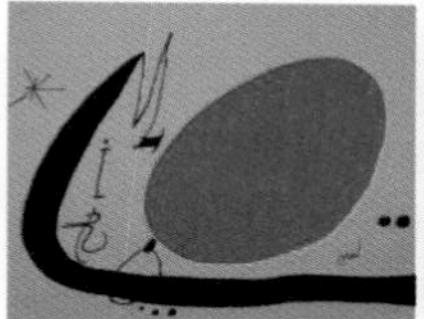
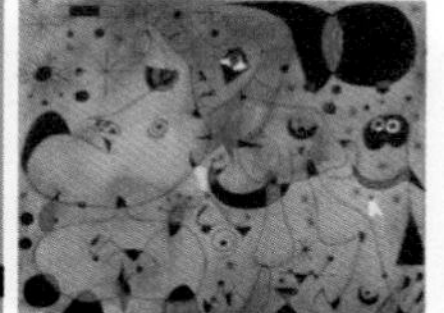

살바도르 달리 Salvador Domingo Felipe Jacinto Dalí y Domènech
(1904년 5월 11일~1989년 1월 23일)

스스로 천재라 말했던 20세기 초현실주의 화가 달리. 바르셀로나 근교에 있는 피게라스에서 태어나 마드리드와 바르셀로나에서 미술 공부를 했으나 괴팍한 성격 탓에 퇴학당한다. 파리의 초현실주의와 S. 프로이트의 정신분석학의 영향을 받아 정신의학의 편집광적 측면을 작품에 표현한 이단의 화가로 활약했다. 환상과 무의식의 세계, 현실과 꿈이 뒤섞인 듯한 그림과 오브제를 다수 발표했다. 1937년 이탈리아 여행 후 르네상스의 고전주의로 복귀, 말년에는 행위예술과 영화 제작 등에도 참여했다. 대표작으로는 두통에 시달리다 그리게 된 「기억의 집념」이 있다. 괴짜 천재로 불렸던 그는 독특한 작품만큼이나 기이하고 유별난 삶을 살았다.

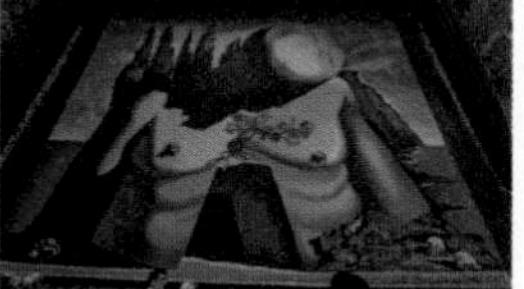

KEYWORD 07

축구전쟁, FC 바르셀로나 vs 레알 마드리드!

엘 클라시코

엘 클라시코 El Clásico는 '고전의 승부'라는 뜻으로 세계 3대 프로축구 리그 중 하나인 스페인 프리메라 리가 Primera Liga의 최대 라이벌, FC 바르셀로나와 레알 마드리드의 경기를 말한다. 축구 전쟁이라 말하는 이 두 팀의 경기는 프리메라 리가 중 가장 높은 시청률과 좌석 점유율을 기록, 두 지역의 팬들뿐만 아니라 전 세계 팬들의 이목이 집중된다. 두 팀의 경기는 곧 두 지역의 자존심 싸움과도 직결되는 것으로 경기에서 이기고 지는 것이 각 지역 축구팬들에겐 최고의 기쁨이, 최고의 슬픔이 된다.

스페인의 역사가 고스란히 담긴 숙명의 라이벌전

이 경기는 단순한 지역감정으로 치부할 수 없다. 두 도시, 곧 왕정 세력의 마드리드와 분리 독립을 추구하는 바르셀로나가 돌이킬 수 없는 운명이 된 것은 1930년대. 끊임없이 독립을 염원하며 투쟁한 끝에 1931년 4월 합법적인 제 2공화국으로의 출범을 알렸던 카탈루냐 지방은 잠시나마 자치 및 카탈루냐어를 공식 사용할 수 있게 됐었으나 곧 왕당파와 토지 귀족 세력의 연대 및 이를 무력으로 뒷받침하는 프랑코 군부가 쿠데타를 일으키고 1936년 스페인 내전이 발발한다. 이 전쟁을 계기로 집권한 프랑코 정권은 스페인 국가대표팀과 레알 마드리드 팀에 각각 국가민족주의와 중앙집권주의라는 상징적 의미를 부여해 당시 레알 마드리드는 '정권의 대사'라는 불명예스러운 별칭으로 불리기도 했다. 중앙집권주의를 표방하던 프랑코 정권에게 자치권을 행사하는 카탈루냐는 당연히 눈엣가시였다. 카탈루냐 민족주의자이자 FC 바르셀로나의 회장 조셉 수뇰 Josep Sunyol이 프랑코의 군인들에 의해 살해되는 사건을 시작으로 프랑코를 지지하는 파시스트들이 FC 바르셀로나의 구단 사무실에 폭탄을 던지는가 하면 주요 선수 및 구단 관계자들에게 협박 전화를 걸기도 하는 등 그들의 탄압은 심각했다. 1943년 코파 델 헤네랄리시모 준결승전 1차전에서 바르셀로나가 레알 마드리드에게 3-0으로 이기자 프랑코 파시스트가 노골적으로 협박을 가해 위축된 분위기 속에 진행된 2차전은 11-1로 바르셀로나가 대패하는 사건이 벌어졌다. 결국 협의 끝에 무효 처리가 되기는 했지만 두 팀의 관계는 더욱 악화되었다.

오늘날에도 여전히 스페인 우파 세력의 정신적 구심점 역할을 하는 레알 마드리드, 여러 압박에도 불구하고 끊임없이 독립을 외치며 저항운동을 벌이는 카탈루냐 사람들의 FC 바르셀로나. 축구에 정치적 이념을 담아 관전하는 스페인 사람들에게 그 중심에 놓인 이 두 팀의 경기인 엘 클라시코가 더욱 격렬한 자존심 싸움이 되는 것도 무리는 아니다.

FC 바르셀로나

Futbol Club Barcelona

카탈루냐 지방의 바르셀로나를 연고지로 하는 세계 최초 협동조합 형태로 운영되는 축구팀.

홈구장은 캄 누 Camp Nou(유럽에서 가장 규모가 큰 경기장)이며 1899년 호안 감페르에 의해 창단되었다. 줄여서 바르샤 Barça라고 부르며 상징색깔은 파랑과 빨강. 협동조합 형태로 운영돼 회원들의 팀에 대한 애착은 그 어떤 클럽보다 강하며 클럽 서포터즈의 이름을 쿠레cule 혹은 쿨레스cules라고 부른다. 홈경기가 있는 날에는 선수입장과 함께 칸 데 바르샤 Cant del Barça(바르샤의 노래)가 울려 퍼진다. 바르샤의 전설이라 불리는 선수이자 감독은 요한 크루이프 Hendrik Johannes Cruiff로 레알 마드리드의 스카우트 제의를 거절하고 바르샤에 입단해 팀을 우승으로 이끌었다. 감독 시절에는 11번의 리그 우승과 최장 연임 감독으로도 유명하다. 요한 크루이프의 감독 시절 활약한 선수였던 주셉 과르디올라 Josep Guardiola가 바르셀로나 감독을 맡았을 당시 바르셀로나는 스페인 축구클럽 최초 트리플(국왕 컵, 국내리그, 챔피언스 리그)을 달성하기도 하였으며 엘 클라시코에서 뿐만 아니라 바르셀로나를 이길 축구 클럽이 없을 정도로 최고의 위상을 떨쳤다.

레알 마드리드

CF Real Madrid Club de Fútbol

스페인의 수도 마드리드를 연고지로 한 축구팀. 스페인 축구에서 우승 경험이 가장 많은 팀이며 국제축구 연맹에서 20세기 최고의 축구 클럽으로 선정된 팀이기도 하다. 1902년 창단되었고, 축구를 좋아했던 왕 알폰소 13세에 의해 레알(왕실의, 왕립의)이라는 칭호를 수여받았다. 1931년 스페인 제2공화국이 들어서면서 레알이라는 이름을 제외시켰으나 스페인 내전 이후 다시 레알이라는 칭호를 사용할 수 있었다. 홈구장은 산티아고 베르나베우 Estadio Santiago Bernabéu, 상징 색깔은 흰색이다.

2000년 여름 신임 회장 플로렌티노 페레즈의 갈락티고 Galáctico 정책으로 팬들의 이목이 집중됐다. '은하계 별들을 불러 모으다'라는 뜻으로 세계에서 가장 뛰어난 선수들을 한 팀으로 불러 모아 많은 수익을 창출하였으나 당시 팀 성적은 생각만큼 좋지는 않았다.

하지만 2018년까지 총 13번이나 UEFA(유럽축구연맹) 챔피언스 리그에서 우승하면서 UEFA 챔피언스 리그에서 가장 많이 우승한 팀으로 거듭났다.

KEYWORD 08

절제된 멋, 그 속에 담긴 열정!
플라멩코

플라멩코는 춤 Baile, 기타 Toque, 노래 Cante로 구성돼 있으며 스페인을 상징하는 종합예술이다. 15세기 무렵 방랑 생활을 하던 집시들이 안달루시아 지방에 정착하면서 생겨난 춤이라고 하는데 정확한 유래는 알 수 없다고 한다. 단지 그들이 거쳐 온 동서양의 여러 나라와 안달루시아 지방 문화가 혼합돼 지금의 형태로 정착했다는 설이 가장 유력하다. 그래서인지 플라멩코 음악은 한스러운 우리네 판소리를 연상케 하고, 박수와 올레로 추임새를 넣는 것 역시 낯설지 않고, 무용수의 춤 속에는 열정과 함께 인생의 희로애락이 담겨 있다.

플라멩코의 유래

한때 집시들의 예술로 푸대접 받던 플라멩코는 1913년 카르멘 아마야라는 무용수를 통해 세계적으로 알려지게 됐고 오늘날 스페인을 대표하는 전통예술로 인정받게 됐다.

집시들의 한 많은 역사만큼이나 굴곡의 역사를 보낸 플라멩코는 집시들끼리 즐기던 춤에서 타블라오에서 술을 마시며 감상하는 춤이 됐고, 오늘날에는 발레·오페라와 접목시켜 대형극장에서 공연하는 예술로 발전했다. 카리스마와 절제된 멋이 느껴지는 플라멩코 공연은 누구나 한 번의 감상만으로 쉽게 매료된다. 공연을 본 후 자신도 모르게 무용수들의 춤사위를 흉내 낸다든가 플라멩코 음악이 담긴 CD를 구입하고 있다면 당신은 이미 플라멩코 마니아가 된 것이다.

좁은 동굴에서 집시들이 추는 그라나다 플라멩코

그라나다는 옛날부터 집시들이 거주한 곳으로 유명하다. 늘 가난했던 집시들은 동굴 안에 집을 짓고 살았는데 그게 바로 쿠에바다. 그들이 술을 마시면서 즉흥 플라멩코 공연을 즐겼던 선술집 역시 쿠에바였다. 그라나다식 플라멩코의 특징은 옛 쿠에바를 그대로 재현한 좁은 동굴 안에서 이루어진다는 점이다. 둥글게 둘러앉아 무용수의 춤을 아주 가까이서 감상할 수 있는데, 무용수들은 우리가 상상하는 집시의 모습을 그대로 표현한다.

현재 공연장은 아름다운 시내 전경을 감상할 수 있는 알바이신 지구와 사크로몬테에 있다. 대표적인 공연장으로는 Los Tarantos와 Albayzìn이 있는데 좁고 긴 동굴 안에 벽을 따라 의자가 놓여 있고, 그 중앙에서 무희가 춤을 춘다. 술을 마시며 떠들다가 흥에 겨워 한 사람씩 나와 춤을 추는 형식으로 쇼가 진행된다.

◆ 즐기기 Tip
숙소에서 예약하면 왕복 차량 서비스가 제공되고, 쇼를 보기 전에 간단하게 알바이신 지구 워킹 투어가 있다.

플라멩코의 본고장에서 즐기는 세비야 플라멩코

세비야는 플라멩코의 본고장으로 시내 곳곳에 플라멩코 공연장이 있고 거리에서도 심심치 않게 공연을 감상할 수 있다. 교육기관도 발달해 전 세계에서 플라멩코를 배우려는 학생들이 찾아온다. 일주일 정도 경험 삼아 배우는 수업부터 전문 무용인을 기르는 수업까지 다양하다.

세비야의 플라멩코는 술을 마시며 공연을 감상할 수 있는 플라멩코 전용 술집 타블라오에서 감상하는 게 제격이다. 공연장은 나무 바닥으로 돼있어 다이내믹한 무용수의 스텝을 감상하기에 그만이다. 워낙 유명한 무용수들이 많기 때문에 어느 공연장을 가든 상관없다. 대표적인 곳으로는 세비야에서 가장 유명한 타블라오인 Los Gallos, 유명한 무용수 크레 베레스가 운영해 수준 높은 공연을 감상할 수 있는 El Arenal, 단 한 명의 무희·가수·기타리스트가 나와 한 시간 가량 공연을 진행하는 Casa de la Memoria가 있다. Casa de la Memoria는 아름다운 무슬림식 정원에 자연의 멋을 살린 작은 공연장으로 무대를 둘러싸고 앉아 가깝게 공연을 감상할 수 있다.

고급스러운 공연물로 거듭난
마드리드·바르셀로나의 발레 & 오페라 플라멩코

수도이자 정치의 1번지 마드리드는 왕족과 귀족의 도시로 하층민이 즐기던 플라멩코를 스페인 대표 춤으로 인정하는 데 가장 오랜 시간이 걸렸다. 하지만 오늘날에는 정통 플라멩코에서부터 퓨전 플라멩코 공연까지 다양하게 플라멩코 공연을 감상할 수 있게 되었다. 특히 발레 플라멩코는 플라멩코에 발레를 접목시켜 예술성 뛰어난 클래식 플라멩코 공연으로 발전했다. 카리스마와 우아함이 돋보이는 2시간 동안의 짜임새 있는 공연은 환상 그 자체다. 공연은 Teatro del Arenal에서 감상할 수 있다. 또한 바르셀로나에서는 오페라에 플라멩코를 접목시킨 새로운 공연물을 감상할 수 있다. 두 명의 오페라 가수가 플라멩코의 역사와 발전을 노래하고 두 명의 플라멩코 댄서가 각 장르별 플라멩코 춤과 음악을 소개한다. 공연은 람블라스 거리의 폴리오라마 극장 Teatre Poliorama에서 감상할 수 있다.

알아두세요

잘못된 플라멩코 상식

플라멩코는 춤이 중심이다.
아니다. 플라멩코 공연은 춤(플라멩코)과 노래(칸테 플라멩코), 기타(토케 플라멩코), 3박자가 어우러진 종합예술이다. 공연의 중심은 화려한 춤보다 심금을 울리는 노래에 있다.

무용수는 날씬하다.
아니다. 워낙 힘을 많이 쓰는 춤이라 그런지 뱃살 두둑한 무용수들이 많다. 전혀 다이어트를 고려하지 않는다는 말이 있다.

무용수는 젊어야 잘 춘다.
아니다. 사연 많은 인생사를 표현하는 공연인 만큼 연륜 있는 무용수의 공연을 높이 평가한다. 전문 무용수들은 하나같이 플라멩코가 세상에서 가장 어려운 춤이라고 말한다.

플라멩코 공연은 축제같이 활기차다.
아니다. 밝은 분위기의 공연도 있지만, 대부분 심각하고 심오한 표현의 공연이 더 많다.

공연 중에 흥겨우면 박수를 쳐도 될까?
아니다. 플라멩코는 가수와 기타리스트, 댄서가 혼연일체가 되어 추는 춤으로 박자에 예민하다. 박수는 공연이 완전히 끝났을 때만 치고 박수 대신 올레 Olé!를 외쳐야 한다.

KEYWORD 09

소와 인간이 펼치는 박진감 넘치는 한 편의 드라마!
투우

스페인 하면 떠오르는 열정, 그 속에 투우가 있다. 투우사든 소든 둘 중 하나는 죽어야 끝나는 이 광적인 스포츠는 박진감 넘치는 한 편의 드라마다. 고야, 피카소 등 스페인의 화가에게 영향을 주었고 세계적인 문호 헤밍웨이 역시 투우장에서 삶과 죽음을 넘나드는 에너지를 발견하고 그에 대한 기록을 남겼다. 투우 시즌은 3월 발렌시아의 '불 축제'에서부터 시작되어 10월 사라고사의 '필라르 축제'에서 막을 내린다. 그 기간에 스페인 각지에서 투우가 열린다. 매주 일요일에는 거의 경기가 있다. 단, 바르셀로나에서는 투우가 폐지됐다.

투우의 유래

투우는 스페인을 대표하는 스포츠로 목축업의 번성을 기원하는 종교의식에서 유래했다. 17세기 말까지는 궁중 오락이었지만 18세기 초부터 일반인도 즐길 수 있는 대중 스포츠로 자리 잡았다. 중세에는 기마 투우가 주류를 이루었고 18세기 후반에는 투우계의 쌍벽을 이루는 론다파와 세비야파가 탄생해 서로 경쟁했다. 19세기 이후 세계적인 투우사들이 탄생했으며 투우가 플라멩코와 함께 스페인을 상징하게 됐다.

티켓 구입

티켓은 경기 4일 전부터 투우장 매표소에서 판매한다. 인기 있는 투우가 아니면 당일에도 티켓을 구입할 수 있다. 경기 스케줄은 관광안내소에서 미리 확인하자. 요금은 좌석에 따라 €5~120.

좌석의 종류

투우장의 좌석은 햇살이 비치는 정도에 따라 솔 Sol(종일 해가 비치는 곳), 솜브라 Sombra(그늘진 자리), 솔 이 솜브라 Sol y Sombra(서서히 그늘지는 자리)로 나뉘고, 층에 따라 1층 텐디도 Tendido, 2층 그라다 Grada, 3층 안다나다 Andanada 등으로 나뉜다.

경기 즐기기

투우 경기는 총 3장으로 이루어져 있다. 제1장은 탐색전으로 말을 탄 피카도르가 긴 창으로 황소의 등을 찔러 상처를 입힌 뒤 소의 특성을 파악한다. 제2장에서는 반데리예로가 화려한 장식을 한 반데리야스(작은 쇠창)로 소의 급소를 찌른다. 소를 더 흥분시키고 힘을 빼기 위해서다. 제3장은 손에 땀을 쥐게 하는 소와 투우사의 마지막 승부로 투우사인 마타도르가 등장하고 소와의 간격을 좁히며 아슬아슬한 묘기를 부린다. 물레타 Muleta라는 붉은 천을 향해 소가 돌진할 때마다 관중은 점점 더 흥분하여 '올레'를 외친다. 마지막으로 마타도르가 소의 숨통을 끊으면 경기가 끝난다.

전문가가 이야기하는 생생한 현지 여행 노하우 9

01 스페인에 가면 시에스타 Siesta를 따라야 한다!

02 하루 5끼 먹고도 살 안 찌는 스페인식 식사 스타일

03 스패니시의 사랑방, 바 Bar

04 바에 가면 꼭 먹어 봐야 할 것, 커피·술·타파스·하몬

05 맛도 가격도 착한 최고의 점심 만찬, 오늘의 메뉴

06 똑! 소리 날 만큼 현명한 도시여행 팁

07 사건·사고를 줄이는 여행 어드바이스

08 박물관 효율적으로 둘러보기

09 모두가 행복해지는 공정여행

01 스페인에 가면 시에스타 Siesta를 따라야 한다!

스페인은 유럽에서도 일조량이 가장 많은 나라 가운데 하나로 점심 식사를 마친 후, 태양을 핑계 삼아 낮잠을 즐긴다. 이 점심 후의 낮잠 시간을 스페인어로 시에스타라고 한다. 시에스타가 되면 모든 상점은 문을 닫고 거리는 고요해진다. 오직 길고양이들과 관광객들만이 거리를 활보할 뿐이다.

스페인은 시에스타 때문에 관공서와 상점 운영 시간, 유명 유적지와 레스토랑 운영 시간이 세계 여느 나라와 많은 차이가 있다. 레스토랑에 덩그러니 홀로 앉아 식사를 하거나, 문 닫힌 쇼핑가를 서성이고 싶지 않다면 스패니시 타임을 알아두자.

① 시에스타(낮잠) 13:00~16:00

요즘 대도시에서는 경쟁력과 생산성 저하로 점점 사라지고 있다고는 하지만 여전히 스페인 사람들은 한낮의 더위를 피해 휴식과 낮잠을 즐긴다. 어쩌면 스페인 사람들의 건강 비결 중 하나라 할 수 있다. 시간에 쫓기지 않는다면 스페인 사람들처럼 점심을 먹고 숙소에 들어가 잠시 낮잠을 자고 쉬다가 저녁때 쇼핑가를 둘러보거나 늦게까지 운영하는 박물관을 돌아보면 좋다. 시간이 없다면 시에스타 시간대에 영향을 받지 않는 관광명소나 지역을 여행하는 것이 효율적이다.

② 관공서와 상점의 일반적인 운영시간
월~토요일 09:30~13:30, 16:30~20:30

스페인 사람들은 시에스타를 즐기기 때문에 유럽의 다른 도시에 비해 폐점 시간이 늦은 편이다. 관공서, 상점에 따라 운영 시간이 30분 정도 차이가 있으니 필요하다면 미리 확인해 두자. 백화점, 대형 슈퍼마켓 등은 보통 10:00~22:00까지이며, 일요일과 공휴일에도 운영하는 곳이 있다.

③ 박물관 운영 시간

대부분의 박물관과 유적지는 시에스타와 상관없이 운영되지만 소도시나 관람객이 적은 박물관, 유적지는 시에스타를 적용하는 곳이 많다. 또한 운영 시간이 월별로 변동되므로 스페인의 어느 도시를 여행하든지 관광안내소에 들러 정확한 운영 시간을 알아 두는 게 좋다. 일반적으로 매주 화요일 또는 목요일은 21:00까지 운영한다.

④ 영화관·각종 공연 시간

영화 상영 시간은 보통 16:30이나 17:00에 시작해 22:00에 끝난다. 주말 또는 지역에 따라 새벽까지 운영하는 곳도 있다. 연극·음악회·오페라 공연 등은 1일 1회 19:30 또는 20:00에 시작한다. 플라멩코 공연은 1일 2회 20:00 또는 20:30, 22:00 또는 22:30에 시작한다. 플라멩코 공연은 마지막 공연이 훨씬 훌륭하다.

⑤ 레스토랑 운영 시간

점심 시간은 14:00~16:00, 저녁 시간은 21:00~01:00. 우리나라 시간 개념으로 레스토랑을 찾았다면 십중팔구 닫혀 있거나 준비 중일 확률이 높다. 제대로 된 스페인 요리를 먹고 싶다면 현지인들의 식사 시간에 맞춰야 한다. 레스토랑에 따라 30분 정도 차이가 있을 수 있다. 시간에 구애받고 싶지 않다면 패스트푸드나 중국 식당 등을 이용하면 된다.

⑥ 클럽 피크타임 24:00

스페인의 목~일요일 밤은 아주 특별하다. 저녁 식사를 마친 사람들이 멋지게 차려입고 퍼브, 바 그리고 나이트클럽으로 모여든다. 클럽이 가장 활기를 띠는 시간대는 02:00~03:00 사이로, 사실 밤 12시도 이른 편이다.

02 하루 5끼 먹고도 살 안 찌는 스페인식 식사 스타일

스페인 사람들은 하루에 5끼를 먹는다. 이른 아침 바에 들러 간단하게 커피를 마시고, 오전 11시쯤 브런치를 먹는 게 일반적이다. 하루 중 가장 중요한 식사는 점심이다. 오후 2시부터 시에스타까지 3시간 동안 여유롭게 식사를 하고 낮잠을 잔다. 오후 6시가 되면 삼삼오오 바에 모여 스낵을 먹으며 수다를 떨고, 저녁식사는 밤 10시는 돼야 먹는다. 그런데 놀랍게도 스페인에는 비만인 사람이 드물다고 한다. 하루에 5끼를 먹고도 날씬한 몸매를 유지하는 스페인식 식사 스타일을 알아보자.

07:00 데사유노 Desayuno
아침 식사

집 또는 바에서 간단하게 에스프레소 한 잔과 작은 롤빵이나 크루아상을 먹는다. 또는 쇼콜라에 추로스를 찍어 먹기도 한다.

11:00 알무에르소 Almuerzo
아침과 점심 사이 간식 시간

바에 모여 친구나 동료들과 밀크커피 또는 신선한 오렌즈 주스를 마시며, 미니 크루아상이나 샌드위치 보카디요 데 하몽 또는 보카디요 데 케소 등으로 간단한 식사를 즐긴다.

14:00~16:00 코미다 Comida
점심 시간

스페인 사람들은 점심 식사를 마치 왕처럼 즐긴다. 하루 중 음식점이 가장 붐비는 시간이며 레스토랑마다 저렴하게 애피타이저, 주요리, 디저트까지 포함된 오늘의 메뉴(메누 델 디아 Menu del dia)를 내놓는다. 한 시간가량 충분히 식사를 즐기고 간단하게 와인이나 술을 곁들여 마신다.

18:00 메리엔다 Merienda
간식 시간

퇴근길에 바에 들러 간단하게 간식을 먹거나 술을 마신다. 술과 함께 먹는 안주가 바로 타파다. 다양한 안주를 맛보기 위해 친구들과 장소를 바꾸며 2, 3차까지 즐기는 경우도 많다. 이를 차테오 Chateo라 부르며 관광객에겐 타파스 투어가 되기도 한다.

21:00 세나 Cena
저녁 시간

오후 9시는 저녁 시간이 막 시작되는 때라 너무 이르다. 밤 10시는 돼야 사람들이 모여들기 시작한다. 점심을 푸짐하게 먹었다면 집에서 간단하게 수프와 토르티야를 먹거나 바에서 양이 적은 타파스를 먹기도 한다.

03 스패니시의 사랑방, 바 Bar

스페인에 가면 어디를 가나 바가 있다. 스페인의 바는 아주 특별한 장소인데, 스패니시들은 아침부터 저녁까지 수시로 바에 드나든다. 스패니시들의 만남과 사교의 장소이고, 하루의 피로를 푸는 휴식처 역할을 하는 곳이다. 현지인들을 만나고, 스페인 문화를 조금이라도 가깝게 느끼고 싶다면 바에 들러보자. 시간대별로 어떤 종류의 바에 가느냐에 따라 각각 색다른 맛이 있을 것이다. 한 곳을 며칠째 들락거리다보면 주문을 하지 않아도 바텐더가 당신의 메뉴를 알아서 챙겨줄지도 모른다.

① 바 종류

오직 커피와 간단한 빵만 먹을 수 있는 카페테리아형 바와 간식과 술안주로 타파를 파는 술집형 바, 타파스를 전문으로 파는 레스토랑형 바가 있다. 레스토랑형 바는 가장 대중적인 음식점 중 하나라고 볼 수 있다.

② 바 활용법

① 아침 식사나 커피 한잔을 원할 때 들러보자.

② 여행 중 간단한 식사를 하고 싶거나 출출할 때 들르면 좋다. 점심시간부터는 술을 마시는 손님을 위해 준비한 다양한 술안주 타파스와 보카디요(샌드위치)를 먹을 수 있다.

③ 하루 여행을 마친 후 먹음직스러운 타파스와 시원한 술 한잔이 생각날 때 들러보자.

④ 화장실이 급할 때나 급하게 전화를 해야 할 때, 길을 잃었을 때, 위급한 상황일 때 들르면 도움을 받을 수 있다.

04 바에 가면 꼭 먹어 봐야 할 것, 커피·술·타파스·하몬

① 커피

스페인 사람들은 진한 블랙커피를 즐겨 마신다. 우리가 흔히 알고 있는 에스프레소를 하루에도 여러 잔 마신다. 그 때문에 커피 값이 저렴하다. 아침이라면 위에 부담 없는 카페 콘 레체를, 여행 중 잠시 에너지 충전을 원하면 카페 솔로를 마셔보자.

커피 종류

① **카페 솔로** Café solo : 에스프레소. 작은 잔에 나오는 아주 진한 커피

② **카페 콘 레체** Café con leche : 카페라테. 큰 잔에 나오는 밀크커피. 특히 아침 식사 때 많이 마신다. 유리잔에 나오는 경우 매우 뜨거우니 주의하자.

③ **카페 코르타도** Café cortado : 작은 잔에 나오는 밀크커피. 식후 즐겨 마신다.

④ **카페 아메리카노** Café Americano : 우리가 흔히 마시는 아메리카노. 미국 여행자들이 많이 찾아서 생긴 듯한데, 물을 조금만 타기 때문에 진한 편이다.

⑤ **카페 콘 이엘로** Café con hielo : 아이스 아메리카노. 우유 탄 아이스커피를 원한다면 카페 콘 레체 이엘로 Café con leche con hielo라고 주문하면 된다. 하지만 스페인에서 흔한 스타일이 아니니 직원이 조금 놀랄지도 모른다.

⑥ **카페 카푸치노** Café capuchino : 생크림 위에 계핏가루를 뿌려준다.

② 술

스페인 사람들은 애주가다. 아침 식사에 곁들이는 카라히요를 시작으로, 점심에는 식사에 곁들여 와인을 마시거나 바에 들러 전통주나 브랜디를 마시는 등 다양한 술을 즐긴다. 저녁이 되면 모든 바는 선술집으로 변한다. 애주가라면 매일 저녁 바에 들러 스패니시들이 즐기는 다양한 전통주를 마셔보자. 한 잔 술에 안주(타파) 하나, 하루를 가볍게 마

Travel Plus

스페인은 세계 3대 와인 생산국

스페인은 세계 3대 와인 생산국이며 포도경작 면적은 세계 최대 규모를 자랑한다. 와인의 질도 프랑스 와인과 견줄 만하다. 그런데 우리에게 잘 알려지지 않은 이유는 와인 생산량의 대부분을 자국에서 소비하기 때문이다. 바, 레스토랑 등 어디서나 질 좋고 다양한 현지 와인을 마실 수 있다. 와인 마니아라면 여행 내내 맛있는 와인을 즐겨보자. 선물용으로도 그만이다.

스페인 최대 와인 생산지는 라 만차 La Mancha 지방의 발데페냐스 Valdepeñas 지역이다. 스페인 와인의 3분의 1을 생산한다. 생산량 2위를 차지하는 발렌시아 지방은 화이트 와인과 로제 와인을, 리오하 Rioja 지방에서는 최고급 레드 와인을 생산한다. 베가 시실리아의 우니코 Unico는 최고의 평가를 받고 있는 스페인 와인의 살아있는 전설이다.

▶비노(와인) Vino, 블랑코(화이트) Blanco, 틴토(레드) Tinto, 로사도(로즈 와인) Rosado, 비노 데 라 카사(하우스 와인) Vino de la casa

상그리아 헤레스 아니스

세르베사

시드라

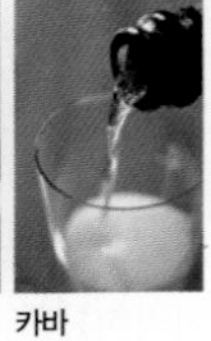

카바

무리하는 데 이만한 게 없다. 분위기를 바꾸고 싶다면 바를 바꿔가며 조금씩 마셔도 좋다. 이것을 타페오 Tapeo라고 한다.

스페인 술 종류

① **상그리아** Sangria : 레드 와인에 과일과 레모네이드를 섞은 와인 칵테일. 독하게 마시고 싶으면 위스키를 섞는다. 스페인을 대표하는 칵테일이며 한여름의 더위를 식혀주는 술로 가장 많이 알려져 있다.

② **헤레스** Jerez : 스패니시들과 외국인 여행객, 모두에게 인기가 높은 셰리주. 헤레스 데 라 프론테라와 주변 두 곳을 연결하는 삼각 지대에서 생산되는 셰리주만 헤레스라고 부른다. 식전에 즐겨 마시며 타파스와 궁합이 잘 맞는다.

③ **카바** Cava : 카탈루냐 지방의 명물인 스파클링 와인. 카바는 와인을 숙성시키는 지하저장고 Cava에서 유래했다.

④ **시드라** Sidra : 스페인 북서부 전통 사과주. 탄산이 있는 것과 무탄산, 두 종류가 있다.

⑤ **아니스** Aníns : 마드리드 근교 친촌의 특산품으로 식후 소화를 돕는 데 좋다. 옛날에는 귀족들이 각성제로 사용했다.

⑥ **세르베사(맥주)** Cerveza : 스페인산 맥주는 종류도 많고 맛도 다양하다. 생맥주는 세르베사 데 바릴 Cerveza de barril.

술집 종류

① **바** Bar : 술을 메인으로 팔고, 식사는 타파스 등 가벼운 안주류를 취급한다.

② **타베르나** Taberna : 술과 식사를 함께 할 수 있는 선술집으로 레스토랑에 가깝다.

③ **메손** Mesón : 서민들이 즐겨 찾는 선술집으로 어원은 여인숙이다.

④ **보데가** Bodega : 다양한 와인을 마실 수 있는 와인바로 양조장을 뜻한다.

⑤ **세르베세리아** Cervecería : 우리나라의 호프집 개념. 맥주 전문점으로 각 지방의 다양한 맥주를 판다.

③ 타파스

“타파스 하러 갈래?” 스페인 사람들의 이 한마디는 우리나라의 “오늘 맥주 한잔 어때?”와 같은 말이다. 그래서 타파스는 음식 그 이상의 의미다.

타파는 중국의 딤섬처럼 헤아릴 수 없을 만큼 그 종류가 다양하다. 타파를 미리 준비해 쇼케이스에 놓아두고 전자레인지에 익혀 주는 바도 있고, 즉석에서 직접 만들어 요리를 해주는 전문 바 레스토랑도 있다. ‘타파’는 단수형이고, ‘타파스’는 복수형으로, 현지인들은 여러 바와 레스토랑을 돌며 먹어보는 타페오를 즐긴다. 여행자들은 타파스투어라고 한다.

◆유난히 미식가들이 많은 바스크 지방에서는 타파를 핀초 Pincho라고 부른다.

양의 기준이 되는 접시

스페인에서는 인원에 따라 양을 자유롭게 주문할 수 있는데 그 기준이 접시의 사이즈다. 물론 가격도 달라진다.

푸엔테 Fuente : 여럿이 나눠 먹을 수 있는 큰 접시
플라토 Plato : 우리나라 1인용 앞접시. 푸엔테의 요리를 나눠먹을 수 있는 1인용 접시
플라티요 Platillo : 플라토보다 더 작은 접시
라시온 Ración : 일품요리를 담은 큰 접시. 양은 플라토와 타파의 중간이다.
메디아라시온 Mediaracion : 일품요리를 담은 중간 접시
타파 Tapa : 일품요리를 담은 가장 작은 접시

④ 하몬 Jamón

스페인의 대표적인 음식으로 돼지 뒷다리 염장 햄이다. 우리나라의 김치처럼 스페인 사람이라면 누구나 하몬을 즐겨 먹는다. 특히 레드와인의 안주로 찰떡궁합이며, 그 밖에 샌드위치나 각종 요리에도 하몬이 빠지지 않는다. 스페인에서 오래 산 한국인들이 가장 그리워하는 음식 중 하나일 만큼 한번 맛을 들이면 중독성이 강하다. 하몬 전문점에는 하나같이 벽면 가득 하몬이 걸려 있다. 그 안에서 와인도 마시고 하몬도 구입하는데 분위기가 꽤 야릇하다.

하몬의 종류

돼지 종류에 따라 하몬 세라노 Jamón Serrano와 하몬 이베리코 Jamón Ibérico로 나뉜다. 하몬 세라노는 일반 돼지로 만든 것이고 하몬 이베리코는 상수리나무 숲에 방목해 도토리만 먹고 자란 흑돼지로 만든 것이다. 콜레스테롤을 분해하는 효능이 있어 다리 달린 올리브로 불린다.

하몬의 특징

하몬은 돼지 뒷다리에 양질의 소금을 뿌려 염장한 후 14~28개월 동안 숙성시킨다. 전통적인 제조 방식을 고집하며 맛과 품질이 우수해 스페인뿐만 아니라 전 세계 미식가들의 사랑을 받고 있다. 하몬은 일반 햄에 비해 붉은 빛이 선명하고 기름기가 넘쳐나 촉촉하고 부드럽다. 한입 베어 물면 허브 향이 퍼지며 단맛과 짭짜름한 맛이 나고 씹을수록 고소하다. 그 밖에 향긋한 파프리카 소시지 초리소 Chorizo와 돼지 피를 섞은 검은 소시지 모르시야 Morcilla도 유명하다.

05 맛도 가격도 착한 최고의 점심 만찬, 오늘의 메뉴

스페인의 레스토랑 대부분은 점심에 오늘의 메뉴(메누 델 디아 Menu del dia)를 선보인다. 하루 식사 중 가장 중요하게 여기는 점심시간에는 모든 레스토랑이 애피타이저, 메인요리, 디저트가 포함된 오늘의 요리를 내놓는다. 원래 가격보다 20% 저렴하고, 현지인이 즐겨 찾는 인기 요리들로 구성돼 있어 여행자들이 즐기기에도 좋다. 맛도 가격도 모두 만족할 것이다.

① 레스토랑 구분법

레스토랑 입구에 포크가 1~5개까지 표시돼 있다. 음식 맛은 물론 레스토랑의 규모와 시설, 분위기, 서비스 등을 모두 고려한 표시인데, 포크 수가 많을수록 고급 레스토랑이다. 점심시간이 가까워졌다면 레스토랑 입구에 세워진 '오늘의 메뉴'를 참고하자.

② '오늘의 메뉴' 구성

STEP 1

프리메르 플라토(첫 번째 접시) Primer Plato

애피타이저, 수프, 샐러드 같은 야채요리와 달걀요리 중 한 개를 선택

STEP 2

세군도 플라토(두 번째 접시) Segundo Plato

육류 또는 생선 요리 중 선택

STEP 3

포스트레(디저트) Postre

아이스크림, 제철 과일, 푸딩 중에서 선택

◆음료는 별도인 경우가 많다. 팁은 의무는 아니지만 레스토랑에 따라 요금의 10% 또는 €1, 거스름돈을 두고 나오면 된다.

③ 파에야 데이

파에야 Paella는 스페인을 대표하는 요리로 농부들이 점심때 나무 그늘 아래 모여 큰 파에야(큰 냄비 이름)를 불에 올려놓고 쌀과 주변에서 구한 야채, 달팽이, 토끼 등을 넣고 끓여 먹던 요리다. 원래 발렌시아 지방의 전통 요리이지만 지금은 스페인 전역에 퍼져 스페인 전통요리가 됐다. 쌀이 주재료이며 여기에 닭고기, 돼지고기, 해산물, 야채 등 부재료에 따라 파에야의 이름이 결정된다. 스페인 사람들은 점심때 해변 식당에서 파에야를 즐겨 먹으며 바르셀로나에서는 매주 목요일을 파에야의 날로 정해 새로운 전통을 만들었다. 파에야의 날에는 저렴한 오늘의 메뉴를 선택해 파에야를 즐겨보자. 메인 요리는 파에야, 그 밖의 스페인의 명물 요리가 포함된다. 음료는 스페인 와인을 곁들이는 게 좋다. 카탈루냐의 스파클링 와인을 추천한다.

④ 추천 메뉴

STEP 1

프리메르 플라토 Primer Plato

① 멜론과 하몬 Melón con Jamón : 멜론의 달콤한 맛과 하몬의 짭짜름한 맛이 일품이다. 애피타이저인 만큼 입맛을 돋우는 데 최고다.

② 판 콘 토마테 Pan con Tomate : 카탈루냐 지방의 김치로 불리는 빵. 얇게 썬 빵 위에 토마토와 마늘 소스를 바르고 올리브 오일을 뿌려 먹으면 된다. 자꾸자꾸 손이 가는 친근한 맛이다.

③ 가스파초
Gazpacho : 안달루시아 지방의 대표적인 수프. 파에야 다음으로 유명한 스페인 요리로 차게 먹는 게 특징이다. 토마토, 오이, 피망에 올리브 오일, 식초, 마늘을 섞어 맛이 상큼하다.

STEP 2

세군도 플라토(두 번째 접시) Segundo Plato

④ 파에야 Paella : 우리 입맛에는 파에야 데 마리스코(해산물 파에야) Paella de Marisco와 아로스 네그로(먹물 파에야) Arroz negro가 잘 맞는다. 좀 모험을 하고 싶다면 아로스 콘 코네호(토끼 고기 파에야) Arroz con conejo를 추천한다. 우리 입맛에는 짤 수 있으니 주문 전에 소금을 적게 넣어 달라고 하자. "포키토 살 Poquito Sal!"

파에야 데이의 파에야

STEP 3

디저트

⑤ 크레마 카탈라나
Crema Catalana : 스페인 스타일의 크렘블레. 부드러운 커스터드 크림이 듬뿍, 그 위에 살얼음 같은 설탕 시럽이 뿌려져 나온다. 애주가라면 식전에 마시는 셰리주나, 식후에 마시는 아니스(P.58)를 곁들이자.

06 똑! 소리 날 만큼 현명한 도시여행 팁

계획이 치밀하고, 완벽하다고 자부해도 현지 적응에 실패한다면, 즐거운 여행은 물 건너간 셈이다. 여행 중 어쩌다 범하게 되는 실수는 웃고 넘길 에피소드가 되겠지만, 매일이 뒤죽박죽 실수투성이라면 시간 낭비에다 피곤함만 더해질 뿐이다. 스페인의 어느 도시를 가든 기본적인 요령만 익히면 쉽게 여행할 수 있다. 몇 가지 도시여행의 노하우를 익혀보자.

① 현지인과의 의사소통은 영어면 OK!

스페인은 스페인어를, 포르투갈은 포르투갈어를 사용한다. 각국의 언어를 구사할 수 있다면 좋겠지만, 영어로 말해도 괜찮다. 다행히 역이나 여행사·관광안내소·관광명소 등 여행 관련 일에 종사하는 대부분의 사람들은 영어를 구사한다. 표정과 손짓으로 표현하는 보디랭귀지만 잘해도 여행을 위한 의사소통에는 문제가 없으니, 두려워하지 말자! 번역앱만 있어도 큰 도움이 된다.

스페인 사람들은 대부분 영어를 못한다.
그에 비해 포르투갈 사람들은 영어를 꽤 잘하는 편이다.

② 관광안내소ⓘ를 최대한 활용하자!

어느 도시에 도착하든지 여행을 시작하기 전에 관광안내소에 들르자. 관광객을 위해 운영하는 곳인 만큼 직원들이 친절하다. 스마트폰만 있으면 어디든 여행이 가능하지만 효율적인 이동 방법이나 각종 공연, 이벤트 등에 대해 문의해 보자. 관광안내소만 잘 활용해도 알찬 여행이 가능하다.

ⓘ에 가면 꼭 챙겨야 할 것!

- ☑ 도시 지도를 얻자. 지도가 크고 보기 좋다. 보통 무료이지만, 유료인 것도 있다.
- ☑ 베스트 코스를 추천 받자. 짧은 시간 내에 효율적으로 도시를 여행할 수 있다. 현지인이 아니면 알기 힘든 여행지와 테마 여행 코스도 문의해 보자.
- ☑ 핸디한 무료 시내 가이드북, 무료 또는 저렴한 특별 공연 안내 책자를 얻자. 시내 가이드북에는 관광명소의 운영 시간과 입장료, 레스토랑과 숙소 정보가 상세히 소개되어 있어 매우 유용하다.
- ☑ 숙소를 예약하지 않았다면 숙소 정보를 얻거나 숙소 예약 서비스를 받자. 예약 및 숙소 위치, 찾아가는 방법 등도 알려준다.
- ☑ 근교 여행지로 갈 수 있는 교통편과 운행 시간을 문의하자.
- ☑ 맛있는 현지 음식과 추천 레스토랑을 문의하자. 유명한 곳이 싫다면 직원이 개인적으로 즐겨 찾는 현지 레스토랑을 추천받는 것도 좋다.
- ☑ 관광안내소에 배치된 전단지와 무료 할인쿠폰을 챙기자. 유적지와 유명 레스토랑 할인쿠폰을 얻어두면 알뜰하게 사용할 수 있다.

③ 지도를 볼 줄 알면 게임 끝!

스페인과 포르투갈의 모든 도시는 구획정리가 잘 되어 있고, 거리마다 이름이 표시돼 있어 지도만 볼 줄 알면 큰 걱정은 없다.

지도 보는 팁

① 자신의 현 위치와 진행하고 있는 방향(동·서·남·북)을 찾자.

② 도시의 랜드마크를 2개 정도 찾아 지도상에 표시하고, 주요 볼거리와 꼭 보고싶은 것들을 표시해 보자.

③ 동선을 그어 루트를 만들자. 지금 있는 위치에서 가려고 하는 곳을 연결해 보면 걸어서 갈 것인지, 대중교통을 이용해야 할 것인지 판단이 선다.
④ 관광안내소에서 얻은 지도에는 대표적인 관광명소의 사진과 설명이 나와 있는데, 가이드북에 소개되지 않은 멋진 곳들의 정보를 얻을 수 있으니 꼼꼼히 살펴보자. 어떤 지도는 가이드북 이상으로 설명이 상세해 지도 한 장으로도 시내 관광이 가능하다.
◆시내 지도와 지도 애플리케이션(구글맵 등)을 적절히 병행해 사용하자.

④ 무조건 걷지 말고, 교통수단을 활용하자!

스페인과 포르투갈의 도시들은 대부분 도보로 이동해도 될 만큼 작고 아담하다. 하지만 대도시의 경우는 다르다. 무턱대고 걷는 것보다는 적절히 대중교통수단을 이용하는 것이 효율적이다. 시간을 절약해 더 많은 볼거리를 감상할 수 있다. 메트로는 기본이고, 시내 중심을 도는 트램은 꼭 한번 이용해 보자. 현지인처럼 대중교통수단을 이용하고 싶다면 관광안내소에서 교통지도를 얻자.
◆교통편도 애플리케이션을 활용하면 소요시간 및 교통편 운행 정보 등을 실시간으로 알 수 있어 편리하다.

⑤ 무료 Wi-Fi를 적극 활용하자!

데이터를 최대한 아껴야 한다면 카페·레스토랑·박물관 등에 가면 무료 Wi-Fi를 사용할 수 있는지 알아보자. 대부분 계산대에 안내문이 있는 경우가 많다.

⑥ 무료 화장실이 없다고? 찾아보면 나온다!

가이드북이나 인터넷을 뒤져봐도 무료 화장실을 이용하는 팁을 알려주는 일은 드물다. 만약 화장실이 급하다면 다음 방법들을 잘 활용해 보자.
① 주변에 호텔 또는 호스텔이 있는지 찾아본다. 대부분 본인이 머무는 숙소가 아닌 경우 화장실을 이용할 수 없다고 생각하지만 호텔·유스호스텔은 1층 또는 2층에 화장실이 있다. 당당하게 들어가서 깨끗하게 사용하고 나오면 된다.
② 주변에 있는 식당이나 카페를 찾아본다. 우리나라와 마찬가지로 화장실은 구석진 곳에 위치하고 있다. 이런 곳은 가게 손님들을 위해 화장실을 개방해 놓기 때문에 이용할 수 있다. 대부분의 여행객들이 우리나라처럼 패스트푸드점이 화장실을 개방할 것이라 생각하지만 사실 유료다. 영수증에 적힌 번호를 누르거나 €1 미만의 돈을 지불해야 사용할 수 있다.
③ 박물관·미술관을 둘러본다면, 관람 전과 후에 미리미리 화장실을 이용하자.

⑦ 탄산수? 미네랄워터? 구분해서 마셔라!

유럽은 보통 우리가 일반적으로 사 먹는 물보다 탄산수를 많이 취급한다. 그 때문에 잘 구분하지 못하고 사면 입에 안 맞아서 그냥 버리게 된다. 아깝다고 뚜껑을 열어 하루 동안 가스를 뺀 뒤에 마시는 사람들도 있다. 유럽에서는 파는 물이 보통 두가지로 나뉜다. 100% 탄산수와 미네랄워터다. 그 둘은 이렇게 구분한다. 물병 주둥이 부분을 손으로 꾹 눌러봤을 때 쑥 들어가면 미네랄워터고, 탱탱하면 탄산수다. 탄산수는 병 속에 가스를 넣기 때문에 탱탱한 것이며, 녹색병인 경우가 많다. 소화가 잘 되는 탄산수는 입맛을 들이면 일반 미네랄워터보다 훨씬 맛이 좋다.

미네랄워터
Agua Mineral
sin gas

탄산수
Agua
Mineral
con gas

⑧ 나만의 여행 가이드북을 만들자!

가볍고 필기감이 좋은 노트를 준비해서 여행지에서 일어난 것들을 기록해 두면 좋다. 음식점에서 식사를 하고 받은 영수증에 음식점 이름과 먹은 메뉴를 적거나, 박물관 입장권이나 사진 등을 스크랩해 간단한 메모를 곁들여 놓으면 이들이 모여 한 권의 훌륭한 여행 가이드북이 탄생한다. 여행 후에 펼쳐보면 여행의 소소한 추억들이 되살아날 것이다.

07 사건·사고를 줄이는 여행 어드바이스

스페인이나 포르투갈 모두 치안은 괜찮은 편이지만 사람이 많이 모이는 장소에는 소매치기들이 극성을 부려 여행자들은 마음을 놓을 수가 없다. 도난사고가 워낙 빈번하고 그 수법도 다양해 여행자들 사이에 전설처럼 회자되는 사건·사고들이 많다. 그렇다고 흥미로운 이 나라를 마다할 수 없다. 현지인들과 여행자들이 일러주는 무사고 여행 노하우를 소개한다.

① 소매치기들의 수법 9가지

· 모금 또는 설문 조사를 가장한 금전 요구

주로 청소년이나 어린아이들이 쓰는 수법. 모금이나 설문을 핑계로 관광객에게 접근해 돈을 요구한다. 황당해서 실랑이를 벌여도 너무 집요해 결국 돈을 주고 만다. 휘말리지 말자.

· 경찰을 가장한 여권 소매치기

사복을 입은 사람이 다가와 잠복근무를 서는 형사라고 한 후 여권을 보여 달라고 한다. 이때 여권을 보여주면 바로 들고 가버린다. 실제 경찰복을 입고 여권을 보여 달라고 하기도 한다. 진짜 경찰일지도 모른다는 생각에 안 보여주기도 어렵다. 이럴 때 최선은 여권 복사본을 여러 장 가져가 이것을 보여주는 것이다.

· 오물을 이용한 소매치기

아주 고전적인 수법인데, 보통 2인1조로 행동한다. 냄새나는 오물이나 크림 등을 가만히 앉아 있는 사람의 신발, 가방, 목덜미에 뿌린 후 한 사람이 친절하게 다가와 뭐가 묻었다고 가르쳐 준다. 그 말을 듣고 오물이 묻은 쪽에 신경 쓰는 순간 다른 한 사람이 가방이나 지갑 등을 들고 도망간다.

· 관광객 행세를 하는 소매치기 또는 강도

지도를 들고 길 잃은 관광객인 것처럼 여행자들에게 접근한다. 찾는 곳까지 데려다주면 미리 와 기다리고 있던 일행과 함께 강도로 돌변한다. 또 다른 경우는 또래의 관광객으로 위장해 하루 종일 시내 관광을 함께 한다. 어느 정도 친해졌다고 생각할 때 수면제가 든 음료를 먹이고 도둑질을 하거나 현지인들만 아는 아주 특별한 볼거리가 있다고 꾀어 외딴 장소로 유인한 다음 기다리고 있던 일행과 함께 강도짓을 한다.

· 대중교통 안에서의 소매치기

메트로, 버스, 트램 등 관광객들이 자주 이용하는 교통수단의 역이나 정류장, 차 안 등은 소매치기 소굴이다. 스페인이나 포르투갈 사람들은 대중교통수단을 이용할 때 아예 가방을 양손으로 꼭 끌어안고 다닌다. 이렇다보니 빈틈이 많아 보이는 관광객은 언제나 소매치기의 표적이 된다. 이들은 대부분 여러 명이 함께 활동하며 매표소, 플랫폼에서부터 표적을 정하면 계속 따라다닌다. 특히 승객들이 타고 내리는 혼잡을 틈타 표적이 된 여행자를 여럿이 둘러싸고 정신없게 만든 후 가방이나 지갑을 가져간다. 인적이 드문 늦은 밤, 일요일 새벽 등에는 아예 대놓고 가방이나 지갑을 빼앗는 경우도 있으니, 밤늦게 혼자 다니지 말자.

· 패스트푸드점 소매치기

패스트푸드점이나 야외 레스토랑 등에서 가방을 바닥에 내려놓고 음식을 먹거나, 주문을 위해 잠시 가방을 테이블 위에 올려놓고 한눈을 팔면 눈 깜짝할 사이에 가방이 사라진다. 현지인들은 도둑을 맞은 당사자의 부주의 때문이라고 생각할 만큼 흔히 있는 일이다.

· 목 조르는 강도

인적이 드문 곳의 공중전화에서 전화를 걸 때, 으슥한 밤 혼자 걸어갈 때 갑자기 뒤에서 목을 조르고 귀중품을 훔쳐간다. 흔히 있는 일은 아니지만 언제나 뒤를 살피자.

· 횡단보도 소매치기

녹색등을 기다리는 아주 짧은 시간에 지갑을 훔쳐 간다. 프라도 미술관에서 소피아 왕비 예술 센터로 가는 횡단보도를 건너다 중간에 신호등이 바뀌어 대기하는 중에 소매치기를 당하는 사람도 있다.

· 야외 공연 관람객을 노리는 소매치기

스페인과 포르투갈은 연중 쾌적한 날씨 덕분에 유난히 야외 공연이 많다. 다양한 장르의 음악 공연은 물론 연극, 판토마임, 댄스 등 다양하다. 이런 공연에 푹 빠진 여행자들의 가방을 노리는 소매치기가 꼭 있다.

② 사고를 줄이는 7가지 어드바이스

· 최대한 가볍게 다니자.

외형적으로 너무 있어 보이는 것보다는 수수한 차림이 좋고 아예 가방도 없이 빈손으로 다니는 게 가장 속 편하다. 상상하기 어렵겠지만, 대부분의 외국인 여행객들은 빈손으로 시내관광을 하는 경우가 많다. 여권 같은 귀중품은 숙소에 맡기고, 최소한의 짐만을 가지고 여행하자. 가방을 휴대했다면 꼭 앞으로 끌어안고 다니자. 가벼운 차림이라도 여권 사본은 주머니 속에 늘 휴대하자.

· 이동할 때는 정신을 바짝 차리자.

역, 버스터미널, 메트로 역, 버스정류장 등 혼잡한 곳에는 언제나 소매치기가 많다. 늘 주변을 살펴야 하고 최대한 빨리 그 장소를 벗어나는 게 좋다. 열차를 타고 목적지에 도착할 때는 열차에서 내리기 전에 중요 소지품은 모두 복대에 넣고, 교통비 정도만 호주머니에 넣어두자. 메트로를 이용할 때는 매표소, 플랫폼, 열차 안에서 정기적으로 주변을 둘러보고 따라오는 사람이 없는지 살펴봐야 한다. 혹 소매치기와 눈이 마주쳤거나 안 좋은 낌새를 알아차렸다면 최대한 가방을 꼭 끌어안고 내가 눈치챘다는 것을 알도록 팍팍 티를 내는 게 현명하다.

· 습관적으로 뒤를 자주 돌아보자.

도보 여행 시 자주 뒤를 돌아보자. 현지인들도 많이 하는 행동으로 누가 따라오는 게 아닌지 습관적으로 뒤돌아보고 살피자.

· 견물생심, 안 보여주는 게 최고의 도난 예방법이다.

외국인들은 개인지갑을 공공장소에서 꺼내는 일이 거의 없다. 현금을 써야 한다면 가방 속에서 미리 필요한 잔돈만 꺼내놓자. 고가의 전자제품 역시 시선이 집중되지 않게 조용히 사용하고 가방에 넣자. 여럿이 사용하는 숙소에서도 주의하자.

· 당황하지 말고, 현명하게 대처하자.

만약 강도나 소매치기를 만났을 때 귀중품보다 중요한 건 내 몸이다. 첫째도 둘째도 자신의 몸부터 지키자. 여권, 여권 사본, 현금, 귀중품은 두세 군데로 분산해 보관하고 여권번호와 유효기간, 신용카드 분실 시 연락처, 도난 신고 연락처 등은 메모를 해 두자. 한 장은 소지하고, 한 장은 숙소에 보관한다.

· 여행에 익숙할수록 더욱 조심하자.

해외여행을 여러 번 한 사람보다 초보여행자가, 남자보다 여자 여행자가 사고를 당활 위험이 더 높다. 그래서 초보여행자나 여자 여행자들은 늘 위험에 긴장하고 대처하지만, 여행에 익숙한 사람일수록 느슨해져 사고를 더 많이 당한다.

· 늦은 시간에는 택시를 타자.

야간에 목적지에 도착했을 때, 밤늦게 공연을 봤을 때, 술을 마시고 새벽에 숙소로 귀가할 때는 대중교통수단보다는 택시를 이용하는 게 안전하다. 길을 잃어 택시를 타야 한다면 주변에 호텔이 있는지 찾아보자. 호텔 프런트에 도움을 요청하면 대부분 친절하게 콜택시를 불러준다.

08 박물관 효율적으로 둘러보기

스페인은 유럽의 다른 나라에 비해 박물관의 운영 시간이 다양하고 계절별, 월별 변동도 심한 편이다. 또한 무료 관람이나 특별할인, 인터넷 예약제 등이 발달해 있다. 스페인의 어디를 가나 긴 줄을 서서 입장을 기다려야 하기 때문에, 시간을 절약하고 효율적으로 도시별 박물관을 관람하기 위한 팁이 필요하다. ◆5월 18일 세계 박물관의 날 : 무료 입장인 곳이 많다.

① 마드리드

프라도 미술관, 소피아 왕비 예술 센터, 티센 보르네미스사 미술관을 주로 관람하게 되는데, 매주 월요일 또는 화요일이 박물관 휴관일이니 관람 계획을 세울 때 참고하자. 마드리드에 머무는 동안 위의 3곳을 모두 돌아볼 예정이라면 파세오 델 아르테 카드 Paseo del Arte Card를 구입하는 게 경제적이다. 20% 할인 요금에 각 미술관의 특별 전시도 포함된다. 티켓은 각 박물관 매표소에서 구입할 수 있다(유효기간 1년, 요금 €30.40).

② 바르셀로나

가우디의 주요 건축물을 감상하려면 긴 줄을 서야 한다. 가능하면 각각의 홈페이지를 통해 미리 티켓을 구입해 두는 게 시간을 절약하는 방법이다. 요금도 더 저렴하다. 예약 티켓에는 입장시간 등이 표시돼 있으니 시간 안에 도착하는 것도 잊지 말자. 바르셀로나의 미술관을 모두 돌아보고 싶다면 아트 티켓 Art Ticket을 구입하자. 피카소 미술관, 미로 미술관, 바르셀로나 현대 미술관, 카탈루냐 국립미술관, 안토니 타피에스 미술관 등 총 6개의 미술관을 돌아볼 수 있다. 줄을 서지 않고 바로 들어갈 수 있는 것도 장점이다. 티켓은 미술관이나 ⓘ에서 구입할 수 있다(€30).

③ 안달루시아 지방

스페인에서도 가장 더운 곳이어서 다른 지방에 비해 시에스타를 철저히 지키는 편이다. 박물관과 관광명소들도 예외가 아니다. 무조건 여행 시작 전에 관광안내소에 들러 운영 시간을 확인해야 한다. 시에스타에는 주요 유적지 중 한 곳은 문을 닫고 한 곳은 문을 여는 식으로 운영한다. 알함브라 궁전은 당일 티켓 구하기가 하늘의 별 따기만큼 어렵다. 출발 전 또는 현지에서 미리 홈페이지를 통해 예약하고 방문하자.

Travel Plus

미술관 관람 요령

① 방문 전 박물관 홈페이지를 미리 확인해 두자. 관람시간, 휴관일, 입장료, 특별전시회 등 유용한 정보를 확인할 수 있다. 운이 좋다면 무료관람일에 맞춰 갈 수도 있다.

② 미술관에 전시된 주요 작품에 대해 사전에 공부해 가면 그림을 보는 즐거움이 배가 된다.

③ 대형 박물관을 관람할 때는 먼저 개념도를 얻어 계획을 세우자. 특히 꼭 보고 싶었던 작품의 위치를 표시하고 관람 순서를 정하면 된다.

④ 유럽의 미술관은 건물 자체도 역사적 가치가 높은 것이 많다. 작품 감상과 함께 건물의 외부와 내부도 꼼꼼히 감상해보자.

⑤ 작품은 70㎝ 정도 떨어져 감상하자. 작품을 억지로 이해하려고 하기보다는 편안하게 감상하는 게 포인트다. 메모나 사진 찍기보다는 호기심과 여유로운 마음을 갖자.

⑥ 박물관마다 영구 전시관 외에 특별전시관, 기획전시관, 상설전시관 등이 있다. 영구 전시관보다 흥미로울 수 있으니 놓치지 말자. 전시회에 따라 기본 입장료 외에 별도의 요금을 내야 하는 경우도 있다.

09 모두가 행복해지는 공정여행

공정여행 公正旅行의 사전적 의미는 현지인과 교류하고 그 사회에 도움을 주며 현지의 환경과 문화를 존중하는 여행을 말한다. 공정여행의 실천은 나와 너, 지구를 위한 여행으로 나도, 너도, 지구도, 우리 모두 행복해지는 여행 문화이다. 누구나 해외여행을 하는 지금, 우리나라 여행자들에게도 '공정여행'이라는 바른 여행 철학이 필요한 시대가 됐다. 빠름의 민족 우리가 세상에 좋은 여행문화를 빨리 퍼트려 보자.

여행 관련 신조어를 알면 문제와 해법이 보인다!

'비행기 여행의 부끄러움'
플라이트 셰임 Flight Shame

비행기 Flight와 부끄러움 Shame의 합성어로 탄소 배출을 많이 하는 비행기를 이용하는 데 대한 죄책감 등을 의미한다. 2017년 스웨덴 가수 스테판 린드버그가 지구를 위해 항공 여행을 그만두겠다는 선언에 유명 인사들이 줄이어 동참하면서 확산됐다. 유럽에서는 자동차, 버스보다 이산화탄소 배출량이 적은 기차를 이용하는 수요가 늘어나고 있다.

여행객의 탄성 속 현지인의 비명
오버투어리즘 Overtourism

지나치게 많다는 뜻의 'Over'와 관광을 뜻하는 'Tourism'이 결합된 말로, 수용 범위를 넘어서는 관광객이 몰리면서 소음 공해, 주거난, 교통대란, 생태계 파괴 등의 문제를 일으키며 주민들의 삶을 침범하는 현상이다. 대표적인 곳이 바르셀로나로 '관광 공포증'이라는 신조어까지 생겼다. 어느 도시보다 주민들의 삶을 우선하는 곳으로 Tourist Tax제를 도입하고, 신규 호텔 허가를 중단, 불법·미등록 주택 관리를 강화하며, 유명 관광 명소는 예약제로 운영해 당일 방문 인원을 제한하고 있다. 바르셀로나를 세계 제1의 관광 도시로 가꾼 주민들이 떠난 바르셀로나가 매력이 있을까? 같은 맥락에서 관광 산업의 발달로 원주민이 쫓겨나는 현상을 투어리스티피케이션 Touristification이라고 한다.

알아두세요

공정여행 6계명

❶ 지구를 돌보는 여행
비행기 이용 줄이기, 저탄소 교통수단 이용, 일회용품 쓰지 않기, 물을 낭비하지 않기

❷ 지역에 도움이 되는 여행
현지인이 운영하는 숙소, 음식점, 지역 시장, 교통시설 이용하기

❸ 친구가 되는 여행
현지 인사말과 노래, 춤 등 전통문화 배우기, 작은 선물 준비하기

❹ 다른 문화를 존중하는 여행
생활 방식, 종교를 존중하고 예의를 갖추기

❺ 상대를 존중하고 약속을 지키는 여행
사진을 찍을 땐 허락을 구하고 약속한 것을 지키는 여행

❻ 동식물 보호하는 여행
동물학대성 투어에 참여하지 않기, 멸종 위기 동식물 보호, 무분별하게 식물 채취하지 않기

스페인&포르투갈 여행을 위한
베스트 추천 루트

광활한 대지, 화창한 날씨와 아름다운 자연, 지방마다 다른 문화와 볼거리, 열정적이고 유쾌한 사람들. 스페인과 포르투갈은 여행자들의 마음을 한껏 들뜨게 하기에 충분한 곳입니다. 이 책에서는 이들 나라의 도시 중에서 가장 매력적인 곳만 골라 소개했습니다. 소개한 도시의 위치를 지도를 통해 쉽게 파악할 수 있게 했으며 각 도시의 특징을 소개해 여행지에 대한 이해를 도왔습니다.
베스트 추천 루트는 단기 여행자를 위한 8·10일 루트와 장기 여행자를 위한 14·22일 루트로 구분해 소개했습니다. 여행 일정과 교통, 여행경비 등을 상세히 다뤄 쉽게 따라 할 수 있으며 스스로 여행을 계획하고 루트를 짜는 자유여행자도 읽기만 하면 쉽게 응용할 수 있습니다.

Travel Point

1 **1일 1인 생활비** 시내교통비·식비·기타 10만원~
2 **1일 1인 숙박비** 호스텔 도미토리 기준 5만원~, 호텔 10만원~
3 **교통 어드바이스** 비행기(저가항공 포함)·열차·버스·차량 렌털 등 다양한 교통수단을 이용할 수 있다. 열차와 저가항공을 이용할 예정이라면 각국의 항공사 홈페이지를 통해 미리 예약하자. 3시간 미만의 근교 여행은 버스나 차량 렌털을 이용하자.

추천 루트 보는 법

· **여행 총경비** 항공권, 열차 티켓, 숙박, 현지 여행 경비 등을 포함한 대략적인 여행 경비
(단 숙박료는 호스텔 도미토리 기준. 호텔을 이용할 경우 1박에 5만원씩 추가할 것)
· **실제 관광 시간** 이동 시간을 제외한 각 도시별 실제 관광 가능 시간 제시
· **필수 준비 내역** 항공권 · 열차 · 버스 티켓
· **교통 어드바이스** 여행에 편리한 교통수단 소개 및 추천
· **일정 어드바이스** 합리적인 여행 일정 소개 및 근교 여행지 등 추천

◆ 2024년 여행 계획에 앞서…
스페인과 포르투갈 여행은 해마다 폭발적으로 느는 추세입니다. 휴식이 있는 여행을 생각했지만 관광명소 어디를 가든 엄청난 인파에 스트레스를 받을 수 있어요. 그렇다고 꼭 보고 싶은 명소를 안 갈 순 없지요. 가능하면 일정은 유명한 명소 관람 다음에는 산책이나 쇼핑, 근교로의 여행 등을 계획해 보면 어떨까요?

한눈에 살펴보는 **스페인과 포르투갈**

이베리아 반도는 작은 대륙이라고 할 만큼 다양한 기후, 지형, 인종, 언어, 문화 등이 존재한다. 루트 짜기에 앞서 지도를 통해 여행지의 지리적 특징, 주요 볼거리와 미리 준비하면 좋은 것들을 간략하게 알아보자.

스페인은 여러 왕국이 합쳐져 형성된 만큼 17개의 자치정부로 구성돼 있다. 특히 카스티야, 카탈루냐, 바스크, 갈리시아 등이 가장 높은 수준의 자치를 누리고 있으며 인종, 언어, 문화 등이 다른 나라처럼 구분된다. 이로 인해 다양한 문화가 발달한 반면 갈등의 원인이기도 하다. 포르투갈 역시 이베리아 반도의 여러 왕국 중 하나로 13세기 포르투갈 국경이 공식화되고 포르투갈 왕국이 도래했다.

◆이베리아 반도는 한반도 면적보다 2배가 조금 넘으며 전국의 1/3이 산지이다. 우리나라처럼 4계절이 있으며 1년 연중 여행이 가능하나 가장 쾌적한 여행 시기는 봄과 가을이다. 6~8월은 관광객이 몰리는 성수기로 숙박비, 교통비, 입장료 등이 가장 비싸다. 3~5월, 9~10월은 성수기와 비수기 사이로 쾌적한 날씨와 줄어든 인파로 인해 여행이 훨씬 수월하다. 11~2월은 비수기로 따뜻한 바르셀로나나 안달루시아 지방 여행 일정을 늘리는 게 좋다.

1 마드리드와 근교 도시

스페인 중앙에 위치, 수도 마드리드와 카스티야 지방. 카스티야의 의미는 '성의 땅'으로 카스티야라만차, 카스티야레온으로 나뉘어 있다. 역사적으로 스페인 표준어와 문화 등이 발생한 곳이다. 마드리드를 중심으로 한 중부 내륙은 해발 600~700m의 평탄한 고원지대인 메세타 Meseta가 자리하고 있다. 대륙성 기후대로 여름은 덥고 겨울은 춥다. 더위와 추위에 대비한 준비가 필요하다.

· **마드리드** 스페인의 수도. 세계적으로 유명한 프라도 미술관이 있는 곳. 프라도 미술관, 왕궁 등은 출발 전 미리 티켓을 예약하고 가는 게 좋다.

· **톨레도** 중세 시대의 모습을 그대로 간직한, 엘 그레코가 사랑한 도시. 1박을 하며 여유롭게 돌아보는 것도 좋다. 파라도르에서 바라보는 톨레도 구시가 풍경이 끝내준다.

· **세고비아** 로마 수도교와 백설 공주의 성으로 유명한 도시

· **쿠엥카** 기암절벽으로 둘러싸인 요새 도시

2 바르셀로나와 근교 도시

바르셀로나를 중심으로 한 카탈루냐 지방. 지중해 연안에 위치해 지중해성 기후를 띤다. 여름에는 비가 적고 고온건조하며 겨울에는 비가 많고 온난 다습한 최상의 기후. 4계절 여행하기 좋은 곳으로 스페인에서 가장 인기 있는 여행지이다.

· **바르셀로나** 천재 건축가 가우디의 도시, 스페인에서 가장 물가가 비싼 곳. 숙박, 교통편, 입장료 등 살인적인 물가를 자랑한다. 미리 예약을 서두르는 게 좋으며 사그라다 파밀리아 성당, 카사 바트요, 카사 밀라 등은 출발 전 미리 티켓을 예약해야 입장이 가능하다. 인파와 긴 줄 서기가 싫다면 시내 여행은 이른 아침부터 시작하는 게 좋다.

· **몬세라트** 가우디에게 무한한 영감을 준 가톨릭의 성지. 하이킹을 즐기며 자연을 만끽하기에도 좋다. 역시 사람들이 몰리는 곳인 만큼 혼잡한 게 싫다면 이른 아침에 출발하자.

· **지로나** 로마 수도교와 백설 공주의 성으로 유명한 도시

· **피게레스** 살바도르 달리의 탄생과 죽음을 지켜본 도시. 세상 어디서도 볼 수 없는 달리만의 독특한 세계관을 보여주는 달리 극장 박물관이 있다.

· **시체스** 지중해에 면한 휴양도시

3 그라나다와 근교 도시

태양의 나라로 불리는 스페인의 이미지에 가장 부합하는 지역. 한여름에는 기온이 40도까지 올라가 한낮에는 도저히 여행이 불가능하다. 가장 좋은 여행 시기는 봄과 가을이다. 여름이 길고 겨울이 짧아 숙소에서는 냉방에만 신경을 쓰는 경우가 많다. 겨울철에 여행하려면 실내 방한에 신경을 써야 한다. 실내에서 입을 두꺼운 옷을 준비하자.

· **그라나다** 이슬람 건축의 위대한 유산, 알함브라 궁전이 있다. 그라나다 여행의 목적인 만큼 알함브라 궁전 티켓은 예약하고 가자. 낮과 밤, 이틀에 걸쳐 감상할 수 있는 다양한 티켓이 있다.

· **론다** 헤밍웨이가 집필활동을 했던 절벽 위 도시. 멋진 풍경을 감상할 수 있는 파라도르에서 1박 하는 것도 좋다.

· **코르도바** 유럽 속 이슬람 문화의 중심지. 마드리드에서 근교 여행으로 다녀오는 것도 좋다.

· **세비야** 스페인의 정열적인 이미지를 가장 가까이 만날 수 있는 곳. 플라멩코와 투우의 본고장.

4 리스본과 근교 도시 & 포르투

해양성·지중해성·대륙성 기후가 복합적으로 나타난다. 여름에는 매우 덥고, 겨울에는 대체로 온난하다. 연중 여행하기 좋으나 그중에서 5~9월이 가장 좋다. 대서양과 인접해 있는 휴양도시들이 많아 한여름에는 해수욕과 휴양을 즐기기에 딱이다.

· **리스본** 유럽에서 가장 살아보고 싶은 낭만적인 수도. 점점 인기가 높아지면서 유명관광지 어디든 사람들로 붐빈다. 바르셀로나처럼 관광은 이른 아침에 시작하는 게 좋다.

· **신트라** 유럽 서쪽의 에덴동산. 포르투갈만의 독특한 건축물들을 볼 수 있다. 워낙 인기가 많아 시내버스든 고속버스든 사람들로 붐빈다. 쾌적한 여행을 원한다면 이른 아침에 여행을 시작하는 게 현명하다.

· **카스카이스** 리스본 근교의 여름 휴양지. 리스본과 열차로 30분 거리에 있어 해변가 숙소에 머물며 휴식이 있는 여행을 원한다면 숙소를 이곳으로 정하자.

· **포르투** 포르투갈과 포트와인의 발상지. 로맨틱한 영화 세트장 같은 곳. 그저 걷고 또 걷는 것만으로 행복한 곳이다

한눈에 살펴보는 **스페인·포르투갈 주요 도시 간 교통**

비행기(저가항공 포함)·열차·버스·차량 렌털 등 다양한 교통수단을 이용할 수 있으며 선호하는 교통수단, 소요시간, 비용 등을 고려해 선택하면 된다. 직접 해당 앱이나 홈페이지를 통해 예약할 수 있으며 서두르면 저렴한 티켓을 구입할 수 있다. 지도는 『프렌즈 스페인 · 포르투갈』에서 소개하는 도시들의 이동 교통수단 및 대략적인 소요시간이다. 루트를 짤 때 참고하자. 다양한 교통수단을 이용하는 것도 이베리아 반도 여행의 즐거움이니 고루고루 타보자.

① 비행기

직항은 마드리드, 바르셀로나로 운항하며 단순 왕복이나 마드리드 IN, 바르셀로나 OUT으로 예약하기 좋다. 유럽계 항공사를 이용하는 경우 바르셀로나, 마드리드, 리스본 같은 대도시외에 세비야, 그라나다, 포르투 등으로 IN과 OUT이 가능하다. 저가항공은 바르셀로나 또는 마드리드에서 그라나다·세비야·리스본·포르투 등으로 이동하거나 반대로 이동할 때 인기가 있다.

전체 항공권 조회 스카이스캐너 www.skyscanner.co.kr
저가항공사 부엘링 www.vueling.com, 라이언 에어 www.ryanair.com 등

② 열차

스페인과 포르투갈에서 가장 편리한 교통수단. 버스에 비해 비싼 편이지만 이동시간이 짧고 역이 시내 중심에 있어 관광지와 숙소로 이동하는 데 편리하다. 스페인·포르투갈 철도청, 유럽 종합교통편 홈페이지 또는 앱을 통해 예약할 수 있으며, 미리 예약하면 저렴한 프로모션 티켓을 구입할 수 있다. 환경을 생각하는 여행자들은 비행기보다 열차를 선호하며 장거리 이동을 위한 야간열차도 다시 부활하고 있다. 가능하면 티켓은 출발 전 미리 구입해 가자.

국내에서 조회 및 예약 레일유럽 www.raileurope.co.kr, 스페인철도청 한국대리점 renfe.spainrail.com/ko/
현지 철도청 스페인 철도청 www.renfe.com, 포르투갈 철도청 www.cp.pt
유럽 종합 교통편 앱 오미오 Omio

③ 버스

스페인과 포르투갈 모두 고속버스 노선이 발달해 있다. 열차에 비해 시간은 걸리지만 저렴한 게 장점이다. 지역에 따라서는 열차보다 버스가 더 편리한 곳도 있다. 근교 여행을 가거나 시간에 구애받지 않는다면 추천한다. 톨레도, 세고비아, 그라나다와 세비야로 가는 버스는 워낙 인기 있는 구간이라 티켓은 미리 예약하는 게 좋다. 지역별로 운행 회사가 다르니 미리 확인하자.

대표적인 버스 회사 알사 www.alsa.es

④ 차량 렌털

바르셀로나, 마드리드, 리스본 같은 대도시는 교통혼잡과 주차 문제로 차량을 이용하는 거보단 대중교통이 낫다. 차량은 근교 도시를 둘러보거나 자동차로만 갈 수 있는 여행지를 갈 때 유용하다. 출발 전 국제운전면허증을 준비해야 한다. 안전과 관련된 일이니 조금 비싸더라도 우리나라에서 충분히 상담하고 예약하고 갈 것을 추천한다.

차량 렌털 사이트 렌털카닷컴 www.rentalcars.com

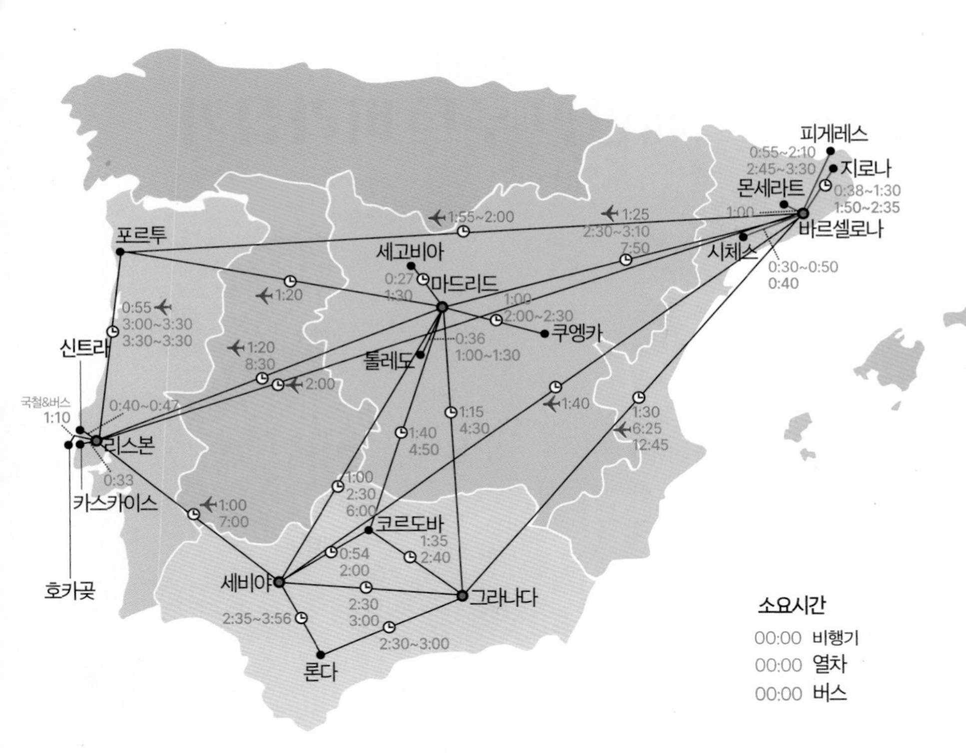

◆스마트폰 애플리케이션 오미오 Omio는 출발지, 도착지를 설정하면 기차, 버스, 항공편 등에 대한 정보와 함께 소요시간, 가격 등을 알 수 있다.

◆주의 스카이스캐너, 로우 코스트 에어라인, 오미오 Omio 등 종합사이트를 통해 항공권, 열차, 버스 등을 예약하는 게 편리한 반면 운행 지연, 결항 등에 대한 안내문이 늦게 전달 또는 누락되거나 환불 시에도 두 단계를 거쳐야 해 오래 걸리는 경우가 많다. 불안하다면 예약한 회사 애플리케이션이나 홈페이지에 회원가입을 한 후 예약번호 조회 및 변동사항을 직접 확인하는 게 안전하다.

스페인·포르투갈 여행의 진수를 맛보다!

꽃할배 스페인편 루트 따라잡기

할배들의 열흘간 스페인 일정은 우리나라 사람들이 가장 좋아하는 황금루트. 바르셀로나의 가우디 건축, 그라나다의 알함브라 궁전, 마드리드의 프라도 미술관 관광은 물론, 플라멩코 공연과 FC 바르셀로나(또는 레알 마드리드)의 축구 경기 관람, 스페인 미식 여행의 상징인 타파스 투어까지 다양한 체험을 통해 오·감·만·족, 진짜 선물 같은 여행을 할 수 있다. 스페인편이 방영 된지도 꽤 오랜 시간이 흘렀지만 여전히 스페인 여행을 준비하는 사람들이 즐겨보는 프로그램이다. 아이처럼 설레어하는 할아버지들을 따라 스페인 여행을 떠나보자.

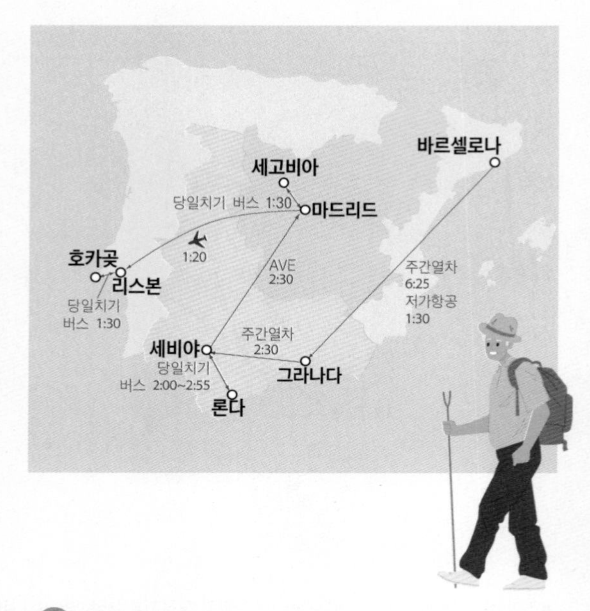

준비 내역

☑ 왕복항공권 : 바르셀로나 IN, 리스본 OUT(유럽계 항공사 추천)
☑ 저가항공권 : 바르셀로나 → 그라나다, 마드리드 → 리스본
☑ 고속열차 티켓 : 그라나다 → 세비야, 세비야 → 마드리드
☑ 다양한 스타일의 숙박체험 : 바르셀로나(민박), 그라나다(호스텔), 세비야(전통가옥 스타일의 아파트먼트), 마드리드 (디자인호텔)
☑ 가우디 건축 및 알함브라 궁전 온라인 티켓 예약(리스본의 주요 명소 입장권도 미리 예약하면 좋다)

황금 루트

일수	도시	상세 여행 일정
1일	바르셀로나	
↓	저가항공 1시간 30분 또는 주간열차 6시간 25분	
2일	그라나다	
↓	주간열차 2시간 30분	
3일	세비야	당일치기 (론다 고속버스 또는 렌트 2~3시간 여행)
↓	초고속 열차 AVE 2시간 30분	
6일	마드리드	당일치기 (세고비아 버스 또는 렌트카 1시간 반 여행)
↓	저가항공 1시간 20분	
8일	리스본	당일치기 (호카곶 국철&버스 또는 렌터카 1시간 10분 여행)

바로셀로나 BARCELONA

힐배들의 포토존 구엘 공원의 퓨톤 동상 앞

가우디 건축 1일 투어
파리의 루브르 박물관보다 낫구나

가우디가 꿈꾼 동화마을 구엘 공원과 일생을 바쳐 지은 사그리다 파밀리아 성당 투어. 천재 건축가 가우디가 일생을 바쳐 남긴 건축물을 감상하며 모두들 경외감을 느낀다.

힐배들의 포토존 FC 바르셀로나의 유니폼을 입고 경기장을 배경으로 찰칵~

몬주익 언덕과 캄 누
마라톤에서 금메달을 딴 황영조 선수를 추억하며

케이블카를 타고 몬주익 언덕에 올라 지중해에 면한 바르셀로나의 아름다운 풍경을 감상하고, 올림픽 스타디움에서 결승선으로 달려오는 황영조 선수를 추억한다. 2층 관광버스를 타고 FC 바르셀로나의 홈 경기장인 캄누로~

그라나다 GRANADA

할배들의 포토존 카를로스 5세 궁전에서 양손으로 하트를 그리며 포즈~

알함브라 궁전 관람

클래식 기타 연주곡 "알함브라 궁전의 추억"을 감상하며

아라비안나이트를 연상하는 여행자의 상상력과 애절한 기타 연주 '알함브라 궁전의 추억'의 선율 같은 느긋함으로 궁전 안을 감상하다.

세비야 SEVILLA

플라멩코 공연 감상

거짓 없는 춤, 플라멩코에 매료되다

세비야는 플라멩코의 본고장. 열정적인 플라멩코 공연을 감상하며 그 열정에 소름이 끼칠 정도. 공연이 끝나도 식지 않는 열기도 식힐 겸 야경이 아름다운 대성당 앞 노천카페에서 하몽을 안주삼아 와인 한잔을 즐긴다.

Travel Tip 산타 크루스 지구 일대는 섭할배처럼 마차를 타고 돌아봐도 좋다.

론다

절벽 위의 도시 론다의 비경에 감탄하다

스페인에서 가장 기억에 남는 풍경을 추천하라면 1순위가 바로 론다. 안달루시아 특유의 하얀 집들과 내려다보면 아찔한 계곡, 신시가와 구시가를 잇는 누에보 다리는 스페인의 숨은 비경이다.

마드리드 MADRID

마드리드의 자유 시간

축제 같은 마드리드의 금요일 밤

마드리드의 상징인 솔 광장을 지나 마요르 광장으로. 재래시장과 메손을 돌며 타파스 투어를 즐기고 스페인 여행을 추억하기 위해 플라멩코 음악 CD를 구입한다. 돈키호테와 산초와의 기념 촬영을 위해 스페인 광장으로~ 목적 없이 걷는 마드리드의 거리는 파리 이상으로 낭만적이다.

▶ Mercado de San Miguel & Mesón del Champiñón
섭할배의 타파스 투어 장소. 요즘 가장 뜨는 재래시장 산 미겔 시장과 헤밍웨이가 단골손님이었던 선술집. (P.150 & 154 참조)

▶ Mesón de Cándido
1898년에 창업한 새끼돼지 통구이로 스페인에서 가장 유명한 곳. (P.172 참조)

세고비아

백설공주의 성이 있는 도시에서 새끼돼지 통구이를 맛보다

고대 로마인들이 세운 로마 수도교와 디즈니 만화영화 백설공주에 등장하는 성의 모델인 알카사르를 둘러보고 세고비아 명물요리인 새끼돼지 통구이를 맛보다.

할배들의 포토존
알카사르와 로마 수도교 앞에서 한 장~ 찰칵~

리스본 LISBON

선물로 받은 리스본

노란색 구닥다리 트램을 타고 리스본을 돌아보다

7개의 언덕으로 이루어진 리스본은 트램을 타고 돌아봐야 제 맛. 리스본 관광의 하이라이트인 벨렝지구의 제로니무스 수도원을 감상 한 후 세상에서 제일 맛있는 에그 타르트를 맛보다.

▶ Pastérs de Belém
구야형도 반한 170년 전통의 에그 타르트 전문점. (P.412 참조)

호카곶 여행

유럽의 서쪽 끝, 땅 끝 마을에 가다

'이곳에서 땅이 끝나고 바다가 시작 된다' 유럽의 최서단, 땅 끝 마을이라는 의미 자체만으로도 가슴 벅찬 곳. 바다바람을 맞으며 대서양을 바라보니 세상을 점령한 기분이 든다.

Travel Tip 이곳 ⓘ에서는 상장 같은 도착 증명서를 발급해 준다.

스페인&포르투갈에서 한 달 살아보기

'찰칵~! 찰칵~!' 카메라 셔터 누르기 바쁘게 장소를 이동해야 하는 관광객에서 한곳에 오래 머물며 휴식이 있는 여행을 즐기려는 사람들이 점점 늘고 있다. 휴가로 한 달이 주어진다면 바로 스페인과 포르투갈로 달려가 보자. 문화와 자연 그리고 기후까지 어느 것 하나 빠지는 게 없다. 아침에는 해안을 따라 조깅을 즐기고, 재래시장에서 장을 보고, 노천카페에 앉아 지나가는 사람들을 구경하고, 짧게 익힌 현지어로 동네 사람들과 인사를 나누고…. 그렇게 영화 속 주인공이 되어 꿈같은 한 달을 만끽해 보자. 영화 <먹고, 사랑하고, 기도하라>의 줄리아 로버츠처럼 내 안의 행복한 본능을 일깨워보자. "돌체 파 니엔테 Dolce far niente!" 무위, 게으름의 달콤함처럼~.

Travel Plus

한 달 살기 준비 리스트

생각보다 한 달이 길지 않다. 알차게 시간을 보내기 위해 꼼꼼한 사전 준비가 필요하다. 숙소는 한곳에 오래 머무는 것보다는 2주에 한 번 또는 다른 도시로의 여행까지 고려해 예약하는 게 좋다. 지중해와 대서양이 품은 나라들인 만큼 대도시 근교에 있는 바닷가 마을에서의 휴양도 놓치지 말자. 방문국의 문화와 예절에 대해 미리 숙지하고, 현지인에 대한 배려도 잊지 말자. 여행 준비는 하나하나 직접 해 보거나 수수료가 들더라도 비상연락망까지 갖춘 전문 여행사를 통해 하는 것이 좋다.

☑ **버킷 리스트 만들기**
'아무것도 안 하기' 역시 버킷 리스트!

☑ **항공권 구입**
3~4개월 전에 구입하자!

☑ **숙박 예약**
장기 투숙엔 아파트가 편리!

☑ **공항에서 숙소까지 차량 픽업**
도착 시간이 낮이라면 택시나 대중교통도 상관없다.

☑ **여행자 보험**
상해, 질병, 도난 등에 보상금이 많은 보험이 좋다.

☑ **국제운전면허증**
근교 여행에 차량을 이용할 예정이라면 필수.

국제적이고 모던한 도시를 찾는다면?

바르셀로나 P.186

사람들이 꿈꾸는 완벽한 기후, 도시 곳곳에서 만나는 예술가들의 건축물과 작품들, 유럽 어디에서도 찾아볼 수 없는 재래시장과 수많은 쇼핑 거리, 세계 미식가들도 인정한 요리와 언제나 휴식을 즐길 수 있는 해변과 공원, 거기에 쾌활하고 느긋한 사람들까지, 천의 매력을 가진 곳이 바로 바르셀로나다. 워낙 선택의 폭이 넓어 출발 전 꼼꼼한 계획을 세우지 않으면 많이 아쉬울 수 있다. 또한 세계적인 관광도시답게 물가가 꽤 비싼 편이며 관광객들이 너무 많아 여행지 근처에 머물게 되면 오히려 스트레스만 쌓일 수 있다. 무엇을 할지, 예산 및 숙소 선정에 신경을 쓰자.

◆**추천 근교 여행지** 프랑스 국경으로 이어지는 코스타 브라바 Costa Brava(험준한 해안)는 스페인 3대 휴양지 중 가장 아름다운 경관을 자랑한다.

이미지 속 전통 스페인을 경험하고 싶다면?

세비야 P.315

"Olé! 올레! 잘한다! 힘내라! 좋다!" 스페인 사람들은 플라멩코 무용수의 격렬한 춤사위와 투우 경기 사이사이에 올레를 외치며 흥분된 마음을 표현한다. 플라멩코와 투우는 우리 이미지 속 스페인을 상징하는 것으로 세비야는 플라멩코와 투우의 본고장이자 안달루시아 지방의 주도이다. 우리에게 가장 이국적이라고 생각되는 스페인의 도시를 여행하고 싶다면 세비야를 추천한다. 아름다운 타일로 장식된 구시가지에 머물며 안달루시아 사람처럼 생활해 보자. 아침, 점심, 저녁 바에 들러 커피를 마시고 느긋하게 시에스타를 즐기다가 늦은 밤까지 저녁을 먹으며 친구들과 수다도 떨어보자. 플라멩코 학원에 등록해 외국인 친구들도 사귀어 보고 주말마다 근교 여행도 잊지 말자. 세비야의 근교에는 그라나다, 말라가 같은 유명한 도시도 있지만 하얀 마을로 불리는 작은 마을들도 많다. 조금 멀게는 모로코 여행도 가능하다.

◆ **추천 근교 여행지** 안달루시아 남부 코스타 델 솔 Costa del Sol(태양의 해변)은 스페인 최대 휴양지, 스페인을 태양의 나라로 부르게 된 곳이다.

산책과 사색을 즐기기 좋은 곳을 찾는다면?

리스본 P.382

포르투갈의 시인이자 작가인 페르난도 페소아 Fernando Pessoa를 아는가? 천재 건축가 가우디와 비슷한 시기에 살았고 리스본에서 평범한 회사원으로 살다가 47세의 나이로 사망했다. 사망 후 그의 트렁크 속에서 발견된 수북한 원고를 그의 지인들이 정리해 출간하면서 오늘날까지도 널리 이름을 알리고 있다. 생전의 페소아는 근무 중 점심시간에는 테주 Tejo 강이 바라다 보이는 레스토랑에 앉아 식사를 즐겼고, 저녁에는 지식인과 예술가들의 아지트인 카페에 들러 토론을 하고 시를 썼다. 골목을 산책하고 전망대에 올라 사색을 즐기는 평범한 일상이 쌓이고 쌓여 많은 사람에게 사랑받는 작가가 됐다. 지금의 리스본은 페소아가 살았던 모습과 크게 다르지 않다. 목적 없이 걷다가 중간중간 앉아서 지나가는 사람들을 구경하고 커피 한 잔에 떠오르는 머릿속 생각들을 끄적여보자. 그렇게 쌓인 한 달의 기록이 여행에서 돌아와 일상의 큰 활력이 될 것이다.

◆ **추천 근교 여행지** 대서양과 인접한 리스본은 열차를 타고 30분만 가도 휴양 도시 카스카이스가 나온다. 숙소를 카스카이스에 정해두고 리스본 여행을 해도 좋다.

바르셀로나 & 근교 여행 8일

천재 건축가 가우디의 도시 바르셀로나는 스페인에서 가장 인기 있는 여행지다. 건축, 미술, 음식, 쇼핑 등 볼거리도 많고 즐길 거리도 많기 때문에 누구나 한번쯤 이 도시에서 살아보고 싶다는 로망을 갖고 있다. 바르셀로나의 고딕 지구에 머물며 19세기 모더니즘 건축물을 감상하고, 매일 아침 바르셀로네타의 해안가로 나가 산책을 즐겨 보자. 대도시 여행에 지쳤다면 근교에 있는 몬세라트와 지로나로 소풍을 가는 것도 좋다. 삶에서 가장 멋진 8일 간의 휴가가 될 것이다. 숙소는 디자인호텔이나 아파트 렌털 등을 추천한다.

일수	도시	상세 여행 일정
1일	인천→바르셀로나	도착 후 휴식
	↓ 비행기 12~16시간	
2일	바르셀로나	'하루 만에 바르셀로나와 친구 되기' 일정 소화
3일	바르셀로나	그라시아 거리의 가우디 건축과 모더니즘 건축 탐방 고딕과 보른지구 뒷골목 산책
4일	바르셀로나	근교의 명산, 몬세라트 여행
5일	바르셀로나	바르셀로나 근교 피게레스 또는 히로나 여행
6일	바르셀로나	가우디의 건축 탐방 사그라다 파밀리아 성당과 구엘 공원
7일	바르셀로나→인천	비행기를 타고 인천으로 출발
	↓ 비행기 12~16시간	
8일	한국	인천공항 도착

Who

한 도시만 여행하고 싶은 직장인, 허니무너

Point

짧은 여행인 만큼 숙소는 미리 예약하자. 온라인으로 가우디 건축물 관람 티켓도 예약하자.

More

바닷가 마을에 머물며 해수욕과 휴식을 즐기고 싶다면 달리의 집이 있는 카다케스 Cadaqués에 숙소를 정하자. 근교의 피게레스, 지로나 여행은 덤이다. 바르셀로나는 프랑스의 프로방스 지방과 가깝다. 프로방스 지방은 우리나라 사람들이 가장 선호하는 여행지 중 하나로 시간의 여유가 있다며 같이 여행해 보자.

여행 총경비

190만~220만원

실제 관광 시간

바르셀로나(4일), 몬세라트(1일)

준비 내역

바르셀로나 왕복 항공권

◆교통 어드바이스

바르셀로나는 워낙 인기있는 여행지로 직항(대한항공, 아시아나항공), 경유편 등 다양한 항공사가 운행한다. 시간, 비용, 경유지 등을 고려해 선택하면 된다. 직항은 대한항공과 아시아나 항공이 있으며 현지 시간으로 저녁 7시에 도착해 대중교통을 이용해 숙소로 이동하는 데 부담이 없다. 최대한 여행 시간을 벌 수 있는 장점이 있어 짧은 여행일수록 경유편보다 직항편이 낫다. 경유편을 이용한다면 경유지에서의 스탑오버도 알아보자. 근교 여행은 열차, 버스, 차량렌털 등을 이용하면 된다.

마드리드 & 근교 여행 8일

스페인의 수도 마드리드는 정치·경제·문화의 중심지이며 스페인 왕가의 저력을 느낄 수 있는 곳이다. 세계적인 박물관이 도시 곳곳에 있어 박물관만 둘러보는 데도 일주일 이상 걸린다. 세계 3대 미술관 중 하나인 프라도 미술관이 마드리드에 있다. 2~3일 정도 머물며 왕가와 관련된 유적지와 미술관 등을 둘러보고 근교 여행을 해보자. 근교에는 세계문화유산인 톨레도, 세고비아, 쿠엥카, 코르도바 등이 있어 취향에 따라 선택의 폭도 넓다. 숙소는 호텔이나 아파트 렌털 어느 쪽이든 괜찮다.

일수	도시	상세 여행 일정
1일	인천→마드리드	도착 후 휴식
	비행기 12~16시간	
2일	마드리드	'하루 만에 마드리드와 친구 되기' 일정 소화
3일	마드리드	프라도 미술관과 그 주변 산책
4일	마드리드	톨레도 또는 세고비아 근교 여행
5일	마드리드	왕궁과 마요르 광장, 뒷골목 산책
6일	마드리드	코르도바 근교 여행
7일	마드리드→인천	비행기를 타고 인천으로 출발
	비행기 12~16시간	
8일	한국	인천공항 도착

Who

한 도시만 여행하고 싶은 직장인, 미술관 마니아

Point

숙소를 프라도 미술관과 솔 광장 주변으로 정하면 구시가 관광이 편리하다. 온라인으로 프라도 미술관 · 왕궁 관람 티켓을 예약하자.

여행 총경비

190만~220만원

실제 관광 시간

마드리드(3일 반), 톨레도 또는 세고비아(1일), 코르도바(1일)

준비 내역

마드리드 왕복 항공권(독일·프랑스 국적의 유럽계 항공 또는 터키항공, 대한항공)

◆ 교통 어드바이스

우리나라에서 직항편인 대한항공이 운행된다. 좀 더 저렴한 항공권을 원한다면 유럽계 항공사 또는 터키항공, 아시아계 항공사를 이용하자. 마드리드에서 근교 여행을 할 때는 버스를 이용하면 저렴하고 편리하다. 단 코르도바로 갈 경우는 비싸더라도 초고속열차 AVE를 이용하는 게 빠르고 편리하다. 일정이 확정됐다면 출발 전 열차 및 버스 티켓은 각 회사 애플리케이션을 통해 구입해 두자. 일정에 여유가 있다면 돌아오는 길에 환승지에서 스톱오버를 하는 것도 추천한다.

마드리드 & 바르셀로나 일주 8일

스페인을 대표하는 도시 마드리드와 바르셀로나를 모두 돌아보는 일정. 마드리드에서 이틀 정도 머물며 프라도 미술관과 왕궁 주변을 둘러본 후, 바르셀로나에 3일 정도 머물며 바르셀로나를 빛낸 예술가 가우디, 피카소, 미로의 발자취를 따라 여행해 보자. 이 도시들은 미식과 쇼핑의 천국이기도 하다. 맛있는 음식과 멋진 쇼핑 아이템들이 유적지를 돌아보는 모범적인 여행자의 마음을 사로잡아 자꾸 한눈을 팔게 만든다. 근교 여행까지 고려한다면 여행 기간을 1~2일 더 늘려도 좋다.

일수	도시	상세 여행 일정
1일	인천→마드리드	도착 후 휴식
	↓ 비행기 12~16시간	
2일	마드리드	'하루 만에 마드리드와 친구 되기' 일정 소화
3일	마드리드	프라도 미술관과 그 주변 산책
4일	마드리드→바르셀로나	람블라스 거리와 구시가 산책
	↓ AVE 2시간 30분~3시간 10분	
5일	바르셀로나	가우디 건축과 모더니즘 건축 탐방
6일	바르셀로나	보른 지구, 미로의 몬주익 언덕 탐방
7일	바르셀로나→인천	비행기를 타고 인천으로 출발
	↓ 비행기 12~16시간	
8일	한국	인천공항 도착

Who

휴가가 짧은 직장인, 허니무너, 가족 여행자

Point

여행 기간이 짧은 만큼 출발 전에 여행에 필요한 모든 교통수단과 숙소 예약은 필수. 온라인으로 프라도 미술관 및 가우디 건축물 티켓도 예약하자.

여행 총경비

210만~230만원

실제 관광 시간

마드리드(2일), 바르셀로나(3일)

준비 내역

① 마드리드 IN, 바르셀로나 OUT 항공권

② 마드리드→바르셀로나행 초고속열차 AVE 티켓

◆교통 어드바이스

마드리드 IN, 바르셀로나 OUT으로 예약해야 하며 반대로도 상관없다. 직항은 대한항공이 있으며 유럽계 항공사도 추천한다. 마드리드와 바르셀로나 간 이동은 초고속열차 AVE, 버스, 저가항공 등 다양해 선택의 폭이 넓다. 가장 좋은 교통수단은 시내 중심부를 연결하는 초고속열차다. 요금은 가장 비싸지만 짧은 여행 일정에 필요한 체력과 시간을 벌 수 있다. 차선책으로 저가항공을 추천한다. 모두 미리 예약만 하면 저렴한 티켓을 구할 수 있다. 근교여행은 행선지에 따라 열차 또는 버스를 이용하면 된다.

마드리드 & 안달루시아 8일

세계 3대 미술관인 프라도 미술관과 이슬람 문화가 고스란히 남아 있는 안달루시아 지방을 최단 시간 안에 돌아볼 수 있는 일정. 한 도시에서 머물 수 있는 시간이 하루뿐이라 매우 고된 일정이지만, 아주 핵심적인 볼거리만 잘 계획해 둘러본다면 꽤 만족도가 높은 여행이 될 것이다. 하룻밤만 자면 새로운 도시가 펼쳐지므로 8일간의 여행이 꿈처럼 느껴진다.

일수	도시	상세 여행 일정
1일	인천→마드리드	도착 후 휴식
	↓ 비행기 12~16시간	
2일	마드리드	솔 광장과 프라도 미술관 주변 여행
	↓	
3일	마드리드→세비야	오전 일찍 세비야로 이동. 전일 구시가 자유 여행 후 플라멩코 공연 감상
	↓ AVE 2시간 30분	
4일	세비야→그라나다	오전 일찍 그라나다로 이동. 알함브라 궁전 관람
	↓ 열차 2시간 30분	
5일	그라나다→코르도바 →마드리드	코르도바로 이동. 반나절 구시가 관광 후 마드리드로 이동
	↓ 열차 1시간 35분 & AVE 1시간 40분	
6일	마드리드	마요르 광장과 왕궁 주변 여행
	↓	
7일	마드리드→인천	비행기를 타고 인천으로 출발
	↓ 비행기 12~16시간	
8일	한국	인천공항 도착

◆교통 어드바이스

단순 마드리드 왕복이라면 직항으로는 대한항공이 있으며 유럽계, 중동계, 동남아시아계 항공사 등 선택의 폭이 넓다. 워낙 이동이 많고 시간 절약을 위해 초고열차를 주로 타야하므로 출발 전 티켓은 구입하는 게 좋다. 관광 시간을 확보하기 위해 이른 아침에 이동하도록 하고 부족한 잠은 열차에서 자자. 독일항공 같은 유럽계 항공사를 이용하면 마드리드 IN, 세비야 OUT으로 항공 예약이 가능하다. 마드리드-그라나다-세비야 순으로 여행할 수 있으며 마드리드와 그라나다는 저가항공, 그라나다와 세비야는 버스나 열차를 이용하면 된다.

Who

휴가가 짧은 직장인, 허니무너, 가족 여행자

Point

온라인으로 마드리드의 프라도 미술관, 왕궁, 그라나다의 알함브라 궁전 티켓을 미리 구입하자.

여행 총경비

220만~240만원

실제 관광 시간

마드리드(2일), 세비야(1일), 그라나다(1일), 코르도바(반일)

준비 내역

① 마드리드 왕복 항공권(독일·프랑스 국적의 유럽계 항공 또는 터키 항공)
② 도시 간 구간별 열차 티켓

바르셀로나 & 리스본(포르투) 8일

이베리아 반도에서 가장 핫한 여행지 바르셀로나와 리스본을 여행하는 일정. 바르셀로나에서는 천재 건축가 가우디의 건축물을 중심으로 일정을 계획하고, 숙소를 구시가지로 정하면고딕지구와 보른지구는 틈틈이 걸어서 들러볼 수 있다. 쇼핑과 맛집, 바 등도 모여 있어 편리하다. 리스본은 도보와 트램을 타고 돌아보는 게 최고. 어디 들어가 감상하는 것보다 천천히 걸어 다니며 도시 구경하는 재미도 쏠쏠하다. 여건이 된다면 전체 일정을 2~3일 더 늘려 바르셀로나와 리스본의 근교도 여행해 보자. 바르셀로나와 포르투, 리스본을 여행하는 것도 추천한다.

일수	도시	상세 여행 일정
1일	인천→바르셀로나	도착 후 휴식
	↓ 비행기 12~16시간	
2일	바르셀로나	'하루 만에 바르셀로나와 친구 되기'일정 소화
3일	바르셀로나	가우디 건축과 모더니즘 건축 탐방
4일	바르셀로나→리스본	반나절 시내 자유 여행 후 비행기를 타고 리스본으로 이동. 도착 후 휴식
	↓ 저가항공 2시간	
5일	리스본	'하루 만에 리스본과 친구되기'일정 소화
6일	리스본	벨렝지구 자유 여행 또는 리스본 근교 여행 (신트라·호카곶·카스카이스)
7일	리스본→인천	비행기를 타고 인천으로 출발
	↓ 비행기 12~16시간	
8일	한국	인천공항 도착

◆ 교통 어드바이스

우리나라에서 리스본으로 가는 직항이 없어 유럽계 항공사를 이용해야 한다. 바르셀로나와 리스본은 저가항공을 이용하자. 일정을 늘려 포르투도 여행하고 싶다면 바르셀로나, 포르투, 리스본 순으로 여행하면 된다. 바르셀로나와 포르투는 저가항공을 이용하고 포르투와 리스본은 열차 또는 고속버스를 이용하자.

Who

휴가가 짧은 직장인, 허니무너

Point

출발 전 바르셀로나~리스본 저가항공 예약은 필수. 온라인으로 가우디 건축물과 리스본의 제로니무스 수도원 티켓을 예약하자.

여행 총경비

210~230만원

실제 관광 시간

바르셀로나(2일 반), 리스본 (2일) 또는 리스본(1일) · 리스본 근교(1일)

준비 내역

① 유럽 왕복 항공권–바르셀로나 IN, 리스본 OUT(유럽계 항공사)
② 바르셀로나→리스본 저가항공 티켓

스페인 핵심 일주 10~14일

스페인 여행의 베스트셀러로 한국인이 가장 선호하는 일정이다. 스페인에서 가장 여행하고 싶은 마드리드, 바르셀로나, 안달루시아 지방을 여행하는 일정으로 10~14일 정도가 적당하다. 10일은 빠듯한 일정으로 출발 전 꼭 봐야 할 주요 볼거리, 여행 테마 등을 미리 계획해 가는 게 현명하다. 14일은 일정이 여유로워 마드리드와 바르셀로나에 머물며 근교 여행도 할 수 있다. 세비야에서는 산타 크루스 지구에 숙소를 잡은 후 밤마다 플라멩코 공연을 감상하고 그라나다에서는 야간 개장하는 알함브라 궁전과 집시들의 동굴집이 있는 사크로몬테까지 모두 돌아보자. 쇼핑 마니아라면 마지막 여행지인 바르셀로나에서 여행가방을 가득 채울 만큼 쇼핑을 즐겨보자.

일수	도시	상세 여행 일정
1일	인천→마드리드	도착 후 휴식
↓ 비행기 12~16시간		
2일	마드리드	'하루 만에 마드리드와 친구 되기' 일정 소화
3일		프라도 미술관 관람 또는 왕궁 등 여행
4일		톨레도 또는 세고비아 근교 여행
↓		
5일	마드리드→코르도바 →세비야	오전 일찍 코르도바로 출발. 도착 후 반나절 여행 후 세비야로 이동. 도착 후 구시가 산책 및 플라멩코 감상
↓ AVE 1시간 40분 & 54분		
6일	세비야	'하루 만에 세비야와 친구 되기' 일정 소화
↓		
7일	세비야→그라나다	세비야 반나절 자유 여행 후 열차를 타고 그라나다로 이동. 도착 후 휴식
↓ 열차 2시간 30분		
8일	그라나다	알함브라 궁전 관람 및 알바이신 지구 여행
↓		
9일	그라나다→ 바르셀로나	반나절 시내 자유 여행 후 비행기를 타고 바르셀로나로 이동. 도착 후 휴식
↓ 저가항공 1시간 30분		
10일	바르셀로나	'하루 만에 바르셀로나와 친구 되기' 일정 소화
11일		가우디 건축과 모더니즘 건축 여행
12일		몬세라트 또는 지로나 근교 여행
↓		
13일	바르셀로나→인천	비행기를 타고 인천으로 출발
↓ 비행기 12~16시간		
14일	한국	인천공항 도착

Who

스페인의 주요 도시를 다양하게 즐기고 싶은 여행자, 가족 여행자

Point

온라인으로 프라도 미술관, 알함브라 궁전, 가우디 건축물 티켓을 예약하자.

여행 총경비

300만~320만원

실제 관광 시간

마드리드(2일), 톨레도 또는 세고비아(1일), 코르도바(반일), 세비야(1일 반), 그라나다(2일), 바르셀로나(2일), 몬세라트 또는 지로나(1일)

준비 내역

① 유럽 왕복 항공권-마드리드 IN, 바르셀로나 OUT(유럽계 항공 또는 터키항공)
② 마드리드→코르도바→세비야, 세비야→그라나다 구간 티켓, 그라나다→바르셀로나 저가항공 티켓

◆ 교통 어드바이스

직항인 대한항공이나 유럽계 항공사를 이용하면 된다. 마드리드와 세비야를 이동할 때에는 초고속 열차 AVE를, 세비야와 그라나다는 버스를, 그라나다와 바르셀로나는 저가항공을 이용하면 된다. 마드리드 근교 여행에는 버스가 편리하며 바르셀로나 근교 여행은 행선지에 따라 1일권 또는 열차를 이용하면 된다.

포르투갈 핵심 일주 8~10일

유럽의 소박한 여행지를 찾는다면 포르투갈이 으뜸이다. 유럽에서 좀처럼 찾아보기 힘든 언덕과 건물마다 나부끼는 빨래들, 언덕을 달리는 노란색 구닥다리 트램 등 리스본의 풍경은 정겹고 사랑스럽다. 거기에 포르투갈이라는 국가명의 기원이 된 포르투는 포트와인의 발상지로서 리스본보다 더욱 시골 분위기가 나는 곳이다. 유명하지 않아 더욱 특별한 여행이 바로 포르투갈 핵심 일주다.

일수	도시	상세 여행 일정
1일	인천→리스본	도착 후 휴식
	↓ 비행기 12~16시간	
2일	리스본	'하루 만에 리스본과 친구 되기'일정 소화
3일	리스본	제로니무스 수도원과 마트 등 벨렘지구 여행
4일	리스본	리스본 근교 여행(신트라·호카곶·카스카이스)
5일	리스본→포르투	포르투로 이동. 도착 후 반나절 시내 여행
	↓ 열차 또는 버스 3시간 ~3시간 30분	
6일	포르투	구시가 관광, 도루 강변 크루즈 타보기
7일	포르투→인천	비행기를 타고 인천으로 출발
	↓ 비행기 12~16시간	
8일	한국	인천공항 도착

Who

유럽의 숨은 여행지를 찾는 여행자

Point

리스본과 포르투는 열차·버스·저가 항공 모두 이용할 수 있다. 온라인으로 제로니무스 수도원 티켓을 예약하자.

여행 총경비

200만~220만원

실제 관광 시간

리스본 (2일), 리스본 근교(1일), 포르투 (1일반)

준비 내역

유럽 왕복 항공권–리스본 IN, 포르투 OUT(유럽계 항공), 리스본→포르투 교통편예약

◆ 교통 어드바이스

리스본 단순 왕복 또는 리스본 IN, 포르투 OUT으로 유럽계 항공사를 이용하자. 리스본에서 포르투까지는 열차, 버스, 저가항공을 이용할 수 있다. 버스와 열차는 3시간 반 정도가 소요되며 비행기는 1시간이 소요된다. 수속과 공항 가는 시간을 생각하면 모두 비슷하다. 타보고 싶거나 가장 저렴한 걸 골라 이용하면 무난하다. 리스본에서 근교로는 신트라 · 호카곶 · 카스카이스를 하루 만에 둘러보거나 마음에 드는 곳 한곳을 정해 여유있게 여행하자. 여행 일정을 2~3일 늘리면 리스본 시내, 포르투 근교까지 돌아볼 수 있어 여행이 더욱 알차진다.

스페인 & 포르투갈 핵심 일주 14일

2주 안에 스페인과 포르투갈의 핵심 도시를 여행하는 루트. 스페인 핵심 일주 14일만큼 인기 있는 일정으로, 대도시에서는 여유롭게, 중소 도시에서는 약간 빠듯하게 여행하는 것이 포인트다. 바르셀로나, 마드리드, 리스본 중 좀 더 여유를 갖고 둘러보고 싶은 도시가 있으면 하루 정도를 다른 일정에서 빼내 추가하자. 여행은 바르셀로나에서 시작해 리스본에서 끝나지만 혹시 쇼핑이 중요하다면 반대로 여행해도 무관하다.

일수	도시	상세 여행 일정
1일	인천→바르셀로나	도착 후 휴식
	↓ 비행기 12~16시간	
2일	바르셀로나	'하루 만에 바르셀로나와 친구 되기' 일정 소화
3일		가우디 건축과 모더니즘 건축 여행
	↓	
4일	바르셀로나→그라나다	반나절 시내 자유 여행 후 비행기를 타고 그라나다로 이동. 도착 후 휴식
	↓ 저가항공 1시간 30분	
5일	그라나다	알함브라 궁전 관람과 알바이신 지구 여행
	↓	
6일	그라나다→세비야	오전 일찍 열차를 타고 세비야로 이동. 도착 후 구시가 여행
	↓ 열차 2시간 30분	
7일	세비야→마드리드	마드리드로 이동. 도착 후 프라도 미술관 관람
	↓ AVE 2시간 30분	
8일	마드리드	톨레도 또는 세고비야 근교 여행
	↓	
9일	마드리드→리스본	마요르 광장과 왕궁 주변 여행 후 오후 비행기를 타고 리스본으로 이동
	↓ 저가항공 1시간 20분	
10일	리스본	리스본 도착 후 전일 시내 자유 여행
11일		리스본 근교 여행(신트라·호카곶·카스카이스)
12일		트램 28번을 타고 구시가 여행
	↓	
13일	리스본→인천	비행기를 타고 인천으로 출발
	↓ 비행기 12~16시간	
14일	한국	인천공항 도착

Who

이베리아 핵심 일주를 계획한 여행자

Point

출발 전 바르셀로나/그라나다, 마드리드/리스본 저가항공 예약은 필수. 온라인으로 프라도 미술관, 알함브라 궁전, 가우디 건축물, 제로니무스 수도원 티켓을 예약하자.

여행 총경비

310만~330만원

실제 관광 시간

바르셀로나(2일 반), 그라나다(1일 반), 세비야(1일), 마드리드(2일), 톨레도 또는 세고비아(1일), 리스본(2일), 리스본 근교(1일)

준비 내역

① 유럽 왕복 항공권-바르셀로나 IN, 리스본 OUT(유럽계 항공)
② 바르셀로나→그라나다, 마드리드→리스본 저가항공 티켓
③ 그라나다→세비야, 세비야→마드리드 열차 또는 버스 티켓

◆교통 어드바이스

유럽계 항공사를 이용해야 한다. 출발 전 바르셀로나/그라나다, 마드리드/리스본 저가항공을 구매하자. 그라나다/세비야, 세비야/마드리드 등은 열차, 버스 모두 이용이 가능하다. 열차는 편리하고 빠른 대신 비싸고 버스는 열차에 비해 불편하지만 저렴하다.

스페인 & 포르투갈 완전 일주 22일

이 책에서 소개하는 가장 인기 있는 여행지만 골라 여유롭게 돌아보는 루트. 스페인 왕가의 저력을 느낄 수 있는 마드리드, 예술가들이 사랑한 도시 바르셀로나를 중심으로 근교의 중세 시대 마을과 세계문화유산까지 둘러볼 수 있다. 이슬람 문화를 고스란히 간직한 그라나다와 세비야를 여유 있게 여행할 수 있고, 무엇보다 세비야에서의 일정이 여유로워 근교에 있는 론다까지 여행할 수 있다. 유럽의 서쪽 끝에 위치한 포르투갈은 스페인과 같은 문화권이지만 또 다른 매력이 넘치는 곳이다. 리스본과 근교, 제2의 도시 포르투만 여행해도 그 매력에 푹 빠지게 된다. 리스본에서 시작해 바르셀로나에서 끝내는 일정도 괜찮다.

일수	도시	상세 여행 일정
1일	인천→바르셀로나	도착 후 휴식
	↓ 비행기 12~16시간	
2일	바르셀로나	'하루 만에 바르셀로나와 친구 되기' 일정 소화
3일	바르셀로나	가우디 건축과 모더니즘 건축 여행
4일	바르셀로나	몬세라트 또는 지로나 근교 여행
5일	바르셀로나→그라나다	반나절 시내 자유 여행 후 비행기를 타고 그라나다로 이동. 도착 후 휴식
	↓ 저가항공 1시간 30분	
6일	그라나다	대성당 주변과 사크로몬테 지구 여행
7일	그라나다	알함브라 궁전 관람과 알바이신 지구 여행
8일	그라나다→세비야	열차를 타고 세비야로 이동. 도착 후 구시가 여행
	↓ 열차 2시간 30분	
9일	세비야	론다 근교 여행
10일	세비야	대성당과 알카사르 여행
11일	세비야→코르도바→마드리드	열차를 타고 코르도바로 이동. 도착 후 반나절 구시가 관광 후 마드리드로 이동해 휴식 또는 솔 광장 산책
	↓ AVE 54분 & 1시간 40분	
12일	마드리드	'하루 만에 마드리드와 친구 되기' 일정 소화

다음장에 계속

Who

여유 있게 이베리아 핵심일주를 계획한 여행자

Point

근교 여행지까지 꼼꼼히 계획하자. 온라인으로 프라도 미술관, 알함브라 궁전, 가우디 건축물, 제로니무스 수도원, 신트라 페나성과 헤갈레이라 별장 티켓을 예약하자.

여행 총경비

410만~430만원

실제 관광 시간

바르셀로나(3일), 몬세라트 또는 지로나(1일), 그라나다(2일 반), 세비야(1일 반), 론다(1일), 코르도바(반일), 마드리드(3일), 톨레도 또는 세고비야(1일), 리스본(2일), 리스본 근교(1일), 포르투(2일)

준비 내역

① 유럽 왕복 항공권–바르셀로나 IN, 리스본 OUT(유럽계 항공)
② 바르셀로나→그라나다, 마드리드→포르투 간 저가항공 티켓
③ 그라나다→세비야, 세비야→마드리드, 포르투→리스본 열차 또는 버스 티켓

13일	마드리드	프라도 미술관 및 그 주변 여행
14일	마드리드	톨레도 또는 세고비아 근교 여행
↓		
15일	마드리드→포르투	마요르 광장과 왕궁 주변 여행 후 오후 비행기를 타고 포르투로
↓ 저가항공 1시간 20분		
16일	포르투	포르투 구시가와 도루 강변 크루즈 여행
↓		
17일	포르투→리스본	열차 또는 버스를 타고 리스본으로 이동. 도착 후 반나절 시내 여행
↓ 열차 또는 버스 3시간~3시간 30분		
18일	리스본	트램 28번을 타고 구시가 여행
19일	리스본	전일 시내 자유 여행
20일	리스본	리스본 근교 여행(신트라·호카곶·카스카이스)
↓		
21일	리스본→인천	비행기를 타고 인천으로 출발
↓ 비행기 12~16시간		
22일	한국	인천공항 도착

◆교통 어드바이스

교통 어드바이스는 앞의 '스페인 & 포르투갈 핵심 일주 14일'과 동일(P.87 참조)하다. 포르투갈부터 여행을 시작할 수 있다. 리스본, 포르투를 여행하고 저가항공을 이용해 바르셀로나 또는 마드리드로 이동. 열차나 버스를 이용해 스페인 남부의 도시들을 여행하고 바르셀로나 또는 마드리드에서 마무리하면 된다. 휴식이 있는 여행을 즐기고 싶다면 해변이 있는 바르셀로나 근교 도시나 피카소가 태어난 남부 스페인의 말라가에 가볼 것을 추천한다. 이름 모를 장소를 찾는다면 포르투갈의 해안 도시가 제격이다.

마드리드와 근교도시

피카소, 벨라스케스, 무리요, 고야, 모네, 마네….

박물관마다 유명화가의 그림이 가득~ 모르면 어때요,

우리가 지금 박물관을 돌며

기분 좋은 시간을 보내고 있는 게 중요하죠.

마드리드가 그런 곳이래요.

박물관에서 영화 보듯 멋진 그림을 구경하는 곳.

국립 소피아 왕비 예술 센터 안 피카소 작품을 감상 중인 노부부

"음~~ 자기야!
당신 이 그림이 뭘 이야기 하는지 알겠어?"

"몰라요~! 그래도 피카소잖아요~!"

살아있는 박물관

마드리드

MADRID

9세기 후반 이슬람 영토의 북쪽을 지키는 성채에서 비롯된 마드리드는 1561년 펠리페 2세가 수도로 정한 후 400년 동안 스페인의 정치·경제·문화의 중심지로 발달해 왔다. 유럽 대륙을 호령하던 다른 강대국에 비해 늦은 출발이었지만 15세기 대항해 시대와 신대륙 발견, 합스부르크 왕가와의 결합 등으로 강대국의 대열에 끼게 되었다.

오늘날 마드리드는 건축박물관을 연상케 하는 다양한 양식의 건물이 구시가에 집약돼 있고, 왕가와 귀족들의 수집품을 전시하는 미술관이 도심 곳곳에 있다. 그뿐만 아니라 스페인 사람들의 기질을 느껴볼 수 있는 즐길 거리도 풍성하다. 스페인이 발산하는 모든 매력을 안고 있는 마드리드. 그 매력에 반해 찾아오는 여행자와 현지인들로 이곳은 늘 활기가 넘친다.

비온 뒤 왕궁과 광장 풍경

지명 이야기

마드리드는 아랍어로 '물의 원천'이라는 뜻인 '마헤리트 Mayrit'에서 유래됐다.

이런 사람 꼭 가자!!

· 프라도 미술관을 비롯한 수많은 미술관을 순회하고 싶은 미술 애호가라면
· 대항해 시대 '태양이 지지 않는 제국'의 수도와 왕궁에 호기심이 있다면
· 다양한 쇼핑과 타파스 투어 Tapas Tour를 하고 싶다면
· 수도의 뒷골목과 500년 전통의 벼룩시장을 보고 싶다면

저자 추천

이 사람 알고 가자 고야, 벨라스케스, 무리요 등
이 책 읽고 가자 프라도 미술관 관련 서적

여행 전 유용한 정보

홈페이지

마드리드 관광청 www.esmadrid.com

출발 전 클릭해 보자. 전반적인 여행정보뿐만 아니라 이벤트, 공연 정보, 쇼핑, 레스토랑 정보 등 최신 정보들이 알차게 소개 돼 있다. 지도, 여행매거진 등 여행자에게 꼭 필요한 정보들을 다운로드 할 수 있다.

관광안내소

중앙 ⓘ Map P.96-A3

원래 중앙우체국이 있던 시벨레스 궁전 Palacio de Cibeles 안에 시청과 중앙 ⓘ가 있다. 마드리드와 스페인 여행에 관한 다양한 정보는 물론 각종 이벤트 티켓 예약도 가능하다. 관광안내소에서는 건물 전망대로 오르는 티켓도 판매하니 들렀다면 꼭 올라가보자.

Palacio de Cibeles

주소 Plaza de Cibeles 1 **전화** 91 578 7810
운영 화~일요일 10:00~20:00 **휴무** 월요일
가는 방법 메트로 2호선 Banco de España 역에서 도보 3분 또는 프라도 미술관에서 도보 5분

마요르 광장 ⓘ Map P.108-B3

마드리드에서 제일 오래된 구시가에 있지만 내부는 현대적인 감각으로 꾸며져 있다. 무료 지도를 비롯한 일반 정보는 물론 테마별로 상세한 안내도를 받을 수 있다.

주소 Plaza Mayor 27(마요르 광장 내)
전화 91 578 7810 **운영** 매일 09:30~20:30

아토차 역 & 차마르틴 역내 ⓘ Map P.111-B3

운영 매일 08:00~20:00

프라도 미술관 주변 ⓘ Map P.110-B3

주소 Plaza de Neptuno 28014 (넵뚜노 광장)
운영 매일 09:30~20:30

유용한 정보지

『esMadrid Magazine』는 관광안내소에서 제공하는 무료 가이드북. 일반 관광정보 외에 전시회·콘서트·레스토랑·쇼핑 정보가 실려 있다.

환전

유로화 통용권이므로 환전에 어려움은 없다. 시내 곳곳에 환전소와 은행이 있고 ATM도 쉽게 찾을 수 있다. ATM 사용 수수료가 저렴한 은행이 'iberCaja'로 시내 곳곳에 지점이 있다. 카드 및 ATM 기계에 문제가 생길 수 있으니 가능하면 은행 운영시간에 이용하자. 여행객을 노리는 소매치기들이 많으므로 환전 또는 ATM을 이용할 때에는 반드시 주위를 살피는 게 안전하다.

Ibercaja Banco Map P.110-B1

주소 C. de Alcalá 29 **전화** 917 015 200
운영 월~금요일 08:15~14:00
휴무 토·일요일

슈퍼마켓

솔 광장을 중심으로 일대에 크고 작은 슈퍼마켓을 쉽게 찾을 수 있다. 주로 동양인들이 운영하는 작은 구멍가게들은 늦은 시간이나 주말까지 운영한다. 고급스런 식료품 쇼핑을 원한다면 솔 광장의 El Corte Inglés 백화점 지하매장이 좋다.

이동통신사

보다폰 Vodafone Map P.109-C2

솔 광장에 있는 곰 동상 근처에 위치, 영어 가능한 직원이 상주해 있다. 유심칩 구입 및 충전할 때 좋으나 매장을 찾는 사람들이 많아 30분 이상 기다려야 하는 건 예사다.

주소 Puerta del Sol 13
운영 월~토요일 10:00~21:00, 일요일 11:00~20:00
가는 방법 메트로 1·2·3호선 Sol 역에서 도보 3분

우체국

중앙우체국 Map P.110-B1

시벨레스 궁전 안에 시청, 중앙 ⓘ 옆에 있다. 역사적인 건축물 구경도 할 겸 잠시 들러 엽서라도 붙여보자.

Palacio de Cibeles
주소 Paseo del Prado 1
운영 월~금요일 08:30~21:30, 토요일 09:30~14:00
휴무 일요일
가는 방법 메트로 2호선 Banco de España 역에서 도보 3분 또는 프라도 미술관에서 도보 5분

경찰서 Map P.108-B1

마드리드에는 오직 관광객만을 위한 도우미 경찰 'SATE'가 있다. 숙박·쇼핑 등에서 발생한 부당한 거래, 폴리스 리포트 작성, 대사관 연계 서비스 외에 필요한 여행정보도 제공한다.

주소 C. de Leganitos 19
전화 91 548 8537, 902 10 21 12(24시 영어지원)
홈페이지 www.policia.es **운영** 09:00~24:00
가는 방법 메트로 2호선 Santo Domingo 역 또는 메트로 3·10호선 Plaza de España 역에서 하차
◆성범죄 및 인종차별 피해자 연락처 902 180 995

알아두세요

그대로 따라하면 소매치기, 강도 걱정 끝!

마드리드는 스페인 최대의 도시로 소매치기와 강도가 많아 시내를 돌아볼 때 매우 조심해야 한다. 피해 사례가 적지 않다 보니 많은 사람들이 이곳 여행을 포기하는데 그러기에는 마드리드는 매력적인 볼거리와 즐길 거리가 무척 많다. 세심하게 주의하면 큰 문제 없으니 겁먹지 말고 아래 설명대로 따라하자.

1. 비행기·열차·버스 등에서 내리기 전에 현금과 중요한 것들은 모두 복대에 넣고, 교통비 정도만 주머니에 넣어둔다. 카메라와 일기장 같은 귀중품은 작은 가방에 넣어 꼭 안고 다니자.
2. 메트로를 이용할 때는 플랫폼이나 열차 안에서 항상 주위를 살피자.
3. 귀중품은 숙소에 보관하고, 하루 생활비 정도만 소지하자.
4. 시내를 돌아볼 때는 가능하면 빈손으로 다니는 게 가장 좋다. 잘 살펴보면 외국인들 모두 빈손으로 다니는 모습을 볼 수 있다.
5. 작은 가방을 가지고 다닌다면 언제나 앞으로 껴안고 다니고, 횡단보도나 야외 공연 등을 감상할 때도 언제나 가방은 가슴에 품자.
6. 도보로 여행할 때는 누가 따라오지 않는지 자주 뒤를 돌아보자. 현지인들 모두 그렇게 한다.

ACCESS

가는 방법

수도인 만큼 비행기·열차·버스 등 교통편이 다양해 수월하게 드나들 수 있다. 유럽·스페인 주요 도시로 운행하는 저가항공사가 많아 편리하고, 마드리드 근교 도시로의 여행은 초고속 열차 또는 버스 중 이용하면 된다.

비행기

우리나라에서 대한항공이 직항편을 운행하고 있으며, 경유편으로는 유럽계 항공사와 터키 및 아랍에미리트, 카타르 항공사 등을 이용해야 한다. 국제선은 도심에서 북동쪽으로 15㎞ 떨어진 마드리드 바라하스 국제공항 Aeropuerto Internacional de Madrid–Barajas에 도착한다. 스페인에서 규모가 가장 큰 국제공항으로 에스파냐 공항 공단에서 관리하며 24시간 운영하고 있다. 스페인 국영 항공사인 이베리아 항공의 거점 공항이자 유럽과 남미를 잇는 허브 공항이다. 또한 유럽에서 4번째로 붐비는 곳으로 유럽 항공 교통의 중심지로 급부상 중이다.

마드리드 국제공항의 여객터미널은 터미널1·2·3·4가 있다. 터미널1·2·3은 같은 건물 내에 있으며 터미널4 는 조금 떨어져 있어 무료 셔틀버스를 이용해야 한다.

터미널1은 주로 장거리 국제 항공사, 터미널2는 유럽계 항공사가 이용하며 터미널4는 스페인 항공사와 터미널1·2를 이용하는 항공사를 제외한 국제 항공사들이 이용한다. 터미널3은 터미널4가 중앙 터미널 역할을 하면서 거의 이용하지 않고 있다.

출입국 절차는 비교적 간단하며 출입국 심사 또한 까다롭지 않다. 간단하게 여권만 보여주면 무사통과다. 공항에서 시내까지는 메트로, 공항버스, 시내버스, 근교열차, 택시 등 다양한 교통수단을 이용할 수 있다. 메트로 역은 모든 터미널과 연결돼 있으며 버스와 택시 정류장은 각 터미널 입국장 로비에서 나가면 바로 있다.

근교열차(세르카니아스)는 터미널4에서만 운행한다. 안내 표지판만 따라가면 쉽게 찾을 수 있으니 안심해도 된다. 공항에서 시내까지는 어떤 교통수단을 이용하든 대략 40분에서 1시간 정도가 소요된다.

공항 홈페이지 www.aena.es, www.madrid-mad.com
항공사별 터미널 문의 전화 902 404 704, 91 321 1000

©마드리드 공항 제공

알아두세요

터미널4는 2006년에 오픈했다. 영국의 유명한 건축가 리처드 로저스 Richard G. Rogers가 설계했는데 채광과 뛰어난 조명, 독특한 디자인 등이 높이 평가받아 건축계의 오스카상이라 할 수 있는 영국 왕립협회의 스털링상을 수상했다. 참고로 리처드 로저스는 파리의 퐁피두센터, 런던의 밀레니엄 돔, 우리나라 SBS 목동 사옥을 설계한 인물이기도 하다.

✈ 바라하스 국제공항 → 시내

메트로

가장 경제적이며 일반적인 이동 수단. 목적지에 따라 1회 이상 환승해야 하는 불편함이 있다. 터미널1·2·3은 메트로 Aeropuerto T1·2·3 역, 터미널4는 Aeropuerto T4 역이 연결돼 있다. 터미널 1·2·3의 메트로 역 입구는 터미널2와 연결돼 있으며 터미널 1·3에서 도보로 7~10분 정도 소요된다.

티켓은 메트로 역의 자동발매기에서 구입하면 되고 Single Ticket Metro+Extra charge 티켓 또는 Combined Metro Ticket+Extra charge 티켓 중 하나를 사면 된다. 요금에는 공항할증료 Extra charge €3도 포함돼 있다. 먼저 P.103~105를 참조해 목적지에 맞는 티켓을 정하고 자동발매기의 언어를 영어로 바꾼 후 티켓을 구입하면 된다.

홈페이지 www.metromadrid.es/en/travel-in-the-metro/fares-and-tickets/airport

운행 매일 06:00~01:30

티켓 종류와 요금

① Single Ticket Metro+Extra charge €4.50~5

② Combined Metro Ticket+Extra charge €6

노란색 공항버스 Exprés Aeropuerto

터미널 1·2·4와 시내 사이를 운행하는 공항버스. 24시간 운행해 이른 새벽, 밤늦게 출발·도착하는 여행자들에게 인기가 있다. 낮에는 15~20분, 밤에는 35분에 한 대씩 운행한다. 각 터미널 입국장 로비 출구로 나가면 전용버스 정류장이 있다. 운행 시간은 홈페이지를 참조하자.

홈페이지 www.emtmadrid.es

운행 노선 공항 → 오도넬 O'Donnell → 시벨레스 Cibeles(시벨레스 광장 Map P.110-B1 , P.127 참조) → 아토차 Atocha(아토차 역 앞) **요금** €5

◆23:50~05:40 시간대에는 시벨레스 광장까지 운행함.

시내버스

메트로에 비해 편리한 교통수단은 아니지만 목적지에 따라 이용할 만하다. 각 터미널 입국장 로비 출구로 나가면 전용버스 정류장이 있다. 그중에서 버스 200번은 공항의 모든 터미널을 지나 아베니다 데 아메리카 Avenida de América까지 운행한다. 아베니다 데 아메리카는 시내 교통의 중심지로 버스 또는 메트로로 환승하기에 편리하다.

운행 월~토요일 06:00~23:25, 일요일 07:30~23:25

요금 €1.50

근교열차(세르카니아스)

공항에서 시내로 운행되는 근교열차 C1. 시내에 있는 차마르틴 Chamartín 역까지 11분, 아토차 Atocha 역까지 25분, 프린시페 피오 Príncipe Pío 역까지 38분이 소요되며 30분에 한 대씩 운행한다. 시내 주요 역과 연결돼 편리하고 요금도 저렴하다. 철도패스 소지자는 무료로 이용할 수 있다. 역은 공항 터미널4와 연결돼 있다.

운행 노선 공항 터미널4 → Fuente de la Mora → Chamartín → Nuevos Ministerios → Recoletos → Atocha → Méndez Álvaro → Delicias → Pirámides → Príncipe Pío

운행 프린시페 피오 역 출발 06:02~02:33, 공항 출발 05:56~22:25 **요금** 편도 €2.60

택시

공항과 시내 어디든 짐, 공항할증료 등이 포함 된 정찰제로 운영돼 마음 편히 이용할 수 있다. 일행이 여럿이거나, 짐이 많거나 밤늦게 도착했다면 추천한다. 솔 광장까지는 대략 30~40분 정도 소요, 출퇴근 혼잡시간대는 막히는 것까지 고려해 이용하자.

운행 24시간 **요금** €30

철도

마드리드는 스페인 교통의 중심지로 근교 도시와 스페인 각지의 주요 도시를 연결한다. 시내에는 차마르틴 역, 아토차 역, 프린시페 피오 역, 이렇게 3개의 역이 있으며 행선지에 따라 이용하는 역이 달라진다. 모든 역은 여행자를 위한 최상의 시설을 갖추고 있으며 모두 메트로 역과 연결돼 있어 쉽게 갈 수 있다.

열대 식물원으로 조성된 아토차 역

3개의 역은 모두 근교열차(세르카니아스)가 운행되는데 역과 역 사이를 이동할 때에는 근교열차가 훨씬 편리하다. 모든 역은 늘 사람들로 북적이므로 티켓은 가능하면 미리 구입해 두는 게 안전하다. 역내와 역 주변에는 소매치기가 많으니 늘 긴장하자. 참고로 역에서 택시를 이용하면 €3의 할증료가 붙는다.

철도청 홈페이지 www.renfe.es

아토차 역 Estación de Atocha Map P.111-B3

마드리드 시내에 있는 가장 오래되고 규모가 큰 역이다. 1851년에 오픈한 마드리드 최초의 역으로 화재로 파손된 후 재건축해 옛날 역사와 새로 지은 역사, 두 개의 건물로 돼 있다. 특히 옛날 건물에는 각종 상점과 카페, 레스토랑 등이 들어서 있으며 건물 중앙에 열대 식물이 무성한 식물원을 조성해 시민들의 휴식공간으로 만들었다.

초고속열차 AVE 전용 터미널과 근교열차(세르카니아스) 터미널로 나뉘어 있으며 초고속열차는 그라나다·세비야·코르도바 등 안달루시아 지방과 바르셀로나, 톨레도, 쿠엥카행 등이 이곳에서 발착한다. 역에서 시내까지는 역과 바로 연결된 메트로 Atocha Renfe 역에서 1호선을 타고 가면 된다. 역에서 도보 10분 거리에 프라도 미술관이 있고 도보 30분이면 솔 광장까지도 갈 수 있다.

> **Travel Plus**
>
> **아토차 역 매표소 이용하기**
>
> 아토차 역의 티켓 예매 창구에서는 일반 열차와 국제선 티켓을 예약할 수 있다. 티켓을 끊으려면 우선 대기표를 뽑고 순서를 기다려야 한다. 대기표는 국제선, 국내선, 당일표 등으로 나뉘어 있으니 목적에 따라 바로 뽑아 두자. 곳곳에 자동판매기도 있다. 보라색은 장거리 기차 전용, 빨간색은 근교열차(세르카니아스) 전용 기계이다.
>
> **운영** 월~금요일 05:30~22:15, 토·일요일 06:00~22:15

코인 로커

운영 매일 05:30~22:20 **요금** 크기에 따라 €3.10 / €3.60 / €5.20

차마르틴 역 Estación de Chamartín Map P.107-B3

아토차 역 다음으로 규모가 큰 역으로 프랑스·포르투갈 등 유럽 주요 도시를 연결하는 국제선과 스페인 북서부에서 오는 장거리 열차가 발착한다. 최신 시설을 갖추고 있으며 건물 상층부는 차마르틴 호텔로 운영한다. 역에서 시내까지는 지하와 연결되는 메트로 Chamartín 역에서 8호선을 타고 이동하면 된다.

코인 로커

위치 9번 출구로 나가 맞은편에 있다. **운영** 07:00~23:00 **요금** 크기에 따라 €3.10 / €3.60 / €5.20

프린시페 피오 역 Estación Príncipe Pío

노르테 Norte 역이라 불렸으며 주로 살라망카, 산티아고 데 콤포스텔라 등 갈라시아 방면 열차가 드나든다. 메트로 6·10·R선 Príncipe Pío 역과 연결돼 있다.

버스

스페인 전역으로 운행되는 장거리 버스 노선이 발달해 있다. 버스는 열차보다 접근성이 좋고 비용이 저렴해 인기가 많다. 시내에는 여러 개의 버스터미널 Estación de Autobuses이 있으며 버스회사와 행선지 등에 따라 터미널이 달라지니 주의하자. 새로 오픈한 터미널도 있으니 무조건 터미널로 가지 말고 미리 관광안내소에 문의하자.

홈페이지 www.estacionautobusesmadrid.com

남부버스터미널 Estación Sur de Autobuses

국제선과 중·장거리 버스가 발착하는 중앙터미널. 특히 프랑스·포르투갈·그라나다·세비야·코르도바·쿠엥카 등을 오가는 버스가 있어 편리하다. 메트로 6호선 Méndez Alvaro 역과 연결되어 있다.

주소 C. Méndez Álvaro 83 **전화** 91 468 4200

버스 회사별 행선지와 이용 터미널

버스 회사	행선지	이용 터미널
알사 Alsa	톨레도	플라사 엘립티카 역 버스터미널
	바르셀로나	아베니다 데 아메리카 버스터미널
	빌바오·산 세바스티안	아베니다 데 아메리카 버스터미널
	그라나다	남부버스터미널
	코르도바	남부버스터미널
아반사 Avaza	세비야	몬클로아 역 버스터미널
	쿠엥카	남부버스터미널
소시부스 Socibus	세비야	남부버스터미널

쿠엥카행 버스는 아반사 AVANZA에서 운영한다.

홈페이지 www.avanzabus.com(운행시간 및 요금 조회) **쿠엥카 왕복 티켓 요금** €28.50(시즌에 따라 가격변동)

세비야행 버스는 소시부스 Socibus에서 운영한다.

홈페이지 www.socibusventas.es

플라사 엘립티카 Plaza Eliptica 역 버스터미널

톨레도행 버스는 알사 ALSA에서 운영한다. 메트로 6·11호선 Plaza Eliptica 역에서 하차해 버스터미널 표지판을 따라가자. 매표소는 지하 3층에, 플랫폼은 지하 1층과 지하 2층에 있다. 당일치기 여행이라면 왕복티켓을 구입하고 조금 비싸더라도 직행 Directo 버스를 이용하자. 톨레도행 버스는 지하 1층에 있는 5·7번, 6번(직행버스 전용) 플랫폼에서 출발한다.

ALSA 홈페이지 www.alsa.es(운행시간 및 요금 조회) **톨레도 왕복 티켓 요금** €10~11

몬클로아 역 Moncloa 버스터미널

세고비아, 레온, 팔렌시아, 바야돌리드 등 마드리드에서 북서쪽으로 가는 버스가 운행한다. 세고비아행 버스는 아반사 Avanza에서 운영한다. 메트로 3·6호선 Moncloa 역에서 하차해 안내 표지판을 따라가자. 매표소는 지하 2층, 승강장은 지하 1층에 있다. 버스는 14번 플랫폼에서 출발한다.

아반사 Avaza

홈페이지 www.avanzabus.com(운행시간 및 요금 조회) **전화** 902 119 699 **세고비아 왕복 티켓 요금** €14.21

아베니다 데 아메리카 버스터미널 Intercamiador de Avenida de América

콘티넨탈 아우토 Continental-Auto사에서 바르셀로나·팜플로나·빌바오·산탄데르행 등 주로 장거리 버스를 운행한다. 마드리드 바라하스 국제공항행 시내버스도 발착한다. 메트로 4·6·7·9호선 Avenida de América 역과 연결되어 있다.

주소 Avenida de América 9-A **전화** 91 737 6257

마드리드 - 주요 도시 간 교통편·이동 시간			
	출발역	**도착**	**교통편·이동 시간**
근교이동 가능 도시	Atocha	**톨레도**	초고속열차 25분, 버스 1시간~1시간 30분
	Chamartín	**세고비아**	초고속열차 27분, 버스 1시간 30분
	Chamartín	**쿠엥카**	초고속열차 1시간, 교외열차 Cercanias 2시간 50분 버스 2시간 05분~2시간 30분
	Atocha	**코르도바**	초고속열차 AVE 1시간 46분
주·야간이동 가능 도시	Atocha	**세비야**	초고속열차 AVE 2시간 30분, 버스 6시간, 비행기 1시간
	Atocha	**바르셀로나** Sants	초고속열차 AVE 2시간 30분~3시간 10분, 저가항공 1시간 25분, 야간버스 7시간 20분
	Atocha	**그라나다**	열차 3시간 39분, 버스 5시간, 비행기 1시간 15분
	Chamartín	**산 세바스티안**	열차 5시간 20분(1회 경유), 버스 5시간 10분, 비행기 1시간 10분
	Chamartín	**빌바오**	열차 4시간 44분, 버스 4시간 10분, 비행기 1시간
	공항, 버스터미널	**리스본**	저가항공 1시간 20분, 야간버스 8시간 30분
	공항, 버스터미널	**포르투**	저가항공 1시간 20분, 야간버스 8시간 30분

TRANSPORTATION

시내 교통

대도시답게 다양한 교통수단이 발달해 있다. 마드리드의 복잡한 교통지도와 요금 종류만 봐도 얼마나 다양한지 실감할 수 있다. 시내 교통수단으로는 메트로 Metro와 버스 EMT가 있고, 마드리드 시내와 근교를 연결하는 교외열차(세르카니아스) Suburban Rail(Cercanías Madrid), 교외버스 Suburban Buses (Interurban Buses) 등이 있으며 그 밖에 택시도 이용할 수 있다. 여행자들이 가장 쉽고 편리하게 이용하는 교통수단은 메트로이지만 공항과 근교 여행, 정확한 티켓 구입을 위해서라도 간단하게 각 교통수단의 특징과 이름을 알아둘 필요가 있다.

버스 EMT

빨간색 시내버스 Autobús는 마드리드 교통사업부 E.M.T에서 운영하며 172개의 노선이 발달해 있다. 메트로가 닿지 않는 시내 구석구석을 연결하며 심야버스 Búhos도 운행한다. 티켓은 버스정류장, 메트로 역 자동발매기, 매표소 등에서 구입할 수 있다.

마드리드 버스 홈페이지 www.emt madrid.es(요금 및 노선 조회) **운영** 매일 05:30~23:30

교외열차 Suburban Rail(Cercanías Madrid)

정식 명칭은 세르카니아스 마드리드로 시내와 근교 도시를 연결하는 열차다. 총 12개의 노선이 있으며 공항, 차마르틴 역, 아토차 역, 주요 메트로 역 등과 연결돼 있다. 요금은 구역 Zone에 따라 7단계로 나뉘며 스페인 철도청에서 운영해 철도패스 소지자는 무료로 이용할 수 있다. 노선은 C-1, C-2 등으로 표시한다.

교외버스 Suburban Buses(Interurban Buses)

녹색 버스로, 마드리드 시내와 근교에 있는 아란후에스, 엘 에스코리알, 친촌, 알칼라 데 에나레스 등으로 갈 때 편리하다. 버스터미널은 주요 메트로 역과 연결돼 있으며 티켓은 정류장 자동발매기에서 사거나 운전사한테 행선지를 말하고 구입하면 된다. 요금은 거리에 따라 달라지는데 저렴하므로 잘만 이용하면 편리하고 경제적이다.

- 메트로 Moncloa 역 : 엘 에스코리알 등 마드리드 북서부 방면
- 메트로 6·10·R선 Príncipe Pío 역 : 마드리드 남서쪽 방면
- 메트로 Conde de Casal 역 : 친촌 등 마드리드 남동쪽 방면
- 메트로 Plaza de Castilla 역 : 마드리드 북쪽 또는 북동쪽 방면

택시 Taxi

요금이 유럽의 다른 도시에 비해 저렴해 일행이 여럿이라면 편리하고 경제적이다. 택시를 잡는 요령은 우리나라와 동일하다. 운행시간, 공휴일 여부 등에 따라 요금에 약간 차이가 있다. 또 트렁크에 짐을 실을 경우 추가 비용을 내야 한다. €1 정도의 팁을 주는 게 관례다.

요금 월~금요일 07:00~21:00 €2.40, 토·일요일·공휴일 07:00~21:00 €2.90, 심야 매일 21:00~07:00 €2.90 (1km당 시간대에 따라 €1.05~1.20) **공항 할증료** €5.50, **역·버스터미널 할증료** €3, Juan Carlos(IFEMA) **무역박람회 할증료** €3, **크리스마스·설날·주현절** 21:00~07:00 **할증료** €6.70 **분실물센터** 91 527 9590 **마드리드 택시 어플** 프리나우 Free Now, 캐비파이 Cabify, 우버 Uber 등

메트로 Metro

메트로는 마드리드 전역을 연결하는 가장 빠르고 편리한 교통수단이다. 특히 모든 관광명소를 연결하고 있어 메트로만 탈 줄 알면 마드리드 관광은 끝!

메트로는 크게 마드리드 시내를 운행하는 ❶Metro Madrid 1~12, R 호선과 ML 1호선, ❷9호선 외곽 노선인 TFM ❸7호선 외곽 노선인 MetroEste ❹10호선 외곽 노선인 MetroNorte ❺10·12호선의 외곽 노선인 MetroSur ❻ML 2·3호선 ❼공항을 연결하는 8호선까지 총 7개로 나눌 수 있다. 상당히 복잡해 보이지만 여행자들이 가장 많이 이용하는 노선은 시내 관광과 공항 이동에 도움이 되는 ①, ⑦뿐이다.

티켓 요금은 ❶~❼ 노선에 따라 달라지니 '티켓 구입 및 사용 방법'을 참조하자.

미리 마드리드 메트로 애플리케이션을 깔거나 매표소에 비치된 포켓용 메트로 지도를 챙겨두면 편리하다.

플랫폼으로 들어갈 때 티켓을 넣고 들어가야 하며, 나올 때는 티켓이 필요 없다.

메트로 출입문은 노선에 따라 버튼을 누르거나 핸들을 돌려 직접 열어야 한다. 환승과 출구는 표지판이 워낙 잘돼 있어서 여행자들도 쉽게 이용할 수 있다. 관광객이 많은 주요 역과 사람들이 붐비는 출퇴근 시간에는 소매치기가 많으니 소지품 관리에 각별히 신경을 써야 한다. 인적이 드문 심야나 일요일 오전에는 메트로를 이용하지 않는 게 좋다. 모든 역에는 화장실이 없다.

마드리드 메트로 역 마크와 간판은 디자인이 예뻐서 사진의 모델이 되기도 한다. Sol 역과 Banco de España 역이 가장 인기가 있으니 기억해 뒀다가 기념촬영을 하자.

마드리드 메트로 홈페이지 www.metromadrid.es(요금 및 노선 조회, 메트로 앱을 깔아 사용해도 편리)

운행 매일 06:00~01:30(3~15분 간격으로 운행)

티켓 구입 및 사용 방법

멀티 카드

티켓은 1회권을 구입하더라도 멀티 카드 Tarjeta Multi (Multi Card 티켓 충전 카드)를 구입해야 하며 카드는 10년간 유효, 별도의 발급비(€2.50)를 내야한다. 발급비는 환불이 되지 않으니 카드 하나를 구입해 여럿이 같이 사용하자. 메트로를 탈 때에는 개찰기에 카드를 대고 통과 한 후 다음 사람에게 카드를 건네는 식으로 사용하면 된다. 버스는 탑승 인원 수 만큼 자동 인식기에 카드를 대면된다. 멀티 카드에는 여행자 전용 티켓 Abono Turístico도 충전이 가능하다. 티켓 구매는 메트로 역 매표소 또는 자동발매기를 이용하면 된다.

대중교통 요금 ※2024년 12월 31일까지 왕립법령에 따라 10회권은 아래 가격의 50% 할인된다.

1회권 Sencillo 1Viaje	버스 EMT	EMT ticket €1.50
	메트로	1회권 중 여행자들이 가장 많이 사용하게 되는 티켓 ①, ③~⑤의 경우 Metro ticket(Metro Zone A and ML1) 또는 MetroEste, MetroNorte and MetroSur ticket €1.50~2 ②의 경우 TFM ticket €2
1회 통합권 Combinado 1 Viaje	①~⑥의 경우 Combined Metro ticket €3	
10회권 Billete 10 Viajes	EMT	①의 경우 메트로와 버스를 모두 탈 수 있어 Metrobús라 부른다. 여행자들이 가장 많이 이용하는 티켓은 10 Trip Ticket(T-10) Metro Zone A, EMT and ML1 ticket(Metrobús) €12.20
	EMT 10회권	환승 가능 EMT 10 trips ticket with transfer €18.30
	③~⑤의 경우 MetroEste, MetroNorte and MetroSur ticket €11.20	
	②의 경우 TFM ticket €12.20	
10회 통합권 Combinado 1 Viaje	①~⑥의 경우 Combined Metro ticket €18.30	

알아두세요

여행자 전용 티켓 Abono Turístico(Tourist Travel Passes)

메트로·시내버스·근교열차·고속버스 등을 유효기간 내에 마음껏 탈 수 있는 티켓. 마드리드 전용 Zona A, 마드리드와 톨레도·구아다라하라 등 근교 도시를 갈 수 있는 Zona T가 있다. 티켓은 공항, 기차역, 메트로 역, 홈페이지 등에서 구입할 수 있고 자동발매기로도 구입이 가능하다. 마드리드 시내 교통과 고속버스 요금이 포함돼 당일치기 근교 도시 여행에 매우 유용하다. 티켓은 Zona T 1-día 티켓을 구입하면 된다.

홈페이지 www.esmadrid.com

Zona	A	T
1-día	€10	€15
2-día	€17	€25.50
3-día	€22.50	€34
4-día	€27	€42
5-día	€32.50	€61

현지인처럼 메트로 타기

STEP 1

마름모꼴 메트로 역을 찾아라.

STEP 2

매표소 옆에 비치된
포켓용 매트로 맵 챙기기

STEP 3

자동발매기 또는 매표소에서 티켓 구입하기

STEP 4

개찰구에 티켓을 넣고 역으로 들어간다.
나갈 때는 티켓이 필요 없다. 바만 밀고 나가면 된다.

STEP 5

플랫폼으로 가기 전 표지판을 확인하자. 종착역이 C. Caminos인 2호선 안내판. 가장 위에 적혀 있는 역 이름 Sevilla는 지금 있는 역이다. 역 이름 오른쪽에 있는 숫자는 그 역에서 갈아탈 수 있는 노선 번호다.

STEP 6

환승은 우리나라와 동일하다.
안내 표지판만 따라가면 된다.

사진은 4·10호선으로 환승.
Salida 출구 방향을 표시한 것이다.

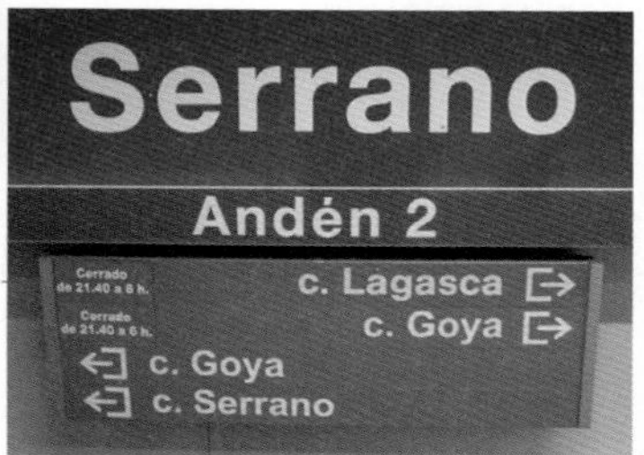

STEP 7

역마다 출구가 여러 군데다. 출구는 가까운 거리 이름으로 표시돼 있으므로 미리 목적지를 확인해 두면 편리하다.

MASTER OF MADRID

마드리드 완전정복

마드리드는 예술과 문화의 도시다. 마드리드 여행의 핵심은 왕실과 귀족들이 수집한 수많은 예술작품을 감상하는 것이다. 낮에는 미술관에 들러 거장들의 작품들을 보고 저녁에는 선술집에 들러 서민들과 어울리고, 두 손을 주머니에 찔러 넣고 구시가지의 골목골목을 어슬렁거려보자. 소설가 헤밍웨이, 화가 피카소가 그랬던 것처럼.

마드리드 시내는 크게 솔 광장을 중심으로 서쪽의 마요르 광장과 왕궁 주변, 북쪽의 그란 비아, 동쪽의 프라도 미술관 주변으로 나뉜다. 그 밖에 살라망카 지구와 차마르틴 지구로 나뉜다. 대부분의 볼거리가 그다지 멀지 않은 범위 안에 모여 있어 도보로도 다닐 만하지만 효율적인 관광을 위해 메트로를 적절히 이용할 것을 권한다.

시내 관광은 2~3일을 계획하자. 첫날은 구시가인 솔 광장, 마요르 광장, 왕궁 그리고 그란 비아 주변을 도보로 돌아보고, 2~3일째는 세계적으로 유명한 프라도 미술관을 비롯해 소피아 왕비 예술 센터, 티센 보르네미스사 미술관 등 미술관과 박물관을 취향대로 골라서 관람하면 된다. 박물관에 따라 운영시간, 휴무일 등이 다르니 미리 홈페이지 또는 관광안내소에서 확인해 두는 게 좋다. 특정일과 특정시간에는 무료 입장이 가능한 곳도 있으니 기회를 놓치지 말자.

그 밖에 틈틈이 쇼핑 거리에 들러 소소한 쇼핑을 즐기고 밤에는 플라멩코 공연을 관람하자. 메손 Mesón이나 바 Bar 같은 스페인 전통 선술집에 들러 상그리아와 타파스 Tapas(안주요리)를 먹어보는 것도 잊지 말자.

마드리드 근교에는 세계문화유산으로 지정된 유서 깊은 도시가 많으니 시간 여유가 있다면 1~3일 정도 더 머무르며 당일치기 근교 여행을 즐겨보자. 화가 엘 그레코가 사랑한 도시 톨레도, 로마 수도교가 있는 세고비아, 마법에 걸린 도시 쿠엥카 등 대도시를 벗어나 소박한 시골 마을을 돌아보는 것 또한 스페인 여행에서 잊을 수 없는 색다른 경험이 될 것이다.

이것만은 놓치지 말자!

① 세계 3대 미술관인 프라도 미술관에서 작품 감상하기
② 구시가의 마요르 광장과 작은 골목들 도보 여행
③ 극장에서 수준 높은 발레 플라멩코 쇼 관람하기
④ 선술집 메손과 바, 다양한 타파스 Tapas 투어
⑤ 세계문화유산인 근교 도시 여행

시내 관광을 위한 Key Point

랜드마크

① **솔 광장** Puerta del Sol
광장을 중심으로 방사선 모양으로 길들이 뻗어 있으며 왕궁, 프라도 미술관, 그란 비아 등으로 연결된다.

② **프라도 미술관**
주변 주요 박물관들이 이곳에 모여 있다.

마드리드 전체 개념도
0
1km
1 구시가 A3
솔 광장과 마요르 광장 주변. 마드리드에서 가장 오래된 곳이자 매력적인 도보 여행지
2 왕궁 주변 A3
세계를 호령했던 스페인 왕가의 저력을 느낄 수 있는 곳
3 아토차 역 주변 B3
프라도 미술관을 비롯해 마드리드의 유명한 3대 미술관이 있는 곳
4 그란 비아 주변 A2
호텔, 레스토랑, 영화관 등이 늘어서 있는 마드리드의 명동
5 살라망카 지구 B2
비즈니스 지구로 마드리드 최고의 고급 상점가 세라노 거리가 있는 곳
6 차마르틴 역 주변 B1
레알 마드리드 CF의 홈 스타디움이 있는 곳
차마르틴 역
Chamartín
플라사 데 카스티야 역
Plaza de Castilla
6 차마르틴 역 주변
Estación de Chamartín
콜롬비아 역
Colombia
카스테야나 거리
산티아고 베르나베우 스타디움
아베니다 데 아메리카 버스터미널
아베니다 데 아메리카 역
Avda. de América
몬클로아 역
Moncloa
오에스테 공원
서쪽공원
Parque del Oeste
프린세사 거리
산 안토니오 데 라 플로리다 성당
리리아 궁전
알론소 마르티네스 역
Alonso Martínez
세라노 거리
5 살라망카 지구
Salamanca
라스 벤타스 투우장
그란 비아 주변 4
Gran Vía
프린시페 피오 역
Príncipe Pío
스페인 광장
그란 비아
콜론 광장
세라노 역
Serrano
고야 역
Goya
카사 데 캄포
왕궁
솔 광장
알칼라 문
오페라 역
Opera
솔 역
Sol
티센 보르네미사 미술관
캄포 델 모로
왕궁 주변 2
Palacio Real
1 구시가
마요르 광장
프라도 미술관
레티로 공원
산 프란시스코 엘 그란데 성당
국립 소피아 왕비 예술 센터
라 베로스사 버스정류장
아토차 역 주변 3
Estación de Atocha
톨레도 문
아토차 역
Atocha
아우토 레스사 버스터미널
델리시아스 역
Delicias
비센테 칼데론 스타디움
멘데스 알바로 역
Méndez Álvaro
남부버스터미널

세랄보 미술관
Museo Cerralb
스페인 광장
Plaza de España
산 비센테 언덕
Cuesta de San Vicente
Cadarso
사바티니 정원
Jardines de Sabatini
그란 비아 Gran Vía
Calle Dr. Carracido
C. del Formento
Calle Leganitos
Calle Isabel la Católica
Calle de San Bernardo
C. de la Luna
Pizarro
Calle Estrella
Calle Libreros
Calle de Silva
Calle Tudescos
산토 도밍고
Santo Domingo
Reloj
Calle Guillermo Rolland
Calle Torija
Plaza de la Marina Española
Calle Encarnación
Calle Bola
Calle Bailén
플라사 도밍고 광장
Plaza de Sto. Domingo
C. de Jacometrezo
카야오 광장
Pl. del Callao
카야오
Callao
Calle Preciados
왕립 엥카르나시온 수도원
Real Monasterio de la Encarnacion
Calle San Quintín
카보 노바 정원
Jardines del Cabo Nova
Calle de Arrieta
Cuesta Santo Domingo
Calle Campomanes
Calle de los Caños del Peral
Costanilla de los Ángeles
Calle Veneras
Conchas
Navasde Tolosa
데스칼사스 레알레스 수도원
Monasterio de las Descalzas Reales
오리엔테 광장
Plaza de Oriente
C. Felipe V
Plaza Isabel II
왕궁
Palacio Real
왕립극장
Teatro Real
C. Flora
산 마르틴 광장
Pl. San Martín
데스칼사스 광장
Pl. Descalzas
C. Carlos III
오페라
Ópera
Calle del Arenal
C.deTetu
C. de Vergara
C. Amnistía
Unión
Lazo
Escalinita
C. de las Fuenetes
C. de las Hileras
C. Bordadores
Pasadizo de San Ginés
Travesía del Arenal
아르메니아 광장
Plaza de la Armenía
라말레스 광장
Pl. de Ramales
산티아고 광장
Plaza Santiago
Lemos
Espejo
에라도레스 광장
Pl. de los Herradores
Calle Coloreros
C. Sres. Luzon
C. de Santiago
알무데나 대성당
Catedral de la Almudena
마요르 거리Calle Mayor
Cava de San Miguel
C.Postas
Calle
마요르 광장
Plaza Mayor
산 미겔 광장
Plaza San Miguel
산 미겔 시장
Mercado de San Miguel
Calle Mayor
시청사
Ayuntamiento de Madrid
비야 광장
Pl. de la Villa
산타 크루스 광장
Pl. Sta. Cruz
콘데 바라하스 광장
Pl. Conde Barajas
프로빈시아 광
Pl. Provincia
C. Sacramento San Justo
산 미겔 성당
Ig. San Miguel
Calle Cuchilleros
Calle Salvador
Calle de Bailén
Calle de Segovia
Calle de Toledo
C. Concepcion J
Calle de Segovia
Plaza Puerta Cerrada
파하 광장
Pl. de la Paja
산 페드로 성당
Ig. S Pero
세고비아 광장
Pl. Segovia
Calle de la Colegiata
C. S. Pedro
산 이시드로 성당
Colegiata de San Isidro

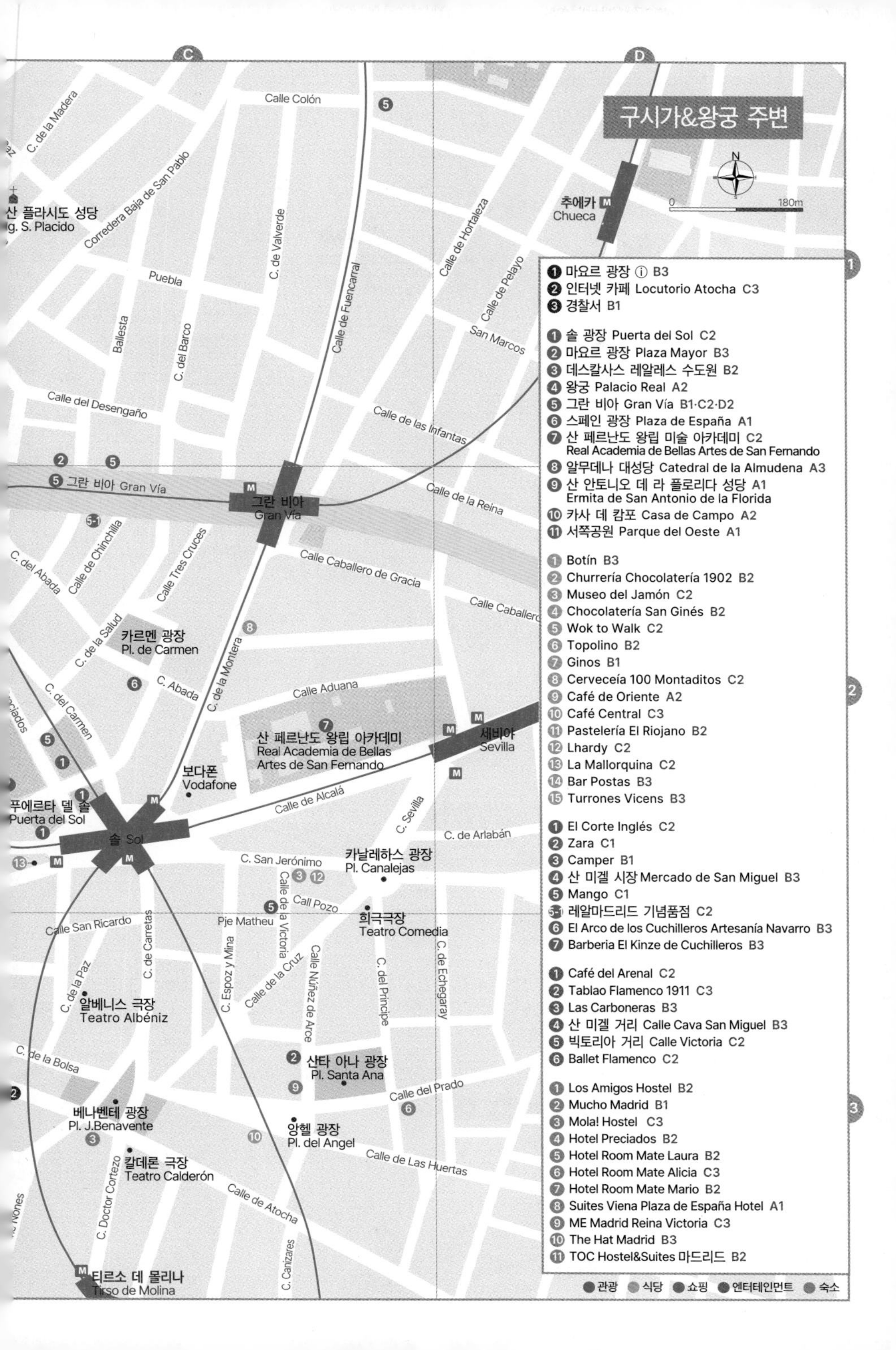

구시가&왕궁 주변
C
D
1
2
3
0
180m
1 마요르 광장 ⓘ B3
2 인터넷 카페 Locutorio Atocha C3
3 경찰서 B1
1 솔 광장 Puerta del Sol C2
2 마요르 광장 Plaza Mayor B3
3 데스칼사스 레알레스 수도원 B2
4 왕궁 Palacio Real A2
5 그란 비아 Gran Vía B1·C2·D2
6 스페인 광장 Plaza de España A1
7 산 페르난도 왕립 미술 아카데미 C2
Real Academia de Bellas Artes de San Fernando
8 알무데나 대성당 Catedral de la Almudena A3
9 산 안토니오 데 라 플로리다 성당 A1
Ermita de San Antonio de la Florida
10 카사 데 캄포 Casa de Campo A2
11 서쪽공원 Parque del Oeste A1
1 Botín B3
2 Churrería Chocolatería 1902 B2
3 Museo del Jamón C2
4 Chocolatería San Ginés B2
5 Wok to Walk C2
6 Topolino B2
7 Ginos B1
8 Cerveceía 100 Montaditos C2
9 Café de Oriente A2
10 Café Central C3
11 Pastelería El Riojano B2
12 Lhardy C2
13 La Mallorquina C2
14 Bar Postas B3
15 Turrones Vicens B3
1 El Corte Inglés C2
2 Zara C1
3 Camper B1
4 산 미겔 시장 Mercado de San Miguel B3
5 Mango C1
5-1 레알마드리드 기념품점 C2
6 El Arco de los Cuchilleros Artesanía Navarro B3
7 Barberia El Kinze de Cuchilleros B3
1 Café del Arenal C2
2 Tablao Flamenco 1911 C3
3 Las Carboneras B3
4 산 미겔 거리 Calle Cava San Miguel B3
5 빅토리아 거리 Calle Victoria C2
6 Ballet Flamenco C2
1 Los Amigos Hostel B2
2 Mucho Madrid B1
3 Mola! Hostel C3
4 Hotel Preciados B2
5 Hotel Room Mate Laura B2
6 Hotel Room Mate Alicia C3
7 Hotel Room Mate Mario B2
8 Suites Viena Plaza de España Hotel A1
9 ME Madrid Reina Victoria C3
10 The Hat Madrid B3
11 TOC Hostel&Suites 마드리드 B2
관광
식당
쇼핑
엔터테인먼트
숙소
Calle Colón
C. de la Madera
Corredera Baja de San Pablo
산 플라시도 성당
Ig. S. Placido
C. de Valverde
Calle de Fuencarral
Calle de Hortaleza
Calle de Pelayo
San Marcos
추에카
Chueca
Puebla
Ballesta
C. del Barco
Calle del Desengaño
Calle de las Infantas
그란 비아 Gran Vía
그란 비아
Gran Vía
Calle de la Reina
Calle Caballero de Gracia
Calle Caballero
C. del Abada
Calle de Chinchilla
Calle Tres Cruces
C. de la Salud
카르멘 광장
Pl. de Carmen
C. Abada
C. de la Montera
C. del Carmen
Calle Aduana
산 페르난도 왕립 아카데미
Real Academia de Bellas Artes de San Fernando
세비야
Sevilla
보다폰
Vodafone
푸에르타 델 솔
Puerta del Sol
솔 Sol
Calle de Alcalá
C. Sevilla
C. de Arlabán
C. San Jerónimo
카날레하스 광장
Pl. Canalejas
Calle de la Victoria
Call Pozo
희극극장
Teatro Comedia
Calle San Ricardo
C. de Carretas
Pje Matheu
C. Espoz y Mina
Calle de la Cruz
Calle Núñez de Arce
C. del Príncipe
C. de Echegaray
C. de la Paz
알베니스 극장
Teatro Albéniz
C. de la Bolsa
산타 아나 광장
Pl. Santa Ana
Calle del Prado
베나벤테 광장
Pl. J.Benavente
앙헬 광장
Pl. del Angel
칼데론 극장
Teatro Calderón
Calle de Las Huertas
Calle de Atocha
C. Doctor Cortezo
C. Canizares
티르소 데 몰리나
Tirso de Molina

프라도 미술관 주변(아토차 역 주변)
A
B
1
2
3
4
300m
사바티니 정원
Jardines de Sabatini
산토 도밍고
Santo Domingo
왕립 엥카르나시온 수도원
산토 도밍고 광장
카야오
Callao
그란 비아
Gran Vía
추에카
Chueca
Calle Almirante
Calle de Prim
Berlin
San Marcos
C. de las Infantas
레콜레토스
Recoletos
방코 데 에스파냐
Banco de España
시벨레스 광장
Ballesta
Puebla
왕궁
Palacio Real
왕립극장
오페라
Ópera
데스칼사스 레알레스 수도원
Monasterio de las Descalzas Reales
Aduana
C. de Alcalá
세비야
Sevilla
알칼라 거리
아폴로 분수
Fuente de Apolo
티센 보르네미스사 미술관
Museo Thyssen-Bornemisza
Arrieta
C. del Arenal
Escalinata
C. Bordadores
Calle de Bailén
Santiago
Calle Mayor
Pastas
솔
Sol
Calle Echegaray
Carrera San Jerónimo
시청사
마요르 광장
Plaza Mayor
알무데나 대성당
Catedral de Nuestra Senora de la Almudena
C. Sacramento San Justo
외무성
Conceptión
The Westin Palace Hotel
Calle de Cervantes
Plaza Jesús
C. de las Huertas
P.108~109
구시가 &
왕궁 주변
산 이시드로 성당
Colegiata de San Isidro
티르소 데 몰리나
Tirso de Molina
Doctor Cortezo
Calle Luis Vélez de
Calle Olivar
C. León
카노바스텔 카스티야 광장
Paseo del Prado
C. de Moratín
구급병원
Casa de Soccorro
안톤 마르틴
Antón Martín
Calle de Atocha
푸에르타 데 모로스 광장
Pl. Puerta de Moros
C. de San Francisco
Calle de la Cobeza
Calle Calvario
Calle del Olmo
C. Ave María
라 라티나
La Latina
산 프란시스코 엘 그란데 성당
Basilica de San Francisco El Grande
라스트로(벼룩시장)
Rastro
Calle Embajadores
아구스티나 데스칼사스 수도원
Convento Agustinas Descalzas
C. de Santa Isabel
엠페라도르 카를로스 5세 광장
Plaza de Emperador Carlos V
라바피에스
Lavapiés
C. de Argumosa
국립 소피아 왕비 예술 센터
Museo Nacional de Arte Reina Sofia
산 페르난도 시장
San Fernando
C. del Amparo
C. Valencia
C. del Doctor
푸에르타 데 톨레도
Puerta de Toledo
톨레도 문
Puerta de Toledo
Ronda de Toledo
카시노 데 라 레이나
Casino de la Reina
Ronda de Valencia
Ronda de Atocha
C. de Toledo
Paseo de los Olmos
엠바하도레스 광장
Glorieta de Embajadores
엠바하도레스
Embajadores
C. de Bernardino Obregón
C. Fray L. de León
Calle de Sebastián Elcano
Paseo de las Delicias
아카시아스
Alcacias
C. de Moratines
C. de Martín Vargas
C. P. Unanue
팔로스 데 라 프론테라
Palos de la frontera
Paseo de Sta. Ma. de la Cabeza
오르테가 이 무니아 광장
Plaza de Ortega y Munilla
Paseo del Doctor Vallejo Nágera
C. de la Batalla del Salado
피라미데스
Pirámides
C. Ferrocarril
페뉴엘라스 광장
Pl. de Peñuelas
산타 마리아 카예 데 카베사 광장
Glorieta Santa Maria Calle de la Cabeza
글로리에타 데 라스 피라미데스
Glorieta de las Piramides
C. de Melilla
Paseo de la Esperanza
페뉴엘라스 공원
Parque de Peñuelas
C. del General Palanca
C. de Embajadores
Paseo de Yeserías
C. de Argandа
C. de Cáceres
델리시아스
Delicias
C. de Tomás Breton
Margués deVadillo
C. de Antonio López
C. de Fernando Póo
C. de Jaime el Conquistador
C. del Divino Vallés
C. Batalla de Belchite

국립 고고학 박물관
Museo Arqueológico Nacional
프란시페 데 베르가라
Príncipe de Vergara
Calle del Duque de Sesto
오도넬
O'Donnell
C. de O'donnell
크리스티나 병원
Hospital Sta. Cristina
Calle de Serrano
de Recoletos
C. de Columela
레티로
Retiro
Calle de Alcalá
알칼라 문
Puerta de Alcalá
Alcalá
C. del Doctor Castelo
C. de Menorca
Calle de Marvaez
Calle de Fernán González
Calle de Malquez
그레고리오 마라뇬 병원
Hospital Gregorio Marañón
이비사
Ibiza
C. de Ibiza
Avenida de Menendez
Montalbán
장식 미술관
Museo de Artes Decorativas
알폰소 12세의 기마상
C. del Alcalde Sainz de Baranda
Calle de A Arias
e de Antonio Maura
레티로 공원
Parque del Retiro
Paseo de Venezuela
C. del Doce de Octubre
군사 박물관
Museo de Ejército
벨라스케스의 궁
Palacio de Velazquez
사인스 데 바란다
Sainz de Baranda
P.112 레티로 공원 주변
헤로니모 엘 레알 성당
S. Jerónimo
Paseo Duque de Fernán Núñez
니뇨 헤부스 병원
Hospital del Niño Jesús
수정궁
Nacional del Prado
Espalter
Calle de Pío Baroja
레티로 탑
Torre del Retiro
Calle de Samaria
Calle de Nazaret
Alfonso XII
장미정원
Calle del Doctor Esquerdo
Calle de la Cruz del Sur
Paseo Duque
Fernán Nunés
Avenida de Menéndez Pelayo
Moyano
천문관측소
Observatorio Astronomico
라몬 이 카할 연구소
Inst Ramón y Cajal
Reyes
국립 문화인류학 박물관
Museo Nacional de Antropología
포에타 에스테반 비예가스
산타 카탈리나 데 시에나 성당
Iglesia de Santa Catalina de Siena
아토차 렌페
Atocha Renfe
군사청
Gobierno Militar
Paseo de Reina Cristina
Avenida del Mediterraneo
이사벨 라 카톨리카 연구소
C. de Cavanilles
콘데 데 카살
Conde de Casal
아토차 성모 마리아 성당
Basilica Nstr. Sra. de Atocha
왕립 태피스트리 공장
Real Fábrica de Tapices
4 아토차 역
Estación de Atocha
Calle de Juan de Urbieta
Granada
메넨데스 펠라요
Menéndez Pelayo
Avenida de la Ciudad de Barcelona
Calle Comercio
Calle de Téllez
C. de Ancora
C. de las Canarias
C. Garganta de los Montes
C. de Méndez Alvaro
Ramirez Prado
C. de Arbercha
Calle de Jacaranda
Calle del Tejo
Eusebio Cuenca
멘데스 알바로
Méndez Álvaro
프엔테 발예카스
Puente de Vallecas
1 중앙 관광안내소 ⓘ&중앙우체국 B1
2 프라도 미술관 주변 ⓘ B2
3 Ibercaja Banco B1
4 아토차 역 Estación de Atocha & ⓘ B3
1 국립 소피아 왕비 예술센터 B3
Museo Nacional Centro de Arte Reina Sofia
2 티센 보르네미스사 미술관 B1
Museo de Thyssen-Bornemisza
3 프라도 미술관 Museo del Prado B2
4 시벨레스 광장 Plaza de la Cibeles B1
5 레티로 공원 Parque del Retiro B1~2, C1~2
1 Gran Café Gijón B1
2 Casa Lucio A2
3 Taberna de los Huevos de Lucío A2
1 라스트로(벼룩시장) Rastro A2
2 El Flamenco Vive B2
1 Corral de la Morería A2
1 Cats Chill Out Hostel A2
2 Cats Hostel Madrid Sol A2
3 Hostal Montaloya A2
관광 식당 쇼핑
엔터테인먼트 숙소

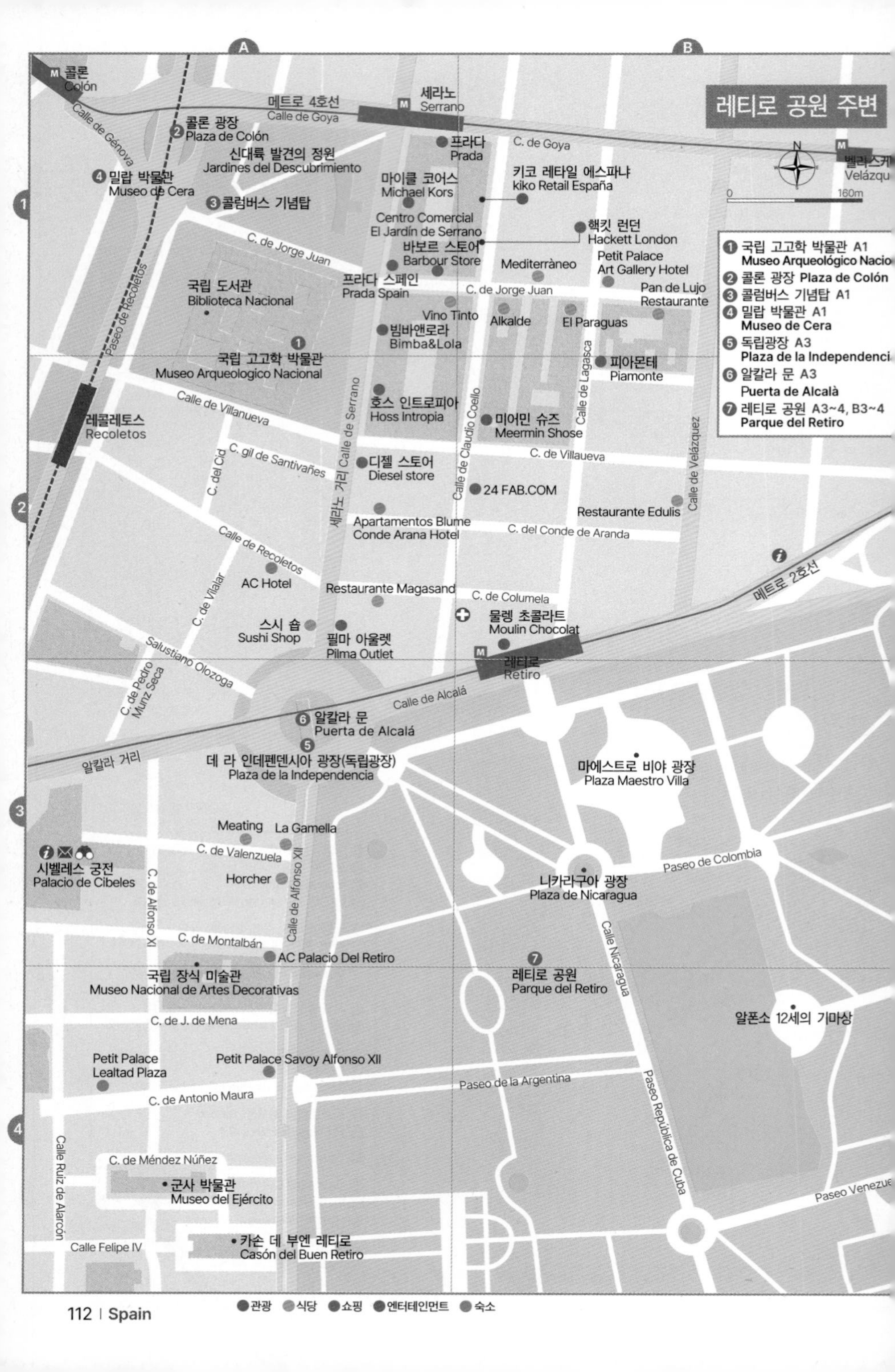

레티로 공원 주변
A
B
1
2
3
4
N
0
160m
콜론
Colón
메트로 4호선
Calle de Goya
세라노
Serrano
벨라스케
Velázqu
Calle de Génova
콜론 광장
Plaza de Colón
신대륙 발견의 정원
Jardines del Descubrimiento
밀랍 박물관
Museo de Cera
콜럼버스 기념탑
프라다
Prada
C. de Goya
마이클 코어스
Michael Kors
키코 레타일 에스파냐
kiko Retail España
Centro Comercial
El Jardín de Serrano
핵킷 런던
Hackett London
바보르 스토어
Barbour Store
C. de Jorge Juan
Petit Palace
Art Gallery Hotel
Mediterràneo
프라다 스페인
Prada Spain
C. de Jorge Juan
Pan de Lujo
Restaurante
국립 도서관
Biblioteca Nacional
Paseo de Recoletos
Vino Tinto
Alkalde
El Paraguas
빔바앤로라
Bimba&Lola
국립 고고학 박물관
Museo Arqueologico Nacional
피아몬테
Piamonte
Calle de Lagasca
Calle de Villanueva
호스 인트로피아
Hoss Intropia
미어민 슈즈
Meermin Shose
레콜레토스
Recoletos
Calle de Serrano
세라노 거리
Calle de Claudio Coello
Calle de Velázquez
C. gil de Santivañes
C. del Cid
디젤 스토어
Diesel store
C. de Villaueva
24 FAB.COM
Restaurante Edulis
Apartamentos Blume
Conde Arana Hotel
C. del Conde de Aranda
Calle de Recoletos
AC Hotel
C. de Vilalar
Restaurante Magasand
C. de Columela
메트로 2호선
물렝 초콜라트
Moulin Chocolat
스시 숍
Sushi Shop
필마 아울렛
Pilma Outlet
Salustiano Olozoga
레티로
Retiro
C. de Pedro
Munz Seca
Calle de Alcalá
알칼라 문
Puerta de Alcalá
알칼라 거리
데 라 인데펜덴시아 광장(독립광장)
Plaza de la Independencia
마에스트로 비야 광장
Plaza Maestro Villa
Meating
La Gamella
C. de Valenzuela
시벨레스 궁전
Palacio de Cibeles
Horcher
Calle de Alfonso XII
C. de Alfonso XI
니카라구아 광장
Plaza de Nicaragua
Paseo de Colombia
Calle Nicaragua
C. de Montalbán
AC Palacio Del Retiro
레티로 공원
Parque del Retiro
국립 장식 미술관
Museo Nacional de Artes Decorativas
알폰소 12세의 기마상
C. de J. de Mena
Petit Palace
Lealtad Plaza
Petit Palace Savoy Alfonso XII
Paseo de la Argentina
C. de Antonio Maura
Paseo República de Cuba
Calle Ruiz de Alarcón
C. de Méndez Núñez
군사 박물관
Museo del Ejército
Paseo Venezue
Calle Felipe IV
카손 데 부엔 레티로
Casón del Buen Retiro
① 국립 고고학 박물관 A1
Museo Arqueológico Nacio
② 콜론 광장 Plaza de Colón
③ 콜럼버스 기념탑 A1
④ 밀랍 박물관 A1
Museo de Cera
⑤ 독립광장 A3
Plaza de la Independenci
⑥ 알칼라 문 A3
Puerta de Alcalà
⑦ 레티로 공원 A3~4, B3~4
Parque del Retiro
관광
식당
쇼핑
엔터테인먼트
숙소

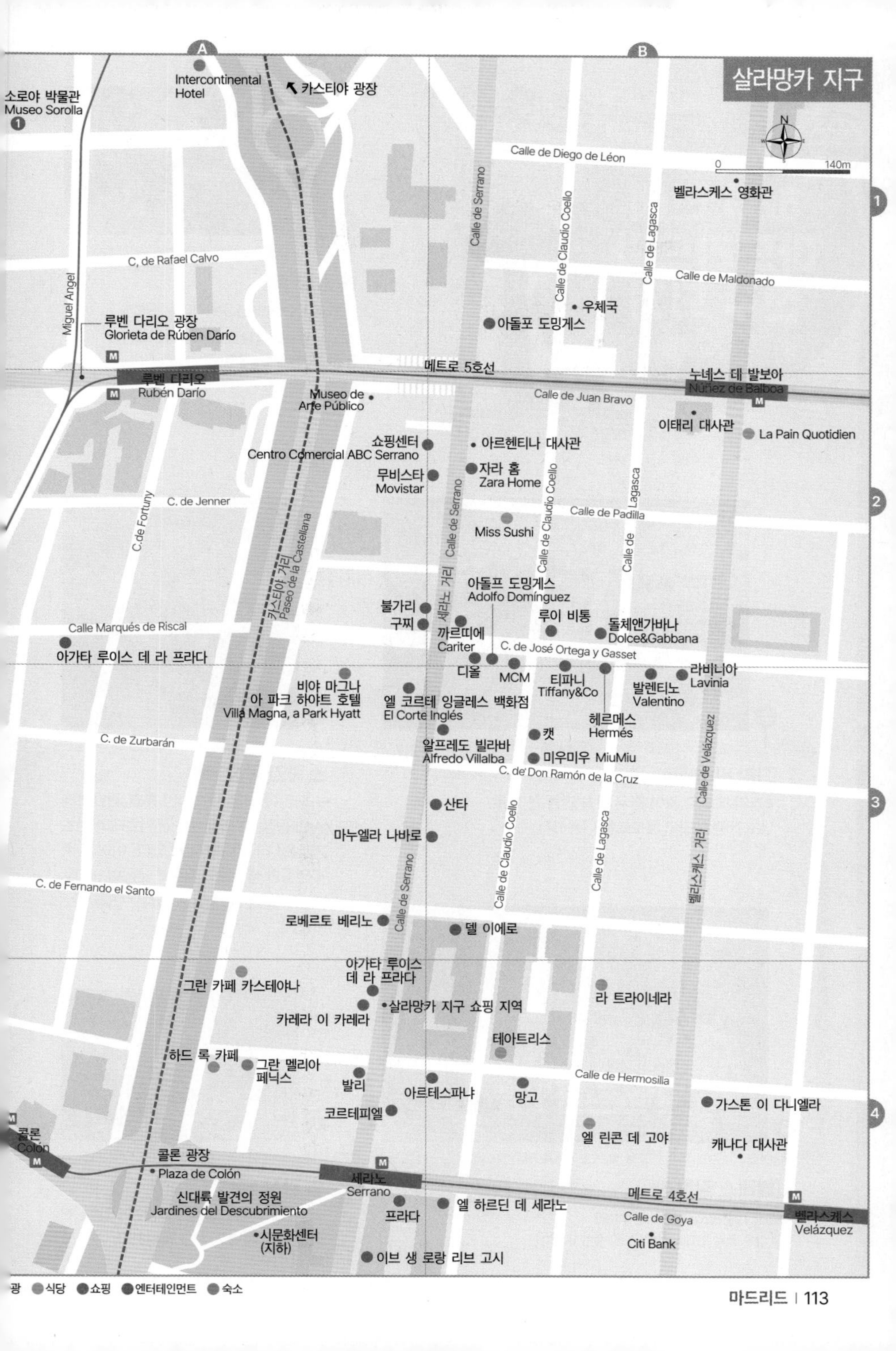
살라망카 지구
소로야 박물관
Museo Sorolla
Intercontinental Hotel
카스티야 광장
Calle de Diego de Léon
벨라스케스 영화관
Calle de Serrano
Calle de Claudio Coello
Calle de Lagasca
C. de Rafael Calvo
Calle de Maldonado
Miguel Angel
우체국
아돌포 도밍게스
루벤 다리오 광장
Glorieta de Rúben Darío
메트로 5호선
루벤 다리오
Rubén Darío
누녜스 데 발보아
Núñez de Balboa
Museo de Arte Público
Calle de Juan Bravo
이태리 대사관
La Pain Quotidien
쇼핑센터
Centro Comercial ABC Serrano
아르헨티나 대사관
무비스타
Movistar
자라 홈
Zara Home
C.de Fortuny
C. de Jenner
Calle de Padilla
Miss Sushi
카스티야 거리
Paseo de la Castellana
세라노 거리
아돌프 도밍게스
Adolfo Domínguez
불가리
구찌
까르띠에
Cariter
루이 비통
돌체앤가바나
Dolce&Gabbana
Calle Marqués de Riscal
아가타 루이스 데 라 프라다
C. de José Ortega y Gasset
디올
MCM
티파니
Tiffany&Co
발렌티노
Valentino
라비니아
Lavinia
비야 마그나
아 파크 하야트 호텔
Villa Magna, a Park Hyatt
엘 코르테 잉글레스 백화점
El Corte Inglés
헤르메스
Hermés
C. de Zurbarán
캣
알프레도 빌라바
Alfredo Villalba
미우미우 MiuMiu
C. de Don Ramón de la Cruz
Calle de Velázquez
산타
마누엘라 나바로
벨라스케스 거리
C. de Fernando el Santo
로베르토 베리노
델 이에로
아가타 루이스 데 라 프라다
그란 카페 카스테야나
라 트라이네라
살라망카 지구 쇼핑 지역
카레라 이 카레라
테아트리스
하드 록 카페
그란 멜리아 페닉스
발리
아르테스파냐
망고
Calle de Hermosilla
가스톤 이 다니엘라
코르테피엘
엘 린콘 데 고야
캐나다 대사관
콜론
Colón
콜론 광장
Plaza de Colón
세라노
Serrano
메트로 4호선
신대륙 발견의 정원
Jardines del Descubrimiento
프라다
엘 하르딘 데 세라노
Calle de Goya
벨라스케스
Velázquez
시문화센터 (지하)
Citi Bank
이브 생 로랑 리브 고시
광 식당 쇼핑 엔터테인먼트 숙소

1day Course

하루 만에 마드리드와 친구 되기

솔 광장의 곰 동상

도보 5분

1 솔 광장 P.118

메트로 1·2·3호선 Sol 역에서 출발!

Mission 관광에 앞서 마드리드의 마스코트, 곰 동상 앞에서 기념촬영

도보 10분

도보 15분

7 그란 비아 P.125

4개의 메트로 역이 걸쳐 있을 만큼 큰 대로. 무조건 걷지 말고 메트로를 이용하자.

6 스페인 광장 P.125

스페인이 낳은 세계적인 문호 세르반테스의 동상. 그 아래에는 돈키호테와 산초가 말을 타고 나란히 서 있다. 이야기 속 주인공만 생각해도 저절로 웃음이 난다.

Mission 세르반테스상과 돈키호테상 앞에서 기념촬영

도보 25분 또는 메트로 15분(1회 환승)

도보 15분 또는 메트로 10분

8 시벨레스 광장 P.127

Mission 시벨레스는 어떤 여신일까요? 왕궁 같은 관광 안내소 전망대에도 올라가 보자!.

9 솔 광장 P.118

상점·레스토랑·술집 등이 모여 있다. 취향에 따라 저녁 시간을 계획하자.

마드리드 구시가 중심에는 어마어마한 규모의 왕궁이 자리 잡고 있고 그 주변으로 귀족들의 저택이 즐비하다. 그리고 서민들의 애환이 담겨있는 일반 주택과 미로처럼 얽혀 있는 골목길이 많은 이야기를 간직한 채 남아있다. 구시가 관광은 솔 광장에서 시작해보자. 광장은 언제나 현지인과 관광객으로 넘쳐나 축제 분위기다. 이곳에서라면 곰 동상으로 달려가 기념촬영을 하는 것도, 지도를 들고 갈팡질팡하는 여행자의 모습도 모두 자연스럽다. 천천히 발걸음을 옮겨 마요르 광장 주변과 스페인 왕가의 본거지 왕궁 주변을 돌아보고 마드리드 최대의 번화가 그란 비아에서 일정을 마무리하자. 혹 마음에 드는 물건이라도 발견했다면 망설이지 말고 지르자. 이게 바로 스페인 도시 관광의 묘미다.

2

도보 10분

데스칼사스 레알레스 수도원 P.119

왕실과 귀족 여인들이 머물며 종교생활을 했던 곳. 귀족의 저택을 개조해 만든 수도원은 미술품으로 가득하다.

3

마요르 광장 P.119

옛 마드리드 시민들을 위한 중앙광장. 마드리드에서 가장 아름다운 광장으로 왕실 의식이나 축제, 투우 등이 벌어졌던 곳이다.

도보 2분

4 영화 세트장 같은 톨레도 거리

추천 광장 뒷골목 P.120

마요르 광장에서 쿠치예로스 문을 지나 돌계단을 내려간 뒤 오른쪽으로 걸어가면 보틴 레스토랑과 선술집 메손이 나온다. 다시 되돌아 걸으면 광장과 연결된 톨레도 Toledo 거리가 나온다.

Mission 영화 세트장 같은 톨레도 거리에서 기념품 구입

도보 15분

5

왕궁 P.122

세계를 호령했던 스페인 왕실의 저력을 보여주는 곳. 내부 관람은 시간이 꽤 걸리니 관심 있다면 미리 예매를 해 두자.

Mission 미끈한 말을 타고 순찰하는 마드리드 경찰과 기념촬영

알아두세요

❶ 관광안내소가 마요르 광장 안에 있으니 필요한 여행정보가 있다면 잠시 들러보자. 여행 중 감상할 수 있는 공연정보가 있는지 확인해 보자.

❷ 교통패스 10회권을 구입하면 경제적이고 편리하다. 둘이 사용해도 무관한 유용한 티켓. 단 시간에 구애받지 않고 체력이 된다면 도보로도 충분히 돌아볼 수 있다.

❸ 밥 먹기 좋은 곳 : 솔 광장, 마요르 광장 주변과 그란 비아 주변

Theme Route

원데이 미술관 여행

1

도보 7분

시벨레스 광장 P.127

메트로 2호선 Banco de España 역에서 출발! 광장 중앙에 있는 멋진 분수를 배경으로 기념촬영 하거나 아름답기로 소문난 이곳 메트로 역 표지판을 배경으로 예술 사진 한 장 찰칵!

7

도보 7분

6

도보 5분

레스토랑 '누벨 Nubel' P.129

마드리드에서 유명한 주방장이 운영하는 카페 겸 레스토랑으로 국립 소피아 왕비 예술 센터 신관에 있다. 오직 옛날 것만 존재하는 듯한 구시가에서 21세기형 인테리어가 돋보이는 공간. 스페인 사람들처럼 간단하게 차와 스낵을 즐겨보자.

산 미겔 거리 & 빅토리아 거리 P.154

숙소에서 충분한 휴식을 취하고 밤 10시쯤 산 미겔 거리나 빅토리아 거리로 나가자. 맛도 모양도 다양한 타파스를 시켜놓고 현지 맥주와 와인을 마시며 마드리드의 밤을 즐겨보자. 안주 한 접시와 맥주 한 병을 마시고 또다른 집으로 옮겨가며 밤새 즐기는 게 스페인 스타일이다.

도보 1분

8

발레 플라멩코 감상 P.342

오직 대도시 대극장에서만 볼 수 있는 수준 높은 공연이다. 특히 발레 플라멩코는 발레와 플라멩코를 적절히 접목시켜 짜임새 있는 공연을 보여준다. 2시간 내내 강한 인상을 남긴다.

Travel Plus

마드리드 미술관 여행

마드리드에는 위에 소개한 곳 외에도 미술관이 많다. 18세기 예술가들의 교육기관이었던 곳을 미술관으로 꾸민 산 페르난도 왕립 미술 아카데미, 빛의 화가 소로야의 그림을 감상할 수 있는 소로야 미술관 Museo Sorolla, 19세기 낭만파 귀족의 생활과 예술품을 감상할 수 있는 낭만주의 박물관 Museo Romantico, 마드리드에서 유일한 레오나르도 다 빈치의 작품을 감상할 수 있는 라사로 갈디아노 미술관 Museo Lazaro Galdiano, 시인이자 미술 애호가였던 세랄보 후작의 저택과 수집품을 감상할 수 있는 세랄보 미술관 Museo Cerralbo 등이다. 이곳에서는 화려했던 귀족들의 생활상과 그들의 수준 높은 수집품을 감상할 수 있어 흥미롭다.

마드리드 관광의 하이라이트는 뭐니뭐니 해도 프라도 미술관 관람이다. 스페인 3대 화가 벨라스케스, 고야, 엘 그레코의 작품은 물론 스페인이 잘나가던 시절 왕실에서 수집한 수많은 예술작품을 감상할 수 있다. 전시 작품이 워낙 방대해 며칠을 봐도 다 볼 수 없을 정도. 하지만 주어진 시간은 한정돼 있으니 꼭 감상하고 싶은 그림만 골라 나만의 알찬 관람 스케줄을 짜보자. 좀 더 욕심을 내 프라도 미술관 맞은편 소피아 왕비 예술 센터에 있는 피카소의 「게르니카」와 티센 보르네미스사 미술관에 소장된 인상파 화가들의 그림도 챙겨보자. 프라도 미술관 주변은 푸른 잔디와 시원스러운 플라타너스가 펼쳐져 있고 가까이에 공원과 식물원까지 있어 미술관 감상 후 휴식하기에 그만이다.

2

프라도 미술관 P.132

프라도 미술관에는 스페인을 대표하는 화가들을 기념하기 위해 고야의 문, 벨라스케스의 문, 무리요의 문이 있다. 각 문 앞마다 화가들의 동상이 있으니 팬이라면 기념 촬영도 잊지 말자!

도보 10분

3

레티로 공원 P.138

프라도 미술관을 관람한 후 이곳에서 산책하며 쉬어가자. 공원 중앙에는 인공호수가 있고, 곳곳에 시원스럽게 물을 뿜어대는 분수가 가득하다. 출출하다면 보카디요를 사서 피크닉을 즐기는 것도 좋다.

도보 10분

4

티센 보르네미스사 미술관 P.130

개인 예술품 수집가로는 순위가 전 세계에서 두 번째라는 보르네미스사 남작의 컬렉션을 바탕으로 개관한 미술관. 우리가 좋아하는 인상파 화가들의 작품을 감상할 수 있다. 남작의 취향이 반영된 컬렉션이지만 많은 사람들이 공통적으로 좋아할 만한 작품들이 가득해 관람객의 만족도가 높다.

도보 7분

5

국립 소피아 왕비 예술 센터 P.128

스페인의 현대 미술을 대표하는 피카소, 미로, 달리 등의 작품이 전시된 곳이다. 특히 피카소의 대작 「게르니카」는 절대 놓치지 말자. 미술관은 병원 건물을 개조한 것으로 옛 모습 그대로를 보존하고 모던한 인테리어를 가미해 독창적이다.

알아두세요

❶ 하루 만에 박물관 3곳을 방문하는 게 무리라면 한 곳 또는 두 곳만 가는 것도 좋다.
❷ 각 홈페이지를 통해 티켓은 미리 구입해 두자.
❸ 3대 박물관 모두를 방문할 예정이라면 공용권 파세오 델 아르테 카드 Paseo del Arte Card를 구입하자. 20% 할인, 1년 안에 각 1회씩 방문, 줄 설 필요 없이 바로 입장이 가능하다. 티켓은 각 박물관 홈페이지 또는 매표소에서 구입할 수 있다. (요금 €32)
❹ 오늘은 교통패스 없이 튼튼한 두 다리면 충분!
❺ 밥 먹기 좋은 곳 : 각 박물관 내 카페와 레스토랑

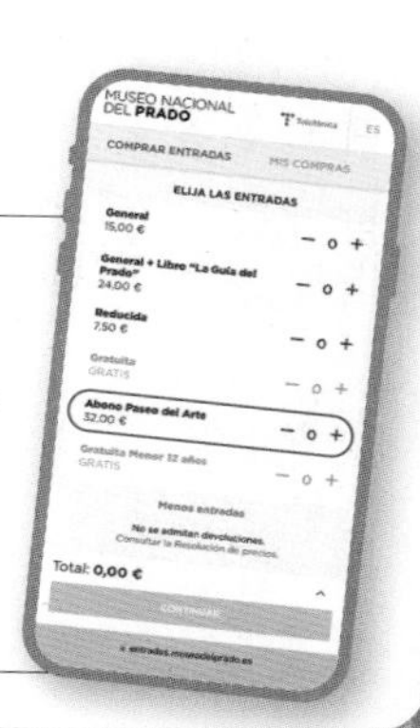

Attraction

보는 즐거움

해가지지 않는 제국의 수도답게 왕가의 문화유산과 수집품이 가득한 박물관이 시내 도처에 산재해 있다. 마드리드는 신대륙 발견으로 일찍이 다양한 인종과 문화가 교류하는 국제적인 도시로 발달했다.

구시가와 왕궁 주변

구시가는 마요르 광장과 솔 광장이 있는 곳으로 마드리드에서 가장 역사가 깊다. 좁은 골목의 오래된 집들에서는 예스러운 정취가 흐르고, 왕궁 주변에서는 그 옛날 강력했던 스페인의 저력을 느낄 수 있다.

솔 광장 Puerta del Sol

Puerta del Sol은 '태양의 문'이라는 뜻. 스페인의 중심이자 마드리드의 심장부로 스페인 각지로 통하는 9개의 도로가 이곳에서 시작된다. 광장 한쪽에는 마드리드의 상징인 곰과 마드로뇨 나무 동상이 서 있고, 중앙에는 도시 발전에 지대한 공헌을 한 카를로스 3세의 동상이 있다. 솔 광장에서 Carrera 거리를 따라 내려가면 프라도 미술관이, 반대쪽의 C. Mayor 거리를 따라가면 마요르 광장과 왕궁이, 북쪽으로 뻗어 있는 Carmen 거리를 따라가면 그란 비아가 나온다.

광장의 성격상 늘 현지인과 여행자들로 붐비고, 주위에는 바 Bar와 레스토랑이 많아서 저녁에도 활기가 넘친다. 매년 12월 31일이면 시청 종탑에서 울리는 제야의 종소리를 듣기 위해 많은 사람들이 이곳으로 몰려든다.

Map P.109-C2 **가는 방법** 메트로 1·2·3호선 Sol 역에서 바로

9개의 도로가 시작되는 0㎞ 표시는 자치 정부청사 정문 앞 바닥에 있다.

언제나 사람들로 붐비는 솔 광장. 현지인의 약속의 장소이기도 하다.

마요르 광장 Plaza Mayor

광장으로 통하는 9개의 문이 있어 어디서든 쉽게 들어갈 수 있다. 마요르 광장은 1619년 펠리페 3세가 건설했으며 이름도 그가 붙였다고 한다. 그후 1631년, 1672년, 1790년 세 차례의 대화재로 원래의 모습은 사라졌으나 1854년에 보수공사로 9개의 아치를 갖춘 직사각형 광장으로 거듭나게 된다. 이후 광장은 왕실 의식, 사형 집행, 투우 경기, 승마 경기 등 마드리드 시민에게 온갖 볼거리를 제공하는 야외 행사장으로 사용됐다. 광장을 둘러싸고 있는 건물들은 현재 공동주택으로 사용되고 있으며, 1층에는 기념품점·카페·레스토랑 등이 입점해 있다. 매주 일요일에는 벼룩시장이 서고, 겨울에는 크리스마스 시장이 열린다. 광장 중앙에 서있는 멋진 동상은 펠리페 3세다. 광장의 9개 문 가운데 하나인 쿠치예로스 문에서 돌계단을 따라 내려가면 메손 Mesón이 즐비한 산 미겔 거리 C. Cava San Miguel가 나온다.

Map P.108-B3 **가는 방법** 메트로 1·2·3호선 Sol 역에서 도보 5분

데스칼사스 레알레스 수도원
Monasterio de las Descalzas Reales

16세기 개인 소유의 대저택을 카를로스 5세의 딸 후아나가 프란체스코 수도회 수녀들을 위한 수도원으로 개조했다. 그 후 세속을 떠난 귀족 여성들이 이곳에서 신앙생활을 했으며 그들의 기부금과 기증품 덕분에 이 수도원에는 중요한 예술품이 소장돼 있다.

외관은 여느 수도원처럼 수수하지만 실내는 전혀 다르다. 특히 중앙 계단의 프레스코화와 루벤스의 그림을 바탕으로 제작한 태피스트리는 17세기 최고의 작품으로 손꼽힌다. 그 밖에 합스부르크 왕가의 초상화와 티치아노, 수르바란, 브뤼헐 등 유명 화가들의 그림도 놓치면 아깝다. 내부는 가이드 투어로 돌아볼 수 있다. 마드리드 귀족의 저택 내부와 높은 신분의 여성들이 은거했던 여성 전용 수도원이 궁금하다면 들러보자.

Map P.108-B2 **주소** Plaza de las Descalzas 3 **전화** 91 454 8800 **홈페이지** www.patrimonionacional.es **운영** 화~토요일 10:00~14:00, 16:00~18:30, 일요일·공휴일 10:00~15:00 **휴무** 월요일 **입장료** €8(가이드 투어, 1시간 소요) **가는 방법** 메트로 1·2·3호선 Sol 역에서 도보 5분

마드리드의 뒷골목 마요르 광장을 탐험하다

세련되고, 현대적인 분위기를 지닌 마드리드이지만 이곳에도 예스럽고, 서민적인 곳이 있답니다. 마요르 광장 주변이 그런 곳입니다. 마요르 광장은 예부터 서민들을 위한 야외 행사장과 시장으로 이용돼 왔습니다. 이 광장과 연결된 문은 9개인데 각각의 문으로 나갈 때마다 새로운 세상이 열립니다. 거리에 매료돼 길을 잃었다면 돌아서서 다른 문으로 나가면 됩니다. 세상에서 가장 쉬운 마드리드 뒷골목 여행 함께 떠나볼까요?

여행의 시작은 솔 광장에서 마요르 광장으로 이어지는 1 포스타스 Postas 거리입니다.
광장으로 들어서는 방문객을 환영이라도 하듯 돈키호테로 분한 거리 예술가가 반갑게 맞아줍니다.
잠시 그와 인사를 나누고 눈을 돌리면 마드리드 여행의 추억을 파는 기념품 가게들이 손짓을 합니다.
조금 바가지를 쓰면 어때요. 앙증맞고 귀여운 투우사 인형과 플라멩코 인형 하나 간직하는 것도 즐거움입니다.

프리다 칼로를 만나다

Postas 거리에서 오른쪽으로 난 작은 골목길 S. Cristobal로 들어가 보세요.
풍만한 주황색 인어 아가씨를 간판으로 삼은 2 Libreria Muieres가 나옵니다.
이곳은 멕시코의 천재 여류 화가 프리다 칼로의 책과 그림,
그리고 그녀의 그림을 모티브로 한 기념품을 판매합니다.

유명한 관광명소 3 마요르 광장 Plaza Mayor

마드리드 여행을 하면서 몇 번을 들러도 질리지 않는 곳이 이 광장입니다. 용기를 내 광장 안에 있는
4 바 안달루 Bar Andalu에 들어가 보세요. 소머리 장식과 박진감 넘치는 투우 사진으로 가득한 이곳은
우리에게 정말 이국적인 장소가 아닐까 싶습니다. 바를 나와 현지인들에게 엄청난 인기가 있는
5 Casa Rua로 가보세요. 뿌옇게 김이 서린 창 너머로 바쁘게 손을 움직이는 주방장과 바텐더들이 보입니다.
얼마나 많은 사람들이 사진을 찍어댔는지 바텐더가 양손을 휘저으며 촬영을 거부하네요.
바에 들어가 그 유명하다는 보카디요 Bocadillos를 맛보세요.

오래된 장난감 상점에서 동심을 되찾다

광장에서 6 Toledo 거리를 따라 내려가면 오른쪽으로 Calle de Latoneros 거리가 나옵니다.
그곳에 있는 7 Curiosity Shop은 어른들이 어린 시절 갖고 놀았던 장난감이 가득한 곳입니다.
옛 추억을 불러일으키는 장난감들을 바라보는 것만으로도 웃음이 납니다.
남녀노소 누구나 이 거리를 지나가면 진열대에 코를 박고 구경하게 됩니다.
오랜 시간 즐거운 여행을 했다면 Curiosity Shop 근처에 있는 8 4D Galleria Cafe에 들러보세요.
커피 한 잔을 마시거나, 피자 한 조각으로 요기를 해도 좋습니다.

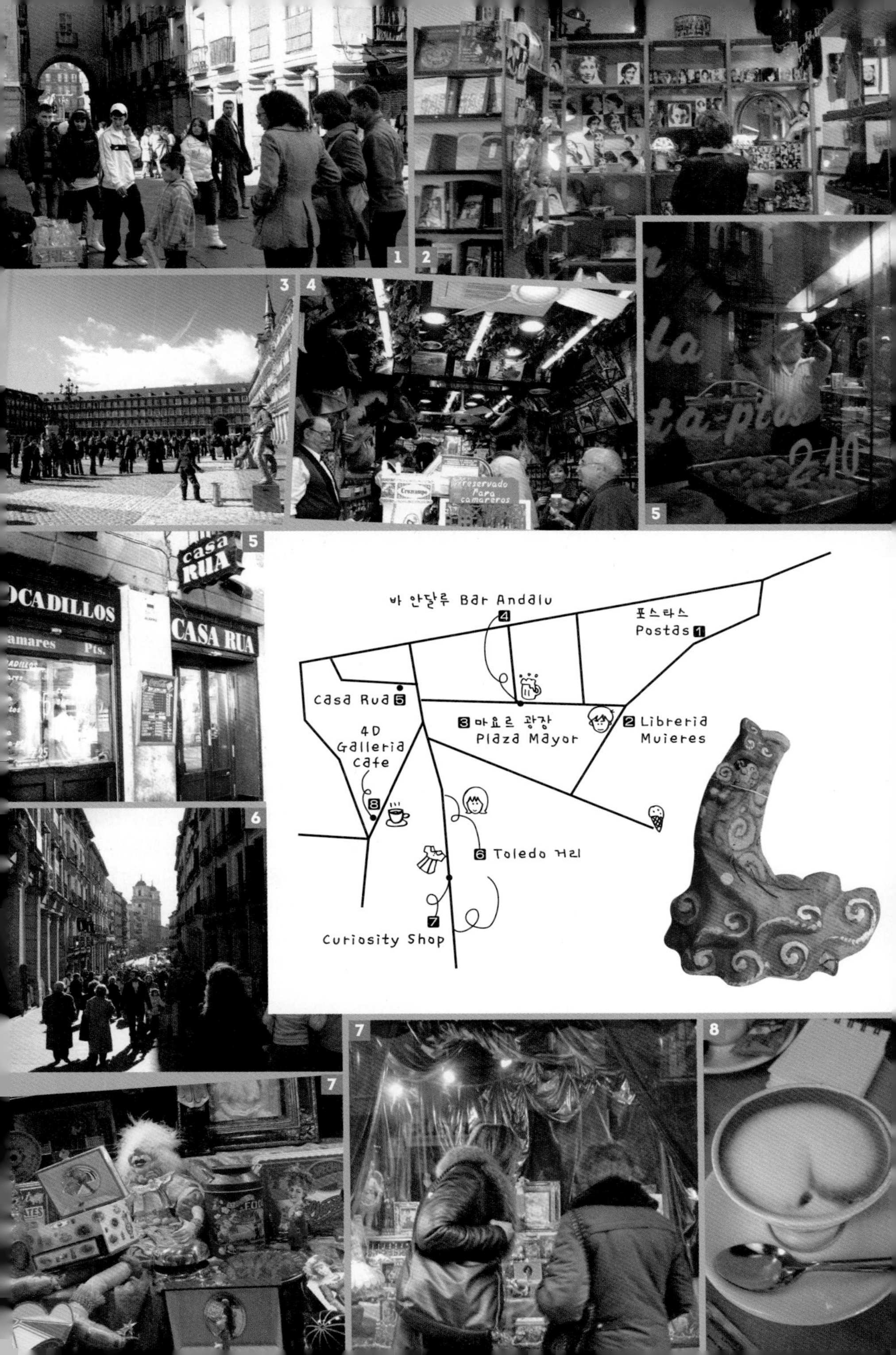

1
2
3
4
5
5
6
7
7
8
Reservado Para camareros
Cruzcampo
casa RUA
OCADILLOS
CASA RUA
amares Pts.
바 안달루 Bar Andalu 4
포스타스 Postas 1
Casa Rua 5
3 마요르 광장 Plaza Mayor
2 Libreria Muieres
4D Galleria Cafe 8
6 Toledo 거리
7 Curiosity Shop

왕궁 광장에서 기념 촬영을 하는 사람들

왕궁 Palacio Real

원래 이곳에는 스페인 합스부르크 왕가의 궁전이 있었으나 1734년 크리스마스 날 밤에 화재로 소실됐다. 그후 프랑스 루이 14세의 손자인 펠리페 5세가 그 자리에 베르사유 궁전을 닮은 호화로운 궁전을 지을 것을 명한다. 눈부신 햇살을 받아 더욱 빛나는 궁전의 외양은 신고전주의 양식을 취하고 있으며 내부는 이탈리아 양식이다. 이탈리아 건축가가 설계한 이 궁전은 유럽에서 아름답기로 손꼽힌다. 왕궁 내에는 2800개나 되는 방이 있는데 일반에게는 50개만 공개하고 있다. 베르사유 궁전의 거울의 방을 본떠서 만든 옥좌의 방 Salón del Trono, 로코코 양식의 걸작품으로 정교함과 화려함의 극치인 가스파리니의 방 Salón de Gasparini, 145명이 앉아 식사할 수 있는 대형 식탁이 있는 연회장 Comedor de Gala 등에서 스페인 왕족의 화려했던 생활을 엿볼 수 있다. 매주 수요일 왕궁 앞에서는 근위병 교대식이 있다. 매주 수요일 11~14시에는 약식 근위병 교대식을, 매월 첫째 주 수요일 12~13시에는 장엄한 근위병 교대식 El Relevo Solemne de la Guardia을 감상할 수 있다. 장엄한 근위병 교대식은 50분간 진행되며 보병은 물론 기마병과 마차까지 동원된다. 교대식이 있는 2시간 동안 왕궁 앞마당도 무료로 개방한다. 운 좋게 여행기간과 겹친다면 놓치지 말고 감상해 보자(휴무 1·7~9월). 왕궁과 아르메리아 광장 Plaza de la Armería을 사이에 두고 있는 거대한 건축물은 19세기에 건축한 알무데나 대성당 Catedral de la Almudena이다. 왕궁 정면에는 펠리페 4세의 기마상이 서있는 오리엔테 광장 Plaza de Oriente이 있다.

Map P.108-A2 **주소** Bailén s/n **전화** 91 454 8700 **홈페이지** www.patrimonionacional.es **입장료** 4~9월 월~토요일 10:00~19:00, 10~3월 월~토요일 10:00~18:00, 일요일 10:00~16:00 **요금** 일반 €14, 학생 €7 (셀프투어) **가는 방법** 솔 광장에서 도보 10분 또는 메트로 2·5호선 Ópera 역에서 도보 5분 ※ 당일은 티켓 구하는 게 쉽지 않다. 홈페이지에서 미리 예약하자.

왕궁 입구. 왕궁 주변에는 언제나 말 탄 경찰들이 순찰을 돈다.

알무데나 대성당 Catedral de la Almudena 뷰포인트

성당의 역사는 마드리드의 역사를 대변해 주는 곳으로 정식 명칭은 성모 왕실 알무데나 대성당 Catedral de Santa María la Real de la Almudena이다. 알무데나는 아랍어로 '성벽'을 의미하며 8세기 무슬림 침공 당시 주민들이 성모상을 성벽 속에 감춘 것을 국토 회복 후 우연히 발견하게 된다. 이때부터 성모상을 알무데나 성모 Virgen de la Almudena라 불렀고 이를 모신 곳이 알무데나 대성당이다. 16세기 수도 천도 후 펠리페 2세는 왕실과 수도에 어울리는 성당 건립을 위해 무슬림의 메스키타가 있던 자리에 성당을 짓기 시작하였으나 오랜 전쟁과 재정결핍, 정치적 문제 등으로 인해 1993년(네오고딕 양식)에야 완공했다. 오늘날 왕실 결혼식 등 왕실 주요 행사가 있는 곳으로 16세기의 작품인 알무데나 성모상이 모셔져 있다. 성당 내부는 무료로 관람할 수 있으며 박물관과 돔은 유료이다. 돔은 마드리드 최고의 전망대로 왕궁은 물론 구시가와 신시가 등 마드리드의 시내 풍경을 감상할 수 있다.

Map P.108-A3 **주소** Calle de Bailén 10 **홈페이지** www.catedral delaalmudena.es **가는 방법** 왕궁 맞은편

- **성당 운영** 10:00~20:00(7~8월 ~21:00) **입장료** 무료(단, 기부금으로 €1를 받고 있다)
- **박물관&돔 운영** 월~토요일 10:00~14:30 **휴무** 일·공휴일 **입장료** €7

산 안토니오 데 라 플로리다 성당

Ermita de San Antonio de la Florida

고야의 판테온

구시가에 있는 성당과는 비교도 안 될 만큼 작고 소박하지만 고야가 남긴 천장화로 유명하다. 고야의 판테온 Panteón de Goya으로도 불리는 이 성당은 1792년 카를로스 4세의 명으로 이탈리아 건축가에 의해 세워졌다. 성당이 완성되던 1798년에 고야는 대제단 위쪽 천장에 「성 삼위일체에 대한 경배」를 그렸고 중앙 천장에는 「성 안토니오의 기적」을 그렸다. 특히 「성 안토니오의 기적」은 리스본에서 살해당한 한 청년을 부활시킨 안토니오 데 파두아 성인의 기적을 표현한 것으로 전통적인 종교화의 규범에서 벗어나 그만의 자유분방한 화풍으로 그렸다. 그림 속의 인물들은 고야가 살던 당시 마드리드 사람들의 모습을 하고 있다. 성당 오른쪽 건물 바닥에는 고야의 시신이 묻혀 있다. 1828년 프랑스에서 사망한 고야를 1919년에 이장한 것으로 머리를 도둑맞아 고야의 시신은 안타깝게도 머리 없이 안치되었다. 매년 6월 13일 산 안토니오 축제일에는 사랑이 이루어지길 바라는 미혼 여성들이 들러 기도를 하는 곳으로도 유명하다.

Map P.107-A2 **주소** Glorieta de San Antonio de la Florida, s/n **운영** 화~일요일·공휴일 09:30~20:00 **휴무** 월요일 **입장료** 무료 **가는 방법** 메트로 6·10호선 Príncipe Pío 역에서 도보 10분

서쪽공원 Parque del Oeste 뷰포인트

몽클로아 탑에서 내려다 본 마드리드 야경. 버스를 타고 세고비아에 다녀오는 길에 들러도 좋다.

서쪽공원은 19세기 말 프린시페 피오 Principe Pío 언덕(로살레스 Rosales, 플로리다 Florida, 몽클로아 Moncloa 지역)의 황무지를 공원으로 조성한 곳이다. 공원 안 언덕에는 이집트에서 가져온 4세기에 지어진 데보드 신전 Templo de Debod이 있다. 신전은 1902년 아스완 Assuan 댐 건설로 수몰 위기에 있던 것을 기증 받은 것으로 이집트 밖에 있는 유일한 이집트 신전이다. 여름에는 신전에서 연극, 콘서트, 전시회 등이 있으니 ⓘ에 들러 프로그램을 문의해보자. 그 밖에 로살레스 지역에는 장미정원 La Rosaleda과 카사 데 캄포 Casa de Campo로 운행하는 케이블카 정류장이 있으며 몽클로아 지역에는 개선문 Arco del Triunfo, 몽클로아 탑 Faro de Moncloa, 중남미 박물관 Museo de America 등이 있다. 공원에서 여유로운 한 때를 보내고 싶다면 로살레스 지역으로 가보자. 장미정원을 감상하거나 케이블카를 타고 카사 데 캄포로 이동하자. 석양 무렵이라면 데보드 신전이 있는 곳으로 가자. 이곳 전망대에서 바라보는 왕궁과 시내 풍경이 꽤 아름답다.

데보드 신전

Map P.107-A2 **주소** Paseo de Moret 2 **운영** 24시간 **가는 방법** 행선지에 따라 이용하게 되는 역이 다름.

- **데보드 신전 운영** Calle Ferraz 1 **홈페이지** www.madrid.es/templodebod **운영** 화~금요일 10:00~14:00·18:00~20:00, 토·일요일 09:30~20:00 **휴무** 월요일 **가는 방법** 메트로 3호선 Ventura Rodriguez 역에서 도보 10분 또는 메트로 3·10호선 Plaza de España 역에서 도보 10분
- **장미정원 운영** Calle Rosaleda 1 **운영** 10:00~19:00 **가는 방법** 데보드 신전에서 도보 10분
- **케이블카 Teleférico de Madrid** (서쪽공원 Estación Rosales 역↔카사 데 캄포 Estación de Casa de Campo 역)

주소 Paseo del Pintor Rosales 1 **홈페이지** www.telefericomadrid.es **운영** 12:00~20:00 (주말, 공휴일 ~21:00) ◆계절, 요일별 운영시간의 변동이 있으니 홈페이지를 통해 미리 확인할 것 **입장료** 왕복 €6, 편도 €4.50 **가는 방법** 메트로 3·4·6호선 Argüelles 역에서 도보 7분

카사 데 캄포 Casa de Campo

'들판의 집'이란 뜻의 마드리드에서 가장 큰 자연 공원. 1740 헥타르에 이르는 녹지대로 마드리드에 신선한 공기를 제공하는 허파 역할을 하는 곳이다. 원래 농장이었던 곳을 펠리페 2세가 사들여 왕실 사냥터로 사용하다 오늘날 시민 공원으로 조성됐다. 공원 안은 울창한 숲으로 인공호수, 놀이공원 Parque de Atracciones, 동물원과 수족관 Zoo Aquarium 등이 있으며 목적지에 따라 이용하게 되는 메트로 역이 다를 정도로 크다. 복잡한 구시가지 관광에 지쳤다면 서쪽 공원에서 케이블카를 타고 한 번 들러보자. 산책을 하거나 소풍을 즐기고 호숫가 레스토랑이나 카페에 들러 여유로운 반나절을 보내보자. 현지인들처럼 사이클링이나 일광욕을 즐기는 것도 좋다.

Map P.107-A3 **주소** Paseo Puerta del Angel 1 **운영** 11:00~19:00 **가는 방법** 호수 메트로 10호선 Lago 역, 놀이공원 메트로 10호선 Batan 역, 동물원 및 수족관 메트로 10호선 Casa de Campo 역

그란 비아 주변

마드리드의 예스러움이 묻어나는 구시가에서 5분 정도 걸으면 현대적인 거리가 나온다. 호텔, 레스토랑, 영화관, 상점이 즐비한 이곳은 마드리드 제일의 번화가다. 그래서 늘 마드리드 젊은이들로 북적인다.

그란 비아 Gran Vía

'큰길'을 뜻하는 그란 비아는 레티로 공원 왼쪽의 알칼라 Alcalá 광장에서 스페인 광장에 이르는 1.5㎞ 정도의 대로. 1910~1920년에 조성됐으며 20세기 초의 건축양식이 돋보이는 화려한 건물들이 늘어서 있다. 특히 전화국 Compañía Telefónica Nacional de España(주소 Gran vía 28, 1926년), 언론 센터 Palacio de la Prensa (주소 Plaza de Callao 4, 1924년), 음악의 전당 Palacio de la Música (주소 Gran vía 35, 1925년) 등을 눈여겨보자.
그란 비아는 고급 호텔, 백화점, 극장, 서점, 카페, 상점가 등이 자리 잡고 있는 마드리드의 최대 번화가다. 4개의 메트로 역이 연결되어 있으며 늘 사람과 차량들로 붐빈다.

Map P.108-B1·C2·D2 **가는 방법** 메트로 1·5호선 Gran Vía 역, 3·5호선 Callao 역, 3·10호선 Plaza de España 역 또는 2호선 Banco de España 역에서 하차

스페인 광장 Plaza de España

20세기 초 현대적인 도시로 발전한 마드리드의 모습을 보여주는 곳으로 왕궁 지역이 끝나고 그란 비아가 시작되는 곳에 있는 광장이다. 광장을 둘러싸고 있는 고층 빌딩은 1940년, 1952년에 지어진 스페인 빌딩과 마드리드 빌딩이다. 건축 당시 스페인에서 가장 높은 건물이었으며 지금도 호텔, 사무실, 아파트 등으로 사용되고 있다.
광장 중앙에는 세계적인 문호 세르반테스를 기리기 위한 기념비가 있다. 1616년 마드리드에서 사망한 세르반테스의 사후 300주년을 기념하기 위해 세운 것이다. 기념비 중앙에는 세르반테스가 의자에 앉은 채 소설 속의 주인공 돈키호테와 산초 판사를 내려다보고 있다. 기념비를 둘러싸고 있는 올리브 나무는 소설 『돈키호테』의 배경이 됐던 라만차 지방에서 가져온 것이다. 기념비 꼭대기에는 지구를 머리에 인 채 독서에 열중하고 있는 여러 민족의 모습을 조각해 돈키호테가 세계적으로 읽혀지는 명작임을 형상화했다. 세르반테스와 돈키호테의 팬이라면 잠시 들러 동상 앞에서 기념촬영이라도 해보자. 사람들은 동상만 쳐다봐도 소설 속 돈키호테가 생각나는 듯 여기저기서 킥킥거리며 웃어댄다.

세르반테스와 돈키호테 주인공들

Map P.108-A1 **가는 방법** 메트로 3·10호선 Plaza de España 역에서 바로

Say Say Say 세르반테스와 돈키호테

『돈키호테』를 읽어보셨나요? 펠리페 3세는 길에서 책을 읽으며 눈물짓거나 킥킥거리는 사람을 보면 "저놈은 미쳤거나 『돈키호테』를 읽고 있는 중이군"이라고 했다고 합니다. 17세기 당시 『돈키호테』가 얼마나 인기가 있었는지 보여주는 일화입니다.

1605년에 탄생한 『돈키호테』는 스페인의 소설가 미겔 데 세르반테스 Miguel de Cervantes (1547~1616)의 작품입니다. 먼지만 폴폴 날리는 라만차 지방의 작은 마을에 살면서 기사도 소설에 푹 빠진 가난한 시골 귀족의 모험담입니다. 돈키호테는 책 속 판타지에 심취한 나머지 스스로를 소설 속 주인공으로 착각해 늙고 볼품없는 말 로시난테를 타고 시종 산초 판사와 함께 세상을 유랑합니다. 그의 모험은 언제나 실패와 좌절로 끝나지만 진정한 기사가 되겠다는 꿈을 이루기 위한 그의 열정은 계속됩니다. 『돈키호테』는 최초의 근대소설로 호메로스와 단테, 셰익스피어의 작품에 버금가는 걸작으로 인정받고 있습니다. 또한 프란츠 카프카, 마크 트웨인 같은 세계 최고의 작가들이 문학사상 가장 위대한 소설로 꼽은 작품입니다.

엉뚱함과 유머로 가득한 그의 소설을 보면 세르반테스가 유복하고 유쾌한 삶을 살았을 것 같지만 그의 삶은 파란만장했답니다. 지방의 가난한 의사 아들로 태어난 그는 스페인을 방문한 추기경의 비서가 돼 이탈리아로 갔고 그곳에 주둔한 스페인군에 입대해 레판토 해전에 참전했다가 왼손을 잃게 됩니다. 전역한 후에는 배를 타고 스페인으로 향하던 중 해적을 만나 알제리로 끌려갔습니다. 해적들은 포로를 풀어주는 대가로 엄청난 돈을 요구했지만 가난했던 그의 집안은 돈을 마련할 길이 없었답니다. 네 차례나 탈출을 시도했지만 번번이 실패로 돌아갔고 다행히 현지 교포들의 도움으로 몸값을 지불하고 5년 만에 풀려나게 됩니다. 귀국 후 자신보다 18살이나 어린 신부를 맞아 결혼을 하고 생계를 위해 시, 희곡, 소설 등을 써서 팔기 시작했습니다. 57세 때 쓴 『돈키호테』는 출판 후 대단한 인기를 얻었지만 출판업자에게 헐값에 판권을 넘겨 별다른 수익이 없었다고 하네요.

주인공의 엉뚱함이 재미있어서 수없이 인용되고 패러디된 까닭에 우리는 『돈키호테』를 잘 안다고 생각하지만 실제로 긴 소설을 다 읽은 사람은 드뭅니다. 어릴 적 만화영화나 간략한 동화를 통해 돈키호테를 접한 사람들이 대부분이죠. 또한 돈키호테와 함께 저절로 머릿속에 각인된 세르반테스 역시 이름만 알 뿐 어떤 인물인지는 잘 모릅니다. 탄생 후 4세기를 지나면서 『돈키호테』는 그 시대에 맞게 재해석되고 이해되었습니다. 21세기에 소개하는 돈키호테는 어떻게 해석됐는지 호기심이 생긴다면 이번 기회에 한번 읽어보는 건 어떨까요.

Don Quixote

산 페르난도 왕립 미술 아카데미

Real Academia de Bellas Artes
de San Fernando

미래의 예술가를 교육하기 위해 펠리페 5세가 계획하고 1752년 페르난도 6세에 의해 설립되었다. 건물은 1710년 바로크 양식으로 지은 은행가의 저택을 18세기 중반에 신고전주의 양식으로 개축한 것이다. 고야는 한때 아카데미 감독으로 일했으며 피카소와 달리도 이곳 동문이다. 오늘날 프라도 미술관 다음으로 인정받는 스페인 회화의 보고로 고야와 수르바란의 작품이 충실하며 엘 그레코, 모랄레스, 루벤스, 반 다이크, 리베라, 무리요, 벨라스케스, 피카소, 소로야 등 시대별 유명 화가들의 작품이 1000여 점이나 소장돼 있다. 특히 고야의 「정어리의 매장」은 인물의 일그러짐과 어두운 색감으로 말년의 검은 그림의 탄생을 예고한 작품이다. 수르바란의 수도사를 다룬 5점의 연작도 놓치지 말자.

Map P.109-C2 **주소** Calle de Alcalá 13 **전화** 91 524 0864 **홈페이지** www.realacademiabellasartessanfernando.com **운영** 화~일요일·공휴일 10:00~15:00 **휴무** 월요일·8월 **입장료** 일반 €9, 학생 €5 **가는 방법** 메트로 2호선 Sol 역 또는 Sevilla 역에서 도보 5분

시벨레스 광장

Plaza de la Cibeles 뷰포인트

마드리드에서 가장 아름다운 광장 중 하나로 중앙에는 두 마리의 사자가 끄는 마차를 탄 풍요의 여신 시벨레스의 조각과 분수가 있다. 이 도시에서 가장 많은 차량이 왕래하는 곳이지만 광장 주변에 멋진 건물이 많아 여행객들의 플래시 세례가 끊이지 않는다. 그란 비아 쪽으로 서 있는 건물은 19세기 신고전·바로크·로코코 양식으로 지은 스페인 은행 Banco de España이고, 분수 맞은편의 화려한 건축물은 시벨레스 궁전 Palacio de Cibeles이다. 20세기 초 네오바로크 양식으로 지어졌으며, 원래 중앙우체국으로 쓰이다가 시청이 이전해오면서 시청, 중앙우체국, 중앙 ⓘ 등이 있다. 웅장한 건물 안도 구경할 겸 중앙 ⓘ와 우체국에 들러 보자. 관광정보도 얻고 엽서도 붙이고 건물 전망대에도 올라 아름다운 시벨레스 광장 풍경도 감상해 보자. Map P.110-B1

- **중앙 ⓘ & 중앙우체국 주소** Plaza de Cibeles, s/n **가는 방법** 메트로 2호선 Banco de España 역에서 도보 3분 또는 프라도 미술관에서 도보 5분
- **전망대 운영** 화~일요일 10:30~14:00, 16:00~19:30 **휴무** 월요일 입장료 €3

프라도 미술관 주변

아토차 역 북쪽으로 뻗어 있는 프라도 거리 Paseo del Prado 일대를 말한다. 가로수가 늘어선 유럽 최초의 산책로로 마드리드를 대표하는 3대 미술관이 있으며, 프라도 미술관 뒤쪽에는 도심 속 오아시스 같은 레티로 공원이 자리 잡고 있다. 쾌적한 명화 감상을 위해 녹음 짙은 휴식공간으로 조성됐다.

국립 소피아 왕비 예술 센터 Museo Nacional Centro de Arte Reina Sofia

피카소·달리·미로 등의 작품을 전시하고 있는 20세기 현대미술의 보고. 18세기에 세운 산 카를로스 병원을 1986년 미술관으로 개조했다. 건물을 그대로 보존하기 위해 건물 밖에 설치한 엘리베이터는 속이 훤히 들여다 보이는 통유리로 되어 있어 매우 인상적이다. 전시실은 2·4층에만 있는데 피카소를 비롯한 유명 화가들의 작품은 2층에 모여 있다. 피카소의 대작 「게르니카」와 「푸른 옷의 여인」, 미로의 「달팽이, 여인, 꽃, 별」과 「파이프를 쥔 남자」, 달리의 데뷔작 「등을 보이고 앉은 소녀」 「위대한 수음자」 등이 전시되어 있다. 관람 후에는 입구에 있는 뮤지엄 숍이나 본관 뒤쪽 신관에 있는 도서관, 모던한 분위기의 카페도 들러보자.

Map P.110-B3 **주소** Santa Isabel 52 **홈페이지** www.museoreinasofia.es **운영** 월·수~토요일 10:00~21:00, 일요일 10:00~14:30 **휴무** 화요일 **입장료** 일반 €12(2회 방문표 €18), 학생 무료, 매일 19:00~21:00·일요일 12:30~14:30 무료(단, 일부만 개관하니 홈페이지를 참조할 것) **가는 방법** 메트로 1호선 Atocha 역에서 도보 5분

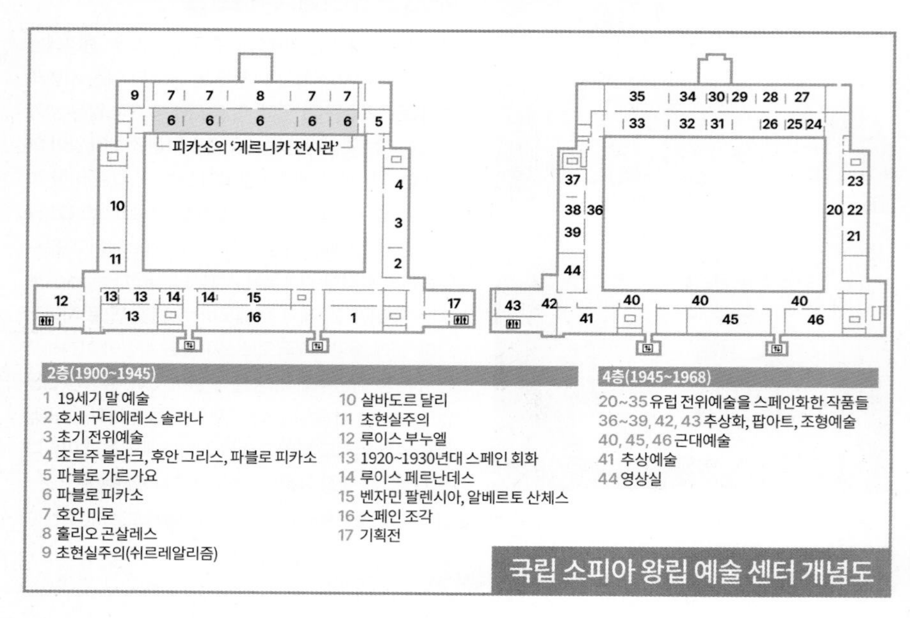

국립 소피아 왕립 예술 센터 개념도

국립 소피아 왕비 예술 센터 둘러보기

◆ 놓치지 말아야 할 작품 ◆

피카소의 대작 「게르니카」

「게르니카」는 1937년 4월 26일 스페인 북부 바스크 지방의 작은 마을 게르니카에서 자행된 독일군의 양민 학살 사건을 다룬 작품이다. 3.49m×7.77m 크기의 대작으로 죽은 아이를 안고 오열하는 어머니, 죽은 군인, 나동그라진 말 등을 무채색으로 그린 그림이다. 1937년 파리 만국박람회에 출품된 작품으로 피카소는 독일군의 만행을 비판하고, 조국 스페인의 암울한 현실을 세상에 알리고자 했다. 박람회가 끝난 후 「게르니카」는 스페인이 민주화됐을 때 돌려받기로 하고 뉴욕 박물관에 기증되었다가 1981년 지금의 자리에 전시하게 되었다.

◆ 숍 ◆

신관에 있는 레스토랑 '누벨 Nubel'

미술관 부속 레스토랑. 모던한 건축과 인테리어에 어울리는 세련된 사람들로 가득하다. 미술관 관람을 마쳤다면 이곳에 들러 예술 작품 같은 요리를 먹어보거나 차라도 한잔 마셔보자.

전화 91 530 1761 **운영** 매일 09:00~23:00 **예산** 음료 €3.50~18, 식사 €15~30
◆홈페이지 통해 예약 가능 www.museoreinasofia.es/en/visit/cafe-restaurant-nubel

티센 보르네미스사 미술관

Museo de Thyssen-Bornemisza

개인 컬렉션으로는 세계 2위를 자랑하는 티센 보르네미스사 남작이 2대에 걸쳐 수집한 미술품을 1993년 정부에서 사들여 일반에 공개하고 있다. 800여 점에 달하는 유명 화가들의 작품을 소장하고 있어 유럽 미술사를 한눈에 배울 수 있다. 미술관은 지하와 지상 3층으로 돼있는데 3층부터 시대순으로 전시되어 있으므로 아래층으로 내려오면서 관람하면 된다.

주요 작품으로는 반 고흐가 자살 두 달 전에 그린 「오베르의 베세노」와 발레리나를 주로 그린 인상파 화가 드가의 「푸른 옷의 발레리나」 등이 있다.

뮤지엄 숍에서는 반 고흐와 인상파 화가들의 그림을 모티브로 한 액자와 기념품들을 판매하고 있다.

Map P.110-B1 **주소** Paseo del Prado 8 **홈페이지** www.museothyssen.org **운영** 10:00~19:00 **입장료** 상설전시관+기획전시관 일반 €13, 학생 €9(그림 하나하나에 대한 설명을 듣고 싶다면 한국어 오디오 가이드를 빌려보자. €5) **가는 방법** 메트로 2호선 Banco de España 역에서 도보 5분

◆**뮤지엄 숍** 엽서 €0.70, 선물용 액자(A4 크기) €24, 포스터 사이즈 그림 €7.50, 마우스패드 €8.25

티센 보르네미스사 남작 부부

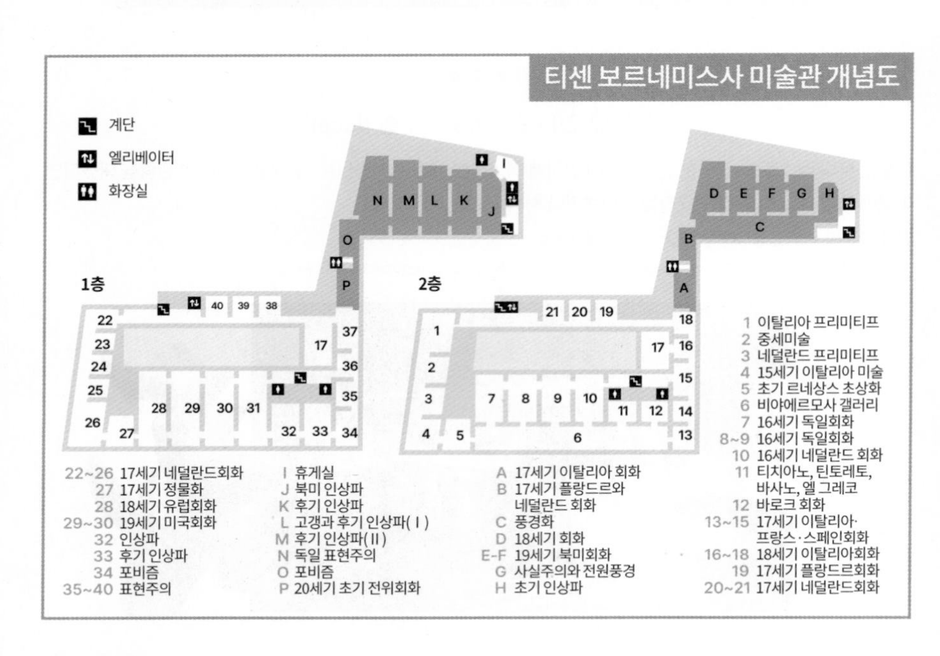

티센 보르네미스사 미술관 둘러보기

◆ 놓치지 말아야 할 작품 ◆

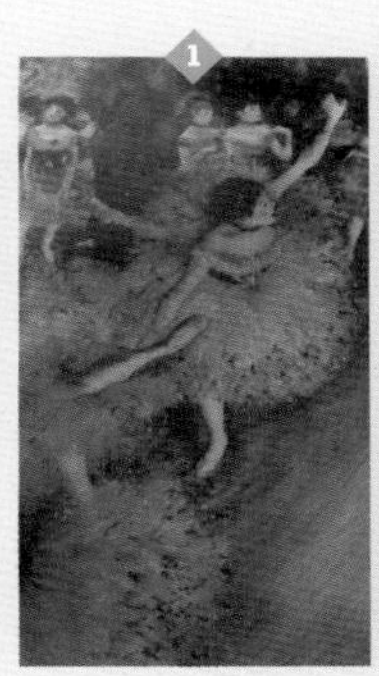

❶ 「푸른 옷의 발레리나 Bailarina basculando」 (1877~1879)

발레리나를 즐겨 그린 인상파 화가 에드가르 드가(1834~1917)의 작품. 발레리나 연작 중 후기 작품에 속한다. 특히 춤추고 있는 발레리나의 순간을 잘 포착해 대담한 구도와 색채로 그린 것으로 유명하다.

❷ 「마을의 마돈나 La Virgen de la aldea」 (1938~1942)

낭만주의·표현주의 화가 마르크 샤갈(1887~1985)의 작품. 대상 그 자체보다는 자신의 내면세계를 표현하는 데 중점을 둔 화가로 유명하다. 이 그림은 사랑과 결혼이라는 주제와 박해로 인해 불안한 환상적인 세계를 보여주고 있다.

❸ 「오베르의 베세노 Les Vessenots en Auvers」 (1890)

네덜란드의 후기 인상주의 화가 빈센트 반 고흐(1853~1890)의 작품. 고흐는 살아서보다 죽은 후 세계적인 명성을 얻은 불운한 화가다. 그는 살아생전 단 한편의 그림만을 팔 수 있었다. 이 그림은 권총자살 하기 2달 전 요양을 위해 머물던 파리 근교의 오베르 쉬르 우아즈의 풍경을 담았다. 풍경 속에 기쁨과 슬픔을 담아 그의 혼란스러운 정신 상태를 표현했다.

박물관보다 더 흥미로운 기념품점

프라도 미술관
Museo del Prado

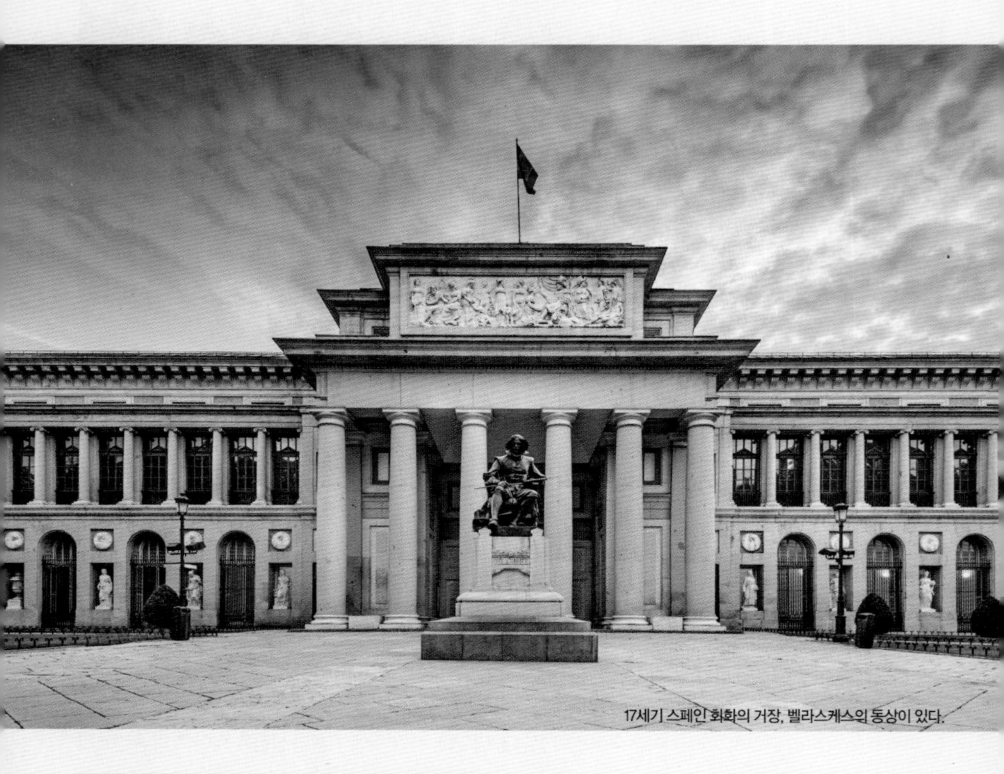
17세기 스페인 회화의 거장, 벨라스케스의 동상이 있다.

주소	Paseo del Prado s/n Map P.110-B2
홈페이지	www.museodelprado.es
운영	월~토요일 10:00~20:00, 일요일·공휴일 10:00~19:00
입장료	일반 €15 학생 무료(18세 미만, 18세 이상~25세는 국제학생증 소지자), 국제청소년증 소지자 €7.50, 월~토 18:00~20:00 무료 일요일·공휴일 17:00~19:00 무료 (◆대기시간을 줄이려면 티켓은 온라인 사전 구매를 하는 게 좋다. 90일 이내 예약 가능. 무료 입장이라도 매표소에서 실물 티켓을 교환받아야 한다)
가는 방법	메트로 2호선 Banco de España 역이나 1호선 Atocha 역에서 도보 8분

프라도 미술관은 파리의 루브르 박물관, 상트페테르부르크의 에르미타주 미술관과 함께 세계 3대 미술관 중 하나다. 1819년 페르난도 7세가 역대 왕실의 소장품을 한곳에서 공개하기 위해 세운 것이다. 개관 당시 311점에 불과했던 전시품은 계속된 왕실의 미술품 수집과 귀족들의 기증으로 회화 9000점, 그 외 작품까지 합하면 3만 점에 이른다고 한다. 현재 미술관에는 3000여 점의 예술품을 상설 전시하고 있다. 이 미술관은 중세부터 18세기 말까지 모든 미술학파의 작품을 전시하고 있어 '유럽 미술사의 보고'로 불린다. 특히 종교화와 궁정화가 주를 이룬다. 건물은 신고전 양식과 그리스 양식으로 차분하면서 기품이 흐른다. 옛날 입구로 사용했던 3개의 출입구에는 프라도 미술관을 대표하는 화가 '고야, 벨라스케스, 무리요의 동상'이 세워져 있으며 현재 출입구는 고야의 동상이 있는 곳이다.

미술관은 0·1·2층으로 이루어져 있다. 0층에는 엘 그레코의 작품을 비롯해 15~16세기에 활동한 스페인 화가의 작품이, 1층에는 궁정화가 벨라스케스를 비롯해 17세기 유럽에서 활동한 유명화가들의 작품이 전시돼 있다. 2층은 고야의 대부분의 작품이 전시 돼 있다. 주요 작품으로는 벨라스케스의 「시녀들 Las Meninas」「브레다의 항복 La Rendición de Breda o las Lanzas」「펠리페 4세의 가족 La familia de Felipe IV」, 무리요의 「성모의 무원죄 잉태 La Inmaculada de Soult」 등이 있다. 그 밖에 유럽 거장들의 작품인 엘 그레코의 「성 삼위일체 La Trinidad」「가슴에 손을 얹은 기사 El Caballero de la Mamo en el Pecho」「수태고지 La Anunciación」, 티치아노의 「비너스와 아도니스 Venus & Adonis」「바쿠스의 축제 Le Fetes de Bacchus」, 보티첼리의 「나스타조 델리 오네스티 이야기 Historia de Nastagio degli Onesti」, 라파엘로의 「추기경의 초상 El Cardenal」, 보스의 「쾌락의 정원 Jardi di los Delicias」, 뒤러의 「아담과 이브 Adam y Eva」, 루벤스의 「미의 세 여신 Las Tres Gracias」 등도 프라도 미술관을 대표하는 작품이니 빼놓지 말고 눈으로 확인하자.

프라도 미술관 이렇게 보세요

1. 언제나 긴 줄이 늘어서 있는 곳으로, 박물관 오픈 시간 전에 가거나 박물관 홈페이지에서 미리 예약하는 게 편리하다.
2. 매표소는 고야의 동상이 있는 쪽에 있으며 입장료를 구입했다면 무료 박물관 안내도를 챙기자(한국어 오디오 수신기 및 한국어 안내문 제공).
3. 입장권을 구입하고 입구 옆에 있는 로커에 무거운 짐을 보관해 놓고 가볍게 관람하자.
4. 전시실 구성은 변경될 수 있으니 로비에 있는 관광안내소에서 미술관 지도를 얻자. 꼭 감상하고 싶은 주요 작품 위치를 체크해 둘 것! 미술관 안 사진 촬영은 금지.
5. 각 전시실에는 소파가 마련되어 있어 관람 도중에 쉴 수 있다. 지하에 있는 카페에서 달콤한 케이크와 커피 한잔을 즐기며 한숨 돌려보자.

주요 작품

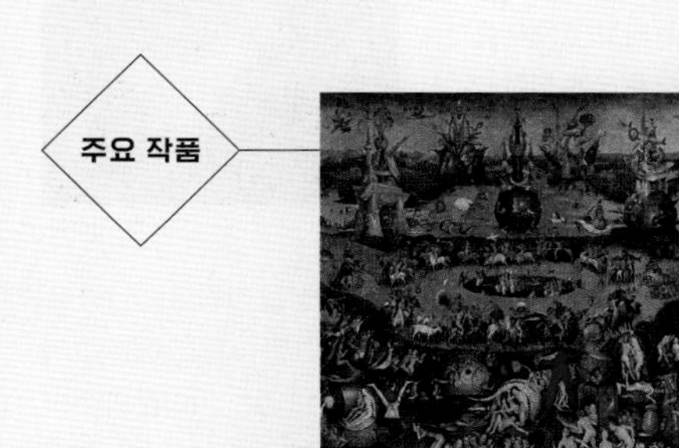
보스 「쾌락의 정원」

루벤스 「미의 세 여신」

뒤러 「아담과 이브」

Say Say Say 프라도 미술관 이야기

프라도 Prado는 스페인어로 '초원'이라는 뜻. 그 옛날 귀족들은 자신의 부와 권력을 과시하기 위해 초원에 있는 수도원이나 저택에 수집품을 전시하고 다른 귀족들을 초대했다고 하네요. 이런 전통은 녹음 짙은 프라도 미술관 주변을 보면 충분히 알 수 있을 겁니다. 미술관의 소장품은 역대 왕과 왕비들이 대를 이어 수집한 것으로, 당대 최고 거장들의 작품인데요. 15~18세기에 이르는 유럽 회화사를 한곳에서 볼 수 있답니다. 하지만 당시 스페인과 갈등 관계에 있던 영국과 네덜란드의 작품이 부족한 게 옥에 티라면 티라 할 수 있죠. 아무리 미술품 수집에 열을 올리는 왕이라도 그것만은 싫었나 봅니다.

미술관의 또 다른 자랑거리는 약탈품이 아닌 오직 수집과 기증에 의한 작품만 있다는 거죠. 하지만 남미를 정복하고 거기서 부를 축적해 사들인 미술품이라면 약탈품이나 다름없지 않을까 하는 생각도 드네요. 젊은 시절의 피카소는 우리처럼 미술관에 들러 명화들을 감상했고 1936년 스페인 내전 동안에는 미술관 관장도 지냈답니다. 그 영향인지 말년의 피카소는 거장들의 작품을 재해석해 그림을 그렸는데 바르셀로나의 피카소 박물관에서 소장하는 그의 작품 「시녀들」이 그중 하나입니다. 원작인 벨라스케스의 「시녀들」도 이곳에 있으니 비교도 할 겸 꼭 감상해 보세요.

HIGHLIGHT!

붓으로 역사를 기록한 천재 화가 고야

「고야의 자화상」

프라도 미술관을 대표하는 화가 프란시스코 데 고야 Francisco de Goya (1746~1828)의 작품을 놓치지 말자. 그의 일생은 어느 드라마에 나오는 남자 주인공의 일대기를 보는 듯하다. 가난한 집안에서 태어난 그는 이름 없는 가난한 예술가가 아니라 부와 명예를 얻은 출세한 화가가 되고 싶었다. 젊은 시절 그는 간판을 따기 위해 이탈리아로 유학을 다녀온 뒤 유력자 집안의 딸과 사랑 없는 결혼을 하고, 주문자의 비위를 맞추는 그림만을 그렸다. 타고난 처세술과 재능은 그를 화가로서 최고 영예인 수석 궁정화가의 자리까지 오르게 한다.
82세까지 살면서 성공 가도를 달렸던 고야의 그림은 주문자가 반할 만큼 밝고 활기차다. 그러면서도 서민에서 왕족에 이르기까지 폭넓은 그림을 그렸으며 간접적이긴 해도 상류층의 허세와 탐욕을 표현하는 것도 잊지 않았다. 훗날에는 사회를 풍자하고 비판하는 그림뿐만 아니라 스페인 역사상 가장 비극적인 전쟁의 참상을 그림으로 남겼고, 인간의 내면에 감추어져 있는 야만성과 잔혹함을 화폭에 담기도 했다. 말년에 그린 「검은 그림」 시리즈에는 그가 평생 겪은 인간의 어두운 면이 함축적으로 표현돼있다. 가난한 집안에서 태어나 자수성가한 그는 가마꾼의 가마 메는 고통과 상류층의 가마 타는 즐거움을 모두 아는 사람이 아니었을까? 그의 작품을 제대로 감상하려면 드라마틱한 그의 일생과 심경 변화, 그리고 그를 둘러싼 역사적인 배경 등을 고려해야만 한다.

권력에 대한 예술의 승리

「카를로스 4세와 그의 가족들 La Familia de Carlos IV」 (1800~1801)

로열 패밀리를 유례없이 너무나 사실적으로 표현한 그림. 벽면을 가득 채운 대형 그림은 품위 있고 우아한 로열 패밀리에 대한 우리의 환상을 송두리째 걷어간다. 대부분의 궁정화가들은 왕족을 그릴 때 이중 턱을 깎고, 나온 배를 집어넣고 매부리코를 고쳐 아부하는 게 일반적이었다. 그러나 그의 그림 속 왕족은 박제인형이나 꼭두각시를 그려 넣은 듯 경직된 모습이다. 절대권력이 언제 무너질지 모른다는 불안감마저 감돈다. 그림의 뒷배경 가장 어두운 부분에는 냉정하고 무표정한 고야 자신의 모습이 보인다.

「옷을 입은 마하」

「옷을 벗은 마하」

고야의 순수예술

「옷을 벗은 마하 Maja desnuda」
「옷을 입은 마하 Maja Vestida」 (1796~1798)

'마하'라는 호칭은 당돌하면서 도발적이고 억척스러우며 정열적인 스페인의 평민 여성을 일컫는 말이다. 마하는 일반적으로 검은색 옷을 입고 일하기 편하게 허리띠를 질끈 동여맨 옷차림을 했는데 당시 귀족 사회에서는 마하의 옷차림이 유행해 그림을 주문한 귀족이 검은 옷의 마하로 그려줄 것을 요구하기도 했다. 「옷을 벗은 마하」는 그가 그린 유일한 누드화로서 예술가적인 감성과 초점으로 꾸밈없는 사실적인 미를 창조해냈다. 나신의 모델은 너무나 당당하고 솔직한 시선으로 우리를 압도한다. 이 작품을 완성한 후 고야는 그림의 모델과 관련해 꼬리를 무는 스캔들을 겪었고, 엄격한 가톨릭 사회에서 비도덕적인 내용을 그렸다는 이유로 종교재판까지 받아야 했다.

「옷을 입은 마하」는 「옷을 벗은 마하」보다 나중 작품으로 모델이 같은 인물이다. 풍부한 색감과 명암을 살린 이 그림을 통해 고야는 자신의 천재적인 자질을 유감없이 발휘했다. 모델은 그가 생전에 사랑한 알바공작 부인으로 추측될 뿐이다.

역사의 기록

「1808년 5월 3일 마드리드 Madrid, 3 May 1808」 (1814)

고야의 민족의식을 담은 작품. 1808년 프랑스가 마드리드를 점령하자 이에 대항해 민중항쟁이 일어났고 프랑스군이 마드리드 민중을 무차별 처형한 역사적 사건을 다루고 있다. 그는 자신이 목격한 전쟁의 참상을 그림으로 기록했다. 처형당해 흥건히 피를 흘리며 누워 있는 시체, 프랑스군의 총구 앞에서 사형 직전의 공포와 절망감에 빠진 사람들, 그리고 사형을 기다리고 있는 끝도 없이 늘어선 사람들의 모습을 사진을 찍듯 생생하게 묘사했다.

인간의 끝없는 욕망

「아들을 잡아먹는 사투르누스 Saturnus」 (1820~1823)

고야의 「검은 그림」 시리즈 중 하나다. 그리스·로마 신화에 나오는 농업의 신 사투르누스가 자신의 아들에게 모든 권력을 빼앗길 것이라는 가이아의 예언이 실현될 것을 두려워해 결국에는 아들을 잡아먹는 모습이다. 인간의 끝없는 욕망이 비극을 부른다는 메시지를 담고 있다.

◆ 그 밖의 주요 작품들

「가슴에 손을 얹은 기사 El Caballero de la Mamo en el Pecho」 (1580)

스페인의 3대 화가 중 하나인 엘 그레코의 작품. 톨레도에 머물며 남긴 초상화 중 가장 뛰어난 작품으로 그는 이 작품으로 16세기 스페인 신사의 모델을 창조해냈다. 오른손을 가슴에 얹고 검을 쥐고 있는 모습은 기사에게 권한을 부여하는 의식에서 맹세하는 장면을 묘사한 것이다. 섬세하게 묘사된 금색의 칼자루와 레이스 장식은 작가의 뛰어난 테크닉을 보여준다. 그 밖에 「성 삼위일체 La Trinidad」, 「수태고지」, 「목동들의 예배 La Adoración de los Pastor」 등도 놓치지 말자.

「시녀들 Las Meninas」 (1656)

스페인의 3대 화가 중 하나인 디에고 벨라스케스의 작품. 40년 동안 궁중화가로 활약했던 그에게는 왕을 위한 화가라는 별칭까지 붙었다. 특히 펠리페 4세는 "벨라스케스가 아니면 누구도 내 초상화를 그리게 하지 않겠다"고 할 정도였다. 「시녀들」은 궁 안의 일상을 그린 것으로 유럽 회화사에서 최고의 작품으로 손꼽힌다. 그림은 어린 마르가리타 공주가 시녀들의 시중을 받고 있는 모습이지만 공주의 뒤쪽에 걸려 있는 거울 안을 보면 벨라스케스를 위해 포즈를 취하고 있는 펠리페 4세와 왕비의 모습이 보인다. 시녀들의 시선 역시 그림 속에는 없는 왕과 왕비를 바라보고 있다. 열린 문 사이로 계단을 오르는 인물은 호세 니에토 벨라스케스로 왕비의 일급 태피스트리 장관이다. 그 밖에 「펠리페 4세 Felipe IV」 「오스트리아 왕녀 마르가리타 La Infanta Doña Margarita de Austria」 「브레다의 항복 La Rendición de Breda o las Lanzas」 등도 놓치지 말자.

「자화상」 (1498)

독일 미술의 아버지로 불리는 화가 알브레히트 뒤러의 작품. 금 세공업자의 아들로 태어난 뒤러는 신분을 뛰어넘을 만큼 성공한 화가다. 이 작품은 당당함과 자신감으로 가득 찬 자신의 모습을 그린 것이다. 그림 속에 "나는 26살의 내 모습을 나의 관점에서 그렸다"라고 써 넣었다. 그 밖에 「아담과 이브」도 놓치지 말자. 독일 르네상스 회화 완성자의 면모를 보여주는 작품으로 해부학적으로 인체의 이상적인 비례를 보여주고 있다.

「쾌락의 정원 Jardi di los Delicias」 (1510)
네덜란드 화가로 생애에 대해 거의 알려지지 않은 히에로니무스 보스의 작품이다. 중세시대의 작품이라기보다는 20세기 초현실주의 작품처럼 보일 만큼 파격적이다. 이 수수께끼 같은 3폭의 그림은 성서의 이야기를 담고 있다. 왼쪽 패널에서 오른쪽으로 넘어가면서 그림의 내용이 진행된다. 왼쪽 패널에는 에덴동산의 아담과 이브의 탄생이 그려져 있고, 중앙에는 낙원(유토피아)이, 오른쪽 패널에는 지옥이 그려져 있다. 얼핏 보기에는 아기자기한 그림이 그려진 병풍처럼 보이겠지만 그림 속의 한 장면 한 장면을 살펴보면 작가의 기막힌 상상력에 감탄이 절로 나온다. 인간의 끝없는 욕망과 욕심을 묘사한 「건초 수레」라는 작품도 있으니 놓치지 말자.

「죽음의 승리」 (1562)
16세기 네덜란드 출신의 천재적인 화가 피터르 브뤼헐의 작품. 브뤼헐은 서민들의 생활상과 성서의 이야기를 소재로 사회 비판과 풍자를 한 화가로 유명하다. 이 작품은 끔찍한 전쟁으로 인한 대량학살과 불타고 있는 대지의 모습을 담고 있다. 그림 속의 배경은 고통 받는 인간의 삶과 모든 인간은 죽는다는 걸 보여주고 있다. 그림 왼쪽 하단의 왕관을 쓴 왕조차도 죽음을 피할 수 없다. 인간은 모두 죽음 앞에 평등하다는 것을 표현한 것이다.

◆ 카페 & 숍

카페테리아
지하에 있는 카페 겸 레스토랑. 간단하게 커피와 케이크, 과일 등을 먹을 수 있다. 레스토랑은 셀프 서비스이며, 생각보다 저렴하고 음식 맛도 괜찮다. 한나절 이상의 내부 관람에 지쳤다면 이곳에서 휴식을 취해보자.

예산 커피 €3.50~, 조각 케이크 €3.50~

뮤지엄 숍
뮤지엄 숍은 G층에 한 곳, 1층에 두 곳이 있다. 명화를 담은 엽서를 비롯해, 미술관 안내서, 각종 미술 관련 서적, 작품들을 모티프로 한 기념품을 구입할 수 있다. 특히 명화 퍼즐은 맞춰보는 재미가 있고 개인 소장용으로 그만이다.

예산 엽서 €1, 컵받침 €3, 수첩 €3~

레티로 공원 Parque del Retiro 유네스코

1.43㎢의 부지에 1만 5000여 그루의 나무가 자라고 있는 광대한 공원. 펠리페 2세 별궁의 정원을 1868년 이사벨라 2세가 시민에게 되돌려주면서 마드리드의 대표적인 휴식처가 됐다. 공원 중앙에는 아름다운 인공호수가 조성돼 있으며 호수 옆에는 알폰소 12세의 기마상과 알카초파 분수가 있다. 공원 여기저기에는 스페인을 빛낸 작가와 시인, 군인 등의 동상과 기념비가 세워져 있다. 주말이면 화가와 음악가들이 찾아 공원은 더욱 활기가 넘치고 봄과 가을에는 야외 콘서트 등 문화 행사도 열린다. 레티로 공원은 프라도 미술관 감상 후 사색과 휴식을 위해 들르기 좋고, 살라망카 지구의 독립 광장과도 가까워 쇼핑 후 들르기 좋은 곳이다. 모두 걸어서 갈 수 있다.

Map P.111-B1~2, C1~2, P.112-A3~4, B3~4 **주소** Plaza de la Independencia 7 **운영** 4~9월 06:00~24:00, 10~3월 06:00~22:00 **입장료** 무료 **가는 방법** 메트로 2호선 Retiro 역에서 도보 3분

인공호수에서 즐기는 뱃놀이

독립광장 Plaza de la Independencia

마드리드에서 가장 아름다운 문으로 꼽히는 알칼라 문 Puerta de Alcalá이 한눈에 들어오는 멋진 광장. 카를로스 3세가 1769년부터 이 부근의 집들을 정리하면서 조성하기 시작해 1778년에 완성했다. '독립'이라는 이름이 붙은 것은 1813년에 나폴레옹군이 물러나고 페르난도 7세가 왕권을 회복한 것을 기리기 위해서다. 하지만 포도주에 세금을 매겨 건설비를 충당했기 때문에 당시에는 시민의 미움을 사기도 했다.

Map P.112-A3 **가는 방법** 메트로 2호선 Retiro 역에서 도보 3분

알칼라 문

◆ 알칼라 문

마드리드의 개선문. 스페인의 왕위를 계승한 프랑스 부르봉 왕가의 카를로스 3세의 명으로 건축가 프란시스코 사바티니가 재건한 것이며 마드리드의 높은 위상과 영광을 상징한다. 군데군데 난 구멍은 스페인 내전 때의 총탄 흔적이다. Map P.112-A3

살라망카 지구

마드리드를 대표하는 비즈니스 지구이자 명품 매장이 모여 있는 고급 쇼핑가다. 특히 세라노 거리와 카스테야 거리가 대표적이다. 국립고고학박물관을 둘러본 후 거리를 거닐며 신상품으로 가득한 숍들을 구경해보자.

국립고고학박물관

Museo Arqueológico Nacional

스페인 최대의 고고학 박물관으로 선사 시대부터 19세기까지의 다양한 유물 및 초기·중세 기독교와 이슬람 관련 자료가 연대순으로 전시돼 있다. 박물관은 지하 1층, 지상 2층으로 되어 있으며 그리스관과 이집트관이 볼만하다. 특히 이집트관에서는 미라의 진짜 모습을 볼 수 있다. 카르타고의 영향을 강하게 받은 석상 「엘체의 귀부인」과 박물관 안뜰에 있는 알타미라 Altamira 동굴 벽화의 복제품도 놓치지 말자. 기념품점에서는 이집트에서 구할 수 있는 파피루스, 향 등을 구입할 수 있다.

Map P.112-A1 **주소** Serrano 13 **홈페이지** www.man.es **운영** 화~토요일 09:30~20:00, 일요일·공휴일 09:30~15:00 **휴무** 월요일 **입장료** €3, 토요일 14:00 이후 입장 무료, 일요일 아침 무료 **가는 방법** 메트로 4호선 Serrano 역에서 도보 5분

이집트 미라

엘체의 귀부인

콜론 광장의 콜럼버스 기념탑

콜론 광장 Plaza de Colón

19세기의 광장으로 1977년에 새롭게 정비를 끝냈다. 광장 중앙에는 신고전주의 양식으로 지어진 높이 17m의 콜럼버스 기념탑 Map P.112-A1이 있으며 광장 지하는 비야 문화센터 Centro Cultural de la Villa로 극장과 전시실, 공항버스터미널이 있다. 광장 동쪽에는 신대륙 발견의 정원 Jardín del Descubrimiento이 있다. 광장 맞은편에는 300여 개의 밀랍인형을 전시하고 있는 밀랍 박물관 Museo de Cera이 있는데 유명 인사들의 밀랍인형관도 재미있지만 악명 높은 범죄자들의 밀랍인형관도 꽤 인기가 있다.

Map P.112-A1 **가는 방법** 메트로 4호선 Colón 역에서 바로

• **밀랍 박물관** Map P.112-A1 **주소** Paseo de Recoletos 41 **전화** 91 319 4681 **홈페이지** www.museoceramadrid.com **운영** 월~금요일 10:00~14:00, 16:30~20:00, 토·일요일·공휴일 10:00~20:00 **입장료** €21(온라인 티켓 €18) **가는 방법** 메트로 4호선 Colón 역에서 도보 3분

Restaurant 먹는 즐거움

스페인 전역의 향토 음식뿐만 아니라 세계 각국의 음식을 먹을 수 있어 선택의 폭이 넓다. 유명한 전통 레스토랑은 마요르 광장 주변과 오페라 광장 근처에 모여 있고, 패스트푸드점이나 현지인들이 자주 가는 패밀리 레스토랑은 그란 비아와 솔 광장 주변에 많다. 레스토랑에서 식사하기가 부담스럽다면 바르 Bar에 들러 보카디요 Bocadillo를 먹어보자. 바삭한 바게트 빵에 하몬·치즈·채소·오징어튀김 등의 재료를 넣은 일종의 샌드위치로 간식이나 식사 대용으로도 그만이다. 체인 패스트푸드점 Pan도 있다. 그 밖에 현지인들이 즐겨 찾는 바에서 음료와 간단하게 즐길 수 있는 전통 스낵(타파스 Tapas)을 먹어보는 것도 스페인 여행의 큰 즐거움이다.

소문난 레스토랑

스페인 중앙에 위치한 마드리드는 해산물보다는 육류 요리가 발달해 있다. 대체로 느끼한 편이라 우리 입맛에 딱 맞지 않을 수 있지만 음식으로 현지인들을 이해해 볼 수 있다. 기왕이면 100년 이상의 전통을 자랑하는 유명한 레스토랑을 방문해 보자. 왁자지껄한 분위기와 긴 대기 줄은 각오해야 한다.

CASA LUCIO

1720년부터 레스토랑이 있던 자리로 할아버지 루시오 Lucio씨가 12살 때(1993년)부터 일해오던 레스토랑을 인수해 운영 중이다. 소년이 백발의 할아버지가 될 때까지 스페인과 세계 각지의 유명인사들이 방문한 곳으로, 마드리드와 스페인 전통 요리를 맛볼 수 있다. 화려한 맛 보다는 기본에 충실한 곳이다. 예약이 필요하며 제대로 레스토랑에서의 식사를 즐기고 싶다면 가기 전에 미리 메뉴를 보고 음식과 와인에 대해 살펴두자. 이곳에서 꼭 먹어봐야 하는 요리는 우에보스 에스트레야도스 Huevos Estrellados(Huevos Rotos라고도 함)이다. 올리브유에 튀긴 감자 위에 달걀 반숙을 얹은 요리로 신선한 재료가 포인트다. 그 밖에 카요스 아 라 마드릴레냐 Callos a la Madrileña는 내장을 넣어 끓인 스튜로 17세기부터 마드리드 서민들의 겨울철 보양식이다. 두 요리 모두 마드리드 사람들이 즐겨 먹는 것으로 우리 입맛에 대단히 맛있다기보다는 외국인이 김치와 산낙지를 시도해 보는 기분이랄까! 이곳의 메인 요리이긴 하지만 대표 메뉴는 맛보기로 그 외 요리를 메인으로 주문하면 더 만족스러울 것이다.

Map P.110-A2 **주소** Calle de la Cava Baja 35 **전화** 913 653 252 **홈페이지** casalucio.es/en **영업** 13:00~16:00, 20:30~23:45 **예산** 카요스 €16.50, 우에보스 에스트레야도스 €15 **가는 방법** 솔 광장에서 도보로 10분 또는 메트로 5호선 La Latina 역에서 도보 5분

TABERNA DE LOS HUEVOS DE LUCÍO

카사 루시오의 '우에보스 에스트레야도스'가 워낙 인기가 많아 루시오씨의 아들이 2001년에 개점한 우에보스 에스트레야도스 전문점. 감자튀김에 계란프라이만 얹은 것이 가장 기본이며 햄, 베이컨, 문어 등 다양한 토핑이 있다. 그 밖에 치피로네스 안달루시아 Chipirones Andaluza(안달루시아식 작은 오징어 튀김)가 마드리드에서 가장 맛있는 집으로 손꼽는다. 맥주와 와인, 다양한 전통 음료와 함께 시끌벅적한 마드리드 서민식당에서의 한 끼와 한 잔을 즐겨보자.

Map P.110-A2 **주소** Calle de la Cava Baja 32 **전화** 913 662 984 **홈페이지** loshuevosdelucio.com **영업** 13:00~16:00, 20:00~23:45 **예산** Huevos Clasicos €8.90, 치피로네스 안달루시아 €15.90 **가는 방법** 카사 루시오와 같은 거리에 위치

BOTÍN

1725년 창업했으며 기네스북에도 오른 세계에서 가장 오래된 레스토랑. 떡갈나무 오븐에 구운 새끼돼지 통구이 코치니요 아사도 Cochinillo Asado가 유명하다. 헤밍웨이가 단골이었고 그의 작품 속에도 이곳이 등장한다. 앤티크풍의 실내가 레스토랑의 전통을 느끼게 한다. 워낙 알려진 레스토랑이어서 입구에는 기념촬영을 하는 손님들도 많이 있다. 참고로 새끼돼지 통구이는 세고비아의 명물 요리다.

Map P.108-B3 **주소** Cuchilleros 17 **전화** 91 366 4217 **홈페이지** www.botin.es **영업** 매일 13:00~16:00, 20:00~23:30 **예산** 보틴 메뉴 새끼돼지 통구이+수프+디저트 €56.90~ **가는 방법** 메트로 2호선 Sol 역이나 5호선 La Latina 역에서 도보 10분

MUSEO DEL JAMÓN

하몬 박물관이라는 레스토랑의 이름에 걸맞게 하몬 Jamon(돼지 뒷다리 생햄)이 천장과 벽을 온통 장식하고 있다. 1층은 바 Bar와 하몬 전문, 2층은 레스토랑으로 운영된다. 스페인의 명물 중 한 곳으로 돼지 뒷다리 밑에서 기념촬영을 하는 것도 흥미로운 일이다. 바에서 커피 한 잔과 우리나라의 육포보다 촉촉하고, 쫄깃쫄깃한 하몬을 끼운 샌드위치를 먹어보자. 입맛에 맞다면 저녁 술안주로 구입해도 좋다. 하몬 가격은 육질의 등급에 따라 달라지니 너무 싼 종류는 피하자.

Map P.109-C2 **주소** Carrera de San Jeronimo 6 **전화** 91 521 0346 **홈페이지** www.museodeljamon.com **영업** 09:00~23:30 **예산** 커피 €1.50~, 하몬 샌드위치 €3~ **가는 방법** 메트로 1·2·3호선 Sol 역에서 도보 5분

CHOCOLATERÍA SAN GINÉS

1894년 개점 이래 여전히 사랑받는 추로스 전문 카페. 추로스는 스페인 사람들이 아침식사 또는 간식, 새벽에 해장을 위해 즐겨 먹다 보니 가게도 24시간 운영한다. 우리에겐 걸쭉한 초코라테 한잔이면 추로스 2인분은 거뜬하다. 긴 막대기 모양의 추로스가 바싹하다면 몽둥이 모양의 포라스 Porras는 부드러운 식감이 일품이니 일행이 여럿이라면 고루 맛보자.

Map P.108-B2 **주소** Pasadizo San Gines 5(솔 광장 주변) **전화** 91 365 6546 **홈페이지** www.chocolateriasangines.com **영업** 월~수요일 08:00~24:00, 목~일요일 24시간 **예산** 추로스 6개+초콜라테(핫초코) 세트메뉴 €4.50 **가는 방법** 메트로 1·2·3호선 Sol 역에서 도보 5분

CHURRERÍA CHOCOLATERÍA 1902

1902년에 개점 후 4대째 운영 중인 추로스 전문점. 엄선된 재료를 사용하며 초콜릿은 남미에서 구해온 3가지 종류의 카카오로 만든다. 추로스와 포라스 외에 전통과자인 Pestiño, Floreta 등도 유명하며 식사대용으로 햄버거와 오징어 튀김 샌드위치 등도 맛볼 수 있다.

Map P.108-B2 **주소** Calle de San Martín 2 **전화** 915 225 737 **홈페이지** www.chocolateria1902.com **영업** 07:00~24:00 **예산** Chocolate con Churros €4.50 **가는 방법** 히네스 근처, 솔 광장에서 도보 5분

저자 추천 레스토랑

한정된 시간 안에 박물관을 돌며 끼니를 제대로 챙겨 먹기 힘들다. 입맛에 안 맞거나 전통보다는 무난한 한 끼를 즐기고 싶다면 현지인들도 즐겨 찾는 프랜차이즈점을 추천한다.

WOK TO WALK

세계적인 프랜차이즈 오리엔탈 누들 전문점. 마드리드는 물론 유럽 전역에 매장이 있다. 주로 테이크아웃 전문점이라 대부분의 매장 안은 좁은 편이며 맛도 좋고 저렴해 꽤 인기가 있다. 주문은 3단계로 면 또는 밥 중 선택, 함께 먹으면 좋은 재료 선택, 마지막으로 소스를 선택하면 된다. 예를 들어 쌀국수에 새우와 브로콜리, 데리야끼 소스로 주문하면 된다. 요금은 기본료에 추가되는 재료에 따라 달라진다.

Map P.109-C2 **주소** Calle Mayor 4(솔 광장 주변) **전화** 91 542 9054 **홈페이지** www.woktowalk.com **영업** 일~목요일 12:00~01:00, 금·토요일 12:00~24:00 **예산** 기본료 €5.45~ **가는 방법** 메트로 1·2·3호선 Sol 역에서 도보 3분

◆**주소** Calle de Hortaleza 7(프라도 미술관 주변 지점)

TOPOLINO

현지인들이 즐겨 가는 뷔페 레스토랑. 파스타·샐러드·피자·생선요리·스테이크 등 골고루 먹을 수 있다. 특히 스테이크가 맛있기로 소문난 곳이니 꼭 먹어보자. 그 밖에 생선·고기 찜 요리도 먹을 만하다.

Map P.108-B2 **주소** Plaza de Santo Domigo s/n **전화** 91 542 5555 **홈페이지** www.topolino.es **영업** 월~목요일 12:00~24:30(금~일요일 ~01:30) **예산** 주중 뷔페 €15.95, 주말 뷔페 €18.95(음료 별도) **가는 방법** 메트로 3·5호선 Callao 역 또는 2호선 Santo Domingo 역에서 도보 3분

GINOS

VIPS 그룹에서 운영하는 피자와 스파게티 전문점. 더 이상 새로운 음식에 도전하고 싶지 않을 때 가면 좋다. 체인점으로 우리에게 너무나 익숙한 분위기다. 영어 메뉴도 있고 샐러드와 주요리, 음료까지 포함된 세트 메뉴가 있어 편리하다. 맛도 좋고 양도 푸짐하다.

Map P.108-B1 **주소** Calle Gran Vía 63 **전화** 91 275 2096 **홈페이지** www.ginos.es **영업** 일~목요일 12:00~00:30, 금·토요일 12:00~01:00 **예산** 피자 €7~13, 파스타 €9.50~13 **가는 방법** 메트로 2호선 Santo Domingo 역에서 도보 2분

CERVECERÍA 100 MONTADITOS

스페인식 샌드위치 보카디요 Bocadillo 전문점. 수십 종의 샌드위치 중 원하는 걸 골라 먹는 재미가 쏠쏠하다. 가격은 €1 정도, 크기도 작고 앙증맞아 먹기 편하다. 테이블 위에 놓인 주문 종이에 원하는 걸 표시해 주문하면 된다. 영어 메뉴도 있어 편리하다. 매주 수요일과 일요일은 Euromania라고 해서 모든 보카디요(타파스)가 €1이다. 비싸서 망설였던 것부터 골라 먹어보자.

Map P.109-C2 **주소** Calle Montera 34(솔 광장 주변) **전화** 90 219 7494 **홈페이지** www.100montaditos.com **영업** 10:00~24:00 **예산** 보카디요 €1.50~3, 감자튀김 또는 감자 칩 €1, 음료 €1.50~1.70 **가는 방법** 메트로 1·2·3호선 Sol 역에서 도보 5분

◆**주소** Calle Mayor 22(솔·마요르 광장 주변 지점), Plaza de las Cortes 3(프라도 미술관 주변 지점)

마드리드의 살아있는 역사,
100년 상점을 찾아라~!

마드리드를 걷다 우연히 황금색 동판을 발견했다면 그 곳이 어디든 잠시 구경해보세요. 황금 동판은 100년 이상 상점 본래의 예술적 가치를 보존하면서 지금까지 전통을 이어온 상점들에 대해 시의회가 주는 감사와 존경의 표시랍니다. 물론 시민들도 인정하는 곳이어야만 한다는군요. 세상에 100년이라는 세월 동안 한 자리를 묵묵히 지키며 사랑 받는 상점들이라니 그냥 지나칠 수 없겠죠! 구시가 곳곳에서 쉽게 만날 수 있는 황금 동판을 찾아보세요. 우연히 발견한 나만의 100년 상점이 있다면 다음 여행자를 위해 이야기를 전해 주는 건 어떨까요?

황금 동판

※상점은 관광명소와 다르니 장소에 걸맞는 예의를 지켜주세요. 황금 동판은 있지만 리모델링 중이거나 아쉽지만 폐업한 곳도 있어요.

라 마요르키나

La Mallorquina

1894년에 창업한 유명 제과점. 시민들의 빵집이자 스페인 국왕을 비롯해 유명인사들의 단골집으로도 잘 알려져 있어요. 제과점 안 분위기, 빵 맛, 모양새와 주문하는 방식까지도 참 예스러워 정겨운 곳입니다.

Map P.109-C2 **주소** Prta del Sol 8 (솔 광장)

엘 킨세 데 쿠치이예로스 이발소

Barberia El Kinze de Cuchilleros

1900년에 창업, 5대째 이어진 남성전용 이발소. 세계에서 가장 오래된 식당 보틴 Botín (1725년) 바로 옆에 있습니다. 오랜 세월이 느껴지는 가게 안은 마치 영화 세트장을 연상케 한답니다.

Map P.108-B3 **주소** Calle de Cuchilleros 15 (마요르 광장과 인접)

바 포스타스 Bar Postas

마드리드 사람들이 즐겨 먹는 오징어 튀김 샌드위치, 보카디요 데 칼라마리 Bocadillo de Callamares 전문점입니다. 느끼한 맛을 날려줄 맥주와 찰떡궁합! 마요네즈를 뿌려 먹으면 고소한 맛은 한층 업그레이드 됩니다.

Map P.108-B3 **주소** Calle de Postas 13 (마요르 광장과 인접)

뚜론 비센스 Turrones Vicens

스페인의 영양 간식 뚜론 Turrón! 각종 견과류에 꿀, 설탕, 달걀 흰자 등을 넣어 굳힌 캐러멜과자입니다. 1775년에 창업한 뚜론 전문점 뚜론 비센스는 전통 방식 그대로 천연재료를 이용해 만들고 있어요. 쓴 커피와 먹으면 더 환상적이랍니다.

Map P.108-B3 **주소** Calle Mayor 41 (마요르 광장과 인접)

스페인 곳곳에 매장이 있어요!

유명한 카페 & 제과점

볼 것도 할 것도 많은 마드리드 여행에서 쌓인 피로도 풀 겸 잠시 카페에 들러 차 한 잔과 달콤한 케이크를 먹어보자. 유서 깊은 곳이라면 더 특별한 시간이 된다. 허기질 때 간식으로 먹기에도 좋다.

GRAN CAFÉ GIJÓN

1888년에 개점한 전통카페. 카페의 역사책을 발행했을 만큼 유서 깊은 곳이다. 카페 안은 옛날 모습 그대로 보존돼 있어 낡은 감은 있지만 중후하고 품격이 있다. 헤밍웨이를 비롯해 문인들이 즐겨 찾은 곳으로 유명하다.

Map P.110-B1 **주소** Paseo Recoletos 21 **전화** 91 521 5425 **홈페이지** www.cafegijon.com **영업** 매일 09:00~01:00 **예산** 런치세트 €45, 커피 €3.90~ **가는 방법** 메트로 2호선 Banco de España역에서 도보 5분

CAFÉ DE ORIENTE

왕궁 주변에 어울리는 럭셔리한 분위기의 카페. 지하는 17세기 술 저장고를 개조해 만든 레스토랑이다. 우아하고 격조 높은 분위기에서 브런치를 먹고 싶다면 꼭 가보자. 화려한 왕궁을 구경한 뒤 들르면 좋다.

Map P.108-A2 **주소** Plaza de Oriente 2 **전화** 91 541 3974 **홈페이지** www.grupolezama.es **영업** 월~목요일 08:30~24:00, 금요일 08:30~01:00, 토·일요일 09:00~24:00 **예산** 커피 €3~ **가는 방법** 메트로 R·2·5호선 Ópera 역에서 도보 3분

CAFÉ CENTRAL

라이브 재즈 연주로 유명한 곳. 주로 지역 재즈 그룹이 연주하지만 가끔 유명한 그룹도 출연한다. 실내는 편안한 분위기로 19세기 후반에 유행했던 아르누보 양식으로 꾸며져 있다.

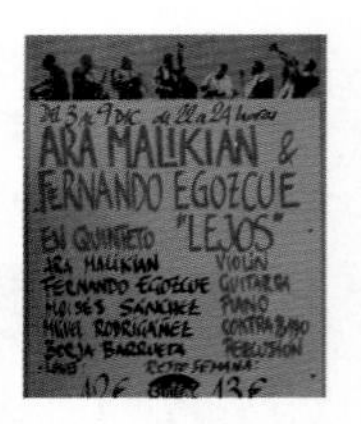

Map P.109-C3 **주소** Plaza del Ángel 10 **전화** 91 369 4143 **홈페이지** www.cafecentralmadrid.com **영업** 10:00~01:00(토요일 ~2:00),라이브 연주 20:00, 21:00 **예산** 점심 €12~, 저녁 €22~, 라이브 연주 €10~25 (매주 프로그램 및 요금이 변동되니 미리 홈페이지 참조) **가는 방법** 메트로 1·2·3호선 Sol 역에서 도보 5분

PASTELERÍA EL RIOJANO

1855년에 개점한 제과점과 카페. 왕실에 과자를 납품했던 곳으로 벌써 4대째 내려오고 있다. 130여 년 동안 고유의 맛을 간직하고 있는 케이크를 맛보기 위해 하루 평균 500명이나 되는 손님들이 찾고 있다.

Map P.108-B2 **주소** C. Mayor 10 **전화** 91 366 4482 **홈페이지** https://pasteleriaelriojano.com **영업** 매일 09:00~21:00 **예산** 커피 €3~, 조각 케이크 €5~ **가는 방법** 메트로 1·2·3호선 Sol 역에서 도보 2분

LHARDY

1839년에 개점한 전통과 역사를 자랑하는 가게. 입구부터 전통이 묻어난다. 가게는 햄·치즈·와인·빵·사탕·케이크를 파는 상점과 한쪽에 아침 식사와 커피를 마실 수 있는 바가 있다. 2층은 고급 레스토랑이다. 스페인 사람들도 구경하러 오는 곳이니 스페인의 전통 식품점을 보고 싶다면 들러보자.

Map P.109-C2 **주소** San Jerónimo 8 **전화** 91 522 2207 **홈페이지** www.lhardy.com **영업(겨울)** 1층 가게 월~토요일 09:00~22:00, 일요일 10:00~15:00, 2층 레스토랑 월~토요일 13:00~15:30, 20:30~24:00, 일요일 13:00~16:00 **영업(여름)** 1층 가게 월~금요일 11:00~17:30, 19:30~22:00, 토요일 11:00~15:00, **휴무** 일요일, 2층 레스토랑 월~토요일 13:00~15:30, 20:30~23:00, **휴무** 일요일 **예산** 레스토랑 주요리 €31~, 바 아침식사 €20~(09:00~12:00), 조각 케이크 €7~ **가는 방법** 메트로 1·2·3호선 Sol 역에서 도보 3분

CACAO SAMPAKA

전 세계 미식가들이 세계 최고의 레스토랑으로 손꼽는 엘 불리 El Bulli의 파티시에 알베르토 아드리아가 오픈한 수제 초콜릿 전문점. 최고의 초콜릿 브랜드로 급부상하며 스페인과 포르투갈, 일본에까지도 지점이 있다. 살라망카 지구에 위치하고 있으며 실내에는 다양한 종류의 초콜릿 제품이 보석처럼 진열돼 있다. 한쪽에는 바싹하게 구워낸 쿠키와 빵을 팔고 레스토랑 겸 카페로도 운영하고 있다. 음식의 질감과 조직, 요리과정을 과학적으로 분석해 새로운 맛을 창조해낸 엘 불리의 전통을 그대로 이어받아 이곳 메뉴는 모두 맛과 모양이 훌륭하다. 쉽게 방문할 수 없는 엘 불리 대신 들러 초콜릿 음료와 디저트를 먹어보며 작은 사치를 부리기에 그만이다. 아침식사와 브런치 메뉴도 있다. 초콜릿 마니아를 위한 선물 세트 구입은 필수다.

주소 C. Orellana 4 **전화** 91 319 5840 **홈페이지** www.cacaosampaka.com **영업** 월요일 11:00~15:00, 화~토요일 11:00~20:00 **휴무** 일요일·공휴일 **예산** 카페 콘 레체 €1.60, 카카오 80%가 들어간 음료 Chocolate Azteca €3.25, 바싹하게 구운 바게트 위에 하몽을 얹은 간식 Tostadas Paleta Tomate €6.60, 바싹하게 구운 바게트 위에 올리브유를 바르고 토마토 소스를 발라 먹는 간식 Tostadas Aceite Tomate €2.95 **가는 방법** 메트로 4·5·10호선 Alonso Martínez 역에서 5분

Shopping 사는 즐거움

마드리드에서 쇼핑하기 전에 먼저 무엇을 사고 싶은지 리스트를 적어 보자. 기념품과 토산품을 구입하고 싶다면 마요르 광장 주변에 있는 골목 상점가로 가는 게 좋고 의류와 신발, 각종 액세서리, 화장품 같은 최첨단 유행을 쫓는 쇼핑을 원한다면 그란 비아 거리 Gran Vía와 푸엔카랄 거리 C. de Fuencarral가 좋다. 그 밖에 동대문 시장을 방불케 하는 솔 광장과 그란 비아 거리를 잇는 일대도 모두 쇼핑가다. 고급 브랜드 숍이 모여 있는 세라노 거리 Serrano는 프라도 미술관 위쪽 살라망카 지구에 있다.

CAMPER

다양한 색상과 색다른 디자인으로 젊은 이들을 사로잡는 캐주얼 신발. 신으면 신을수록 발이 편해 캄페르 신발만을 고집하는 마니아도 많다. 우리나라에서 구입할 수 없는 캄페르 신상품을 사고 싶다면 들러보자.

Map P.108-B1 **주소** Gran Vía 54 **홈페이지** www.camper.com **영업** 월~토요일 10:00~21:00, 일요일 12:00~20:00 **가는 방법** 메트로 2호선 Santo Domingo 역에서 도보 3분

EL FLAMENCO VIVE

플라멩코 무용수들이 단골손님인 플라멩코 전문 용품점. 그 덕분에 허름한 매장 분위기에도 불구하고 플라멩코에 관심이 많은 여행객들도 자주 찾는다. 특히 구하기 힘든 CD나 DVD, 서적 등이 많다. 가벼운 기념선물로는 무희들의 액세서리가 제격이다.

Map P.110-B2 **주소** Calle de Moratín, no6 **전화** 91 547 3917 **홈페이지** www.elflamencovive.es **영업** 월~금요일 10:00~14:00·17:00~20:30, 토요일 10:00~14:00 **휴무** 일요일·공휴일 **가는 방법** 메트로 R·2·5호선 Ópera 역에서 도보 6분

EL CORTE INGLÉS

스페인 최대의 백화점으로 마드리드에 4개 지점이 있다. 솔 광장점을 이용하는 게 가장 편리한데 4개의 건물이 모두 백화점이다. 지하에는 식품매장과 서점, CD 매장 등이 있다. 식품매장에서 스페인 식재료나 생활용품 등을 구입하고 싶거나 현지 젊은이들의 최신 유행 음악에 관심이 있다면 들러보자.

Map P.109-C2 **주소** Calle de Preciados 3 **홈페이지** www.elcorteingles.es **영업** 월~토요일 10:00~22:00, 일요일·공휴일 11:00~21:00 **가는 방법** 메트로 1·2·3호선 Sol 역에서 바로

CENTRO COMERCIAL ABC SERRANO

19세기에 지어진 고풍스런 건축물 안에 들어선 쇼핑센터. 총 3층으로 패션, 인테리어, 가구, 잡화, 레스토랑, 카페 등 다양한 상점이 입점해 있다. 마드리드에서 고급 상점들이 즐비한 세라노 거리 주변에 위치, 현지 유행을 한 눈에 파악할 수 있어 쇼핑 마니아라면 한 번 들러볼 만하다.

Map P.113-A2 **주소** Calle de Serrano 61 **전화** 91 577 5031 **홈페이지** abcserrano.com **영업** 월~토요일 10:00~21:00 **휴무** 일요일 **가는 방법** 메트로 5호선 Rubén Darío에서 도보 1분

MANGO

Zara와 쌍벽을 이루는 브랜드. 매장 2층에는 철 지난 제품을 저렴하게 판매하는 아웃렛 매장이 있다. 그냥 둘러보면 살 만한 게 없어 보이지만 꼼꼼히 살펴보면 가격 대비 훌륭한 제품을 건질 수 있다.

Map P.109-C1 **주소** Fuencarral 70 **홈페이지** www.mango.com **영업** 월~토요일 10:00~21:00, 일요일 12:00~21:00 **가는 방법** 메트로 1·5호선 Gran Vía 역에서 도보 5분, 또는 1·10호선 Tribunal 역에서 도보 7분

ZARA

합리적인 가격에 디자인과 색상도 세련돼 세계적으로 인기를 끌고 있는 의류 토털 브랜드. 지하에는 아동복, 1·2층은 여성복, 3층은 남성복을 취급한다. 바로 옆은 망고 매장이다.

Map P.109-C1 **주소** Gran Vía 34 **홈페이지** www.zara.com **영업** 10:00~22:00 **가는 방법** 메트로 3·5호선 Callao 역에서 도보 3분

레알 마드리드 기념품점

레알 마드리드 선수들의 유니폼 및 신발, 기념수건, 축구공, 레알 마드리드를 모티브로 개발된 다양한 기념품 등 개인 소장용 및 축구팬인 지인들을 위한 선물을 구입하기 위한 곳으로 그만이다. 시내 곳곳에 매장이 있으니 주요 명소를 돌다 매장을 발견하면 잠시 들러 쇼핑을 즐겨보자.

Map P.109-C2 **주소** Gran Vía 31(솔 광장 지점: Calle del Arenal 6) **전화** 91 755 4538 **홈페이지** www.realmadrid.com **영업** 10:00~21:00, 일요일 11:00~20:00 **가는 방법** 메트로 1·5호선 Gran Vía역에서 도보 3분

EL ARCO DE LOS CUCHILLEROS ARTESANÍA NAVARRO

마요르 광장에서 가장 세련된 기념품을 판매하는 매장. 소품에서 인테리어 잡화까지 다양한 품목을 취급한다. 젊은 스페인 도예가들의 작품도 전시, 판매하고 있다. 그냥 들어가서 구경하는 것만으로도 기분이 좋아지는 곳이다.

Map P.108-B3 **주소** Plaza Mayor 9 **전화** 91 365 2680 **홈페이지** www.artesaniaelarco.com **영업** 일요일 11:00~21:30 **가는 방법** 메트로 1·2·3호선 Sol 역에서 도보 5분

SPECIAL THEME

쇼퍼홀릭 천국 마드리드 쇼핑가

시내 관광만 하기엔 마드리드의 상점에는 사고 싶은 것이 너무나 많다. 눈여겨뒀다가 나중에 사야겠다고 생각하면 이미 기회는 놓친 것. 구경만 하지 말고 적극적으로 쇼핑을 즐기자.

기념품 쇼핑은 여기서!

마요르 광장

의류 쇼핑의 천국

솔 광장 일대

최신 유행 따라잡기

그란 비아 일대

개성만점 쇼핑가

푸엔카랄 거리

광장과 그 주변은 스페인과 마드리드를 대표하는 기념품을 파는 상점으로 가득하다. 플라멩코와 투우를 테마로 한 귀엽고 깜찍한 인형부터 엽서, 사진, 그림, 마드리드가 새겨진 기념품까지 종류도 다양하다. 마요르 광장에는 세계적인 축구선수들의 모습을 담은 우표 전문점, 플라멩코 인형과 무용수들이 치장하는 머리장식품, 숄, 신발 등을 취급하는 전문점도 있다.

광장 중앙에는 스페인을 대표하는 엘 코르테 잉글레스 백화점이 있고 방사형으로 뻗은 골목에는 레스토랑과 상점들이 가득하다. 솔 광장에서 왕립극장을 연결하는 아레날 거리 C. del Arenal에는 신발 전문점이, 그란 비아와 연결된 프레시아도스 거리 C. de Preciados와 몬테라 거리 C. de la Montera에는 의류 매장이 즐비하다.

마드리드 제1의 쇼핑가. 특히 망고와 자라 같은 중저가 옷가게가 즐비해 젊은 여성들의 마음을 사로잡는 곳이다. 동대문 시장 같은 프리마크 Primark도 이곳에 있다. 최신 유행의 옷과 신발, 액세서리 등에 관심이 있다면 하루 관광을 포기하고라도 이곳에서 나만을 위한 쇼핑을 즐겨보자.

유명하진 않지만 독특하고 개성 넘치는 물건들로 가득한 거리. 마드리드 멋쟁이들의 트렌드를 따라가고 싶다면 이곳의 아이템들을 구입하자. 세상에서 하나뿐인 옷·가방·신발 등 아주 특별한 것만 고집하는 쇼퍼라면 만족스러울 것이다. 그란 비아 역에서 맥도널드 매장 맞은편 전화국 건물 옆이 바로 푸엔카랄 거리다.

SPECIAL THEME

그들의 일상 속으로 가까이 좀 더 가까이, 재미난 시장 구경

마드리드에서 가장 서민적이면서 활기가 넘치는 시장 구경에 나서보자. 구시가에는 100년 전통의 재래시장과 일요일에만 열리는 500년 전통의 벼룩시장이 있다.

산 미겔 시장 안 바

산 미겔 시장 Mercado de San Miguel

스페인의 3대 전통시장 중 하나로 1916년에 문을 연 과일과 채소를 파는 청과물 시장. 지금은 지붕과 기둥을 그대로 남겨 두고 건물 전체를 통유리로 교체, 시장 안은 현대적으로 새 단장해 관광객을 위한 명소가 됐다. 시장 안에는 과일가게, 생선가게, 바, 타파스 전문점, 하몬 전문점, 치즈 전문점 등 관광객의 마음을 사로잡는 먹을거리로 가득하다. 낮에는 식료품 쇼핑과 생과일주스를 마시러, 저녁에는 친구들과 가볍게 한잔 즐기기에 그만이다. 특히 1유로짜리 타파스가 간식, 술안주로 인기가 많은데, 10유로면 열 가지 종류의 타파스를 맛 볼 수 있다. 요즘 관광객들에게 인기 있는 뜨는 명소 중 하나이다.

Map P.108-B3 **주소** Plaza San Miguel **홈페이지** https://mercadodesanmiguel.es **영업** 월~목요일·일요일 10:00~24:00, 금·토요일 10:00~01:00 **가는 방법** 메트로 2·5호선 Ópera 역에서 도보 4분

메트로 5호선 La Latina역에서 여행의 시작!

엄청난 인파에 기죽으면 안 된다. 인파의 흐름을 따라가면서 하나하나 꼼꼼히 구경하자.

라스트로 (벼룩시장) Rastro

500년 역사를 자랑하는 스페인 최고의 벼룩시장. 일요일이면 카스코로 광장 Plaza de Cascorro을 중심으로 골목골목 장이 선다. 거리에는 골동품·생필품·옷·액세서리·그림 등 온갖 잡동사니들이 진열돼 있다. 인파에 시달리고 왁자지껄한 분위기이지만 희귀한 물건들도 있어 구경하는 것만으로도 재미있다. 오전 9시에서 11시가 방문하기 가장 좋은 시간대다. 마음에 드는 물건을 발견했다면 흥정은 필수. 사람들이 많이 모이는 장소인 만큼 소매치기에 주의하자.

Map P.110-A2 **영업** 일요일·공휴일 09:00~15:00 **가는 방법** 메트로 5호선 La Latina 역에서 도보 5분

먹고! 쇼핑하고!
출출하다면
산 미구엘 시장에서
스페인 간식을
일요일이라면 벼룩시장에서
소소한 쇼핑을 즐겨보자.

Entertainment 노는 즐거움

놀기 좋아하는 스페인 사람들 취향에 맞게 즐길거리도 다양하다. 투우·플라멩코·축구를 비롯해 밤에 모여 술 마시기 좋은 메손 Meson과 타베르나 Taverna, 바 Bar, 나이트클럽 등 밤이 긴 마드리드에는 나이트 라이프를 즐길 수 있는 곳이 많다. 밤 12시가 지나야 활기를 띠는 나이트클럽은 Santa ana-Calle de las Huertas 지역에 모여 있다. 저녁에 간단히 술을 마시고 싶다면 메손에 들러 토속주 '상그리아 Sangria'를 시켜보자.

축구와 투우

ESTADIO SANTIAGO BERNABÉU

마드리드 차마르틴 지구에 위치, 산티아고 베르나베우 스타디움은 세계적으로 유명한 레알 마드리드 CF 구단의 홈 경기장으로 1947년 12월 14일에 처음 개장하여 현재 8만 명을 수용할 수 있다. 시합이 없는 날에는 경기장과 선수들의 로커룸, 박물관 등을 둘러볼 수 있는 셀프 가이드 투어가 있다. 레알 마드리드 구단 숍도 잊지 말고 들러보자.

주소 Avenida de Concha Espina 1 **전화** 91 398 4370 **홈페이지** www.realmadrid.com 투어 **경기 없는 날** 월~토요일 10:00~19:00, 일요일·공휴일 10:30~18:30 **셀프 가이드 투어** €25(1~2시간 소요) **가는 방법** 메트로 10호선 Santiago Bernabéu 역에서 도보 5분

◆ 현재 경기장은 21세기 세계 최고의 경기장을 선보이려는 목표로 리모델링 중. 2024년 4월 완공을 목표로 했으나 아직 부분적으로 보수공사 중이다. 경기장은 우주선을 연상하게 하는 외관, 360도 비디오 스코어 보드, 선수 진입터널과 관람석 등에 많은 변화가 있다.

©www.realmadrid.com

PLAZA DE TOROS DE LAS VENTAS

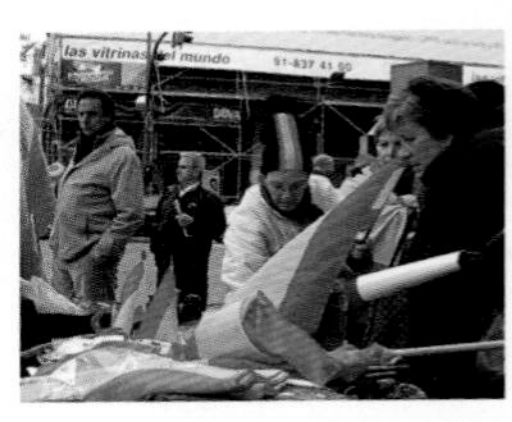

1931년에 지은 스페인에서 가장 큰 투우장으로 스페인 3대 투우장 중 하나. 경기가 없는 날에는 투우장과 박물관을 둘러볼 수 있는 가이드 투어가 있다. 투우 시즌은 3~10월, 5·6월에 최고조에 이른다. 경기 일정은 관광안내소에 문의할 것. 티켓은 경기장 매표소에서 직접 사는 것이 가장 저렴하다. 좌석은 투우장과의 거리에 따라 바레라 Barreras, 텐디도 Tendidos, 그라다 Gradas, 안다나다 Andanadas로 나뉘고 볕이 드는지에 따라 솔 Sol, 솔 이 솜브라 Sol y Sombra, 솜브라 Sombra로 구분된다. 그에 따라 요금도 천차만별이다.

주소 Calle de Alcalá 237 **전화** 91 356 2200 **홈페이지** www.las-ventas.com **운영** 3~10월 일요일 17:00~19:00 **매표소** 10:00~14:00, 17:00~20:00 **요금** €5~150 **가는 방법** 메트로 2·5호선 Ventas 역에서 도보 1분

발레 플라멩코와 정통 플라멩코

BALLET FLAMENCO

집시와 하류계급이 즐겼던 까닭에 스페인 사람들이 플라멩코를 자국의 고유한 춤으로 인정하는 데는 오랜 시간이 걸렸다. 하지만 지금은 플라멩코에 발레를 접목시켜 한 단계 발전했으며 세계인이 모두 즐기는 공연물로 거듭났다. 예술성을 갖춘 수준 높은 공연을 감상하고 싶다면 마드리드에서는 발레 플라멩코가 제격이다. 짜임새 있는 공연은 2시간 내내 강한 인상을 남긴다. 공연 및 공연장 정보는 홈페이지 또는 시내 ⓘ에서 확인할 수 있다. 공연장이 솔 광장 근처라 잠시 들러 티켓 예매도 가능하다.

Map P.109-C2 **주소** Plaza del Carmen 1 **전화** 91 522 7903 **홈페이지** www.balletflamencodemadrid.com **매표소** 10:00~14:00, 16:00~20:00 **휴무** 토·일요일 **공연** 매일 18:00, 20:00 **요금** 요일에 따라 달라진다. €19.90~ **가는 방법** 메트로 1·2·3호선 Sol 역에서 도보 5분

LAS CARBONERAS

젊은 아티스트들로 구성된 멤버들의 모던하고 세련된 공연을 감상할 수 있어 꽤 인기가 높다. 특히 무대와 객석이 가까워 공연에 흠뻑 빠져들게 된다.

Map P.108-B3 **주소** Conda de Miranda 1 **전화** 91 542 8677 **홈페이지** www.tablaolascarboneras.com **공연** 월~목요일 20:30, 22:30, 금·토요일 20:30, 23:00, 일요일 20:30 **요금** 디너+쇼 €84, 음료+쇼 €45 **가는 방법** 마요르 광장 근처, 메트로 1·2·3호선 Sol 역에서 도보 7분

CORRAL DE LA MORERÍA

1956년에 오픈한 마드리드에서 가장 오래된 타블라오 Tablao. 유명 댄서들의 수준 높은 공연은 늘 관객을 압도한다. 왕궁 주변에 위치.

Map P.110-A2 **주소** C. Morería 17 **전화** 91 365 1137 **홈페이지** www.corraldelamoreria.com **공연** 디너+쇼 18:00, 21:15 **요금** 쇼+디너 €53.95, 쇼+음료 €49.95 **가는 방법** 메트로 5호선 La Latina 역에서 도보 5분

TABLAO FLAMENCO 1911

채색 타일 장식이 인상적인 플라멩코 전용 타블라오. 1914년부터 플라멩코 명인들의 공연이 이어진 곳으로 1991년 페드로 알모도바르 감독의 '하이힐 Tacones lejanos'의 배경이 된 곳. 타블라오와 함께 운영되는 나이트클럽 역시 인기 있는 명소 중 하나다(월별로 영업시간 변동이 있으니 가기 전 홈페이지를 참조할 것).

Map P.109-C3 **주소** Plaza de Sta Ana 15 **전화** 91 521 3689 **홈페이지** https://tablaoflamenco1911.com/en/ **영업** 월~금요일 11:00~01:00, 토·일요일 12:00~01:00 **공연** 1/1~1/7 매일 20:00, 22:30 1/8~3/4 월~목·일요일 20:30, 금·토요일 20:00/22:30 3/5~6/24 월~일요일 20:00/22:30 6/25~9/9 월~목·일요일 20:30, 금·토요일 20:00/22:45 9/10~12/30 매일 20:00/22:30 (휴무 12/19~20) 12/31 Special Gala New Year's Eve **요금** 디너+쇼 €75~, 음료+쇼 €45~ **가는 방법** 메트로 1·2·3호선 Sol 역에서 도보 5분

SPECIAL THEME

나이트 라이프가 즐거운
마드리드 명물 거리

마드리드 구시가는 밤이 되면 더욱 활기를 띤다. 낮에 우아한 미술관 기행을 했다면 밤에는 스페인식 선술집에 들러 또 다른 스페인의 매력에 빠져보자. 스페인의 밤은 유쾌하고 길다.

마요르 광장에서 이 문으로 내려가면 헤밍웨이가 자주 찾았다는 술 냄새 흥건한 메손 거리가 시작된다.

메손 Mesón이 즐비한

산 미겔 거리 Calle Cava San Miguel

마드리드의 산 미겔 거리에는 오랜 전통을 자랑하는 메손(식당, 선술집)이 9개나 있다. 스페인을 여행 중이던 헤밍웨이는 밤마다 이곳 메손에 들러 술잔을 기울이며 하루를 마무리했다. 그런데 그는 9개 메손 가운데 유독 한 곳만은 들르지 않았다고 한다. 그 이유는 알 수 없지만 그곳에 가면 '헤밍웨이가 찾지 않은 집'이라고 적힌 문구를 발견할 수 있다. 서민적인 스페인 술집을 경험해 보고 싶다면 산 미겔 거리로 가보자. 메손에서는 목청껏 떠들거나 흥에 겨워 춤을 춘다 해도 전혀 어색하지 않다. 솔 광장이나 마요르 광장에서 도보 5분. Map P.108-B3

메손 거리의 주요 술집

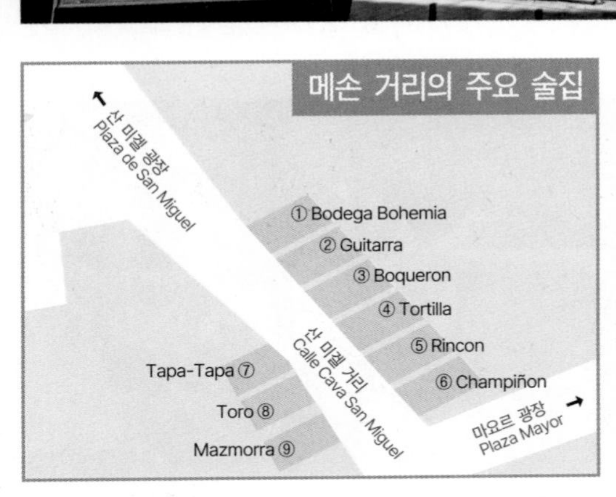

① **Bodega Bohemia** 보헤미아 술 저장고라는 의미
② **Guitarra** 오후 9시 이후 라이브 기타 연주로 유명하다.
③ **Boqueron** 가게 이름이 '정어리'라는 뜻이니 당연히 정어리 안주로 유명하다.
④ **Tortilla** 스페인에서 꼭 먹어봐야 하는 토르티야(감자 오믈렛) 전문점
⑤ **Rincon** 가게는 지하 술 저장고
⑥ **Champiñon** 술자리 흥을 돋우기 위한 오르간 연주와 송이버섯 안주로 유명하다.
⑦ **Tapa-Tapa** 카탈루냐 출신의 주인 덕분에 지중해 안주가 맛있다.
⑧ **Toro** '소'라는 뜻. 이곳 안주는 쇠고기 요리가 주를 이룬다.
⑨ **Mazmorra** '지하 감옥'이라는 의미

바·타베르나·레스토랑 등이 즐비한

카날레하스 광장 Plaza Canalejas 일대

솔 광장에서 프라도 미술관 쪽으로 (Carrera de S. Jerónimo 거리) 조금만 걸어가면 100년도 더 돼 보이는 낡은 건물로 둘러싸인 카날레하스 광장 Plaza Canalejas이 나온다. 광장을 중심으로 오른쪽으로 난 빅토리아 거리 Calle de la Victoria와 크루즈 거리 Calle de la Cruz에 들어서면 마드리드의 바가 다 이곳에 모여 있는 듯한 착각이 든다. 작고 허름한 바, 술의 신 바쿠스가 보기 좋게 그려진 바, 현대적인 맥주홀까지 제각각 특색이 있다. 각 바에서 내놓는 대표 안주와 술을 마시며 이곳저곳 옮겨 다녀 보자. 이게 바로 타파스 투어 Tapas Tour다. 샹그리아 외에 스페인 사람들이 즐겨 마시는 틴토 데 베라노 Tinto de Verano, 클라라 Clara, 메르뭇 Vermút 등도 마셔보자. 낮에는 한산하고 조용해 기념사진 찍기에 좋고, 밤에는 세계 여러 나라에서 온 여행자들과 술잔을 기울이며 스스럼없이 친구가 될 수 있다. 솔 광장에서 도보 5~7분. Map P.109-C2

1900년대가 연상되는 카날레하스 광장. 이곳에서 이어지는 모든 골목은 바와 타베르나 천지다. 밤이 되면 하나 둘 불이 켜지고 조용하던 거리가 활기로 넘친다.

카날레하스 광장 일대 맛집

Fatigas del Querer

우리나라 여행자들 사이에 맛 집으로 알려진 곳. 맥주 한잔 또는 간단한 식사를 하기 위해 들르기 좋은 곳. 버섯 튀김과 철판 스테이크로 유명하다.

주소 Calle de la Cruz 17

Taberna del Chato

작지만 모던하고 현대적인 분위기. 음식도 아기자기하게 나온다.

주소 C. de Andrés Mellado 88

Parrilla Alhambra

술을 한 잔 시키면 무료 타파(안주)가 나오는 선술집. 메뉴 델 디아(오늘의 메뉴)도 있으니 원한다면 식사를 위해 들러도 좋다.

주소 Calle de la Victoria 9

La Casa del Abuelo

새우 요리 전문점. 우리나라에는 감바스 알 아히요 맛집으로 잘 알려져 있다.

주소 Calle de la Victoria 12

Las Bravas

파타타 브라바스 Patatas Bravas 맛집. 네모 모양으로 썬 감자를 튀긴 후 고추와 파프리카로 매콤한 맛을 낸 소스를 뿌려 먹는 타파스. 마드리드가 발상지이다.

주소 Pje. Mathéu 5

Accommodation 쉬는 즐거움

스페인의 수도답게 최고급 호텔에서 저렴한 호스텔까지 다양한 숙박시설이 있다. 마드리드 관광의 1번지 솔 광장을 중심으로 숙박시설이 모여 있으며 이곳에 숙소를 정하는 게 여러모로 편리하다. 하지만 메트로역만 가깝다면 중심부에서 조금 벗어나도 상관없다. 가격 대비 시설도 좋고 무엇보다 한적한 게 장점이다.

지역별 특징 및 테마가 있는 지구

솔 광장과 주변 중심지역

관광, 쇼핑, 레스토랑, 술집, 엔터테인먼트 명소 등 모두가 도보 거리에 위치. 서울 삼청동에 숙소를 정했다고 생각하면 된다. 편리한 대신 언제나 붐비고 시끄럽다. 위치에 따라 기차역이나 프라도 미술관 등은 메트로를 이용해야 한다.

라바피에스 LAVAPIÉS

다양한 국적의 사람들이 거주하는 지역. Calle Argumousa 거리를 따라 스페인뿐만 아니라 다국적 레스토랑이 즐비하다. 저렴한 숙박시설이 많은 편. 가능하면 숙소는 큰길가에 잡는 게 안전하다.

라라티나 LA LATINA

마드리드에서 가장 큰 벼룩시장이 서는 곳으로 왕궁과 마요르 광장까지 걸어가기 좋은 곳. Calle de Cava Baha 거리를 따라가면 멋진 건축물과 맛있는 타파스 바가 즐비하다. 현대적인 것, 고풍스러운 것 등 거닐며 구경할 게 많다.

그란 비아 주변

대로변에 크고 작은 호텔이 즐비하다. 옷, 액세서리, 신발 등 쇼핑 마니아라면 메트로 그란 비아 Gran via 역 주변에 숙소를 정하자. 관광과 쇼핑을 틈틈이 할 수 있어 편리하다.

추에카 CHUECA

나이트 라이프를 즐기고 싶은 여행자에게 추천. 최신 유행의 나이트클럽, 바, 술집, 레스토랑, 카페 등이 모여 있으며 동성애자들도 즐겨 찾는 곳. Calle de Hortaleza 거리에는 고급 상점이 즐비하다. 소음은 덤. 치안에 신경 써야 한다.

말라사냐 MALASAÑA

추에카 가까이에 위치해 마드리드에서 가장 힙한 곳. 현지 젊은이들과 젊은 여행객들에게 가장 인기 있는 지역이다. 거리예술, 레스토랑, 펍, 타파스 바, 개성 있는 편집 숍 등이 있다.

프라도 미술관 주변

마드리드 3대 미술관을 중심으로 여행 계획을 세웠다면 박물관 근처에 숙소를 정해보자. 박물관이 모두 규모가 커 중간중간 휴식이 필요하다. 일대에는 공원이 잘 조성돼 있어 산책하기 딱 좋다.

살라망카 주변

고급 호텔, 고급 쇼핑가와 레스토랑이 즐비한 곳. 도심에서 벗어나 한적하다.

저렴한 숙소

도심에 있는 대부분의 호스텔은 건물의 한 층 또는 집 한 채를 숙소로 운영하는 게 일반적이다. 최근에는 산뜻하게 새로 단장한 호스텔들이 등장해 더욱 편리해졌다.

TOC HOSTEL&SUITES 마드리드

솔 광장과 불과 120m 떨어진 곳에 위치한 세련되고 현대적인 호스텔. 요즘 가장 인기있는 호스텔 중 하나로 위치, 시설, 서비스 등 모든 면에서 만족도가 높은 편이다. 객실은 6~8인실 도미토리, 가족실, 2·3인실 등이 있으며 푸짐한 아침식사(유료), 테마 파티가 열리는 바 등은 이곳의 자랑거리이다. 워낙 인기가 많아 서둘러 예약해야 한다.

Map P.108-B2 **주소** Plaza Celenque 3–5 **전화** 91 532 1304 **홈페이지** tochostels.com/madrid **요금** 6~8인 도미토리 €20~, 더블룸 €140~(예약일에 따라 요금이 다양) **가는 방법** 메트로 1·2·3호선 Sol 역에서 도보 3분

MUCHO MADRID

가족적인 분위기에 편안하게 묵을 수 있는 호스텔. 이곳에서 숙박해 본 사람들은 모두 깨끗하고 밝은 색상으로 꾸민 호텔 내부를 칭찬한다. 아침식사가 풍성하고 타월도 제공하는 등 주인의 세심한 배려가 있다.

Map P.108-B1 **주소** Gran Vía 59, 7F(7층) **전화** 91 559 2350 **홈페이지** www.muchomadrid.com **요금** 도미토리 €20~(아침 포함) **가는 방법** 메트로 2호선 Santo Domingo 역 또는 3호선 Plaza de España 역에서 도보 3분

LOS AMIGOS HOSTEL

솔 광장과 오페라 역을 연결하는 아레날 거리 C. Arenal에 있다. 숙소 위치로는 최상급에 속한다. 호스텔 건물 4층에 있고 규모는 작으나 깔끔하게 정돈돼 있어서 쾌적하다. 시내 다른 곳에도 같은 이름의 호스텔을 운영한다. 홈페이지를 참조할 것.

Map P.108-B2 **주소** Calle del Arenal, 26 **전화** 91 559 2472 **홈페이지** www.losamigoshostel.es **요금** 도미토리 €12~28 **가는 방법** 메트로 1·2·3호선 Sol 역에서 도보 5분 또는 메트로 2·5·R선 Opera 역에서 도보 3분

THE HAT MADRID

마요르 광장에서 불과 100미터 거리, 구시가 중심에 위치한 부티크 호스텔. 솔 광장을 비롯 그랑비아, 왕궁까지 모두 도보로 돌아볼 수 있다. 실내는 화사한 베이지 톤에 나무 가구로 꾸며져 있어 쾌적하고 편안한 느낌을 준다. 여성전용실, 가족전용실, 개인실, 도미토리 등 다양한 방이 있으며 야외정원, 일광욕실 등도 있다. 친절한 직원과 푸짐한 아침식사도 호스텔의 자랑이다.

Map P.108-B3 **주소** Calle Imperial 9 **전화** 91 772 8572 **홈페이지** www.thehatmadrid.com **요금** 도미토리 €20~, 2인실 €80~, 수건 대여 €2.50, 아침식사 €3.50, 개인락커 €2 **가는 방법** 메트로 1·2·3호선 Sol 역 또는 5호선 La Latina 역에서 도보 5분 거리

CATS CHILL OUT HOSTEL

꽤 규모 있는 호스텔. 분위기가 현대적이고 깨끗하다. 기본 시설 외에 헬스클럽과 옥상 테라스도 있다. 호스텔 안에 있는 라이브 공연장에서 플라멩코와 록 공연도 하니 프로그램 스케줄을 확인하자. 스페인 음식을 먹어 볼 수 있는 이벤트도 있다.

Map P.110-A2 **주소** Calle de la Cabeza 24 **전화** 91 506 4840 **홈페이지** https://catshostels.com **요금** 도미토리 €23~(아침 포함) **가는 방법** 메트로 1호선 Antón Martín 역에서 도보 10분(골목에 위치)

CATS HOSTEL MADRID SOL

17세기 건물을 새로 꾸며 오픈한 인기 만점의 호스텔. 아랍풍의 건물과 내부 장식이 돋보인다. 풍성한 아침 메뉴, 깨끗하고 편리한 시설, 게다가 휴게실과 저녁에 술 마시고 놀 수 있는 이색적인 동굴 바도 있다. 워낙 인기가 높아 일찌감치 예약하지 않으면 방 구하기가 어렵다.

Map P.110-A2 **주소** Cañizares 6 **전화** 91 369 2807 **홈페이지** www.catshostel.com **요금** 도미토리 €18~ **가는 방법** 메트로 1호선 Anton Martin 역에서 도보 5분

MOLA! HOSTEL

고풍스러운 건축물을 현대적으로 완전히 개조해 만든 대규모 호스텔. 쾌적한 환경은 물론 솔 광장 근처에 위치해 구시가지는 도보로 돌아 볼 수 있다. 정기적으로 무료 시티 투어를 운영하고 있으며 아침은 유료지만 꽤 먹을 만하다. 워낙 위치가 좋아 예약을 서둘러야 한다.

Map P.109-C3 **주소** C. de Atocha 16 **전화** 91 590 0509 **홈페이지** www.molahostel.com **요금** 도미토리 €23~ **가는 방법** 메트로 1·2·3호선 Sol 역에서 도보 3분

HOSTAL MONTALOYA

티르소 데 몰리나 광장 Plaza de Tirso de Molina에 위치. 솔 광장과 마요르 광장에서 도보 6분. 구시가지 대부분의 명소를 도보로 여행할 수 있는 게 가장 큰 장점이다. 2인실이 많으며 룸 안은 심플한 인테리어, 청결 등 기본에 충실한 곳이다. 매일 청소, 티켓 예약 및 짐 보관 서비스 등도 제공한다.

Map P.110-A2 **주소** Pl. de Tirso de Molina 20 **전화** 913 600 305 **홈페이지** www.hostalmontaloya.com **요금** 트윈 €90~ **가는 방법** 메트로 1호선 Tirso de Molina 역에서 도보 1분, 메트로 1·2·3호선 Sol 역에서 도보 6분

합리적인 가격의 호텔

가장 좋은 숙소란 관광하기에 편리한 위치, 쾌적한 시설, 합리적인 가격을 갖춘 곳이 아닐까 싶다. 거기에 미적 감각까지 더해졌다면 금상첨화. 마드리드 시내에는 이런 요건들을 갖춘 부티크 호텔들이 많다. 빨리 예약할수록 할인율은 더 높아진다.

HOTEL ROOM MATE MARIO

건축가 Tomas Alia에 의해 새롭게 개조돼 오픈한 디자인 호텔. 총 54개의 객실이 있으며 실내는 아방가르드풍의 모던한 디자인으로 꾸며져 있다. 객실은 작은 편이지만 깨끗하고 감각적인 실내 장식, 친절한 서비스 덕분에 젊은 고객에게 인기가 높다. 왕궁과 솔 광장 사이에 있는 오페라 역에 위치해 구시가지를 모두 도보로 돌아 볼 수 있다.

Map P.108-B2 **주소** C. Campomanes 4 **전화** 91 548 8548 **홈페이지** www.room-matehotels.com **요금** 트윈 €71~170 **가는 방법** 메트로 2·5호선 Ópera 역에서 도보 3~5분

HOTEL ROOM MATE LAURA

19세기 고전과 현대를 접목시켜 재탄생시킨 실내 분위기는 세련된 갤러리가 연상된다. 실내 인테리어는 Tomas Alía의 작품이다. 무료 인터넷, 푸짐한 뷔페식 아침식사 제공, 방 안에 미니부엌도 마련해 놓았다. Laura 외에 같은 회사에서 운영하는 Mario, Alicia, Oscar도 마드리드 시내에 있다. 3박이 기본이고 예약 시점에 따라 할인 혜택이 달라진다. 바르셀로나에도 체인점이 있다.

Map P.108-B2 **주소** Travesía de Trujillos 3 **전화** 91 701 1670 **홈페이지** www.room-matehotels.com **요금** 트윈 €110~150 **가는 방법** 메트로 1·2·3호선 Sol 역 또는 메트로 R·2·5호선 Ópera 역에서 도보 5분

HOTEL ROOM MATE ALICIA

깔끔하고 모던한 실내 분위기 때문에 편안함이 느껴지는 곳. 프라도 미술관이 가까워서 예술 작품을 관람하기에 편리하다. 복잡한 구시가보다 공원으로 조성된 한적한 환경이 좋다면 이곳이 제격이다.

Map P.109-C3 **주소** C. Prado 2 **전화** 91 389 6095 **홈페이지** www.room-matehotels.com **요금** 트윈 €97~162 **가는 방법** 메트로 1·2·3호선 Sol 역 또는 2호선 Sevilla 역에서 도보 10분

THE CENTRAL HOUSE LAVAPIÉS

500년 된 벼룩시장이 열리는 곳에 위치한 힙한 호스텔. 내부를 모던하고 예술적인 색과 그림 등으로 꾸며서 인상적이다. 자유로운 분위기에 정돈되고 쾌적해서 꽤 인기 있는 곳으로 예약은 서둘러야 한다.

Map P.93-C2 **주소** C. de la Encomienda 16 **전화** 913 53 56 01 **홈페이지** https://thecentralhousehostels.com/madrid-lavapies **요금** 도미토리 €20~, 트윈 €100~ **가는 방법** 메트로 5호선 La Latina 역에서 도보 7분

SUITES VIENA PLAZA DE ESPAÑA HOTEL

세계 어디서나 볼 수 있는 현대적이고 깔끔한 비즈니스 호텔. 미국식 대형 호텔이라고 생각하면 된다. 실내에는 미니부엌까지 갖춰 투숙객에게 편의를 제공하고 있다. 그란 비아의 에스파냐 광장에서 가까워 왕궁 주변은 도보로 돌아볼 수 있다. 30일 전에 예약하면 정말 저렴하게 머물 수 있다.

Map P.108-A1 **주소** Juan Álvarez Mendizábal 17 **전화** 91 758 3605 **홈페이지** www.suitesviena.com **요금** 트윈 €130~ **가는 방법** 메트로 3·10호선 Plaza de España 역에서 도보 5분

PETIT PALACE SANTA BARBARA

스페인에서 가장 인기 있는 부티크 호텔. 마드리드에만 10곳 이상, 바르셀로나를 포함해 7개의 도시에 더 있다. 합리적이고 편리하며 실내는 예술적 감각의 소품들로 가득하다. 어린이 동반, 6인 가족실 등 다른 호텔에서 꺼리는 서비스를 제공하고 무료 인터넷은 물론 자전거 렌털도 가능하다. 몇몇 체인점은 무료 공항 서비스까지 제공하고 있다. 예약일, 투숙일 등에 따라 요금이 달라진다.

주소 Plaza Santa Bárbara 10 **전화** 91 391 4421 **홈페이지** www.petitpalacesantabarbara.com **요금** 트윈 €106~ **가는 방법** 메트로 4·5·10호선 Alonso Martínez 역에서 도보 5분

HOTEL PRECIADOS

4성급의 부티크 호텔. 그란 비아, 솔 광장을 연결하는 쇼핑가에 위치해 관광과 쇼핑을 모두 도보로 할 수 있다. 호텔 건물은 고풍스럽고 객실은 모던하고 심플하다. 무료 미니바와 인터넷을 제공하고 있다.

Map P.108-B2 **주소** C. Preciados 37 **전화** 91 454 4400 **홈페이지** www.preciadoshotel.com **요금** 2인실 €130~225 **가는 방법** 메트로 2호선 Santo Domingo 역 또는 3·5호선 Callao 역에서 도보 5분

ME MADRID REINA VICTORIA

4성급 럭셔리 호텔. 스페인 젊은이들이 주말 약속 장소로 애용하는 Santa Ana 광장에 위치하고 있다. 과거 왕궁이었던 건물을 개조해 만든 호텔이라서 건물 자체가 품격이 있다. 쾌적하고 모던한 인테리어를 뽐내는 200개의 객실이 있다. 구시가지 안에 있어 도보로 여러 곳을 돌아볼 수 있다는 것도 장점이다.

Map P.109-C3 **주소** Plaza de Santa Ana 14 **전화** 91 701 6000 **홈페이지** www.melia.com **요금** 트윈 €180~225 **가는 방법** 메트로 1·2·3호선 Sol 역에서 도보 7분

엘 그레코가 사랑한 도시

톨레도

TOLEDO

"톨레도를 보지 않았다면 스페인을 본 것이 아니다!"라는 말이 있을 만큼 톨레도는 스페인의 역사가 응축 된 곳이다. 지리적으로 스페인 중앙에 위치, 삼면이 타호 강으로 둘러싸여 자연이 지켜주는 천혜의 요새 도시이다. 그 까닭에 로마 제국의 지배를 받기 전부터 주요 정착지로 발전했으며 시대별로 이베리아 반도의 주인이었던 서고트(비시고도 왕국), 이슬람, 레온과 카스티야 왕국 등의 수도로 천 년 동안 번영을 누렸다. 로마인들은 이곳을 톨레툼 Toletum이라 불러 톨레도 지명의 유래가 됐고, 서고트 왕국 시절부터 여러 차례의 가톨릭 종교회의가 개최되면서 스페인 종교의 중요 도시가 됐다. 그리고 16세기에 활동했던 천재 화가 엘 그레코가 이곳에 머물며 불후의 명작들을 남겼다.

이런 사람 꼭 가자!!

· 중세시대의 보물섬, 스페인의 옛 수도가 궁금하다면
· 엘 그레코의 작품에 관심 있다면

저자 추천

이 사람 알고 가자 엘 그레코

INFORMATION

여행 전 유용한 정보

관광안내소

무료 지도와 여행정보, 마드리드행 교통편에 대한 정보도 얻을 수 있다.

톨레도 관광청 www.toledo-turismo.com

비사그라의 문 ⓘ Map P.163-B1

주소 Paseo de Merchán s/n **운영** 월~토요일 10:00~18:00, 일요일·공휴일 10:00~14:00

소코도베르 광장 ⓘ Map P.163-C1

주소 Plaza de Zocodover 8 **운영** 월~토요일 09:00~18:00(겨울 ~17:00), 일·공휴일 10:00~15:00

ACCESS

가는 방법

마드리드에서 남서쪽으로 70Km 떨어져 있으며 버스 또는 열차를 이용하며 된다. 버스가 가장 대중적으로 이용되며 열차는 시간이 없거나 철도패스 소지자라면 추천한다.

버스

마드리드에서 톨레도행 버스는 플라자 엘립티카 Plaza Eliptica 역 버스터미널에서 출발한다. 메트로 6·11호선 Plaza Eliptica 역 하차 후 버스터미널 표지판을 따라가면 된다. 톨레도행 버스는 알사 ALSA사에서 운행하는데, 대부분 7번 플랫폼에서 출발한다. 30분에 한 대씩 있으며 직행 Directo(50분 소요), 완행 Por Pueblos(1시간 30분 소요)이 있다. 티켓은 알사 애플리케이션으로 예약하거나 지하 3층 알사 매표소에서 구입하면 된다. 탑승은 지정석이 아닌 선착순으로 출발 전 승강장 앞에서 미리 줄을 서야 한다.

Map P.162 **ALSA 홈페이지** www.alsa.es(운영시간 및 요금 조회) **버스 요금 왕복** €10

✈ 톨레도 버스터미널 → 구시가

버스터미널 Estación de Autobuses에서 언덕 위 구시가까지는 도보로 20~30분 정도 걸린다. 내린 곳에서 바로 왼쪽으로 가면 시내버스 정류장이 있다. 여기서 버스 5·12·61·62·511번을 타고 소코도베르 광장 Plaza de Zocodover까지 이용하면 편리하다. 일행이 여럿이라면 택시(약 €6)도 추천한다. 걸어서 가려면 터미널 근처에 있는 에스컬레이터 Escaleras Mecánicas를 이용하자. 언덕 위에 있는 구시가(소코도베르 광장)까지 20분 안에 갈 수 있다. 터미널에서 에스컬레이터를 타는 곳은 표지판만 잘 따라가면 된다. **시내버스 요금** 1회권 €1.25~1.50(운전사에게 직접 구입)

철도

마드리드 아토차 역에서 고속 열차 Avant가 매일 1시간 마다 운행, 30분이면 도착한다. 철도패스 소지자는 좌석 예약 필수. 역에서 소코도베르 광장까지 버스 5·61·62·511번을 이용하면 편리하다. 역에서 구시가까지는 걸어서 20~30분 정도 걸린다.

Map P.162 **홈페이지** www.renfe.com(열차시간 및 요금 조회) **요금** Avant 티켓 요금 왕복 €23, 패스 소지자 좌석 예약료 €6.50 **시내버스 요금** 1회권 €1.40(운전사에게 직접 구입)

주간이동 가능 도시		
마드리드 Atocha	톨레도	고속열차 25분
마드리드	톨레도	버스 1시간~1시간 30분

MASTER OF TOLEDO

톨레도 완전정복

톨레도는 마드리드에서 당일치기 여행지로 가장 인기 있는 곳으로 구시가를 한 바퀴 돌아보는 데는 반나절이면 충분하다. 하지만 스페인 역사가 응축된 곳인 만큼 박물관을 돌아보는 마음으로 지적인 여행을 즐겨보자. 특히 2,000년 역사를 증명해주는 로마, 서고트, 이슬람, 모사라베 Mozarabe(이슬람 문화로 편입된 기독교 문화), 무데하르(기독교 문화로 편입된 이슬람문화), 기독교, 유대교 문화 등을 알 수 있는 유적지를 보물찾기 하듯 하나하나 찾아보면 의미가 있다.

미술에 관심이 있다면 엘 그레코의 작품 감상을 테마로 정해보자. 우리에게 잘 알려지지 않은 화가지만 16세기에 이미 19세기 말, 20세기에나 볼 수 있었던 화풍으로 그림을 그려 후대 예술가들로부터 높게 평가되고 천재화가로 불리고 있다. 여행의 시작이나 마무리는 절벽 전망대에서 하자. 구시가지의 풍경도 아름답지만 자연이 품어주는 난공불락의 지세(難攻不落 地勢)에 감탄사가 나올 것이다. 시간이 없다면 구시가지를 한 바퀴 도는 소코트렌 Zocotren을 타 보자. 한국어 안내 방송과 절벽 전망대에서 포토타임도 제공한다. 여유 있게 돌아보고 싶다면 1박 2일도 좋다.

시내 관광을 위한 Key Point

랜드마크
소코도베르 광장 Plaza de Zocodover

Best Course
역 또는 버스터미널 → 소코도베르 광장과 광장 주변 → 대성당 → 산토 토메 성당 → 유대인 지구 → 소코토베르 광장 → 계곡 전망대 → 역 또는 버스터미널

예상 소요 시간 하루

베스트 뷰 포인트 대성당 탑, 알카사르 앞 전망대, 계곡 전망대, 톨레도 파라도르 등

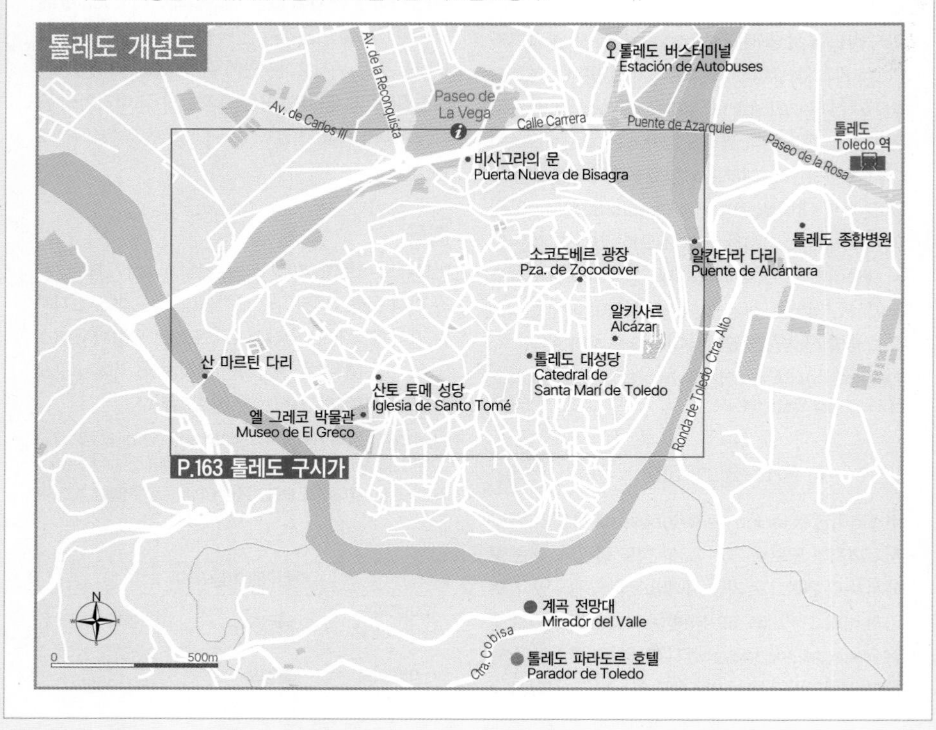

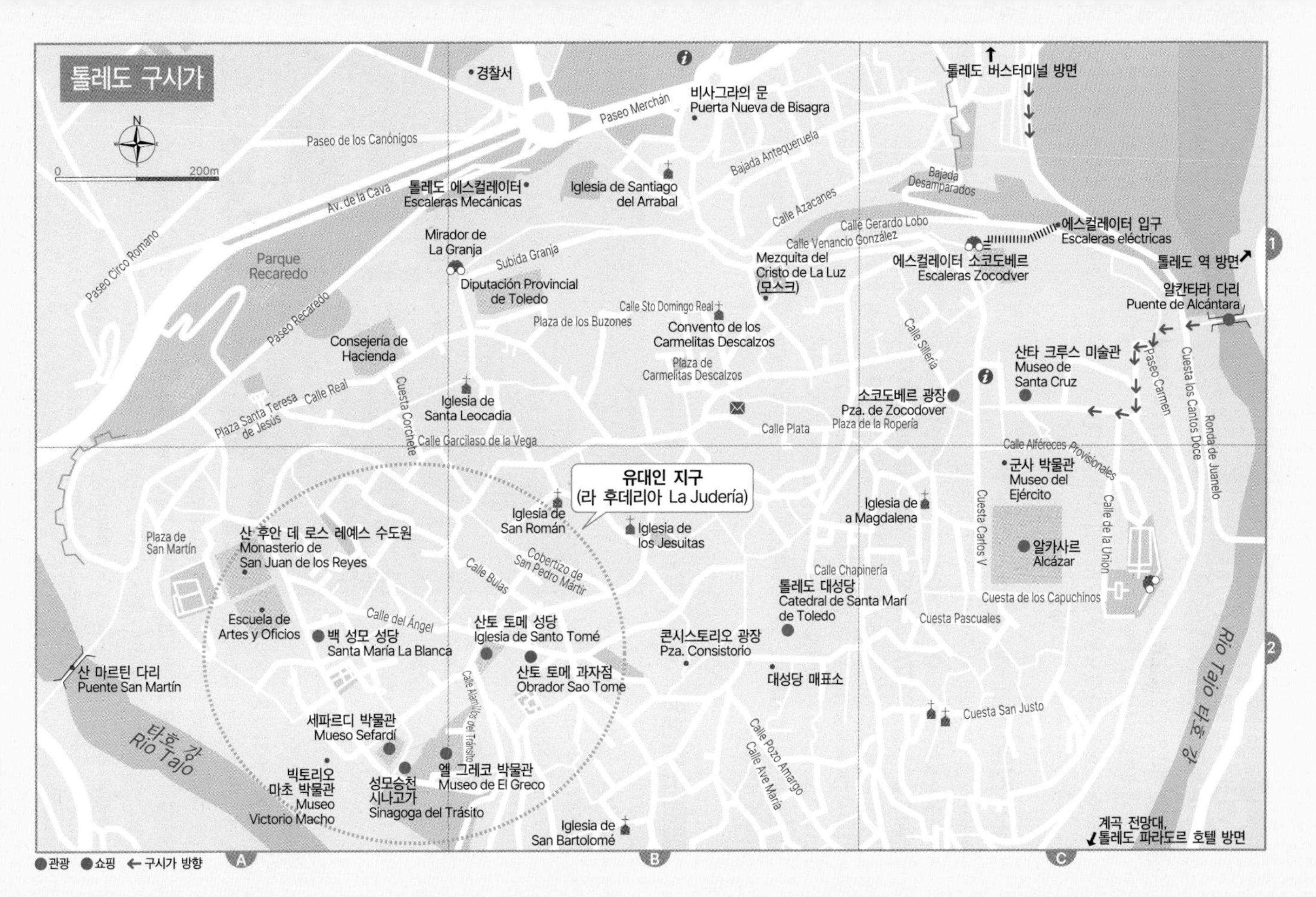
톨레도 구시가
0
200m
경찰서
비사그라의 문
Puerta Nueva de Bisagra
톨레도 버스터미널 방면
Paseo Merchán
Paseo de los Canónigos
Bajada Antequeruela
Bajada Desamparados
톨레도 에스컬레이터
Escaleras Mecánicas
Iglesia de Santiago del Arrabal
Av. de la Cava
Calle Azacanes
Calle Gerardo Lobo
Calle Venancio González
에스컬레이터 입구
Escaleras eléctricas
톨레도 역 방면
Paseo Circo Romano
Parque Recaredo
Mirador de La Granja
Subida Granja
Diputación Provincial de Toledo
Mezquita del Cristo de La Luz (모스크)
에스컬레이터 소코도베르
Escaleras Zocodver
알칸타라 다리
Puente de Alcántara
Paseo Recaredo
Calle Sto Domingo Real
Plaza de los Buzones
Convento de los Carmelitas Descalzos
Plaza de Carmelitas Descalzos
Calle Sillería
산타 크루스 미술관
Museo de Santa Cruz
Paseo Carmen
Cuesta los Cantos Doce
Ronda de Juanelo
Consejería de Hacienda
Calle Real
Plaza Santa Teresa de Jesús
Cuesta Corchete
Iglesia de Santa Leocadia
소코도베르 광장
Pza. de Zocodover
Plaza de la Ropería
Calle Plata
Calle Garcilaso de la Vega
Calle Alféreces Provisionales
군사 박물관
Museo del Ejército
유대인 지구
(라 후데리아 La Judería)
Iglesia de San Román
Iglesia de los Jesuitas
Iglesia de a Magdalena
Cuesta Carlos V
Calle de la Union
알카사르
Alcázar
Plaza de San Martín
산 후안 데 로스 레예스 수도원
Monasterio de San Juan de los Reyes
Cobertizo de San Pedro Mártir
Calle Bulas
Calle Chapinería
톨레도 대성당
Catedral de Santa Marí de Toledo
Cuesta de los Capuchinos
Cuesta Pascuales
Escuela de Artes y Oficios
Calle del Ángel
백 성모 성당
Santa María La Blanca
산토 토메 성당
Iglesia de Santo Tomé
콘시스토리오 광장
Pza. Consistorio
산 마르틴 다리
Puente San Martín
산토 토메 과자점
Obrador Sao Tome
Calle Alamillos del Tránsito
대성당 매표소
Rio Tajo 타호 강
세파르디 박물관
Mueso Sefardí
타호 강
Rio Tajo
Cuesta San Justo
Calle Pozo Amargo
Calle Ave María
빅토리오 마초 박물관
Museo Victorio Macho
성모승천 시나고가
Sinagoga del Tránsito
엘 그레코 박물관
Museo de El Greco
Iglesia de San Bartolomé
계곡 전망대, 톨레도 파라도르 호텔 방면
1
2
A
B
C
관광
쇼핑
구시가 방향

Attraction 보는 즐거움

1561년 마드리드로 수도를 천도하면서 역사의 뒤안길로 사라진 후 기적처럼 보존 된 톨레도는 구시가 전체가 세계문화유산이다. 황토색 건물과 미로처럼 얽혀있는 좁은 골목길이 사연 많은 톨레도의 역사를 대변해 주고, 상점마다 중세풍 무기 기념품이 가득해 그 옛날 수없이 치른 전쟁 이야기를 전해주는 듯하다.

계곡 전망대 Mirador del Valle 뷰포인트

톨레도 관광의 하이라이트. 중세시대 전성기의 톨레도 모습 그대로 시간이 멈춘 거 같은 구시가 전체를 한 눈에 감상할 수 있는 전망대이다. 언덕 위(해발 527m) 구시가는 타호 강과 무슬림들이 쌓아 놓은 성벽이 이중으로 둘러싸고 있고, 대성당과 알카사르는 도시의 수호신이 되어 도시를 지키고 있다. 전망대로 가는 방법은 여러 가지가 있다. 잠시 들러 사진 정도만 찍고 싶다면 소코트렌이나 시티투어 버스를, 여유롭게 시간을 갖고 싶다면 택시나 구시가지에서 출발하는 71번 버스를 이용하자. 전망대에서 알칸타라 다리 Puente de Alcántara까지 도보로 20분 정도 소요되니 내리막길을 따라 짧은 하이킹을 즐겨보아도 좋다.

Map P.162 **가는 방법** 알카사르 근처 버스정류장에서 71번 버스를 타고 Ctra. Circunvalación(Mirador Ermita)역에서 하차(€1.40, 15분 소요).

톨레도 대성당 Catedral de Santa María de Toledo

계곡 전망대에서 본 톨레도 대성당

톨레도의 상징이자 스페인 가톨릭의 총본산. 성당부지는 서고트 왕국 초기부터 대성당이 있던 자리로 이슬람 왕국 시절에는 300여 년간 이슬람 사원(모스크)이 있었다. 1086년 알폰소 6세에 의해 톨레도가 수복된 후 이슬람 세력을 물리친 것을 기념하기 위해 1221년에 기초공사를 시작해 270여 년이 지난 1493년에 완공됐다. 전체적으로 고딕양식으로 지어졌으며 실내는 르네상스와 무데하르 양식 등이 가미돼 있다. 대부분의 고딕 성당이 그렇듯 대성당도 원래 두 개의 종탑이 대칭을 이루도록 설계되었으나 특이하게 한 개의 종탑만 완성, 다른 한쪽은 팔각형의 원형 지붕으로 마무리해 모사라베 예배실 Capilla Mozábe로 사용하고 있다. 내부는 길이 120m, 너비 60m, 천장 높이 33m, 88개의 기둥으로 떠받친 다섯 개의 신랑(身廊)이 있으며 총 22개의 예배당이 있다.

Map P.163-B2 **주소** Calle Cardenal Cisneros 1 **홈페이지** www.catedralprimada.es **운영** 월~토요일 10:00~18:30 일요일·공휴일 14:00~18:30 **입장료** 대성당 €12, 야간투어 루미나 Lumina(영상쇼 50분) €24.90, 대성당+루미나 €33 **가는 방법** 소코도베르 광장에서 도보 7분

톨레도 대성당 둘러보기

트란스파렌테 El Transparente

천재 건축가이자 조각가, 화가였던 나르시소 토메가 18세기 성당의 천장을 뚫어 자연광으로 성당 내부의 밝기를 조절한 것. 자연광으로 제단의 영적 분위기를 고조시켜 당시로서는 파격 그 자체였다.

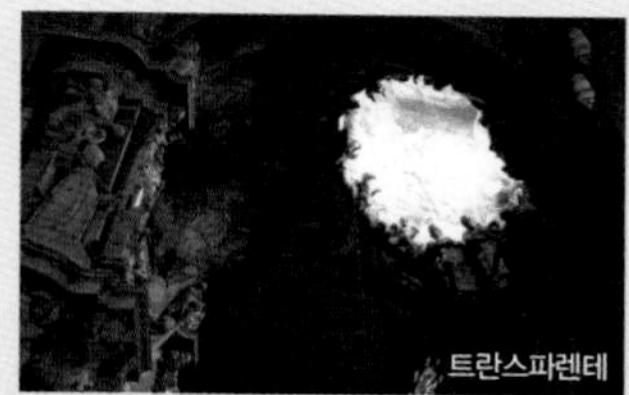
트란스파렌테

성물실

성가대실

성물실 Sacristía

17세기 나폴리 출신의 화가 루카 지오르다노가 그린 천상의 세계를 그린 천장화가 압권. 성물실 제단 중앙의 〈엘 엑스폴리오 El Expolio (그리스도의 옷을 벗김)〉는 1579년에 완성한 엘 그레코의 초기 걸작. 그림 오른쪽의 〈유다의 입맞춤 Beso de Judas〉은 고야의 그림이다. 그 밖에 반 다이크, 벨라스케스, 리베라, 루벤스 등 걸출한 화가들의 작품이 전시돼 있다.

성가대실 Coro

대성당 중앙에 위치, 15~16세기 작품이다. 성가대 좌석들은 상부와 하부로 나뉘며 하부좌석은 로드리고 알레만이라는 작가가 6년에 걸쳐 만든 걸작이다. 이 조각들은 가톨릭 양왕이 그라나다를 정복하는 과정을 묘사한 것이다.

보물실 Tesoro

무데하르 양식으로 지어진 내부 천장의 종유석 모양의 장식은 톨레도 유일의 것이다. 보물실의 백미는 중앙에 전시된 성체현시대 聖體顯示臺(쿠스토디아 데 아르페 Custodia de Arfe)이다. 16세기 엔리케 데 아르페의 작품으로 18kg의 순금과 183kg의 은으로 만들었으며 중앙은 다이아몬드로 만든 십자가로 장식했다. 해마다 성체축일이면 성체현시대를 들고 시내를 도는 행사를 한다.

알아두세요

주요 볼거리로 가능하면 티켓은 온라인으로 미리 예약하자. 매표소는 평지의 문 Puerta Llana 맞은편에 있다. 워낙 규모가 커 내부를 돌아보는 데 한 시간 이상이 걸린다. 종교적인 장소인 만큼 노출이 심한 옷은 삼가야 한다. 야간투어는 빛과 소리(음악), 영상 등으로 대성당을 50분간 소개해 오감으로 대성당을 체험할 수 있다.

톨레도 대성당 개념도

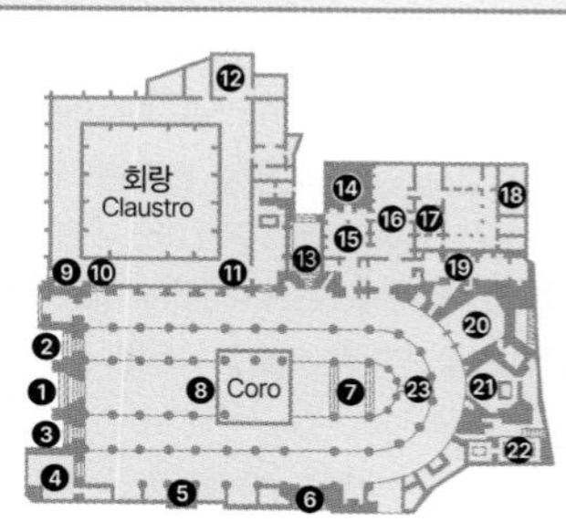

❶ 용서의 문 Puerta del Perdón
❷ 탑의 문 Puerta dé la Torre
❸ 공증인의 문 Puerta de los Escribanos
❹ 모사라베 예배당 Capilla Mozárabe
❺ 평지의 문 Puerta Llana
❻ 사자의 문 Puerta de los Leones
❼ 본당(주 예배당) Capilla Mayor
❽ 성가대석 Trascoro
❾ Puerta del Mollete
❿ Puerta del la Presentación
⓫ Puerta de Santa Catalina
⓬ 산 블라스 예배당 Capilla de San Blas
⓭ 시계의 문 Puerta de la Chapinería (Puerta del Reloj)
⓮ Ochavo
⓯ Capilla del Virgen del Sagrario
⓰ 성물실 Sacristía
⓱ Vestuario(Ankleideraum)
⓲ Ropería(Kleiderkammer)
⓳ 왕실 예배당 Capilla de Reyes Nuevos
⓴ 산티아고 예배당 Capilla de Santiago
㉑ 산 일데폰소 예배당 Capilla de San Ildefonso
㉒ 참사 회의장 Sala Capitula
㉓ 트란스파렌테 Transparente

알카사르 Alcázar

계곡 전망대에서 바라본 알카사르

톨레도에서 가장 높은 세르반테스 언덕에 위치, 로마시대부터 근대까지 군사적 요새로 톨레도의 전쟁사와 인연이 깊다. 11세기에 이르러 알폰소 6세가 톨레도 수복 후 재건축(무데하르와 스페인 고딕 양식)해 왕궁으로 변모, 1561년 수도 천도 후에는 왕실 가족의 비정규직 숙소로 사용됐다. 18세기 왕위 계승 전 당시 첫 번째 화재가 일어났고, 19세기 나폴레옹 군대에 의해 두 번째 화재가 발생했다. 1936년 스페인 내전 당시에는 공화파의 폭탄 세례로 폐허가 돼버렸으나 다행히 건축 도면이 발견돼 지금의 모습으로 재건축됐다. 현재는 무기 변천사를 한 눈에 볼 수 있는 군사박물관 Museo de Ejército Map P.163-C2 으로 사용되고 있으며 유럽 최고의 명검 '톨레도의 검'이 전시돼 있다.

Map P.163-C2 **주소** Calle de la Union, s/n **홈페이지** www.museo.ejercito.es **운영** 10:00~18:30 **휴무** 월요일 **입장료** 일반 €5, 학생 €2.50, 일요일 무료 **가는 방법** 소코도베르 광장에서 도보 5분

Travel Plus

돈키호테와 톨레도의 검

중세시대 톨레도의 검은 그냥 톨레도라고 부를 만큼 명성이 자자했다. 톨레도 인근에는 품질 좋은 강철이 생산돼 로마시대부터 검을 만들었으며 이슬람 왕국 시대에는 세계적인 명검으로 알려진 다마스커스식 강철검 제작법이 가미되면서 최고의 명검이 된다. 스페인과 유럽 각국의 왕과 귀족, 기사 들은 톨레도의 검을 지니는 것을 최고의 영예로 생각했으며 소설 속 돈키호테가 휘둘렀던 검 역시 톨레도의 검이다. 톨레도는 라 만차 지방의 주도 州都 로 라만차 지방을 무대로 활동했던 돈키호테는 곧 톨레도의 돈키호테인 셈이다. 그래서 톨레도를 상징하는 기념품에는 돈키호테와 칼, 무기 등을 테마로 한 장신구들이 많다. 톨레도의 전통 공예인 다마스끼도는 Damasquinado는 금은상감세공으로 금속판에 선을 새긴 후 그 속에 금실과 은실을 아주 가늘게 입히고 그것을 불에 구워서 만든다. 옛날에는 칼과 방패 등에 새겼지만 지금은 각종 기념품으로 개발해 판매 중이다. 영화 〈반지의 제왕〉과 〈300〉의 소품도 톨레도에서 촬영했다고 한다.

산타 크루스 미술관 Museo de Santa Cruz

건물은 1514년에 이사벨 여왕이 멘도사 추기경의 유언에 따라 고아원과 자선병원을 위해 지었다. 1911년부터 미술관으로 개조해 운영 중이며 20여개의 크고 작은 전시관에 고고학, 순수예술, 장식미술 등을 전시하고 있다. 엘 그레코, 고야, 리베라 등 스페인 출신의 작품이 다수 있으며 엘 그레코의 〈성모 승천〉, 〈그리스도의 수의를 들고 있는 성 베로니카〉 등이 유명하다. 스페인 도자기 컬렉션, 은으로 만든 카를로스 5세의 흉상, 1571년 레판도 해전에 사용했던 깃발, 고대부터 중세까지 그리스·아라비아·유럽에서 사용된 천체관측기구인 아스트롤라베 Astrolabe 태피리스트 등도 놓치지 말자. 건물은 16세기 스페인에서 유행했던 플라테레스크 Plateresque 양식(고딕, 르네상스, 이슬람 양식이 혼합된 것)으로 지어졌으며 십자가 모양의 건물과 회랑, 이슬람식 정원 등이 또 다른 볼거리이다.

Map P.163-C1 **주소** Calle Miguel de Cervantes 3 **운영** 월~토요일 10:00~18:00, 일요일 09:00~15:00 **입장료** 일반 €4, 학생 €2 **가는 방법** 소코도베르 광장에서 도보 3분

유대인 지구(라 후데리아) La Judería

스페인 유대인의 역사를 알 수 있는 곳. 한 때 10개나 되는 시나고그(유대교 회당)가 들어설 만큼 많은 유대인들이 살았으며 이는 중세시대 톨레도가 다양한 종교와 문화를 포용하고 국제도시로서 발전했음을 보여주는 예이다. '세파르디 Sefardí'는 스페인 출신 유대인을 일컫는 말로 유럽에서 가장 큰 유대인 공동체 중 하나였다. 8세기부터 스페인이 이슬람과 기독교 통치를 받는 동안 크게 번성을 했으며 1492년 이교도들에 대한 추방령이 떨어지면서 쇠퇴하게 된다. 대부분의 시나고그는 파괴되거나 다른 용도로 사용되었으며 현재 성모승천 시나고그, 백 성모 성당 두 곳이 기적처럼 남아있다. 캄브론 문 Puerta del Cambrón은 16세기 후반에 보수 공사로 변형되었지만 12세기 사료에 의하면 유대인 지구로 통하는 관문으로 알려졌다.

백 성모 성당

Map P.163-A2·B2 **가는 방법** 소코도베르 광장에서 도보 15분 또는 대성당에서 10분

◆ 성모승천 시나고가 Sinagoga del Tránsito

시나고그 건설이 금지되었던 14세기의 스페인에서 건설 된 유일의 시나고그. 잔혹왕 또는 공정왕으로 불렸던 페드로 1세(재위 1350~1369)가 왕위쟁탈전 당시 그의 편에서 싸웠던 유대인들에게 고마움의 표시로 특별히 인가를 내준 것이다. 원래 이름은 사무엘 하 레비 Samuel Ha-Levy 시나고그로 사무엘은 페드로 1세의 회계사였다. 지금의 이름은 15세기 추방령 이후 가톨릭 성당으로 용도가 바뀌면서 붙여진 이름이다.

건물 전체는 무데하르 양식으로 지어졌으며 본당은 길이 23m, 넓이 9.5m, 한 개의 신랑 身廊과 스페인 최고의 낙엽송 나무로 만든 이슬람 장식 무늬의 격자 천장으로 돼 있다. 남쪽 벽면으로 몇 개의 커다란 창문이 나 있는데 이 창을 통해 여자들이 예배에 참석했다. 무엇보다 벽면 전체를 가득 메운 기하학적 모양의 섬세한 조각이 압권이다. 본당과 인접해 있는 몇 개의 방은 세파르디 박물관 Mueso Sefardí Map P.163-A2으로 운영 중이며 로마시대부터 스페인에 정착해 온 유대인의 유물을 전시하고 있다. 타라고나 Tarragona에서 발견된 조류 문양이 있는 대리석 그릇은 5세기 것으로 3가지 다른 언어가 새겨져있으며 유대교 세례식 때 사용한 성수 그릇으로 추정된다. 근처의 백 白 성모 성당 Sinagoga de Santa María La Blanca 역시 12~13세기의 시나고그를 성당으로 개축한 것으로 아치형 기둥과 아라베스크 문양 등이 잘 보존되어 있으니 관심이 있다면 같이 보자.

Map P.163-A2 **주소** Calle Samuel Levi, s / n **홈페이지** www.culturaydeporte.gob.es/msefardi **운영** 3~10월 화~토요일 09:30~19:30, 11~2월 화~토요일 09:30~18:00, 일요일 10:00~15:00 **휴무** 월요일 **입장료** 일반 €3, 학생 €1.50 **가는 방법** 대성당에서 도보 8~10분

• **백 성모 성당** Map P.163-A2 **주소** Calle de los Reyes Católicos 4 **홈페이지** toledomonumental.com/santa-maria-blanca **운영** 3/1~10/15 10:00~18:45, 10/16~2/28 10:00~17:45 **입장료** 일반 €4, 학생 €2

Travel Plus

엘 그레코(1541~1614년) El Greco

사후 400년이 지나 천재성을 인정받은 역주행 인기화가. 본명은 도메니코스 테오토코풀로스 Domenikos Theotokopoulos로 엘 그레코는 스페인에서 활동할 때 얻은 별명이다. 이탈리아와 스페인 말을 합성한 것으로 그리스 사람이라는 뜻인데 그리스에서 태어나 이탈리아에서 미술 공부를 하고 35세부터 40년 간 톨레도에서 살았다고 하니 별명에 그의 삶의 여정이 담겨있다. 엘 그레코는 눈에 보이는 거 이상의 세계, 심리적, 정신적, 영적 부분까지 표현하기 위해 노력했다. 당시 그림은 실제 사람과 사물을 똑같이 표현하는 고전주의 양식이 유행하던 시절이었기에 독특한 화풍으로 그려진 그의 그림을 본 사람들은 그에게 시각 장애가 있는 게 아닌지 비난했다. 인간의 심리까지 표현하려고 했던 그만의 화풍은 400년을 앞선 것으로 19세기 말에는 인상파와 표현주의, 20세기에는 추상주의에 영향을 준다. 오늘날 유럽 미술사에서 신기원을 이룬 가장 중요한 화가로 평가되고 있으며 고야·벨라스케스와 함께 스페인 회화 3대 거장으로 불리고 있다. '내 작품이 지금은 비록 인정받지 못하지만 후대에 나는 스페인의 천재 화가로 전해질 것이다'라는 그의 예언이 적중 한 것이다. 엘 그레코는 죽을 때까지 톨레도에 머물며 주로 종교화와 초상화를 그렸으며 산토 토메 성당, 엘 그레코 박물관, 대성당 등에서 그의 걸작들을 감상할 수 있다.

오르가스 백작의 매장 El entierro del conde de Orgaz

엘 그레코의 천재성이 유감없이 발휘된 걸작으로 1586년 작품이다. 자선 사업가였던 오르가스 백작의 장례식 때 하늘에서 내려 온 두 성인이 백작을 친히 매장했다는 전설을 모티브로 그렸다. 그림은 장례식이 거행되는 현실세계와 하늘나라로 구분되며 그림 중앙에는 천사가 백작의 영혼(아기의 모습)을 하늘로 올려주는 모습이다. 매장의 순간을 가리키는 아이는 실제 엘 그레코의 아들이며 앞을 응시하고 있는 사람은 엘 그레코 자신이다. 현재 산토 토메 성당 Iglesia de Santo Tomé 안 오르가스 백작 무덤 위에 걸려있다.

엘 그레코 「오르가스 백작의 매장」

- **산토 토메 성당** Map P.163-B2 **주소** Plaza del Conde 4 **홈페이지** https://santotome.org **운영** 10:00~18:45 **입장료** 일반 €4, 학생 €3 **가는 방법** 대성당에서 도보 5~7분

산토 토메 성당

톨레도의 전경과 그림 La Vista y plano de Toledo

엘 그레코의 완숙미를 볼 수 있는 마지막 시기의 작품(1604~1614)으로 그의 예술적 자유분방함을 이해하는데 중요한 자료가 되고 있다. 실제 톨레도의 풍경이 아닌 작가가 상상하는 풍경으로 그림 속의 한 젊은이가 자세히 그려져 있는 지도를 들고 있고 하늘에는 성모 마리아가 천사에 둘러싸여 톨레도 시내로 내려오고 있다. 현재 엘 그레코 박물관 Museo de El Greco에 소장돼 있다. 엘 그레코 박물관은 20세기 초 베가 인클란 후작이 엘 그레코를 기리기 위해 개조한 곳으로 14세기 유대인 회계사였던 사무엘 레비의 집이었다. 다수의 엘 그레코의 작품을 전시하고 있으며 아틀리에, 부엌, 정원 등 16세기 엘 그레코가 살았던 시대의 집 안 모습을 재현해 놓았다.

엘 그레코 박물관

• **엘 그레코 박물관** Map P.163-A2 **주소** Paseo Tránsito, s/n **홈페이지** www.culturaydeporte.gob.es/mgreco/inicio.html **운영** 11~2월 화~토요일 09:30~18:00, 3~10월 화~토요일 09:30~19:30, 일요일 10:00~15:00 **휴무** 월요일 **입장료** €3, 토요일 14:00 이후 입장 무료, 일요일 무료 **가는 방법** 대성당에서 도보 10분

Restaurant & Accommodation 먹는·쉬는 즐거움

산토 토메 과자점
OBRADOR SAO TOME

1856년에 문을 연 마사판 Mazapán(아몬드 과자) 전문점. 톨레도 전통 과자로 아몬드 가루와 설탕을 반죽해 만든다. 구시가 곳곳에서 마사판을 판매하며 산토 토메 Santo Tomé 과자점이 가장 인기가 있다. 바쁜 일정 중에 잠시 쉬고 싶다면 차와 함께 마사판을 곁들여 먹어보자. 소코도베르 광장에도 지점(Pastelería Santo Tomé, 주소 Plaza Zocodover 7)이 있다.

Map P.163-B2 **주소** Calle de Santó Tome 3 **홈페이지** mazapan.com **영업** 09:00~21:00 **예산** 선물용 상자 €6.35 **가는 방법** 대성당에서 도보 5분

톨레도 파라도르 호텔
PARADOR DE TOLEDO

솔타호 강 연안 황제의 언덕에 자리 잡은 파라도르. 카스티야 지방 특유의 별장식 건물을 개조했다. 톨레도 구시가가 한 눈에 들어오는 기막힌 풍경이 펼쳐지니 레스토랑이나 카페라도 들러볼 것을 추천한다. 특히 해 질 무렵의 구시가 풍경은 매우 낭만적이다.

Map P.162 **주소** Cerro del Emperador s/n **홈페이지** www.parador.es **요금** 트윈 €130~ **가는 방법** 톨레도 역에서 택시로 10분 또는 소코도베르 광장에서 버스 71번을 타고 10분. 버스는 배차 간격이 1시간가량 되니 시간이 없다면 택시를 이용하자.

고대로마 건축의 자존심
로마 수도교가 있는

세고비아
SEGOVIA

마드리드에서 버스를 타고 1시간 남짓 달리면 해발 약 1000m에 자리 잡은 세고비아에 닿는다. 견고한 성벽에 둘러싸인 세고비아는 알폰소 10세가 이곳을 수도로 정한 이후 카스티야 왕국의 정치·문화 중심지였다. 오늘날 세고비아가 주목받는 것은 옛날 이베리아 반도를 지배한 로마인과 이슬람인이 남긴 기념비적인 건축물 때문이다. 구시가 한복판에 자리 잡고 있는 로마 수도교는 엄청난 규모와 견고함을 자랑하고, 디즈니 만화영화 <백설공주>에 등장하는 성의 모델인 알카사르는 우리를 동화 속 세계로 이끈다. 미로처럼 얽혀 있는 골목에는 새끼돼지 굽는 냄새가 진동하는데 아름다운 건축물을 보러 온 여행자들은 세고비아의 향토 음식을 먹기 위해 줄을 서는 수고도 마다하지 않는다.

지명 이야기

· 켈트어로 '승리(Sego)의 도시(via)'

이런 사람 꼭 가자!!

· 고대 로마 건축에 관심이 있다면
· 만화영화 <백설공주>에 나오는 성의 실제를 확인하고 싶다면
· 세고비아의 명물 요리 새끼돼지 통구이를 먹어보고 싶다면

INFORMATION

여행 전 유용한 정보

관광안내소

중앙 ⓘ Map P.173-A3

무료 시내 지도를 제공한다. 주요 관광명소 운영 시간표와 마드리드행 교통편의 시간표를 미리 얻어두자.

주소 Plaza Azoguejo 1 **전화** 921 466 720 **운영** 월~토요일 10:00~18:30 (일요일 ~17:00)

세고비아 관광청 www.turismodesegovia.com

ACCESS

가는 방법

열차와 버스가 운행되지만 소요시간, 티켓 요금, 세고비아 터미널과 구시가와의 거리 등을 고려하면 버스를 이용하는 게 훨씬 편리하다.

버스

버스는 마드리드 메트로 3·6호선 Moncloa 역과 연결돼 있는 몬클로아 역 Moncloa 버스터미널에서 타면 된다. 세고비아행 버스는 아반사 Avanza 회사에서 운행하며 평일에는 한 시간에 1~2대꼴로, 주말에는 한 시간에 1대꼴로 운행한다. 오전 8시와 9시에 출발하는 버스는 워낙 인기가 좋아 미리 예약하거나 서둘러 터미널로 가야 한다. 티켓은 매표소 또는 자동발매기에서 구입할 수 있으며 당일치기 여행이라면 왕복티켓을 구입하자. 버스는 14번 플랫폼에서 출발한다. 세고비아 버스터미널 Estación de Autobuses Map P.173-A3 에서 구시가까지는 도보로 약 7분. 터미널에서 길을 건너 Av. Fernández Ladreda를 따라 곧장 걸어가면 로마 수도교와 ⓘ가 있는 아소게호 광장 Plaza del Azoguejo이 나온다.

• **아반사 Avanza 버스 회사**

홈페이지 www.avanzabus.com(운행시간 및 요금 조회) **전화** 902 119 699 **세고비아 왕복 티켓 요금** €8

※운영시간 및 티켓 예약은 아반사 회사 앱을 이용하면 편리하다.

열차

열차는 차마르틴 역에서 출발하며 철도패스 소지자라도 반드시 좌석을 예약해야 하는 초고속열차 ALVIA, TALGO와 저가고속철도 위고 OUIGO 등이 한 시간에 한 대씩 운행하고 예약 없이 탈 수 있는 지방선이 간간이 있다. 역에서 구시가까지는 11번 버스를 이용하자. 열차 도착시간에 맞춰 대기하고 있으며 티켓은 운전사에게 직접 구입(€2)하면 된다. 대략 10~15분 소요.

홈페이지 www.renfe.es(열차 시간 및 요금 조회) **왕복 요금** 시간대에 따라 €22~39, **패스 소지자 좌석 예약료** €6.50

주간이동 가능 도시		
세고비아	마드리드 Chamartín	초고속열차 27분, 버스 1시간 30분
	아빌라	버스 1시간
	레온	버스 3시간

알아두세요

마드리드 ↔ 세고비아 왕복 티켓은 돌아오는 시간을 지정한 티켓과 자리만 있으면 아무 때나 탈 수 있는 오픈티켓 중 선택해 구입할 수 있다. 오픈티켓을 구입했다면 돌아올 때 버스 출발 30분 전까지 매표소에 들러 티켓을 보여주고 좌석 티켓을 받으면 된다. 마드리드행 버스는 밤 9시 전에 출발하는 버스를 타도록 하자. 밤 10시 전에는 시내에 도착하는 게 안전하다.

MASTER OF SEGOVIA

세고비아 완전정복

카스티야 왕국의 수도였던 세고비아. 이 자그마한 마을은 중세시대의 견고한 성으로 둘러싸여 있고 가장 전망 좋은 곳에 왕과 왕비가 살았던 알카사르가 자리 잡고 있다. 마을의 중심에는 이교도를 몰아내고 이곳이 기독교 국가임을 나타내기 위해 건설한 어마어마한 규모의 대성당이 들어서 있고 마을이 시작되는 곳에는 고대 로마인들이 남기고 간 견고한 수도교가 있다. 홍합 모양의 이 마을 안에는 고대부터 현대에 이르는 역사와 문화가 고스란히 남아 있어 이곳을 방문하는 여행객들의 상상력을 자극한다. 세고비아는 마드리드에서 당일치기 여행지로 톨레도 다음으로 인기 있는 곳이다. 여유 있게 돌아보고 싶다면 아침 일찍 서두르자. 세고비아 버스터미널이나 역에서 내리면 제일 먼저 로마 수도교부터 찾아보자. 수도교가 있는 아소게호 광장은 시 전체의 중심이자 구시가지로 들어서는 입구다. 관광을 시작하기 전 광장 안에 있는 관광안내소에 들러 시내 지도와 여행 정보를 얻은 후 수도교를 배경으로 기념촬영을 하자. 새끼돼지 통구이를 먹을 예정이라면 스페인에서 가장 유명한 메손 데 칸디도(P.172 참조)에 예약부터 해 두는 게 좋다. 세고비아의 주요 볼거리는 로마 수도교, 중세풍 미로 골목, 대성당, 다시 중세풍 미로 골목, 알카사르까지 일직선으로 연결돼 있어 누구나 쉽게 찾을 수 있다.
관광은 로마 수도교에서 가장 멀리 떨어져 있는 알카사르부터 시작하자. 입장권을 끊는 데 시간이 걸릴 뿐 아니라 성 안까지 둘러보려면 시간이 꽤 소요된다. 다음은 대성당을 보고 구시가의 아름다운 광장과 골목 여기저기를 걸으며 탐험해 보자. 마지막으로 로마 수도교 옆 계단으로 올라가 세고비아의 멋진 풍경을 감상하는 것으로 마무리하면 된다. 사정에 따라 로마 수도교, 대성당, 알카사르 순으로 감상해도 된다.

시내 관광을 위한 Key Point

랜드마크 아소게호 광장 Plaza del Azoguejo
Best Course 역 또는 버스터미널 → 알카사르 → Calle de Daoiz → 대성당 → 마요르 광장 → Plaza Medina del Campo → 아소게호 광장 → 로마 수도교 ◆구시가 끝에 있는 알카사르까지 걸어가서 순서대로 감상하면 된다.
예상 소요 시간 4~5시간

Say Say Say 고기 마니아라면 새끼돼지 통구이에 도전!

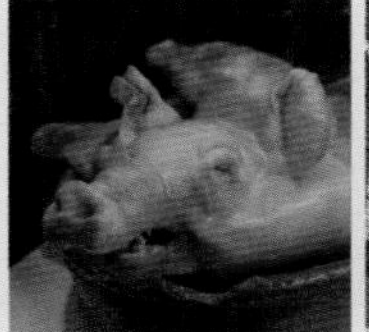

카스티야 지방의 향토 음식인 코치니요 아사도 Cochinillo Asado는 주도인 이곳 세고비아가 가장 유명합니다. 새끼돼지를 장작불에 오랜 시간 공들여 구워 껍질은 바삭하고 육즙이 풍부한 게 특징이죠. 또한 육질이 정말 부드러워 접시로 고기를 자를 수 있을 정도랍니다. 이 요리로 가장 유명한 집은 로마 수도교 앞에 있는 메손 데 칸디도 Mesón de Cándido입니다. 1898년에 창업한 이래 스페인에서 코치니요 아사도 요리로 명성이 자자한 곳이죠. 얼마나 인기가 있는지 레스토랑 창업주의 동상 앞에서 스페인 사람들도 기념촬영을 합니다.

Map P.173-A3 **주소** Plaza del Azoguejo 5 **전화** 921 425 911 **홈페이지** www.mesondecandido.es **영업** 매일 13:00~16:30, 20:00~23:00 **예산** 코치니요 아사도 €25~ **가는 방법** 로마 수도교 앞의 아소게호 광장에 있다. ◆예약 필수

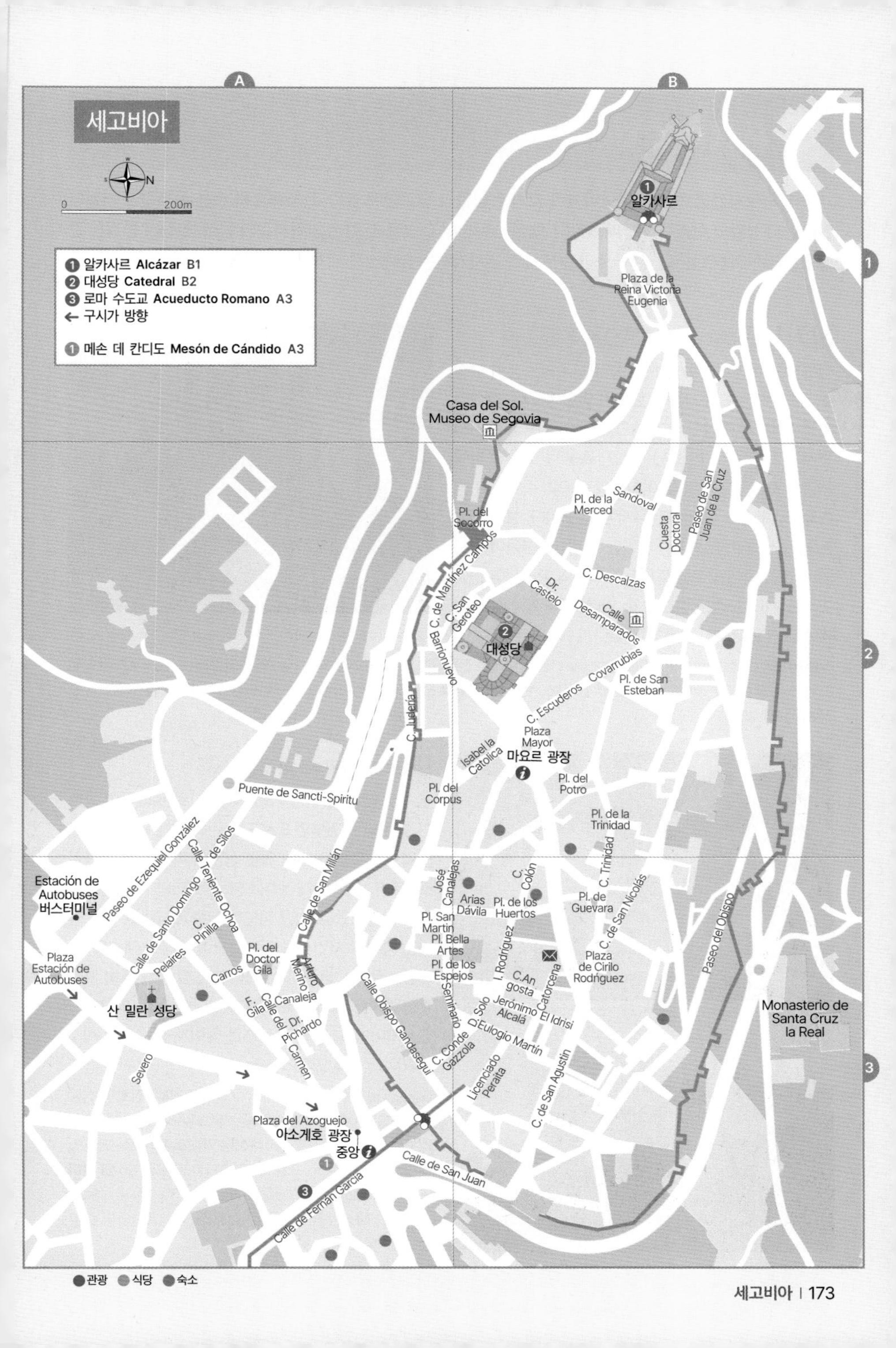
세고비아
200m
① 알카사르 Alcázar B1
② 대성당 Catedral B2
③ 로마 수도교 Acueducto Romano A3
← 구시가 방향
① 메손 데 칸디도 Mesón de Cándido A3
알카사르
Plaza de la Reina Victoria Eugenia
Casa del Sol. Museo de Segovia
Pl. del Socorro
C. de Martínez Campos
Pl. de la Merced
A. Sandoval
Cuesta Doctoral
Paseo de San Juan de la Cruz
C. Descalzas
Dr. Castelo
Calle Desamparados
C. San Geroteo
대성당
Barrionuevo
Covarrubias
Pl. de San Esteban
C. Escuderos
Plaza Mayor
마요르 광장
C. Judería
Isabel la Católica
Pl. del Corpus
Pl. del Potro
Pl. de la Trinidad
Puente de Sancti-Spiritu
Paseo de Ezequiel González
Calle Teniente Ochoa
de Silos
Calle de San Millán
José Canalejas
Arias Dávila
C. Colón
Pl. de los Huertos
C. Trinidad
Pl. de Guevara
C. de San Nicolás
Estación de Autobuses
버스터미널
Calle de Santo Domingo
C. Pinilla
Pelaires
Pl. del Doctor Gila
Carros
Arturo Merino
Pl. San Martín
Pl. Bella Artes
Pl. de los Espejos
I. Rodríguez
Catorcena
Plaza de Cirilo Rodríguez
Paseo del Obispo
Plaza Estación de Autobuses
산 밀란 성당
F. Gila
Calle del Carmen
Canaleja
Dr. Pichardo
Calle Obispo Gandasegui
Seminario
C.An. gosta
Jerónimo Alcalá
El Idrisi
Solo
D. Eulogio Martín
C. Conde Gazzola
Licenciado Peraita
C. de San Agustín
Monasterio de Santa Cruz la Real
Severo
Plaza del Azoguejo
아소게호 광장
중앙
Calle de San Juan
Calle de Fernán García
A
B
1
2
3
●관광 ●식당 ●숙소

Attraction 보는 즐거움

세고비아 구시가를 거닐면서 로마 수도교의 웅장함과 정교함에 놀라고, 중세풍의 좁은 골목길을 거닐다 만나는 대성당의 아름다움에 매료된다. 백설공주가 살고 있을 것 같은 알카사르의 동화 속 같은 풍경은 관광객을 감탄하게 만든다. 현재 로마 수도교와 구시가지는 유네스코 세계문화유산으로 등재돼 있다.

알카사르 Alcázar 유네스코 뷰포인트

디즈니사의 만화영화 〈백설공주〉에 나오는 성의 모델로 유명한 곳. 고대 로마의 요새가 있던 자리에 12세기 알폰소 8세가 축성한 후 수세기 동안 여러 왕들을 거치면서 증개축됐다. 1862년에 화재로 불탄 것을 복원해 지금의 모습을 갖추었다. 이사벨라 여왕의 즉위식과 펠리페 2세의 결혼식이 열린 유서 깊은 곳이다. 성 내부에는 왕가의 화려한 생활상을 엿볼 수 있는 유물들이 전시되어 있고, 탑에 오르면 붉은빛의 대지와 황금색이 넘실거리는 시내 풍경을 감상할 수 있다. 매표소는 정문 왼쪽에 있는 현대적인 건물 안에 있다.

Map P.173-B1 **주소** Plaza de la Reina Victoria Eugenia s/n **전화** 921 460 759 **홈페이지** www.alcazardesegovia.com **운영** 3/28~10월 10:00~20:00, 11~3/27 월 10:00~18:00 **입장료** 성+박물관+타워 €10, 성+박물관 €7 **가는 방법** 아소게호 광장에서 도보 20분

대성당 Catedral 유네스코

후기 고딕 양식의 건축물로 세련미와 우아함이 돋보여 '대성당의 귀부인'으로도 불린다. 1511년 코무네로스의 반란으로 이전에 있던 성당이 파괴된 후 카를로스 1세가 1525년 재건축을 명해 1768년 지금의 모습으로 완성되었다. 성당 정문이 서쪽을 향하고 있어 실내는 풍부한 자연채광으로 밝으며 조각과 예술품, 스테인드글라스 등은 더욱 화려하게 빛난다. 특히 부속 박물관에는 피터르 브뤼헐과 반다이크 등의 회화가 전시되어 있고 유모의 실수로 떨어져 죽은 엔리케 2세의 아들 묘도 있다.

Map P.173-B2 **주소** Plaza Mayor s/n **운영&입장료** 대성당 월~목요일 09:30~19:30 (금~토요일 ~21:30), 일요일 12:30~21:30 입장료 €4 **대성당 가이드투어** 월~금요일 11:00, 12:30, 17:00, 토요일 11:00, 12:30 요금 €6 **탑 가이드 투어** 10:30, 12:00, 13:30, 15:00, 16:30, 18:00, 19:30 요금 €7, 대성당+타워 가이드 투어 €10, 야간타워 방문 €10(금~일요일 21:30)

로마 수도교 Acueducto Romano 유네스코 뷰포인트

악마가 만들었다는 로마 수도교. 옛날 옛날에 한 소녀가 힘들게 물을 길어오며 물을 쉽게 얻을 수만 있다면 영혼이라도 팔겠다는 말을 했다. 이를 들은 악마가 소녀에게 다가와 새벽닭이 울기 전에 소녀의 집까지 물길을 내주겠다고 한다. 그렇게 악마와의 거래가 시작되고 악마는 빠른 속도로 수로 水路를 완성해 간다. 이에 겁이 난 소녀는 간절하게 성모 마리아께 기도를 한다. 그녀의 간절함이 하늘에 닿았는지 갑자기 태풍이 불어 일에 차질이 생기고, 마지막 돌을 끼우기 직전에 새벽닭이 울어 둘의 계약이 무산돼 버린다. 소녀는 지난밤에 있었던 일을 사람들에게 이야기하고, 사람들은 수로를 통해 얻은 유황성분이 제거된 깨끗한 물을 성수라 여기며 반겼다고 한다.

구시가의 아소게호 광장에 닿으면 2,000년 전부터 도시와 운명을 함께 한 로마 수도교가 나온다. 웅장한 자태는 주변 건물들의 존재를 잊게 할 만큼 압도적이다. 예부터 로마인들은 깨끗한 물을 도시에 공급하기 위해 수원지 水源池와 도시까지 수로를 건설했다. 지형에 따라 산이 나오면 터널을 뚫고 협곡이 나오면 다리처럼 생긴 수도교를 놔 수로를 연결했다. 세고비아의 로마 수도교는 프리오강 Rio Frio에서 도심까지 연결된 16,220Km 수로 구간 중 728m에 해당하며, 최고높이 28.10m, 120개의 기둥과 167개의 아치로 화강암을 쌓아 올려 만들었다. 접착제 없이 오직 기중기로 쌓아 올려 만들었다니 고대 로마인들의 건축기술이 얼마나 대단한지 알 수 있다. 더 놀라운 것은 저장 탱크의 높낮이를 달리해 불순물을 가라앉혀 깨끗한 물을 상시 제공했다고 한다. 1~2세기에 걸쳐 지어진 후 19세기 중반까지 도시에 물을 공급했다고 하니 악마가 만들었다는 전설이 전해질만도하다. 유럽에 현존하는 수도교 중 가장 보존 상태가 좋으며 스페인과 세고비아를 대표하는 상징물로 엽서나 대표 사진에 자주 등장한다. 다양한 각도로 사진을 찍을 수 있으며 저녁에는 아름다운 조명까지 더해져 더욱 신비롭다. 악마가 끼우지 못한 마지막 화강암 자리에는 성모 마리아 상을 모시고 기리고 있으니 한번 찾아보자.

Map P.173-A3 **가는 방법** 아소게호 광장에 위치

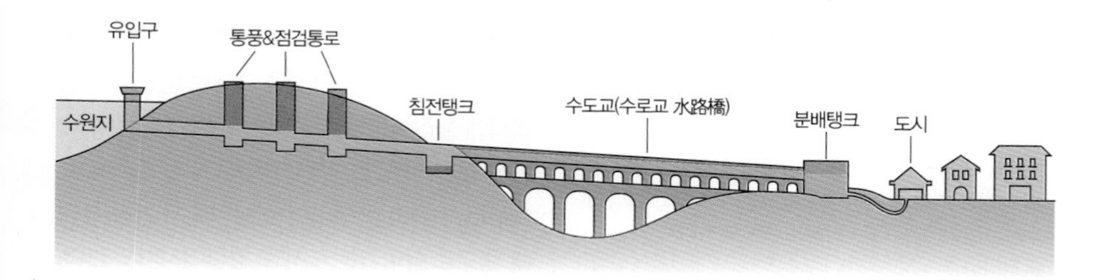

기암절벽 위에 세워진
요새 도시

쿠엥카
CUENCA

중세 요새 도시로 1996년 유네스코 세계문화 유산으로 지정됐다.
고도가 해발 900m에 이르는 이 도시는 후카르 강과 우에카르 강 사이의 언덕 위에 9세기 무렵 이슬람 교도들이 건설했다. 이후 1177년 카스티야 지방의 알폰소 8세 Alfonso VIII가 점령한 후 주교좌가 설치돼 카스티야 왕국의 종교·행정·경제의 중심지가 되었다.
건물들은 아슬아슬한 절벽 아래로 떨어지지 않으려고 서로 부둥켜안은 것처럼 촘촘히 세워져 있고 적에게 들키지 않기 위한 보호색인양 마을 전체가 절벽과 자연색을 그대로 닮았다. 기암괴석에 둘러싸인 불가사의한 분위기 때문에 '마법에 걸린 마을'로 불렸으며 성 주간 Semana Santa의 화려한 행렬이 스페인에서 가장 유명해 '종교로 살아가는 도시'로 일컬어지기도 한다.

이런 사람 꼭 가자!!
· 자연을 이용한 중세의 요새 마을을 여행하고 싶다면
· 성 주간의 가장 화려한 종교행사를 구경하고 싶다면
· 추상 미술관이 들어선 카사스 콜가다스가 궁금하다면

INFORMATION

여행 전 유용한 정보

관광안내소 ⓘ

무료 지도를 제공하고, 여행 정보와 마드리드 교통편에 대한 정보도 얻을 수 있다.

주소 C. Alfonso VIII 2 **운영** 월~토요일 10:00~14:00·16:00~19:00, 일요일 10:00~14:00·16:00~18:00 **쿠엥카 관광청** turismo.cuenca.es

ACCESS

가는 방법

열차와 버스 모두를 이용할 수 있으며 각각 장단점이 있어 시간, 비용, 동선 등을 고려해 선택하면 된다. 열차는 초고속 열차 아베 AVE, 저가고속열차 위고 OUIGO, 이리요 Iryo 등이 있다. 초고속 열차는 마드리드 아토차 역에서, 저가고속열차는 차마르틴 역에서 운행한다. 고속열차는 쿠엥카 시내로부터 6km 떨어진 쿠엥카 페르난도 소벨 역 Estació de Cuenca Fernando Zobel에 도착한다. 구시가까지는 1번 버스 또는 택시를 이용하면 된다. 버스는 마드리드 남부 버스터미널에 있는 아반사 AVANZA 회사 버스가 하루 9편 운행한다(P.101 참조). 쿠엥카 버스터미널은 신시가지에 위치하고 있으며 쿠엥카 역과 마주하고 있다. 여기서 언덕 위 구시가까지는 도보로 20~30분가량 소요된다. 구경 삼아 천천히 걸어가도 좋고 1번 버스를 타고 마요르 광장 Plaza Mayor에서 내려 구시가 여행을 시작해도 좋다.

홈페이지 www.renfe.es(열차 시간 및 요금 조회) **왕복 요금** 시간대에 따라 €26~54 **패스 소지자 좌석 예약료** €10~ **홈페이지** www.avanzabus.com(버스 시간 및 요금 조회) **왕복 요금** €26(시즌에 따라 가격 변동) **요금** 시내버스 1회권 €1.20, 택시 €12~15

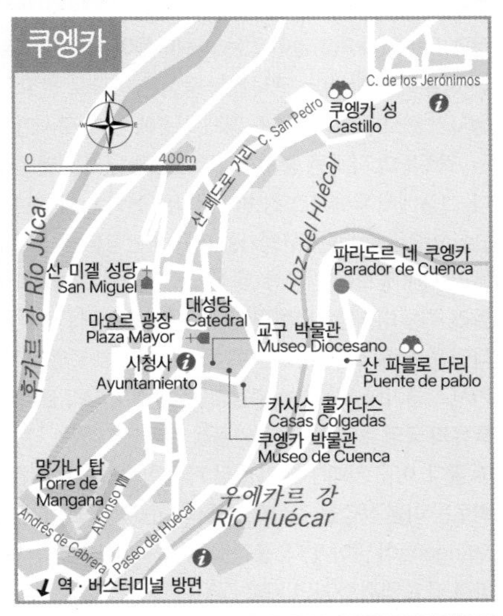

주간이동 가능 도시		
쿠엥카	마드리드 Chamartín	초고속열차 1시간
	마드리드	버스 2시간~2시간 30분

쿠엥카 완전정복

쿠엥카는 역과 터미널이 있는 아랫마을이 신시가, 기암절벽 위에 세워진 마을이 구시가다. 구시가의 중심은 마요르 광장으로 대성당과 시청사가 있으며 관광안내소 역시 이곳에 있다. 구시가에는 성당과 수도원, 귀족들의 저택 등 중세시대부터 전해 내려온 옛 건축물들이 남아 있다. 그중에서 우에카르 강변의 가파른 절벽 위에 있는 카사스 콜가다스 Casas Colgadas는 쿠엥카를 대표하는 상징물이다. 구시가는 현재 유네스코 세계문화유산이다. 관광안내소에 들러 시내 정보를 얻은 후 대성당을 둘러보고 좁고 미로처럼 얽혀있는 골목을 거닐어보자. 카사스 콜가다스에 들러 추상 미술을 감상하거나 레스토랑에 들러 점심을 먹는 것도 좋다. 카사스 콜가다스에서 보이는 산 파블로 다리 Puente de Pablo는 쿠엥카 최고의 뷰 포인트. 다리 아래로는 아찔한 낭떠러지가 펼쳐지고 아슬아슬하게 카사스 콜가다스를 한눈에 감상할 수 있다. 다리 건너에는 수도원을 개조해 운영 중인 파라도르 Parador(스페인 특유의 국영 호텔)가 있다. 안뜰을 감싸 안고 있는 긴 회랑에는 레스토랑과 바도 있어 점심이나 티타임을 즐기기에 좋다. 이곳 카페는 잠시 들러 커피 한잔의 여유를 즐기기에 그만이다. 구시가 정상은 낭떠러지 위에 세워진 신비로운 마을 풍경을 감상하기 좋다. 이곳에는 폐허가 된 이슬람 시대의 알카사르 Alcazar와 망가나 탑 Torre de Mangana이 남아 있다. 풍경을 감상하며 한 시간 정도 산책을 즐겨 보자. 정상까지 시내버스 1·2번이 운행하니 바로 타고 역까지 가면 된다.

시내 관광을 위한 Key Point

랜드마크 마요르 광장 Plaza Mayor
예상 소요 시간 4~5시간

구시가 곳곳에 자연과 어우러진 구시가 풍경을 감상할 수 있는 전망대 Mirador가 있다. 지도상에 'Mirador'라는 단어를 찾았으면 잠시 들러 사색을 즐기는 시간을 가져보자. 쿠엥카는 야경이 유명하기도 한데, 여유가 있다면 하루 머물며 대성당 야경 투어와 공연도 놓치지 말자.

Attraction 보는 즐거움

자연 속에 꼭꼭 숨어 있는 쿠엥카의 구시가는 21세기에 존재하는 중세의 도시다. 돌로 포장된 좁은 골목길을 따라 걷다보면 타임머신을 타고 중세로 돌아간 것처럼 느껴지고 기암괴석으로 둘러싸인 마을 풍경은 신비롭기까지 하다. 구시가지는 유네스코 세계문화 유산에 등재됐다.

대성당 Catedral de Nuestra Señora de Gracia

카스티야 최초의 고딕 양식 성당. 1177년 알폰소 8세가 이슬람교도로부터 이 땅을 탈환한 후 중앙 모스크(이슬람 사원)가 있던 자리에 세웠다. 로마 가톨릭 교구로 마리아와 두 번째 주교이자 도시의 수호성인인 쿠엥카의 성 줄리안에게 봉헌됐다. 800여 년 동안 보수 및 증·개축되면서 노르만·고딕·로마네스크·네오고딕 양식 등이 가미됐으며, 대성당 외관은 비슷한 시기에 같은 양식으로 지어진 파리의 노트르담 성당과 닮았다. 성당 안의 주요 볼거리로는 후원자 몬테마요르 일가의 고딕 양식 묘, 사제단 회의실의 무데하르 양식 목조 천장, 빛에 따라 성당 안 분위기를 바꾸는 스테인드글라스 창, 대성당 보물박물관 등이 있다. 야간 투어 및 수준 높은 다양한 콘서트도 열린다. 프로그램 확인 및 티켓 구매는 홈페이지에서 할 수 있다. 대성당과 카사스 콜가다스 사이에는 쿠엥카 박물관 Museo de Cuenca이 있으니 고대 로마 시대의 유적에 관심이 있다면 들러보는 것도 좋다.

Map P.177 **주소** Plaza Mayor, s/n(마요르 광장) **홈페이지** www.catedralcuenca.es **운영** 10:00~17:30 **입장료** €5.50, 보물박물관 €4, 종합티켓 €10.50

Travel Plus

쿠엥카 성주간 축제

쿠엥카는 세비야와 함께 성주간 축제 Semana Santa로 스페인에서 가장 유명하다. 성주간은 그리스도가 로마군에 잡혀 빌라도의 재판 후 십자가에서 처형당하기까지 지상에서 겪은 고난의 한 주(부활절 전 일주일)를 의미한다. 부활절 기간에 성지 순례와 스페인 종교 행사에 관심이 있다면 들러보자. 축제의 하이라이트는 화려하고 장엄한 퍼레이드로 고깔 모양의 두건 '카피로테 Capirote'를 쓴 참회자들의 행렬이다. 카피로테는 참회, 회개 등을 의미하며 수도사, 참회자들이 쓴다. 중세시대에는 사형수가 착용했다는데 우리에겐 미국 영화 속 KKK단(백인 우월주의 단체)의 복장으로 기억되고 있을 것이다. 성주간 축제에 대해 좀 더 잘 알고 싶다면 구시가지에 있는 세마나 산타 박물관 Museo de la Semana Santa에 가보자.

산 파블로 다리에서 바라본 카사스 콜가다스

카사스 콜가다스 Casas Colgadas

스페인어로 '매달린 집들'이라는 뜻의 건물들로 오늘날 쿠엥카를 상징하는 보물들이다. 건물들의 정확한 기원은 알 수 없으나 중세 시대부터 절벽을 따라 건물들이 줄지어 있었다고 한다. 아슬아슬하게 절벽에 매달려 있는 것 같은 모습 때문에 이름이 붙여졌다. 고딕 양식으로 지어졌으며, 현재는 3채만 남아 있다. 이 건물들도 20세기 초에 와서 옛 모습 그대로 복원한 것. 두 채는 왕의 집 Casas del Rey, 다른 한 채는 인어의 집 Casa de la Sirena으로 부르며 각각 박물관과 레스토랑으로 이용하고 있다.

Map P.177 **주소** Calle de los Canónigos s/n **전화** 969 212 983 **가는 방법** 마요르 광장에서 도보 5분

◆ 왕의 집 Casas del Rey(스페인 추상미술관 Museo de Arte Abstracto Español)

스페인에서 손꼽는 추상미술관으로 1966년에 문을 열었다. 20세기 중반 스페인에서 가장 중요한 예술 사조를 형성한 1950~60년대 추상 세대 스페인 예술가들의 그림과 조각 작품을 영구 전시하고 있다. 몇백 년 된 전통 가옥 안에 모던한 감각의 예술 작품을 전시한 모습이 매우 이색적이다. 입장료는 무료이니 부담 없이 들러보자.

주소 Casas Colgadas **홈페이지** www.march.es/es/cuenca **운영** 화~금·공휴일 10:00~14:00·16:00 ~18:00, 토요일 10:00~14:00·16:00~20:00, 일요일 10:00~14:30 **휴무** 월요일 **입장료** 무료 **가는 방법** 마요르 광장에서 도보 5분

◆ 인어의 집 Casa de la Sirena

전통 요리를 현대적으로 재해석한 퓨전 요리를 맛볼 수 있는 곳. 예약은 필수다. 오래된 전통 가옥인 만큼 인어의 집에는 전설처럼 내려오는 슬픈 이야기가 있다. 14세기 엔리케와 페드로 형제는 카스티야의 왕위 계승을 위해 전쟁 중이었다. 엔리케는 자신을 지지하는 쿠엥카에 대한 고마움으로 잠시 들렀다가 아름다운 여인 캐서린에게 반해 구애를 한다. 하지만 캐서린은 그와 같은 마음이 아니었다. 엔리케는 결국 그녀의 아버지를 매수해 그녀와 함께 지낼 수 있게 되었고 아들까지 낳는다. 하지만 동생 페드로와의 전쟁을 치러야 했기에 그녀와 아들을 밖

에 나올 수 없게 감금하고 출정해 버린다. 엔리케는 결국 동생을 죽이고 전쟁에서 승리해 카스티야의 왕이 되고 바로 귀한 신분의 여인과 다시 결혼한다. 아들과 딸을 낳고 살면서 캐서린 모자를 까맣게 잊는다. 그러던 어느 날 점쟁이가 동생을 죽인 비극적인 그의 운명처럼 그의 아들도 같은 운명이라는 말에 캐서린 모자를 떠올리게 됐고 쿠엥카에 자객을 보내 그녀의 아들을 빼앗아 살해한다. 슬픔에 잠긴 캐서린은 몇 날 며칠을 울부짖으며 황폐해졌고 결국 절벽에서 몸을 던졌다. 사람들은 캐서린의 울음소리가 인어의 노래와 비슷하다고 했고, 지금도 우에카르강 협곡에서 그녀의 한 맺힌 울음소리가 들린다고 한다.

주소 Calle Obispo Valero **홈페이지** https://restaurantescasadelasirena.com **운영** 일요일 13:30~15:30, 수·목·금·토요일 13:30~14:45·20:30~22:00 **휴무** 월, 화, 일(저녁) **예산** €50~

Say Say Say 무어 여인의 눈 Los Ojos de Mora

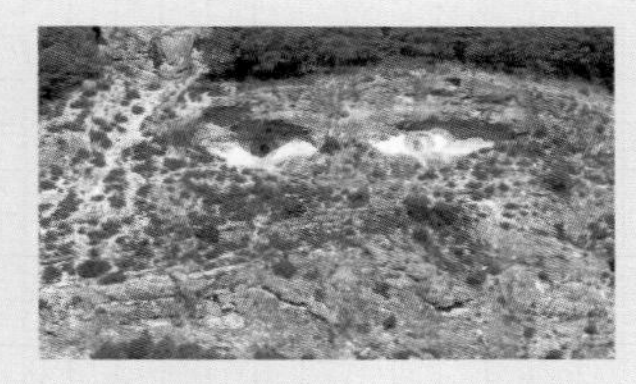

무어인이 살던 도시를 기독교인이 정복하면서 자연스럽게 무어인, 기독교인, 유대인이 어우러져 살던 때 아리따운 무어인 여인과 기독교 군인이 사랑에 빠지게 됩니다. 서로 종교가 다르니 로미오와 줄리엣처럼 금지된 사랑이었죠. 둘은 몰래 도망가 결혼을 하려고 하였으나 여인의 아버지가 정해준 약혼자의 친구들에 의해 기독교인 군인이 죽임을 당합니다. 여인은 슬픔에 빠져 눈물지었고 절벽에 올라 사랑하는 사람을 만나기로 한 장소를 내려다봤다고 합니다. 이 이야기를 기념하기 위해 쿠엥카 예술학교 학생들이 바위 위에 여인의 눈을 그렸다고 해요. 마치 부르카를 입은 무어인 여인 같은가요? 무어 여인의 눈은 해마다 그리는 사람에 따라 달라진답니다.

'무어 여인의 눈'은 트루바코 거리 Calle Trubaco를 따라 있는 Mirador de Camilo José Cela (C. Trabuco, 2) 전망대에서 볼 수 있습니다.

Accommodation 쉬는 즐거움

파라도르 데 쿠앙카 PARADOR DE CUENCA

16세기에 세워진 고딕 양식의 산 파블로 수도원을 개조해 운영하고 있는 파라도르(스페인 특유의 국영호텔). 운치있는 정원으로 둘러싸인 회랑과 종교적인 태피스트리 등에서 수도원의 분위기를 그대로 느낄 수 있다. 이곳에서는 절벽 위에 세워진 구시가가 한눈에 들어온다. 안뜰을 감싸고 있는 긴 회랑에는 레스토랑과 바도 있어 점심 식사나 티타임을 하기에 그만이다. 스페인에서 기억에 남는 1박을 하고 싶다면 추천한다. 예약은 홈페이지를 통해 하자.

주소 Subida a San Pablo, s/n **전화** 969 232 320 **홈페이지** www.pardor.es **요금** 트윈 €190~ **가는 방법** 마요르 광장에서 도보 10분

바르셀로나와 근교도시

지중해의 따사로운 햇살과 바람 그리고 산과 바다….

바르셀로나에 가면 자연부터 만나세요!

가우디도

피카소도

미로도...

이곳 자연으로부터 영감을 얻고

멋진 작품들을 탄생시켰답니다.

바르셀로나의 자연을 충분히 만끽했다면

천재들의 작품은 지식보다 가슴으로 만날 수 있을 거예요.

넋을 잃고 자연을 감상하고 있는 커플
- 몬세라트 전망대 -

천재 건축가 가우디의 도시
바르셀로나
BARCELONA

20세기의 미켈란젤로로 불리는 안토니오 가우디는 타고난 재주가 아니라 처절한 노력에 의해 탄생한 천재다. 74세에 사그라다 파밀리아 성당을 짓던 도중 불행한 사고로 죽음을 맞을 때까지 바르셀로나 시내를 크고 작은 건축물로 수놓아 오늘날 이 도시를 모더니즘 건축의 중심지로 만들었다.
이러한 천재의 탄생은 든든한 후원자 바르셀로나와 그의 고향 카탈루냐가 있었기에 가능했다. 18세기 마드리드의 집권으로 카탈루냐 지방에 대한 탄압이 시작되자 이에 반발한 카탈루냐인들은 자신의 고유 언어와 문화를 지키려는 애국심에 불탔다. 섬유산업과 무역으로 부를 축적한 자본가들은 예술가들을 위한 후원을 아끼지 않았다. 거기에 더해 이 지방의 아름다운 자연은 예술가들에게 창조적인 영감을 주었다. 가우디의 작품 세계에서 늘 자연이 논의되고, 카탈루냐 고유 양식과 피렌체의 메디치 가문을 연상케 하는 후원자 구엘이 등장하는 것도 이런 배경 때문이다.
가우디의 뒤를 이어 바르셀로나를 사랑한 예술가로는 피카소와 미로가 대표적이다. 마치 자연이 살아 움직이는 듯한 가우디의 건물을 둘러봤다면 우리를 현대미술의 세계로 이끄는 피카소와 미로, 달리의 작품도 감상하며 천재들의 기운을 느껴보자.

지중해에서 바라본 바르셀로나 도시 풍경

지명 이야기

기원 전 한니발 장군이 코끼리 부대를 이끌고 피레네 산맥을 넘기 전 잠시 주둔했던 아름다운 도시를 자신의 아버지인 바르카 장군에게 바치고 싶다는 의미로 바르시노 Barcino라고 이름 지었고 그 후 지금의 바르셀로나로 불리게 되었다.

이런 사람 꼭 가자!!

· 천재 가우디의 건축과 모더니즘 건축의 열렬한 팬이라면
· 스페인에서 가장 이국적인 도시를 여행하고 싶다면
· 예술가들이 사랑한 바르셀로나와 사랑에 빠지고 싶다면

저자 추천

이 사람 알고 가자 건축가 안토니오 가우디, 도메네크 이 몬타네르, 미술가 피카소, 미로, 달리
이 책 읽고 가자 가우디의 건축과 일생, 모더니즘 건축 관련 전문 서적

INFORMATION

여행 전 유용한 정보

홈페이지

바르셀로나 관광청 www.barcelonaturisme.com

출발 전 꼭 클릭해 보자! 스페인 제1의 관광도시답게 여행자의 마음을 사로잡을 다양한 정보를 업데이트하고 있다. 테마별 루트, 루트에 꼭 맞는 다양한 할인카드, 요즘 핫한 식당과 상점 소식 등 한 달을 여행해도 부족하다 싶을 만큼 매력적인 정보로 가득하다. 할인된 금액으로 티켓 구매도 가능하다. 바르셀로나의 입장료는 온라인 구매가 저렴하다.

관광안내소

산츠 역 ⓘ Map P.204-B3

무료 지도 및 숙박 예약 관련 정보를 제공한다.

위치 산츠 역 6번 플랫폼

운영 월~금요일 08:30~20:30, 토·일요일 08:30~ 14:30

중앙 ⓘ Map P.198-B1

규모가 큰 관광안내소. 정보·콘서트·숙소 예약 창구, 환전소·기념품 창구가 각각 마련돼 있고, 일반 정보부터 테마별 정보까지 상세하게 안내 받을 수 있다. 건축·플라멩코·축구와 분수 쇼 그리고 시내 볼거리의 운영 시간 리스트 등 자료가 풍부하다. 티켓 예약도 가능하며 글로벌 블루 Global Blue사의 세금 환급 부스도 있다. 람블라스 거리 한복판에도 관광안내소가 있다.

주소 Plaça Catalunya 17(카탈루냐 광장 안)

전화 93 285 3834 **운영** 08:30~20:30

무료 정보지를 꼼꼼히 살펴보자.

유용한 정보지

『See』『What's on Barcelona』는 관광안내소에서 얻을 수 있는 무료 가이드북. 시내 지도를 포함한 여행·레스토랑·쇼핑 관련 정보가 실려 있다. 건축과 관련해 모더니즘·고딕·현대건축 등 테마별로 건축물들을 정리한 유료 소책자도 매우 유용하다. 안내소에서 €0.40에 판매하고 있다. 쇼핑 마니아라면 무료 쇼핑 지도와 보른 지구 핸드메이드 숍 지도를 챙기자.

환전

시내 곳곳에 환전소, 은행, ATM 기계 등이 곳곳에 있다. ATM 사용 수수료가 저렴한 은행은 'iberCaja'이다. 가능하면 은행이 운영하는 시간대에 이용할 것을 추천한다. 문의 및 문제가 있을 때 도움을 받을 수 있어 안심할 수 있다.

iberCaja 은행

운영 월~금요일 08:15~14:00 **휴무** 토·일요일 **주소** Carrer de Casp 32 (카탈루냐 광장주변), Carrer de Mallorca 260 (카사 밀라 주변), Carrer de Valencia 531 (사그라다 파밀리아 성당 근처)

슈퍼마켓

주요 관광지가 모여 있는 람블라스 거리에 카르푸 Carrefour Market가 있다. 지하와 1층을 모두 사용하는 대형 슈퍼마켓. 구엘 저택이 있는 Nou de la Rambla에는 이슬람 사람들이 운영하는 24시간 편의점도 있다.

카르푸 Map P.198-A1

주소 Ramblas 113, **전화** 914 908 900 **영업** 월~토요일 08:30~21:00 **휴무** 일요일

이동통신사

보다폰 Vodafone Map P.198-B1

카탈루냐 거리와 연결된 앙헬 거리에 위치. 1층에서 번호표를 받고 2층에서 상담 후 적당한 유심을 구입하자. 충전은 1층에 있는 자동기기에서도 가능하다. 언제나 붐비니 기다리는 건 각오해야 한다.

주소 Avinguda del Portal de l'Àngel 36(카탈루냐 광장에서 도보 3분) **운영** 월~토요일 10:00~21:00 **휴무** 일요일

중앙우체국

Correos Map P.198-B3

우표는 우체국 외에 엽서를 판매하는 신문가판대에서도 구입할 수 있다.

주소 Plaça del Antonio López s/n **운영** 월~금요일 08:30~21:30, 토요일 08:30~14:00 **휴무** 일요일 **가는 방법** 메트로 4호선 Jaume I 역 또는 Barceloneta 역에서 하차

경찰서 Map P.199-C3, P.200-B2

프란사 역 안에 위치. 메트로 역은 4호선 Barceloneta 역에서 도보 5분.

주소 Estación Renfe Francia s/n
전화 93 490 5231 **비상전화** 112
◆112는 긴급연락처로 스페인어, 영어, 프랑스어 등이 제공되며 다른 언어로 번역 서비스가 제공된다.

ACCESS

가는 방법

세계적인 관광도시여서 비행기·열차·버스 등 다양한 교통편을 이용할 수 있다. 먼 거리 이동은 비행기를, 환경과 편리함을 생각한다면 열차를 추천한다. 이동 시간과 여행 경비 절약을 위해 야간 이동을 원한다면 버스를 이용해 보자.

비행기

직항편으로는 대한항공과 아시아나항공이 있으며 경유편으로는 유럽계 항공사, 제3세계 항공사 등 다양하게 운행된다. 국제선은 도심에서 남서쪽으로 14㎞ 떨어진 바르셀로나 엘 프라트 국제공항 Aeropuerto Josep Tarradellas Barcelona–El Prat에 도착한다. 공항 터미널은 크게 T1·T2로 나뉜다. 두 터미널은 꽤 떨어져 있고 T1은 새로 개장한 신공항, T2는 옛날 공항이다. 이베리아 항공사를 비롯해 대부분의 국제선은 T1에서 운행한다. T2는 또 T2A·T2B·T2C 터미널로 나뉘며, 저가항공사 위주로 운행된다. T1과 T2 사이에는 무료셔틀버스가 운행되며, 10~15분 정도 소요된다. 공항에서 시내까지는 공항버스 또는 국철을 이용하면 편리하다. 늦은 시간에 도착했거나 일행이 여럿이라면 택시가 안전하고 경제적이다.

공항 홈페이지 www.barcelona-airport.com

공항 ⓘ

위치 터미널 T2B 1층 **운영** 매일 08:30~20:30

공항버스 Aerobús

공항버스 A1은 T1로, 공항버스 A2는 T2로 운행한다. A1 버스는 T1에서 스페인광장 Pl. Espanya, 그랑비아 Gran Via, 대학광장 Pl. Universitat, 카탈루냐 광장까지 운행한다. A2 버스는 T2B, T2C를 지나 시내까지 A1 버스와 동일한 노선으로 운행한다. 기점과 종점 역이 모두 카탈루냐 광장이라 편리하나 인적이 드문 새벽이나 늦은 시간에는 오히려 택시가 안전하다. 티켓은 버스 정류장 옆 자동판매기 또는 운전사에게 직접 구입할 수 있다(€20 미만의 현금만 사용가능). 왕복티켓은 90일 이내 유효하다.

홈페이지 www.aerobusbcn.com(운행 시간 및 요금 조회)
운행 카탈루냐 광장 → 공항 05:00~00:30, 공항 → 카탈루냐 광장 05:35~01:00(A1 버스는 5~10분마다, A2 버스는 10분마다 운행) **소요 시간** 30~40분(15분 간격) **요금** 편도 €6.75, 왕복 €11.65

국영철도 Renfe Rodalies

바르셀로나와 근교를 연결하는 국영철도. 공항과 시내는 R2 Nord선을 이용하면 된다. 역은 터미널 T2A·T2B 사이에 있다. 표지판을 따라 약 300m 정도 가면 된다. 티켓은 시내 관광까지 생각한다면 10회권(T-10)을 구입하는 게 경제적이다.

홈페이지 www.rodalies.gencat.cat
운행 매일 공항 출발 05:42~23:38, 산츠 역 출발 05:13~23:11 **소요 시간** 20~27분 (30분 간격) **요금** 1회권(4존) €4.90, 10회권(1존) €12.15
주요 정차역 공항, 산츠 역, 파세이그 데 그라시아 역 Passeig de Gràcia 역

메트로 L9 (Sud)

최근 개통된 공항과 연결된 메트로 노선으로 역은 모든 터미널과 연결돼 있다. 시내까지는 30분 정도 소요되지만 카탈루냐 광장까지는 환승해야 해 한 시간 정도 소요된다. 일회권과 10회권(T-10)은 사용할 수 없으며 공항전용 티켓을 구입해야 한다.

운행 월·목·일요일 05:00~24:00, 금요일·공휴일 전날 05:00~02:00, 토요일 24시간 **요금** €5.50 **소요 시간** 30분~1시간(7분 간격)

46번 시내버스

가장 저렴한 교통수단이다. 모든 터미널을 지나 스페인 광장까지 운행한다. 스페인 광장에는 메트로 에스파냐 Espanya 역이 있으며 1·3·8호선이 운행한다. 3호선이 람블라스 거리와 카탈루냐 광장으로 간다. 티켓은 공항 내 담배 가게에서 구입하거나 운전사에게 직접 구입하면 된다.

운행 매일 공항 출발 05:30~23:50, 스페인 광장 출발 04:50~23:50 **요금** €2.55(10회권 사용 가능)
소요 시간 40분(30분 간격)

N18·N17번 심야버스

밤 10시 이후에 공항과 시내를 연결하는 심야버스. N18번은 터미널2(2A·2B·2C), N17번은 터미널 1과 시내 중심인 카탈루냐 광장까지 운행한다.

운행 N18번(공항 터미널2↔카탈루냐 광장) 매일 공항 출발 23:30~04:40, 카탈루냐 광장 출발 23:00~05:10 N17번(공항 터미널1↔카탈루냐 광장) 매일 공항 출발 21:55~04:45, 카탈루냐 광장 출발 23:00~05:00
요금 €2.55(10회권 사용 가능)
소요 시간 30분(20분 간격)

택시

시내에는 소매치기가 많아 늘 조심해야 하므로 처음 도착한 날에는 택시를 이용하는 게 안전하다. 특히 짐이 많거나, 인적이 드문 새벽이나 밤에는 택시를 추천한다. 공항에서 시내까지 거리가 가까워서 요금이 부담스럽지 않다. 일행이 여럿이라면 오히려 경제적이다. 공항특별요금과 트렁크당 약간의 추가 요금을 지불해야 하며, 20:00~08:00 사이, 일요일과 국경일 등에는 20% 할증 요금이 붙는다. 팁은 거스름돈이나 €1 정도가 적당하다.

요금 시내까지 €30~39 **소요 시간** 20~30분

철도

국제선은 프랑스 파리, 남부 프랑스의 주요 도시에서 운행하는 열차가 많다. 국내선은 마드리드, 세비야, 말라가, 사라고사, 그라나다, 지로나, 발렌시아 등 스페인 주요 도시로 운행된다. 대부분의 열차는 초고속 열차 AVE가 운행돼 빠르고 편리하다. 단 티켓과 좌석 예약은 필수이며 탑승 전 짐 검사 등이 있어 열차 출발 시간보다 한 시간 정도 일찍 역에 도착하는 게 안전하다. 파리와 그라나다까지는 6시간 정도 걸려 물과 간단한 간식은 준비하는 게 좋다.

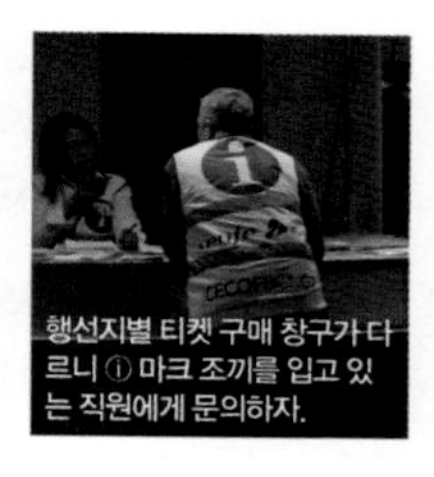
행선지별 티켓 구매 창구가 다르니 ⓘ 마크 조끼를 입고 있는 직원에게 문의하자.

산츠 역 Estació de Sants Map P.204-B3

중앙역 구실을 하는 산츠 역은 대부분의 열차가 발착하는 곳이다. 플랫폼은 지하에 있고 1층에는 매표소·관광안내소·레스토랑·슈퍼마켓·환전소·화장실·코인 로커 등 훌륭한 편의시설을 갖추고 있다. 매표할 때는 번호표를 뽑고 순서를 기다려야 하며 당일표 티켓을 파는 창구와 국내·국제선 예약 창구가 별도로 있으니 주의하자. 역 지하에 있는 메트로 3·5호선이 시내까지 연결되어 편리하다. 역에는 소매치기가 많으므로 주의해야 한다.

※시내 그라시아 거리에 있는 Passeig de Gràcia 역에는 특급열차와 국제열차 매표소가 있다. 산츠 역보다 한산해 편리하다. 같은 이름의 메트로 역과 연결돼 있다.

코인 로커

운영 매일 05:30~23:00 **요금** 크기에 따라 €3.60~5.20/24시간

프란사 역 Estació de França Map P.199-C3, P.200-B2

고풍스러운 건물이 인상적인 프란사 역은 오랜 기간 폐쇄되었다가 1992년에 문을 열었다. 현재 국제선 전용 특급열차 Hotel Train만 운행된다. 가장 가까운 메트로 역은 4호선 Barceloneta 역이며 도보로 5분 정도 소요된다.

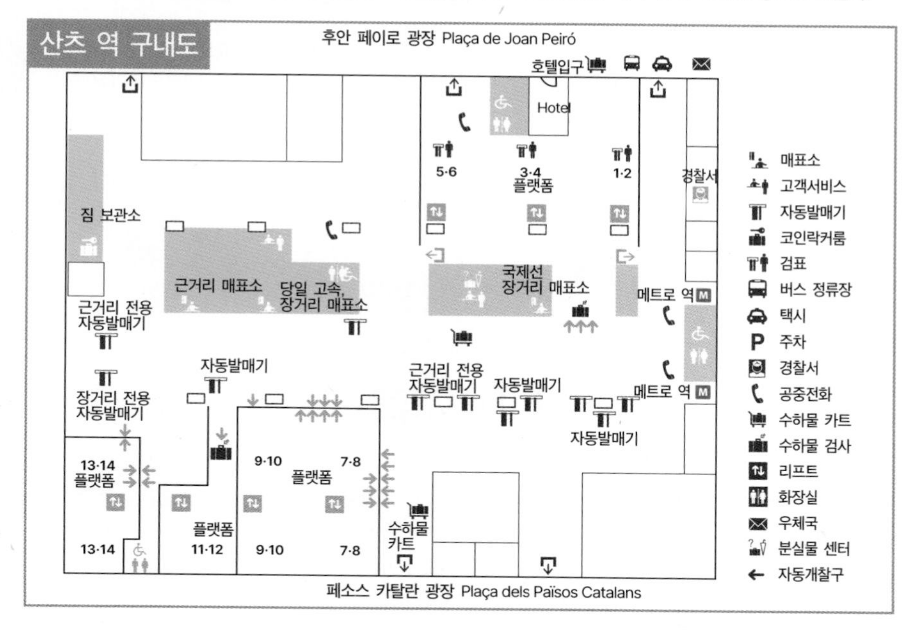

버스

스페인 전역으로 운행되는 장거리 버스 노선이 발달해 있다. 버스는 열차보다 접근성이 좋고 비용이 저렴해 인기가 많다. 시내에는 4개의 버스터미널이 있는데 행선지별로 터미널이 달라지니 주의하자. 가장 많이 이용하는 터미널 2곳을 소개한다.

북부버스터미널 Estació d'Autobusos Barcelona Nord Map P.200-B1
중앙 버스터미널로 지로나·타라고나 등 카탈루냐 지방으로 운행되는 중거리 버스와 스페인 전역으로 운행되는 장거리 버스가 발착한다. 1층에 안내소, 2층에 매표소가 있다. 행선지별로 버스 운행 회사가 다르니 1층 안내소에 먼저 문의하자. 가장 가까운 메트로 역은 1호선 Arc de Triomf 역이며 도보로 약 3분 정도 소요된다.

산츠 역 버스터미널 Estació d'Autobusos de Sants Map P.204-B3
산츠 역 바로 옆에 위치. 파리·런던·로마 등 유럽 전역을 오가는 국제선 버스가 발착한다. 그 밖에 안도라 공국·몬세라트를 왕래하는 버스도 이곳에서 발착한다. 가장 가까운 메트로 역은 산츠 역 지하에 있는 메트로 3·5호선 Sants Estació역. 도보로 약 5분 정도 소요된다.

바르셀로나 - 도시 간 주요 교통편·이동 시간

	출발	도착	교통편·이동 시간
근교이동 가능 도시	Sants	몬세라트	열차 1시간
	Sants	시체스	열차 30분, 버스 40분
	Sants	피게레스	열차 55분~2시간
	Sants	지로나	초고속열차 AVE 38분 또는 열차 1시간 30분, 버스 1시간 30분
주·야간이동 가능 도시	Sants	마드리드 Atocha	초고속열차 AVE 2시간 30분~3시간 10분, 저가항공 1시간 25분 야간버스 7시간
	Sants	세비야	초고속열차 AVE 열차 5시간 30분, 저가항공 1시간 50분
	Sants	발렌시아	열차 3시간 10분~4시간, 버스 4시간
	Sants	산 세바스티안	비행기 1시간 20분
	Sants	그라나다	초고속열차 AVE 6시간 25분, 저가항공 1시간 30분, 야간버스 12시간 45분
	공항	리스본	저가항공 2시간 10분
	공항	포르투	저가항공 1시간 55분

TRANSPORTATION

시내 교통

시내를 누비는 메트로·버스·트램과 가파른 언덕을 오르내리는 푸니쿨라르·로프웨이·곤돌라, 관광명소만 콕 찍어 정차하는 투어리스트 버스 등 교통수단이 다양하게 발달해 있어 어느 것을 타야 할지 고민이 되기도 한다. 가장 편리한 교통수단은 메트로로 모든 관광명소를 연결한다. 바르셀로나 근교로 갈 때는 카탈루냐 철도 FGC가 있다. 대중교통 노선도는 산츠 역에 있는 바르셀로나 교통국 TMB 사무실이나 관광안내소에서 얻거나 미리 스마트폰에 앱을 깔면 편리하다. **시내 교통 홈페이지** www.tmb.cat

티켓 구입 및 사용 방법

티켓(T-Card)은 메트로, 시내버스, 트램, 국영철도 Renfe Rodalies, FGC 카탈루냐 철도 등을 이용할 수 있으며 메트로 역, 각 정류장에 있는 매표소 또는 자동 발기에서 구입할 수 있다. 티켓은 1회권, 10회권, 다인사용 8회권, 1일권 등이 있으며 여행 중 대중교통 이용횟수에 따라 선택하면 된다. 1회권, 10회권, 다인사용 8회권은 펀칭 후 1시간 15분 이내라면 3개의 교통수단(예: 메트로+버스+트램, 메트로+버스)까지 무료 환승이 가능하다. 단 메트로 이용시 출구로 나온 후 다시 탑승, 같은 노선버스로의 환승 등은 1시간 15분 이내라도 새로 티켓을 펀칭해야 한다. 티켓의 남은 횟수를 알려면 펀칭 후 뒷면에 찍힌 숫자 중 끝자리 숫자를 확인하면 된다. 다인사용 8회권은 개찰기에 펀칭 후 들어간 후 같이 사용하는 사람에게 티켓을 넘겨주면 된다. (무임승차시 벌금 €100)

티켓 요금 T-Card (1존 기준)

1회권 1 Bitllet senzil	€2.55	메트로, 버스 또는 몬주익 케이블카 1회
1인용 10회권 T-casual	€12.15	1년 안에 10회 사용, 공항 사용 불가
다인용 8회권 T-familiar	€10.70	30일 안에 여럿이 8회 사용, 공항 사용 불가
1일권 T-dia	€11.20	개시 후 24시간 동안 무제한 사용, 공항 사용 가능

메트로 Metro

가장 편리한 교통수단으로 1~11호선이 있다. 시스템이 우리나라와 비슷해 이용하는 데 어려움이 없고 안내표지판이 잘돼 있어 알아보기 쉽다. 다만 개찰구를 통과할 때는 우리나라와 반대로 왼쪽 기계에 티켓을 넣고 들어가야 한다. 아예 왼손으로 표를 넣고 들어가면 수월하다. 역에 따라서는 환승하는 거리가 긴 곳이 있어 짜증이 날 수도 있다. 메트로는 편리하지만 소매치기가 극성을 부리는 곳이므로 늘 주의를 기울여야 한다. 승객들이 가방을 꼭 움켜쥐고 있는 모습을 흔히 볼 수 있다. 모든 역 안에는 화장실이 없다.

운행 월~목·일요일·공휴일 05:00~24:00, 금·공휴일 전날 05:00~02:00, 토요일 24시간

버스 Autobús

버스는 메트로가 다니지 않는 시내 구석구석을 연결한다. 처음에는 익숙하지 않아 불편할 수도 있지만 노선도만 있으면 메트로보다 더 편리하게 이용할 수 있다. 빨간색은 일반 버스, 파란색은 심야 버스다. 버스 노선도는 산츠 역에 있는 바르셀로나 교통국 TMB이나 시내에 있는 관광안내소에서 얻을 수 있다. 24번 버스는 카탈루냐 광장, 카사 바트요&카사 밀라, 구엘 공원으로 연결하는 황금 노선이다.

운행 주중 05:20~23:00, 토요일 06:30~23:00, 일요일·공휴일 07:35~23:00, 심야버스 22:40~05:00(시즌에 따라 23:40~06:00)

FGC 카탈루냐 철도

바르셀로나 교외를 연결하는 사철. 몬세라트나 가우디의 작품인 콜로니아 구엘로 갈 때 이용하면 편리하다. 시내에서는 일반 티켓이 통용되지만 교외로 나가는 경우 티켓을 별도로 사야 하고 유레일패스는 사용할 수 없다. 몬세라트로 가는 경우 메트로 1·3·8호선 Espanya 역, 또는 2·4호선 Pg. de Grácia 역 근처에 있는 FGC 역에서 타면 된다.

푸니쿨라르 Funicular Map P.207-C2·D2

메트로 2·3호선이 연결되는 Pral-lel 역에서 몬주익 언덕까지 운행하는 등산열차. 5분 남짓 운행하지만 관광 삼아 타볼 만하다. 1회권 또는 10회권을 사용하면 된다.

운행 가을·겨울 월~금요일 07:30~20:00, 토~일요일·공휴일 09:00~20:00 봄·여름 월~금요일 07:30~22:00, 토~일요일·공휴일 09:00~22:00

현지인처럼 메트로 타기

STEP 1

마름모꼴 메트로 역을 찾아라.

STEP 2

메트로 출입구에는 운행하는 노선이 표기돼 있으니 확인하자.

이곳은 Passeig de Gràcia 역. 메트로 2·3·4호선, 카탈루냐 철도, 근교열차(세르카니아스)가 운행된다.

STEP 3

자동발매기 또는 매표소에서 티켓 구입하기 ①언어 선택(영어) ②원하는 티켓 선택 ③요금 지불(현금 또는 신용카드) ④티켓 꺼내기

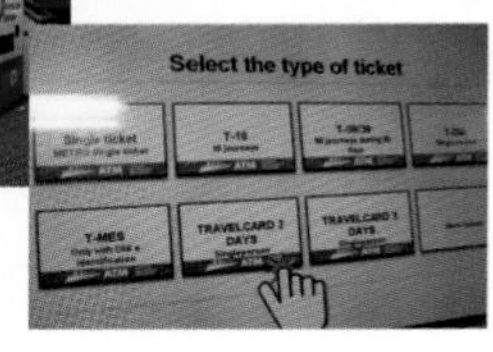

STEP 4

개찰기에 티켓을 넣고 역으로 들어간다. 우리나라와 반대로 왼쪽 개찰기에 표를 넣는 곳이 많다. 헷갈리지 않게 티켓을 왼손으로 넣고 바로 들어가면 된다.

STEP 5

플랫폼으로 가기 전 표지판을 확인하자. 종착역이 Zona Universitària인 3호선 안내판. 가장 위에 적혀 있는 역 이름 Sants Estació는 지금 있는 역이다.

STEP 6

플랫폼 전광판에는 열차 도착 시간이 표시된다.

열차 도착 시간까지 4분 10초 남았음.

STEP 7

열차 안에 붙어있는 노선도를 확인하자. 다음 도착 할 역에 빨간불이 깜박깜박 들어온다.

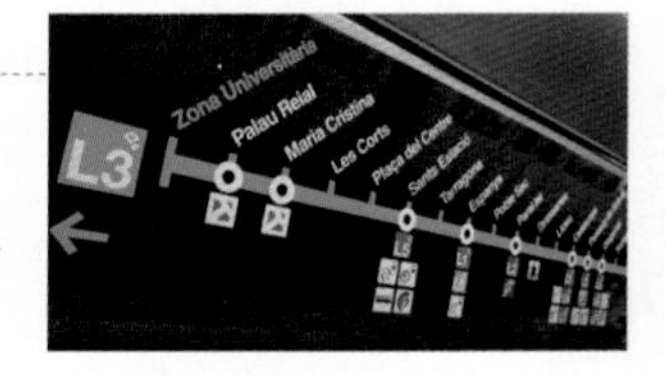

STEP 8

환승은 우리나라와 동일하다. 안내 표지판만 따라가자.

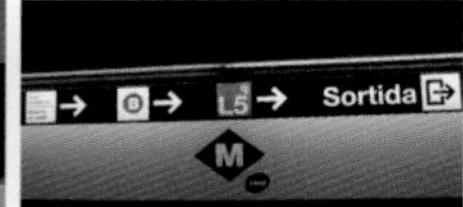

일반 역 플랫폼에 있는 안내 표지판

산츠 역 플랫폼에 있는 안내 표지판

STEP 9

역마다 나가는 출구가 여러 군데다. 출구는 가까운 거리 이름으로 표시돼 있으니 미리 목적지를 확인해 두면 편리하다.

트램 Tramvía

친환경 교통수단인 트램은 카탈루냐 광장을 중심으로 5개의 노선이 있다. 특별히 편리한 점은 없지만 느리게 다니기 때문에 시내의 소소한 풍경까지 여유있게 감상할 수 있어 좋다.

택시 Taxi

유럽의 다른 나라에 비해 요금이 저렴해서 단거리 이동에 좋다. 공휴일에는 요금 체계가 달라진다. 짐에 따라서 추가요금이 붙기도 한다.

운행 평일 08:00~20:00 **요금** 기본 €2.55, 1㎞당 €1.17~1.40, 공항~시내 €4.30+큰 짐 1개당 €1 추가, 역~시내 €2.50+큰 짐 1개당 €1 추가

◆심야 20:00~08:00, 기본 €3.10, 1㎞당 €1.34

Travel Plus

투어리스트 버스 Bus Turístic

이층버스로 시내 26개의 주요 관광지를 순환한다. 효율적으로 시내를 돌아보고 시내 풍경도 감상할 수 있어 꽤 인기 있는 편. 티켓은 관광안내소나 시발점인 카탈루냐 광장에서 구입하면 된다. 티켓을 사면 몇몇 시설의 입장료와 케이블카 요금 등에 대한 할인 혜택이 있다.

홈페이지 www.barcelona.city-tour.com/en **운행** 매일 09:00~19:00(15~25분 간격) **요금** 24시간 €33, 48시긴 €44(온라인 구매 시 10% 할인)

바르셀로나 카드 Barcelona Card

대중교통수단을 무제한 이용할 수 있을 뿐만 아니라 박물관·상점·레스토랑에서 할인 혜택을 받을 수 있다. 구입은 관광안내소에서 할 수 있다. 3~4일 동안 많은 볼거리를 방문할 예정이라면 추천한다. 관광안내소 또는 관광청 홈페이지에서 구입할 수 있다.

홈페이지 www.barcelonacard.org

요금 72시간권 €55, 96시간권 €65(온라인 구매 시 5% 할인)

이색 탈거리

바르셀로네타 Barceloneta에서 몬주익 언덕으로 오르는 20인승 케이블카와 4인승 곤돌라, 구시가 해안선을 따라 운행하는 페리 등이 바르셀로나의 이색 탈거리다. 관광 계획을 짤 때 타볼 수 있도록 계획을 세워보자.

항구 케이블카 Teleferico del Puerto de Barcelona Map P.200-A3

바르셀로나 해안을 지나 몬주익 언덕까지 운행되는 20인승 케이블카. 환상적인 바르셀로나 풍경을 감상할 수 있다. 메트로 4호선 바르셀로네타 역 근처의 St. Sebastià에서 탑승해 무역센터가 있는 Jaume I 역에 잠시 들른 후 몬주익 언덕 Miramar 역까지 운행한다. 중간 역에서 탑승 또는 하차도 가능하다.

홈페이지 www.telefericodebarcelona.com **운행** 12/1~2/28 11:00~17:30, 3/1~5/31 10:30~19:00, 6/1~9/10 10:30~20:00, 9/12~10/27 10:30~19:00, 10/30~12/31 11:00~17:30 **요금** 편도 €12.50, 왕복 €20

몬주익 케이블카(곤돌라) Teleférico de Montjuïc Map P.207-C2

몬주익 성이 있는 Mirador 역까지 가는 4인승 곤돌라. 케이블카와는 달리 쾌적하고, 통유리로 돼 있어 스릴 만점이다. 몬주익 언덕 Miramar 역까지 약 10분, 푸니쿨라르 역과는 바로 연결되어 있다.

홈페이지 www.telefericdemontjuic.cat **운행** 1~2월 10:00~18:00, 3~5월 10:00~19:00, 6~9월 10:00~21:00, 10월 10:00~19:00, 11~12월 10:00~18:00 **요금** 편도 €10.50, 왕복 €16 (온라인€14.40)

크루즈

지중해에 떠 있는 아름다운 바르셀로나 풍경을 감상할 수 있다. 1시간 동안 구시가 일대를 돌아보는 루트로 흥겨운 음악 속에 바닷바람을 쐬며 휴식하기에 그만이다. 바다가 시작되는 람블라스 거리 끝에 선착장 Map P.200-A2 (메트로 3호선 Drassanes 역)이 있다.

페리 회사 Las Golondrinas

홈페이지 www.lasgolondrinas.com **운행** ① Barcelona Port 크루즈 40분 소요, 첫 투어 11:15, 1일 8회 **요금** €8 ② Barcelona Mar 크루즈 1시간 소요, 첫 투어 11:30, 1일 6회 **요금** €11.50

MASTER OF BARCELONA

바르셀로나 완전정복

유럽인들이 가장 살아보고 싶어하는 도시 1위, 예술가들이 사랑하는 도시 1위, 유럽 여행 후 다시 가보고 싶은 도시 1위. 바르셀로나는 유럽에서 가장 매력적인 도시로 꼽힌다. 예술·문화·건축·쇼핑·음식·자연 등 무엇 하나 빠지는 게 없다. 그중에서도 연중 햇살 가득한 지중해성 기후를 최고로 꼽는다. 축복 받은 기후 덕분에 사람들은 언제나 활기가 넘치고 삶에 대한 열정으로 가득 차 있다. 지중해의 수도 바르셀로나의 기운을 받아 신나게 여행을 즐겨보자.

시내는 크게 카탈루냐 광장을 중심으로 남쪽의 구시가와 북쪽의 신시가로 나뉘고, 별도로 몬주익 언덕이 있다. 구시가는 다시 람블라스 거리와 그 주변의 라발·고딕·보른·바르셀로네타 지구로 나뉜다.

대부분의 볼거리는 구시가에 모여 있어 도보로 둘러볼 수 있다. 하지만 시내 곳곳에 있는 가우디 건축과 몬주익 언덕까지 모두 돌아보려면 메트로와 버스, 트램 등을 이용해야 한다. 시내 관광에는 최소 2~3일이 필요하다. 여유가 있다면 일주일도 좋다.

첫날은 시내 분위기를 익힐 겸 핵심 관광명소인 람블라스 거리와 시내 풍경을 감상할 수 있는 몬주익 언덕을 돌아보자. 둘째 날은 가우디 건축을 중심으로 모더니즘 건축 여행을 하고 셋째 날은 고딕 지구와 보른 지구 뒷골목 산책을 하자. 박물관, 쇼핑, 요리, 시장 구경 등 주제를 정해 자신만의 테마 여행을 해도 좋다.

밤에는 카탈루냐 음악당에서 하는 공연을 감상하거나 여러 바를 돌아다니며 맛있는 타파스를 먹어보자. 주말이라면 클럽에 가는 것도 추천한다.

근교 여행지로는 자연 건축가 가우디에게 영감을 준 몬세라트, 초현실주의 화가 달리의 고향 피게라스, 고즈넉한 중세 마을 지로나 등을 추천한다. 바다가 보고 싶다면 해안선을 따라 운행하는 시체스행 열차를 타자.

이것만은 놓치지 말자!

① 가슴을 울리는 천재 가우디의 건축 작품 감상
② 몬주익 언덕에서 내려다본 바르셀로나 풍경
③ 카탈라나 음악당에서 클래식 공연 감상
④ 람블라스 거리와 고딕 지구의 골목길에서 즐기는 쇼핑
⑤ 지중해의 신선함이 가득한 파에야와 해산물요리 먹어보기

시내 관광을 위한 Key Point

랜드마크

① **카탈루냐 광장** Plaça de Catalunya
시내 관광의 시작과 끝. 교통과 정보의 중심지다.

② **람블라스 거리** Las Ramblas
동서남북으로 구시가 최고의 명소들이 연결돼 있다.

1 람블라스 거리 Las Ramblas B2

구시가의 랜드마크이자 거리 자체가 모두 관광명소들이다.

2 라발 지구 El Raval B2

현대미술관 MACBA을 중심으로 한 현대미술의 메카. 대학가로서 현지 젊은이들의 아지트다. 패션숍, 갤러리, 퓨전 레스토랑 등이 즐비하며 젊은이들의 주말을 책임지는 바와 클럽 등이 모여 있다.

3 고딕 지구 Barri Gòtic B2

바르셀로나에서 가장 오래된 곳. 대성당, 왕궁, 귀족의 저택 등 예나 지금이나 바르셀로나의 중심이다.

4 보른 지구 El Born B2

바르셀로나의 삼청동. 피카소 미술관이 있으며 주변에 젊은 디자이너들이 오픈한 독특한 상점들이 즐비하다.

5 바르셀로네타 Barceloneta B2

아름다운 해변과 산책로, 바다를 향한 분위기 있는 레스토랑과 카페, 쇼핑센터 등이 있다.

6 몬주익 언덕 Montjuïc A2

바르셀로나의 테라스. 지중해에 떠 있는 구시가의 모습을 한눈에 담을 수 있는 곳. 숲이 우거진 공원 안에 미로 미술관도 있다.

7 8 에이샴플라 & 신시가 Eixample & Zona Alta B1·A1

19세기 도시개발로 새롭게 탄생한 지구. 대표적인 곳이 그라시아 거리다. 이곳에 가우디를 비롯한 모더니즘 건축가들의 건물이 세워졌다.

A
B
카탈루냐 플라사
H10 Catalunya Plaza
카탈루냐 역
Catalunya
카사 칼베트
Casa Calvet
카탈루냐 광장
Plaça de Catalunya
레히나 Regina
우르키나오나 역
Urquinaona
바르셀로나 현대문화센터
C.Cultura Contemporania de Barcelona
엘 트리앙글레
El Triangle
중앙 관광안내소(지하)
Oficina de Turisme
El Corte Inglés
Citi Bank
그라우
Hostería Grau
카탈루냐 역
Catalunya
우르키나오나 광장 역
Pl. D'Urquinaona
바르셀로나 현대미술관
Museu d'Art Contemporani de Barcelona
Carrer dels Tallers
카날레테스의 샘
Fuente de Canaletes
하드록 카페
Sta. Anna
Av. Portal de l'Angel
보다폰
Vodafone
Ramelleres
Sitges
Las Ramblas
Àngels
Carrer d'Elisabets
콘티넨탈
Continental
Carrer de Santa Anna
빅토리아
Victoria
비예가스
Villegas
카탈라나 음악당
Palau de la Música
Dr. Dou
Notariat
Xuclà
Carrer Comtal
도쿄
Tokyo-Sushi
3호선 Línia 3
몬테카를로
Hotel Montecarlo
Carrer de la Canuda
자라
산도발
Sandoval
라 돌사 에르미니아
La Dolça Herminia
Carrer de Sant Pere
Barroc co
Carrer del Pintor Fortuny
4 Gats
빌라 데 마드리드 광장
Madrid
시타디네스
Citadines Barcelona
라 리오하
La Rioja
네이라스
Neyras
4호선 Línia 4
Via Laietana
로스 토레로스
Los Toreros
Betulem
Carrer del Carme
이시드레 노넬 광장
Pl. Isidre Nonell
리사란
Lizarran
카탈루냐 도서관
Diblioteca de Catalunya
카탈루냐 직영서점
Carrer de la Portaferrissa
카탈루냐 건축가협회와 피카소 벽화
Col. Legi d'Arquitectes de Catalunya
Carrer dels Sagristans
가르두냐 광장
Plaça Gardunya
람블라스 거리
Carrer d'en Raca
Carrer de Petritxol
안토니 마우라 광장
Plaça d'Antoni Maura
콜론
Hotel Colón Barcelona
노바 광장
Plaça Nova
Avinguda de la Catedral
보케리아 시장
La Boqueria
Av. Francesco Cambo
Carrer del Pi
골동품 시장
Mercat d'Antiguitats
카스토리아
Kastoria
산타 카테리나 시장
Mercat Santa Caterina
Carrer de l'Hospital
피 광장
Pl. Del Pi
세우 광장
Pl. de la Seu
에스크리바
Escribà
Carrer del Cardenal Casañas
Palla
산 호셉 오리올 광장
Pl.Sant Josep Oriol
대성당
Catedral
프레데릭 마레스 미술관
Museu Frederic Marés
리세우 역
Liceu
산타 마리아 델 피 성당
Sta. Maria del Pi
Sant Sever
Sant Domenec del Call
Sant Honorat
Carrer del Bisbe
Pietat
Comtes
왕의 광장
Plaça del Rei
산타 카테리나 광장
Pl. Sta. Caterina
Carrer de Sant Pau
Carrer de la Boqueria
카페 데 로페라
Café de L'Ópera
시역사 박물관
Museu d'Historia de la Ciutat
리세우 극장
Gran Teatre del Liceu
Banys Nous
메손 델 카페
Mesón del Café
Call Carrer de la Llibreteria
아다지오
Carrer de la Unió
Carrer de Ferran
산 하우메 광장
Plaça de Sant Jaume
Calle San Jaime I
하우메 프리메로 역
Jaume I
우사 오리엔테
Husa Oriente
Museu Textil
가우디
Hotel Gaudi
레이알 광장
Pl. Reial
시청사
Ajuntament
레이알 광장의 가로등
Farolas en Plaça Reial
발비에르 무에아르 박물관
Carrer Nou de la Rambla
Carrer d'Avinyó
레반테
Levante
구엘 궁전
Palau Güell
C. de Argenteria
코메르시오 Comercio
레고미르 광장
Pl. Regomir
Carrer dels Escudellers
Sombrerers
Carrer de l'Arc del Teatre
조지 오웰 광장
Pl. George Owell
빅토르 발라게르 광장
Pl. Victor Balaguer
이지 인터넷 카페
(인터넷) Easy Internet Café
산타 마리아 델 마르 성당
Iglesia de Santa María del Mar
Santa Mónica
메트로폴
Metropole
C. Avinyo
중앙우체국
밀랍 인형관
Museu de Cera de Barcelona
안토니오 로페스 광장
Pl. d Antonio Lopez
Avinguda
드라사네스 역
Drassanes
La Mercé
7 Portes
바르셀로나 해양 박물관 방면
Museu Marítim de Barcelona
Passeig de Colon
포르탈 데 라 파우 광장
Plaça Portal de la Pau
콜론 거리
Cinturo Litoral
콜럼버스의 탑 Mirador de Colón

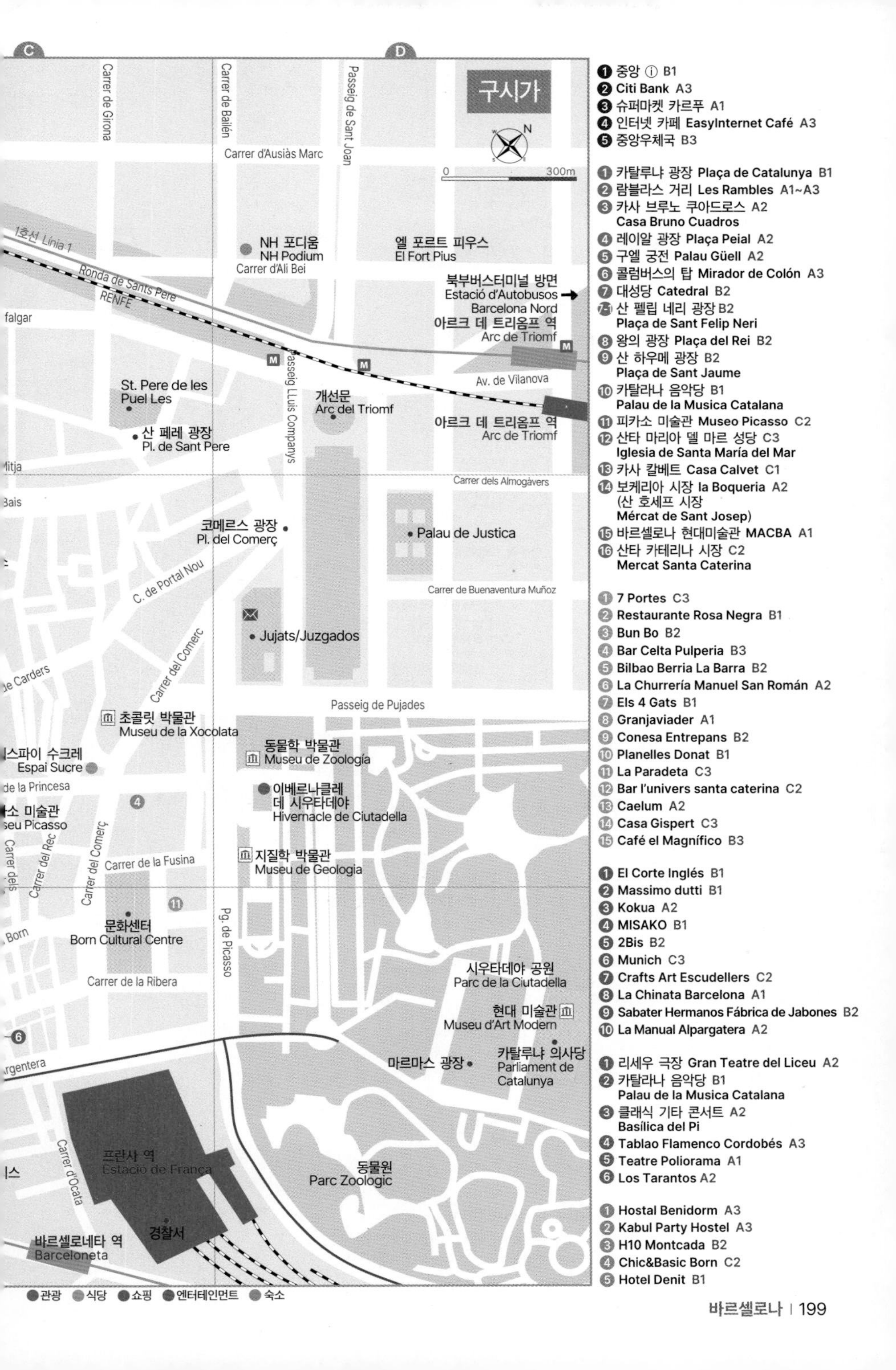
C
D
구시가
Carrer de Girona
Carrer de Bailén
Passeig de Sant Joan
Carrer d'Ausiàs Marc
0 300m
1호선 Línia 1
Ronda de Sants Pere
RENFE
NH 포디움
NH Podium
Carrer d'Ali Bei
엘 포르트 피우스
El Fort Pius
북부버스터미널 방면
Estació d'Autobusos
Barcelona Nord
아르크 데 트리옴프 역
Arc de Triomf
Passeig LLuís Companys
St. Pere de les
Puel Les
개선문
Arc del Triomf
Av. de Vilanova
아르크 데 트리옴프 역
Arc de Triomf
산 페레 광장
Pl. de Sant Pere
Carrer dels Almogàvers
코메르스 광장
Pl. del Comerç
Palau de Justica
C. de Portal Nou
Carrer de Buenaventura Muñoz
Jujats/Juzgados
Carrer del Comerc
Passeig de Pujades
초콜릿 박물관
Museu de la Xocolata
동물학 박물관
Museu de Zoología
스파이 수크레
Espai Sucre
de la Princesa
이베르나클레
데 시우타데야
Hivernacle de Ciutadella
소 미술관
seu Picasso
Carrer del Rec
Carrer del Comerç
Carrer de la Fusina
지질학 박물관
Museu de Geologia
Pg. de Picasso
문화센터
Born Cultural Centre
Carrer de la Ribera
시우타데야 공원
Parc de la Ciutadella
현대 미술관
Museu d'Art Modern
카탈루냐 의사당
Parliament de
Catalunya
마르마스 광장
Carrer d'Ocata
프란사 역
Estació de França
동물원
Parc Zoologic
경찰서
바르셀로네타 역
Barceloneta
관광 식당 쇼핑 엔터테인먼트 숙소
1 중앙 ⓘ B1
2 Citi Bank A3
3 슈퍼마켓 카르푸 A1
4 인터넷 카페 EasyInternet Café A3
5 중앙우체국 B3
1 카탈루냐 광장 Plaça de Catalunya B1
2 람블라스 거리 Les Rambles A1~A3
3 카사 브루노 쿠아드로스 A2
Casa Bruno Cuadros
4 레이알 광장 Plaça Peial A2
5 구엘 궁전 Palau Güell A2
6 콜럼버스의 탑 Mirador de Colón A3
7 대성당 Catedral B2
7-1 산 펠립 네리 광장 B2
Plaça de Sant Felip Neri
8 왕의 광장 Plaça del Rei B2
9 산 하우메 광장 B2
Plaça de Sant Jaume
10 카탈라나 음악당 B1
Palau de la Musica Catalana
11 피카소 미술관 Museo Picasso C2
12 산타 마리아 델 마르 성당 C3
Iglesia de Santa María del Mar
13 카사 칼베트 Casa Calvet C1
14 보케리아 시장 la Boqueria A2
(산 호세프 시장
Mércat de Sant Josep)
15 바르셀로나 현대미술관 MACBA A1
16 산타 카테리나 시장 C2
Mercat Santa Caterina
1 7 Portes C3
2 Restaurante Rosa Negra B1
3 Bun Bo B2
4 Bar Celta Pulperia B3
5 Bilbao Berria La Barra B2
6 La Churrería Manuel San Román A2
7 Els 4 Gats B1
8 Granjaviader A1
9 Conesa Entrepans B2
10 Planelles Donat B1
11 La Paradeta C3
12 Bar l'univers santa caterina C2
13 Caelum A2
14 Casa Gispert C3
15 Café el Magnífico B3
1 El Corte Inglés B1
2 Massimo dutti B1
3 Kokua A2
4 MISAKO B1
5 2Bis B2
6 Munich C3
7 Crafts Art Escudellers C2
8 La Chinata Barcelona A1
9 Sabater Hermanos Fábrica de Jabones B2
10 La Manual Alpargatera A2
1 리세우 극장 Gran Teatre del Liceu A2
2 카탈라나 음악당 B1
Palau de la Musica Catalana
3 클래식 기타 콘서트 A2
Basílica del Pi
4 Tablao Flamenco Cordobés A3
5 Teatre Poliorama A1
6 Los Tarantos A2
1 Hostal Benidorm A3
2 Kabul Party Hostel A3
3 H10 Montcada B2
4 Chic&Basic Born C2
5 Hotel Denit B1

A
B
우니베르시타트
Universitat
파세이그 데 그라시아
Passeig de Gracia
Carrer del Bruc
테투안 광장
Pl. Tetuan
테투안
Tetuan
Cran via de les Corts Catala
Carrer de Roger de Llúria
카탈루냐
Catalunya
Passeig de Grácia
Carrer de Casp
7
카사 칼베트
Casa Calvet
우르키나오나
Urquinaona
1
카탈루냐 광장
Plaça de Catalunya
우르키나오나 광장
Plaça de Urquinaona
북부버스터미널 방면
Estació d'Autobusos
Barcelona Nord
Carrer d'Alí Bei
5
6
보른 지구
아르크 데 트리옴프
Arc de Triomf
카탈라냐 음악당
Palau de la Música Catalana
Avinguda Portal de L'Àngel
람블라스 거리 La Rambla
Via Laietana
개선문
Arc del
Triomf
Carrer dels Almogàvers
Carrer de Nàpols
Parc de l'Esta
del Nord
Carrer de la Portaferrissa
Av. Francesco
Cambo
재판소
Jujats
Pg. de Lluis Companys
Carrer de Buenaventura M
리세우
Liceu
대성당
Catedral
프레데릭 마레스 미술관
Museu Frederic Marés
초콜릿 박물관
Museu de la Xocolata
카엘룸
Caelum
왕의 광장
Plaça del Rei
하우메 프리메로
Jaume I
프린세사 거리
Carrer de la Princesa
동물학 박물관
Museu de Zoología
페란 거리
Carrer de Ferran
시청사
피카소 미술관
Museu Picasso
지질학 박물관
Museu de Geologia
라 마누엘 알파가테라
La Manual Alpargatera
구엘 궁전
Palau Güell
카페 엘 마그니피코
Café el Magnífico
4
시우타데야 공원
Parc de la Ciutadella
5
고딕 지구
2
산타 마리아 델 마르 성당
Iglesia de Santa María del Mar
카사 히스페르트
Casa Gispert
중앙우체국
카탈루냐 의사당
Parliament de Catal
마르마스 광장
Plaça d'Antonio López
4
프란사 역
Estació de França
2
드라사네스
Drassanes
Avinguda Marqués de l'Argentera
동물원
Parc Zoologic
콜럼버스의 탑
Mirador de Colón
바르셀로네타
Barceloneta
카탈루냐 역사 박물관
Museu d'historia de Catalunya
3 크루즈 선착장
Ronda Litoral
아이맥스 극장
IMAX
바르셀로네타 광장
Pl. de la Barceloneta
마레 마그눔
Maremagnum
2 바르셀로나 수족관
L'Aquàrium de Barcelona
바르셀로네타 시장
Mercat Barceloneta
폰트 광장
Pl. de la Font
바르셀로네타 공원
Parc de la Barceloneta
Passeig Joan de Borbó
Carrer de Sevilla
Passeig Marítim de la Barceloneta
포르트 벨
Port Vell
Carrer de l'Escar
Carrer l'Almirall Aixada
Mar
Carrer del Judici
3
6 토레 데 산 세바스티아
Torre de St. Sebastiá
(케이블카)
3 바르셀로네타 La Barceloneta
지중해
Mar Mediterránia
Passeig Joan de Borbó

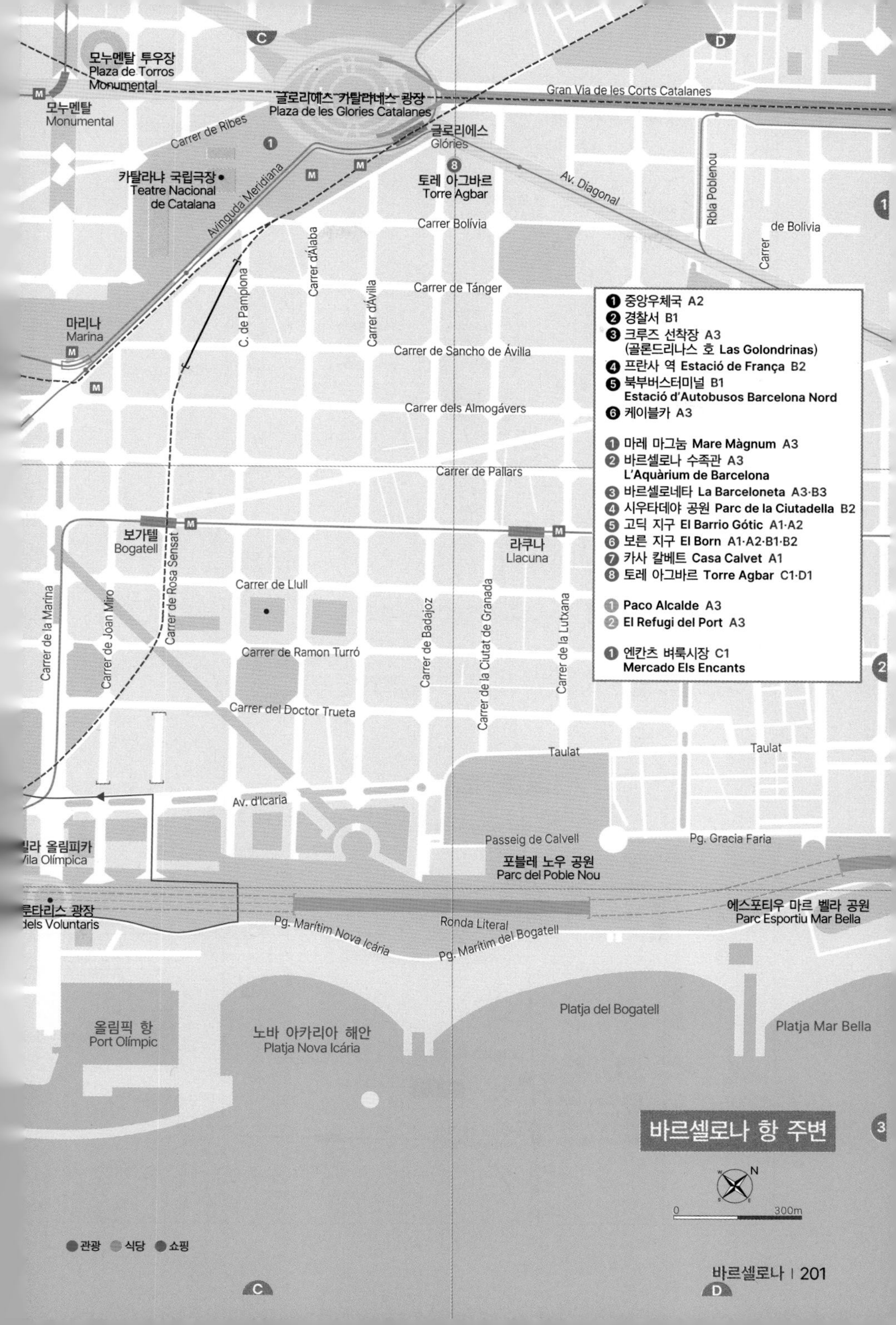
모누멘탈 투우장
Plaza de Torros Monumental
모누멘탈
Monumental
글로리에스 카탈라네스 광장
Plaza de les Glories Catalanes
Gran Via de les Corts Catalanes
글로리에스
Glòries
토레 아그바르
Torre Agbar
카탈라냐 국립극장
Teatre Nacional de Catalana
Carrer de Ribes
Avinguda Meridiana
Av. Diagonal
Rbla Poblenou
Carrer de Bolívia
Carrer Bolívia
Carrer de Tánger
Carrer d'Álaba
Carrer d'Ávilla
C. de Pamplona
마리나
Marina
Carrer de Sancho de Ávilla
Carrer dels Almogávers
Carrer de Pallars
보가텔
Bogatell
라쿠나
Llacuna
Carrer de Lluli
Carrer de Ramon Turró
Carrer del Doctor Trueta
Carrer de la Marina
Carrer de Joan Miro
Carrer de Rosa Sensat
Carrer de Badajoz
Carrer de la Ciutat de Granada
Carrer de la Lutxana
Taulat
Av. d'Icaria
Passeig de Calvell
Pg. Gracia Faria
포블레 노우 공원
Parc del Poble Nou
빌라 올림피카
Vila Olímpica
룬타리스 광장
dels Voluntaris
Pg. Marítim Nova Icária
Ronda Literal
Pg. Marítim del Bogatell
에스포티우 마르 벨라 공원
Parc Esportiu Mar Bella
올림픽 항
Port Olímpic
노바 아카리아 해안
Platja Nova Icária
Platja del Bogatell
Platja Mar Bella
❶ 중앙우체국 A2
❷ 경찰서 B1
❸ 크루즈 선착장 A3
(골론드리나스 호 Las Golondrinas)
❹ 프란사 역 Estació de França B2
❺ 북부버스터미널 B1
Estació d'Autobusos Barcelona Nord
❻ 케이블카 A3
① 마레 마그눔 Mare Màgnum A3
② 바르셀로나 수족관 A3
L'Aquàrium de Barcelona
③ 바르셀로네타 La Barceloneta A3·B3
④ 시우타데야 공원 Parc de la Ciutadella B2
⑤ 고딕 지구 El Barrio Gótic A1·A2
⑥ 보른 지구 El Born A1·A2·B1·B2
⑦ 카사 칼베트 Casa Calvet A1
⑧ 토레 아그바르 Torre Agbar C1·D1
① Paco Alcalde A3
② El Refugi del Port A3
① 엔칸츠 벼룩시장 C1
Mercado Els Encants
바르셀로나 항 주변
0 300m
관광 식당 쇼핑

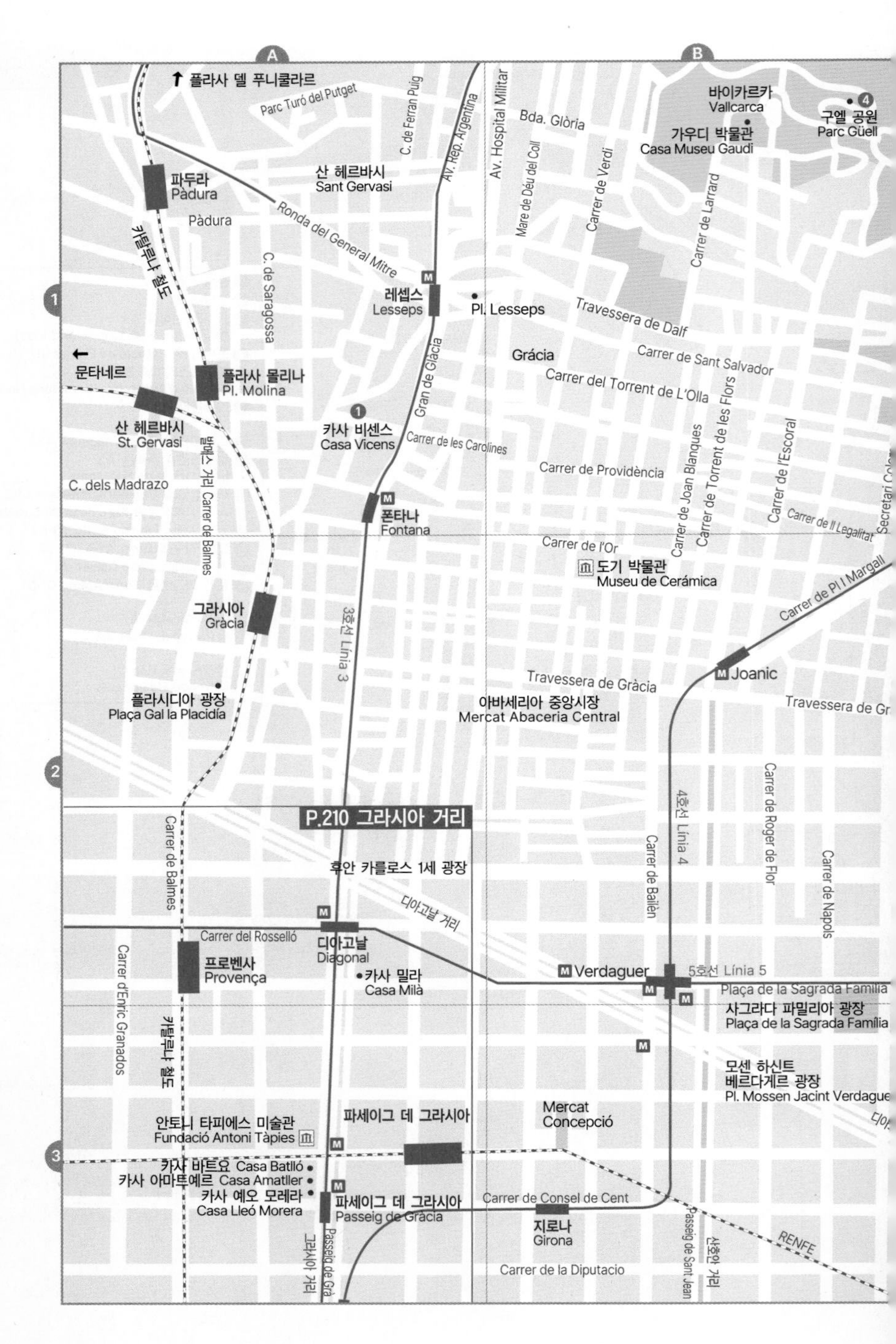
A
B
1
2
3
플라사 델 푸니쿨라르
Parc Turó del Putget
파두라
Pàdura
Pàdura
카탈루냐 철도
산 헤르바시
Sant Gervasi
Ronda del General Mitre
C. de Saragossa
C. de Ferran Puig
Av. Rep. Argentina
Av. Hospital Militar
Bda. Glòria
Mare de Déu del Coll
Carrer de Verdi
Carrer de Larrard
바이카르카
Vallcarca
가우디 박물관
Casa Museu Gaudi
구엘 공원
Parc Güell
레셉스
Lesseps
Pl. Lesseps
Travessera de Dalf
Grácia
Carrer de Sant Salvador
Carrer del Torrent de L'Olla
문타네르
플라사 몰리나
Pl. Molina
산 헤르바시
St. Gervasi
Gran de Gràcia
카사 비센스
Casa Vicens
Carrer de les Carolines
Carrer de Providència
Carrer de Joan Blanques
Carrer de Torrent de les Flors
Carrer de l'Escoral
Carrer de Il Legalitat
C. dels Madrazo
발메스 거리 Carrer de Balmes
폰타나
Fontana
Carrer de l'Or
도기 박물관
Museu de Cerámica
Carrer de Pi I Margall
그라시아
Gràcia
3호선 Línia 3
Joanic
Travessera de Gràcia
Travessera de Gr
플라시디아 광장
Plaça Gal la Placidía
아바세리아 중앙시장
Mercat Abaceria Central
Carrer de Roger de Flor
4호선 Línia 4
Carrer de Bailèn
Carrer de Napols
Carrer de Balmes
P.210 그라시아 거리
후안 카를로스 1세 광장
디아고날 거리
Carrer del Rosselló
디아고날
Diagonal
Carrer d'Enric Granados
프로벤사
Provença
카사 밀라
Casa Milà
Verdaguer
5호선 Línia 5
Plaça de la Sagrada Família
사그라다 파밀리아 광장
Plaça de la Sagrada Família
카탈루냐 철도
모센 하신트
베르다게르 광장
Pl. Mossen Jacint Verdague
안토니 타피에스 미술관
Fundació Antoni Tàpies
파세이그 데 그라시아
Mercat
Concepció
카사 바트요 Casa Batlló
카사 아마트예르 Casa Amatller
카사 예오 모레라
Casa Lleó Morera
파세이그 데 그라시아
Passeig de Gràcia
Carrer de Consel de Cent
지로나
Girona
Carrer de la Diputacio
Passeig de Sant Joan
산후안 거리
RENFE
그라시아 거리
Passeig de Grà

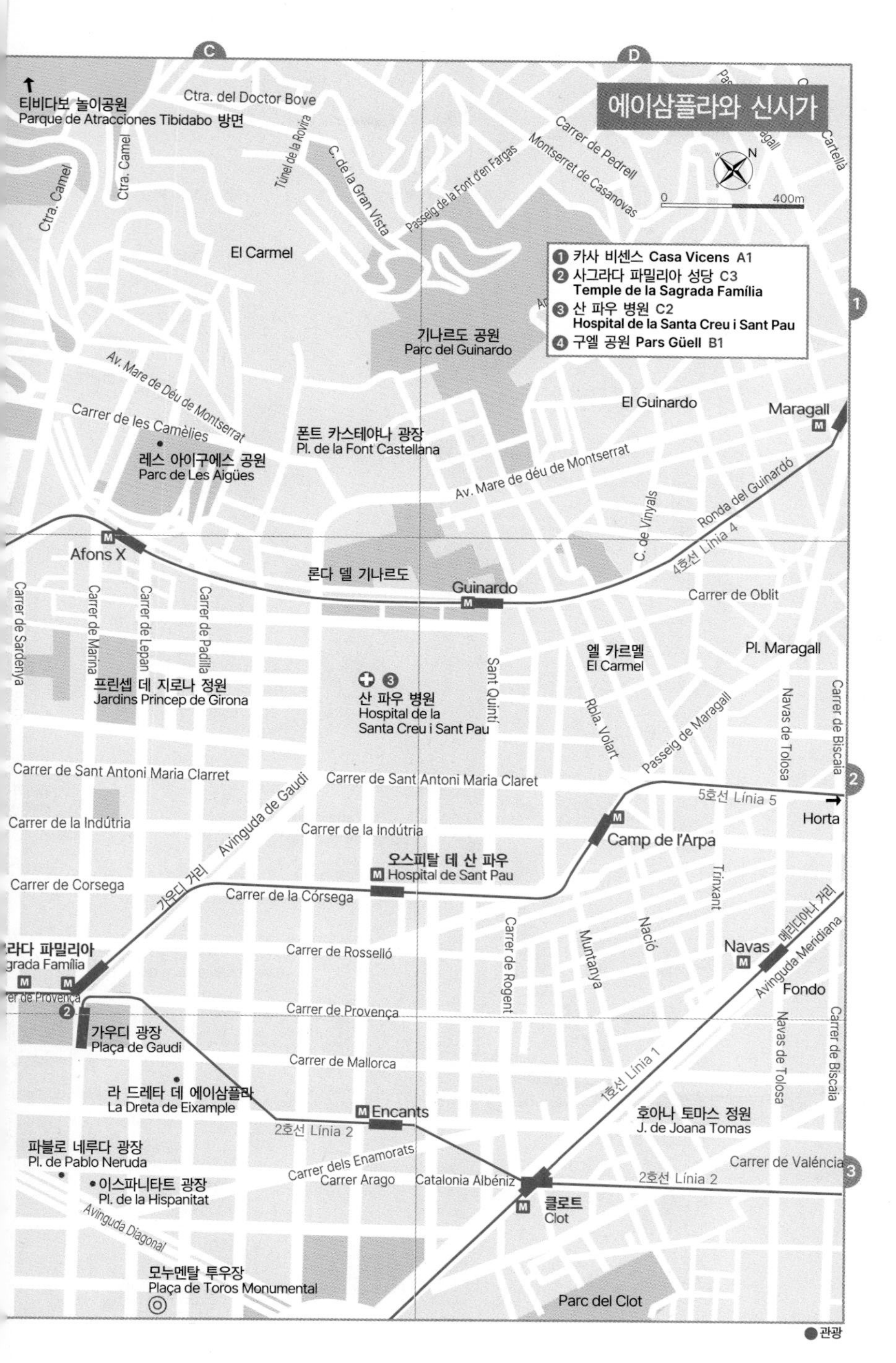

에이삼플라와 신시가
C
D
1
2
3
0
400m
N
1 카사 비센스 Casa Vicens A1
2 사그라다 파밀리아 성당 C3
Temple de la Sagrada Família
3 산 파우 병원 C2
Hospital de la Santa Creu i Sant Pau
4 구엘 공원 Pars Güell B1
티비다보 놀이공원
Parque de Atracciones Tibidabo 방면
Ctra. del Doctor Bove
Ctra. Camel
Ctra. Camel
Túnel de la Rovira
C. de la Gran Vista
Passeig de la Font d'en Fargas
Carrer de Pedrell
Montserret de Casanovas
Cartellà
El Carmel
기나르도 공원
Parc del Guinardo
Av. Mare de Déu de Montserrat
Carrer de les Camèlies
레스 아이구에스 공원
Parc de Les Aigües
폰트 카스테야나 광장
Pl. de la Font Castellana
El Guinardo
Maragall
Av. Mare de déu de Montserrat
Ronda del Guinardó
C. de Vinyals
4호선 Línia 4
Afons X
론다 델 기나르도
Guinardo
Carrer de Oblit
Carrer de Sardenya
Carrer de Marina
Carrer de Lepan
Carrer de Padilla
프린셉 데 지로나 정원
Jardins Princep de Girona
산 파우 병원
Hospital de la
Santa Creu i Sant Pau
Sant Quintí
엘 카르멜
El Carmel
Pl. Maragall
Rbla. Volart
Passeig de Maragall
Navas de Tolosa
Carrer de Biscaia
Carrer de Sant Antoni Maria Clarret
Carrer de Sant Antoni Maria Claret
Avinguda de Gaudi
5호선 Línia 5
Horta
Carrer de la Indútria
Carrer de la Indútria
Camp de l'Arpa
오스피탈 데 산 파우
Hospital de Sant Pau
Carrer de Corsega
가우디 거리
Carrer de la Córsega
Trinxant
메리디아나 거리
Avinguda Meridiana
Navas
Fondo
라다 파밀리아
grada Família
er de Provença
Carrer de Rosselló
Carrer de Rogent
Muntanya
Nació
Carrer de Provença
가우디 광장
Plaça de Gaudi
Carrer de Mallorca
Navas de Tolosa
Carrer de Biscaia
1호선 Línia 1
라 드레타 데 에이삼플라
La Dreta de Eixample
Encants
2호선 Línia 2
호아나 토마스 정원
J. de Joana Tomas
파블로 네루다 광장
Pl. de Pablo Neruda
Carrer dels Enamorats
Carrer Arago
Catalonia Albéniz
Carrer de València
2호선 Línia 2
이스파니타트 광장
Pl. de la Hispanitat
Avinguda Diagonal
클로트
Clot
모누멘탈 투우장
Plaça de Toros Monumental
Parc del Clot
●관광

신시가
0
300m
N
A
B
장식 미술관
Museu de les Arts Decolatives
도자기 박물관
Museu de Cerámica
페드랄베스 궁전
Palau de Pedralbes
소나 우니베르시타리아
Zona Universitària
Avinguda Diagonal
1
구엘별장
Finca Güell
마차 박물관
Museu de Carroses
Av. de Pedralbes
레이알 궁정
Palau Reial
소나 대학
Zona Universitària
B
피우스 12세 광장
Pl. de Pius XII
Carrer del Doctor Ferran
Av. Xile
Av. del Doctor Maranon
마리아 크리스티나
Maria Cristina
레이나
Pl. Re
FC 바르셀로나 미니 스타디움
Mini Estadi F.C. Barcelona
Avinguda de Joan XXIII
페드랄
Pedra
Cardenal Reig
팔라우 볼라우 그라나
Palau Blau Grana
엘 코르테 잉글레스
El Corte Inglés
1 캄프 노 스타디움
Estadio Camp Nou
Sants Carrer de la Creu Coberta
Riera Blanca C. d'Aristides Maillol
Trav. de les Corts
코이블랑
Collbanc
바카르디 정원
Jardins de Bacardi
레스 코르츠
Les Corts
그란비아 카를레스 3세 대로
Avinguda Gran Via Carles III
코이블랑 시장
Mercat de Collblanc
C. d'Arizala
레스
Jard
2
마드리드 대로
Avda. de Madrid
Carrer de Mas
바달
Badal
Brasil
플라카
Plaça d
칸 만테가 정원
Jardins Can Mantega
C. de la Mare de Déu dels Desemparats
C. de la Riera Blanca
C. de Sugranyes
C. de Begur
C. de Joan Güell
C. de Galileu
C. del Vallespir
C. de Canalejas
C. de Pavia
Badal
산츠 역 버스터미널
Estació d'Autobusos de Sants
2
Carrer de Vi
플라사 데 산츠
Pl. de Sants
Antoni Capmany
1
i
산츠역
Estació de Sants
스타 에울라리아
Sta. Eulália
메르카트 노우
Mercat Nou
Sants Carrer de la Creu Coberta
Carrer de Santa Eulália
에스파냐 인두스트리알 공원
Parc de L'Espanya Industrial
3
C. de la Riera Blanca
C. de Sagunt
C. d'Olzinelles
파르가 광장
Pl. de la Farga
Badal
오스타프랑크스
Hostafrancs
C. del Conse
Avinguda del Carrilet
C. de la Constitució
C. del Moianés
A
B

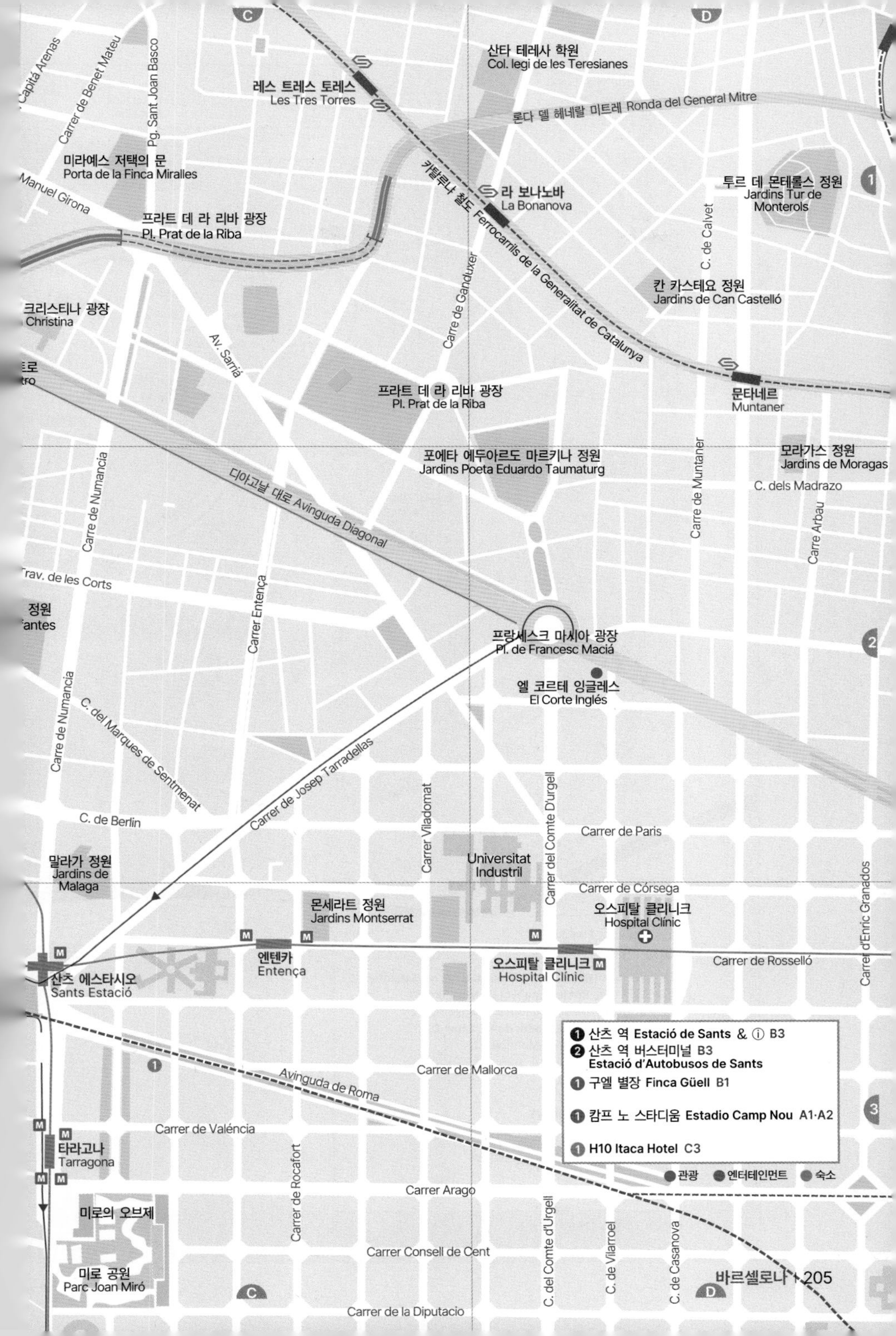
산타 테레사 학원
Col. legi de les Teresianes
레스 트레스 토레스
Les Tres Torres
론다 델 헤네랄 미트레 Ronda del General Mitre
미라예스 저택의 문
Porta de la Finca Miralles
라 보나노바
La Bonanova
투르 데 몬테롤스 정원
Jardins Tur de Monterols
프라트 데 라 리바 광장
Pl. Prat de la Riba
카탈루냐 철도 Ferrocarrils de la Generalitat de Catalunya
칸 카스테요 정원
Jardins de Can Castelló
크리스티나 광장
Christina
문타네르
Muntaner
포에타 에두아르도 마르키나 정원
Jardins Poeta Eduardo Taumaturg
모라가스 정원
Jardins de Moragas
C. dels Madrazo
디아고날 대로 Avinguda Diagonal
프랑세스크 마시아 광장
Pl. de Francesc Macià
엘 코르테 잉글레스
El Corte Inglés
Carrer de Josep Tarradellas
C. del Marques de Sentmenat
C. de Berlin
Carrer de Paris
Universitat Industril
Carrer de Córsega
말라가 정원
Jardins de Malaga
몬세라트 정원
Jardins Montserrat
오스피탈 클리니크
Hospital Clínic
엔텐카
Entença
산츠 에스타시오
Sants Estació
오스피탈 클리니크
Hospital Clínic
Carrer de Rosselló
Avinguda de Roma
Carrer de Mallorca
Carrer de València
타라고나
Tarragona
Carrer Arago
미로의 오브제
미로 공원
Parc Joan Miró
Carrer Consell de Cent
Carrer de la Diputacio
Carrer de Rocafort
C. del Comte d'Urgell
C. de Vilarroel
C. de Casanova
Carrer d'Enric Granados
Carre de Muntaner
Carre Arbau
C. de Calvet
Carre de Ganduxer
Av. Sarrià
Carrer Entença
Carre de Numancia
Trav. de les Corts
Carrer Viladomat
Carrer del Comte D'Urgell
Manuel Girona
Carrer de Benet Mateu
Pg. Sant Joan Basco
❶ 산츠 역 Estació de Sants & ⓘ B3
❷ 산츠 역 버스터미널 B3
Estació d'Autobusos de Sants
❶ 구엘 별장 Finca Güell B1
❶ 캄프 노 스타디움 Estadio Camp Nou A1·A2
❶ H10 Itaca Hotel C3
관광 엔터테인먼트 숙소

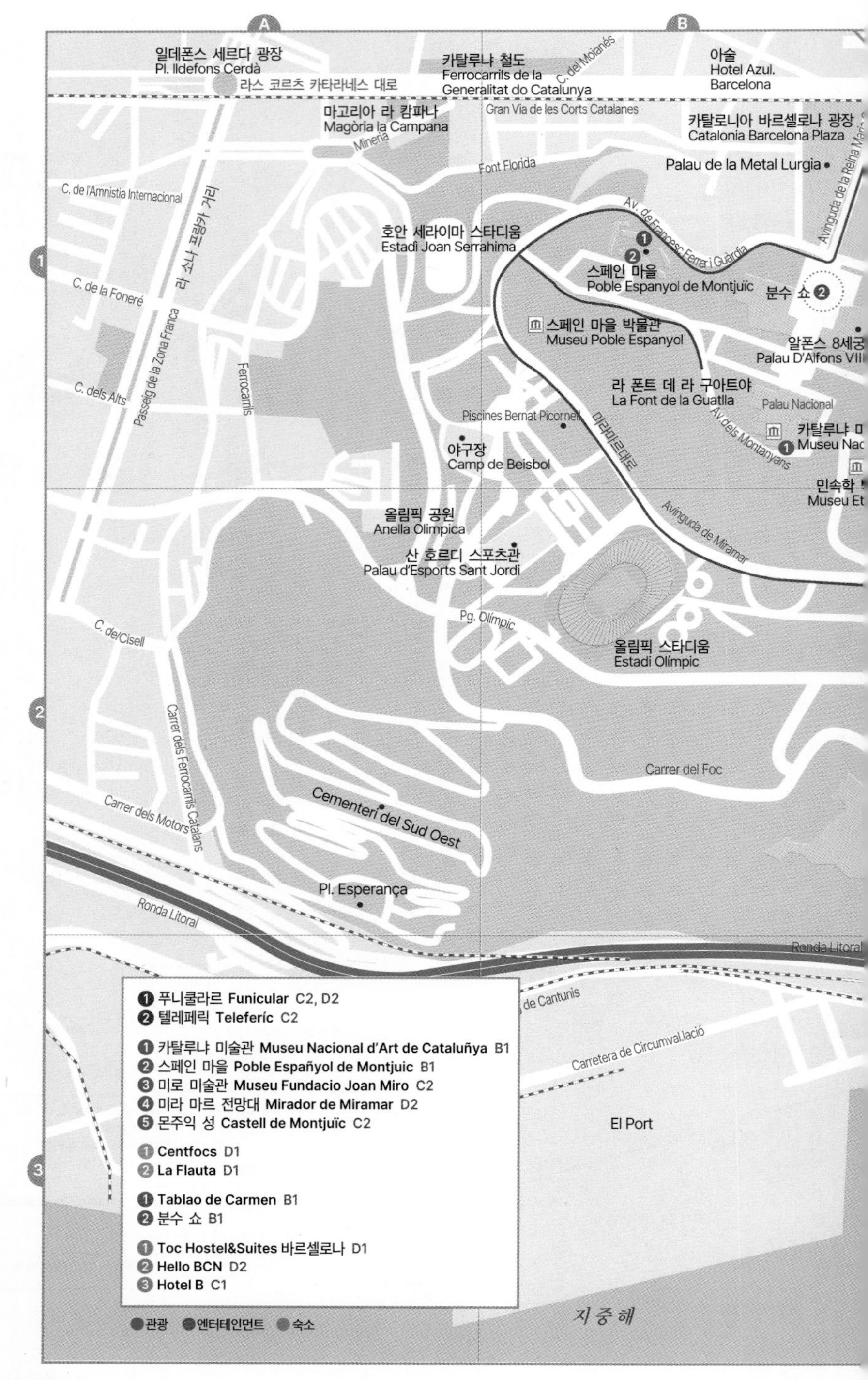

❶ 푸니쿨라르 Funicular C2, D2
❷ 텔레페릭 Teleferíc C2

❶ 카탈루냐 미술관 Museu Nacional d'Art de Cataluñya B1
❷ 스페인 마을 Poble Españyol de Montjuic B1
❸ 미로 미술관 Museu Fundacio Joan Miro C2
❹ 미라 마르 전망대 Mirador de Miramar D2
❺ 몬주익 성 Castell de Montjuïc C2

❶ Centfocs D1
❷ La Flauta D1

❶ Tablao de Carmen B1
❷ 분수 쇼 B1

❶ Toc Hostel&Suites 바르셀로나 D1
❷ Hello BCN D2
❸ Hotel B C1

● 관광 ● 엔터테인먼트 ● 숙소

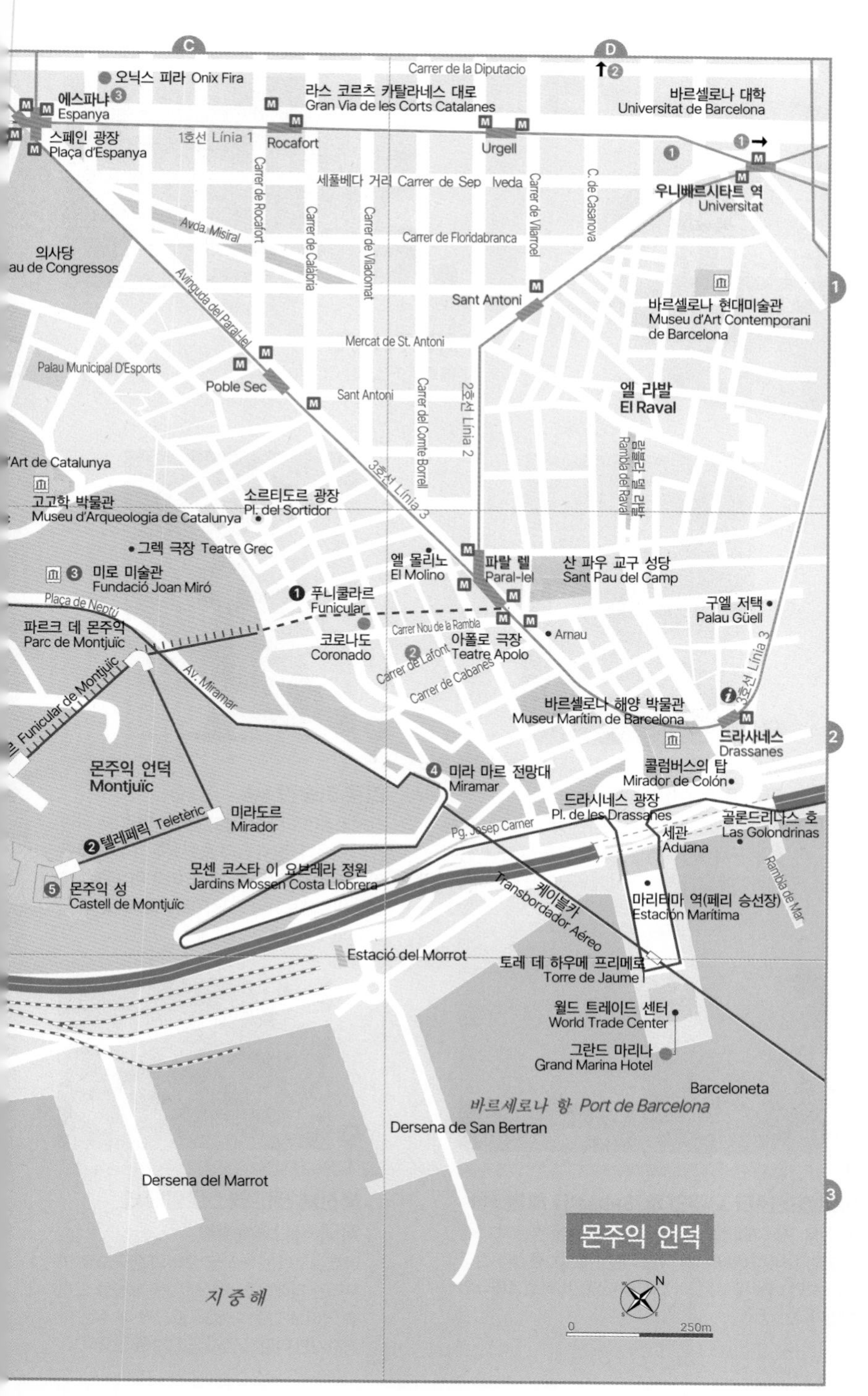

C
D
오닉스 피라 Onix Fira
에스파냐 Espanya
스페인 광장 Plaça d'Espanya
라스 코르츠 카탈라네스 대로 Gran Via de les Corts Catalanes
Carrer de la Diputacio
바르셀로나 대학 Universitat de Barcelona
1호선 Línia 1
Rocafort
Urgell
세풀베다 거리 Carrer de Sepulveda
Carrer de Rocafort
Carrer de Calàbria
Carrer de Viladomat
Carrer de Villarroel
C. de Casanova
우니베르시타트 역 Universitat
Avda. Mistral
Carrer de Floridabranca
의사당
au de Congressos
Avinguda del Paral·lel
Sant Antoni
바르셀로나 현대미술관 Museu d'Art Contemporani de Barcelona
Mercat de St. Antoni
Palau Municipal D'Esports
Poble Sec
Sant Antoni
Carrer del Comte Borrell
2호선 Línia 2
엘 라발 El Raval
람블라 델 라발 Rambla del Raval
'Art de Catalunya
3호선 Línia 3
고고학 박물관 Museu d'Arqueologia de Catalunya
소르티도르 광장 Pl. del Sortidor
그렉 극장 Teatre Grec
미로 미술관 Fundació Joan Miró
엘 몰리노 El Molino
파랄 렐 Paral-lel
산 파우 교구 성당 Sant Pau del Camp
푸니쿨라르 Funicular
Plaça de Neptú
구엘 저택 Palau Güell
파르크 데 몬주익 Parc de Montjuïc
코로나도 Coronado
Carrer Nou de la Rambla
아폴로 극장 Teatre Apolo
Arnau
Carrer de Lafont
Carrer de Cabanes
Funicular de Montjuïc
Av. Miramar
바르셀로나 해양 박물관 Museu Marítim de Barcelona
드라사네스 Drassanes
몬주익 언덕 Montjuïc
미라 마르 전망대 Miramar
콜럼버스의 탑 Mirador de Colón
미라도르 Mirador
텔레페릭 Teletèric
드라사네스 광장 Pl. de les Drassanes
골론드리나스 호 Las Golondrinas
Pg. Josep Carner
세관 Aduana
모센 코스타 이 요브레라 정원 Jardins Mossen Costa Llobrera
몬주익 성 Castell de Montjuïc
케이블카 Transbordador Aéreo
마리티마 역(페리 승선장) Estación Marítima
Rambla de Mar
Estació del Morrot
토레 데 하우메 프리메로 Torre de Jaume I
월드 트레이드 센터 World Trade Center
그란드 마리나 Grand Marina Hotel
Barceloneta
바르세로나 항 Port de Barcelona
Dersena de San Bertran
Dersena del Marrot
몬주익 언덕
지중해
N
0
250m

❶

도보 5분

카탈루냐 광장 P.212

메트로 1·3호선 Catalunya 역

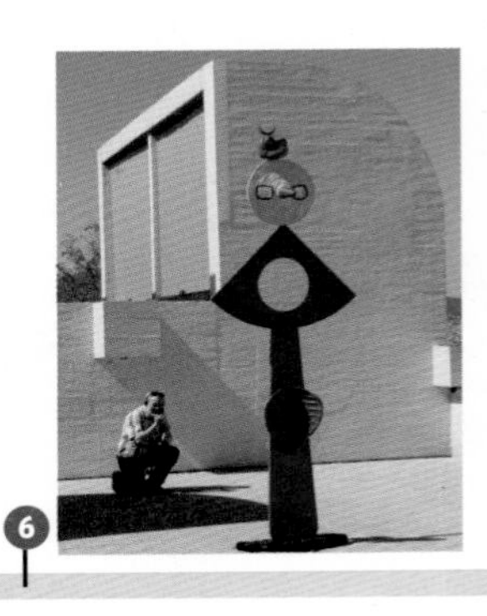

❻

미로 미술관 P.248

산책로를 따라 5분 정도 걸어가면 미로 미술관이 나온다. 잠시 들러 초현실주의 화가 호안 미로의 작품을 감상해 보자. 미로 미술관의 옥상은 바르셀로나의 또 다른 뷰 포인트다.

도보 15~20분

❼

미라 마르 전망대 P.248

몬주익 언덕에서 가장 멋진 전망대로 바다 위에 있는 구시가지 풍경을 한눈에 담을 수 있다. 카페테리아에 앉아 차를 마시며 느긋하게 감상하자.

케이블카 10분

바르셀로네타 지구의 해변

❽

바르셀로네타 지구의 St. Sebastià 해변 P.228

20인용 구식 케이블카를 타면 바닷바람에 흔들려 아슬아슬하다. 마치 바다 위를 나는 기분이 든다. 풍경을 감상하다 보면 어느새 고운 모래사장이 있는 바르셀로네타의 해안가다.

도보 10분

새우 소금구이

❾

해산물 전문 레스토랑에서 저녁 식사 P.252~253

바르셀로나는 해산물 요리의 천국으로 마무리는 파에야를 비롯해 각종 해산물 요리를 먹어보자. 눈과 입을 즐겁게 해 주는 아기자기한 타파스 역시 도전해 볼 만하다.

바르셀로나 시내 관광의 진면목은 지중해 위에 떠 있는 아름다운 풍경에 있다. 배를 타고 바다 위를 유람하다 보면 신기루처럼 떠있는 멋진 해안 풍경이 펼쳐지고, 케이블카를 타고 전망대에 오르면 그림 같은 시내 풍경을 감상할 수 있다. 주옥같은 작품을 남긴 천재 건축가 가우디도, 화가 피카소도 이 풍경에 반해 이곳에 머물렀는지도 모른다. 여행의 첫날은 람블라스 거리와 몬주익 언덕, 바닷가를 산책하며 바르셀로나와 친해져 보자.

2

도보 10분

람블라스 거리 P.213

보행자 전용 도로인 중앙 산책로를 따라 새와 꽃시장을 구경하자. 중간의 보케리아 시장에 잠시 들러보고 거리 행위예술가들과 기념촬영도 해 보자. 그렇게 구경하다 보면 콜럼버스 동상이 있는 바다가 나온다.

Mission 카날레테스를 찾아 물 마시기!

카날레테스

3 크루즈

항구에서 페리 승선 P.195

1시간 정도 유람하기. 바람, 햇살, 그리고 구시가 해안가의 멋진 풍경이 펼쳐진다.

도보 10분

4

메트로 2·3호선 Paral – lel 역 P.193

이곳에서 등산열차를 타고 몬주익 언덕을 오르자. 10회권 패스만 있으면 OK! 워낙 잠깐이라 사진 찍을 겨를도 없다(단, 등산열차 운행이 중단 됐을 경우 '알아두세요' 참조)

5 4인용 곤돌라

등산열차 5분 & 4인용 곤돌라 10분

몬주익 언덕 & 몬주익 성 P.246, 249

등산열차에서 내려 바로 텔레페릭(곤돌라)으로 갈아타자. 티켓은 왕복으로 끊어야 한다. 온통 투명유리로 된 4인용 곤돌라를 타면 360도 파노라마를 감상할 수 있다. 정상에 몬주익 성이 있다.

알아두세요

❶ 중앙 ⓘ는 카탈루냐 광장 안에 있으니 시내 지도와 여행정보를 얻어두자. 미리 지도앱을 깔아둬도 좋다.

❷ 교통패스 10회권을 구입하면 경제적이고 편리하다. 일행이 여럿이라면 8회권도 좋다.

❸ 경비를 최대한 절약하고 싶다면 메트로 2·3호선 Paral – lel 역에서 등산열차를 타고 하차한 후, 150번 버스를 타고 몬주익 성까지 가도 된다. 교통패스면 OK! 단, 등산열차 운행이 중단된 경우도 있으니 등산열차의 운행여부부터 ⓘ에서 확인하자. 운행이 중단됐다면 메트로 1·3호선 Espanya 역에서 150번 버스를 타고 몬주익 언덕과 성을 돌아보자. 성 관람 후 미로 미술관까지는 4인용 곤돌라 또는 150번 버스를 이용하면 된다.

❹ 한여름이라면 모자와 선글라스는 필수!

❺ 밥 먹고 쇼핑하기 좋은 곳 : 카탈루냐 광장 주변, 람블라스 거리 주변, 메트로 4호선 Barceloneta 역 주변의 해산물 레스토랑 등

Theme Route

모더니즘 건축에 매료되다

❶

도보 1분

출발

메트로 2·5호선 Sagrada Família 역

❺

도보 3분

카사 바트요 P.234

가우디 작품. 관광객들의 시선 때문에 금방 찾을 수 있다. 바다를 테마로 한 이곳은 외관뿐 아니라 내부도 멋지다. 입장료가 비싼 이유가 다 있다. 아무 지식 없이 들어왔어도 금세 바다를 떠올릴 수 있다.

Mission 바르셀로나 정보지의 모델인 용과 사진 찍기!

❻

도보 20분

4 Gats P.256

조셉 푸치 카다바쉬 작품. 피카소가 즐겨 찾은 카페 겸 레스토랑! 모더니즘 양식의 건물이다.

Mission 차 한잔의 여유를 만끽해 보자!

도보 5분

❼

카탈라나 음악당 P.223

몬타네르 작품. 말이 필요 없을 정도로 아름다운 공연장이다. 콘서트홀에서 클래식 공연을 즐기자.

알아두세요

❶ 관광청 홈페이지 또는 시내 관광안내소에서 모더니즘 건축 관련 정보 및 지도를 얻을 수 있다.

❷ 입장료가 꽤 비싸고 늘 긴 줄을 서야 하니 인내심이 필요하다. 모든 일정을 하루 만에 소화하고 싶다면 티켓은 미리 홈페이지에서 구입해 두는 게 안전하다. 일정이 어떻게 될지 모르겠다면 사그라다 파밀리아 성당만이라도 미리 예약해 두자.

❸ 카탈루냐 음악당에서 공연을 감상하고 싶다면 미리 예약해 두자. 클래식 기타 또는 플라멩코 공연도 있다.

❹ 밥 먹기 좋은 곳 : 그라시아 거리 또는 카탈루냐 Catalunya 광장 주변

19세기 말 유럽 각지에서 아르누보 열풍이 불었는데, 프랑스는 아르누보, 네덜란드는 데스틸, 스페인에서는 모데르니스모 Modernismo(모더니즘)라 불렀다. 모데르니스모는 카탈루냐 지방에서 독자적인 문화를 창조하고자 한 예술운동이다. 그중에서도 건축 분야가 가장 두드러졌으며, 그 중심에 안토니오 가우디와 루이스 도메네크 이 몬타네르가 있었다. 그들의 건축은 불가능할 것 같은 건물을 실제로 재현했고 상상을 초월하는 재료와 현란한 색상으로 우리를 매료시킨다. 자연을 모티프로 건물을 지은 천재 가우디와 건물을 예술작품으로 승화시킨 몬타네르를 만나보자.

Travel Plus

원데이 가우디 건축 기행

메트로 2·5호선 Sagrada Familia 역 하차, '사그라다 파밀리아 성당'→ 산 파우 병원 앞에서 92번 버스 이용 Ctra del Carmel – Parc Guell 역에서 하차 후 도보 5분, '구엘 공원'→ 내린 버스 정류장 맞은편에서 24번 버스 이용 Pg.de gracia–Rosello 역에서 하차 도보 2분, '카사 밀라&카사 바트요' → 도보 15분, '카사 칼베트' 또는 도보 20분, '구엘 궁전' → 메트로 3호선 Maria Cristina 역 하차, '구엘 별장'

※하루 만에 모두 돌아보려면 매우 타이트한 일정으로 한 두 곳을 정해 내부 관람을 하고 그 밖엔 밖에서 보는 정도로 만족해야 한다. 가능하면 이틀로 나눠 보자.

구엘 공원

2

사그라다 파밀리아 성당 P.238

가우디 작품. 가우디 생전에 완성을 보지 못하고 지금도 짓고 있는 성당. 앞과 뒤가 완전히 별개의 건물처럼 느껴질 만큼 특이하게 설계되어 있다.

Mission 고난의 문에서 가우디 조각상 찾아보기!

도보 5분

가우디의 가로등

4

메트로 2·3·4호선 Pg. de Gràcia 역에서 도보 5분

카사 밀라 P.236

가우디 작품. 스페인의 작열하는 태양에 녹아내린 듯한 베란다가 가장 먼저 눈에 띈다. 카사 밀라의 매력은 독특한 굴뚝이 있는 옥상이다.

Mission Pg. de Gràcia 거리에 있는 가로등은 가우디 제자의 작품으로 가우디 작품과 꽤 닮아있다. 가로등에는 카탈루냐의 상징 박쥐가 있으니 한번 찾아보자!

3

산 파우 병원 P.241

몬타네르 작품. '예술에는 사람을 치유하는 힘이 있다'는 그의 철학이 담긴 건물이다. 48개의 크고 작은 병동은 병원이 아니라 하나의 예술작품 같다. 병동을 거닐면서 마음의 병을 치유해 보자.

 Attraction

보는 즐거움

구시가지에서는 중세의 바르셀로나 모습을 상상할 수 있고, 지중해를 향해 손짓하는 콜럼버스 동상을 보면서 신대륙 발견의 개척 정신을 느낄 수 있다. 시내 곳곳에 있는 천재 건축가 가우디의 작품은 바르셀로나가 가우디 작품의 전시관임을 말해준다.

람블라스 거리와 주변

카탈루냐 광장 남쪽으로 바르셀로나 최고의 관광명소인 람블라스 거리가 있다. 그 거리 서쪽은 대학가와 바르셀로나 현대미술관이 있는 라발 지구, 동쪽은 대성당과 피카소 박물관이 있는 고딕과 보른지구, 남쪽은 지중해가 펼쳐지는 해안가의 바르셀로네타 지구다.

카탈루냐 광장 Plaça de Catalunya

카탈루냐 광장은 최고의 번화가이자 관광의 출발지다. 광장을 중심으로 남쪽은 람블라스 거리와 그 주변으로 구시가지이고, 북쪽은 그라시아 거리 주변으로 신시가지다. 카탈루냐 광장은 공항버스와 모든 시내 교통수단이 집결하는 교통의 요충지이며 시내 관광을 시작하는 여행자들이 제일 먼저 찾는 중앙 ⓘ도 이곳에 있다. 광장 중앙에는 시원스럽게 물을 뿜어내는 대형 분수가 있고 백화점과 쇼핑센터, 극장 등이 광장을 둘러싸고 있다. 이 광장은 바르셀로나의 모든 길과 통하므로 하루에도 몇 번씩 이곳을 오가게 된다.

Map P.198-B1 **가는 방법** 메트로 1·3호선 Catalunya 역에서 바로

바르셀로나의 랜드마크 카탈루냐 광장

지중해에서 바라본 람블라스 거리 풍경

람블라스 거리 Les Rambles

관광객으로 북적이는 람블라스 거리

바르셀로나의 명물 거리이자 유럽에서 가장 사랑받는 번화가 람블라스 거리는 아랍어로 '돌들의 강'이라는 의미다. 중세 시대 이전부터 바르셀로나의 중심지였으며 지금의 모습은 18세기 그대로다. 카탈루냐 광장에서 지중해가 시작되는 항구까지 1㎞ 정도 일직선으로 난 거리로 카날레테스 람블라 Rambla de Canaletes, 학업의 람블라 Rambla dels Estudis, 꽃들의 람블라 Rambla de les Flors, 고깔모자의 람블라 Rambla dels Caputxins, 산타모니카 람블라 Rambla de Santa Mònica, 바다의 람블라 Rambla de Mar 등으로 나뉜다.

각 구역으로 이동할 때마다 람블라스 거리의 역사를 대변해주는 유서 깊은 명소들이 나오고 관광객을 위한 레스토랑과 카페, 기념품점들이 늘어서 있다. 또한 보행자 전용 도로인 중앙로에는 예부터 꽃과 새 시장이 열렸고 거리 예술가들의 재미있는 퍼포먼스가 끊이지 않는다. 산책하듯 천천히 둘러보는 데 30분, 재래시장을 비롯해 각 관광명소들까지 모두 보려면 적어도 반나절 이상은 걸린다.

람블라스 거리는 최고의 관광지이자 구시가 관광의 랜드마크이기도 하다. 거리를 중심으로 사방으로 뻗은 모든 길은 시내에서 꼭 봐야 하는 중요 유적지들과 연결돼 있다. 어느 길로 들어서든 바르셀로나의 보물들과 마주하게 된다.

Map P.198-A1~A3 **가는 방법** 람블라스 거리에는 3개의 메트로 역이 있다. 메트로 1·3호선 Catalunya 역(람블라스 거리가 시작되는 카탈루냐 광장), 메트로 3호선 Liceu 역(람블라스 거리 중앙), 메트로 3호선 Drassanes 역(바다가 시작되는 람블라스 거리 끝)에서 바로

람블라스 거리 산책

카날레테스 람블라

'카날레테스'라는 오래된 수도가 있다. 바르셀로나 축구팬들의 미팅 장소로 이 물을 마시면 바르셀로나에 다시 온다는 전설이 있다. 다시 오고 싶다면 꼭 마셔보자.

고깔모자의 람블라

람블라스 거리의 랜드마크인 미로의 모자이크 바닥으로 유명하다. 오른쪽에 오페라 전용관인 리세우 극장이 있고 근처에는 세계문화유산인 가우디의 건축물 구엘 궁전이 있으며, 레이알 광장에는 젊은 시절 가우디가 제작한 가스 가로등이 있으니 놓치지 말자.

학업의 람블라와 꽃들의 람블라

예부터 새와 꽃 시장이 열리는 곳. 보행자를 위한 중앙 산책로에는 새와 각종 애완동물을 파는 동물 시장이 열리고 사시사철 화려한 꽃을 파는 꽃 시장이 한창이다. 람블라스 거리를 새와 꽃으로 가득한 낭만의 거리로 부르는 이유가 이곳에 있다. 상점 사이사이에는 행위 예술가들이 비현실적인 분장을 하고 동상처럼 앉아있다. 누군가 동전이라도 놓으면 동상이 서서히 움직이며 카메라를 향해 멋지게 포즈를 취한다. 스페인 최대의 재래시장인 보케리아 Boqueria 시장(P.262 참조)도 이곳에 있다.

산타모니카 람블라와 바다의 람블라

화가들이 그림을 파는 노천 갤러리가 열리고 초상화도 그려준다. 수제 액세서리와 장식품을 파는 노천시장도 있다. 페리가 운항하는 항구가 있으며 푸른 바다가 보이는 광장에는 먼 바다를 향해 손짓하는 콜럼버스 동상이 서 있다.

◆ 카사 브루노 쿠아드로스 Casa Bruno Cuadros

1883년에 건축가 호세프 빌라세카 Josep Vilaseca가 지은 모더니즘 양식의 건물이다. 모더니즘 양식에 동양적 요소를 가미해 건축했으며 코너의 화려하게 장식된 용 조각과 벽면에 장식된 우산이 눈길을 끈다. 이 장식은 1층에서 운영하던 우산 가게의 간판 역할을 했으나 지금은 상점이 문을 닫고 은행으로 사용되고 있다. 그 위층에는 이집트 회화 갤러리가 있다.

Map P.198-A2 **주소** La Rambla 82 **가는 방법** 메트로 3호선 Liceu 역에서 도보 2분

◆ 레이알 광장 Plaça Reial

시끌벅적한 람블라스 거리에서 광장으로 들어서면 중앙에 아름다운 분수가 있고 키다리 야자수가 광장 여기저기를 수놓고 있다. 광장을 둘러싸고 있는 신고전주의 양식의 건물에는 레스토랑과 카페, 바, 클럽 등이 들어서 있다. 낮에는 여행자들의 휴식 공간이고, 저녁이 되면 바와 클럽을 찾아 밤문화를 즐기는 사람들로 가득하다.

이곳을 밝히는 가로등은 학교를 갓 졸업한 젊은 시절의 가우디가 설계한 것이다. 원래 시 전체에 설치하려 했으나 1879년 레이알 광장, 1880년 시장공관 앞의 팔라우 광장에 설치되는 데 그쳤다. 가로등은 주철과 청동으로 만들었으며 장식은 투구에서 모티브를 얻은 것이다. 밤의 광장은 낮보다 더 화려하지만 마약 밀매꾼, 사기꾼 등이 있을 수 있으니 각별히 주의해야 한다.

Map P.198-A2 **가는 방법** 메트로 3호선 Liceu 역에서 도보 2분

◆ 콜럼버스의 탑 Mirador de Colón 뷰포인트

람블라스 거리와 바다가 만나는 광장에 있다. 1888년 바르셀로나 만국박람회 때 미국과의 교역을 기념하기 위해 세운 것이다. 높이 60m의 탑 정상에는 미국의 토산품인 파이프를 쥐고 서서 지중해를 향해 손짓하는 콜럼버스의 동상이 있다. 현재 정상은 전망대로 개방해 엘리베이터를 타고 오르면 360도로 회전하면서 바르셀로나의 구시가와 지중해를 감상할 수 있다. 단 전망대가 좁고 흠이 있는 통유리로 돼 있어 시야가 맑지 않은 것이 아쉽다.

Map P.198-A3 **주소** Plaça Portal de la Pau s/n **운영** 4~10월 화~토요일 08:30~19:30, 월·일요일 08:30~14:30 그 외 시즌 08:30~14:30 **요금** €7.20(www.barcelonaturisme.com 온라인 예매시 10% 할인) **가는 방법** 메트로 3호선 Drassanes 역에서 도보 2분

지중해를 가리키는 콜럼버스 동상

◆ 바르셀로나 해양박물관 Museu Marítim de Barcelona (MMB)

건물은 카탈루냐 고딕 양식의 대표적인 건축물로 원래는 14세기에 지은 왕립 조선소 Reials Drassanes를 현대적으로 개조해 박물관으로 운영하고 있다. 해양 강국 스페인의 해양사와 함께 선박의 변천사, 선박 제조 과정, 항해를 위해 쓰였던 다양한 장비 등을 전시하고 있다. 박물관의 하이라이트는 레판토 해전 Lepanto을 승리로 이끈 총사령관 돈 후안 데 아우스트리아 Don Juan de Austria가 탔던 갤리선(노를 저어 움직이는 배)의 실물 크기 모형이다. 1571년 레판토 해전은 가톨릭동맹 함대가 오스만투르트 함대를 격파한 16세기 최대 규모의 해전으로 갤리선 시대의 최후 전투였다고 한다. 20년 후 1592년에는 우리나라에서 세계 4대 해전으로 불리는 한산대첩이 있었다. 해신으로 불리는 이순신 장군과 거북선의 구조, 전투력 등을 레판토 해전과 비교해 보면 훨씬 관람이 흥미로워진다. 레판토 해전의 갤리선과 한산대첩의 거북선이 붙으면 과연 누가 이길까? 그 밖에 스페인 대항해 시대의 주인공 콜럼버스가 탄 산타마리아호 Santa Maria, 인류 최초의 지구를 일주하는 항해를 이끌었던 지휘자 마젤란이 탄 배 등의 모형도 있다. 중세시대 지중해의 해양 강국이었던 바르셀로나를 알려주는 곳인 만큼 꼭 들러보길 추천한다. 세련된 전시관과 건물도 볼만하고 카페와 레스토랑 공간도 멋스럽다.

Map P.207-D2 **주소** Av. de les Drassanes, s/n **홈페이지** mmb.cat **운영** 10:00~20:00 **입장료** 박물관+Santa Eulalia 일반 €10, 학생 €5, Santa Eulalia 일반 €3, 학생 €1(일요일 15:00 이후 무료입장) **가는 방법** 메트로 L3 Drassanes 역에서 도보 3분

바르셀로나 해양박물관

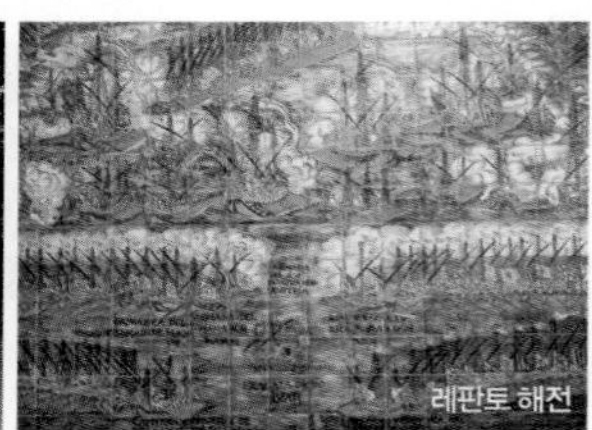
레판토 해전

◆ 바르셀로나 수족관 L'Aquàrium de Barcelona

람블라스 거리가 끝나는 Port Vell에 위치한 유럽에서 가장 큰 수족관. 1995년에 오픈했으며 35개의 수족관에 450여 종의 다양한 해양 생물들을 전시하고 있다. 특히 80m의 긴 해저터널로 된 상어관은 수족관 관람의 하이라이트다. 수족관 속을 헤엄치면서 신비로운 바다 동식물을 직접 만져볼 수 있는 체험 프로그램도 있는데 인기가 좋다. 다이빙 자격증이 있는 사람이라면 미리 신청하면 상어가 있는 대형 수족관 다이빙 투어를 할 수 있다. 수요일과 주말만 가능하며 참가비는 €300다.

바르셀로나 수족관

Map P.200-A3 **주소** Moll d'Espanya del Port Vell s/n **전화** 93 221 7474 **홈페이지** www.aquariumbcn.com **운영** 1~3·11·12월 10:00~19:30 (토·일요일·공휴일 ~20:00), 4·5·10월 10:00~20:00(토·일요일·공휴일 ~20:30), 6~9월 10:00~21:00 **요금** 일반 €25, 어린이(5~10세) €18 **가는 방법** 메트로 3호선 Drassanes 역 또는 메트로 4호선 Barceloneta 역에서 도보 10분

◆ 마레 마그눔 Mare Màgnum 뷰포인트

해변 재개발 지구인 포르트 벨 Port Vell에 있는 종합 쇼핑몰. 콜럼버스의 탑에서 파도 모양의 다리를 건너면 바다 위에 떠 있는 모던한 분위기의 건물이다. 1, 2층으로 돼 있고 스페인 쇼핑에서 가장 선호되는 인기 브랜드들만 입점해 있다. 또한 다양한 음식을 맛볼 수 있는 푸드 코트, 패스트푸드점, 고급 레스토랑 등이 있고 바와 클럽까지 있어 현지인과 관광객으로 늘 붐빈다.

건물을 둘러싼 모든 공간은 친근감이 느껴지는 나무로 돼 있고 곳곳에 벤치가 있어 푸른 바다를 바라보며 휴식을 취하기에 딱 좋다. 근처에는 유럽 최대 규모의 수족관 L'Aquàrium과 아이맥스 IMAX 영화 상영관도 있다.

Map P.200-A3 **주소** C/ Moll de Espanya 5 **전화** 93 225 8100 **홈페이지** www.maremagnum.es **운영** 상점 매일 10:00~22:00, 레스토랑 11:00~03:00 **가는 방법** 메트로 3호선 Drassanes 역에서 도보 10분

마레 마그눔

중앙 홀 채광창으로 들어오는 빛으로 환상적인 분위기를 연출한다

구엘 궁전(구엘 저택) Palau Güell 유네스코

가우디가 자신의 최대 후원자인 구엘을 위해 1886~1890년에 설계한 집이다. 가우디 건축에 결정적 평가를 안겨준 건축물이며 현재 세계문화유산으로 일반에 개방되고 있다. 건물은 르네상스와 무데하르 양식으로 지어졌으며 지하 1층에는 마구간과 마차고, 1층에는 현관과 로비, 2층에는 서재와 응접실, 3층에는 침실, 4층에는 하인들의 방과 주방이 있다. 가장 독창적인 공간은 중앙홀과 지붕이다. 중앙홀은 이중으로 돼 있으며 천장까지 수많은 채광창이 뚫려 있다. 자연 채광 덕분에 실내 분위기가 더욱 신비롭게 느껴진다. 지붕에는 18개의 굴뚝이 깨진 벽돌과 조각 타일을 이용해 화려하게 장식돼 있다. 건축 당시 차가운 철재로 만들어진 건물 외관 때문에 감옥 같다는 매스컴의 비난도 받았지만 1888년 봄 바르셀로나 만국박람회를 계기로 전 세계에 이 건물의 아름다움과 독창성이 알려지게 됐다.

Map P.198-A2 **주소** Nou de la Rambla 3-5 **전화** 93 472 5775 **홈페이지** palauguell.cat **운영** 4~10월 화~일요일 10:00~20:00, 11~3월 화~일요일 10:00~17:30 **휴무** 월요일 **입장료** 일반 €12, 학생 €9 **가는 방법** 메트로 3호선 Liceu 역에서 도보 5분

지하 1층의 마구간과 마차고

바르셀로나 현대미술관 Museu d'Art Contemporani de Barcelona(MACBA)

이 일대는 원래 불법체류자와 도둑들이 들끓던 우범지대였다. 시는 이곳을 새롭게 탈바꿈시키려는 계획을 세웠는데 현대미술관을 건축하는 것도 그중 하나였다. 1995년 미국인인 '백색의 건축가' 리처드 마이어 Richard Meier가 설계한 이 건물은 전체가 온통 통유리와 흰색 외벽으로 돼 있다. 마치 새하얀 도화지 같아서 새로운 전시를 홍보할 때마다 팔색조처럼 변신한다. 마치 어두웠던 이 공간을 밝게 비추는 태양 같기도 하다. 파격적인 현대미술을 감상할 수 있는 이 미술관은 바르셀로나의 새로운 문화를 이끄는 역할도 한다. 미로를 비롯해 1950년 이후 활동한 국내외 유명 작가들의 작품을 전시하고 있으며 미술관의 일부는 6개월에 한 번씩 새로운 전시회로 바뀐다. 미술관 안쪽의 상점에는 구겐하임 미술관과 뉴욕 근대 미술관의 서적과 상품도 있으니 관심이 있다면 들러보자. 미술관 앞 광장은 언제나 스케이드 보드를 타는 청소년들과 한가롭게 휴식을 취하는 사람들로 북적이며 공연장과 행사장으로도 사용된다.

Map P.198-A1 **주소** Plaça dels Àngels 1 **전화** 93 481 3368 **홈페이지** www.macba.cat **운영** 월~토요일 10:00~19:30, 일요일 10:00~15:00 **휴무** 화요일 **요금** €12 **가는 방법** 메트로 1·3호선 Catalunya 역에서 도보 10분 또는 메트로 2호선 Universitat 또는 메트로 3호선 Liceu역에서 도보 7분

현대 미술관은 마크바 MACBA라는 애칭으로 부른다.

고딕 & 보른 지구

2000년 된 고도 바르셀로나의 역사를 만날 수 있는 곳. 대성당을 중심으로 영화로웠던 바르셀로나의 과거를 느낄 수 있는 유적지가 모여 있는 고딕 지구와 중세 시대 귀족들의 저택이 고스란히 남아 있는 보른 지구가 있다. 미로처럼 얽혀 있는 좁은 골목길을 걷다보면 마치 시간을 거슬러 올라가는 듯한 느낌이 든다.

고딕 지구 El Barrio Gótic

2000년 전 지중해의 진주 바르셀로나의 가치를 알아챈 로마인들은 이곳에 식민지를 건설하고 성벽을 쌓았다. 15세기에는 콜럼버스가 신대륙을 발견하고 왕의 광장에서 이사벨라 여왕을 알현했다. 젊은 시절의 피카소는 바르셀로나에 머물며 왕성한 작품 활동을 했고 고딕 지구의 아비뇽 거리를 거닐며 「아비뇽의 처녀들」이라는 그림을 그렸으며, 당시 젊은 예술가들의 아지트였던 '4 Gats(P.256)'에 자주 들러 사람들과 술잔을 기울이며 예술을 논했다. 후에 바르셀로나 사람들은 그의 작품들을 모아 세상에서 가장 큰 피카소 미술관(보른 지구)을 열었다.

고딕 지구는 바르셀로나의 역사를 고스란히 담고 있는 대단히 매력적인 장소다. 람블라스 거리, 산 하우메 광장, 대성당을 연결하는 길들이 미로처럼 복잡하게 얽혀 있고 곳곳에 유적지가 있다. 오랜 세월 사람들의 왕래로 반짝반짝 윤이 나는 거리마저도 유적이라 할 만하다.

또한 옛날부터 발달했던 상업지구답게 유적지를 연결하는 골목마다 다양한 상점들이 들어서 있다. 오랜 전통을 자랑하는 상점부터 신세대를 위한 유행 아이템을 파는 상점까지 종류도 다양해 유럽의 멋쟁이들이 고딕 지구로 쇼핑하러 올 정도다.

Old & New로 정의되는 고딕 지구에서는 과거와 현재, 미래의 바르셀로나를 한자리에서 만날 수 있다. 나만의 걸음걸이로 골목들을 걸으며 내 마음을 사로잡는 나만의 보물을 찾아보자. 단, 인적이 드문 골목은 들어가지 않는 게 좋다. 현지인이나 관광객이 있는 거리 위주로 걷는 게 안전하다.

Map P.198, P.200-A1·A2 **가는 방법** 메트로 4호선 Jaume I 역이나 3호선 Liceu 역에서 도보 5분

◆ 대성당 Catedral

고딕 양식과 카탈루냐 양식이 적절히 조화를 이룬 건물. 13~15세기에 지었으며 정면의 파사드만 1890년 전후로 개축된 것이다. 길이 93m, 폭 400m에 달하는 규모로 성당 안에 들어가 봐야 그 웅장함을 실감할 수 있다. 성당 중앙에는 바르셀로나의 수호성녀 에울랄리아의 순교 장면을 묘사한 흰색 대리석 조각품이 있다. 스페인 르네상스 시대 조각의 걸작으로 바톨로메 오르도네스의 작품이다. 성당 지하에는 성녀 에울랄리아의 석관도 있다. 성당 왼쪽 예배당에는 바르셀로나 근교 몬세라트에 모셔진 검은 마리아 상이 있다. 성당과 연결된 회랑으로 나가면 13마리의 거위와 카탈루냐의 수호성인 조르디가 용을 무찌르는 장면을 조각한 작은 분수가 있고 바로 고딕 지구의 뒷골목과 연결되는 문이 나온다.

성당 앞 광장에는 이틀에 한번 꼴로 크고 작은 시장이 열리고 시민들이 모여 카탈루냐 지방의 민속춤 '사르다나'를 춘다. 광장 맞은편 건물에 그려진 아이 낙서 같은 그림은 피카소가 사르다나를 추고 있는 사람들과 바르셀로나의 축제의 분위기를 검은 모래로 그린 것이다. 대성당 바로 옆에는 14세기에 지은 왕궁의 일부를 개조해서 만든 프레데릭 마레 미술관 Museu Frederic Marés이 있다.

Map P.198-B2 **주소** Plaça de la Seu s/n **홈페이지** www.catedralbcn.org **운영** 월~금요일 09:30~18:30 (토요일 ~17:15), 일요일·공휴일 14:00~17:00 **입장료** 성당 €14

Say Say Say 바르셀로나 수호 성녀 에울랄리아

때는 스페인이 고대 로마의 식민지 시절 예수를 믿는 사람들을 심하게 탄압했던 디오클레티아누스 황제 통치 기간에 있었습니다. 바르셀로나 근교에 살았던 13살의 에울랄리아는 심한 기독교 탄압에 못 이겨 바르셀로나로 왔습니다. 이를 바르셀로나 총독에게 항변하였으나 거절당하고 도리어 그녀의 나이수 만큼 혹독한 고문을 당하고 마녀로 몰려 사형선고까지 받게 됩니다. 사형 당일 그녀는 벌거벗겨 진채 X자 모양의 나무에 매달려 처형됐고, 처형 당시 눈이 내려 그녀의 벗은 몸을 가려 주는 기적이 일어났다고 하네요. 사람들이 모여 죽은 그녀를 애도하는 마지막 기도 중에는 그녀의 입에서 흰 비둘기가 나와 하늘로 날아갔답니다. 303년 2월 12일에 일어난 일로 해마다 2월 12일을 성녀 에울랄리아 축일로 기념한답니다. 대성당 안으로 들어가면 유난히 그녀와 관련된 유물과 흔적이 많은데요 그중에서 성당 의자 마다 새겨진 X자 마크는 처형 당시 그녀를 매단 나무 모양이고 회랑에서 키우고 있는 13마리의 흰 거위는 13살 소녀의 순결과 정절을 의미한다고 합니다. 대성당의 정식 명칭(Catedral de la Santa Creu i Santa Eulàlia)도 그녀의 이름에서 유래했습니다.

◆ 산 펠립 네리 광장 Plaça de Sant Felip Neri

대성당의 13마리의 거위가 있는 회랑을 지난 문으로 나와 바로 보이는 동상 옆 오른쪽 골목을 비집고 들어가면 나오는 작은 광장. 1938년 1월 내전에 의한 폭격으로 많은 부분이 훼손되기 전까지 이곳은 시민들과 천재 건축가 가우디의 쉼터이기도 했다. 영화 '향수'의 배경이 된 곳이기도 하다. 관광객이 붐비는 고딕지구의 다른 곳과는 달리 무척이나 고요하고 평화로운 곳이다. 하지만 산 펠립 네리 성당과 성당에서 운영하는 초등학교 벽면에 폭격 당시의 흔적이 그대로 남아있는 모습을 보면 음산하게 느껴지기도 한다.

Map P.198-B2 **가는 방법** 회랑에서 도보 2분 또는 메트로 3호선 Liceu 역에서 도보 5분

◆ 왕의 광장 Plaça del Rei

고딕 지구의 핵심 광장으로 바르셀로나의 중세 역사가 고스란히 남아 있는 장소다. 좁은 광장을 둘러싸고 있는 건물은 그 옛날 바르셀로나를 지배했던 백작 겸 아라곤 왕의 왕궁이다. 왕궁으로 오르는 삼각형의 계단은 15세기 콜럼버스가 첫 항해를 마치고 왕을 알현하기 위해 오른 후에 바르셀로나에서 가장 유명한 계단이 됐다. 왕궁으로 들어서면 왕을 알현했던 티넬의 방 Salon de Tinell이 나온다.

왕궁 왼쪽에는 아라곤 왕국 고문서관이 있는 부왕의 저택이, 오른쪽에는 산타 아가타 예배당 Capilla de Santa Agata 등이 있다. 광장에서는 야외극이나 콘서트 등이 열리기도 한다.

Map P.198-B2 **가는 방법** 메트로 4호선 Jaume I 역 또는 3호선 Liceu 역에서 도보 3분

◆ 산 하우메 광장 Plaça de Sant Jaume

16세기 르네상스 양식으로 지어진 자치정부 청사 Palau de la Generalitat와 14세기 고딕 양식으로 지어진 시청사 Ajuntament가 마주하고 있다. 옛날부터 바르셀로나의 정치·행정의 중심지로 지금은 고딕 지구 관광의 또 다른 랜드마크가 되고 있다.

광장을 중심으로 사방으로 연결된 길은 람블라스 거리, 대성당, 왕궁, 피카소 박물관이 있는 보른 지구로 연결된다. 고딕 지구의 뒷골목을 여행하고 싶지만 길을 잃을까 자신이 없다면 이 광장과 연결된 길만 돌아봐도 충분히 매력을 만끽할 수 있다.

Map P.198-B2 **가는 방법** 메트로 4호선 Jaume I 역 또는 3호선 Liceu 역에서 도보 3분

◆ 카탈라나 음악당 Palau de la Música Catalana 유네스코

가우디와 같은 시대에 활동한 '꽃의 건축가' 몬타네르의 최고 걸작품. 세상에서 가장 아름다운 콘서트홀이라 해도 과언이 아닐 만큼 건물 외관과 내부 장식이 환상적이다. 화려한 색상의 타일로 장식한 벽·기둥, 색색의 스테인드글라스와 샹들리에는 보는 이로 하여금 감탄을 연발하게 한다. 콘서트홀에는 벽에서 뛰어나오는 유니콘이 조각돼 있고 무대에는 요정들이 연주하는 모습이 조각돼 있다.

내부는 가이드 투어로 둘러볼 수 있고, 여름을 제외한 나머지 시기에는 수준 높은 공연이 매일 열린다. 티켓은 관광안내소나 음악당 매표소에서 구입할 수 있으며 가격은 자리나 공연에 따라 다르다. 공연을 감상할 시간이 없다면 건물 외관만이라도 둘러보고 음악당 카페에 들러 안을 살짝 들여다보자.

Map P.198-B1 **주소** C. Palau de la Música 4-6 **전화** 902 475 485 **홈페이지** www.palaumusica.cat **운영** 매표소 09:30~15:30, 레스토랑 09:00~24:00 가이드투어/셀프 가이드투어 운영 09:00~15:00 **요금** €22/€18, 각각 50분 소요, 영어 및 다수 외국어로 진행되며 셀프 가이드투어에는 한국어 오디오도 있다. **가는 방법** 메트로 1·3호선 Catalunya 역에서 도보 10분 또는 메트로 1·4호선 Urquinaona 역에서 도보 7분

음악당 카페와 레스토랑

음악당 정면 파사드

보른 지구 El Born

중세 시대의 건축물이 고스란히 남아있는 역사지구이자 요즘 바르셀로나에서 가장 뜨는 곳. 원래 피카소 박물관 외에 특별한 볼거리가 없던 이곳에 바르셀로나의 젊은 예술가와 디자이너들의 갤러리와 핸드메이드 상점들이 들어서면서 유행을 선도하는 트렌드세터들이 즐겨 찾는 곳이 됐다. 젊은 예술가들이 실험정신으로 오픈한 개성 넘치는 상점들과 역사 유적이 어우러진 곳으로 우리나라로 치면 삼청동과 홍대를 합친 곳이라 할 수 있다. 바다 가까이 있는 산타 마리아 광장에는 지중해를 누비던 뱃사람들의 수호성인을 모신 산타 마리아 델 마르 성당이 있다. 이 일대는 영화 〈향수〉의 배경이 돼 더욱 유명해졌다.

Map P.200-A1·A2·B1·B2 **가는 방법** 메트로 4호선 Jaume I 역에서 도보 5분

◆ 피카소 미술관 Museo Picasso

피카소 박물관 입구

스페인이 낳은 천재 화가 피카소의 팬이라면 절대 놓치지 말자. 유년 시절부터 말년까지 그린 3000여 점의 그림이 전시돼 있다. 그림을 감상하며 화풍의 변천사까지 알 수 있어 더욱 흥미롭다. 그림 감상의 하이라이트는 「시녀들 Las Meninas」 연작이다. 원래 「시녀들」은 17세기에 활동한 궁정화가 벨라스케스가 그린 그림인데 이를 모티브로 피카소는 58점의 연작을 남겼다. 현재 40여 점의 그림이 이곳 특별전시관에 전시돼 있다. 그림 감상 전에 전시실 앞에 있는 영상부터 보자. 원작이 피카소에 의해 어떻게 변형돼 표현되는지 쉽게 보여줘 그림을 감상하는 데 도움이 된다. 미술관 건물은 14세기에 고딕 양식으로 지어진 아길라르 궁전으로 내부는 피카소 작품에 맞게 현대적으로 개조했다. 1층 갤러리에는 그의 작품을 모티브로 한 다양한 기념품을 판매하고 있으니 꼭 방문해 보자. 관람 후 미술관 카페에 앉아 즐기는 차 한 잔의 여유도 좋다. 박물관 맞은편에 있는 상점과 카페도 놓치지 말자. 흥미로운 디자인의 문구류를 판매한다.

Map P.199-C2 **주소** C. de Montcada 15–23 **홈페이지** www.museupicasso.bcn.es **운영** 5~10월 화·수·일요일 09:00~20:00, 목·금·토요일 09:00~21:00 11~4월 화~일요일 10:00~19:00 **휴무** 월요일 **입장료** 박물관+기획전 일반 €12, 18~25세 사이 €7 기획전 일반 €7, 18~25세 사이 €4.50, 매월 첫 번째 일요일, 5~10월 목·금·토요일 19:00~21:00, 11~4월 목요일 16:00~19:00 등은 무료 (예약필수) **가는 방법** 메트로 4호선 Jaume I 역에서 도보 5분

◆ 산타 카테리나 시장 Mercat de santa caterina

어둡고 낙후됐던 보른지구를 다시 구시가지의 주역으로 만든 시장. 화려한 무지개 색 물결 모양의 지붕이 압권이다. 건물의 시초는 14세기에 지어진 수도원으로 1차 세계대전 당시 폭격으로 폐허가 된 후 1848년 바르셀로나 최초로 지붕이 있는 시장으로 개장했다. 지금의 모습은 1997~2005년에 건축가 엔릭 미라예스와 베네데타가 설계한 것으로 지붕은 세비야에서 주문 제작한 5각형 모양의 타일(총 32만 5000장)을 사용했으며 원색의 색상은 시장 물건의 신선함을, 물결 모양은 지중해를 상징한다. 건물 외벽은 일부 남아있는 수도원 건물을 살린 것이다. 여전히 재래시장으로 사랑받는 곳으로 건축학도와 관광객에게도 인기가 있다.

Map P.198-C2 **주소** Av. de Francesc Cambó 16 **홈페이지** www.mercatsantacaterina.com **운영** 월·수·토요일 07:30~15:30, 화·목·금요일 07:30~20:00 **휴무** 일요일 **가는 방법** 메트로 L4 Jaume I 역에서 도보 5분

◆ 산타 마리아 델 마르 성당 Iglesia de Santa María del Mar

바르셀로나는 지중해 무역으로 번성한 도시다. 성당이 자리한 곳은 원래 육지와 바다의 경계로 이 일대에 살던 뱃사람들이 모금해 14세기에 지어졌다. 카탈루냐 고딕 양식의 건축물 중 으뜸으로 선원들의 수호성인인 산타 마리아가 모셔져 있다. 바다로 떠나는 선원들이 이곳에 들러 안전한 항해와 무사 귀환을 빌었다고 한다.

Map P.198-C3 **주소** Plaça de Santa Maria 1 **홈페이지** www.santamariadelmarbarcelona.org **운영** 월~토요일 09:00~13:00·17:00~20:30, 일요일 10:00~14:00·17:00~20:30 **입장료** 무료, 성당 가이드 투어 €10(55분간), 옥상+영어 오디오 가이드 €8.50(40분간) **가는 방법** 메트로 4호선 Jaume I 역에서 도보 5분

알면 알수록 더 재미있는 동네, 보른 지구를 걷다

바르셀로나에서 고딕지구와 함께 가장 좋아하는 곳이 보른 지구입니다. 왕궁이 있는 고딕지구가 바르셀로나 2천년 역사의 주 무대였다면 보른 지구는 그곳과 관련된 귀족과 서민들이 모여 살았던 무대 뒤의 또 다른 고딕지구랍니다. 언제나 고딕 지구의 그림자처럼 존재했던 보른 지구에 피카소 박물관이 들어서면서 관광객들이 찾기 시작하고, 옛 귀족들의 저택에 젊은 예술가들의 상점들이 들어서면서 바르셀로나의 숨은 명소가 됐답니다. 오늘은 잠시 시내 관광을 멈추고 보른 지구 탐험에 나서 볼까요? 피카소 미술관 관람은 덤입니다.

여행의 시작은 산 하우메 광장에서 피카소 박물관을 이어주는 1 프린세사 거리 C. de la Princesa입니다.
보른 지구를 남북으로 가르는 가장 큰 거리로 개성 있는 레스토랑과 상점들이 즐비합니다. 여기서 남쪽에 있는 콘토네르스 거리 C. dels Contoners로 가 보세요. 지퍼를 이용해 옷을 만들어 파는 2 수노 Suno,
앙증맞은 유아용품과 볼수록 정감 가는 벽걸이 장식을 파는 3 코토네르스 12 Cotoners 12가 나란히 있습니다.
상점 주인들도 가게 물건만큼 개성이 넘칩니다. 거리 끝 쪽에 있는 천연 가죽 신발 전문점 4 누 사바테스 Nu Sabates도 놓치지 마세요. 이곳 출신 예술가가 아닌 미국 캘리포니아에 사는 아르메니아인 장인의 것으로
한 땀 한 땀 정성들여 만들어 그런지 신발이 하나같이 살아있는 것처럼 생명력이 느껴집니다.
너무 예뻐 모두 사버리고 싶을 만큼 탐이 납니다.

다시 미로처럼 얽혀있는 좁은 골목길을 따라 걷다 만나는 그룬이 거리 C. de Grunyi에는 21세기의 피카소를
꿈꾸는 전 세계 예술가들의 그림을 그대로 가방 디자인으로 이용하는 가방 가게 5 핀자트 Pinzat가 나옵니다.
진열장 가방에 반해 가게 안으로 들어가면 사고 싶은 디자인이 너무 많아 행복한 고민에 빠지게 됩니다.
어떤 것도 좋습니다. 세상에 몇 개 안되는 제품으로 소장가치가 분명 있습니다.

좁은 골목길에 많은 인파와 긴 줄이 보이면 그곳은 십중팔구 피카소 미술관입니다.
상점 문을 닫는 점심시간이라면 잠시 들러 미술관을 둘러보고 아니면 보른 지구의 또 다른 명소 산타 마리아 델 마르 성당으로 가 보세요. 이 두 명소를 잇는 몬트카다 거리 C. de Montcada에는 빈티지 제품으로 가득한
6 로이사이아 Loisaia, 기념품으로 그만인 도자기 전문점 7 1748 등이 있습니다. 피카소 미술관 뒤쪽 까레 델 플라사데르 거리 Carrer del Flassaders 역시 이색적인 빈티지 가게들을 만나볼 수 있다. 근처 레크 거리 C. del Rec에는 바르셀로나 멋쟁이들이 즐겨 찾는 스니커즈 전문점 8 무니크 Munich도 있으니 잠시 들러보세요. 점심 먹을 곳으로는 피카소도 즐겨 찾았다는 파에야 전문점 시에테 포르테스 7 Portes이나 바르셀로나에서 꼭 가봐야 하는 명소로 등극한 9 산타 카테리나 시장 Mercat de Santa Caterina을 추천합니다. 디저트는 근처에 있는 10 초콜릿 박물관 Museo de la Xocolata 어떠세요?

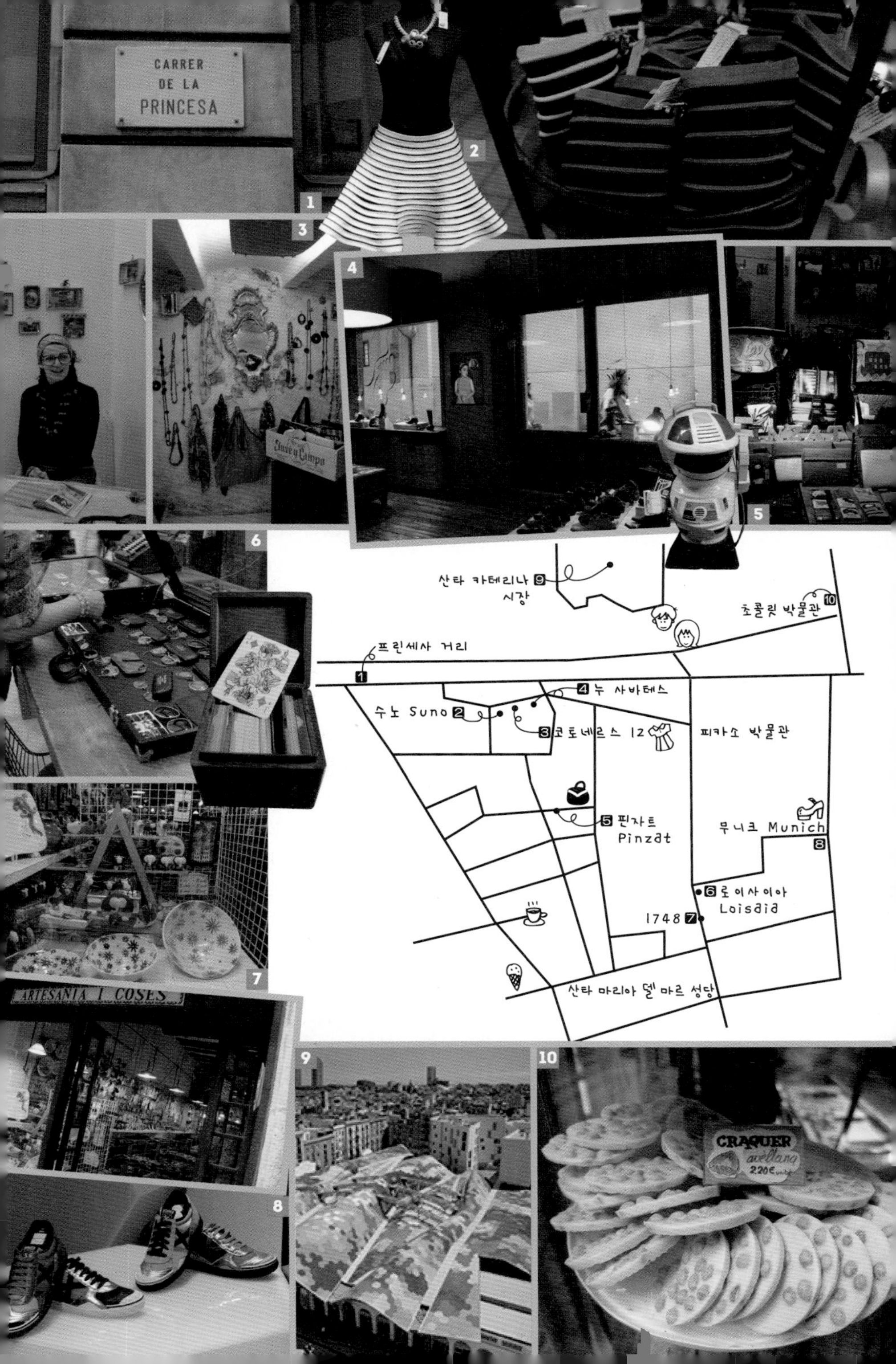
CARRER
DE LA
PRINCESA
1
2
3
4
5
6
7
8
9
10
Juve y Camps
산타 카테리나 9
시장
초콜릿 박물관 10
프린세사 거리
1
4 누 사바테스
수노 Suno 2
3 코토네르스 12
피카소 박물관
5 핀자트
Pinzat
무니크 Munich
8
6 로이사이아
Loisaida
1748 7
산타 마리아 델 마르 성당
ARTESANIA I COSES
CRAQUER
avellana
2.20€

바르셀로네타 La Barceloneta

람블라스 거리에서 메트로를 타고 10분만 가면 해변이 나온다. 20년 전만 해도 작은 어촌마을에 불과했던 이곳은 시의 노력으로 시민들이 가장 사랑하는 휴식 공간으로 탈바꿈했다. 해안선을 따라 넓은 백사장이 펼쳐지고 각각의 개성을 담은 모던한 건축물이 들어서 있다. 바다를 따라 이어지는 산책로와 자전거 전용도로도 있다. 추운 겨울을 제외하고는 해수욕과 일광욕을 하려는 사람들과 푸른 지중해를 바라보며 산책과 하이킹을 즐기려는 사람들로 붐빈다. 또한 해산물 전문 레스토랑까지 밀집해 있어서 휴식과 함께 맛있는 요리도 맛볼 수 있는 최고의 휴양지다.

Map P.200-B2 **가는 방법** 메트로 4호선 Barceloneta 역에서 도보 10분

바르셀로네타 해변

바르셀로네타의 놀이동산

시우타데야 공원 Parc de la Ciutadella

1888년에 만국박람회장으로 사용된 곳으로 지금은 시민들이 즐겨 찾는 휴식처가 됐다. 이곳에서는 당시 학생이었던 가우디가 공동 작업으로 설계한 분수·철책·낙수관 등을 볼 수 있다. 또 세계의 진귀한 동물 박제를 전시하고 있는 동물학 박물관 Museu de Zoologia도 있다. 이 박물관 건물은 몬타네르의 작품이며 원래는 박람회 때 레스토랑으로 쓰기 위해 지은 것이다. 공원 중앙에는 보트를 탈 수 있는 호수가 있고 공원 한쪽에는 동물원도 있다. 공원 분위기가 매우 이국적이고 우리나라에서 볼 수 없는 특이한 나무들로 가득하니 현지인들처럼 일광욕과 피크닉도 즐길 겸 들러보자.

Map P.200-B2 **주소** Passeig de Picasso 21 **운영** 4~10월 10:00~21:00, 11~3월 10:00~19:00 **가는 방법** 메트로 1호선 Arc de Triomf 역 또는 4호선 Barceloneta 역에서 도보 5분

가우디의 철책

가우디가 공동 작업으로 참여한 분수

에이샴플라 지구와 신시가

바르셀로나는 19세기 무렵 대대적인 개발로 현대적이고 세련된 도시로 탈바꿈한다. 이때 자로 재서 그린 것 같은 바둑판 모양의 신도시가 탄생하고 그 위에 가우디를 비롯한 수많은 모더니즘 건축가들의 건물들이 들어섰다.

그라시아 거리 Passeig de Gràcia

20세기 초의 바르셀로나는 현대적인 도시로의 탈바꿈을 위해 도시 재정비에 나섰다. 시는 보수공사를 원하는 시민들을 위해 공사비의 50%를 지원했고 덕분에 도시 전체에 재건축 붐이 일었다. 도시 전체의 건물 중 30%가 이때 지어졌거나 재건축됐으며 그중 70%에 달하는 건물이 그라시아 거리에 집중 됐다. 건물주들은 자신의 건물을 세상에서 가장 화려하고 멋진 건물로 만들기 위해 재능 있는 건축가들을 섭외하려고 열을 올렸다. 그 결과 그라시아 거리는 당대 최고의 건축가들의 작품이 모여 있는 곳으로 19세기 모더니즘 건축의 박물관을 방불케 한다. 거리에 깔린 보도블록도 가우디의 작품이다.

거리의 중앙은 가로수가 있는 산책로이고 길 양 옆에는 유명 브랜드 매장과 스페인 최고의 디자인 제품을 파는 전문 매장이 들어서 있다. 거리에는 쇼핑을 즐기려는 스페인의 멋쟁이들이 선글라스를 쓰고 멋지게 활보하고, 카페에는 젊은이들이 삼삼오오 모여 차를 마시며 수다를 떤다. 관광객들은 오늘도 카사 바트요와 카사 밀라의 기묘한 모습에 반해 해바라기처럼 건물을 향해 고개를 치켜들고 감상하고 있다. 예술가들의 혼이 깃든 이 멋진 거리는 하루에 몇 번을 걸어도 질리지 않는다.

Map P.232 **가는 방법** 카탈루냐 광장과 람블라스 거리에서 도보 5~10분. 그라시아 거리에는 3개의 메트로 역이 있다. 메트로 1·3호선 Catalunya 역(그라시아 거리가 시작되는 카탈루냐 광장), 메트로 3·4호선 Pg. de Gràcia 역(카사 바트요와 카사 밀라가 있는 그라시아 거리 중앙), 메트로 3·5호선 Diagonal 역(그라시아 거리 북쪽 끝)

Travel Plus

그리시아 거리 가로등과 박쥐 이야기

그라시아 거리에 있는 32개의 가로등이 가우디의 작품으로 알려졌으나 사실은 1906년 시 소속 건축가인 페레 팔케스 Pere Falqués i Urpí가 디자인 한 것이다. 가로등에 장식된 박쥐는 무어인들로부터 빼앗긴 영토를 탈환 하는데 총력을 기울였던 아라곤의 왕 자우메 1세 Jaume I와 인연이 깊다. 숙영 중이던 자우메 1세와 군인들이 이상한 소리에 놀라 잠에서 깨어나 군을 재정비한 덕분에 숨어있던 무어인의 공격을 막아낼 수 있었다. 그 이상한 소리가 바로 박쥐의 소리로 자우메 1세는 이를 기념하기 위해 박쥐의 형상을 칼에 달았다고 한다.

불화의 사과 블록

Manzana de la Discordia

그라시아 거리에는 가우디의 카사 바트요 Casa Batlló, 조셉 푸치의 카사 아마트예르 Casa Amatller 그리고 루이스 도메네크 이 몬타네르의 카사 레오 이 모레라 Casa Lleó Morera 등 당대 최고의 모더니즘 건축가들이 각각 맡아 재건축한 건물이 나란히 있다. 1905년 바르셀로나 정부가 뽑은 올해의 건축물은 카사 레오 이 모레라였다. 그 경쟁이 마치 그리스·로마 신화에 나오는 헤라·아테나·아프로디테 등 세 여신이 황금 사과를 놓고 싸우는 모습과 흡사하다 하여 이 블록의 이름을 '불화의 사과'라 부른다 (스페인어로 사과와 블록은 만사나 Manzana라고 하는 동음이의어).

신화에 의하면 퓌티아의 왕 펠레우스와 바다의 여신 테티스의 결혼에 불화의 신 에리스가 초대받지 못한다. 이에 화가 난 에리스는 결혼식장에 나타나 '가장 아름다운 여신에게'라는 글귀가 써진 황금 사과를 하객들 사이로 던지고 이에 미의 여신으로 자부하던 헤라·아테나·아프로디테 등이 황금사과를 두고 겨루게 된다. 그 심판을 목동으로 떠돌던 트로이의 왕자 파리스가 맡게 되고 파리스는 황금사과를 아프로디테에게 준다. 사실 아프로디테는 자신을 미의 여신으로 뽑아준다면 파리스에게 세상에서 가장 아름다운 여인을 아내로 맞게 해 준다는 제안을 했다. 경쟁에서 이긴 아프로디테는 약속대로 파리스에게 스파르타의 왕비 헬레네와의 결혼을 돕고 이 일은 트로이 전쟁의 불씨가 된다.

용의 전설을 간직한 카사 바트요

건축상을 받은 카사 레오 모레라

카사 레오 모레라 Casa Lleó Morera

1905년 시의 예술 건축 콘테스트에서 표창을 받은 '레오 모레라의 집'. 1864년에 지어진 건물을 사업가 알베르트 예오 모레라의 의뢰로 1902~1906년에 걸쳐 루이스 도메네크 이 몬타네르가 리모델링했다. 집주인은 기능적, 미적으로 뛰어난 집을 원했고 이에 부합해 몬타네르는 합리주의와 상상이상의 화려한 장식으로 뛰어난 미적 감각을 살려냈다. 몬타네르 외에 각 분야의 전문가와 장인들이 여럿 참여했다. 내부는 스테인드 글라스, 모자이크, 유리, 도자기, 나무, 대리석 등 다양한 재료를 사용한 장식과 조각 작품들로 우아하고 화려함의 극치를 보여준다. 외관은 원형 파밀리온이 왕관처럼 지붕 위에 앉아 있고 건물 벽면의 섬세하고 화려한 조각들로 시선을 잡아끈다. 꽃의 건축가답게 건물은 마치 요정의 집 같다. 몬타네르의 팬이라면 카탈루냐 음악당과 함께 꼭 감상해 보자. 단, 실내를 둘러볼 수 있는 가이드 투어가 있었으나 2018년부터 운영이 중지되어 외관만 볼 수 있다.

Map P.232-B2 **주소** Passeig de Gràcia 35 **전화** 93 676 2733 **홈페이지** www.casalleomorera.com **가는 방법** 메트로 3·4호선 Pg. de Gràcia 역에서 바로

초콜릿을 생각나게 하는 카사 아마트예르

카사 아마트예르Casa Amatller

카사 아마트예르를 장식하고 있는 화려한 조각들

카사 바트요와 나란히 있는 건물. 바르셀로나의 대표적인 모더니즘 양식의 건축물로 가우디와 같은 시대에 활동하던 조셉 푸치 이 카다팔츠가 1900년에 초콜릿 제조업자인 안토니오 아마트예르를 위해 지은 집이다. 왠지 초콜릿이 연상되기도 하는 이 건물은 채색 타일과 화려한 조각들로 꾸며져 있다. 현재 일반주택으로 사용돼 1층만 개방하고 있다. 내부 관람은 개별 또는 가이드 투어로 돌아 볼 수 있으며 내부 전체가 깨지기 쉬운 소재로 돼 있어 하이힐을 신고는 입장이 불가하다.

Map P.232-B2 **주소** Passeig de Gràcia 41 **전화** 93 216 0175 **홈페이지** amatller.org **운영** 10:00~20:00 **입장료** 가이드 투어(예약 필수) 일반 €20, 학생 €17 개별관람(오디오 가이드 투어) 일반 €17, 학생 €15 **가는 방법** 메트로 3·4호선 Pg. de Gràcia 역에서 바로

그라시아 거리
200m
Citi Bank A3
카사 아마트예르 B2 Casa Amatller
카사 바트요 B2 Casa Batlló
카사 밀라 Casa Milá B1
카사 레오 모레라 B2 Casa Lleó Morera
불화의 사과 블록 B2 Manzana de la Discordia
Ciudad Condal A3
Mango B2
Zara B3
Hotel Murmuri Barcelona A1
바르셀로나 코리아 호스텔 A3
디아고날 대로 Avinguda Diagonal
Carrer de Balmes
Carrer de Córsega
캄페르 Camper
관광안내소
Gran Hotel Catalonia
야드로 Lladró
디아고날 역 Diagonal
Carrer del Rosselló
5호선 Línia 5
옴 Hotel Omm
폰사 Ponsa
프로벤사 역 Provença
Rambla de Catalunya
파세오 데 그라시아 Paseo de Grácia
빈손 Vinçon
카사 밀라 Casa Milà
캄페르 Camper
Carrer de Provença
그라시아 거리
Carrer de Rau Claris
엔리크 그라나도스 거리 Carrer d'Enric Granados
카탈루냐 철도
토스 Tous
콘데스 Hotel Condes de Barcelona
루이 뷔통 Louis Vuitton
Carrer de Mallorca
발메스 Hotel Balmes Barcelona
망고 Mango
구치 Gucci
샤넬 Chanel
아르마니 콜레지오니 Armani Collezioni
캄페르 Camper
HCC 레헨테 HCC Regente
마헤스틱 Hotel Majestic Barcelona
클라리스 Hotel Clarís
Carrer de Valencia
Carrer del Consell de Cent
엘 불레바르드 델스 안티쿠아리스 El Bulevard dels Antiquaris
프레스티지 파세오 데 그라시아 Prestige Paseo de Gracia
불레바르드 로사 Bulevard Rosa
안토니 타피에스 미술관 Fundació Antoni Tàpies
버버리 Burberry
독토르 레타멘디 광장 Pl. del Doctor Letamendi
카사 바트요 Casa Batlló
카사 아마트예르 Casa Amatller
카사 레오 모레라 Casa Lleó Morera
카르티에 Cartier
파세이그 데 그라시아 역 Passeig de Gràcia
AC 디플로마틱 Hotel AC Diplomatic
Carrer del Rossello
로에베 Loewe
카카오 삼파카 Cacao Sampaka
Seminari Coneiliar de Barcelona
4호선 Línia 4
푸리피카시온 가르시아 Purificación García
크리스탈 팔라세 Cristal Palace
Carrer de la Diputació
보그 Vogue
HCC 산토 모리츠 HCC St.Moritz
NH 칼데론
살바토레 페라가모 Salvatore Ferragamo
바르셀로나 대학 Universitat de Barcelona
아베니다 팔라세 Avenida Palace Barcelona
레스 코르츠 카탈라네스 대로
Gran Via de les Corts Catalanes
2호선 Línia 2
Zara
파세이그 데 그라시아 역 Passeig de Gràcia
Fresc Co
우니베르시타트 역 Universitat
Ronda de la Universitat
Passeig de Gràcia
라이에 Laie
Carrer de Casp
해피 북스 Happy Books
카탈루냐 역 Catalunya
카탈루냐 플라사 Catalunya Plaza
관광 식당 쇼핑 숙소

가우디 스캔들, 카사 바트요와 카사 밀라

카사 바트요

카사 밀라

19세기 모더니즘 건축의 꽃으로 불리는 그라시아 거리에는 바르셀로나를 떠들썩하게 한 두 채의 건물이 있다. '뼈로 만든 집'으로 불리는 카사 바트요와 '채석장'이라는 별명으로 불렸던 카사 밀라가 그 곳이다. 이 건물들은 중년의 가우디가 지은 건물로 주인의 허영심을 채워준 건물이라기보다는 이곳에 세 들어 사는 세입자를 위해 지은, 자연을 고스란히 담은 사랑의 집이다. 하지만 21세기의 우리에게도 신선하고 파격적인 만큼 100년 전 사람들에게는 더한 충격이었다고 한다. 건물이 완성되자 매일같이 사람들의 입에 오르내렸으니 말이다. 바르셀로나에서 꼭 봐야 하는 관광명소, 가우디 건축물 중 하나 밖에 볼 수 없다면 추천하는 작품, 유럽 여행 중 가장 기억에 남는 건물. 이 두 건물은 여전히 화제의 중심에 있다. 이 두 건물이 궁금해 죽겠다면 빨리 달려가 보자.

유네스코

뼈로 만든 집
카사 바트요 Casa Batlló

뷰포인트

그라시아 거리에는 어마어마하게 큰 분홍색 공룡 한 마리가 산다. 해골 모양의 거대한 입으로 숨을 토하고 몸통에 달려 있는 수십 개의 눈으로 사람들을 구경한다. 온몸을 감싸고 있는 핑크색 비늘은 아침 햇살에 빛나고 커다란 지느러미는 바다 속을 헤엄치듯 흐느적거린다. 그 큰 입을 통해 뱃속으로 들어가면 그라시아 거리의 현실 세계는 사라지고 지중해의 깊은 바다 속 세상이 펼쳐진다. 물에 빠졌다는 당황스러움도 잠시 온몸이 붕 떠오르며 한 마리의 인어가 되어 자유롭게 그 안을 헤엄치기 시작한다. 이상한 착각이다.

카사 바트요은 가우디가 실업가 조셉 바트요 가사노바스 Josep Batlló y Casanovas의 의뢰로 재건축한 건물이다. 바트요는 건물의 외관을 가장 화려하고 멋지게 만들어줄 것을 요구했으나 건물이 너무 낡아 외관에만 신경을 쓸 수 없었다. 가우디가 고민 끝에 건물을 튼튼하게 지탱하도록 건물 정면에 몬주익의 사암을 사용해서 만들기로 했다.

1·2층을 동물 뼈 모양의 기둥을 세워 튼튼하게 하고 그 뼈 모양 기둥과 잘 어울리는 해골 모양의 베란다를 설치했다. 옥상은 용의 척추뼈를 형상화했다. 뼈들의 유기적인 요소에서 영감을 받아 설계된 이 건물은 당시 사람들에게 '뼈로 된 집'이라 불리며 큰 화제를 모았다. 건물 외관은 여러 빛깔의 모자이크 타일로 장식해서 아침 햇사을 받으면 빛이 반사되어 물결처럼 일렁인다. 가우디의 시적 감각을 보여주는 부분이다. 지중해를 테마로 한 건물 안으로 들어가면 물결 모양의 계단이 나오고 계단을 따라 헤엄치는 기분으로 층별로 구경을 하고 나면 옥상으로 연결된다. 옥상에는 특이하지만 예쁜 굴뚝이 늘어서 있고 아름다운 비늘에 싸인 용의 일부분이 다락방을 둘러싸고 웅크리고 있다. 이것은 카탈루냐의 수호성인 산트 호르디 Sant Jordi가 용을 무찌르고 손에 피를 묻혀 노란 바탕에 네 개의 붉은 선을 그어 카탈루냐의 기를 만들었다는 전설을 표현한 것이다. 용의 머리와 꼬리가 보이지 않는 것은 나쁜 짓을 못하도록 십자가로 봉인되었기 때문인지도 모른다. 현재 이 건물은 츄파춥스를 만드는 사탕 회사 소유로 가우디 탄생 150주년을 기념해서 일반인에게 개방되었다. 참고로 츄파춥스는 사탕을 빨아먹을 때 나는 쩝쩝거리는 소리를 표현한 스페인 의성어로 미국이 아니라 스페인 브랜드다. 춥파춥스의 로고 '노란색 데이지꽃'은 창업자 엔리크 베르나트의 친구였던 화가 살바도르 달리가 카페에서 즉석으로 그려준 것이다.

Map P.232-B2 **주소** Pg. de Grácia 43 **전화** 93 216 0306 **홈페이지** www.casabatllo.es(한국어 지원)
운영 매일 09:00~22:00 **입장료** ①일반방문(09:00~21:00) €29, ②'Magic Night' 방문+콘서트 (일몰시간 20:00 방문, 21:00 콘서트) €59, ③친밀한 야간방문 (황혼에 방문 20:30~21:15) €25, ④'Be the first' 아침방문 (08:30~08:45 입장) €45 **가는 방법** 메트로 3·4호선 Pg. de Gràcia 역에서 하차 후 바로

1 응접실로 사용되었던 플란타 노블레 Planta Noble
2 건물 가운데 부분. 바다 속을 연상시킨다.
3 깨진 타일로 장식한 옥상의 굴뚝
4 건물 안쪽에서 바라 본 물결 모양의 베란다와 내부 정원

유네스코

라 페드레라, 채석장
카사 밀라 Casa Milá

뷰포인트

마법사 가우디는 몬세라트의 바위산을 뚝 떼어서 그라시아 거리에 옮겨놓았다. 지중해의 물줄기를 일으켜 바위산의 안과 밖을 소용돌이치며 지나가게 하고 그 물길을 따라 아름다운 자연의 곡선이 생기도록 했다. 물줄기가 지나간 자리에는 해초들이 너울거리고 자연의 신들이 날아와 옥상에 살포시 내려앉는다.

채석장을 연상시킨다고 해서 '라 페드레라 La Pedrera'라는 별명으로 불리는 카사 밀라는 평소 가우디의 팬이었던 페라 밀라 이 캄프스가 카사 바트요에 반해 의뢰한 건물이다. 건물은 바르셀로나 근교에 있는 몬세라트 산을 테마로 지어졌으며 실내는 잔잔한 물결이 일렁이듯 리듬감 있는 곡선으로 벽과 천장이 설계되었다. 파도 모양의 옥상정원에는 투구를 쓰고 도심 속에 자리 잡은 수호신 모양을 한 굴뚝과 환기탑이 여기저기 세워져 있어 가우디만의 독특한 세계를 보여준다.

건물이 완공되고 건물에 대한 반응은 극과 극이었다. 유기적인 형태나 조형성을 높이 평가한 찬사가 있는가 하면 노골적인 조롱과 비난을 퍼붓기도 했다. 당시 신문사 만화가들은 카사 밀라에 대한 그림으로 떼돈을 벌었다고 할 만큼 엄청난 반향을 일으켰다.

"엄마, 여기에 지진이 일어났나요?"라는 말이 오가는 만화, 각종 잡동사니가 들어간 노아의 방주에 비유되기도 하고 벌집, 고기 파이 등으로도 불렸다. 기대가 컸던 건물주는 크게 실망했고 가우디와 사례금 문제로 다툼이 생겨 절교까지 했다. 결국 가우디는 밀라를 상대로 소송을 해서 미납된 보수를 받아 종교 단체에 전액을 기부했다.

오늘날 카사 밀라는 20세기 건축 베스트 10에 선정됐으며 가우디 건축양식의 절정을 보여주는 최대의 예술 작품으로 불린다. 현재 카이샤 카탈루냐의 은행 소유지만 여전히 사람들이 살고 있다. 건물의 일부를 개방해서 건물 안을 견학할 수 있으며 가우디의 건축 세계를 소개하는 전시장이 매우 흥미롭다. 특히 옥상은 카사 밀라 감상의 하이라이트로 옥상에 오르는 순간 소음으로 가득한 도시는 사라지고 한 번도 구경하지 못한 우주가 펼쳐진다. 한여름 밤에는 음악 연주회를 열어 아주 특별한 공연장으로 변신한다.

Map P.232-B1 **주소** Passeig de Gràcia 92 **전화** 932 142 576 **홈페이지** www.lapedrera.com
운영 3~11월 주간 09:00~20:30, 야간 21:00~23:00, 그 외 09:00~18:30, 야간 19:00~23:00 **입장료** ①일반관람 €28(자유 관람, 무료 오디오 가이드) ②Night Experience €39 (야간가이드 투어, 옥상에서의 미디어 아트쇼, 카바 1잔) ③일반관람+나이트 익스피리언스 €49 ④첫 입장 €39 (오픈 전 입장, 영어 가이드 투어)
◆입장권은 위 4종류 외에도 다양하니 홈페이지를 통해 내게 맞는 프로그램을 선택해 예약하자. **가는 방법** 카사 바트요에서 도보 3분. 메트로 3·4호선 Pg. de Gràcia 역 또는 메트로 3·5호선 Diagonal 역에서 도보 3~5분

1 카사 밀라의 하이라이트 병정들의 옥상
2 고래의 다락(가우디 건축 세계에 대한 전시관)
3 몽환적 분위기의 1층 로비, 꽃과 나비 정원
4 카사 밀라의 모티브가 된 몬세라트

유네스코

신이 머무는 곳, 그리고 기도와 명상을 위한 곳

사그라다 파밀리아 성당

Templo de la Sagrada Família 뷰포인트

신이 머무르는 곳, 그리고 기도와 명상을 위한 곳이라는 테마로 지어진 사그라다 파밀리아 성당은 31세의 젊은이 가우디가 74세의 백발노인이 될 때까지 평생을 바쳐 만든 걸작이다. 청년 가우디가 성당의 총 책임자가 되었을 때 그는 세상에서 가장 성스러운 성당을 지으리라 다짐한다. 성당 돔에서 비추는 빛과 유리창을 통해 들어오는 빛이 만나 성당 안은 영광스러운 빛으로 가득하고 성스러운 조각과 음악이 흐르리라 상상한다.

바르셀로나의 상징이자, 천재 건축가 가우디의 최후 걸작. 성가족은 예수와 그의 부모 마리아와 요셉을 의미한다. 성당 내·외부를 성경에 나오는 이야기들로 조각해 '돌로 만든 바이블'로 불린다. 1882년 착공 당시에는 네오 고딕 양식으로 설계됐으나, 1년 후 가우디가 설계를 맡으면서 무데하르 양식과 초현실주의 양식으로 지어졌다. 가우디의 건축답게 자연을 모티브로 만들어졌으며 성당 내·외부 모두 독창적이면서 창조적인 요소가 가득하다. 멀리서도 보이는 옥수수 모양의 4개 탑은 바르셀로나를 대표하는 마스코트 중 하나다. 성당은 아직 미완성 상태이며 기부금과 입장료만으로 공사를 진행하고 있다. 스페인 정부에서는 가우디 사후 100년이 되는 2026년 완공을 목표로 공사 중이다.

현재 완성된 부분은 성당의 동서 파사드, 옥수수 모양으로 솟은 4개의 탑과 지하예배당, 2010년에 완성된 본당 등이다. 본당은 가우디의 계획대로 돔과 창을 통해 자연광이 넘쳐난다. 주제단은 돔에서 내려오는 자연광 덕분에 더욱 극적이며 천장과 기둥들은 기하학적 문양의 조각들로 장식돼 있다. 본당 안은 온통 흰색이며 화려한 색상의 스테인드 글라스를 통해 들어오는 빛에 따라 실내 분위기가 달라진다.

지하예배당에는 가우디의 묘가 있으며 성당 건축에 관한 기록과 사진 등을 전시하고 있다. 옥수수 모양의 탑을 개방하고 있는데 타워 엘리베이터를 타고 올라가서 걸어 내려 올 수 있다. 달팽이 모양의 나선형 계단은 그림엽서에 자주 등장하는 것이니 감상도 하고 사진도 찍어보자.

내부 관람은 빠르면 1~2시간, 오래 보면 반나절도 걸릴 수 있으니 물이나 간단한 간식 정도는 챙겨가는 게 좋다. 성당인 만큼 예를 갖추고, 노출이 심한 복장은 입장거부 될 수 있으니 주의하자.

Map P.203-C2 **주소** Mallorca 401 **홈페이지** www.sagradafamilia.org **운영** 11~2월 월~토요일 09:00~18:00, 일요일 10:30~1800, 3~10월 월~금요일 09:00~19:00, 토요일 09:00~18:00, 일요일 10:30~19:00 4~9월 월~금요일 09:00~20:00, 토요일 09:00~18:00, 일요일 10:30~20:00, **입장료** 성당 €26, 성당+타워 €36, 성당 가이드 투어 €30, 성당 가이드 투어 및 타워 €40 **가는 방법** 메트로 2·5호선 Sagrada Família 역에서 하차

◆타워 엘리베이터 이용권은 별도로 구입해야 하며 티켓에 이용 시간이 표기돼 있으니 시간에 맞춰 엘리베이터를 타자.

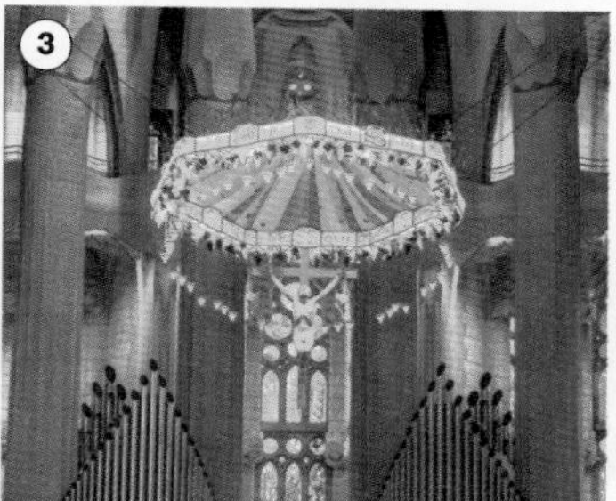

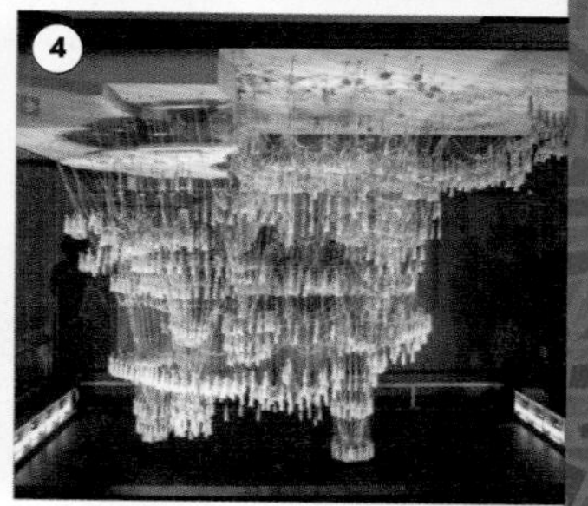

1 2006년에 완성된 수난의 파사드
2 햇빛에 따라 달라지는 성당 내부
3 중앙 예배당
4 완벽한 균형을 위한 거꾸로 매달기 실험
5 가우디 생전에 완성한 탄생의 파사드

"나에게 점점 죽음의 그림자가 드리워지고 있다. 슬프게도 사그라다 파밀리아 성당은 내 손으로 완성하지 못할 것이다. 나의 뒤를 이어 완성시킬 사람들이 나타날 것이고, 이러한 과정 속에서 성당은 장엄한 건축물로 탄생하리라"

-안토니오 가우디-

신의 건축가를 만나다

바르셀로나에는 신의 건축가로 불리는 두 사람이 있다. 한 사람은 안토니오 가우디, 또 한 사람은 루이스 도메네크 이 몬타네르. 두 사람은 카탈루냐 사람이고 자연으로부터 영감을 받아 그 모습을 그대로 건축에 반영했고 건축을 예술 작품으로 승화시켰다. 사람들은 이들을 20세기의 미켈란젤로라 부르고 그들의 작품을 감상하기 위해 바르셀로나를 찾는다. '세상에서 가장 아름다운'이라는 수식어가 아깝지 않은 두 건축가의 사그라다 파밀리아 성당과 산 파우 병원을 만나보자. 한편의 영화를 감상하는 것처럼 지식이 아닌 감성으로 느껴보자. 사그라다 파밀리아 성당과 산 파우 병원은 가우디 거리 Av. de Gaudí가 이어주고 있다.

치유를 위한 예술 공간
산 파우 병원 유네스코
Hospital de la Santa Creu I Sant Pau

"예술에는 환자를 치유하는 힘이 있다."
–루이스 도메네크 이 몬타네르–

세상에서 가장 큰 병원, 시설 좋은 병원이라는 말은 들어봤어도 세상에서 가장 아름다운 병원이라는 말은 처음 듣는다. 병원이 얼마나 아름다우면 세계문화유산까지 됐을까? 이 병원은 흔히 우리가 상상하는 병원 건물이 아니다. 푸른 잔디와 나무로 둘러싸인 공원 안에는 48개의 아름다운 건물이 들어서 있고 건물마다 형형색색의 타일과 조각이 가미되어 우아함과 화려함의 극치를 보여준다. 곳곳에 십자가를 새겨 넣고, 신을 향해 간절히 기도하는 성자와 천사상을 조각해서 이곳에 머무는 모든 환자들의 쾌유를 빈다.
건물의 간격을 넓게 만들어 병실마다 볕이 잘 들도록 했고, 건물과 건물 사이에는 지하 통로를 만들어서 날씨와 상관없이 누구나 안전하게 이동할 수 있도록 설계했다. 푸른 정원에는 허브가 자라서 환자들은 은은한 아로마 향을 맡으며 산책할 수 있다. 새 소리마저 감미 로운 이곳은 백 년 전에 지어졌다고는 믿어지지 않을 만큼 예술과 기능, 거기에 정신적인 치료까지 더해진 가장 이상적인 치유의 공간이다. 우리가 알고 있는 가장 좋은 병원이란 최고 실력의 의료진과 최첨단 의료기기를 갖춘 병원이지만 100년 전에 환경이 환자에게 미치는 정신적인 부분까지도 고려한 건축가가 있었다.
카탈라나 음악당을 지은 모더니즘 건축가 루이스 도메네크 이 몬타네르 Lluís Domènech i Montaner (1850~1923)의 마지막 작품이다. 몬타네르는 가우디와 동시대에 활동했던 건축가중 한사람으로 바르셀로나에서 태어나 자연과 카탈루냐 전통을 밑바탕으로 한 건물을 지어 가우디와 함께 바르셀로나를 대표하는 건축가다.
산 파우 병원은 카탈루냐 지방에 세워진 최초의 현대식 병원으로 은행가 파우 길 Pau Gil의 기부로 지어졌다. 1905년에 짓기 시작해 25년 만에 완성됐으나 안타깝게도 도메네크는 완공을 보지 못하고 그의 자식들이 이어받아 완성했다.

Map P.203-C2 **주소** St. Antoni Maria Claret 167 **전화** 93 553 7801 **홈페이지** www.santpaubarcelona.org **운영** 09:30~18:30 **입장료** €17, 가이드 투어 €21 **가는 방법** 메트로 5호선 Sant Pau | Dos de Maig 역에서 도보 3분

1 루이스 도메네크 이 몬타네르 동상이 있는 입구
2 쾌유를 비는 간절한 기도
3 산책길에서 나는 허브 향이 주는 편안함
4 병동을 이어주는 지하도
5 아름다운 건축물 속 병동

유네스코

구엘이 꿈꾸고 가우디가 만든 이상적인 도시

구엘 공원 Parc Güell 뷰포인트

건축가라면 자신이 꿈꾸는 집을 짓고 그 안에서 살아 보고 싶겠지? 그렇다면 천재 건축가 가우디라면 어땠을까? 1900년 가우디의 든든한 후원자 구엘은 바르셀로나 시내가 한눈에 보이는 페라다 산기슭의 부지를 매입한다. 이곳에 오래전부터 꿈꿔왔던 영국식 정원도시를 세우기 위해서였다. 그 책임자로 가우디가 나섰고 그는 도시 계획상 유례를 찾아 볼 수 없는 세상에서 가장 아름다운 도시를 탄생시켰다. 오늘날 우리가 추구하는 자연 속의 도시라고 해야 할까? 가우디는 산의 원형을 그대로 살리기 위해 도로는 등선을 따라 건설했고 인공적인 건축물도 최대한 자연을 닮게 만들어 자연 속에 살포시 녹게 했다.

가우디와 구엘은 산업지구에서 멀리 떨어진 곳에 총 40~60가구를 위한 영국식 고급 주거단지를 조성하려했다. 그래서 이름도 영어로 '구엘 파크 Güell Park'로 지었다. 1914년 모든 공용시설은 완공되었으나 교통이 불편한 고지대에 위치하고 있어 입주가정 모집에 실패했고 후원자 구엘마저 죽자 계획이 흐지부지된다. 결국 구엘의 후손들이 시청에 팔게 돼 현재 공원으로 개방하게 됐다. 오늘날 관광객들이 감상하는 구역이 바로 공용시설 구역이다. 공원의 도로는 산의 원형을 살리기 위해 등고선을 따라 건설했고 낮은 곳은 매우지 않고 다리를 건설했다. 도로를 기준으로 구획을 정리했고 정문, 대계단, 도리스식 신전(시장), 그리스 극장(자연광장 또는 중앙광장), 산책로 등을 만들었다. 정문 양쪽의 두 건물은 경비실과 봉사관이다. 봉사관 지붕의 십자가는 정확히 동서남북을 가르키고 있다. 대계단(용의 계단)은 현재 세계문화유산으로 지정된 곳으로 화려한 타일 모자이크로 치장한 조각상들이 있다. 카탈루냐 문장과 용머리 장식이 있는 분수, 바르셀로나의 마스코트 지하수의 수호신 퓨톤(용 또는 도룡용)이다. 대계단 위로 86개의 원기둥이 있는 도리스식 신전이 나온다. 신전은 시장용도로 지하에는 물 저장고가, 위로는 자연광장을 떠받치고 있다. 자연광장에 내린 비는 원기둥 속으로 흘러내려 지하 저장고로 모이고, 중앙계단의 분수로 흘러내리게 설계돼 있다. 자연광장은 시내와 지중해가 한 눈에 보이는 전망대로 넘실거리는 파도를 연상하게 하는 모자이크 타일 장식의 벤치로 유명하다.

Map P.202-B1 **주소** Carrer d'Olot, s/n **홈페이지** parkguell.barcelona **운영** 09:30~19:30(7~8월 09:00~) **입장료** €10
가는 방법 ①카탈루냐 광장 또는 카사 바트요&카사 밀라 앞에서 24번 버스 이용, Ana María Matute Ausejo 역 또는 Ctra. del Carmel-Albert Llanas 역 하차 후 도보 5분 ②메트로 3호선 Lesseps 역 하차 후 도보 20분
◆티켓은 온라인으로 미리 구입하는 게 좋으며 예약 시 방문 날짜와 시간 등을 지정하게 돼 있다. 티켓에 표시된 입장시간으로부터 30분 안에 입장해야 하고 시간이 지나면 입장이 불가하다. 코로나 이후 관람은 관람객의 접촉을 최소화하기 위해 한 방향으로만 돌아볼 수 있는데, 출입구가 3곳이나 있으니 관람 중 실수로 공원 밖으로 나가지 않게 주의하자. 07:00~09:30, 20:00~22:00은 오직 현지인에게만 개방하는 시민공원으로 탈바꿈한다.

1 화려한 타일로 장식된 파도 모양의 벤치
2 공원의 하이라이트인 중앙광장에서 본 풍경
3 공원의 마스코트 퓨톤 분수
4 산책로
5 도리식 신전의 천장 장식

카사 비센스 Casa Vicens 유네스코

가우디 최초의 걸작이자 카탈루냐와 유럽에서 모더니즘 운동을 시작한 최초의 건물 중 하나. 건물은 의뢰인 비센스 가족을 위한 여름집으로 1883~1885년에 지어졌다. 네오 알함브라 궁전 양식과 무데하르 양식의 영향을 받았으며 가우디가 건축 부지 답사 당시 본 아프리카 금잔화와 거대한 야자수를 그대로 건물의 모티브로 사용했다. 현재 3개의 구역으로 구별돼 있으며 가우디의 최초의 건축물, 1925년 다른 건축가에 의해 확장된 공간, 건물을 둘러싸고 있는 정원이다. 내부 관람은 흡연실과 휴게실, 식당이 있는 로비, 침실과 욕실이 있는 1층, 주요 전시 공간인 2층, 전망대인 옥상 순으로 둘러볼 수 있으며 지하에는 기념품과 책을 파는 서점이 있다. 조용한 주택가에 현대적으로 해석한 알함브로 궁전이 세워져 있는 것처럼 건물은 이색적이고 아름답다. 2005년 세계문화유산에 등재됐으며 가우디의 모든 건축 작업의 씨앗이 되었다니 가우디 건축에 관심이 있다면 꼭 들러보자.

Map P.202-A1 **주소** Carrer de les Carolines, 20-26 **전화** 93 547 5980 **홈페이지** casavicens.org **운영** 4~10월 09:30~20:00, 2024년 11월~2025년 3월까지 월요일 10:00~15:00, 화~일요일 10:00~19:00 **입장료** 일반 €21, 학생 €19 **가는 방법** 메트로 3호선 Fontana 역에서 도보 5분

◆ 월별 운영시간의 변동이 있으니 방문 전 홈페이지 참조.

카사 칼베트 Casa Calvet

1898~1904년 작품으로 1900년 제1회 바르셀로나 건축상을 수상했다. 5층짜리 주택으로 1·2층은 주인인 칼베트의 사무실, 3층은 자택, 4·5층은 임대용으로 사용했다. 가우디의 작품 중 가장 평범해 보이는 건축물이지만 환기, 채광, 급·배수 등에 섬세하게 신경을 써 실내의 쾌적함을 더했다. 건물 밖 지붕에는 그가 디자인한 개성 넘치는 굴뚝이 있다. 현재 일반인이 거주하는 임대 맨션으로 내부 관람은 불가능하나, 1층에 고급 레스토랑이 있어 이곳에서 식사를 한다면 실내 감상도 할 수 있다.

Map P.198-C1, P.200-A1 **주소** Carrer de Casp 48 **홈페이지** www.casacalvet.es **가는 방법** 메트로 1·4호선 Urquinaona 역에서 도보 5분

• **레스토랑 전화** 93 412 4012 **운영** 월~토요일 13:00~15:30, 20:30~23:00 **휴무** 일요일·공휴일 **예산** 런치메뉴 €38~42, 정식 €58~80 ◆레스토랑을 이용하려면 미리 예약해야 한다.

구엘 별장 Finca Güell

구엘의 주말 별장으로 지은 건물로 1884~ 1887년까지 3년에 걸쳐 지어졌으며 문과 벽, 식당, 마구간 등을 가우디가 맡아 건축했다. 무데하르 양식이며 화려한 색상의 타일이 주재료로 사용됐다. 현재는 카탈루냐 공과대학 건축학부의 가우디 기념 강좌 본부로 이용되고 있으며 마구간은 도서실과 연구센터, 조련 축사는 대학원 강의실로 사용하고 있다. 내부 관람은 불가능하지만 정문으로 사용하고 있는 '용의 문'은 그리스 신화 속 '황금사과 정원을 지키는 파수꾼'을 생동감 있게 묘사해 구엘 별장 감상의 하이라이트로 손꼽힌다.

Map P.204-B1 **주소** Avinguda de Ped-ralbes 7 **가는 방법** 메트로 3호선 Maria Cristina 역에서 도보 10분

몬주익 지구

전망 좋은 몬주익 언덕은 1992년 바르셀로나 올림픽의 주경기장이 있고 황영조 선수가 마라톤에서 금메달을 딴 장소로 기억되는 곳이다. 지금은 기념공원으로 조성돼 시민들의 휴식처이자 연인들의 데이트 장소로 사랑받고 있다.

몬주익 언덕 Montjuïc 뷰포인트

'유대인의 산'이란 의미의 몬주익은 14세기 말 스페인 전역에서 쫓겨난 유대인들이 모여 살았던 곳이다. 1888년 바르셀로나 만국박람회를 위한 전시장 개발을 시작으로 미술관과 박물관, 공원 등이 들어서면서 시민들의 휴식처이자 문화공간으로 자리 잡았다.
주요 볼거리로는 카탈루냐 미술관, 스페인 마을, 미로 미술관, 올림픽 스타디움, 몬주익 성 등이 있다. 또한 곳곳에 전망대가 있어 다양한 각도로 바르셀로나의 멋진 풍경을 감상할 수 있다. 워낙 지역이 방대하므로 무조건 걷지 말고 목적지별로 교통수단을 선택하자. 다양한 교통수단을 이용하는 것도 여행의 또 다른 재미다. 비수기에는 산책할 때 인적이 드문 곳은 피하는 게 안전하다. Map P.207-C2

알아두세요

목적지별로 몬주익 언덕 오르는 방법

몬주익 언덕 전용 버스인 150번은 메트로 1·3호선 Espanya 역과 연결된 스페인 광장에서 몬주익 성까지 운행된다. 스페인 마을, 올림픽 스타디움, 미로 미술관, 몬주익 성 등 주요 명소마다 정차하니 천천히 걷다 지치면 이용해 보자.

❶ 카탈루냐 미술관 & 스페인 마을 메트로 1·3호선 Espanya 역에서 도보 10~20분
❷ 올림픽 스타디움 카탈루냐 미술관에서 도보 10분
❸ 미로 미술관 올림픽 스타디움에서 도보 10분 또는 메트로 2·3호선 Paral–lel 역에서 등산열차(푸니쿨라르)를 타고 올라가면 바로 있다.
❹ 전망대 메트로 4호선 Barceloneta 역에서 5분 정도 걸으면 St. Sebastià가 나온다. 여기서 20인승 케이블카를 타고, Mirador 전망대에서 내린 후 도보 10분. 4인승 곤돌라로 갈아타면 된다. 총 20분 소요.

미라 마르 전망대

◆ 카탈루냐 미술관(MNAC) Museu Nacional d'Art de Catalunya 뷰포인트

10~20세기까지의 카탈루냐 미술의 총집합. 1929년 바르셀로나 만국박람회 전시장으로 쓰였던 곳을 개조해 1934년 중세 기독교 미술 작품을 전시하는 미술관으로 오픈했다. 서양 미술의 근간을 이루는 중세 시대 미술 작품을 한자리에서 감상할 수 있는 세계적으로 보기 드문 미술관이다. 각 전시실은 성당을 테마로 꾸며져 있으며, 로마네스크와 고딕, 르네상스와 바로크, 모더니즘, 사진·영상·수집품 등 4개의 전시실로 나뉘어 있다. 주요 볼거리로는 카탈루냐 지방의 성당 벽화와 제단화 등이 있다. 피레네 산맥에 위치한 작은 산악마을 타우이의 성 클라멘테 성당에서 가져온 「전능하신 그리스도」 벽화가 가장 유명하다. 미술관 정문 앞이 뷰 포인트로 바르셀로나 최고의 분수 쇼가 광장 앞에서 벌어진다.

Map P.206-B1 **주소** Palau Nacional Parc de Montjuàc **홈페이지** www.museunacional.cat **운영** 10~4월 화~토요일 10:00~18:00(5~9월 ~20:00), 일요일·공휴일 10:00~15:00 **휴무** 월요일 **입장료** €12(토요일 15:00~, 매달 첫째 주 일요일은 무료) **가는 방법** 메트로 1·3호선 Espanya 역에서 도보 10분

스페인 마을 정문

◆ 스페인 마을 Poble Espanyol de Montjuïc

몬주익 언덕 기슭에 있는 스페인 마을들을 재현한 테마파크. 1929년 만국박람회를 기념하기 위해 오픈한 곳으로 스페인 각 지역의 마을들을 미니어처로 만들어 하루 만에 스페인을 여행하는 기분을 맛볼 수 있는 곳이다. 옛 모습을 그대로 재현한 은행에서 환전해주는 모습도 이채롭다. 각 지방의 특산품과 수공예품도 팔고 있으니 구경도 하고 쇼핑도 즐겨 보자.

Map P.206-B1 **주소** Av. de Francesc Ferrer i Guàrdia 13 **전화** 93 508 6300 **홈페이지** www.poble-espanyol.com **운영** 월요일 09:00~20:00, 화~일요일 09:00~24:00 **입장료** €9 **가는 방법** 메트로 1·3호선 Espanya 역에서 도보 15~20분 또는 카탈루냐 미술관에서 도보 5분

Travel Plus

El Tablao de Carmen

몬주익 언덕에 있는 스페인 마을 안에 있다. 1929년 오픈 당시 전설의 플라멩코 무용수인 카르멘 아마야가 오픈 공연을 한 곳으로 유명하다. 수준 높은 공연을 감상할 수 있으며, 미리 공연 예약을 하면 스페인 마을은 무료로 관람할 수 있다(오후 4시부터 무료 입장 가능).

Map P.206-B1 **주소** Avda. Francesc Ferrer i Guàrdia 13 **전화** 93 325 6895 **홈페이지** www.tablaodecarmen.com **영업** 18:00~22:30, 쇼 18:00, 20:30 (2회) **요금** 디너+쇼 €802, 타파스+쇼 €63, 음료+쇼 €45 **가는 방법** 메트로 1·3호선 Espanya 역에서 도보 15분

◆ 미로 미술관

Museu Fundacio Joan Miro 뷰포인트

초현실주의 화가 호안 미로 Fundació Joan Miró의 작품을 전시한 공간으로 바르셀로나 시내가 한눈에 보이는 몬주익 언덕 위에 있다. 미로의 친구이자 건축가인 루이스 셀트가 설계한 건물에 미로가 기증한 300여 점의 작품을 전시하고 있다. 현대회화 기법의 추상을 잘 보여주며 조각, 회화, 콜라주 등 다양한 작품이 전시돼 있다. 동심을 담은 그의 작품은 미술에 흥미가 없더라도 가볍게 감상하기 좋으니 한번 들러 보자.

미로의 조각 작품을 전시한 옥상은 야외 갤러리이자 시내 풍경을 감상할 수 있는 뷰 포인트이기도 하다. 시간이 없다면 그의 작품을 모티브로 한 다양한 기념품을 파는 상점에 가거나 마당 안 카페테리아에 들러 차를 마시며 휴식을 취해보자.

Map P.207-C2 **주소** Parc de Montjuïc s/n **전화** 93 443 9470 **홈페이지** www.fundaciomiro-bcn.org **운영** 화~토요일 10:00~20:00 일요일 10:00~19:00 **휴무** 월요일 **입장료** 일반 €15, 학생 €9 **가는 방법** 150번 버스 이용 또는 메트로 2·3호선 Paral-lel 역에서 등산열차를 타고 종점에서 하차해 도보 5분

미로 미술관 정문

전시관이자 전망대로 쓰이는 옥상

◆ 미라 마르 전망대

Mirador de Miramar 뷰포인트

바르셀로나 최고의 뷰 포인트. 미라 Mira는 '보다', 마르 Mar는 '바다'라는 뜻으로 지중해와 구시가 풍경을 한눈에 담을 수 있는 전망대다. 몬주익 언덕 관광의 하이라이트이니 꼭 방문해 보자. 미로 미술관에서 도보로 5분 정도 내려가거나 바르셀로네타에서 빨간색 케이블카를 타고 내리면 바로 있다. 전망대 옆에는 카페테리아도 있으니 차를 마시며 느긋하게 풍경을 감상해 보자. 석양 무렵에 올라가면 하나둘 불이 밝혀지는 바로셀로나의 야경이 매우 아름답다.

Map P.207-D2 **주소** Plaça de Carlos Ibáñez 2 **가는 방법** 150번 버스 이용 또는 미로 미술관에서 도보 5분. 또는 메트로 4호선 Barceloneta 역 근처 St. Sebastià에서 20인승 케이블카를 타고 내리면 바로

◆ 몬주익 성
Castell de Montjuïc 뷰포인트

1640년 펠리페 4세에 대항한 반란군에 의해 세워졌으며 그 후 감옥과 병기창고 등 다양한 용도로 사용됐다. 프랑코 독재 정권 당시에는 정치범을 수용하는 감옥으로 사용하다 1960년 프랑코 총통의 지시로 프레데릭 마레가 수집한 무기들을 전시하는 박물관으로 일부 사용하고 있다. 한여름에는 필름 페스티벌이 열리고 주변은 전망 좋은 산책로로 사랑받는 곳이다. 4인용 최신식 곤돌라를 타고 몬주익 언덕의 정상으로 오르면 끝없이 펼쳐진 지중해를 감상할 수 있다. 이곳 풍경보다 사방이 유리로 된 곤돌라 안에서 감상하는 풍경이 훨씬 멋지다.

Map P.207-C2 **주소** Ctra. de Montjuïc 66 **홈페이지** ajuntament.barcelona.cat/castelldemontjuic/ca **운영** 11~2월 10:00~18:00, 3~10월 10:00~20:00 **입장료** €12, 매월 첫째 일요일, 매주 일요일 15:00~ 무료 **가는 방법** 메트로 2호선 Paral-lel 역에서 등산열차를 타고 종착역에 내려 바로 4인용 곤돌라로 갈아타면 된다. 또는 등산열차를 타고 종착역에 내려 150번 버스를 이용하면 경비를 절약할 수 있다.

토레 아그바르 Torre Agbar

현대 바르셀로나의 랜드마크. 프랑스 건축가 장 누벨 Jean Nouvel이 몬세라트 바위산을 모티브로 디자인하여 2004년에 완공한 현대적인 건축물이다. 철근 콘크리트와 450개의 LED 유리창으로 만들어진 높이 142m의 빌딩으로 바르셀로나에서 세 번째로 높은 건물답게 시내 어디서나 눈에 띈다. 총탄 모양처럼 생긴 이 건물의 외벽은 4,500TH LED 유리창으로 돼 있어 낮에는 햇빛, 밤에는 12가지 컬러의 화려한 조명으로 빛난다. 또한 내부에 최첨단 자동 온도 조절 장치가 있어 창문들이 스스로 열리고 닫힌다. 현재 바르셀로나 수자원공사 건물로 사용되고 있으며 1층은 전시장으로 일반에 무료로 개방하고 있다.

Map P.201-C1·D1 **주소** Av. Diagonal 211 **전화** 93 342 2000 **운영** 월~금요일 08:00~20:00, 토·일요일·공휴일 09:30~15:00 **불 켜지는 시간** 여름(3/31부터~) 21:00~24:00, 겨울(10/1부터~) 19:00~23:00 **가는 방법** 메트로 1호선 Glòries 역에서 도보 10분

티비다보 놀이공원 Parque de Atracciones Tibidabo 뷰포인트

세상에 100년 전에 산꼭대기에 놀이공원을 짓다니! 20세기 초 바르셀로나가 얼마나 잘 살았는지 드라마틱하고 즐길 줄 아는 바르셀로나 사람들의 기질을 제대로 보여주는 곳이다. 티비다보는 바르셀로나 북단에 위치한 콜세롤라 산맥 Serra de Collserola에서도 가장 높은 봉우리(512m)이다. 1900년 놀이공원과 산으로 운행되는 등산열차(푸니쿨라 Funicular)공사가 시작되고 1901년 10월 29일에 개장했다. 등산열차는 2019년까지 100년도 넘게 운행되다 2021년에 최신식 등산열차 쿠카 데 룸 Cuca de Llum으로 교체돼 그 전통을 잇고 있다. 온통 유리로 된 등산열차를 타고 차창 밖 풍경을 감상하다 정상에 오르면 지중해가 품은 바르셀로나의 파노라마가 펼쳐진다. 정상에는 티비다보 놀이공원과 사그라트 코르 성당 Templo Expiatorio del Sagrado Corazón이 있다. 티비다보는 그리스도를 높은 곳으로 데려가 유혹했다는 악마 이름에서 유래했다는데 이곳 풍경이 너무 멋져 '네가 나를 숭배한다면 이 모든 것을 주겠다!'라는 악마의 속삭임이 들리는 거 같다. 바르셀로나에 가면 꼭 들러야 하는 명소로 날씨가 좋다면 무조건 가보자. 이곳을 제대로 즐기고 싶다면 자유이용권을 구매해 하루 종일 놀거나 시간이 없다면 석양 무렵에 들러 성당과 전망대만이라도 들러보자.

Map P.203-C1 **주소** Plaça del Tibidabo 3–4 **홈페이지** www.tibidabo.cat

- **놀이공원 운영** 토·일요일·공휴일 11:00~ 21:00(7월 수~일요일, 8월은 매일, 시즌별 운영시간이 다양해 방문 전 반드시 확인해야한다) **휴무** 1~2월 **입장료** 1개당 €3, 자유이용권 €35(등산열차 포함)
  ◆놀이동산은 총 5층으로 돼 있으며 공원 운영 일에는 모든 놀이기구 탑승이 가능해 무조건 자유이용권을 구입해야 한다. 운영하지 않는 날은 꼭대기층 Panoramic area만 운영해 개별티켓을 구입할 수 있다.
- **성당 운영** 09:00~20:00 **입장료** 성당 무료, 전망대 €5

알아두세요

티비 다보 가는 방법

❶ FGC 기차 S1·2호선 이용 Peu del Funicular역 하차 후 푸니쿨라르(Vallvidrera Inferior 역)로 환승. 종점(Vallvidrera Superior역)에서 하차. 역 바로 앞에서 미니버스 111번을 타고 티비다보 공원인 Pl. Tibidabo에서 하차. 10회권 또는 8회권 사용이 가능하며 40분 정도 소요된다.

❷ 일행이 여럿이라면 시간 절약을 위해서 택시이용을 추천한다. (€25~)

❸ 놀이공원이 개장하는 날에는 시내에서 셔틀버스가 운행되니 홈페이지를 참조하자.

❹ 1901년에 개통된 티비다보 등산열차(Funicular del Tibidabo–Cuca de Llum)를 타보고 싶다면 FGC 기차 L7호선 이용 Av. Tibidabo 역 하차. 독토르 앤드레우 광장 Pl. Doctor Andreu에 있는 등산열차역에서 타면 된다. (€12 또는 놀이동산 자유이용권에 포함)

콜로니아 구엘 성당

La Iglesia de la Colònia Güell 유네스코

바르셀로나의 사그라다 파밀리아(성 가족) 성당처럼 미완으로 남아있는 가우디의 또 다른 성당. 1898년 서민을 위한 성당을 지어 달라는 후원자 구엘의 요청으로 짓기 시작했지만 10년 동안 거꾸로 매달린 모형실험과 사그라다 파밀리아 성당 건축에 참여하면서 공사가 중단돼 미완으로 남게 됐다. 하지만 유일하게 지어진 지하 예배당은 가우디 최고의 걸작으로 평가받아 오늘날 세계문화유산으로 지정됐다. 지하 예배당 안은 화려한 색상의 타일로 모자이크 장식이 주를 이루고, 아무렇게나 자른 것 같은 특유의 대리석 기둥이 떠받치고 있다. 그리고 가우디 특유의 개성을 보여주는 스테인드글라스도 유명하다. 설계도면과 가우디의 스케치 등도 전시돼 있으니 완성된 성당 모습이 궁금하다면 꼭 보고 가자.

주소 Claudí Güell s/n **홈페이지** www.gaudicoloniaguell.org **운영** 월~금요일 10:00~17:00 (토·일요일 ~15:00) **입장료** 일반 €10, 학생 €7.50 **가는 방법** 스페인 광장의 Plaça Espanya 역에서 카탈루냐 철도 FGC S3·S4·S8·S9번을 타고 Colonia Güell 역에서 하차 후 도보 10분. 한적한 교외에 위치. 특히 역 주변이 너무 한적해 좀 무섭게 느껴질지 모르지만 표지판만 잘 따라가면 금방 찾을 수 있다. 관광안내소는 성당에서 5분 거리에 위치한다. 관광안내소에서 입장권 구입, 화장실 무료 이용, 콜로니아 구엘 성당 및 마을 전체 관련 정보를 얻을 수 있다.

Restaurant

먹는 즐거움

지중해에 면해 있는 바르셀로나는 해산물 천국이다. 거기에 유럽을 대표하는 미식가의 나라 프랑스·이탈리아의 영향을 받아 음식의 맛이 좋을 뿐 아니라 세련돼 있다. 입만이 아니라 눈까지 즐거운 요리는 바르셀로나가 예술의 도시임을 실감나게 한다. 대부분의 레스토랑이 카탈루냐 광장과 람블라스 거리 주변에 모여 있다. 해산물 레스토랑은 주로 해안가에 몰려 있다.

해산물 레스토랑

바다 내음 가득한 해산물 요리는 싱싱한 자연의 맛을 그대로 살려 우리 입맛에 잘 맞는다. 바르셀로나에 가면 꼭 먹어봐야 하는 음식이 파에야, 사르수엘라 Zarzuela (해산물 스튜), 올리브 오일과 마늘을 넣어 요리한 각종 해산물 요리 등이다. 단 우리 입맛에는 간이 센 편이라 주문할 때에는 소금을 적게 넣어 달라고 요청해야 한다. "소금 적게 넣어 주세요!(끼에로 운 뽀꼬 살 Quiero un poco Sal!)".

7 PORTES

1836년에 문을 연 파에야 전문점. '7개의 문(7 Portes)'이란 이름은 7개의 문이 있는 고풍스러운 건물에 위치하고 있는 데서 유래됐다. 전통과 현대적인 분위기가 조화를 이룬 감각적인 실내가 인상적이다. 매우 인기 있는 레스토랑으로 많은 유명 인사들이 이곳의 단골손님이다. 피카소도 먹었다는 6종류의 파에야와 화이트 와인을 즐겨보자.

Map P.198-C3 **주소** Passeig Isabel II, 14 **전화** 93 319 3033 **홈페이지** www.7portes.com **영업** 매일 13:00~24:00 **예산** 파에야 €20.50~, 조개소스찜 €23~ **가는 방법** 메트로 4호선 Barceloneta 역에서 도보 5분

PACO ALCALDE

1921년에 오픈한 해산물 전문 레스토랑. 바르셀로네타에서도 꽤 오래된 레스토랑 중 하나로 3대째 맛과 전통을 이어오고 있다. 해산물은 물론 요리에 쓰이는 모든 재료를 엄선한다. 모든 종류의 해산물 요리를 맛볼 수 있으며 특히 오징어 먹물 파에야와 아귀 파스타 등이 유명하다. 배 위에서 그물을 끌어올리는 어부의 그림은 레스토랑의 상징으로 거친 바다에서 꿈을 낚는 모습을 형상화한 것이라고 한다.

Map P.200-A3 **주소** C/ d'Emília Llorca Martín 12 **전화** 93 221 5026 **홈페이지** pacoalcalde.es/en/ **영업** 12:00~16:30, 18:30~22:00 **휴무** 화요일 **예산** 파에야 €19~, 조개소스찜 €19 **가는 방법** 메트로 4호선 Barceloneta 역에서 도보 10분

LA PARADETA

싱싱한 해산물을 합리적인 가격에 푸짐하게 먹을 수 있는 해산물 전문점. 시내에만 5곳에 지점이 있다. 주문은 수북이 쌓아 놓은 해산물을 보고 원하는 해산물과 양을 이야기하자. 무게를 잰 후 계산하면 된다. 이때 음료와 원하는 조리법(삶기; 바포르 Vapor, 굽기; 플란차 Planca, 튀기기; 프리토 Frito)도 이야기해야 한다. 음식이 나오면 호명하니 직접 가져다 먹어야 한다. 외국인에게 주문이 다소 어려운 만큼 미리 먹고 싶은 해산물과 양, 조리법 등을 현지어로 메모해 가자. 우리나라 사람들이 즐겨먹는 해산물로는 왕새우, 랍스터, 홍합, 꼴뚜기, 맛조개, 문어 다리, 갑오징어 등이 있다. 음료는 맥주나 화이트 와인이 좋고 곁들여 먹을 빵 주문도 잊지 말자.

Map P.199-C3 **주소** Carrer Comercial 7(보른지구), Carrer del Consell de Cent 318(그라시아 거리 지구), Passatge de Simó 18(사그라다 파밀리아 지구) **홈페이지** www.laparadeta.com **영업** 13:00~16:00, 20:00~23:30 **예산** 해산물 종류에 따라 개수 또는 그람(g)으로 판매한다. €20~30

EL CANGREJO LOCO

카사 밀라 근처에 위치한 고급 해산물 레스토랑. 식당은 1·2층과 간단하게 타파스를 즐길 수 있는 야외 테라스가 있다. 2층으로 올라가는 계단에는 해외 유명인사들이 이곳에서 식사를 하고 주인과 기념 촬영을 한 사진으로 꾸며져 있다. 파에야는 물론 다양한 해산물 요리를 맛 볼 수 있으며 랍스타를 넣은 어죽, 연어요리, 데이야끼 소스를 뿌린 참치요리, 대구 요리 등이 유명하다. 예약 시 2층의 전망 좋은 자리로 부탁하자.

주소 C. de Aribau, 115 **홈페이지** www.elcangrejoloco.com **전화** 93 221 0533/93 221 1748 **영업** 매일 12:00~24:00 **예산** 연어요리 €15~28, 데리야끼 소스 참치요리 €18.50, 대구요리 €21 **가는 방법** 메트로 3·4호선 Pg. de Grácia 역에서 도보 5분

EL REFUGI DEL PORT

현지인들도 즐겨 찾는 파에야 전문점. 워낙 작은 데다 반나절만 영업을 해 예약은 필수다. 깊은 맛을 자랑하는 해산물 파에야인 아로스 칼도소 Arroz Caldoso가 주 요리다.

Map P.200-A3 **주소** C. del Judici 4 **전화** 93 225 4469 **영업** 화~일요일 13:00~17:00 **휴무** 월요일, 8월 중순부터 2주간 여름휴가 **예산** 파에야 €26~ **가는 방법** 메트로 4호선 Ciutadella/Vila Olímpica 역 또는 메트로 4호선 Barceloneta 역에서 도보 10분

카탈루냐 가정식&타파스 전문점

카탈루냐 지방 가정식을 맛보고 싶다면 애피타이저, 메인요리, 디저트 등이 포함된 오늘의 메뉴 Menu del Dia를 먹어보자. 저렴한 가격에 현지인들이 즐겨먹는 음식들로 구성돼 있어 무난하다. 타파스는 간식, 식사, 술안주 등으로 먹을 수 있으니 의미에 따라 곁들여 마시는 음료도 달라진다.

BAR CELTA PULPERIA

문어 요리 전문점. 관광객뿐만 아니라 현지인들에게도 인기 있는 곳이다. 허름하고 촌스러운 분위기도 이 곳 인기의 비결이다. 가격이 비싸지 않으니 문어 포함 다양한 해산물 타파스를 주문해 먹어보자. 고딕 지구 여행 중 오후 휴식이 필요할 때 들리기 좋다.

Map P.198-B3 **주소** Carrer de Simó Oller, 3 **전화** 933 15 00 06 **홈페이지** www.barcelta.com **영업** 12:00~24:00 **휴무** 화요일 **예산** 문어 요리 €12~ **가는 방법** 메트로 4호선 Jaume I 역에서 도보 5분

CIUDAD CONDAL

그란 비아 거리와 람블라 카탈루냐 거리가 교차하는 지점에 위치한 전통 타파스 집. 우리나라 사람들에게 잘 알려지지 않았지만 언제나 사람들로 북적이는 타파스 집이다. 다양한 종류의 타파스를 맛볼 수 있으며 여기에 새콤달콤한 상그리아까지 곁들여도 좋다.

Map P.232-A3 **주소** Rambla de Catalunya 18 **전화** 93 318 1997 **영업** 매일 08:30~01:00(주말 09:00~) **예산** 타파스 €4~9 **가는 방법** 메트로 2·3·4호선 Pg. de gracia 역에서 도보 2분

BILBAO BERRIA LA BARRA

대성당 바로 앞에 위치한 꼬치 타파스 전문점. 뷔페식으로 음료만 따로 주문하고 직접 원하는 타파스를 골라 먹으면 된다. 모든 타파스는 긴 꼬치에 꽂혀있고 테이블에 마련된 꼬치통의 꼬치를 세서 계산한다. 점심과 저녁시간에는 요리도 먹을 수 있다. 타파스 맛이 워낙 좋아 언제나 사람들로 북적인다.

Map P.198-B2 **주소** Plaça Nova 3 **전화** 648 745 839 **홈페이지** www.grupobilbaoberria.com **영업** 09:00~24:00 **예산** 꼬치 1개당 €1.95 **가는 방법** 대성당에서 도보 1분 또는 메트로 4호선 Jaume I 역이나 3호선 Liceu 역에서 도보 5분

CENTFOCS

관광지에서 조금 떨어진 곳에 있는 카탈루냐 가정식을 먹을 수 있는 레스토랑. 2003년도에 오픈했으며 현지인들에게 꽤 인기가 있다. 점심에 제공되는 오늘의 메뉴를 먹어보자. 샐러드, 주요리, 디저트, 음료까지 모두 포함돼 있다. 주요리는 쇠고기, 닭고기, 생선 중 선택하면 된다. 음식은 모두 자극이 없고 담백하다.

Map P.207-D1 **주소** Balmes 16 **전화** 93 412 0095 **홈페이지** www.centfocs.com **영업** 점심 13:00~16:00, 저녁 20:30~23:30(단, 월·일요일은 점심시간까지만 운영함) **예산** 오늘의 메뉴 €15.45, 주요리 €7~20.50 **가는 방법** 메트로 1·2호선 Universitat 역에서 도보 3분

BAR L'UNIVERS SANTA CATERINA

산타 카테리나 시장 안에 있는 바. 판 콘 토마테 Pan con tomate와 커피 한 잔도 좋고 해산물과 타파스를 즐기기에도 그만인 곳이다. 시장 안에 있어 식재료가 싱싱하고 음식 맛도 일품이다. 메뉴판이 사진으로 돼 있어 주문도 쉽고 보케리아 시장보다 한산한 것도 장점이다. 가볍게 현지 음식을 맛보고 싶다면 추천한다.

Map P.198-C2 **주소** Avenida Francesc Cambó S/N **홈페이지** barestaurant-lunivers.negocio.site **영업** 월~토요일 07:00~15:30 **휴무** 일요일 **예산** €11~20 **가는 방법** 람블라스 거리에서 도보로 15분 또는 메트로 L4 Jaume I 역에서 도보 7분

LA FLAUTA

20년 전통의 타파스 전문점. 관광지에서 멀리 떨어져 있어 현지인들이 즐겨 찾는 곳이다. 점심, 저녁 상관없이 언제나 사람들로 붐비니 줄 서는 걸 귀찮아하지 말자. 가격 대비 맛 좋고 양도 푸짐하다.

Map P.207-D1 **주소** Aribau 23 **전화** 93 323 7038 **영업** 월~목요일 08:00~00:30, 금요일 08:00~01:30, 토요일 09:00~01:00 **휴무** 일요일, 8월 3주간 **예산** 타파스 €3~17 **가는 방법** 메트로 1·2호선 Universitat 역에서 도보 7분

CONESA ENTREPANS

고딕 지구의 산 하우메 광장에 있는 보카디요 Bocadillos 맛집. 바로 구운 바삭한 빵과 신선하고 알찬 재료, 저렴한 가격으로 우리나라 사람들에게도 잘 알려져 있다. 바쁜 여행 중 간단히 먹기 좋은 곳이다. 와이파이를 연결하면 한국어 메뉴가 뜬다.

Map P.198-B2 **주소** Carrer de la Llibreteria 1 **홈페이지** www.conesaentrepans.com **영업** 08:30~22:15 **휴무** 일요일 **예산** 보카디요 €4~10 **가는 방법** 람블라스 거리에서 도보 7분

BUN BO

시내에만 여러 곳에 지점이 있는 베트남 쌀국수 집. 현지인들 입맛에 맞춰진 곳이라 우리에게 아쉬움은 많지만 그래도 현지음식보다 따뜻한 국물이 그리울 때 들르기 좋다. 무엇보다 화려하게 꾸며진 실내 인테리어가 음식보다 더 즐겁게 해 준다. 메뉴판도 예쁘다. 짜지 않게, 뜨거운 국물 등은 주문 시 미리 이야기해야 한다.

Map P.198-B2 **주소** C. Sagristans 3(고딕 지구) **전화** 93 301 1378 **홈페이지** www.bunbovietnam.com **영업** 13:00~23:00 (금·토요일 ~24:00) **예산** 오늘의 메뉴 €11~17 **가는 방법** 대성당 맞은편 골목 안

RESTAURANTE ROSA NEGRA

멕시코 음식 전문점. 분보 Bunbo와 자매 레스토랑으로 나란히 있는 경우가 많다. 분보 이상으로 화려한 실내 인테리어가 시선을 사로잡는 곳으로 부리또, 퀘사디아, 타고 등 무난한 멕시코 음식을 먹을 수 있다. 밤에는 바로 변신해 술 한 잔 즐기기에도 그만. 이국적인 분위기로 현지인들로 즐겨 찾는다.

Map P.198-B1 **주소** Carrer dels Àngels 6(라발지구), Via Laietana 46(보른지구) **홈페이지** rosanegrarestaurantes.com **영업** 13:00~24:00 **예산** €10~20 **가는 방법** 두 곳 모두 람블라스 거리에서 도보 10분

카페 & 디저트 전문점

커피를 마실 수 있는 카페가 한 집 건너 하나씩 있을 만큼 커피를 빼놓고는 스페인 사람을 논할 수 없다. 시내 관광을 하다 휴식 겸 들러보자. 카페에 앉아 수다를 떠는 것도 좋지만 바에 앉아 여유를 갖고 즐기는 커피 한 잔으로도 행복해진다.

ELS 4 GATS

파리의 유명한 카바레 '검은 고양이'를 본떠 1897년에 오픈한 레스토랑 겸 카페. 19세기 말 예술가들의 모임 장소로, 피카소와 미로도 이곳의 단골손님이었다. 1903년에 문을 닫았다가 피카소 탄생 100주년을 맞아 1981년에 다시 오픈했다. 건물은 관광청에서 지정한 모더니즘 건축물 중 하나로 조셉 푸치 카다바쉬가 설계했다. 워낙 유명한 까닭에 늘 관광객이 몰려드는 곳이어서 서비스가 그다지 친절한 편은 아니다. 하지만 카페의 역사와 유명 인사의 자취, 그리고 건축 등 모든 면에서 훌륭한 관광명소이므로 찾아가 보자.

Map P.198-B1 **주소** C. Montsió, 3bis **전화** 93 302 4140 **홈페이지** www.4gats.com **영업** 화~토요일 11:00~24:00 (일요일 ~16:00) **휴무** 월요일 **예산** 식사 €50~, 커피 €2.50~ **가는 방법** 메트로 1·4호선 Urquinaona 역에서 도보 5분

GRANJA M. VIADER

125년 역사를 자랑하는 초코우유 카카올라 Cacaolat 전문점. 1870년에 오픈했으며 스페인 전역으로 판매되는 카카올라가 탄생한 곳이다. 주문할 때에는 차갑게, 미지근하게, 뜨겁게 등 원하는 온도를 말하면 된다. 가게는 카페 겸 식료품점으로 운영하고 있다.

Map P.198-A1 **주소** Xuclà, 4–6(라발 지구) **전화** 93 318 3486 **홈페이지** www.granjaviader.cat **운영** 화~토요일 09:00~13:30, 17:00~20:30 **휴무** 월·일요일 **예산** 카카올라 €3.70, 초코무스 €4 **가는 방법** 메트로 3호선 Liceu 역에서 도보 5분

PLANELLES DONAT

천연 아이스크림과 스페인 전통 디저트 투론 Turron 전문점으로 1850년에 오픈했다. 투론은 꿀, 설탕, 계란, 아몬드로 만든 누가의 일종으로 원래 발렌시아 지방의 향토 음식이다. 구시가에만 3개의 매장이 있는데 모두 커피와 음료를 먹을 수 있는 바를 갖췄다. 천연 아이스크림 맛이 일품이니 꼭 들러보자.

Map P.198-B1 **주소** Portal de l'Àngel 27/Portal de l'Àngel 7/Cucurulla 9 **전화** 93 317 3439 **홈페이지** www.planellesdonat.com **영업** 10:00~20:30 **휴무** 일요일·공휴일 **예산** 아이스크림 €2.40~4.50 **가는 방법** 메트로 1·3호선 Catalunya 역 또는 카탈루냐 광장에서 도보 3분

LA XURRERIA MANUEL SAN ROMÁN

1968년에 마누엘 산 로만 Manuel San Román이 문을 연 50년 전통의 추레리아(추로스) 전문점. 지금은 대를 이어 아들이 운영 중이다. 우리나라 꽈배기 맛집 같은 분위기에 언제나 사람들로 붐빈다. 고딕 지구에 위치해 람블라스 거리와 고딕 지구를 여행하다 잠시 들리기 좋다. 추로스 외에 뻥튀기 같은 스페인 전통 과자도 판다.

Map P.198-A2 **주소** Baixos, Carrer dels Banys Nous 8 **전화** 933 18 76 91 **영업** 09:00~21:00 **예산** 추로스 100~200g €3 **가는 방법** 람블라스 거리에서 도보 5분

SPECIAL THEME

바르셀로나의 살아있는 역사, 100년 상점을 찾아라~!

마드리드와 함께 바르셀로나 역시 100년 이상 상점 본래의 예술적 가치를 보존하면서 지금까지 전통을 이어온 상점들에 대해 시에서 100년 상점 동판을 선사한답니다. 길을 걷다 황금 동판을 발견하면 잠시 들러 볼까요? 바르셀로나 시내 여기저기에서 발견할 수 있답니다.

카엘룸 Caelum

수도사와 수녀가 만든 디저트를 맛볼 수 있는 카페. 수도사와 수녀님들이 좋은 기운을 담아서 인지 디저트 하나 하나가 아주 특별합니다. 그래서 가게 이름도 라틴어로 '천국'이라고 지었나봅니다. 1층은 편안한 디저트 카페, 유리 바닥으로 내려다보이는 지하는 중세 시대의 모습 그대로 살렸다고 하네요.

Map P.198-A2 **주소** Carrer de la Palla 8 (고딕 지구)

카사 히스페르트
Casa Gispert

1851년에 창업한 바르셀로나에서 가장 오래된 상점 중 하나. 주로 견과류와 건조 과일, 향신료 등을 파는 상점으로 상점 모습만 봐도 골동품 느낌이 물씬 풍깁니다. 나무 오븐에서 구운 견과류가 이곳의 자랑으로, 그 비결은 여전히 비밀이라네요.

Map P.198-C3 **주소** Carrer dels Sombrerers 23 (보른 지구)

라 마누엘 알파가테라
La Manual Alpargatera

우리나라 사람들에게도 잘 알려진 스페인 짚신으로 불리는 에스파드류 전문점입니다. 달리도 프랑스 패션 디자이너 장 폴 고티에도 이 집의 단골이었다고 하네요. 단순히 가죽 신발을 살 돈이 없어 밀짚을 꼬아 신발을 만들었다는데 지금은 장인이 한 땀 한 땀 손으로 만든 수제화로 명성이 자자합니다.

Map P.198-A2 **주소** Carrer d'Avinyó 7 (람블라스 거리와 인접)

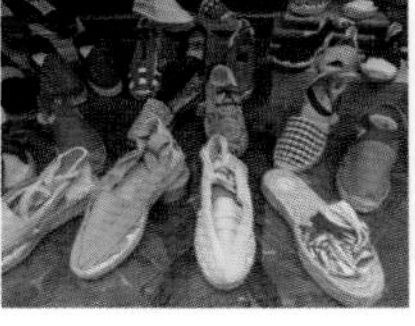

카페 엘 마그니피코
Café el Magnífico

1919년에 창업, 3대째 운영 중인 바르셀로나에서 꽤 오래된 카페 중 하나. 전 세계 커피 원산지를 돌며 엄선한 원두를 정성스럽게 로스팅해 블랜딩한 커피 한 잔을 내 놓습니다. 명성과 달리 가게는 참 소박한데요, 저렴한 가격에 일품 커피를 맛 볼 수 있어 좋은 곳입니다.

Map P.198-B3 **주소** Carrer de l'Argenteria 64 (보른 지구)

Shopping 사는 즐거움

바르셀로나는 유럽에서 알아주는 쇼핑 천국이다. 물가가 비싼 영국이나 북유럽 사람들이 오직 쇼핑을 위해 1년에 몇 차례씩 찾아올 정도다. 여행자에게 가장 흥미로운 쇼핑 거리는 람블라스 거리에서 고딕 지구까지 이어지는 미로 같은 골목길이다. 앤티크 소품, 의류, 신발, 액세서리, 가방, 기념품, 인테리어 잡화, 가죽 제품 등 온갖 쇼핑 아이템을 발견할 수 있다. 또 그림을 파는 갤러리와 고서점도 있다.
카탈루냐 광장에서 람블라스 거리로 내려오다가 왼쪽의 Carrer de Portaferrissa 거리로 들어서면 좁은 골목길에 상점들이 빼곡히 들어서 있다. 그 밖에 유명 브랜드 상점과 부티크가 모여 있는 그라시아 거리 Pg. de Gràcia가 있다.

Travel Plus

바르셀로나에서 구입한 나만을 위한 선물 꾸러미

그림엽서

람블라스 거리에 있는 신문가판대나 오래된 서점 앞에는 사진화보집만큼이나 멋진 바르셀로나 기념엽서가 진열돼 있다. 눈길 가는 엽서를 여러 장 구입해 나만의 액자를 만들어보자.

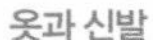

모더니즘 작품을 인용한 기념품

기념품점 어디를 가나 볼 수 있는 도자기 인형, 컵, 문구류, 보석상자, 액세서리, 장식품들. 보는 순간 탐이 나는 기념품을 구입해 보자. 가격은 만만치 않다.

옷과 신발

늘 입는 옷이 지겨워졌다면 기분 전환을 위해 현지에서 옷을 구입해 보자. 합리적인 가격에 캐주얼한 디자인이 돋보이는 H&M, Bershka의 옷으로 멋을 내보고, 세계적인 유행 브랜드 Mango, Zara에서는 한국에서 입을 만한 옷을 구입해 보자. 거기에 디자인·품질·가격 모두 만족스러운 스페인산 신발까지 구입하면 완벽하다.

EL CORTE INGLÉS

카탈루냐 광장에 있는 엘 코르테 잉글레스 백화점은 스페인의 대표적인 백화점으로 스페인 곳곳에서 만날 수 있다. 우리나라처럼 지하에는 식품 매장이 있으며 1층에는 여행자를 위한 기념품 매장을 운영하고 있다. 맨 위층에는 전망 좋은 카페와 레스토랑도 있다. 한곳에서 모든 쇼핑을 해결할 수 있어 편리하다.

Map P.198-B1 **주소** Plaça de Catalunya 14 **홈페이지** www.elcorte ingles.es **영업** 월~토요일 09:30~22:00 **휴무** 일요일·공휴일 **가는 방법** 메트로 1·3호선 Catalunya 역에서 도보 5분

MANGO

우리나라에도 들어와 있는 스페인 브랜드. 젊은이들 취향의 캐주얼한 디자인과 합리적인 가격으로 선풍적인 인기를 얻고 있다. 의류·가방·신발·액세서리 등 토털 코디네이트가 가능하다. 시내 곳곳에 매장이 있으며 고딕 지구에 아웃렛도 있다. 최근에는 망고 키즈 Mango Kids도 출시했다. 아기자기한 유아, 어린이 패션 용품들을 구입할 수 있다(주소 Pg de Gracia 22).

Map P.232-B2 **주소** Pg. de Gràcia 65 **홈페이지** www.mango.com **영업** 월~토요일 10:00~21:00 **휴무** 일요일 **가는 방법** 메트로 2·3·4호선 Pg. de Gràcia 역에서 도보 5분

KOKUA

바르셀로나에만 있는 수제 가죽 플랫슈즈 전문점. 화려한 색상과 다양한 디자인이 특징이며 수제다 보니 같은 모델 사이즈는 각각 하나씩밖에 없다. 박스형 가죽 가방도 인기가 있다.

Map P.198-A2 **주소** Carrer de la Boqueria 30 **운영** 10:00~20:00 **예산** 플랫슈즈 €150~250, 가죽가방 €200 **가는 방법** 메트로 3호선 Liceu 역에서 도보 3분

CRAFTS ART ESCUDELLERS

세라믹 전문점. 가우디, 피카소, 미로 등 유명 예술가들의 작품을 모티브로 한 다양한 도자기 제품이 있다. 화려한 색상의 예술 작품이 가득한 갤러리 안은 구경하는 것만으로도 기분이 좋아진다.

Map P.198-C2 **주소** Carrer Montcada 27 **전화** 93 268 1332 **홈페이지** www.artescudellers.com **영업** 10:00~21:00 **가는 방법** 메트로 4호선 Jaume I 역에서 도보 7분

MISAKO

고딕 지구에 있는 아주 저렴한 가방 전문점. 이 집 가방은 디자인이 심플하고 고급스러운데 비해 가격이 매우 저렴하다. 스페인 전역뿐만 아니라 포르투갈까지 진출해 있다. 가죽 제품은 아니니 기분 전환용이나 여행 중 멜 가방을 구입하자.

Map P.198-B1 **주소** Avinguda del Portal de l'Àngel 14 **홈페이지** www.misako.com **운영** 10:00~21:00 **휴무** 일요일 **예산** 가방류 €10~30 **가는 방법** 메트로 3호선 Liceu 역에서 도보 5분

LA CHINATA BARCELONA

올리브오일 전문점. 최고급 올리브오일부터 오일과 잎으로 만든 각종 식품, 화장품, 비누 등 다양한 제품을 합리적인 가격에 판매하고 있다. 다양한 제품을 체험할 수 있는 패키지 상품이 인기이다.

Map P.198-A1 **주소** Carrer dels Àngels 20 **전화** 934 81 69 40 **홈페이지** www.lachinata.es **영업** 10:00~21:00, 일요일 12:00~19:00 **예산** 올리브오일 엑스트라 버진 1리터 €6.60~, 올리브오일 차 €5.40~, 비누 €2.95~ **가는 방법** 람블라스 거리와 카탈루냐 광장에서 도보 5분

MASSIMO DUTTI

자라 브랜드 회사 Indiex 그룹의 또 다른 브랜드. 자라가 캐주얼 하다면 고급스럽고 엘레강스한 느낌을 강조한 브랜드이다. 우리나라에 비해 더 저렴하고 다양한 고품질의 의류를 구입할 수 있다. 여성복·남성복·유아에서 어린이까지 다양한 상품이 있으며 특히 가죽 자켓 및 가죽제품을 추천한다.

Map P.198-B1 **주소** Portal de l'Ángel 34–36 **홈페이지** www.massimodutti. com **운영** 월~토요일 10:00~21:00 **휴무** 일요일 **가는 방법** 카탈루냐 광장에서 도보 5분 또는 메트로 1·3호선 Catalunya 역에서 도보 5분

MUNICH

1939년 바르셀로나에서 탄생한 스포츠화 브랜드. 3대에 이어 운영 중이며 신발마다 X마크가 새겨져있다. 현지 멋쟁이들이 즐겨 신는 신발로 디자인과 색상이 화려하고 독창적이다. 성인, 어린이 신발은 물론 패션, 라이프 스타일 액세서리까지 다양한 제품을 취급한다.

Map P.199-C3 **주소** Plaça de Les Olles 9 **전화** 664 218 560 **홈페이지** www.munichsports.com **영업** 월~토요일 10:00~21:00, 일요일 12:00~20:00 **가는 방법** 메트로 4호선 Jaume I 역에서 도보 10분.

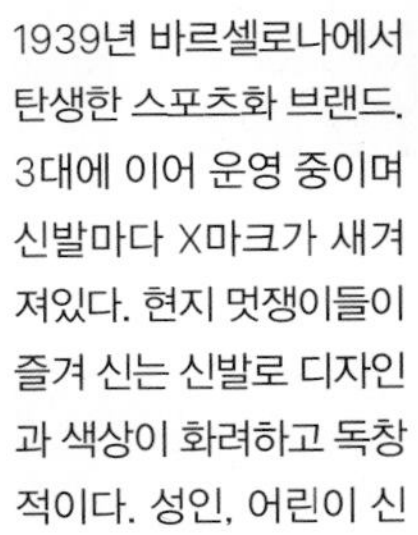

ZARA

Mango와 쌍벽을 이루는 스페인 브랜드로 세계적으로 유명하다. 의류에서 액세서리까지 한 매장에서 모든 쇼핑이 가능하다. 여성복·남성복·캐주얼뿐만 아니라 유아에서 어린이까지 연령별로 상품이 구성되어 있다. 한국보다 저렴하고 종류도 많다.

Map P.232-B3 **주소** Pg. de Gràcia 16 **홈페이지** www.zara.com **영업** 월~토요일 10:00~21:00 **휴무** 일요일 **가는 방법** 메트로 2·3·4호선 Pg. de Gràcia 역에서 도보 5분

엔칸츠 벼룩시장 MERCADO ELS ENCANTS

1928년에 처음 문을 연 벼룩시장. 2013년에 개축공사를 해서 현대적으로 변모했다. 골동품, 신발, 의류, 생활잡화 등 흥미로운 물건들을 저렴하게 구입할 수 있다. 특히 스페인 전통 신발인 알파르가타 Alpargata, 가죽신발 등이 인기다. 제일 아래층에 있는 노천시장에서는 가격 흥정도 가능하다. 잠시 들러 아이 쇼핑만으로도 재밌는 곳. 단, 소매치기에 주의하자.

Map P.201-C1 **주소** Calle Castillejos 158 또는 Av. Meridiana, 69(plaza de las glories) **홈페이지** www.encantsbcn.com **운영** 월·수·금·토 09:00~20:00 **가는 방법** 토레 아그바르 Torre Agbar에서 도보 5분 또는 메트로 1호선 Glories 역에서 도보 2분

2BIS

마치 동화 속으로 들어온 듯한 실내와 기념품들이 눈과 마음을 사로잡는다. 특이한 디자인과 현란한 색 등 어른들을 동심의 세계로 이끄는 소품들이 많다. 꼼꼼히 살펴보고 맘에 드는 기념품을 골라보자.

Map P.198-B2 **주소** Bisbe 2 **전화** 93 315 0954 **홈페이지** www.2bis.es **영업** 09:30~20:30 **가는 방법** 고딕 지구의 대성당 옆

SABATER HERMANOS FÁBRICA DE JABONES

바르셀로나에서 가장 유명한 비누 가게 중 하나로 75년째 가족 경영 중이다. 고딕 지구의 산 펠립 네리 광장 옆에 위치한 작은 가게지만 향에 이끌려 가게 안으로 들어서면 화려한 색에 매료된다. 이곳 아토피 비누 Caledula와 여드름 비누 Arbol de te는 우리나라에도 입소문 나 있으며 관광객을 위한 가우디의 디자인을 모티브로 한 비누도 있다.

Map P.198-B2 **주소** Plaça de Sant Felip Neri 1 **전화** 933 019 832 **홈페이지** www.shnos.com.ar **영업** 매일 10:30~20:30 **예산** 기본 사이즈 €5~, 작은 비누 €2~ **가는 방법** 메트로 3호선 Liceu 역에서 도보 5분

현지인이 강추하는 최고의 명소
보케리아 시장

유럽 최대 규모를 자랑하는 보케리아는 스페인의 재래시장으로, 바르셀로나 최고의 관광명소이기도 하다. 11세기 고기를 파는 장이 서기 시작해 현재의 중앙시장이 됐다. 건물은 14세기 산 호세프 Sant Josep 수도원 성직자들이 사용한 건물을 그대로 유지했다. 보케리아는 카탈란어로 고기를 파는 광장이라는 뜻이며 수도원 이름을 그대로 따 산 조셉 시장으로도 불린다. '보케리아 시장에 없으면 어느 시장에도 없다'라는 말이 있을 만큼 스페인 요리에 필요한 모든 식재료를 팔고 있다. 세계 제일의 레스토랑 엘 불리 El Bulli의 요리사 페란 아드리아 Ferran Ádria도 이곳 단골손님인데, 그의 요리 연구소가 바로 시장 옆에 있을 정도다. 가우디, 피카소, 미로 등 바르셀로나가 낳은 천재 예술가들도 찾은 바르셀로나의 부엌을 탐험해 보자. 입구는 언제나 사람들로 엉켜 있어 시장 안으로 들어가는 데 엄두가 나지 않겠지만 일단 시장 한 가운데로 들어서면 천천히 자기 리듬으로 돌아볼 수 있다. 입구부터 과일, 채소, 생선, 육류, 햄 가게 등이 있으며 향신료, 조미료, 초콜릿 가게 등 전문점들이 즐비하다. 시장 내부는 상인과 현지인의 흥정 소리로 언제나 정겨운 분위기.

또한 시장 곳곳에 커피와 간단한 간식을 즐길 만한 바가 있고 시장 뒤쪽으로는 맛 좋고 저렴한 레스토랑도 있으니, 시간을 충분히 할애해 시장 곳곳을 제대로 즐겨보자. 시장인 만큼 잔돈은 넉넉하게 준비해 가서 소소한 쇼핑도 즐기고, 먹고 싶은 것들도 실컷 먹어보자. 아예 아침을 이곳에서 먹고 시작해도 좋다. 시장 안에는 한국 반찬 가게 마시타 Masitta도 있다(주소 N.922).

Map P.198-A2 **주소** La Rambla, 91 **홈페이지** www.boqueria.info **운영** 월~토요일 08:00~20:30(각 가게마다 조금씩 다름) **휴무** 목·일요일·공휴일 **가는 방법** 메트로 3호선 Liceu역에서 도보 3분

보케리아 시장 투어 및 요리강습

시장을 투어하고 직접 신선한 재료를 구입, 카탈루냐 음식을 요리하고 맛볼 수 있다. 아침 10시에 요리학교에 모여 약 4시간 동안 신선한 재료를 고르는 방법부터 고른 재료로 직접 에피타이저, 첫 번째, 두 번째 요리, 디저트를 만들어 먹는다. 와인 시음도 있다. 홈페이지를 통해 미리 예약해야 하며 모두 영어로 진행된다.

주소 La Rambla, 58, ppal 2 **홈페이지** www.barcelonacooking.net **운영** 09:00~21:00 **요리강습** 월~토요일 10:00~14:00 €78, 18:00~21:00 €70~83 (요일마다 강습내용이 다르니 미리 홈페이지 참조)

주의하세요!

❶ 시장 입구에 가게 하나하나를 소개하는 지도가 있으니 미리 챙기자.
❷ 바가지 조심! 물건을 살 때에는 여러 집을 들러 가격을 비교해 보고 구입하자.
❸ 영수증은 꼭 챙기고 받은 즉시 확인할 것.
❹ 시장 안쪽으로 갈수록 요금이 저렴해진다.
❺ 소매치기에 주의하자.

먹고! 먹고! 쇼핑하고!

재래시장의 재미는 역시 군것질!

익숙한 것만 먹지 말고

새로운 것에 도전해보자!

"실패하면 어때 재밌잖아!"

Entertainment

노는 즐거움

즐길 거리가 풍부한 바르셀로나에서는 저녁 시간도 소중하다. 가볍게 즐기는 분수 쇼부터 리세우 극장과 음악당의 수준 높은 클래식 공연, 늦은 저녁 타블라오에서 즐기는 카리스마 넘치는 플라멩코 공연이 있다. 투우는 동물 보호 차원에서 금지되어 바르셀로나에서는 볼 수 없다. 유럽 명문 축구팀 FC 바르셀로나의 홈 경기장인 캄프 노우 스타디움 견학도 잊지 말자. 경기가 있다면 축구 관람도 놓치지 말자.

클래식 공연 즐기기

리세우 극장 GRAN TEATRE DEL LICEU

밀라노의 스칼라 극장과 견줄 만한 오페라 극장. 1847년에 개관 후, 두 번의 화재와 폭탄 테러로 파괴됐으나 재건축을 통해 지금의 모습을 갖추게 되었다. 내부는 가이드 투어로 돌아볼 수 있고, 극장의 명성에 걸맞은 오페라와 클래식 연주회가 열린다.

Map P.198-A2 **주소** La Rambla 51–59 **전화** 93 485 9900 **홈페이지** www.liceubarcelona.cat **운영 매표소** 월~금요일 10:00~19:00, 토요일 10:00~14:00 **휴무** 일요일 **가는 방법** 메트로 3호선 Liceu 역에서 바로

• **가이드 투어 45분 투어** 월~금요일(공휴일 제외) 14:00~18:00(45분간) **30분 투어** 매일 13:30 **요금** 30분 투어 €6, 45분 투어 €16

카탈라나 음악당 PALAU DE LA MÚSICA CATALANA

세계 유명 음악가들이 꼭 한번 공연하고 싶어하는 곳. 아름다운 건물도 구경하고 멋진 공연도 감상할 수 있는 일석이조의 명소(P.223 참조).

Map P.198-B1 **홈페이지** www.palaumusica.cat

클래식 기타 콘서트 BASÍLICA DEL PI

람블라스 거리와 인접한 고딕 지구 내 피 성당 Basílica del Pi에서 열리는 클래식 기타 콘서트. 세고비아라는 지명이 명품 기타를 상징하는 것에서 알 수 있듯 스페인은 클래식 기타의 본고장이다. 로맨틱한 기타 선율에 젖어보고 싶다면 놓치지 말자. 프로그램 정보는 성당 정문 앞에 비치되어 있는 팸플릿을 보거나, 관광안내소에서 얻으면 된다. 성당 앞에는 노천 시장이나 그림시장이 열린다.

Map P.198-A2 **주소** Plaça del Pi 7 전화 93 318 4743 **홈페이지** basilicadelpi.com **콘서트** 주 1회 이상 19:00~ **요금** €23 **가는 방법** 메트로 3호선 Liceu 역에서 도보 5분

LOS TARANTOS

레이알 광장에 위치, 1963년에 문을 연 바르셀로나에서 가장 오래된 타블라오. 수준 높은 연주자와 무용수의 쇼를 선보인다. 하루 3회 공연이 있으며 자리는 선착순으로 앉는다. 홈페이지를 통해 프로그램 확인 및 티켓 구입도 가능하다. 직접 플라멩코를 배울 수 있는 프로그램도 있으니 짧게라도 참여해보자.

Map P.198-A3 **주소** Pl. Reial 17 **홈페이지** https://tarantosbarcelona.com/en/ **영업** 17:00~21:00 **공연** 16:30, 19:00, 20:30, 21:30 (40분간) **요금** 쇼 €25, 쇼+음료 €30, 쇼+타파스 €48, 쇼+타파스+플라멩코수업 €60 (매표소가 더 비쌈) **가는 방법** 메트로 3호선 Liceu 역에서 도보 2분

TEATRE POLIORAMA

람블라스 거리에 있는 연극 전용극장인 폴리오라마 극장에서 하는 플라멩코 공연. 플라멩코가 오페라를 만나 새로운 공연을 선보이고 있다. 오페라 가수가 플라멩코의 역사를 노래하면 플라멩코 댄서가 나와 춤을 춘다. 오페라와 플라멩코 공연이 어우러지며 1시간 반 동안 오페라의 웅장함, 플라멩코의 강렬한 음악과 춤 동작에 매료된다. 공연은 카탈라나 음악당과 교대로 하며 관광객을 위한 플라멩코 공연보다 수준 높은 공연을 감상하고 싶다면 추천한다. 공연 문의 및 티켓 구입은 관광안내소, 극장 매표소에서 가능하다.

Map P.198-A1 **주소** Rambla dels Estudis 115 **전화** 93 317 7599 **홈페이지** www.teatrepoliorama.com(공연 스케줄 조회) **영업** 매일 10:00~20:30 **공연** 17:30~(요일과 공연에 따라 시간 변동. 홈페이지를 미리 확인해야 한다) **요금** €14~29(공연과 좌석에 따라 다름) **가는 방법** 메트로 3호선 Liceu 역에서 도보 3분

TABLAO FLAMENCO CORDOBÉS

람블라스 거리 끝 항구 근처에 있는 타블라오. 1970년 오픈 이래 현지인들에게 인기 있는 곳이다. 실내는 안달루시아 지방의 집시들이 플라멩코를 췄던 동굴식 타블라오를 그대로 재현해 놓아 더욱 흥미롭다. 예약은 필수.

Map P.198-A3 **주소** Les Rambles 35 **전화** 93 317 5711 **홈페이지** www.tablaocordobes.es **영업** 매일 10:00~24:00 **쇼** 3/15~10/31 17:50, 19:15, 21:00, 22:30, 23:45 11/1~3/14 18:30, 20:15, 22:00, 23:30 **요금** 디너+쇼 €59~79.50, 음료+쇼 €44~45 **가는 방법** 메트로 3호선 Liceu 역에서 도보 4분

FC 바르셀로나의 팬이라면 주목하자!

캄프 노 스타디움 ESTADIO CAMP NOU

9만 8000명을 수용할 수 있는 유럽 최대의 스타디움. FC 바르셀로나의 홈 경기장이다. 경기가 없는 날에도 자유롭게 둘러볼 수 있다. 입장권을 끊고 들어가면 경기장, 선수들의 로커룸, 승리를 기원하는 예배당, 박물관을 관람할 수 있다. 매표소 옆에는 FC 바르셀로나 팀의 축구용품과 기념품을 파는 대형 쇼핑센터가 있다. 축구에 열광하는 팬이 아니라도 매우 흥미로운 곳이다.

Map P.204-A1·A2 **주소** Avinguda Aristides Maillol 12 **전화** 90 218 9900 **홈페이지** www.fcbarcelona.com **투어** 10:00~17:00(일요일·공휴일 ~13:30) **요금** 경기장 투어 €19~ **가는 방법** 메트로 5호선 Collblanc 역에서 도보 5분

기타

분수 쇼 FONT MÀGICA DE MONTJUÏC

카탈루냐 미술관 앞에 있는 가를레스 부이가스 광장 Plaça de Garles Buigas에서 화려한 조명과 음악이 어우러지는 환상적인 분수 쇼가 열린다. 에스파냐 광장 앞에 늘어서 있는 분수가 일제히 불을 밝히며 화려한 물 쇼를 선보이는데 그 웅장한 멋은 관광객의 피로를 단번에 풀어준다. 클래식, 팝 등 다양한 노래에 맞춰 춤을 추듯이 쇼를 펼친다. 여름에는 약 3시간, 겨울에는 약 2시간 분수 쇼를 한다. 제대로 감상하려면 공연 시작 1시간 전에는 가야 한다. 여름 성수기에는 거의 매일 공연이 있다. 정확한 시간은 관광안내소에서 확인하자.

Map P.206-B1 **주소** Plaça de Carles Buïgas, s/n **홈페이지** barcelona.cat/fontmagica **운영** 4/1~5/31 목~토 21:00~22:00 (음악+색깔분수 21:00, 21:30) 6/1~9/30 수~일 21:30~22:30 (음악+색깔분수 21:30, 22:00) 10/1~10/31 목~토 21:00~22:00 (음악+색깔분수 21:00, 21:30) 11/1~3/31 목~토 20:00~21:00 (음악+색깔분수 20:00, 20:30) 1/7~2/28 계절관계상 일시적으로 운영 안함 **가는 방법** 메트로 1·3호선 Espanya 역에서 도보 10분 ◆1월에는 분수 청소로 거의 안 한다.
※2024년 4월 현재 가뭄으로 운영 중단. 방문 전 운영시간 홈페이지 참조할 것.

메르세 축제 MERCE

카탈루냐 지방의 전통을 경험할 수 있는 축제. 매년 9월 24일이 끼어있는 주에 열리며 거리 축제는 9월 19일부터 시작된다. 카탈루냐 미술관 아래 국제전시장 앞 광장과 카탈루냐 광장에서 밤마다 무료 콘서트가 열린다. 람블라스 거리와 시청 주변에서는 카탈루냐 문화와 독립을 상징하는 거인들의 행렬, 산 하우메 광장 Plaça de St. Jaume에서는 카탈루냐 지방 전통 의식인 인간탑 쌓기, 오리올 광장 Plaça de Sant Josep Oriol에서는 사르다나 춤을 볼 수 있다. 좀 더 자세한 정보를 원한다면 ⓘ에서 메르세 축제 안내 책자를 얻자.

Accommodation 쉬는 즐거움

스페인 최고의 관광지답게 다양한 숙박시설이 발달, 관광객이 많아 미리 예약은 필수이다. 관광지, 쇼핑가, 레스토랑 등이 모여 있는 카탈루냐 광장 주변이 가장 인기가 많다. 가격 대비 시설 좋고 한적한 숙소를 찾는다면 메트로 역과 가까운 곳을 정하면 편리하다.

지역별 특징 및 테마가 있는 지구

고딕&라발&보른 지구

카탈루냐 광장 남쪽 지역. 람블라스 거리를 중심으로 오른쪽이 라발, 왼쪽이 고딕, 고딕지구 바로 옆이 보른 지구다. 바르셀로나에서 가장 번화한 곳이자 관광과 쇼핑의 1번지. 시장통, 혼돈이라는 단어가 떠오르는 곳. 하루 종일 걸어도 상점과 거리 구경에 심심할 틈이 없는 곳이다. 단, 인적 드문 골목길은 피하는 게 안전하다.

엘 보른 EL BORN

서울 삼청동을 상상하면 좋을 듯. 오래된 건물을 개조해 오픈한 숙박시설이 많고, 한가하게 산책과 쇼핑을 즐기려는 여행객에게 인기. 피카소 박물관과 해변까지도 걸어 갈 수 있다. 단기 여행객은 물론, 여행자로서 1~2주 살아보기를 해 보고 싶은 여행객에게 추천.

엘 라발 EL RAVAL

홍등가였던 지역이 바르셀로나 현대미술관과 구엘 궁전이 오픈하면서 힙한 젊은이들이 많은 찾는 곳. 엘 보른과 다른 실험정신의 숙박시설, 레스토랑 등이 많다.

에이삼플라&그라시아 지구

카탈루냐 광장 북쪽 지역. 우리에게 익숙한 도심의 세련되고 현대적인 지역으로 호텔, 호스텔, 아파트 등 모두 규모도 크고 세련됐다. 바르셀로나 관광은 도보보다는 메트로를 이용하는 게 편리하다.

에이삼플라 EIXAMPLE

19세기 모더니즘 건축물이 즐비한 곳. 가우디의 카사 바트요, 카사 밀라, 사그라다 파밀리아 성당이 이곳에 있으며 럭셔리 부티크, 호텔, 상점 등이 즐비하다.

그라시아 지구 GRÀCIA

에이삼플라 지구 북쪽 지역으로 관광지를 완전히 벗어난 지구. 현대적이고 살기 편해 현지 젊은 가족, 예술가들이 많이 거주한다. 관광지가 아닌 현지인들 속에 숙소를 정하고 싶다면 추천.

특별 지구

바르셀로나는 도시에 산과 바다를 끼고 있는 낭만적인 도시다. 몬주익 언덕, 해변 근처에 있는 숙소를 정하고 각 지구에서 누릴 수 있는 특별한 혜택을 여행에 더해보자.

바르셀로네타 BARCELONETA

람블라스 거리와 가까운 해변지구. 길게 모래사장이 있어 산책과 해수욕을 즐길 수 있고 해산물 전문 레스토랑이 모여 있다. 좀 더 한적한 해변을 찾는다면 산트 세바스티아 Sant Sebastià, 보가텔 Bogatell 등도 좋다.

포블레 노우 POBLE NOU

바르셀로네타 북쪽 해안가. 오래된 공업지구를 새 단장해 호텔, 나이트 클럽, 바, 레스토랑, 상점 등으로 탈바꿈한 곳. 나이트 라이프를 제대로 즐기고 싶다면 추천한다.

엘 포블레 섹 EL POBLE SEC

몬주익 언덕 기슭에 위치, 서울의 한남동 같은 곳. 유행에 민감한 젊은이들이 즐겨 찾는 곳으로 요즘 뜨는 타파스 바, 라이브 음악 공연장 등이 곳곳에 숨어 있다.

저렴한 숙소

관광도시답게 바르셀로나 전역에 저렴한 숙소가 많다. 워낙 경쟁이 심해 투숙객을 위한 무료 워킹 투어, 주말 바비큐 파티, 클럽 데이, 요리 강습 등 다양한 이벤트를 운영하는 곳도 많다.

바르셀로나 코리아 호스텔

공식 허가를 받아 운영하는 깔끔하고 쾌적한 한인 민박. 시내 관광의 중심인 카탈루냐 광장에 인접해 있어 웬만한 곳은 모두 도보로 돌아보기 좋은 위치 조건을 갖고 있다.

공항 픽업 서비스, 가우디 및 몬세라트 투어 등도 신청 가능하다. 숙박을 원한다면 사전예약은 필수.

Map P.232-A3 **주소** Gran Via de Les Corts Catalanes, 628 **전화** 93 301 4426, 653 376 069(휴대전화) **카카오톡** Barsa2803 **홈페이지** cafe.naver.com/barsaminbak **요금** 도미토리 €30, 2인실(아침 포함) €80(숙박일수, 시즌에 따라 요금변동) **가는 방법** 메트로 1·3호선 Catalunya 역 또는 메트로 2·4호선 Passeig de Grácia 역에서 도보 5분

HOSTAL BENIDORM

여러 유명 가이드북에 소개된 호스텔로 람블라스 거리에 있어 관광에 매우 편리하다. 도미토리는 없고 모두 개인실로 되어 있다. 저렴하면서 조용한 숙소를 찾는다면 이곳을 추천한다.

Map P.198-A3 **주소** Rambla dels Caputxins 37 **전화** 93 302 2054 **홈페이지** www.hostalbenidorm.com **요금** 2인실 €150~ **가는 방법** 메트로 3호선 Liceu 역 또는 Drassanes 역에서 도보 5분

KABUL PARTY HOSTEL

람블라스 거리 주변에 위치한 꽤 오래되고 유명한 숙박시설. 위치가 좋아 시내 관광이 편리하다. 늘 젊은 배낭여행자들로 붐비고 호스텔에서 운영하는 바에서는 밤마다 맥주 파티가 열린다. 시끌벅적한 분위기를 좋아한다면 추천한다.

Map P.198-A3 **주소** Plaça Reial 17 **전화** 93 318 5190 **홈페이지** www.kabul.es **요금** 도미토리 €20~50(아침 포함), 시즌에 따라 요금 변동 **가는 방법** 메트로 3호선 Liceu 역에서 도보 7분

TOC HOSTEL&SUITES 바르셀로나

마드리드와 같은 체인호스텔. 카탈루냐 광장에서 도보 10분 거리에 위치한 호텔 규모의 호스텔. 위치, 시설, 서비스, 가격 등 모든 면에서 만족도가 높다. 객실은 6~8인실 도미토리, 가족실, 더블룸 등이 있으며 푸짐한 아침식사(유료), 테마 파티가 열리는 바, 수영장 역시 인기가 있다. 단, 남녀 공용 화장실 사용, 주말에는 클럽 운영 등에 대해 호불호가 있다. 예약은 필수.

Map P.207-D1 **주소** Gran vía de les Corts Catalanes 580 **전화** 93 453 4425 **홈페이지** tochostels.com/barcelona **요금** 6~8인 도미토리 €20~50, 더블룸 €140~(예약 일에 따라 요금이 다양) **가는 방법** 메트로 1·2호선 Universitat 역에서 도보 3분 또는 메트로 1·3호선 Catalunya 역에서 도보 10분

HELLO BCN

이곳 역시 람블라스 주변에 있어 시내 관광이 편리하다. 주방·세탁 시설뿐만 아니라 타월과 헤어드라이어 같은 세심한 서비스도 제공하고 있다. 바·휴게실·체육관도 있으니 맘껏 활용해 보자.

Map P.207-D2 **주소** C. Lafont 8–10 **전화** 93 442 8392 **홈페이지** www.hellobcnhostel.com **요금** 도미토리 €20~50(아침 포함), 시즌에 따라 요금 변동 **가는 방법** 메트로 2·3호선 Paral–lel 역에서 도보 5분

아파트 렌털

일행이 여럿이고 4박 이상 바르셀로나에 머물 예정이라면 개인 아파트를 빌려보자. 오피스텔처럼 침실·주방·거실 등을 갖춘 현대적인 원룸이 많다. 내 집처럼 편안하게 지낼 수 있고 4인 정도면 도미토리 요금 수준에서 빌릴 수 있다.

홈페이지 www.homeaway.co.kr, www.apartmentsbarcelona.com, www.agoda.com, www.apartum.com, www.friendlyrentals.com

합리적인 가격의 호텔

시내에는 세계적인 체인 호텔부터 개인이 운영하는 작은 규모의 호텔까지 다양한 숙소가 있다. 산츠 역 주변은 가격 대비 시설 좋은 비즈니스호텔이 많고, 바르셀로네타 주변에는 비싸지만 지중해 풍경을 감상할 수 있는 멋진 호텔들이 즐비하다.

H10 MONTCADA

역사적인 건물 안을 모던하게 꾸민 호텔. 실내가 마치 피카소의 작품처럼 강렬하다. 친절한 직원, 전망 좋은 옥상 테라스와 바, 수영장 등이 자랑이다. 고딕과 보른지구 사이에 위치, 근처에 피카소 박물관이 있다.

Map P.198-B2 **주소** Via Laietana 24 **전화** 93 268 8570 **홈페이지** www.hotelh10montcada.com **요금** 2인실 €155~ **가는 방법** 메트로 4호선 Jaume I 역에서 도보 2분

CHIC & BASIC BORN

요즘 젊은이들에게 인기 있는 보른 지구에 있는 디자인 호텔. 요즘 트렌드인 시크함과 베이식이 호텔 디자인의 컨셉트다. 룸 안의 감각적인 인테리어와 컬러풀한 디자인까지 모두 멋을 아는 젊은이 취향에 딱이다.

Map P.199-C2 **주소** Princesa 50 **전화** 93 295 4650 **홈페이지** www.chicandbasic.com **요금** 2인실 €150~ **가는 방법** 메트로 4호선 Jaume I 역에서 도보 5분

HOTEL DENIT

전체적으로 인테리어가 흰색 계열의 밝은 분위기라서 세련되고 쾌적한 느낌이 든다. 카탈루냐 광장과 고딕 지구 등이 가까워 구시가 관광은 도보로 할 수 있다. 가격 대비 시설과 위치 등이 만족스럽다.

Map P.198-B1 **주소** d'Estruc 24–26 **전화** 93 545 4000 **홈페이지** www.denit.com **요금** 2인실 €130~ **가는 방법** 메트로 1·4호선 Urquinaona 역에서 도보 5분

HOTEL B

스페인 광장에 있는 디자인 호텔. 건축디자이너 알프레도 아리바스 Alfredo Arribas의 작품으로 전체가 투명유리로 된 깔끔하고 모던한 분위기다. 옥상에는 시내 풍경을 감상하면서 수영을 할 수 있는 수영장이 있다. 에스파냐 광장이 도보 4분 거리에 위치, 몬주익 언덕의 많은 관광명소들을 도보로 둘러 볼 수 있다.

Map P.207-C1 **주소** Gran Via de les Corts Catalanes 389 **전화** 93 552 9500 **홈페이지** www.b-hotel.com **요금** 2인실 €200~ **가는 방법** 메트로 1·3·8호선 Espanya 역에서 도보 5분

HOTEL MURMURI BARCELONA

왕궁이나 귀족의 저택을 현대적으로 재해석한 인테리어로 고풍스러운 분위기의 호텔. 총 53개의 방을 아방가르드 스타일로 아름답게 꾸며놓았다.

Map P.232-A1 **주소** Rambla de Catalunya 104 **전화** 93 492 2244 **홈페이지** www.murmuri.com **요금** 2인실 €200~ **가는 방법** 메트로 3·5호선 Diagonal 역에서 도보 5분

Travel Plus

Mas Salagros Eco Resort

바르셀로나에서 차로 30분 거리에 있는 100% 환경친화적 호텔. 자연보호구역 안에 위치, 1497년부터 농가였던 자리에 세워졌다. 세계에서 가장 높은 지속가능성 기준인 Green Globe 인증을 받았다. 건축자재, 에너지 효율성, 폐기물 관리, 유기농 식자재로 만든 요리 등 편안한 휴식을 원한다면 추천한다. 차로 해변마을까지 10분

홈페이지 www.massalagros.com

바르셀로나 근교도시

살바도르 달리의 도시

피게레스 FIGUERES

프랑스 국경에 인접한 조용한 지방도시지만 초현실주의 화가 살바도르 달리의 탄생과 죽음을 지켜본 도시로 유명하다. 달리는 1904년 이곳에서 태어나 17살 때 마드리드 왕립미술학교에 입학 할 때까지 어린 시절을 보냈으며, 사랑하는 아내 갈라를 떠나보내고 만년을 보내다 85세의 나이로 생을 마감했다. 또한 천재·괴짜·쇼맨·광대라는 별명이 늘 따라 붙었던 달리 스스로를 온전히 표현한 달리 극장 박물관 Teatre-Museu Dalí이 있어 해마다 달리 팬들이 전 세계에서 이 작은 마을을 찾고 있다. 달리의 팬이라면, 달리의 팬이 아니더라도 바르셀로나에 머물며 당일치기 여행을 해 보자. 기상천외한 방법으로 무의식의 세계를 표현한 달리 극장 박물관을 감상하다보면 기성품처럼 규격화된 자신의 사고가 조금은 말랑말랑해지는 기분을 맛볼 수 있다.

가는 방법 바르셀로나에서 고속열차와 국영열차 Renfe Rodalies가 있다. 고속열차는 산츠 역에서 출발, 피게레스 빌라판트 역 Estación de Figueres-Vilafant에 도착한다. 구시가의 솔 광장 Plaça del Sol까지는 열차 도착 시간에 맞춰 대기하고 있는 시내버스를 이용하자. 국영열차는 R11호선이 지로나를 거쳐 피게레스 역 Estación de Figures에 도착한다. 열차는 산츠 역이나 그라시아 거리의 파세이그 데 그라시아 Passeig de Gràcia 역에서 타면 된다. 도착 후 역에서 박물관까지는 걸어서 15분 정도 소요된다.

고속열차 요금 왕복 €11~37(55분 소요), 시내버스 €1.70(15분 소요, 티켓은 운전사에게 구입) **국영열차 요금** 왕복 €12~16(2시간 소요)

피게레스 ⓘ

주소 Plaça de l'Escorxador nº2 **홈페이지** ca.visitfigueres.cat **운영** 7~9월 월~토요일 09:00~20:00, 일요일 10:00~15:00 10~6월 화~토요일 09:30~14:00, 16:00~18:00, 일·월요일 10:00~14:00

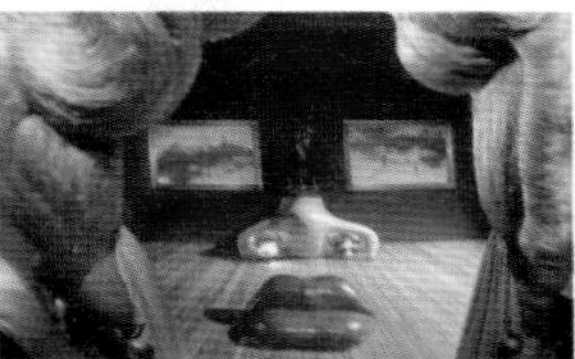

달리 극장 박물관

Teatre-Museu Dalí

1939년 스페인 내전으로 폐허가 된 시립극장을 1961~74년까지 달리가 직접 디자인에 참여해 미술관으로 복원, 1974년 9월 말에 개관했다. 달리가 특히 이 건물을 고집했던 3가지 이유로 자신은 매우 뛰어난 연극과도 같은 화가이며 건물 뒤에는 첫 세례를 받은 교회가 있고, 이곳 로비에서 자신의 첫 작품을 전시했기 때문이란다. 달리 미술관이 아니라 극장 박물관이라는 이름처럼 달리는 이곳을 방문하는 모든 사람들이 하나의 블록, 미로, 거대한 초현실주의 오브제가 되어 극장에 다녀온 것 같은 꿈을 가지고 가길 바란다는 자신의 바람도 담았다. 이곳에 전시된 달리의 작품은 약 600여점으로 조각 작품까지 포함하면 1500점에 달한다. 전시는 1층이 아닌 최상층부터 작품을 배치했으며 건물 외벽은 피게레스 지역의 전통 빵 모양이나 그 모양이 흡사 똥의 형상을 닮아 있다. 지붕에는 달걀 오브제가 얹혀있는데 달걀은 깨지기 쉬운 달리 자신의 모습을 투영한 것이다. 그의 유언대로 박물관 중앙에는 그의 무덤이 있다.

유명한 작품으로는 가까이서 보면 창밖을 바라보는 누드의 갈라지만 멀리서 보면 링컨의 얼굴로 바뀌는 《링컨의 얼굴》, 붉은 입술 모양의 소파가 있는 미술관처럼 보이지만 뒤로 이동해 보면 할리우드 섹시 배우 메이 웨이스트 얼굴로 바뀌는 《메이 웨이스트의 방》 등이 있다. 달리 미술관을 감상한 후 밖으로 나오면 달리가 디자인한 보석 전시관이 있다.

주소 Plaza Gala–Salvador Dalí, 5
홈페이지 www.salvador–dali.org
운영 1~6, 10~12월 10:30~17:15, 9월 09:30~17:15, 7~8월 09:00~19:15
휴무 월요일(단, 7~9월은 월요일도 운영), 1/1
입장료 일반 €17, 학생 €14
가는방법 Figueres 역에서 도보 15분 (역 안 ⓘ에서 시내지도를 얻자)

바르셀로나 근교도시

지중해에 면한 휴양도시

시체스

SITGES

바르셀로나에 머물며 휴식을 위한 당일치기 여행지로 그만인 곳. 시체스는 바르셀로나에서 타라고나까지 잇는 100㎞에 달하는 황금해안(코스타 도라다)의 중심도시이다. 어촌 마을에 불과했던 곳에 19세기 후반 부자들의 별장이 들어서면서 고급 휴양지로 변모했다. 자연스럽게 예술가들이 후원가 주위로 모여 들면서 스페인 모더니즘의 발상지가 됐으며 지금도 예술가와 미술관이 많아 예술의 도시로도 불린다.

한 여름 해수욕을 즐기기 위한 해변은 파도에 따라 9개의 구역으로 나뉘며 발민스 Balmins 해변은 나체주의자들을 위한 곳으로 바사 로도나 Bassa Rodona 해변은 비공식적이긴 하지만 게이들이 즐겨 찾는 곳이다. 해안선을 따라 호화 별장을 지나 올라가면 마을의 포인트가 되는 산트 바르토메우 이 산타 테클라 성당 Església de Sant Bartomeu I Santa Tecla 이 나온다. 성당에 오르면 바다 위 아름다운 마을 풍경을 감상할 수 있다.

시체스는 카니발의 도시로도 유명하다. 특히 2~3월 사이 일주일간 열리는 시체스 카니발은 아름다움을 뽐내는 여장 남자들의 퍼레이드와 파티가 열리고, 5~6월 사이 성체축제 때는 마을은 온통 꽃으로 장식된다. 8월 중순 6일 동안 열리는 페스타 마조르 Festa Major는 시체스의 수호성인인 성 바톨로매 Sant Bartomeu를 기리는 축제로 거리행렬과 함께 성대한 불꽃놀이가 벌어진다.

9~10월 사이에 열리는 시체스 영화제는 스릴러와 공포 등의 장르를 다루는 세계적인 영화제로 우리나라 영화로는 2004년 《올드보이》, 2005년 《친절한 금자씨》등을 출품하여 호평을 받았다.

도시 관광에 지쳤다면 시체스에서 해수욕과 일광욕을 즐기며 휴식을 취해보자. 지루해졌다면 해변 주위에 있는 미술관들을 돌아보면 된다. 운 좋게 카니발이 있는 시기에 여행을 한다면 현지인들과 어울려 열광적으로 즐겨보자. 그리고 여행의 마무리는 일몰 감상으로 마무리 하자. 일몰이 아름답기로 소문나 ⓘ에서 일몰 시간을 안내 해 줄 정도이다.

가는 방법 교외열차 Rodalies de Catalunya R2선이 바르셀로나의 산츠 역, 프란사 역, 파세오 데 그라시아 역 등에서 출발하며 한 시간에 4편, 약 30~50분 정도 소요 된다(편도 €4.20). 버스는 카탈루냐 광장과 스페인 광장 Espanya에서 몬 버스 Mon Bus가 운행, 40분 정도 소요 된다 (편도 €4.10, **홈페이지** www.monbus.cat).

시체스 ⓘ

주소 Plaça de E Maristany 2 (역 정문 광장에 위치) **전화** 93 894 4251 **시체스 관광청 홈페이지** www.visitsitges.com
운영 겨울(1/2~6/9, 10/16~12/31) 월~금요일 10:00~14:00, 16:00~18:30 (토요일 ~19:00, 일요일 ~14:00) 여름(6/10~10/15) 월~토요일 10:00~14:00, 16:00~20:00 (일요일 ~14:00)
◆해마다 카니발 날짜와 프로그램이 변경되니 홈페이지를 통해 확인하자.

카탈루냐의 가톨릭 성지

몬세라트

MONTSERRAT

"어느 날 양을 치는 아이들이 몬세라트로 떨어지는 성스런 빛을 본다. 천사들의 노래 소리가 울려 퍼지고 빛이 내려간 동굴에서는 검은 마리아 상이 발견된다."

바르셀로나에서 53㎞ 떨어진 곳에 우뚝 솟아 있는 바위산. 산세가 웅장하고 산 중턱에는 카탈루냐의 수호신인 '검은 마리아상 La Moreneta'을 모신 베네딕투스 수도회의 수도원이 있다. 이 수도원은 나폴레옹의 침략 때뿐만 아니라 과거 카탈루냐가 박해 받던 시절에도 끝까지 살아남은 카탈루냐의 성지이자 스페인 가톨릭의 성지로 유명하다. 기적의 검은 마리아를 보기 위해 신앙심 깊은 순례자들의 발길이 끊이지 않는다. 또한 천재 건축가 가우디가 많은 영감을 얻은 곳으로도 유명하다.

이런 사람 꼭 가자!!

- 카탈루냐 지방의 산을 여행해 보고 싶다면
- 자연의 건축가 가우디의 영감의 원천을 알고 싶다면
- 검은 마리아상 앞에서 간절히 빌고 싶은 소원이 있다면

ACCESS 가는 방법

몬세라트는 험준한 산으로 바르셀로나에서 몬세라트 역까지 카탈루냐 철도 FGC를 타고 가서 케이블카 Cable car(스페인어 Aeri) 또는 산악열차 Rack railway(스페인어 Cremallera)로 갈아타야 수도원으로 갈 수 있다. 수도원을 돌아보고 산 정상과 중턱까지 운행하는 등산열차 Funicular(푸니쿨라르)를 이용하면 산 곳곳을 하이킹할 수 있다. 바르셀로나와 몬세라트 관광청에서는 여행자들의 편의를 위해 한 장의 티켓으로 위 모든 교통수단을 이용할 수 있는 티켓을 판매하고 있다. 티켓 구입 시 수도원까지 케이블카를 이용할지, 산악열차를 이용할지 선택해야 하며 예약 후에는 변경 불가능, 무조건 왕복으로 이용해야 한다. 케이블카와 산악열차를 타는 역도 달라 바르셀로나에서 출발 전에 하차 역을 미리 확인하자. 케이블카, 산악열차 모두 몬세라트의 멋진 풍경을 감상할 수 있으니 기대해도 좋다.

티켓 구입

티켓은 FGC 또는 관광청 홈페이지, 카탈루냐 광장 관광안내소, FGC 각 역의 매표소나 자동판매기 등에서 구입할 수 있으며 각자의 여행계획에 따라 선택하자. 당일치기 여행 중 수도원보다는 하이킹이 목적이라면 교통수단만 포함된 티켓을, 수도원과 하이킹 등이 목적이라면 모든 게 포함된 종합권을 구입하면 된다. 모든 티켓은 따로따로 구입도 가능하다.

당일 구입

구입처

스페인 광장 FGC 역(메트로 1호선 Espanya 역과 연결) 자동발매기

티켓 종류 및 요금

❶ Trains Montserrat

€45 (바르셀로나 시내 왕복 Metro 티켓+열차 FGC+산악열차 또는 케이블카+ 산 후안·산 코바 등산열차)

❷ All Montserrat

€65.50 (①과 동일+몬세라트 시청각실·박물관+식사권)

관광청 홈페이지 구입

구입처

몬세라트 관광청 www.montserratvisita.com

티켓 종류 및 요금

❶ Visit Montserrat with Train and Rack railway

€44.30 (바르셀로나와 몬세라트간 열차 FGC+산악열차+몬세라트 대성당, 검은 마리아상, 몬세라트 시청각실·박물관)

❷ Visit Montserrat with Train & Rack Railway and Singing of the Boys' choir

€49.30 (①번 티켓 포함 내역에 소년 합창단 공연 감상)

❸ All Montserrat

€68.25 (②번 티켓 포함 내역에 식사권)

◆티켓 구입 시 대성당, 검은 마리아상 및 합창단 공연 감상 등을 위해 방문 날짜 및 시간 등을 예약해야 한다.

바르셀로나 → 몬세라트 수도원

FGC 역

스페인 광장 FGC 역에서(메트로 1·3호선 Espanya 역과 연결) R5번 만레사 Manresa행 열차를 탄다.

52분

Montserrat Aeri 역

케이블카 탑승 역과 바로 연결돼 있다. 수도원까지 5분

케이블카

6분

Monistrol de Montserrat 역

산악열차 탑승 역. 열차 도착 시간에 맞춰 수도원까지 산악열차가 대기한다. 수도원까지 20분 소요

산악열차

MASTER OF MONTSERRAT

몬세라트 완전정복

몬세라트는 깎아지른 듯한 절벽 위에 세워진 수도원과 천천히 산책하듯 오를 수 있는 등산로가 있어 바르셀로나의 당일치기 여행지로 매력적인 장소다.

케이블카 또는 산악열차를 탄 후 내리면 바로 수도원이다. 바위산 위에 있는 수도원이라고 믿기지 않을 만큼 현대적인 모습에 놀라게 된다. 수도원 중앙에는 대성당, 박물관, 호텔, 레스토랑, 기념품점, 관광안내소 등이 있고 외부인의 출입이 금지된 수도사들의 거처가 있다. 수도원 주변에는 아랫마을 역과 연결된 케이블카 역, 등산열차 역이 있고 산 정상의 산 호안 Sant Joan 전망대로 오르는 등산열차 역과 산 중턱의 산타 코바 Santa Cova 전망대로 가는 등산열차 역이 있다.

몬세라트 관광의 하이라이트는 대성당에 모셔진 검은 마리아상을 알현하는 것과 케이블카를 타고 각 전망대로 이동해 몬세라트의 자연을 감상하는 것이다. 예배 시간에 맞춰 대성당에 들르거나, 전망대에 올라 하이킹을 즐기려면 계획을 잘 세워야 한다. 수도원에 도착하면 제일 먼저 관광안내소 Map P.278에 들러 대성당 예배 시간, 각 등산열차들의 운행 시간, 바르셀로나행 열차 시간 등을 미리 확인하고 대략의 계획을 세우자. 하루 종일 산에 있어야 하니 등산하기에 편한 복장을 갖추고 물과 간식, 도시락도 챙겨가자.

시내 관광을 위한 Key Point

랜드마크
소코도베르 광장 Plaza de Zocodover

Best Course
역 또는 버스터미널 → 소코도베르 광장과 광장 주변 → 대성당 → 산토 토메 성당 → 유대인 지구 → 소코토베르 광장 → 계곡 전망대 → 역 또는 버스터미널

예상 소요 시간 하루

베스트 뷰 포인트 대성당 탑, 알카사르 앞 전망대, 계곡 전망대, 톨레도 파라도르 등

알아두세요

몬세라트 트레킹 코스

몬세라트 트레킹 코스는 산 호안 등산열차 기준 3개, 코바 등산열차 기준 1개의 코스가 있다. 산세와 몬세라트 성당을 한 눈에 감상할 수 있는 2번과 3번 코스가 가장 인기 있다.

몬세라트 수도원 → 산 호안 등산열차 정상 역에서 시작

[코스1] 몬세라트 산의 정상, 산 제로니 Sant Jeroni까지 편도 1시간 소요. 산 제로니에서 몬세라트 수도원까지 내리막길로 편도 1시간 소요.

[코스2] 역 가까이에 있는 높은 봉우리 산타 막달라나 Santa Mafdalena까지 편도 30분 소요. 오르막길로 중간에 산 후안 성당이 나온다.

[코스3] 맞은편에서 몬세라트 수도원을 한 눈에 담을 수 있는 검은 십자가 전망대 산 미구엘 Creu de Sant Miquel까지 내리막길로 편도 30분 소요. 전망대에서 몬세라트 수도원까지 내리막길로 편도 30분 소요.

몬세라트 수도원 → 산타 코바 등산열차이용 모네스티르 역에서 시작

[코스4] 몬세라트 수도원에서 산 중턱까지 등산열차를 타고 내려간 후 검은 마리아상이 발견된 산타 코바 예배당까지 20분 소요. 몬세라트 수도원에서 걸어서도 쉽게 갈 수 있다. 예배당까지 가는 길에 예수 탄생에서 승천까지 15개의 조각상이 있다.

Attraction 보는 즐거움

수도원에 내리면 입안 가득 허브 캔디를 문 것처럼 신선한 공기로 온몸이 상쾌하다. 거인 바위들의 보호를 받고 있는 수도원은 더욱 성스럽게 느껴진다. 케이블카를 타고 산 정상에 오르면 인간이 만들어 놓은 세상은 사라지고 온통 신들의 세상 '자연'만이 존재한다.

몬세라트 Montserrat 유네스코 뷰포인트

몬세라트는 태초의 자연을 그대로 간직한 해발 1235m의 산으로 해저의 융기로 만들어진 6만여 개의 봉우리로 돼 있다. 산세가 마치 톱으로 잘라놓은 것 같다고 해서 '톱니 산'이라는 의미의 '몬세라트'로 부른다. 12세기 어느 날, 양치기가 성스러운 빛을 보고 검은 마리아상을 발견해 수도원에 모시면서 더욱 유명해졌다. 해발 725m의 산 중턱에 수도원이 있고 해발 1235m에는 산 호안 전망대가 있으며, 수도원보다 약간 낮은 곳에 산타 코바 전망대가 있다.

수도원에서 케이블카를 타고 산 호안 전망대에 오르면 하늘과 맞닿은 산 정상이 나온다. 수도원과 기암괴석이 내려다보이고 날씨가 좋은 날은 지중해와 피레네 산맥까지 볼 수 있다. 3개의 산행 코스를 따라 걸어가다 보면 가우디처럼 이곳 자연에 푹 빠지게 된다. 옛날 수도사들의 은둔처였던 산 호안 수도원으로 향하는 코스가 가장 좋다.

수도원에서 케이블카를 타고 산타 코바 전망대로 내려가면 절벽을 따라 굽이굽이 이어진 산책로가 나온다. 길을 따라 성서의 이야기를 묘사한 15개의 기념물이 세워져 있다. 산책로는 검은 마리아상이 발견된 동굴까지 이어진다. 청명한 새들의 노래 소리를 들으며 아슬아슬한 절벽 길을 걷다보면 저절로 기분이 좋아진다.

Map P.278 **홈페이지** 몬세라트 관광청 www.montserratvisita.com, 몬세라트 수도원 https://abadiamontserrat.cat

대성당 Basílica

9세기 수도원과 함께 세워졌으며 19세기 나폴레옹군의 공격으로 파괴된 후 복원됐다.
대성당에는 카탈루냐의 수호성인인 검은 마리아상 La Moreneta이 모셔져 있다. 마을 주민들은 나폴레옹군이 침략했을 때 검은 마리아상을 지켜냈고, 카탈루냐 언어가 금지된 독재 치하에서도 검은 성모 마리아상 앞에서 카탈루냐어로 예배를 드렸다. 매주 일요일에는 수도원 광장 앞에서 카탈루냐의 민속춤인 '사르다나'를 추며 결속을 다진다.
검은 마리아상은 성당 중앙 2층에 모셔져 있다. 대성당 입구 오른편 계단을 따라 5개의 예배당, 천사의 문, 성자들의 계단을 지나고 또 다른 3개의 방을 지나야 비로소 검은 마리아상을 만날 수 있다. 투명 유리에 감싸여 있으며 검은 마리아상이 들고 있는 둥근 공(지구)만 유일하게 만질 수 있다. 소원은 이 둥근 공에 손을 얹고 빌면 된다.
대성당 예배 시간에 가면 세계 3대 소년 합창단으로 알려진 에스콜라니아 Escolania de Montserrat의 천상의 노래를 들을 수 있다. 세계에서 가장 오래된 합창단 중 하나로 13세기에 만들어졌다. 몬세라트 미술관 Museu de Montserrat은 대성당 병설 미술관으로 이집트 석관에서 현대 회화까지 전시돼 있다. 피카소, 달리, 엘 그레코의 작품도 있으니 놓치지 말자. Map P.278

- **대성당 운영** 07:00~20:00 **입장료** 대성당 €7, 대성당+검은마리아상 €10, 대성당+소년 합창단 €10, 대성당+검은마리아상+소년 합창단 €14, 박물관 포함 종합티켓 €23
- **미술관 홈페이지** www.museudemontserrat.com **운영** 월~금요일 10:00~17:45, 토·일요일 10:00~18:45 **입장료** €8

천국의 계단

Monumento a Ramón Llull 뷰포인트

바르셀로나 출신의 현존하는 조각가로 명망 높은 조셉 마리아 수비라치스 이 시챠르(호셉 마리아 수비라치) Josep Maria Subirachs i Sitjar의 작품. 나선형을 그리며 올라가는 8개의 계단은 돌, 화염, 식물, 동물, 사람, 하늘, 천사, 하나님 등 8단계를 의미한다. 천국의 계단이 있는 곳은 산 아래 풍경을 감상할 수 있는 최고의 뷰포인트이기도 하다. 그 밖에 카탈루냐 광장의 조형물(1991년 작), 사그라다 파밀리아 성당의 수난의 파사드 조형물 (1987~2005년 작), 서울 올림픽 공원의 하늘 기둥(1987년 작) 등이 그의 작품이다. Map P.278

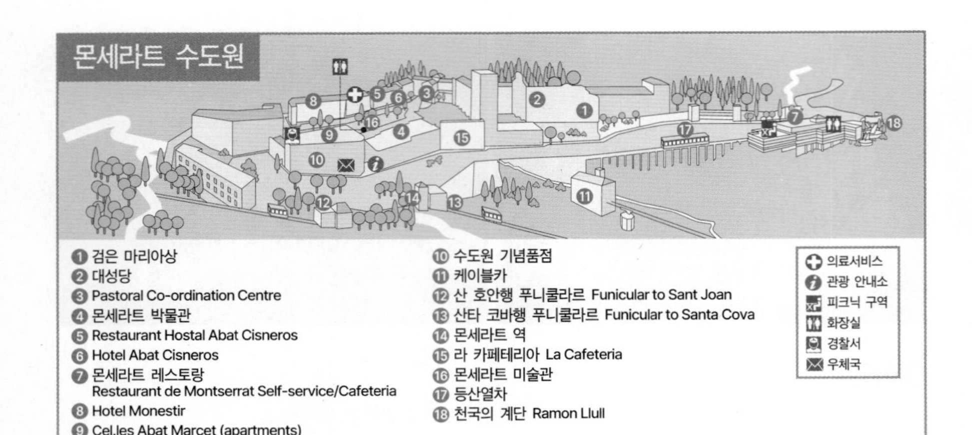

Restaurant 먹는 즐거움

라 카페테리아 LA CAFETERIA

몬세라트에서 유일한 셀프 서비스 레스토랑. 쟁반을 들고 진열대에 놓여 있는 먹음직스러운 요리들 중 원하는 걸 고른 다음 마지막에 계산하면 된다. 파스타, 치킨, 쇠고기 요리 등 메뉴도 다양하다. 간단한 도시락을 준비했다면 이곳에서 수프나 차 등을 사서 함께 먹으면 더욱 좋다. 점심이 포함된 종합 티켓을 구입했다면 계산할 때 티켓을 보여주면 된다. 모던한 분위기의 이 레스토랑은 가우디와 동시대에 활동한 건축가 푸치 이 카다파르크의 작품이다.

Map P.278 **운영** 월~금요일 09:00~17:45, 토·일요일 09:00~ 19:45 **예산** 주요리 €10 내외, 커피와 음료 €1.50~ **가는 방법** 관광안내소 옆

Shopping 사는 즐거움

수도원 기념품점

스페인 최대의 백화점으로 마드리드에 4개 지점이 있다. 솔 광장점을 이용하는 게 가장 편리한데 4개의 건물이 모두 백화점이다. 지하에는 식품매장과 서점, CD 매장 등이 있다. 식품매장에서 스페인 식재료나 생활용품 등을 구입하고 싶거나 현지 젊은이들의 최신 유행 음악에 관심이 있다면 들러보자.

Map P.278 **운영** 월~금요일 09:00~17:45, 토·일요일 09:00~ 18:45 예산 묵주와 향 €14, 엽서 €1 **가는 방법** 관광안내소 옆

2,000년의 역사를 간직한
중세 카탈루냐 도시

지로나
GIRONA

카탈루냐 지방 4개의 자치주 중 지로나주의 중심 도시다. 4개의 강이 만나는 자리에 위치, 이곳의 최초의 거주인은 이베리아인이었다. 로마시대에는 이곳을 게룬다 Gerunda로 불렀으며 카디스와 피레네 산맥을 잇는 고대 고속도로 '비아 아우구스타 Via Augusta'가 지나는 도시였다. 8세기 서고트족이 무어인들을 몰아낸 후 카탈루냐에서 가장 중요한 도시가 되었으며 당시 부유했던 시절 지어진 로마네스크, 고딕양식의 건축물들이 기적처럼 지금까지 남아있다. 세계적인 문화유산이 있는 곳은 아니지만 성벽으로 둘러싸인 구시가지는 2천년의 역사를 고스란히 간직하고 있다. 그래서였을까? 미국 판타지 소설을 드라마로 만든 '왕좌의 게임' 시즌 6의 배경이 되었으며 드라마의 인기와 함께 지로나를 찾는 사람도 많아졌다.

지명 이야기

지로나 Girona는 카탈루냐어, 스페인어로는 헤로나 Gerona로 부른다. 히로나는 Girona를 스페인어식으로 잘못 읽은 표기다.

이런 사람 꼭 가자!!

· 성벽을 따라 조용한 중세 도시를 산책하고 싶다면
· 드라마 '왕좌의 게임'의 배경을 여행하고 싶다면
· 지로나주 일대를 여행하고 싶다면

ACCESS 가는 방법

지로나주는 지중해와 피레네 산맥이 있어 스페인에서 3대 휴양지 중 하나로 불린다. 특히 프랑스 국경까지 이어지는 해안선인 코스타 브라바 Costa Brava가 가장 인기 있다. 해마다 이곳을 찾는 여행객이 많아 지로나를 중심으로 열차, 버스, 비행기 등 다양한 교통수단이 발달해 있다.

열차&버스

지로나는 바르셀로나에서 당일치기 여행지로 인기가 많아 열차, 버스 등이 자주 운행한다. 열차는 산츠 Sants 역에서 출발하며 한 시간에 2편, 하루 20편 이상 운행된다. 일부 열차를 제외하고는 그라시아(메트로 3·4호선 Pg. de Grácia 역과 연결된 카탈루냐 철도)에서도 승차할 수 있다. 버스는 바르셀로나 북부버스터미널에서 출발하며 하루 6편 정도 운행한다.

지로나에 머물며 달리와 관련된 작은 마을들을 여행할 계획이라면 피게레스 Figueres는 열차와 버스를, 카다케스 Cadaqués는 버스를 이용하면 편리하다.

지로나 역 Estación de tren Map P.281-A2 은 신시가에 위치한다. 버스터미널 Estación de Autobus은 역 뒤에 있다. 역에서 나오면 바르셀로나 거리 Carrer Barcelona다. 왼쪽으로 걸어가다 마르케스 데 캄프스 광장 Plaza Marqués de Camps을 지나 오른쪽 노우 거리 Carrer Nou를 따라 직진하면 오냐르 강 Riu Onyar이 나온다. 다리 건너편이 구시가다. 대략 도보로 10분 정도 걸린다.

역 주소 Plaça de Espanya, s/n **홈페이지** www.a dif.es/w/79300-girona **열차 요금** 편도 €11.25, 왕복 €25.90

비행기

지로나-코스타브라바 공항 Aeropuerto de Girona-Costa Brava은 도심에서 남쪽으로 11km 떨어진 곳에 위치. 이지젯과 라이언 에어 등 10여 개 남짓한 항공편이 운항한다. 지로나 역과 버스터미널, 바르셀로나 북부버스터미널, 코스타 브라바의 해변 마을 등으로 버스가 운행된다.

공항 홈페이지 www.aena.es

주간이동 가능 도시		
지로나	바르셀로나 Sants	초고속 열차 AVE 38분 또는 열차 1시간 30분, 버스 1시간 50분~2시간 35분
	피게레스	열차 30~40분, 버스 1시간
	카다케스	버스 1시간 45분

MASTER OF GIRONA

지로나 완전정복

오냐르 강을 사이에 두고 신시가와 구시가로 나뉜다. 오냐르 강은 아름다운 석조건물이 늘어서 있는 곳으로 강을 따라 레스토랑, 카페, 기념품점들이 들어서 있다. 다리를 건너면 미로처럼 얽혀 있는 골목들로 이어진 구시가가 시작된다. 람블라 데 라 리베르타트 거리 Rambla de la Libertat를 따라 윤이 반들반들 나는 돌길을 걸어가자. 오르막길이 나오면 계단 끝까지 올라가 보자. 구시가의 중심에 있는 대성당 건물 뒤편이다. 성당 정문으로 가면 구시가가 한눈에 들어오는 멋진 전망대다. 성당 일대는 옛날 유대인들이 살았던 곳으로 좁은 골목길이 복잡하게 얽혀 있다. 대성당에서 조금만 올라가면 아랍 목욕탕 터가 나온다. 아랍 목욕탕을 지나 공원으로 올라가면 성벽으로 오르는 계단이 나온다. 지로나의 풍경을 감상하며 성벽을 따라 걸으면 처음 여행을 시작했던 오냐르 강이 나온다. 여유가 있다면 지로나에 머물며 코스타 브라바의 달리의 도시들과 해안가 마을을 여행해 보자.

시내 관광을 위한 Key Point

랜드마크 대성당 Catedral

Best Course 역 또는 버스터미널 → 오냐르 강 → 람블라 데 라 리베르타트 거리 → 대성당 → 아랍 목욕탕 터 → 성벽 → 오냐르 강

예상 소요 시간 4~5시간

관광안내소 **주소** Rambla de la Llibertat 1 **홈페이지** www.girona.cat/turisme/ **운영** 09:00~15:00

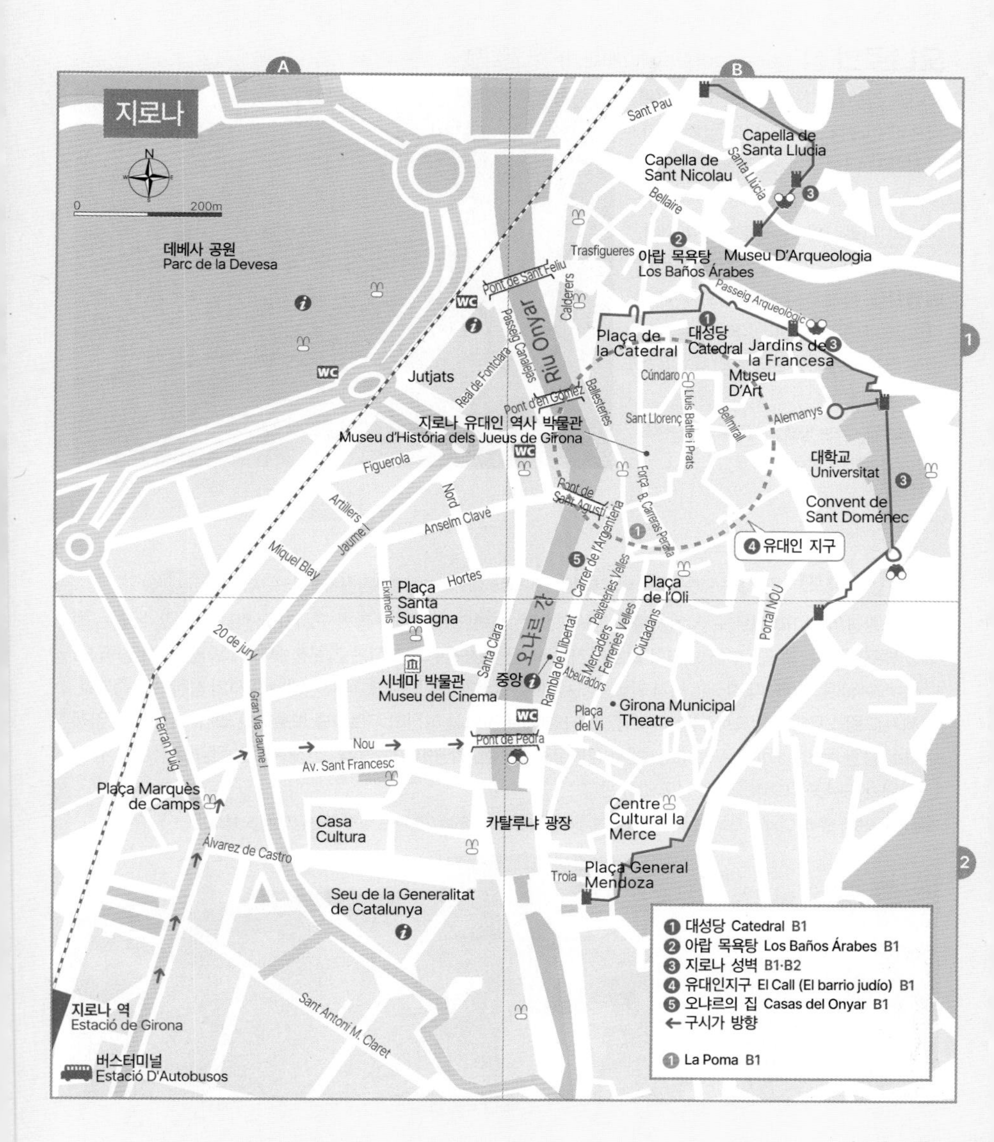

Attraction

보는 즐거움

로미오와 줄리엣이 살았을 것 같은 중세 시대의 모습을 그대로 간직한 구시가는 사랑하는 사람과 주말 데이트를 즐기기에 그만이다. 특별히 할 건 없다. 2,000년 역사가 녹아있는 예쁜 풍경을 감상하고 그저 천천히 거닐면 된다.

오냐르의 집 Casas del Onyar (20세기) 뷰포인트

오냐르 강변을 따라 줄지어 있는 알록달록한 건물들과 붉은 색의 철재 다리, 구시가지 대성당과 산트 펠리우 성당 Basílica de Sant Feliu이 나온 사진은 현대의 지로나를 대표하는 이미지다. 붉은 색 철재 다리는 구스타브 에펠이 에펠탑을 설계하기 전 작품으로 에펠 다리(1877년)로 불린다. 다리에 걸린 노란색 리본들은 카탈루냐 분리 독립운동을 상징한다.

Map P.281-B1 **가는 방법** 역에서 도보 20~30분 또는 대성당에서 도보 10분

지로나 성벽 Muralles de Girona (Muralla de Gerona) (기원전 1세기~현재) 뷰포인트

지로나 관광의 하이라이트. 구시가지를 둘러싸고 있는 성벽으로 산책과 함께 구시가 풍경을 감상할 수 있는 최고의 뷰포인트다. 적으로부터 도시를 보호하기 위해 건설됐으며 그 시작은 기원전 1세기 로마인(로마 성벽 La Força Vella)에 의해서다. 9~10세기 카롤링거시대에는 대대적인 보수가, 14세기에는 도시의 성장으로 증개축, 19세기 프랑스군의 침입으로 일부 파괴되었으나 현재 복원되어 여전히 지로나를 보호하고 있다. 대성당 뒤 알레마니스 정원 Jardins dels Alemanys에서 성벽으로 오르는 계단이 있다. 성벽 산책로에는 전망을 감상할 수 있는 타워가 총 4곳 있으며, 30분 정도 소요된다.

Map P.281-B1·B2 **주소** Carre de la Muralla 2 또는 Carrer dels Alemanys 20 **가는 방법** 대성당에서 도보 10분

성벽에서 바라본 시내 풍경

만리장성 같은 성벽 산책로

대성당 La Catedral (11~18세기) 왕좌의 게임

원시 기독교 교회가 있던 자리에 모스크가 세워지고 8세기 프랑크 왕국의 샤를마뉴 대제가 지로나를 탈환한 후 로마 가톨릭 성당을 지었다. 11세기 로마네스크 양식으로 성당을 짓기 시작해 보수와 증개축을 통해 바로크, 카탈루냐 고딕 등 다양한 양식이 가미되어 18세기 완성됐다. 지로나 수복을 기념하기 위해 16세기 성당 오른쪽에 지은 팔각형 종탑을 '샤를마뉴의 종탑'이라 부른다. 성당 내부에는 너비 23m의 세계에서 가장 넓은 아치형 고딕 양식의 신도석이 있다. 은과 보석으로 그리스도의 생애를 16개의 장면으로 묘사한 제단화로 유명하다.
대성당 박물관에는 1100년경 만들어진 천지창조 태피스트리가 있다. 대성당의 보물로 중앙에 그리스도가 있고 주변에 천지창조 광경을 그려 넣었다. 그 밖에 14~15세기 금은세공품과 고딕 시대의 조각 작품도 전시하고 있다. 특히 대성당 앞 86개의 계단은 바로크 양식으로 지어진 것으로 미국 드라마 '왕좌의 게임'의 배경이 되면서 더욱 유명해졌다. 대성당은 시내를 내려다 볼 수 있는 멋진 뷰포인트이다.

Map P.281-B1 **주소** Plaça Catedral s/n **홈페이지** www.catedraldegirona.cat **운영** 10:00~18:00(월별 운영시간 변동 있음, 홈페이지 참조) **입장료** 성당+예배당 €7.50, 성당+예배당+박물관 €12 **가는 방법** 지로나 역에서 도보 20~30분

아랍 목욕탕 Los Baños Árabes (12세기) 왕좌의 게임

6개의 기둥으로 둘러싸인 8각형 욕조

그라나다에 있는 아랍 목욕탕 다음으로 가장 보존 상태가 좋은 중세 기독교 스페인 시대의 공중목욕탕. 아랍 목욕탕으로 불리지만 고대 로마와 이슬람식 목욕탕에서 영감을 얻어 지어진 로마네스크 양식의 기독교 건축물이다. 13세기 프랑스군에 의해 일부 파괴되었으며 다시 복원돼 15세기까지 공중목욕탕으로 사용됐다. 방문객은 난방 시스템에 의해 온도가 다른 3개의 욕실을 둘러볼 수 있다. 탈의실 겸 담소를 나누던 아포디테리움 Apodyterium은 중앙의 8각형 풀로 유명하다. 풀 천장이 뚫려있어 자연채광으로 시시각각 환상적인 분위기를 연출한다. 옥상은 멋진 전망대로 개방하고 있다.

Map P.281-B1 **주소** Carrer Ferran el Católic s/n **홈페이지** www.banysarabs.org **운영** 월~토요일 10:00~18:00, 일요일·공휴일 10:00~14:00 **입장료** 일반 €3, 학생 €2 **가는 방법** 대성당에서 도보 5분

유대인지구 El Call(El barrio judío) (12~15세기) 왕좌의 게임

스페인에서 가장 잘 보존된 유대인 지구. 유대인들은 1492년 종교재판과 추방 등으로 공동체가 사라지기 전까지 600년 동안 이 곳에 정착해 살았다. 중심 거리인 Carrer de la Força를 따라 미로처럼 얽혀있는 좁은 길과 건물 등이 그대로 남아있다. 구시가지에서 가장 인상적인 모습 중 하나다. 지로나 유대인 역사 박물관 Museu d'História dels Jueus de Girona을 운영 중이니 당시 유대인의 삶에 관심이 있다면 들러보자.

Map P.281-B1 **가는 방법** 대성당에서 도보 5분

그라나다와 근교도시

기독교, 이슬람교라고 선 긋지 마세요!

이들 문화가 한데 어우러지면

얼마나

멋진 결과물이 나오는지

증명해 주는 곳이

바로

.

.

.

그라나다와 안달루시아 지방이에요!

이슬람 사원 속 대성당의 모습 _코르도바 메스키타

알함브라 궁전의 추억
그라나다
GRANADA

800여 년간 이슬람의 지배를 받은 그라나다는 이베리아 반도에서 가장 번성한 이슬람 왕국의 수도였으며 이슬람 최후의 왕조가 있던 곳이다. 1492년 가톨릭 양왕(이사벨과 페르난도)에 의한 국토회복운동(레콩키스타)으로 그라나다가 함락됐다. 기독교도들에게는 더없는 기쁨이자 영광이었지만 이슬람교도들에게는 유럽 대륙의 마지막 영토를 상실하는 처참한 패배였다. 그후 이 도시의 화려했던 시절 이야기는 전설이 되어 역사의 뒷전으로 자취를 감췄다가 19세기 미국의 작가 워싱턴 어빙의 소설 『알함브라 이야기』로 사람들의 주목을 받게 되었다.

그라나다를 세상에서 가장 아름다운 도시로 만든 이슬람 왕조에 대해 찬사를 아끼지 않는 현지인들의 열린 사고 덕분에 우리는 지금도 잘 보존된 알함브라 궁전과 시내 곳곳에 남아 있는 이슬람 관련 유적을 감상할 수 있다. 소설의 배경으로 등장하는 이곳의 아름다운 풍경과 심금을 울리는 기타 연주에 이끌려 수많은 여행자가 해마다 이곳을 찾는다.

지명 이야기	그라나다는 스페인어로 '석류'를 뜻한다.
이런 사람 꼭 가자!!	· 이슬람 건축의 위대한 유산, 알함브라 궁전을 감상하고 싶다면 · 도시 곳곳에 배어 있는 이슬람 문화를 경험하고 싶다면 · 타레가 Francisco Tárrega Eixea의 기타 연주 <알함브라 궁전의 추억>에 매료됐다면
저자 추천	이 책 읽고 가자 워싱턴 어빙의 『알함브라 이야기』

INFORMATION 여행 전 유용한 정보

홈페이지

그라나다 관광청 www.lovegranada.com
안달루시아 관광청 www.andalucia.org

관광안내소

그라나다 시의회 관광청 ⓘ Map P.295-D3

무료 지도, 관광 안내, 숙소 예약 서비스 제공. 플라멩코 공연 정보와 관광명소 운영 시간표, 근교행 버스·열차 시간표를 얻어두자.

주소 Plaza del Carmen 9(카르멘 광장 시청건물에 위치) **전화** 958 248 280 **운영** 09:00~13:00 **가는 방법** 누에바 광장에서 도보 5분 또는 버스 LAC번을 타고 버스를 타고 Fuente de las batallas역에서 하차 후 도보 2분

안달루시아 지방 정부 관광청 ⓘ

무료지도, 관광안내 등은 물론 알함브라 궁전 티켓 판매 및 오디오 가이드도 빌려준다. 잘하면 당일 표도 구할 수 있으니 직원에게 문의해 보자.

주소 Santa Ana 4 Bajo(누에바 광장) **전화** 958 575 202 **운영** 월~토요일 09:00~19:30, 일요일 09:00~15:00

알함브라 숍 Tienda de alhambra

알함브라 궁전과 관련된 책, CD, 각종 기념품을 판매하는 곳. 알함브라 궁전 티켓 판매 및 오디오 가이드도 빌려준다.

주소 Calles Reyes Católicos 40(대성당 근처) **전화** 95 822 78 46 **홈페이지** www.alhambratienda.es **가는 방법** 버스 LAC번을 타고 Catedral 역 하차 후 도보 2분

ACCESS 가는 방법

비행기·버스·열차 등 다양한 교통수단을 이용할 수 있다. 대도시는 비행기, 안달루시아 지방으로의 이동은 버스가 가장 편리하다.

비행기

스페인의 주요 도시와 연결하는 항공편이 운항된다. 마드리드에서는 1시간 5분, 바르셀로나에서는 1시간 30분 정도 소요되며 하루 5편씩 운항한다. 특히 바르셀로나와 그라나다 간에는 저가 항공이 많이 운행돼 장거리 이동 열차와 버스를 피하고 싶은 여행자들에게 인기가 많다. 요금도 미리 예약만 하면 열차와 버스보다 훨씬 저렴하다. 그라나다 공항(GRX)은 도심에서 서쪽으로 약 18Km 거리에 위치, 2006년부터 스페인의 대표적인 시인이자 극작가 페데리코 가르시아 로르카의 이름으로 개칭했다. 공항에서 시내까지는 알사에서 운행하는 공항버스를 타면 된다. 배차시간이 30~1시간이라 놓치면 한 시간을 기다리거나 택시를 이용해야 한다. 티켓은 운전사에게 구입하면 된다. 시내까지는 40분 정도 소요된다. **홈페이지** www.aena.es

주요 운항 저가항공사

[바르셀로나 → 그라나다] 부엘링 www.vueling.com, 에어 유로파 www.aireuropa.com

역에서 시내로 가는 방법

알사 공항버스

운행 노선 공항 → 그라나다 버스터미널 Granada Estación Autobús → 그란 비아 대성당 앞 Gv Colon Catedral → 엘 코르테 잉글레스 백화점 맞은편 Puerta real → 컨벤션 센터 Palacio de Congresos **운영** 06:00~23:30(비행기 도착 시간에 맞춰 운행) **요금** €3

택시

요금 €27~30 내외(20~30분 소요)

버스

안달루시아 지방을 오가는 노선이 발달해 있다. 도시에 따라 버스를 타는 게 시간을 절약할 수 있으며 요금도 저렴하다. 마드리드, 바르셀로나, 코르도바, 세비야, 말라가 등은 모두 ALSA사 버스가 운행한다. 바르셀로나에서 그라나다까지는 10시간 이상이 걸리므로 야간버스를 이용하자. 버스터미널 Estación de Autobuses은 시내에서 3km 떨어져 있는데, 터미널 정문 앞에 있는 시내버스 정류장에서 버스 33번을 타고 8번째 정류장인 Gran Vía 5–Catedral 역에서 내리면 바로 구시가지다. 10~15분 소요.

홈페이지 www.alsa.es(운행시간 및 요금 조회)

터미널에서 시내로 가는 방법

33번 시내버스

운영 06:45–23:30

요금 1회권 €1.40(1시간 이내 무료 환승 가능)

택시

요금 €10 미만

철도

마드리드, 바르셀로나, 세비야 등 스페인의 주요 도시와 연결돼 있으며 대부분 초고속 열차가 운행돼 편리하다. 철도패스 소지자라도 좌석 예약은 필수이다. 마드리드 아토차 역에서 출발하며 코르도바를 경유해 원한다면 코르도바에 내려 반나절 또는 1박 후 그라나다로 이동해도 된다. 바르셀로나는 산츠역에서 출발하며 직행열차와 1~2회 환승 열차가 있다. 세비야와 그라나다로 운행되는 열차는 완행열차로 버스보다 소요시간은 길지만 안달루시아 지방의 자연을 감상하며 느리게 이동할 수 있어 열차 여행의 낭만을 즐길 수 있다.

그라나다 역 Estación de Ferrocarriles Map P.294-A3 은 작은 간이역이어서 부대시설이라고는 매표소와 카페, 몇 개 안 되는 코인 로커가 전부다. 관광안내소도 없어 불편하다.

역에서 시내로 가는 방법

역에서 시내까지는 도보로 약 20~30분 정도가 소요된다. 숙소가 역 근방이 아니라면 택시나 시내버스를 타고 이동하자. 역 정문으로 나와 오르막길을 오른 후 오른쪽으로 걸어가면 시내버스 정류장(Avda. Constitucion 27–Estación Ferrocarril 역)이 나온다. 여기서 4번 버스를 타고 4번째 정류장인 Gran Vía 7–Catedral 역에서 내리면 바로 구시가지다. 구시가 광장의 랜드마크인 이사벨 광장 Plaza Isabel la Católica과 누에바 광장 Plaza Nueva이 도보 2~3분 거리에 있다.

4번 버스는 정류장에서 1회권 또는 교통카드 구매, 개시 후 버스에 타면 된다(P.292 참조). 택시는 €10 미만.

그라나다 - 주요 도시 간 교통편·이동 시간

	출발	도착	교통편·이동 시간
주·야간이동 가능 도시	그라나다	바르셀로나 Sants	초고속열차 AVE 6시간 25분, 저가항공 1시간 30분
	그라나다	마드리드 Atocha	초고속열차 AVE 3시간 39분, 버스 4시간 30분~5시간, 저가항공 1시간 15분
	그라나다	세비야	열차 2시간 40분, 버스 3시간
	그라나다	코르도바	열차 1시간 40분, 버스 2시간 45분
	그라나다	말라가	열차 1시간 20분, 버스 1시간 30분
	그라나다	론다	열차 2시간 30분~3시간
	그라나다	바르셀로나 Sants	초고속열차 AVE 6시간 19분, 저가항공 1시간 25분 야간버스 13시간 45분

TRANSPORTATION 시내 교통

시내는 도보로도 다닐 수 있지만 역에서 주요 관광명소까지 갈 때나 알함브라 궁전과 알바이신 지구, 구시가에서 좀 떨어져 있는 사크로몬테까지 모두 돌아보려면 버스를 적절히 이용하는 게 효율적이고 시간이 절약된다. 관광안내소에서 시내 교통지도를 얻으면 매우 유용하다. 티켓은 1회권과 충전식 교통카드 크레디부스 Credi Bús가 있다. 보노 부스는 €5, €10, €20 총 3종류로, 한 번 탈 때마다 €0.83~0.87가 차감돼 1회권에 비해 저렴하며 여럿이 사용해도 무관하다. €5를 충전하면 5번을 탈 수 있으니 여행 중 몇 번을 타게 될지 등을 고려해 구입하면 된다. 하나의 카드로 여럿이 사용도 가능하다. 카드 구입 시 €2를 보증금으로 추가 지불해야 하는데 카드 반납 때 돌려받을 수 있다. 단, 카드 잔액은 환불되지 않는다. 티켓은 운전사에게서 직접 구입할 수 있고 보증금 환불도 마찬가지다. 승차 시에는 우리나라처럼 전자식 단말기에 티켓이나 카드를 대면 된다. 일행이 여럿이라면 인원수만큼 티켓을 대면된다. 모든 티켓은 60분 이내 무료 환승이 가능하며 버스를 갈아 탈 때마다 단말기에 티켓을 대면된다. **홈페이지** www.transportesrober.com **요금** 1회권 €1.40, 크레디부스 CrediBús(탑승 가능 횟수) €5(5번), €10(11번), €20(24번)

알함브라 미니버스

3개의 언덕으로 운행되는 빨간색 미니버스. 알함브라 궁전, 알바이신, 사크로몬테 등 언덕을 순회한다. 알함브라 궁전은 버스 C30번, 알바이신은 버스 C31번, 알함브라 궁전과 알바이신을 도는 버스는 C32번, 사크로몬테와 알바이신을 도는 버스는 C34번이 있다. 출발하는 정류장이 약간씩 다르니 주의하자. C30번 버스는 이사벨 광장에서, C32번 버스는 대성당과 누에바 광장에서, C31·C34번 버스는 누에바 광장에서 이용하면 편리하다. ⓘ에서 미리 버스노선도를 얻어 목적지별 버스 노선과 정류장을 문의하고 표시해 두는 게 가장 좋다. 요금은 일반 버스와 동일하다. **운행** 07:00~23:00(8~20분 간격)

미니버스별 주요 정류장

C30번 Alhambra–Centro

- Alhambra-Generalife
- Puerta la Justicia
- Cuesta del Caidero
- Plaza del Realejo
- Plaza Isabel la Cotólica

C31번 Albaicín–Centro

- Plaza Nueva
- Carrera del Darro과 Cuesta del Chapiz
- Plaza San Nicolás
- Gran Vía
- Plaza Isbel la Católica

C32번 Alhambra–Albaicín

- Plaza Isabel la Católica
- Molinos, Auditorio
- Manuel de Falla
- Alhambra-Generalife
- Plaza Nueva
- Carrera del Darro
- Plaza la Católica

C34번 Sacromonte–Centro

- Plaza Nueva
- Carrera del Darro
- Sancromonte
- Pagés
- Ctra. Murcia
- Cristo de la Yedra
- Avda. del Hospicio
- Gran Via
- Plaza Nueva

Travel Plus

그라나다 카드
Granada Card

카드 유효기간 안에 알함브라 궁전, 대성당과 왕실예배당, 카르투하 수도원, 산 제로모니모 수도원, 과학공원 Parque de las Ciencias y Museo 등을 입장할 수 있고 시내버스 9회 이용권과 그라나다 관광열차 1회 탑승권이 포함돼 있다. 티켓은 관광안내소 및 인터넷으로 구입할 수 있다.
홈페이지 www.granadatur.com
요금 24시간 €36.50(알함브라 궁전, 나스르 궁전 야간 방문만 포함), 48시간 €40, 72시간 €43
◆카드 종류에 따라 포함 내역이 조금씩 다르니 꼼꼼히 확인하자.

MASTER OF GRANADA

그라나다 완전정복

3개의 언덕과 평지로 이루어진 그라나다 구시가는 주요 볼거리가 모두 언덕에 있다. 랜드마크인 누에바 광장에 들어서면 구시가 여행이 시작된다. 3개의 언덕은 누에바 광장을 사이에 두고 앞과 좌우에 있다. 오른쪽 언덕에는 이슬람 왕조의 알함브라 궁전이, 왼쪽 언덕에는 당시 귀족과 서민들이 살았던 알바이신 지구가 있다. 그리고 앞쪽 멀리 보이는 언덕은 집시들의 거주 지역 사크로몬테다. 어느 곳을 여행하느냐에 따라 다른 문화와 시대를 체험할 수 있다. 이게 바로 그라나다 여행의 매력이다.

누에바 광장

이사벨 광장

그라나다 시내는 도심을 가르는 그란 비아 거리가 있고 이 거리가 끝나는 곳에 이사벨 여왕과 콜럼버스 동상이 있는 이사벨 광장이 있다. 이사벨 광장을 중심으로 북쪽에는 누에바 광장과 3개의 언덕이, 남쪽에는 현대적인 쇼핑가가 형성된 신시가가 있다.

시내 관광은 알함브라 궁전만 보겠다면 하루면 충분하다. 하지만 알바이신과 사크로몬테, 신시가에 있는 대성당 등을 모두 둘러보려면 2~3일 정도가 적당하다. 시내 관광에서 가장 중요한 알함브라 궁전 관람은 첫날보다는 다음날 아침에 여유를 갖고 시작하는 게 좋다. 그라나다 관광의 포인트는 〈아라비안 나이트〉를 연상하는 여행자의 상상력이다. 또한 애절한 기타 연주 〈알함브라 궁전의 추억〉의 선율 같은 느긋함이다. 알함브라 궁전을 감상했다면 이슬람과 집시의 문화를 느낄 수 있는 골목길을 거닐고, 밤마다 플라멩코 공연을 감상해 보자. 유럽이 아닌 이슬람 왕국을 여행하는 착각이 든다.

이것만은 놓치지 말자!

① 알함브라 궁전과 맞은편 산 니콜라스 전망대에서 바라본 궁전 전경
② 집시들의 주거지였던 사크로몬테 박물관 둘러보기
③ 동굴 속 타블라오에서 공연하는 그라나다풍 플라멩코 감상하기
④ 칼데레리아 누에바 거리의 아랍 상점과 찻집 돌아보기

시내 관광을 위한 Key Point

랜드마크

① **누에바 광장** Plaza Nueva
알함브라 궁전을 포함해 언덕 위에 있는 모든 관광명소를 연결한다.

② **이사벨 광장** Plaza Isabel la Católica
구시가와 신시가를 나눈다.

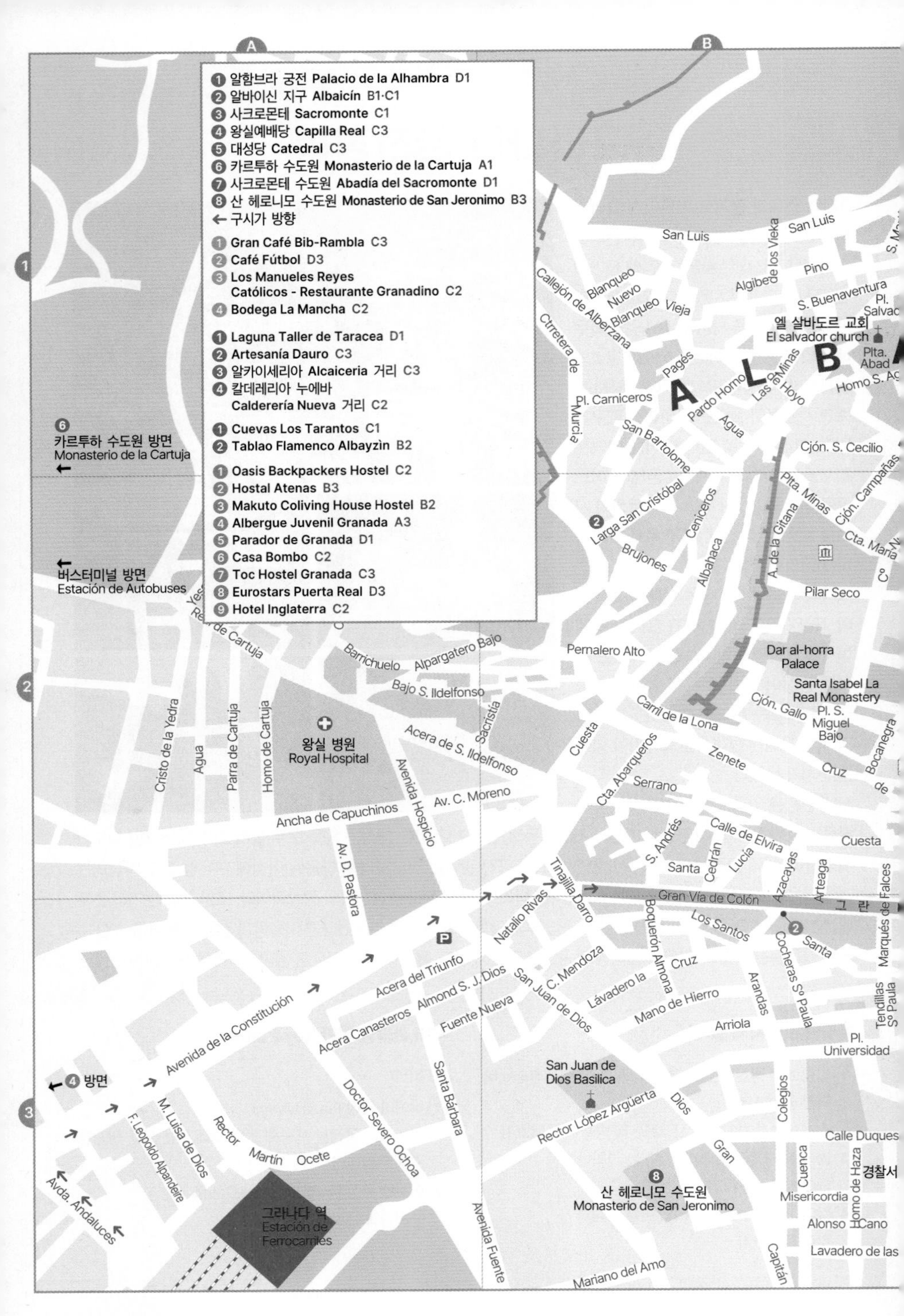
A
B
1
2
3
1 알함브라 궁전 Palacio de la Alhambra D1
2 알바이신 지구 Albaicín B1·C1
3 사크로몬테 Sacromonte C1
4 왕실예배당 Capilla Real C3
5 대성당 Catedral C3
6 카르투하 수도원 Monasterio de la Cartuja A1
7 사크로몬테 수도원 Abadía del Sacromonte D1
8 산 헤로니모 수도원 Monasterio de San Jeronimo B3
← 구시가 방향
1 Gran Café Bib-Rambla C3
2 Café Fútbol D3
3 Los Manueles Reyes Católicos - Restaurante Granadino C2
4 Bodega La Mancha C2
1 Laguna Taller de Taracea D1
2 Artesanía Dauro C3
3 알카이세리아 Alcaiceria 거리 C3
4 칼데레리아 누에바 Caldereria Nueva 거리 C2
1 Cuevas Los Tarantos C1
2 Tablao Flamenco Albayzìn B2
1 Oasis Backpackers Hostel C2
2 Hostal Atenas B3
3 Makuto Coliving House Hostel B2
4 Albergue Juvenil Granada A3
5 Parador de Granada D1
6 Casa Bombo C2
7 Toc Hostel Granada C3
8 Eurostars Puerta Real D3
9 Hotel Inglaterra C2
6 카르투하 수도원 방면 Monasterio de la Cartuja ←
← 버스터미널 방면 Estación de Autobuses
4 방면
San Luis
Callejón de Alberzana
Blanqueo Nuevo
Blanqueo Vieja
Algibe de los Vieka
Pino
S. Buenaventura
Pl. Salvad
엘 살바도르 교회
El salvador church
Plta. Abad
Homo S. Ag
Ctrretera de Murcia
Pagés
Pardo Homo
Las Minas
de Hoyo
Agua
Pl. Carniceros
San Bartolome
Cjón. S. Cecilio
Plta. Minas
Cjón. Campañas
Cta. María
Larga San Cristóbal
Ceniceros
Brujones
Albahaca
A. de la Gitana
Pilar Seco
A L B
Pernalero Alto
Dar al-horra Palace
Santa Isabel La Real Monastery
Cjón. Gallo
Pl. S. Miguel Bajo
Camil de la Lona
Bocanegra
Cruz de
Zenete
Cuesta
Cta. Abarqueros
Serrano
Barrichuelo
Alpargatero Bajo
Bajo S. Ildelfonso
Sacristía
Real de Cartuja
Cristo de la Yedra
Agua
Parra de Cartuja
Homo de Cartuja
왕실 병원
Royal Hospital
Acera de S. Ildelfonso
Avenida Hospicio
Av. C. Moreno
Ancha de Capuchinos
Calle de Elvira
S. Andrés
Santa
Cedrán
Lucia
Azacayas
Arteaga
Cuesta
Av. D. Pastora
Tinajilla
Darro
Gran Vía de Colón
그 란
Marqués de Falces
Natalio Rivas
Los Santos
Santa
Cocheras Sº Paula
Tendillas Sº Paula
P
Acera del Triunfo
Almond S. J. Dios
San Juan de Dios
C. Mendoza
Lávadero la
Boquerón Almona
Cruz
Arandas
Mano de Hierro
Arriola
Fuente Nueva
Acera Canasteros
Avenida de la Constitución
Pl. Universidad
San Juan de Dios Basilica
Rector López Argüerta
Dios
Colegios
Calle Duques
Santa Bárbara
Doctor Severo Ochoa
M. Luisa de Dios
F. Leopoldo Alpandeire
Rector Martín Ocete
Avda. Andaluces
Gran
Cuenca
Homo de Haza
경찰서
Misericordia
Alonso Cano
Lavadero de las
8 산 헤로니모 수도원
Monasterio de San Jeronimo
그라나다 역
Estación de Ferrocarriles
Avenida Fuente
Mariano del Amo
Capitán

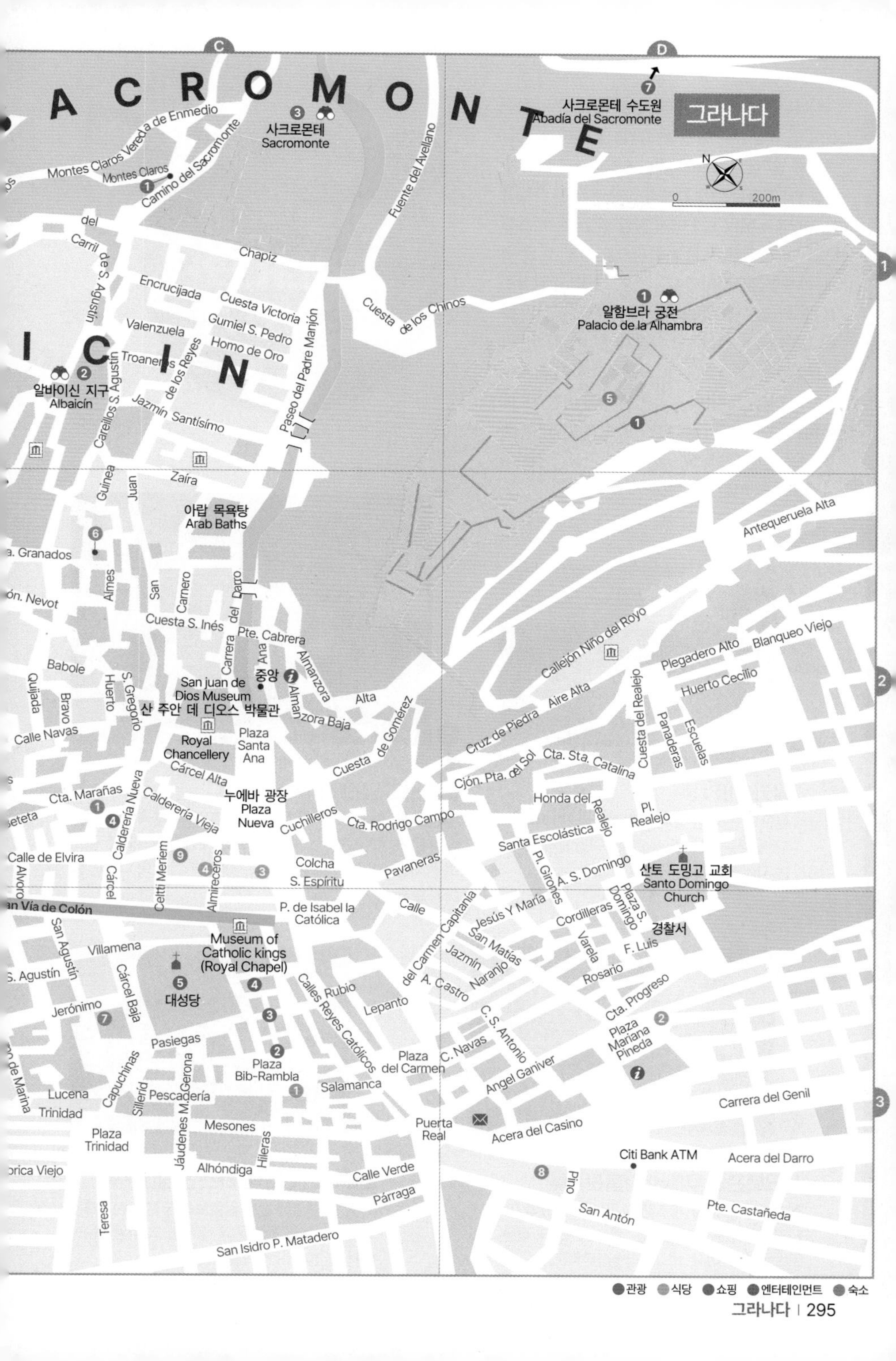

SACROMONTE
ALBAICIN
그라나다
사크로몬테
Sacromonte
사크로몬테 수도원
Abadía del Sacromonte
알함브라 궁전
Palacio de la Alhambra
알바이신 지구
Albaicín
아랍 목욕탕
Arab Baths
중앙
San juan de Dios Museum
산 주안 데 디오스 박물관
Royal Chancellery
Plaza Santa Ana
누에바 광장
Plaza Nueva
산토 도밍고 교회
Santo Domingo Church
경찰서
Museum of Catholic kings (Royal Chapel)
대성당
Plaza Bib-Rambla
Plaza del Carmen
Puerta Real
Plaza Trinidad
Plaza Mariana Pineda
Citi Bank ATM
Montes Claros Vereda de Enmedio
Montes Claros
Camino del Sacromonte
Fuente del Avellano
Carril del
de S. Agustín
Chapiz
Encrucijada
Cuesta Victoria
Valenzuela
Gumiel S. Pedro
Horno de Oro
Troaneros
de los Reyes
Paseo del Padre Manjón
Cuesta de los Chinos
Jazmín Santísimo
Careillos S. Agustín
Guinea
Juan
Zaíra
Granados
Almes
San
Carnero
Carrera del Darro
Nevot
Cuesta S. Inés
Pte. Cabrera
Ana
Almanzora
Almanzora Baja
Alta
Babole
Quijada
Bravo
Huerto
S. Gregorio
Calle Navas
Cárcel Alta
Cuesta de Gomérez
Cuchilleros
Cta. Marañas
Caldería Nueva
Caldería Vieja
Calle de Elvira
Alvoro
Cárcel
Celtti Meriem
Almireceros
Colcha
S. Espíritu
Gran Vía de Colón
P. de Isabel la Católica
San Agustín
Villamena
S. Agustín
Cárcel Baja
Jerónimo
Pasiegas
Capuchinas
Sillería
Pescadería
Jáudenes M. Gerona
Lucena
Trinidad
Mesones
Hileras
Alhóndiga
Teresa
Calles Reyes Católicos
Rubio
Lepanto
Salamanca
Calle Verde
Párraga
San Isidro P. Matadero
Antequeruela Alta
Callejón Niño del Royo
Blanqueo Viejo
Plegadero Alto
Huerto Cecilio
Cuesta del Realejo
Panaderas
Escuelas
Aire Alta
Cruz de Piedra
Cjón. Pta. del Sol
Cta. Sta. Catalina
Honda del Realejo
Pl. Realejo
Cta. Rodrigo Campo
Pavaneras
Santa Escolástica
Pl. Girones
A. S. Domingo
Plaza S. Domingo
Calle del Carmen
Capitanía
Jesús Y María
San Matías
Jazmín
Naranjo
A. Castro
Cordilleras
Varela
F. Luis
Rosario
Cta. Progreso
C. S. Antonio
C. Navas
Angel Ganiver
Carrera del Genil
Acera del Casino
Acera del Darro
Pino
San Antón
Pte. Castañeda
0 200m

그라나다 관광은 신시가에 있는 대성당부터 시작해보자. 대성당과 왕실예배당을 둘러본 후 아랍 거리로 알려진 알카이세리아 Alcaiceria 거리 구경을 한다. 다음은 알함브라 궁전이 있는 숲길을 산책하고 누에바 광장에서 알함브라 미니버스를 타고 사크로몬테 동굴 박물관으로 가자. 동굴 속에 꾸며진 집시들의 집이 신기하다. 다시 알함브라 미니버스를 타고 알바이신 정상으로 올라가 보자. 그곳에서는 세상에서 가장 아름다운 알함브라 궁전이 한눈에 들어온다. 숙소로 돌아가 휴식을 취한 다음 그라나다의 첫날 밤은 동굴 타블라오에서 하는 그라나다의 플라멩코 공연으로 마무리하자. 다음 날은 알함브라 궁전 내부 관람과 알바이신 지구 도보 여행을 해 보자.

알함브라 궁전의 그라나다 문과 심판의 문

5

입구까지 도보 10분

알함브라 궁전 산책 P.298

누에바 광장에서 그라나다 문까지는 도보 10분. 여기서부터 숲이 우거진 산책길이 나온다. 물소리와 새들의 노래를 들으며 산책하는 기분이 상쾌하다. 중간에 심판의 문이 나오면 들어가 보자.

6

도보 10분

알카사바 P.301

심판의 문을 들어서면 알카사바가 나온다. 들어갈 수는 없으나 이곳 광장에서 보는 시내 풍경이 멋지다.

알함브라 미니버스 10분

7

알함브라 미니버스 20분

사크로몬테 쿠에바 박물관 P.305

집시들은 동굴을 개조해 그곳에서 살았다고 한다. 사크로몬테 동굴 박물관은 옛날 집시들의 집을 그대로 보존한 곳이다. 생각보다 낭만적이다.

8

도보 7분

알바이신 산 니콜라스 전망대 P.304

해 질 녘 석양에 물든 알함브라 궁전의 신비로운 자태가 한눈에 들어온다. 모두들 그 아름다움에 빠져 말없이 바라볼 뿐이다.

1

2 대성당 안 결혼식

도보 1분

그란 비아 Map P.294~295-B3·C3

이사벨 광장으로 가기 전에 왕실예배당과
연결된 좁은 골목길이 나온다.

주의 집시들이 '사랑을 부르는 나뭇가지'를 강매한다. 'No Thanks' 하고 지나치자.

대성당 & 왕실예배당 P.306

그라나다 종교의 중심지. 왕실예배당에는 국토회
복을 완성한 가톨릭 양왕이 잠들어 있다.

도보 2분

4 랜드마크 누에바 광장

3

도보 5분

누에바 광장 Map P.295-C2

그라나다에 있는 동안 아침저녁으로 수시로 오가게
되는 구시가의 랜드마크다.

알카이세리아 거리 P.310

아랍 거리로 이슬람 시절에는 비단을 거래했던 장소다.
관광객을 위한 기념품이 가득하다.

Mission 아침 식사 전이라면 비브 람블라 광장에 있는 카페에 들러 스페인 전통 추로스를 맛보자.

9

플라멩코 공연 P.312

그라나다는 원형에 가까운 집시 플라멩코 공연을 감상할 수 있는 곳.
밤에 모여 술을 마시다 누군가 노래를 부르고 기타를 치면 흥에 겨운
여인 하나가 일어서서 춤을 추기 시작한다.

알아두세요

❶ 관광안내소에 들러 시내 지도와 플라멩코 공연 정보를 얻자. 티켓을 미리 구입해도 좋다.
❷ 충전식 교통카드 보노 부스를 구입하자. 1개로 여럿이 사용할 수 있다.
❸ 밥 먹기 좋은 곳 : 누에바 광장 또는 비브 람블라 광장

Attraction 보는 즐거움

알함브라 지구, 좁고 꼬불꼬불한 골목이 이어지는 옛 아랍 지구 알바이신, 도심 북쪽의 집시 거주지 사크로몬테 등이 유명하다. 그란 비아 데 콜론 Gran Vía de Colón과 대성당 주변의 성당·유적도 빼놓을 수 없다.

알함브라 궁전 Palacio de la Alhambra 유네스코 뷰포인트

그라다나의 상징이며 유럽에 현존하는 이슬람 건축물 가운데 최고 걸작으로 꼽힌다. 알함브라는 아랍어로 '붉은 성'이라는 뜻. 13세기 스페인의 마지막 이슬람 왕조인 나스르 왕조의 무하마드 1세가 성 안에 왕궁을 축성하고 그 뒤 역대 왕들이 증개축을 반복해 14세기 유수프 1세 때 지금의 모습으로 완성되었다. 이 시기 그라나다는 최고의 전성기를 맞아 7개의 궁전과 모스크, 주택, 시장 등이 들어선 대도시로 발전했다. 1492년 국토회복운동으로 궁전은 전쟁 없이 가톨릭 양왕에게 양도되고, 최후의 왕 보아브딜은 신하들과 함께 시에라네바다 산맥의 험한 길을 오르며 궁전을 향해 통한의 눈물을 흘렸다고 한다.

그후 몇 차례의 전쟁을 겪으면서 알함브라 궁전은 황폐해져 도둑과 부랑자들의 소굴이 되었으나 궁전에 얽힌 이야기가 소설과 클래식 기타 선율을 타고 세상에 알려지면서 주목을 받게 됐다. 현재는 유네스코 세계문화유산으로 지정되어 고증에 의한 내부 복구와 세심한 관리를 하고 있다. 관람할 수 있는 내부는 크게 4개 구역으로 나뉘는데 헤네랄리페 Generalife, 카를로스 5세 궁전 Palacio de Carlos V, 나스르 궁전 Palacios Nazaries, 알카사바 Alcazaba다. Map P.295-D1

알아두세요

알함브라 궁전 관람에 대한 모든 것

알함브라 궁전은 그라나다를 방문한 이유인 만큼 정성을 다해 둘러보자. 다양한 방법으로 궁전을 감상할 수 있도록 티켓이 개발돼 있고 야간개장까지 한다. 궁전 주변은 온통 울창한 숲으로 우거져 산책을 즐기기에도 좋다. 머무는 동안 최소 2회 이상은 방문할 것! 방문 당일 여권지참 필수!

홈페이지 www.alhambra-patronato.es

가는 방법 누에바 광장에서 도보 15~20분 또는 알함브라 미니버스 C30·C32번을 타고 Generalife 역에서 하차. 총 10분 소요

운영 10/15~3/31 08:30~18:00(매표소 08:00~18:00) 야간개장 금·토요일 20:00~2:30(매표소 19:00~20:45), 4/1~10/14 08:30~20:00(매표소 08:00~20:00), 야간개장 화~토요일 23:00~23:30(매표소 21:00~22:45)

입장권 종류 및 요금

❶ **Alhambra General** €19.09
가장 일반적인 티켓. 나스르 궁전, 헤네랄리페, 카를로스 5세 궁전, 알카사바, 아랍목욕탕 등 관람 가능

❷ **Gardens, Generalife and Alcazaba** €10.61
나스르궁전을 제외한 헤네랄리페, 카를로스 5세 궁전, 알카사바, 아랍목욕탕 등 관람가능

❸ **Night Visit to Nasrid Palaces** €10.61
나스르궁전 야간 관람 및 카를로스 5세 궁전 포함

❹ **Alhambra and Rodriguez Acosta Foundation Combined Tour** €20
알함브라 궁전과 근처 로드리게스 저택 관람. 원하는 날 일반티켓이 매진됐을 때 구할 수 있는 차선의 티켓

❺ **Night visit to Gardens and Generalife** €7.42
헤네랄리페 궁전과 정원 야간 관람

❻ **Alhambra Experiences** €19.09
당일 야간개장 나스르 궁전 방문 후 다음날 정원·알카사바·헤네랄리페 방문

❼ **Dobla de Oro General** €27.30
알함브라 궁전과 알바이신 지구의 유적지 6곳 관람

❽ **Dobla de Oro at Night** €20.93
알바이신 지구의 유적지 6곳과 나스르 궁전 야간관람

❾ **Andalusi Monuments** €7.42
알바이신 지구의 유적지 4곳 관람

티켓 구입 방법

❶ 인터넷으로 예약한다. 관람일로부터 3~4개월 전부터 당일 2시간 전까지 예매가능하다. 워낙 빨리 매진되는 만큼 방문하는 날짜가 정해지면 제일 먼저 예약해 두자. 예약은 티켓 종류와 수량·관람 일을 선택하면 08:30~19:00 중에 예약 가능한 나스르 궁전 관람 시간이 나오고 원하는 시간대를 선택하면 된다. 티켓 요금의 6%가 수수료로 붙는다. 예약 후 이메일로 받은 QR 코드를 휴대폰에 저장해 가면 된다.
공식 예약 사이트 tickets.alhambra-patronato.es

❷ 관광 당일 매표소에서 구입한다. 현금만 받으며 신용카드는 자동판매기를 사용해야 한다. 별도의 카드 수수료가 있다. 긴 줄은 물론 예약 손님이 많은 날에는 관람이 불가능할 수도 있으니 무조건 서두르자.

❸ 그라나다 카드를 구매한다. 그라나다 카드는 주요 관광지나 박물관 방문, 교통비 등이 포함돼 있어 그라나다 카드가 있으면 바로 입장이 가능하다. 48시간 기준 €40

주의

❶ 당일 티켓 구입은 매우 어려우니 미리 예약할 것을 추천한다.

❷ 어떤 방법으로 티켓을 구입하든 나스르 궁전 Palacios Nazaries 입장 시간이 별도로 표시돼 있으니 확인해 두자. 나스르 궁전은 관람 시간을 놓치면 입장이 불가능하다. 관람시간 30분전부터 줄을 서기 시작한다.

❸ 궁전 안으로 들어가면 점심 먹을 만한 곳이 마땅치 않으니 든든한 도시락과 음료, 과일 등을 준비해 가자.

❹겨울을 제외한 계절에는 선글라스, 모자, 손수건 등 무더위에 대한 준비도 신경 쓰자.

내부 관람

매표소 → 헤네랄리페 → 카를로스 5세 궁전 → 나스르 궁전 → 알카사바 → 석류의 문

◆나스르 궁전의 관람 시간을 엄수하자. 궁전 어디에 있든 나스르 궁전부터 보고 나머지를 구경해야 한다.

◆ 헤네랄리페 Generalife

14세기에 세워진 왕가의 여름 별궁. 왕들이 더위를 피해 휴식하던 곳이었다. 헤네랄리페는 아랍어로 '건축가의 정원'이란 뜻이다. 또한 시에라네바다 산맥의 눈 녹은 물을 이용해 분수와 수로를 만들어 놓아서 '물의 정원'으로도 불린다. 곳곳의 분수와 활짝 핀 꽃이 계절마다 각기 다른 풍경을 연출한다. 별궁 중앙에 있는 아세키아의 정원 Patio de la Acequia은 이슬람 양식과 스페인 양식을 대표하는 정원이니 눈여겨보자. 정원 회랑의 창을 통해 구시가지의 전경을 감상할 수 있다.
아세키아 정원에서 계단을 올라가면 '술타나의 정원'이 나온다. 술타나는 술탄의 부인이라는 뜻으로 말라죽은 사이프러스 나무로 유명하다. 사이프러스 나무 아래서 왕이 총애하는 후궁과 젊은 병사가 사랑을 나누고 이를 알게 된 왕이 두 사람은 물론 그들의 밀회를 도운 나무까지 벌하여 고사시켰다고 한다. (P.303 참조)
불후의 명곡 '알함브라 궁전의 추억'은 타레가(1852~1909)가 사랑했던 후원자이자 제자였던 콘차 부인에게 헌정한 작품이다. 1991년에 발견된 필사본에는 "우리가 함께 감상한 알함브라 궁전에서 내 영혼이 느낀 감동을 이 시적인 작품에 담아 전합니다."라는 편지가 남아 있다. 안타깝게도 둘의 사랑은 이뤄질 수 없었다. 유부녀였던 콘차 부인은 타레가의 고백을 거절했다고 한다. '알함브라 궁전의 추억'이 슬프도록 아름다운 이유가 궁전에서 내려오는 전설처럼 타레가의 사랑도 슬픈 끝맺음이었기 때문이 아니었을까? Map P.301

◆ 카를로스 5세 궁전 Palacio de Carlos V

투우를 즐겼다는 카를로스 5세 궁전 안

카를로스 5세는 코르도바의 메스키타 안에 대성당을 지은 왕으로, 1526년 이곳으로 신혼여행을 왔을 때 새로운 궁전을 짓기로 결심했다고 한다. 건물은 당시 유행하던 르네상스 스타일로 지었으며, 정사각형인 건물 외관과 달리 내부에는 원형 중정을 배치한 특이한 구조를 하고 있다. 원래는 이곳에서 투우를 즐겼다고 하는데 지금은 매년 여름 그라나다 국제음악제가 열린다. 현재 1층에는 알함브라 박물관, 2층에는 순수 예술 미술관이 있다. 알함브라 박물관에는 11~16세기에 제작된 히스패닉 아랍 예술품, 순수 예술 미술관에는 16, 17세기에 활동했던 예술가들의 회화 작품을 전시하고 있다. Map P.301

◆ 알카사바 Alcazaba 뷰포인트

9세기에 축성한 요새로, 지금은 많이 파괴된 상태지만 건축 당시에는 24개의 망루를 가진 견고한 성이었다. 내부에는 퍼레이드 운동장과 군대 막사가 자리하고 있다. 서쪽 끝으로 가면 알함브라 궁전에서 제일 오래된 부분인 벨라의 탑 Torre de la Vella이 나온다. 그 위에 올라가면 그라나다의 아름다운 모습을 한눈에 조망할 수 있다.

벨라의 탑은 1492년 1월 2일 그라나다 함락 후 이사벨 여왕이 승리의 종을 친 곳으로 매년 1월 2일 미혼 여성이 이곳에서 종을 치면 1년 안에 사랑하는 사람을 만난다는 전설이 있다.

알카사바 근처에 있는 정의의 문 Puerta de la Justicia은 입장권이 없이도 방문이 가능하다. 정의의 문 아치의 안과 밖에는 5를 상징하는 파티마의 손(악을 물리친다는 의미)과 열쇠 문양(천국의 열쇠)이 그려져 있다. 파티마의 손이 천국의 열쇠를 쥐는 날, 궁전이 사라지고 세상에 종말이 온다는 전설이 전해진다. 이를 막기 위해 가톨릭 군주들은 천국의 열쇠 위에 작은 성모상을 모셨다.

Map P.301

벨라의 탑에 오르면 그라나다 파노라마가 펼쳐진다.

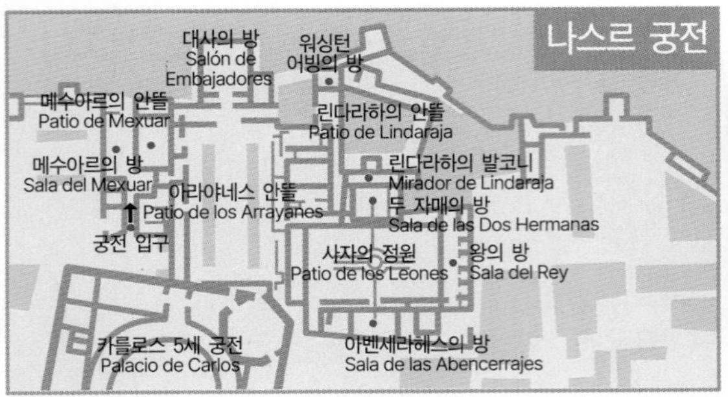

나스르 궁전으로 들어가는 입구

◆ 나스르 궁전 Palacios Nazaries

알함브라의 모든 전설과 민담이 이곳에서 나왔다고 해도 과언이 아닐 만큼 알함브라 궁전의 핵심이다. 전성기에는 7개의 궁전이 있었다고 하는데 지금은 메수아르 궁 Mexuar, 코마레스 궁 Comares, 라이온 궁 Leones 3곳만 남아 있다. Map P.301, 302

① 메수아르 궁 Mexuar

입구에 들어서면 먼저 메수아르 궁이 나온다. 정치 집무실이었던 메수아르의 방, 작은 분수가 있는 정원, 알바이신의 전망이 보이는 황금의 방이 있다.

메수아르 궁

② 코마레스 궁 Comares

조금 더 안쪽으로 들어가면 궁전의 핵심인 코마레스 궁이 나온다. 물·대기·식물을 모티프로 꾸민 그라나다의 전형적인 정원 아라야네스 안뜰 Patio de los Arrayanes과 옛 성채인 코마레스의 탑 Torre de Comares이 이어진다. 코마레스의 탑 안쪽은 모카라베스라고 불리는 아름다운 종유석 장식으로 꾸며진 대사의 방 Salon de Embajadores이다. 이곳은 군주가 대사들을 접견하던 곳으로 보아브딜 왕이 그라나다를 가톨릭 양왕에게 넘겨 준 역사적인 장소이기도 하다.

아라야네스 안뜰과 코마레스의 탑

아름다운 종유석 장식이 돋보이는 대사의 방

두 자매의 방

사자의 정원

종유석 장식이 아름다운 두 자매의 방

사자의 분수

③ 라이온 궁 Leones

라이온 궁은 왕족의 개인 공간으로 후궁들이 기거했던 하렘이 있다. 사자의 정원 Patio de los Leones에 있는 사자분수는 물시계 구실도 했는데 1시에는 1마리, 2시에는 2마리의 사자 입에서 물이 나오는 식이었다. 사자의 정원에 면하여 3개의 방이 있다. 아벤세라헤스 일가의 남자 36명이 참수당한 사연이 있는 아벤세라헤스의 방 Sala de las Abencerrajes, 왕이 마사지를 받을 때 왕 외에는 나신의 미녀를 볼 수 없도록 맹인 악사가 음악을 연주하던 왕의 방 Sala del Rey, 섬세한 종유석 장식이 아름다운 두 자매의 방 Sala de las Dos Hermanas이다. 아벤세라헤스는 그라나다의 마지막 왕 보아브딜과 대립했던 강력한 북아프리카 왕족의 이름이다. 전설에 의하면 왕이 총애하는 후궁이 이 가문의 남자와 사랑에 빠져 헤네랄리페에서 연애를 하다 왕에게 들켰고 진노한 왕이 이 가문의 훌륭한 남자들을 참수했다고 한다. 이후 피로 물든 이 방에 들어가는 것을 모두 꺼렸다고 한다.
두 자매의 방을 통해 왕의 욕실, 워싱턴 어빙이 집필한 방을 지나면 그라나다의 '아라비안 나이트'는 끝이 난다.

전망대 앞 카페. 커피 값이 그리 비싸지 않으니 들러보자.

분위기를 더욱 낭만적으로 만드는 거리 예술가들

알바이신 지구 Albaycín 유네스코 뷰포인트

알함브라 궁전 맞은편 언덕에 자리 잡고 있는 알바이신 지구는 그라나다에서 가장 유서 깊은 곳으로 옛 모습을 그대로 간직하고 있다. 한때 바에사에서 추방당한 아랍인의 거주지였으며, 1492년 그라나다 함락 때는 시민들이 거세게 저항했던 역사의 현장이다. 성곽도시로 발달해 좁은 길이 미로처럼 얽혀 있다. 현재 세계문화유산으로 지정된 이곳은 하얀색 집이 즐비한데 발코니에는 소박한 화분이 놓여 있고 외벽은 그라다나 도자기로 장식해 이색적이다. 언덕 정상에는 산 니콜라스 전망대 Mirador de San Nicolás가 있고 이곳에서 바라보는 알함브라 궁전은 그야말로 환상적이다. 특히 석양에 물든 광경은 더할 나위 없이 아름답다. 전망대 바로 아래에 있는 카페는 차 한잔의 여유를 즐기는 데 그만이다. 미로 같은 골목은 낮에도 치안이 좋지 않으니 여행자들이 주로 다니는 알함브라 미니버스 C31·C32번 길을 따라 다니는 게 좋다. 언덕에는 각기 다른 측면에서 시내를 조감할 수 있는 로나 전망대 Mirador de la Lona와 산 크리스토발 전망대 Mirador de San Cristobal 등이 있다. 알바이신 지구는 버스를 타고 정상까지 올라갔다가 풍경을 감상하면서 천천히 걸어 내려오는 것을 추천한다. 내려올 때는 아랍 거리인 Caldereria Nueva에 꼭 들러보자. 무슬림과 관련된 다양한 기념품을 살 수 있고 아랍풍 찻집이 즐비해 눈도 마음도 즐거워진다.

Map P.294~295-B1·C1 **가는 방법** 누에바 광장에서 도보 30분 또는 알함브라 미니버스 C1번 이용

사크로몬테 Sacromonte 뷰포인트

집시들의 거주지. 그라나다 탈환 당시 이들이 이슬람 세력을 몰아내는 데 공을 세워 정착을 승인했다고 한다. 집시(로마족)들은 언덕에 구멍을 파 쿠에바 Cueva(=동굴집)를 만들어 살았는데 지금까지도 동굴 안에서 생활하는 사람들을 만나 볼 수 있다. 사크로몬테는 그라나다에서 무슬림 외에 또 하나의 이방인 문화가 발전한 곳으로 어디에서도 환영받지 못하는 천덕꾸러기 집시들의 척박한 삶과 애환이 담겨 있다. 쿠에바와 집시들의 삶에 관심이 있다면 언덕 정상에 있는 사크로몬테 쿠에바 박물관 Museo Cuevas del Sacromonte에 들러보자. 민속촌처럼 다양한 쿠에바를 관람할 수 있고 이곳에서 바라보는 시내 전경도 인상적이다. 천박하게 여겨 경시해온 그들의 역사를 문화재로 보존하고 인정하는 그라나다 사람들의 열린 사고에 다시 한번 감탄하게 되는 곳이다.

Map P.295-C1 **가는 방법** 누에바 광장에서 도보 30분 또는 알함브라 미니버스 C1번 이용

• **사크로몬테 쿠에바 박물관**

주소 Barranco de los Negros, Sacromonte **전화** 958 215 120 **홈페이지** www.sacromontegranada.com **운영** 10/15~3/14 10:00~18:00, 3/15~10/14 10:00~20:00 **입장료** 내부와 정원 €5 **가는 방법** 누에바 광장에서 알함브라 미니버스 C34번 이용. Segunda parada Sacromonte역 하차 후 오르막 길 따라 도보 7분

◆ 사크로몬테 수도원 Abadía del Sacromonte

그라나다의 수호성인이자 첫 번째 주교인 성 세실리오 St. Cecilio와 순교자들의 유해가 발견된 장소에 1610년에 세워진 수도원. 옛날에는 신학과 철학을 가르치던 학교였다. 건물은 수도원, 주예배당, 지하 동굴예배당 등이 있으며 수도원의 하이라이트는 이교도의 핍박을 피해 숨어서 예배를 봤던 지하 동굴예배당이다. 미로처럼 이어진 지하예배당을 감상하다보면 자신도 모르게 숙연해진다. 사크로몬테 수도원은 구시가지를 감상할 수 있는 숨은 전망대로 사색하기 좋은 장소이다.

Map P.295-D1 **주소** Camino del Sacromonte, s/n **홈페이지** sacromonteabbey.com **운영** 가이드 투어(1시간 소요, 스페인어 및 영어 제공) 10:30~17:30 **입장료** 가이드 투어 €6 **가는 방법** 누에바 광장에서 C34번을 타고 10번째 정류장인 Carril de los Coches–Cno. Abadía del Sacromonte 역 하차 후 도보 5분

사크라몬테 쿠에바 박물관의 벤치 전망대.
여기에 앉으면 알함브라 궁전이 보여요!

쿠에바

사크로몬테 수도원

사크로몬테 수도원 예배당

왕실예배당 입구

대성당 입구

왕실예배당 Capilla Real

대성당의 일부이기는 하지만 역사적인 가치는 훨씬 높다. 이 화려한 예배당에는 스페인의 황금시대를 이룩한 이사벨 여왕과 그의 남편 페르난도 공이 잠들어 있다. 국토회복운동을 마무리한 이사벨 여왕은 그라나다에 묻힐 것을 희망해 1504년 이 예배당을 짓기 시작했으나 그 완성을 보지 못하고 1516년에 사망했다. 두 사람의 유해가 이곳에 안치된 것은 5년이 흐른 1521년의 일이다. 인테리어는 흰색과 금장식이 주를 이루며 르네상스풍의 화려함과 단아함을 함께 갖추고 있다. 제단에는 역대 로마 교황이 헌사한 성인의 유골이 보존되어 있다.

Map P.295-C3 **주소** Capilla Real, Calle Oficios s/n **전화** 958 227 848 **홈페이지** www.capillarealgranada.com **운영** 월~토요일 10:00~18:30, 일요일 11:00~18:00 **입장료** €5(한국어 오디오가이드 포함), 매주 수요일 14:30~18:30 무료. 단, 홈페이지(www.archidiocesisgranada.es) 예약 필수 **가는 방법** 누에바 광장에서 도보 5분

양 왕과 후아나 1세 부부의 관

대성당 Catedral

원래 모스크가 있던 자리에 세운 성당. 16세기부터 180년 동안 공사를 했지만 탑은 아직도 미완성이다. 초기에는 톨레도 대성당의 고딕 양식을 본떠 짓기 시작했는데 공사가 마무리된 1704년 무렵에는 이탈리아 르네상스·고딕·무데하르 양식이 뒤섞인 기묘한 형태가 돼 버렸다. 실내는 작고 소박하다. 내부에 놓인 악보는 멀리서도 보이도록 음표 하나의 크기가 20cm를 넘는다고 하니 눈여겨보자. 그 밖에 20개의 코린트식 기둥, 화려한 스테인드글라스, 실내가 황금으로 장식된 예배당도 빼놓을 수 없는 볼거리이다.

Map P.295-C3 **주소** Plaza de las Pasiegas **홈페이지** www.archidiocesisgranadas.es 예약 필수 **운영** 월~토요일 10:00~18:15, 일요일·공휴일 15:00~18:15 **입장료** €6(한국어 오디오가이드 포함) **가는 방법** 누에바 광장에서 도보 5분

카르투하 수도원 Monasterio de la Cartuja

1517년부터 300년이라는 긴 세월에 걸쳐 바로크 양식으로 지어진 수도원. 중세 종교재판을 묘사한 그림과 스페인 바로크 양식(추리게라 양식)의 전형을 보여주는 18세기 중엽의 성구실이 볼만하다. 성구실은 각종 세공품과 대리석 조각으로 화려하게 치장돼 환상 그 자체다. 정문에 있는 16세기에 만들어진 성모 마리아 목상도 놓치지 말자.

Map P.294-A1 **주소** Paseo de Cartuja **전화** 958 161 932 **홈페이지** entradasgratuitas.diocesisgranadas.es **운영** 월~토요일 10:00~18:15, 일요일 15:00~18:15 **입장료** €6 (한국어 오디오가이드 포함) **가는 방법** 대성당이 있는 그란 비아 거리(Gran Vía 14-Catedral 역)에서 버스 8번을 타고 10번째 정류장인 Prof. Vicente Callao-Facultad Ciencias Educación 역 하차 후 도보 1분

소박해 보이는 카르투하 수도원 외관

산 헤로니모 수도원 Monasterio de San Jeronimo

사크로몬테 수도원, 카르투하 수도원과 함께 그라나다 3대 수도원으로 꼽히는 곳. 국토회복 운동의 마지막 거점이었기에 가톨릭 양왕은 그라나다에 가톨릭을 상징하는 건물을 많이 지었다. 수도원은 그 중 하나로 1504년에 완공됐으며 수세기를 걸쳐 증 개축되었다. 안으로 들어가면 ㅁ자 모양의 정원, 성직자의 생활공간, 기도실, 식당, 예배당이 있으며 수도원의 하이라이트는 16~17세기에서 내로라하는 장인들이 한땀한땀 조각해 완성한 예배당이다. 소박한 외관과는 상반된 예배당의 화려함에 압도된다. 성 헤로니모(영어로는 제롬 Jerome)는 로마 가톨릭교회 신학자이자 4대 교부 중 한 사람으로 학자·학생·고고학자·서적상·순례자·사서·번역가·수덕생활을 하는 사람의 수호성인이다.

Map P.294-B3 **주소** Calle Rector López Argueta, 9 **운영** 겨울시즌 월~토요일 10:00~13:00·15:00~18:00, 일요일 11:00~13:00·15:00~18:00 여름시즌 월~토요일 10:00~13:00·16:00~19:00, 일요일 11:00~13:00·16:00~19:00 **입장료** €6 **가는 방법** 대성당에서 도보 10분

Restaurant 먹는 즐거움

시내 관광이 바빠 느긋하게 식사할 틈도 없는 곳이 바로 그라나다다. 하루 종일 이어질 도보 여행을 위해 아침은 든든한 추로스를 먹자. 유명한 집이라면 더욱 좋다. 점심은 시간도 절약할 겸 바삭한 바게트 빵 안에 다양한 요리가 들어 있는 보카디요를 먹자. 저녁은 대성당 남쪽에 있는 비브 람블라 Bib Rambla 광장에서 해결하자. 이곳은 피자, 파스타, 파에야 등 다양한 요리를 먹을 수 있는 그라나다의 먹거리광장이다.

GRAN CAFÉ BIB-RAMBLA

비브 람블라 광장에 있는 100년 전통의 추로스 전문점. 스페인식 아침을 먹고 싶다면 이곳으로 가자. 광장에 마련된 야외 테이블에 앉아 갓 튀겨낸 추로스를 초콜릿에 찍어 먹는 맛은 일품이다. 아이스크림이 들어간 커피도 맛있다.

Map P.295-C3 **주소** Plaza de Bib Rambla 3 **전화** 958 256 820 **홈페이지** www.cafebibrambla.com **영업** 매일 08:00~24:00 **예산** 추로스+초콜라테 €3.30~4.40 **가는 방법** 대성당에서 도보 5분

CAFÉ FÚTBOL

그라나다 사람들이 맛있는 집으로 손꼽는 추로스 전문점. 1922년에 오픈해 레스토랑과 카페로 운영하고 있다. 아침식사는 물론 간단하게 먹을 수 있는 타파스와 보카디요부터 점심과 저녁식사를 위한 정식메뉴까지 다양하다. 현지인들이 즐겨 찾는 곳이라 양도 푸짐하다. 마리아나 피네다 광장 Plaza Mariana Pineda에 있다.

Map P.295-D3 **주소** Plaza Mariana Pineda 6 **전화** 958 226 662 **홈페이지** cafefutbol.com **영업** 매일 08:00~23:30 **예산** 추로스+초콜릿 시럽 €5~, 추로스+초콜라테 €4~ **가는 방법** 누에바 광장에서 도보 10분

LOS MANUELES REYES CATÓLICOS - RESTAURANTE GRANADINO

1917년부터 운영하기 시작한 안달루시아 요리 전문점. 100년 역사를 가진 레스토랑이지만 내부는 현대적으로 새로 단장했다. 가족 경영으로 시내에만 5개의 레스토랑을 운영 중이다. 안달루시아 전통 음식도 맛볼 수 있고 음료 하나에 무료 타파스(안주)가 제공돼 타파스 투어 가게 목록에 올려도 좋다.

Map P.295-C2 **주소** Reyes Católicos, 61 **전화** 582 2 46 31 **홈페이지** www.losmanueles.es **영업** 12:00~24:00 **예산** 샹그리아 €3~, 타파스 €3~10 **가는 방법** 누에바 광장에서 도보 1분

BODEGA LA MANCHA

1958년에 오픈한 타파스 전문점. 매일 30종 이상의 타파스를 내놓으며, 이 맛있는 요리들을 넣어 만들어 주는 보카디요는 100여 종이 넘는다. 타파스 주문은 유리 진열대를 보고 손으로 가리키면 된다. 포장도 가능하다.

Map P.295-C2 **주소** Joaquín Costa 10 **전화** 958 223 222 **영업** 09:00~01:00 **예산** 보카디요 €3~ **가는 방법** 누에바 광장과 대성당에서 도보 5분

슈퍼마켓 SUPERMERCATO

이사벨 광장 남쪽(누에바 광장 반대편)은 현대적인 번화가로 백화점과 레스토랑 등이 많다. 슈퍼마켓 T. Mariscal은 Carrera del Genil 거리에 있다. 주변에 패스트푸드점도 많이 모여 있다.

Shopping 사는 즐거움

그라나다의 대표적인 토산품은 석류가 그려진 그라나다 도자기와 아라베스크 문양이 새겨진 목각세공품(타라세아)이다. 기념품점은 관광객의 발길이 끊이지 않는 누에바 광장 일대에 모여 있다. 그 밖에 대성당 주변과 비브 람블라 광장에도 기념품점이 즐비하다.

LAGUNA TALLER DE TARACEA

타라세아는 그라나다 장인이 하나하나 수작업으로 만들어낸다. 1877년에 창업한 이 집은 대대로 전통을 이어온 타라세아 장인이 운영하는 곳이다.

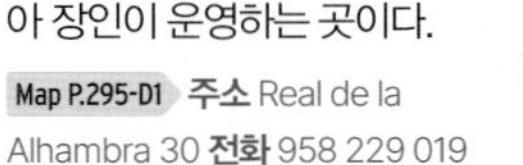

Map P.295-D1 **주소** Real de la Alhambra 30 **전화** 958 229 019 **영업** 월~금요일 09:30~18:00, 토요일 09:00~14:30, 일요일 10:00~14:30 **가는 방법** 알함브라 궁전 안에 있다.

ARTESANÍA DAURO

레스토랑으로 유명한 비브 람블라 광장에 위치. 엽서, 아라베스크 문양이 새겨진 보물 상자, 도자기, 쿠션, 인형, 손수건, 텀블러 등 지인을 위한 저렴하지만 기념이 될 만한 기념품 사기 좋은 곳이다.

Map P.295-C3 **주소** Pl. de Bib-Rambla 16 **전화** 665 24 15 43 **영업** 10:00~22:00 **가는 방법** 대성당에서 도보 5분

SPECIAL THEME

그라나다의 여유로운 산책, 아랍 거리를 가다

그란 비아를 사이에 두고 아랍풍 거리가 펼쳐진다. 대성당 쪽의 Alcaiceria 거리와 맞은편의 Caldereria Nueva 거리인데 아랍 기념품점과 아랍 찻집(테테리아 Teteria), 레스토랑이 즐비하다. 이곳에 들어서면 호화찬란한 색에 매료되고 아랍 특유의 여유로운 분위기에 젖는다. 그라나다의 또 다른 명물 아랍 거리에서 색다른 경험을 해보자.

알카이세리아 Alcaiceria 거리

그란 비아에서 왕실예배당으로 들어서는 좁은 골목과 연결돼 있다. 이슬람 통치 시대에 이곳은 비단 직물 거래소였다. 좁은 거리가 온통 물 건너온 아랍 상품으로 넘쳐나 대성당 관광은 잠시 잊고 쇼핑과 구경에 몰두하게 된다.

Map P.295-C3 **가는 방법** 대성당 바로 옆에 있다.

칼데레리아 누에바 Calderería Nueva 거리

그란 비아에서 알바이신이 시작되는 오르막길에 형성된 아랍 거리. 알카이세리아 거리보다 훨씬 흥미롭다. 아랍 기념품을 파는 상점뿐만 아니라 전통 아랍카페와 레스토랑까지 즐비하다. 거리를 구경하다 마음에 드는 아라비아식 찻집을 발견하면 들어가 보자. 이슬람 음악을 들으며 차를 마시다 보면 편안한 찻집 분위기에 푹 빠져 그라나다에 있는 내내 찾게 된다.

Map P.295-C2 **가는 방법** 누에바 광장에서 도보 3분

아라비아 전통 찻집

KASBAH

음식점 겸 찻집. 메뉴는 치킨 케밥이 제일 무난하다. 사하라 사막의 유목민인 베두인의 차를 비롯해 다양한 아랍 차를 맛볼 수 있다.

주소 Calderería Nueva 4 **전화** 958 227 936 **영업** 매일 11:00~24:30 **예산** 오리엔탈 메뉴 €8~, 차 €3~

Al-Andalus

50여 종의 다양한 아랍 차와 디저트를 맛볼 수 있다.

주소 Calderería Vieja 4 **영업** 매일 12:00~02:00 **예산** 차 €3~

Tetería La Oriental

작아서 더 좋은 찻집. 차와 신선한 과일 주스, 다양한 아랍식 디저트 등을 맛볼 수 있다.

주소 Cta. de Marañas 3 **전화** 655 363 316 **영업** 월~금요일 14:30~24:00, 토·일요일 13:30~24:00 **예산** 차 €2~, 디저트 €3~

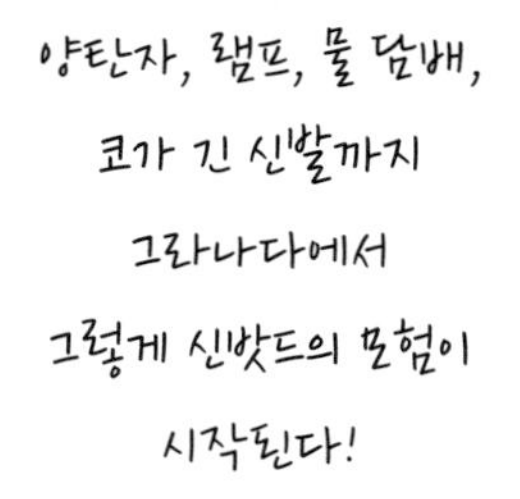

양탄자, 램프, 물 담배,

코가 긴 신발까지

그라나다에서

그렇게 신밧드의 모험이

시작된다!

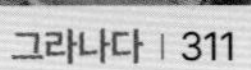

Entertainment

노는 즐거움

세비야의 플라멩코는 우아하고 예술성이 뛰어난 데 반해 그라나다의 플라멩코는 소박하고 투박한 느낌이 강하다. 특히 집시들이 거주한 좁은 쿠에바(동굴집)를 재현한 무대는 그 맛을 더해준다. 세비야에서 플라멩코 공연을 관람했더라도 느낌이 다른 그라나다 플라멩코를 꼭 감상해 보자. 대부분의 타블라오가 알바이신이나 사크로몬테 지구에 있어서 치안 상태를 고려해 차량 픽업 서비스를 해준다.

CUEVAS LOS TARANTOS

개업 35년을 맞이한 전통 있는 타블라오. 좁고 긴 동굴 안에 벽을 따라 의자가 놓여 있고, 중앙무대가 설치돼 있다. 집시들이 술 마시며, 떠들다가 흥에 겨워 한 사람씩 나와 춤을 추는 형식으로 쇼가 진행된다. 댄서와 한 무대에 선 기분이 들 정도로 아주 가까이서 볼 수 있다. 숙소를 통해 예약하면 왕복 차량 서비스가 제공되고, 쇼를 보기 전에 간단하게 알바이신 지구 워킹 투어가 있다. 쇼는 1시간 10분 정도 펼쳐진다.

Map P.295-C1 **주소** Sacromonte 9 **전화** 958 224 525 **홈페이지** www. cuevaslostarantos.com **쇼** 매일 19:00, 21:00, 22:30 **요금** 쇼+음료 €26, 쇼+디너 €56, 쇼+음료+투어+차량픽업 €32, 쇼+디너+투어+차량픽업 €60 **가는 방법** 누에바 광장에서 알함브라 미니버스 C32번을 타고 Peso de la Harina에서 하차 후 도보 1분

TABLAO FLAMENCO ALBAYZÌN

산 크리스토발 전망대 앞에 있는 타블라오. 수준 있는 공연을 감상할 수 있고, 쇼 전이나 끝난 후에 알바이신 지구 워킹 투어가 있다. 쇼는 1시간~1시간 15분 정도로 첫째 마당은 전통 플라멩코, 둘째 마당은 집시 잠브라 Zambra와 벨리댄스, 집시의 결혼식 노래 등으로 구성돼 있다. 총 12명의 예술가들이 출연한다.

Map P.294-B2 **주소** Ctra Murcia s/n **전화** 958 804 646 **홈페이지** www.flamencoalbayzin.com **쇼** 19:00, 21:30 **요금** 쇼+음료 €28, 쇼+디너 €48 **가는 방법** 누에바 광장에서 도보 25분 또는 버스 C32번을 타고 Placeta del Abad에서 하차 후 도보 7분

Accommodation

쉬는 즐거움

역 주변, 대성당 주변, 그란 비아, 누에바 광장 주변 등 시내 중심이 온통 호텔과 호스텔 간판으로 가득하다. 호스텔은 가족 단위로 운영하는 작은 것부터 호텔 규모에 버금가는 대형 숙소까지 다양하다. 또한 즐길거리까지 다채롭게 제공하는 테마 호스텔도 등장해 눈길을 끈다. 시즌에 따라 요금 차이가 크고, 1년 내내 관광객으로 붐비므로 미리 예약하는 게 좋다. 모든 숙소는 플라멩코 공연 예약 서비스를 제공한다.

OASIS BACKPACKERS HOSTEL

젊은 배낭여행자들로 활기가 넘치는 호스텔. 2005년도에 오픈한 이후 관광객들에게 이름이 많이 알려졌다. 체크인과 동시에 음료 무료 쿠폰 제공, 스페인어 클래스(1시간), 약간의 돈을 내고 참여할 수 있는 디너 파티, 무료 타파스 투어, 주말에 한 번 나이트클럽 투어 등 여행자들의 마음을 사로잡을 만한 다채로운 프로그램을 운영한다. 편하게 쉴 수 있는 테라스도 있다. 파티와 같은 시끌벅적한 분위기를 좋아하는 사람에게 권할 만한 숙소다.

Map P.295-C2 **주소** Placeta de Correo Viejo, 3 Albaycín **전화** 958 215 848 **홈페이지** www.oasisgranada.com **요금** 도미토리 €25~(아침 별도 €3) **가는 방법** 버스터미널에서 33번 버스를 타고 8번째 정류장인 Gran Vía 5-Catedral 역에서 하차 후 도보 5분

HOSTAL ATENAS

그란 비아 거리에 있는 호스텔. 건물 외관과 리셉션이 호텔 같다. 도미토리는 없지만 객실 수가 많고 요금은 욕실 포함 여부에 따라 달라진다. 내부는 간결하고 깔끔한 편. 1층 리셉션 옆쪽으로 거실이 있는데 코인 로커, 인터넷 시설 등을 갖춰 놓았다. 저렴한 비용으로 개인실을 사용할 수 있고 역과 관광명소 사이에 위치해 편리하다.

Map P.294-B3 **주소** Gran Vía Colón 38 **전화** 958 278 750 **홈페이지** www.hostalatenas.com **요금** 트윈 €40~ **가는 방법** 버스터미널에서 33번 버스를 타고 8번째 정류장인 Gran Vía 5-Catedral 역에서 하차 후 도보 6분

MAKUTO COLIVING HOUSE HOSTEL

알함브라 궁전이 바라다보이는 알바이신 지구 언덕에 있는 호스텔. 알바이신 지구와 어울리는 히피스러운 분위기다. 주방과 세탁 시설이 갖춰져 있고 와인 테스트, 플라멩코, 모자이크, 스페인 요리 등을 배울 수 있는 프로그램을 진행한다. 알바이신 지구와 사크로몬테 지구 워킹 투어 등도 있다. 기본적인 숙박 외에 다양한 서비스를 제공해 외국인들 사이에서 인기를 끌고 있다.

Map P.294-B2 **주소** C/ Tiña 18 **전화** 958 805 876 **홈페이지** www.makutohostel.com **요금** 도미토리 €15~(아침 커피&토스트빵 무료, 추가 메뉴 별도 요금) **가는 방법** 버스터미널에서 33번 버스를 타고 8번째 정류장인 Gran Vía 5-Catedral 역에서 하차 후 도보 11분

ALBERGUE JUVENIL GRANADA

꽤 규모 있는 공식 유스호스텔로 깨끗하고 시설 좋은 곳으로 알려져 있다. 3인실 도미토리가 기본이고 방마다 욕실과 화장실이 딸려 있다. 별도의 수영장도 있어 특히 여름에 이용해볼 만하다. 호스텔 앞에는 관광 명소를 왕래하는 시내버스가 수시로 운행하고 있어서 편리하다.

Map P.294-A3 **주소** Calle Ramón y Cajal 2 **전화** 902 510 000, 955 035 886 **홈페이지** www.reaj.com **요금** 만 26세 미만/이상 도미토리 €20/€25~(아침 포함) **가는 방법** 버스 터미널에서 5번 버스를 타고 9번째 정류장인 Cno. Ronda 157 역에서 하차 후 도보 5분

PARADOR DE GRANADA

알함브라 궁전 안에 있는 파라도르. 15세기 이슬람 모스크를 프란시스코회 수도원으로 사용하다가 1945년에 개조해 오픈한 곳이다. 이슬람 시절 왕과 왕비의 호화로웠던 삶을 체험할 수 있는 곳으로 언제나 인기가 높다. 아름다운 알바이신과 구시가 풍경을 만끽할 수 있다.

Map P.295-D1 **주소** Real de la Alhambra s/n **전화** 958 221 440 **홈페이지** www.parador.es **요금** 2인실 €350~ **가는 방법** 누에바 광장에서 도보 30분 또는 이사벨 광장에서 알함브라 미니버스 C30·C32·C35번을 타고 Palacio Emperador Carlos V 역 하차 후 도보 10분

TOC HOSTEL GRANADA

스페인 체인업체로 그라나다 호스텔 중 가장 인기 있는 숙소. 시설도 좋고 가격도 적당하며 직원들도 친절한 편이다. 호텔과 호스텔을 운영해 도미토리, 1·2인실도 이용 가능하다. 온통 나무로 된 객실은 안락한 분위기에 로비는 저녁에 간단히 맥주 한잔 즐기기 좋은 바로 변신한다. 여성 전용 객실, 무료 시티 투어, 개인 전용 금고, 짐 보관 서비스, 공용 부엌 및 세탁 시설도 갖추고 있다. 레스토랑도 운영, 유료지만 푸짐한 아침 식사도 할 수 있다. 인기가 많으니 예약은 서두르자.

Map P.295-C3 **주소** Pcta. de Castellejos 1 **전화** 958 32 22 14 **홈페이지** https://tochostels.com/destinations/granada/ **요금** 2인실 €65, 도미토리 €15, 아침 €7.50 **가는 방법** 대성당에서 도보 7분

CASA BOMBO

Casa는 집, Bombo는 큰 북을 의미한다. 그라나다 왕국 시절 무어인들의 거주지였던 알바이신에 위치, 방에서, 테라스에서 알함브라 궁전을 바로 감상할 수 있다는 게 가장 큰 매력이다. 무어인의 오래된 주택은 방치돼 있다가 2012년 두 명의 젊은 사업가가 주택 고유의 모습을 살려 숙박시설로 운영할 수 있게 리모델링한 것이다. 무어인들 주거 공간 특유의 미로처럼 얽힌 골목길, 언덕 위에 자리하고 있는 게 장점이자 단점이다. 우리나라 북촌 한옥 마을 체험이라고 해야 할까? 알바이신 지구를 제대로 경험하고 싶다면 이용해보자. 1~2박은 이곳, 1~2박은 대성당이 있는 평지에 숙소를 잡는 것도 좋다. 무거운 짐을 들고 초보 여행자가 직접 찾아가는 것은 쉽지 않다. 유료 픽업서비스 또는 택시를 이용하자.

Map P.295-C2 **주소** Calle Aljibe de trillo 22 **전화** 958 29 06 35 **홈페이지** www.casabombo.com **요금** €90~150 (방별, 시즌별 요금이 다름) **가는 방법** 대성당에서 계단과 오르막길을 따라 도보 20~25분

EUROSTARS PUERTA REAL

왕실예배당 근처에 있는 모던한 호텔. 넓은 객실과 아름다운 그라나다 풍경을 감상할 수 있는 발코니가 있다. 음식점, 상점 등이 모여 있는 가장 번화한 곳에 위치해 관광을 하기도 좋고 모든 면에서 편리하다.

Map P.295-D3 **주소** C. Acera del Darro, 24 **전화** 95 852 1111 **홈페이지** www.eurostarshotels.com **요금** 트윈룸 €120~ **가는 방법** 왕실예배당과 대성당에서 도보 7분

HOTEL INGLATERRA

그란 비아 거리와 알바이신이 시작되는 곳에 위치, 일부 방에서는 알함브라 궁전을 감상할 수 있다. 구시가 중심에 위치해 관광이 편리하며 그라나다풍 로비와 안뜰, 모던하게 꾸며진 편리한 객실 등을 갖추어 가격 대비 만족도가 높은 편이다.

Map P.295-C2 **주소** C. Cetti Meriem 6 **전화** 95 822 1559 **홈페이지** www.hotelinglaterragranada.com **요금** 트윈 €90~ **가는 방법** 누에바 광장에서 도보 5분

플라멩코와 투우의 본고장

세비야

SEVILLA

지명 이야기

- 아랍어로 '시장이 열리는 곳'이란 뜻의 이스빌리야 Isbiliya에서 세비야 지명이 유래했다.
- 세비야의 상징 'NO&DO'
  13세기 카스티야의 왕 알폰소 10세가 그에게 충성한 세비야인들에게 선물한 상징이다. '나를 저버리지 않았다! No ma dejado'의 줄임말

이런 사람 꼭 가자!!

- 스페인을 상징하는 플라멩코와 투우의 본고장을 여행하고 싶다면
- 콜럼버스가 신대륙 발견을 위해 출항한 장소를 여행하고 싶다면
- 돈 후안과 카르멘의 배경이 된 곳이 궁금하다면
- 스페인 타일 건축의 정수를 감상하고 싶다면

스페인의 정열적인 이미지를 가장 가까이 만날 수 있는 곳. 안달루시아 지방의 주도이자 고대 로마 시대부터 지방 중심지로 번창해 온 세비야는 500년 이상 이슬람 지배를 거쳤으며 15세기 콜럼버스의 신대륙 발견에 출발점이 되었고, 이로 인해 금은보화가 세비야를 통해 스페인으로 유입되면서 최고의 전성기를 누렸다.

우리에게는 투우와 플라멩코의 본고장으로 잘 알려져 있으며, 오페라 <카르멘>과 <세비야의 이발사> <피가로의 결혼>의 무대이기도 하다. 그뿐만 아니라 마젤란이 세계 일주를 위해 출발한 곳이었고, 스페인의 대표 화가라 할 수 있는 벨라스케스의 고향이자 무리요가 미술 활동을 하던 곳이다. 오늘날에는 이 도시를 더욱 유명하게 만든 '4월의 봄 축제'를 즐기기 위해 해마다 수많은 관광객들이 이곳을 찾고 있다.

INFORMATION 여행 전 유용한 정보

홈페이지

세비야 관광청 www.visitasevilla.es
안달루시아 관광청 www.andalucia.org

관광안내소

중앙 ⓘ Map P.321-C2

무료 지도를 제공하고 관광 안내와 숙소 예약 등을 해준다. 플라멩코 공연과 관광명소 운영 시간표, 근교행 버스·열차 시간표도 받아두자.

주소 Plaza del Triunfo 1(대성당 앞) **전화** 954 787 578
운영 월~금요일 09:00~19:30, 토·일요일 09:30~ 19:30

> 알아두세요
>
> **관광명소 운영 시간**
>
> 세비야는 워낙 날씨가 더워 시에스타를 지키는 곳이 대부분이다. 그래서 주요 관광명소 입장 시간이 오전, 중간 휴식 시간, 오후로 나뉘어 있으며, 때때로 오전에만 여는 곳도 있다. 또 박물관인 경우 요일에 따라 운영 시간도 달라진다. 반드시 각 홈페이지나 관광안내소에 문의해 확인하는 것이 좋다.

중앙역 ⓘ

운영 월~금요일 09:00~19:30, 토요일 09:30~19.30, 일요일·공휴일 09:30~15:00

유용한 정보지

『Welcome Olé!』 『The Tourist』는 지도를 포함해 시내 주요 관광명소, 운영 시간, 이벤트 등이 자세히 실려 있어 유용하다. 관광안내소에서 받을 수 있다.

환전

시내 곳곳에 은행과 ATM 기기가 있어 환전 및 현금인출을 쉽게 할 수 있다. ATM 사용 수수료가 저렴한 곳이 Ibercaja Banco다. 현금 인출 및 카드에 문제가 생겼을 때 바로 도움을 받을 수 있게 가능하면 은행 운영 시간에 방문하자.

Ibercaja Banco

주소 ① Pl. de S. Francisco 14(대성당 근처 Map P.320-B2)
② Cdad. de Ronda 2(스페인광장 근처 Map P.321-C1)
운영 월~금요일 08:15~02:00 **휴무** 토·일요일

ACCESS 가는 방법

열차·버스·비행기 등 다양한 교통수단을 이용할 수 있다. 열차는 마드리드와 안달루시아 지방, 버스는 안달루시아 지방, 비행기는 바르셀로나, 리스본 등에서 많이 이용한다.

철도

마드리드·코르도바·말라가·그라나다에서 가는 게 일반적이다. 대부분 초고속열차 AVE만 운행하므로 철도패스 소지자라도 반드시 좌석을 예약해야 한다. 마드리드와 세비야로 운행하는 모든 열차는 코르도바를 경유하므로 원한다면 잠시 내려 반나절 정도 시내 관광을 하는 것도 방법이다.

세비야의 중앙역은 산타 후스타 역 Estación de Santa Justa Map P.321-C1으로 건물이 현대적이고 쾌적하다. 플랫폼은 지하 1층에 있고, 1층 중앙홀에 주요 시설이 모여 있다. 관광안내소는 6·7번 플랫폼 입구에 있다.

AVE 좌석 예약료(패스 소지자)
요금 1등석 €23.50, 2등석 €10

코인 로커
요금 소 €3.10/중 €3.60/대 €5.20

역에서 시내로 가는 법

역에서 볼거리가 모여 있는 구시가까지는 도보로 30분 정도 걸리므로 버스가 편리하다. B 출구로 나가 버스 C1번을 타고 Prado San Sebastian 역에서 내리면 된다. 구시가까지 도보 10분 이내에 갈 수 있다. 걷기 싫다면 세비야의 트램인 메트로 센트로 Metro Centro T1을 타보자. 유람선처럼 천천히 다니는 이 트램은 관광의 시발점인 콘스티투시온 거리 Ave. de la Constitucion(2정거장)에 정차한다.

티켓은 역에 있는 자동발매기에서 구입하면 된다. 단 환승 가능한 티켓으로 구입하자. 일행이 여럿이라면 택시도 추천한다.

◆ C1버스는 순환선으로 역에서 시내로 갈 때에는 C1, 시내에서 역으로 갈 때에는 C2버스로 번호가 변경돼 운행되니 주의하자.

 버스

스페인 전역을 연결하는 노선이 발달해 있고, 특히 안달루시아의 시골 마을을 여행하는 데 편리하다.

세비야 시내에는 두 개의 버스터미널이 있다. 행선지에 따라 이용하는 터미널이 달라지니 미리 관광안내소에 문의해 두는 게 안전하다.

프라도 데 산 세바스티안 버스터미널 Estación de Autobuses Prado de San Sebastián

Map P.321-C1

안달루시아 지방을 오가는 버스를 운행한다. 안달루시아 지방의 작은 마을들은 열차보다 오히려 버스가 편리한 곳이 많다. 철도패스가 없다면 버스를 적극 이용해 보자. 코르도바, 말라가, 그라나다는 ALSA사 버스가, 론다는 Avanza사 버스가 2회 운행한다. 행선지에 따라 운행하는 버스 회사가 달라지니 터미널 안에 있는 안내데스크에 문의한다. 티켓 구입 시 직행인지 완행인지를 확인하고 플랫폼도 함께 물어 보는 게 좋다. 터미널은 시설이 조금 낙후돼 있지만 구시가까지 도보 15분이면 갈 수 있다. 걷기 싫다면 메트로 센트로 T1을 타고 두 정거장만 가면 대성당이 나온다.

플라사 데 아르마스 버스터미널 Estación de Autobuses Pl. de Armas

마드리드, 바르셀로나, 발렌시아, 포르투갈의 리스본 등으로 운행하는 장거리 버스 전용 터미널로 과달키비르 강변에 위치하며 최신 시설을 갖추고 있다. 마드리드 남부버스터미널에서 이곳까지 Socibus사 버스가 하루에 9차례, 바르셀로나 북부버스터미널에서 ALSA사 버스가 하루 한 편 운행된다. 론다행 Damas사 버스도 하루 2편 운행되니 프라도 데 산 세바스티안 버스터미널에서 출발하는 아반자 버스와 운영시간 및 비용 등을 고려해 이용해 보자.

터미널에서 시내까지는 순환버스인 C4번을 타고 알카사르 근처에 있는 푸에르타 데 헤레스 Puerta de Jerez 역 또는 프라도 데 산 세바스티안 버스터미널 앞에서 하차하면 된다.

- 마드리드→세비야 : 6시간 25분 소요
  요금 €23~26
- 바르셀로나→세비야: 16시간 30분 소요
  요금 €90~100

 비행기

세비야 국제공항 Aeropuerto de Sevilla(SVQ)은 도심에서 약 10㎞ 정도 떨어진 곳에 위치하고 있다. 스페인의 주요 도시와 유럽의 수도들을 연결하는 항공편이 운항된다. 마드리드에서는 1시간, 바르셀로나에서는 1시간 30분이 소요되며 하루 6편씩 운항한다. 특히 바르셀로나와 세비야 간에는 저가 항공이 많이 운행돼 야간열차와 버스를 피하고 싶은 여행자들에게 인기가 많다. 그 밖에 리스본과 포르투에서도 저가항공을 이용하면 편리하다.

공항에서 시내까지는 버스 EA번으로 30분 정도 소

요되며 산타 후스타 Santa Justa 역, 산 베르나르도 San Bernardo 역을 지나 종점인 프라도 데 산 세바스티안 Prado de San Sebastián 버스터미널까지 운행한다. 터미널에서 내려 구시가까지 걸어가거나 메트로 센트로 T1을 타고 두 정거장만 가면 된다. 짐이 많거나 일행이 여럿이라면 택시를 이용하자. 구시가까지 20분 정도 소요된다.

공항 홈페이지 www.aena.es

바르셀로나 → 세비야 저가 항공사

클릭에어 www.clickair.com, 부엘링 www.vueling.com

EA번 버스

공항→시내 05:20~01:15, 시내→공항 04:30~00:30

요금 왕복 €6, 편도 €4

택시

요금 €23~(15~30분 소요)

주간이동 가능 도시		
세비야	코르도바	초고속열차 AVE 45분, 버스 2시간
세비야	그라나다	열차 2시간 30분, 버스 3시간
세비야	론다	버스 2시간~2시간 15분
세비야	마드리드 Atocha	초고속열차 AVE 2시간 45분, 버스 6시간 15분, 비행기 1시간
세비야	바르셀로나	초고속열차 5시간 40분, 버스 16시간, 저가항공 1시간 40분
세비야	리스본	주·야간버스 6시간 40분~7시간 14분, 저가항공 1시간

TRANSPORTATION 시내 교통

시내 교통은 버스, 트램, 메트로 등이 있다. 버스는 세비야의 주요 교통수단으로 시내 구석구석을 연결한다. 트램은 메트로 센트로 Metro Centro라고 한다. 구시가의 핵심 지구만 도는데 총 5개 역을 운행한다. 세비야 전역을 연결하는 메트로는 한창 공사 중이며 한 개의 노선만이 완성돼 운행 중이다. 세비야에 1박 2일 정도 머물며 구시가 핵심 지구만 돌아본다면 도보로 충분하다. 하지만 2일 이상 머물며 그 외 지역까지 돌아보려면 적당히 버스와 트램을 이용하는 게 효율적이다. 티켓은 버스와 트램이 공용이며 메트로는 별도로 구입해야 한다. 티켓 종류는 1회권과 충전식 교통카드 타르헤타 물티비아헤 Tarjeta Multiviaje, 1일권 · 3일권 등이 있다. 타르헤타 물티비아헤는 최소 €7부터 충전해 사용할 수 있으며 1회권에 비해 요금이 저렴하다. €7를 충전하면 한번 탈 때마다 €0.69~0.76씩 차감돼 10번 정도 이용할 수 있다. 카드 구입 시 €1.50를 보증금으로 지불해야 하는데 카드를 반납할 때 돌려받을 수 있다. 1일권, 3일권은 여행자를 위한 것으로 시내에 있는 모든 교통수단을 기간 안에 무제한 이용할 수 있다. 카드 구입 시 €1.50를 보증금으로 지불해야 한다. 역에서 구시가까지 왕복 이동을 포함해 몇 번이나 대중교통을 이용하게 될지 계산해 티켓구입 여부를 결정하자.

티켓은 세비야 교통국 Tussam, 신문가판대, 자동발매기 등에서 구입하면 된다. 단 정류장에 있는 자동발매기에서는 1회권만 구입이 가능하며 타르헤타 물티비아헤 티켓은 세비야 교통국 사무실에서 구입 및 보증금 환불을 할 수 있다. 가장 가까운 교통국 사무실은 산 세바스티안 터미널 트램 정류장 바로 뒤에 있다. ⓘ에서 미리 시내 교통 안내 지도도 받고 세비야 교통국 위치도 확인해 두는 게 편리하다. 승차 시에는 우리나라처럼 전자식 기계에 티켓이나 카드를 대면 된다.

시내 교통국 홈페이지 www.tussam.es

요금 1회권 Billete univiaje(환승 불가) €1.40

충전식 교통카드 Tarjeta Multiviaje(약 10회 사용, 환승가능, 여럿이 사용 가능) €7+€1.50

1일권 여행자 패스 Tarjeta turística 1 día €5+€1.50

3일권 여행자 패스 Tarjeta turística 3 día €10+€1.50

메트로 센트로 T1 노선

San Bernardo 역→ Prado de San Sebastián(프라도 데 산 세바스티안 터미널 부근) →Puerta de Jerez → Archivo de Indias(콘스티투시온 거리 Av. de la Constitución, 대성당이 있는 산타 크루스 지구) → Plaza Nueva(쇼핑가)

MASTER OF SEVILLA

세비야 완전정복

세비야에 도착했을 때는 여느 대도시와 다를 바가 없어 보이지만 세계문화유산으로 지정된 구시가지로 들어서는 순간 이상한 나라의 앨리스가 된 것처럼 전혀 상상하지 못한 풍경에 정신이 얼얼해진다.

구시가의 랜드마크인 대성당과 히랄다 탑은 기독교와 무슬림의 합작품이다. 고개를 치켜들어도 한눈에 담을 수 없는 어마어마한 규모에 놀라움을 금치 못한다. 대성당을 마주하고 있는 알카사르는 이곳을 지배한 왕들의 궁전이다. 15세기 이후 유럽의 모험가들이 후원금을 얻기 위해 문지방이 닳도록 방문했던 역사적인 장소다. 이 두 건축물을 중심으로 구시가 일대는 귀족들의 저택으로 가득하다. 마차를 타고 거리 곳곳을 달리면 가로수로 심은 오렌지 나무에서 날아오는 향이 싱그럽다.

세비야는 스페인 제4의 도시로 규모가 꽤 큰 편이다. 하지만 관광지가 모여 있는 구시가에 주요 볼거리들이 옹기종기 모여 있어 도보로 돌아보는 데 지장이 없다.

세비야 관광은 급하게 돌아보면 하루 이틀이면 웬만한 볼거리는 다 볼 수 있다. 하지만 구시가지 자체가 워낙 매력적이라 며칠이고 머물고 싶어진다.

세비야에서의 가장 큰 즐거움은 산타 크루스 지구에 머무는 것이다. 옛 귀족들의 저택을 개조해 운영하고 있는 숙소들은 안달루시아 지방의 전통 가옥이다. 1층에는 주인의 정성으로 꾸며진 작은 중정(파티오 Patio)이 있고 건물은 온통 그림이 그려진 타일로 장식돼 있다. 또한 밤늦도록 바에서 술을 마셔도, 밤 12시에 하는 플라멩코 공연을 봐도 문제가 없다. 좀 더 여유가 있다면 당일치기 여행으로 근교의 코르도바나 론다를 둘러보는 것도 좋다.

이것만은 놓치지 말자!

① 왕이 말을 타고 올랐다는 히랄다 탑 전망대에서 시내의 멋진 전경 내려다보기
② 온통 아름다운 타일로 장식된 스페인 제일의 '스페인 광장'
③ 플라멩코의 본고장 세비야에서 감상하는 플라멩코 공연

시내 관광을 위한 Key Point

랜드마크

콘스티투시온 거리 Av. de la Constitución
메트로 센트로 T1이 정차하는 곳. 바로 대성당이 연결된다.

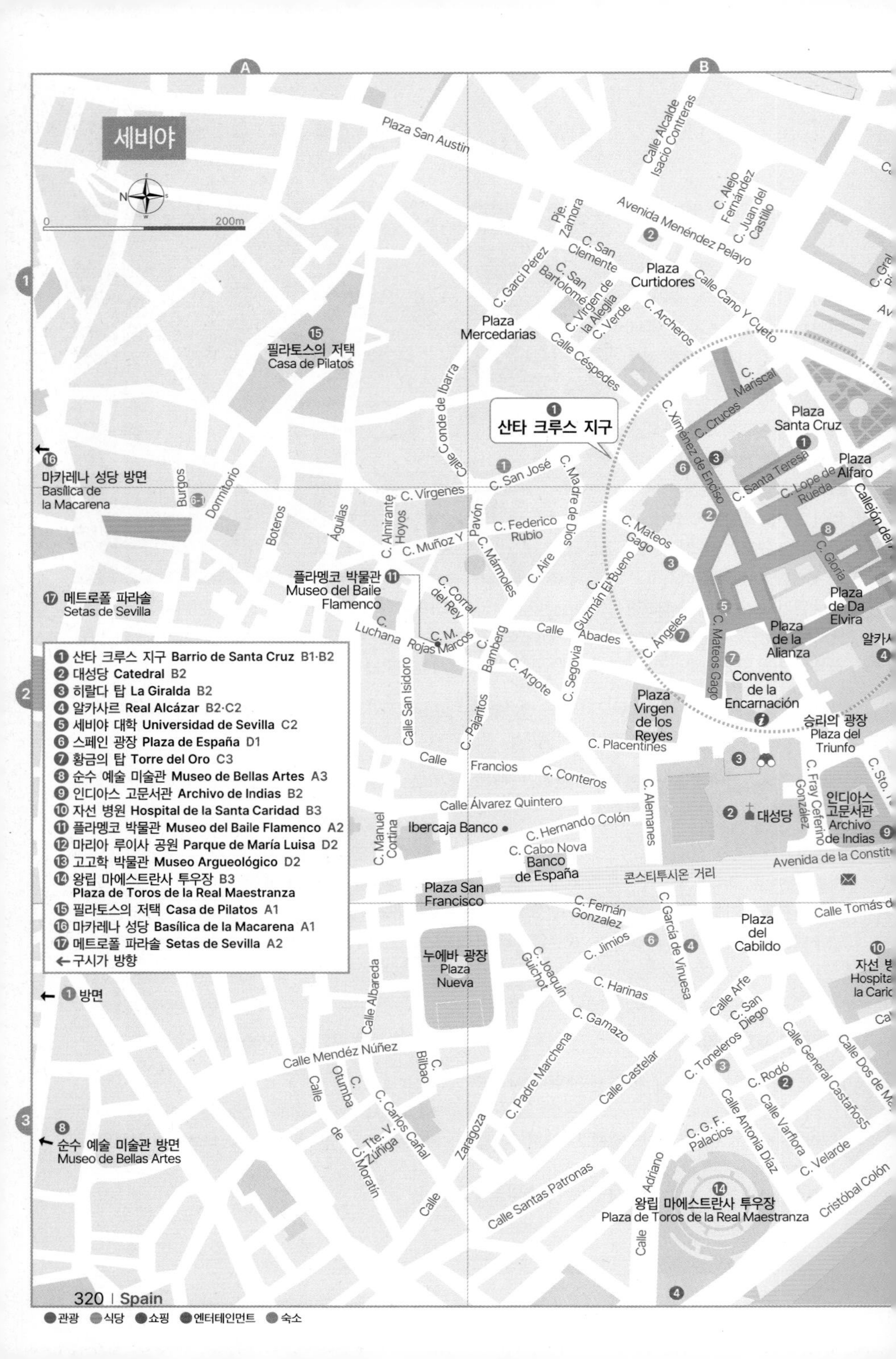
세비야
0 200m
A
B
1
2
3
1 산타 크루스 지구 Barrio de Santa Cruz B1·B2
2 대성당 Catedral B2
3 히랄다 탑 La Giralda B2
4 알카사르 Real Alcázar B2·C2
5 세비야 대학 Universidad de Sevilla C2
6 스페인 광장 Plaza de España D1
7 황금의 탑 Torre del Oro C3
8 순수 예술 미술관 Museo de Bellas Artes A3
9 인디아스 고문서관 Archivo de Indias B2
10 자선 병원 Hospital de la Santa Caridad B3
11 플라멩코 박물관 Museo del Baile Flamenco A2
12 마리아 루이사 공원 Parque de María Luisa D2
13 고고학 박물관 Museo Argueológico D2
14 왕립 마에스트란사 투우장 B3
Plaza de Toros de la Real Maestranza
15 필라토스의 저택 Casa de Pilatos A1
16 마카레나 성당 Basílica de la Macarena A1
17 메트로폴 파라솔 Setas de Sevilla A2
← 구시가 방향
15 필라토스의 저택 Casa de Pilatos
← 16 마카레나 성당 방면 Basílica de la Macarena
17 메트로폴 파라솔 Setas de Sevilla
← 1 방면
← 8 순수 예술 미술관 방면 Museo de Bellas Artes
1 산타 크루스 지구
플라멩코 박물관 11 Museo del Baile Flamenco
Plaza San Austin
Calle Alcalde Isacio Contreras
C. Alejo Fernández
C. Juan del Castillo
Avenida Menéndez Pelayo
Pje. Zamora
C. San Clemente
Plaza Curtidores
Calle Cano Y Cueto
C. Garci Pérez
C. San Bartolomé
C. Virgen de la Alegría
C. Verde
C. Archeros
Plaza Mercedarias
Calle Céspedes
C. Mariscal
C. Cruces
Plaza Santa Cruz
Plaza Alfaro
C. Ximénez de Enciso
C. Santa Teresa
C. Lope de Rueda
Callejón del Agua
Calle Conde de Ibarra
C. San José
C. Madre de Dios
C. Vírgenes
Burgos
Dormitorio
Boteros
Águilas
C. Almirante Hoyos
C. Muñoz Y Pavón
C. Federico Rubio
C. Mármoles
C. Aire
C. Mateos Gago
C. Gloria
Plaza de Da Elvira
C. Corral del Rey
C. Guzmán El Bueno
C. Luchana
C. M. Rojas Marcos
C. Bamberg
Calle Abades
C. Ángeles
C. Mateos Gago
Plaza de la Alianza
알카사르 4
Calle San Isidoro
C. Argote
C. Segovia
Convento de la Encarnación
Plaza Virgen de los Reyes
승리의 광장 Plaza del Triunfo
C. Pajaritos
C. Placentines
Calle Francios
C. Conteros
C. Alemanes
C. Fray Ceferino González
인디아스 고문서관 Archivo de Indias
2 대성당
Calle Álvarez Quintero
C. Manuel Cortina
Ibercaja Banco
C. Hernando Colón
C. Cabo Nova
Banco de España
콘스티투시온 거리
Avenida de la Constitución
Plaza San Francisco
C. Fernán Gonzalez
C. García de Vinuesa
Plaza del Cabildo
Calle Tomás de Ibarra
10 자선 병원 Hospital de la Caridad
누에바 광장 Plaza Nueva
C. Joaquín Guichot
C. Jimios
C. Harinas
Calle Arfe
C. San Diego
Calle Albareda
C. Gamazo
Calle Mendéz Núñez
C. Bilbao
Calle Otumba
C. Carlos Cañal
C. Tte. V. Zúñiga
C. Moratín
Calle de Zaragoza
C. Padre Marchena
Calle Castelar
C. Toneleros
C. Rodó
Calle General Castaños
Calle Dos de Mayo
Calle Antonia Díaz
Calle Varflora
C. G. F. Palacios
C. Velarde
Calle Santas Patronas
Calle Adriano
Cristóbal Colón
왕립 마에스트란사 투우장 Plaza de Toros de la Real Maestranza
관광 식당 쇼핑 엔터테인먼트 숙소

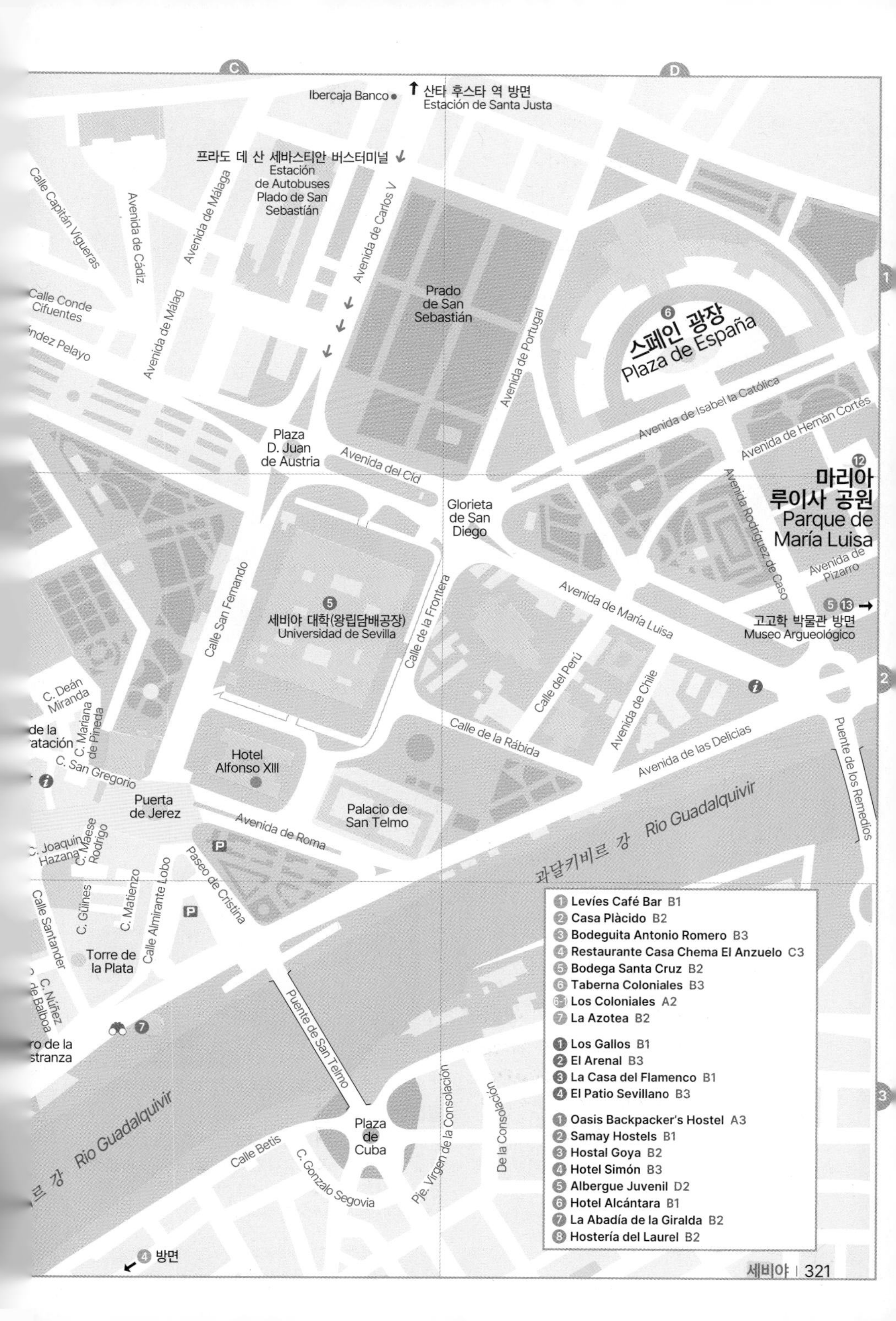

산타 후스타 역 방면
Estación de Santa Justa
Ibercaja Banco
프라도 데 산 세바스티안 버스터미널
Estación de Autobuses Plado de San Sebastián
Prado de San Sebastián
스페인 광장
Plaza de España
Plaza D. Juan de Austria
Glorieta de San Diego
마리아 루이사 공원
Parque de María Luisa
고고학 박물관 방면
Museo Argueológico
세비야 대학(왕립담배공장)
Universidad de Sevilla
Hotel Alfonso XIII
Puerta de Jerez
Palacio de San Telmo
과달키비르 강 Rio Guadalquivir
Torre de la Plata
Plaza de Cuba
Levíes Café Bar B1
Casa Plàcido B2
Bodeguita Antonio Romero B3
Restaurante Casa Chema El Anzuelo C3
Bodega Santa Cruz B2
Taberna Coloniales B3
Los Coloniales A2
La Azotea B2
Los Gallos B1
El Arenal B3
La Casa del Flamenco B1
El Patio Sevillano B3
Oasis Backpacker's Hostel A3
Samay Hostels B1
Hostal Goya B2
Hotel Simón B3
Albergue Juvenil D2
Hotel Alcántara B1
La Abadía de la Giralda B2
Hostería del Laurel B2
④ 방면

1

도보 1분

승리의 광장 Plaza del Triunfo Map P.320-B2

대성당과 알카사르 사이에 있는 광장. 산타 크루스 지구에 머물면 하루에도 몇 번씩 이 광장을 지나게 된다.

Mission 마차를 끄는 말과 함께 기념 촬영!

5

도보 10분

세비야 대학 P.333

프랑스 작곡가 비제는 팜므파탈 카르멘을 이곳에서 탄생시켰다. 카르멘의 직업은 세비야 왕립담배 공장에서 일하는 여공이었다. 카르멘은 도도하고 정열적인 안달루시아 여성의 전형이다.

6

도보 20분

스페인 광장 P.334

스페인 전역에 있는 광장 중 가장 아름다운 곳. 우리나라 유명 여배우가 출연한 휴대전화 CF를 통해 알려지기도 했다. 건물, 타일, 하늘… 무엇 하나 아름답지 않은 게 없다. 어느 각도에서 사진을 찍든 환상 그 자체다.

도보 10분

7

도보 20~30분

아메리카 광장 P.335

스페인 광장과 쌍벽을 이루는 세비야를 대표하는 광장. 타일 장식으로 가득 메운 스페인 광장과는 또 다른 매력으로 여행객들의 시선을 사로잡는다.

Mission 고고학 박물관에 들러 고대 조각 작품을 감상해 보자.

황금의 탑 전망대 풍경

8

도보 7분

황금의 탑 P.336

이런 이름이 붙은 것은 탑을 지을 당시 지붕을 황금 타일로 덮었기 때문이라는 설과 신대륙에서 가져온 금을 보관하는 저장고였기 때문이라는 설이 있다. 전망대에 올라 찬란했던 세비야의 역사를 음미해 보자.

세비야 관광은 대성당에서부터 시작한다. 제일 먼저 히랄다 탑 위에 올라 세비야 구시가와 시 전체 풍경을 한눈에 담고 어느 정도 친근감이 느껴지면 성당 안을 둘러보자. 반나절 정도 걸리니 알카사르 내부 관람은 다음 날로 미루는 게 현명하다. 다음은 <카르멘>의 배경이 된 담배공장을 둘러본 후 스페인 광장과 아메리카 광장을 산책하자. 석양 무렵에는 과달키비르 강으로 가서 황금의 탑에 올라 강대국 세비야의 역사를 음미해 보자. 숙소로 돌아가 휴식을 취한 후 세비야의 첫날 밤은 플라멩코 공연으로 마무리하면 만족할 것이다.

2

대성당 P.326

세계에서 세 번째로 큰 성당. 그 말이 실감 난다. 정문에는 한 손에 방패, 다른 한 손에는 종려나무 잎을 들고 있는 여인의 조각상 '엘 히랄디요'가 있다.

도보 5분

3

히랄다 탑 P.329

오직 대성당을 통해서만 들어갈 수 있다. 1번부터 32번까지 표지판을 지나야 정상에 도착한다. 정상에서는 아름다운 세비야의 풍경이 한눈에 들어온다.

도보 5분

콜럼버스의 관

4

콜럼버스의 묘 P.328

대성당 정문으로 들어서면 보이는, 4명의 거인이 운구하고 있는 관이 바로 콜럼버스의 묘다. 그는 자신이 발견한 아메리카 땅에 묻히길 원했다고 한다.

Mission 4명의 동상 중 앞에 있는 두 개 동상의 발은 꼭 만져볼 것.

정통 플라멩코

9

산타 크루스 지구 P.324

플라멩코 공연을 감상하자. 산타 크루스의 밤은 언제나 플라멩코 음악으로 넘쳐난다. 매일 공연장을 바꿔가며 감상하는 것도 흥미롭다.

알아두세요

❶ 관광안내소에 들러 시내 지도와 플라멩코 공연 정보를 얻자. 티켓을 미리 구입해 두자.

❷ 걷기가 싫다면 버스나 메트로 센트로 T1을 타자.

❸ 밥 먹기 좋은 곳 : 산타 크루스 지구

Attraction 보는 즐거움

중세 이후 세비야의 역사를 간직하고 있는 건물들이 최대의 볼거리. 길가의 오렌지 나무 향기가 은은하게 퍼지는 세비야의 거리는 정말 인상적이다.

산타 크루스 지구 Barrio de Santa Cruz 유네스코

대성당과 알카사르에 인접한 구시가지. 옛 유대인 거주지였으며 17세기에는 세비야 귀족들이 살던 곳이다. 'Vida(목숨), Agua(물), Muerta(죽음), Pimienta(후추)' 등 독특한 이름이 붙은 작은 골목들에는 세비야의 옛 정서가 그대로 남아 있다. 전형적인 안달루시아의 가옥이 즐비하고 흰색 벽면 발코니는 소박한 꽃 화분으로 장식돼 있다. 집집마다 대문을 활짝 열어 놓고 있어 아름다운 파티오(중정 또는 안뜰)를 감상할 수 있다.

골목마다 아기자기한 기념품점과 카페, 레스토랑들이 자리를 메우고 있어 저녁이면 현지인과 관광객들로 북적거린다.

Map P.320-B1·B2 **가는 방법** 역에서 도보 30분 또는 프라도 데 산 세바스티안 버스터미널에서 도보 10분

◆ 세비야의 유대인 이야기

오래 전 세비야는 스페인에서 톨레도에 이어 두 번째로 큰 유대인 공동체가 있었다. 이슬람 지배 시절에도, 1248년 카스티야의 왕 페르디난트 14세가 도시를 정복했을 때에도 유대인들은 상업에 종사하며 자유롭게 살 수 있었다. 하지만 1391년, 성난 군중들이 유대인을 학살하는 사건이 발생했다. 이 일로 세비야 유대인 인구의 80%가 죽임을 당했다. 흑사병에 대한 공포, 이질적인 종교와 문화, 고리대금업을 하는 유대인에 대한 증오가 커진 참극이었다. 엔리케 3세는 살아남은 유대인을 보호하고 계속 이곳에 살 수 있게 했지만 100년 후 1478년 종교재판이 시행되고, 1492년 모든 유대인이 이곳에서 추방됐다.

산타 크루스 지구의 핵심 산타 크루스 광장

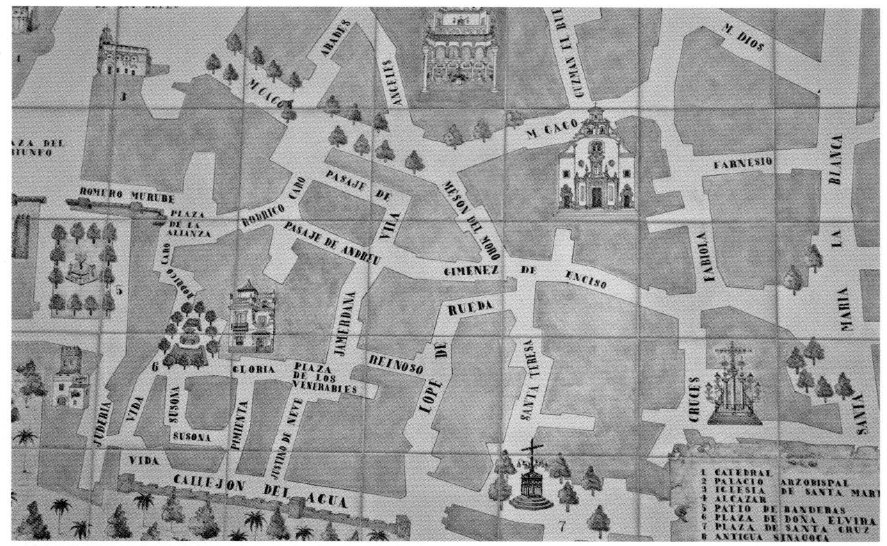

타일로 만든 산타 크루스 지구 지도

Say Say Say 수손나 거리 이야기

수손나 거리 이야기는 산타 크루스 지구에서 전해 내려오는 유대인 이야기 중 가장 유명합니다. 1391년 유대인 대학살의 트라우마는 15세기 종교재판과 기독교로의 개종을 강요받던 유대인들을 극도로 불안하게 합니다. 유대인 사회에서 영향력이 컸던 디에고 수손 Diego Suson은 뜻을 같이하는 유대인들과 반란을 도모합니다.

디에고 수손에게는 아름답기로 소문난 수손나라는 딸이 있었습니다. 그녀는 기독교 청년과 사랑에 빠져 밤마다 데이트를 했답니다. 그러던 어느날 수손나는 반란을 도모하는 이야기를 엿듣게 됩니다. 사랑하는 사람이 위험할 수 있다는 생각에 그만 아버지의 일을 청년에게 이야기합니다. 청년은 큰 공을 세울 기회라 여겨 디에고 데 메를로 장군에게 이를 전합니다. 수손나는 밀고에 대한 상으로 죽음은 면했으나 아버지를 포함한 많은 유대인들이 처형당하는 모습을 지켜봐야했습니다. 유대인들에게 배신자로 위협받았으며 사랑하는 청년과도 이별했습니다. 기독교로 개종 후 오랜 시간 수도원에서 지내다 집으로 돌아왔지만 평생 아버지를 배신한 스스로를 용서할 수 없었다고 합니다. 수손나는 후손들에게 자신이 죽으면 목을 잘라 집 앞에 걸어두라는 유언을 남겼습니다. 자신의 얼굴을 보고 자신과 같은 잘못을 저지르지 않길 바라는 마음에서입니다. 그녀의 얼굴은 해골이 돼 100년이 넘게 걸려있었다고 합니다. 해골 덕분에 '죽음의 길'로 불리다, 지금은 '수손나의 길 Calle Susona'로 바뀌었습니다. 해골이 걸려있던 자리에는 해골이 그려진 타일이 붙어있답니다.

대성당 Catedral 유네스코 뷰포인트

"… 이것이 마무리되고, 대성당을 본 사람들이 우리를 미쳤다고 생각할 정도로 건물은 거대해야 할 것이다." 1401년 성당 참사회의에서 이 같은 결정으로 이슬람 사원이 있던 자리에 세상에서 가장 큰 성당을 만들기 위한 공사가 시작된다. 건축은 100여 년이 흐른 1519년에야 완공됐다. 이 대성당은 폭 116m, 내부 길이 76m로 바티칸의 산 피에트로 성당, 런던의 세인트 폴 성당에 이어 세계에서 세 번째로 큰 규모를 자랑한다. 성당 외관은 고딕 양식, 내부는 르네상스와 바로크 양식으로 지어졌으며 히랄다 탑과 오렌지 안뜰은 원래 있던 이슬람 사원의 것이다. 성당 안은 예술가와 장인들이 남긴 어마어마한 작품들로 가득하며 특히 조각과 회화 작품은 양적, 질적으로 풍부해 세비야 최고의 예술 갤러리로 평가된다. 성당으로 들어가는 정문은 엘 히랄디요 조각상이 있는 산 크리스토발 문 Puerta de San Cristóbal이다. Map P.320-B2

알아두세요

매표소에서 표를 사면 성당 내부 지도를 얻을 수 있다. 성당과 히랄다 탑을 돌아보는 데 2~3시간 정도 소요되니 내부 지도에 관심 있는 볼거리를 미리 체크해 두면 효율적인 관람이 가능하다. 종교적으로 성스러운 장소인 만큼 노출이 심한 옷을 입으면 입장을 거부당할 수 있으니 주의하자. 성당에서는 종종 연주회도 열리니 기회가 된다면 감상해 보자. 공연 정보는 홈페이지, 매표소 또는 관광안내소에 문의하면 된다.

주소 Avenida de la Constitución s/n **전화** 902 099 692 **홈페이지** www.catedraldesevilla.es **운영** 월~토요일 11:00~19:00, 일요일 14:30~18:00 **입장료** 히랄다 탑+대성당 공용 티켓 일반 €12, 학생 €6 **가는 방법** 산타 크루스 지구 중심에 위치. 역에서 도보 30분 또는 프라도 데 산 세바스티안 버스터미널에서는 도보 10분

추천 관람 코스

산 크리스토발 문→히랄다 탑→콜럼버스 묘→성가대석→주 제단→왕실예배당→성구실→소예배당→성당 참사회 회의실→오렌지 안뜰→면죄의 문

◆먼저 성당 내부를 돌아보고 히랄다 탑, 오렌지 안뜰 순으로 돌아봐도 된다.

히랄다 탑

성당 내부

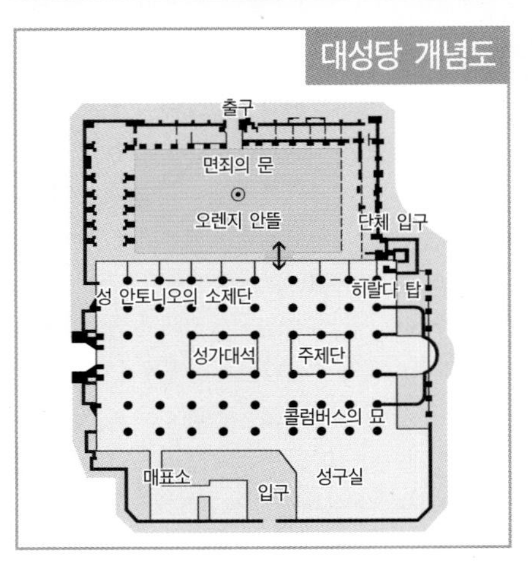

히랄다 탑 위에서 내려다 본 세비야 풍경

정문. 히랄다 탑 꼭대기의 조각상과 같은 조각상이 세워져 있다.

◆ 왕실예배당 Capilla Real

화려한 조각 작품으로 가득한 곳. 특히 세비야의 수호 성인 성 로스 레예스 Virgen de los Reyes의 조각은 놓치지 말자. 조각상의 발밑에 있는 것이 페르난도 3세의 납골단지다. 매년 5월과 10월에 일반인들에게 공개한다.

◆ 주 제단 Capilla Mayor

80년(1480~1560) 만에 완성된 아름다운 고딕 양식의 목제 제단. 사람의 손으로 만들어졌다고 믿기 어려울 만큼 섬세하고 화려하다. 황금빛으로 빛나는 주 제단은 성서에 근거한 조각 작품으로 가득하다. 성모 마리아의 품에 안긴 예수상은 신대륙에서 가져온 1.5t의 금으로 만들어졌다.

◆ 성가대석

◆ 콜럼버스의 묘 Sepulcro de Colón

그의 시신은 원래 남미의 산토도밍고에 매장되었다가 쿠바의 아바나로 옮겨졌다. 1898년 미국으로 양도된 후 세비야 성당에 안치됐다. 정문에서 중앙 복도 오른쪽에는 15세기 스페인을 구성한 레온·카스티야·나바라·아라곤의 국왕들이 콜럼버스의 관을 운구하고 있다. 관에는 콜럼버스의 유골분이 안치돼 있다. 관을 옮기는 조각상 중 앞쪽 두 사람의 발이 유난히 빛난다. 오른쪽 발을 만지면 사랑하는 이와 함께 세비야를 다시 찾게 되고, 왼쪽 발을 만지면 부자가 된다는 속설 때문에 사람들의 손길이 끊이지 않기 때문이다.

◆ 성구실·소예배당·성당 참사회 회의실

성당 안을 둘러싼 각 방들은 박물관처럼 꾸며져 있다. 세비야 제2의 미술관으로 불리는 곳으로 무리요, 수르바란, 고야 등 유명한 화가들의 작품이 전시돼 있다. 특히 성당 참사회 회의실 Sala Capitular에 있는 무리요의 그림 「성모 수태」와 성구실 Sacristiade los Calices에 있는 고야, 수르바란 등의 작품은 놓치지 말자.

◆ 오렌지 안뜰
Patio de los Naranjos

이슬람 사원의 흔적으로 정원 중앙에는 분수가 있고 오렌지 나무가 질서정연하게 늘어서 있다. 2~3시간의 대성당 관람 후 이곳에 앉아 휴식하기에 그만이다. 출구인 면죄의 문 Puerta del Perdón이 있다.

오렌지 정원

면죄의 문

◆ 히랄다 탑 La Giralda 뷰포인트

세비야를 상징하는 대성당의 부속 건물. 12세기 말 이슬람교도 알모아데 족이 세운 것으로 모스크의 첨탑이었다. 이후 지진으로 파손됐다가 16세기 기독교인들이 전망대와 플라테레스코 양식의 풍향계가 있는 종루를 설치했다. 이때부터 '바람개비'라는 뜻의 히랄다로 불리게 됐다. 특이하게도 탑에는 계단이 없다. 전설에 의하면 아랍인들은 말을 타고 정상에 올랐다고 한다. 1번부터 32번까지 표지판의 번호를 세며 오르막길을 오르면 시내 전경을 감상할 수 있는 전망대가 나오는데 풍경이 장관이다. 히랄다 탑 정상에는 한 손에는 방패, 다른 한 손에는 종려나무 잎을 든 여인의 조각상 '엘 히랄디요'가 있다. Map P.320-B2

Say Say Say 세비야의 수호성인 후스타와 루피나 자매 이야기

후스타 Justa와 루피나 Rufina(268, 270년 탄생)는 도자기를 만드는 기독교 집안에서 태어났습니다. 당시 세비야는 다신교를 믿는 로마의 식민지로 기독교인에 대한 박해가 심했던 시절이었죠. 하루는 자매의 도자기 가게에 비너스가 사랑한 아도니스의 죽음을 기리는 행사를 위해 모금하는 사람들이 방문했습니다. 자매는 기독교의 교리를 설명하고, 다신교를 위한 기부는 할 수 없다고 거절했어요. 화가 난 모금원들은 자매의 도자기들을 깨고, 자매도 지지 않고 무리 중 한명이 들고 있던 비너스의 형상을 부숩니다. 이 일로 자매는 고소를 당하고 잡혀가게 됩니다. 당시 로마 군대의 수장이었던 디오게니아누스는 자매가 기독교를 포기할 때까지 고문을 하고 지하 감옥에 가둬버리라고 명합니다. 하지만 자매는 신념을 버리지 않았고 후스타는 감옥에서 죽고, 루피나는 원형극장에서 사자의 먹잇감이 되는 벌을 받게 됩니다. 형이 집행되던 날 루피나에게 기적이 일어납니다. 사나운 사자들이 온순해져 루피나 곁에 앉았기 때문입니다. 이를 본 군중들은 그녀의 신이 그녀를 보호해 주고 있다고 수근 거렸습니다. 이 일로 자존심이 상한 디오게니아누스는 직접 그녀의 목을 베어 버립니다. 287년에 있었던 사건입니다. 자매는 초기 기독교 순교자로 세비야의 수호성인으로 추대됩니다. 대성당 안에는 두 여인이 히랄다 탑을 보호하는 모습의 그림을 종종 볼 수 있습니다. 세비야에 여러 차례 지진이 있었지만 히랄다 탑만큼은 무사했다고 합니다. 그래서 세비야 사람들은 자매가 히랄다 탑을 보호하고 있다고 굳게 믿고 있답니다. 이 이야기에 영감을 받은 무리요, 고야 등 유명화가들은 히랄다 탑을 지키고 있는 자매의 모습을 그렸답니다.

알카사르 Real Alcázar 유네스코

알카사르 입구

로마 시대부터 역대 왕이 사용하던 궁전이다. 원래 이슬람 요새가 있던 자리에 14세기 후반 잔혹 왕 또는 공명정대한 왕으로 불린 페드로 I세가 지금의 모습으로 개축했다. 스페인 특유의 무데하르 양식으로 지어진 대표적인 건물로 이슬람 문화에 심취한 페드로 1세가 전국에서 이슬람 장인들을 불러 모아 그라나다의 알함브라 궁전을 모델로 완성했다. 그래서 '알함브라 궁전의 자매'로 불린다.

입구인 사자의 문 Puerta del León을 들어서면 바깥세상을 잊을 만큼 평화롭고 고요한 파티오(안뜰)가 이어지고 파티오를 둘러싼 화려한 방들이 있다. 궁 안은 4개의 파티오, 고딕과 무데하르 궁전, 정원 등으로 크게 나뉘며 순서대로 관람하면 된다.

처녀의 파티오 Patio de las Doncellas는 왕궁의 핵심 구역으로 주요 행사와 이벤트가 열리던 곳이다. 파티오를 둘러싼 돈 페드로 1세 궁전에는 무데하르 양식의 걸작으로 불리는 대사의 방 Salón de Embajadores과 술탄의 침실 Dormitorio de los Reyes Moros 등이 있다. 복잡한 아라베스크 문양과 섬세한 옷칠 세공에 입이 딱 벌어진다.

그 밖에 스페인의 전성기인 15세기 대항해시대에 식민지 무역을 관리했던 장소였으나 지금은 박물관으로 사용되고 있는 카를로스 5세 궁전 Palacio de Carlos V과 제독의 방 Cuarto del Almirante도 놓치지 말자. 궁 안을 모두 돌아보는 데 대략 2~3시간 정도가 소요되며, 궁 안 곳곳에 정원이 있으니 휴식을 취하며 여유 있게 돌아보는 게 좋다.

Map P.320~321-B2·C2 **주소** Patio de Banderas s/n **전화** 954 502 324 **홈페이지** www.alcazarsevilla.org **운영** 10~3월 09:30~17:00, 4~9월 09:30~19:00 **입장료** 일반 €14.50, 학생 €7, 왕의 침실 €4.50(10~3월 매주 월요일 18:00~19:00, 4~9월 매주 월요일 16:00~17:00 무료) **가는 방법** 대성당에서 도보 2분

잔혹왕 또는 정의왕으로 불렸던 페드로 왕 (페드로 1세 Pedro I)

마리아 데 파디야 목욕탕

중세 스페인 카스티야 연합왕국의 왕(1334~1369년). 알폰소 11세와 포르투갈 아폰수 4세의 딸 마리아 사이에서 태어났습니다. 알폰소 11세는 정부였던 구스만 가문의 레오노르만을 평생 사랑했고, 둘 사이에 10명의 자녀를 뒀습니다(오페라 라 파보리타의 모티브가 됨). 1350년 알폰소 11세는 전쟁 중 흑사병에 걸려 사망합니다. 당시 페드로 왕의 나이 16세, 그의 어머니 마리아 왕비는 그토록 증오했던 연적 레오노르만을 처형합니다. 이 일로 레오노르만의 자녀들은 장남 엔리케를 중심으로 뭉쳐 왕실에 반기를 들게 됩니다.

페드로 왕은 평생 아버지의 바람을 지켜보며 힘들어했지만 아버지처럼 정부였던 마리아 데 파디야(소설 카르멘에서 보헤미안의 위대한 여왕으로 불림)라는 여인을 사랑했습니다.

세비야 알카사르 지하에는 '마리아 데 파디야 목욕탕'이 있습니다. 페드로 왕은 자신의 정부를 자랑하기 위해 신하들과 함께 목욕하는 그녀의 모습을 감상했다고 합니다. 하루는 신하들에게 그녀가 목욕한 물을 마시라고 명합니다. 왕의 명을 거역할 수 없었던 신하들이 하나둘 목욕물을 마시는데 한 신하가 이를 거부합니다. 화가 난 왕이 그 이유를 물으니 "자고새의 육수를 마시면 자고새가 먹고 싶어집니다. 목욕물을 마시면 그녀를 탐하고 싶어질까 마시지 않았습니다"라고 말한 일화는 유명합니다.

페드로 왕은 배다른 형제 엔리케와 죽을 때까지 카스티야 왕위를 두고 전쟁을 했습니다. 지지 기반이 약했던 페드로는 유대인과 그라나다 나스르 왕국의 도움까지 받아야했습니다. 카스티야 왕국의 내전으로 시작된 둘의 싸움은 카스티야 왕국과 아라곤 왕국의 전쟁으로 번지고, 나중에는 영국과 프랑스의 전쟁으로 확전됐습니다. 전쟁은 엔리케의 승리로 끝났지만 대부분의 형제들과 수많은 군인들이 죽고, 어마어마한 전쟁비용을 대느라 백성들은 신음했습니다. 페드로 왕을 잔혹왕이라고 불렀던 건 페드로 왕을 죽이고 왕위에 오른 엔리케의 명분이라는 설이 있습니다. 페드로 왕은 백성들에게는 공정하고 정의로웠으며 유대인과도 친하게 지냈습니다. 상공업의 발전을 통해 서민들이 잘 살 수 있도록 길을 모색해 사후 정의왕으로 불렸답니다. 세비야는 페드로 왕과 관련된 많은 에피소드가 있으니 관심이 있다면 미리 알아보고 여행해 보세요. 페드로 왕이 직접 원수 집안의 청년을 죽인 이야기가 전해지는 산타 크루스 지구의 돈 페드로 왕의 머리 길 Calle La Cabeza del Rey Don Pedro, 페드로 왕으로부터 정조를 지키기 위해 얼굴에 끓는 기름을 부은 마리아 코로넬의 이야기가 전해지는 산타 이네스 수도원 Covento de Santa Inés 등도 유명하답니다. 페드로 왕 시절 구티에르 데 솔리스 Gutierre de Soilis 장군의 이야기는 200년 후 세익스피어의 4대 비극 중 하나인 《오셀로 Othello》의 모티브가 됐답니다. 장군은 하인의 잘못된 고자질로 부인이 바람을 피운다고 의심해 사람을 시켜 부인을 죽인답니다.

인디아스 고문서관

Archivo de Indias 유네스코

원래 상품거래소로 사용됐던 건물인데 1784년 카를로스 3세 통치 기간에 신세계에 대한 관리 및 행정에 관한 모든 서류들을 보관하는 고문서관으로 사용했다. 2층 전시실에는 콜럼버스와 마젤란의 친필 문서와 신대륙 발견과 정복 당시의 귀중한 자료들을 볼 수 있다.

Map P.320-B2 **주소** Avenida de la Constitución s/n **전화** 954 500 528 **운영** 화~토요일 09:30~17:00, 일요일 10:00~14:00 **휴무** 월요일 **입장료** 무료 **가는 방법** 대성당에서 도보 2분

자선 병원 Hospital de la Santa Caridad

희대의 바람둥이 돈 후안(돈 조반니)의 실제 모델이었던 돈 미겔 마냐라 Don Miguel Mañara가 지은 병원이다. 세비야의 귀족이었던 마냐라는 젊어서 방탕한 생활을 하다 사랑하는 여성을 만나 결혼한 후 가정에 충실했지만 갑작스러운 아내의 죽음으로 고통에 시달렸다. 결국 수도원에 머물며 자신의 지난 삶을 회개하고 명상과 종교생활에 전념했다고 한다. 병원은 그가 말년에 전 재산을 기부해 건축한 것으로 '삶의 찰나적 측면'과 '신의 섭리'를 명상할 수 있도록 병원과 성당을 함께 지었다고 한다. 그는 직접 화가들에게 인생무상과 자비, 죽음을 테마로 한 그림을 주문했으며 병원과 성당 곳곳에 이를 주제로 한 작품들이 남아있다. 특히 성당 안 사제석 앞에 있는 무리요의 「사랑과 물고기의 기적」과 발데스 레알 Juan de Nisa Valdes Leal의 「반짝이는 눈」 「세상 영광의 끝 Finis Gloria Mundi」 등은 걸작으로 꼽힌다. 지금도 빈민들을 위한 시설로 운영되며 성당 입구에는 마냐라의 묘비가 있다. 비문에 적힌 '이곳에 세상에서 가장 못난 사람의 유해가 누워 있다'라는 글귀가 인상적이다.

Map P.320-B3 **주소** C. Temprado 3 **전화** 954 223 232 **홈페이지** www.santa-caridad.es **운영** 10:30~19:00, 토·일요일 14:00~19:00 **입장료** €8(오디오 가이드 포함, 일요일 16:30~18:30 무료 입장) **가는 방법** 대성당에서 도보 5분

수도원 회랑

성당 내부

무리요의 「사랑과 물고기의 기적」

플라멩코 박물관 Museo del Baile Flamenco

세상에서 하나뿐인 플라멩코 댄스 박물관. 스페인의 유명한 플라멩코 댄서이자 영화배우인 크리스티나 호요스가 플라멩코 춤을 이해하고 배우고 싶어하는 사람들을 위해 만든 공간이다. 박물관 건물은 18세기에 지어진 저택으로 1층 파티오는 플라멩코 공연을 감상하거나 초보자를 위해 댄스 강습을 하는 곳이다. 지하 역시 같은 용도로 쓰이고 있다. 2층은 박물관의 핵심 구역으로 플라멩코의 역사, 예술성, 발전상 등을 보여주는 전시관이다. 영상, 그림, 사진 등을 이용해 모던하고 세련된 구성으로 관람객의 시청각을 자극한다. 또한 40년간 플라멩코 아티스트들을 담은 사진 작가 콜리타 Colita의 작품도 전시돼 있다. 1층 기념품점에는 플라멩코 관련 서적과 예술사진, 각종 소품, CD 등을 판매한다. 특히 CD는 전통적인 것과 모던한 플라멩코 음악까지 다양하게 있으니 기념품으로 구입해도 좋다.

Map P.320-A2 **주소** Calle Manuel Rojas Marcos 3 **전화** 954 340 311 **홈페이지** www.museoflamenco.com **운영** 매일 11:00~18:00 (매월 첫 번째 월요일만 16:00~) **입장료** 일반 €10, 학생 €8 **가는 방법** 대성당에서 도보 5분 ◆박물관 운영 외에 저녁에는 플라멩코 쇼도 감상할 수 있어 같이 보면 훨씬 저렴하다. **요금** 박물관+쇼 어른 €29, 학생 €22(공연시간 하루 3~4번 진행, 1시간 소요/17:00, 19:00, 20:45 (10:15 성수기))

세비야 대학 Universidad de Sevilla

16세기 초 세비야 최초의 담배공장이 세워진 후 세비야는 유럽 담배 산업의 중심지로 번성했다. 18세기 초 효율적인 담배 생산을 목적으로 시 곳곳에 흩어져 있던 담배공장을 한곳으로 모으기 위해 건물을 새로 지었다. 1771년 바로크 양식으로 지어진 왕립담배공장 Fábrica de Tabacos은 완성 당시 유럽에서 가장 큰 공업용 건물이자 스페인에서 두 번째로 큰 건물이었다. 이곳에서 일한 여공만 1만여 명에 달했다고 한다. 현재는 세비야 대학의 법학부 건물로 사용되고 있으며 외부인도 자유롭게 대학 건물을 둘러볼 수 있다.
프랑스 작곡가 비제는 그의 오페라 〈카르멘 Carmen〉(1875)의 배경을 이곳 세비야의 담배공장으로 정했다. 집시 여인 카르멘과 순진한 돈 호세 하사의 첫 만남이 이뤄진 곳이 바로 담배공장 앞이다. 그렇게 그들의 비극적인 사랑이 시작된다.

Map P.321-C2 **주소** San Fernando 4 **운영** 매일 09:00~22:00 **입장료** 무료 **가는 방법** 대성당에서 도보 7분

온통 타일로 장식된 스페인 광장

스페인 광장 Plaza de España

스페인에서 가장 아름다운 광장. 1929년에 열린 라틴 아메리카 박람회장으로 사용하기 위해 조성됐다. 20세기 세비야 최고의 건축가 아니발 곤살레스의 작품으로 극장식 반원형 건물 아래 채색 타일로 장식한 벤치로 유명하다. 벤치는 스페인 58개 도시의 휘장과 지도 그리고 역사적 사건들을 타일로 장식한 것으로 타 지방에서 온 스페인 사람들은 고향과 관련된 곳을 찾아 기념촬영을 한다. 58개의 벤치 하나하나를 둘러보면 스페인 전역을 돌아본 것이나 마찬가지니 호기심이 발동한다면 신경 써 살펴보자.

광장의 수많은 분수와 벤치도 모두 타일로 장식돼 있어 보는 이로 하여금 절로 감탄이 나오게 한다. 스페인 광장은 낮보다 밤에 더 아름답다. 연인끼리라면 마차 투어를 하는 것도 색다른 추억거리가 될 것이다.

Map P.321-D1 **가는 방법** 대성당에서 도보 20분

• **마차 투어** 산타 크루스 지구와 스페인 광장 정문에 대기 중
마차 투어 전문 회사 Asociación de Coches de Caballos de Sevilla **전화** 635 554 410, 620 867 177 **요금** €45(축제 기간 €55~120) **소요 시간** 1시간

마리아 루이사 공원 Parque de María Luisa

세비야를 대표하는 공원이자 스페인에서 가장 아름다운 공원으로 손꼽히는 곳. 원래는 산 텔모 궁전 Palacio de San Telmo의 정원이었는데 소유주였던 마리아 루이사 페르난다 María Luisa Fernanda 공작부인이 기증(1893년)해 시민을 위한 공원으로 조성됐다. 지금의 모습은 1929년 라틴 아메리카 박람회를 위해 재단장한 것으로 이곳에 스페인에서 가장 아름다운 스페인 광장과 아메리카 광장이 있다. 또한 에르난 코르테스 거리 Avenida de Hernàn Cortés와 피사로 거리 Avenida de Pizarro는 시원스러운 가로수 길로서 세비야 시민들이 사랑하는 산책 코스다. 공원 곳곳에 장인이 만든 분수대와 조각 작품들이 세워져 있고 연못에는 다양한 새들이 날아온다.

Map P.321-D2 **가는 방법** 대성당에서 도보 20~30분

◆ 고고학 박물관 Museo Argueológico

마리아 루이사 공원 Parque de María Luisa의 아메리카 광장 Plaza de la América에 있다. 광장은 1929년 라틴 아메리카 박람회의 대회장으로 사용됐으며 이 광장에 세워진 플라테레스코 양식의 건물이 고고학 박물관이다. 초기 구석기 시대부터 중세 시대에 이르는 고고학 유물을 전시하고 있다. 놓치지 말아야 할 전시물은 카람볼로 보물 Tesoro de Carambolo인데 기원전 5~3세기경 타르테소스족의 것으로 추정되는 21점의 황금 장신구다. 이 유물들은 전설로만 있던 타르테소스 왕국의 존재를 증명해 준 최초의 유물이기 때문이다. 그 밖에 세비야 근교에 있는 로마 시대 도시 이탈리카 Italica에서 출토된 헤르메스, 미의 여신 비너스, 트리아누스 황제 상과 히스파니아 여신의 두상, '바쿠스의 승리'를 묘사한 모자이크화 등이 유명하다. 내부는 지하 1층, 지상 1층으로 돼 있으며 주요 볼거리는 지상 1층에 다 모여 있다. 지하는 도기 중심, 1층은 조각품 중심으로 전시돼 있다. 부속 시설로는 고고학 분야 고문서관, 고고학 도서관, 유물 복원실 등이 있다. 박물관 건물과 공원이 무척 아름다우니 일부러라도 들러보길 권한다.

Map P.321-D2 **주소** Plaza de América, s/n **전화** 955 120 632 **운영** 9~6월 화~토요일 09:00~21:00, 일요일·공휴일 09:00~15:30 7~8월 화~일요일·공휴일 09:00~15:00 **휴무** 월요일 **입장료** 일반 €1.50 **가는 방법** 대성당에서 도보 30분 또는 스페인 광장에서 도보 10분 ※2024년 4월 현재 임시휴업. 방문 전 홈페이지 확인

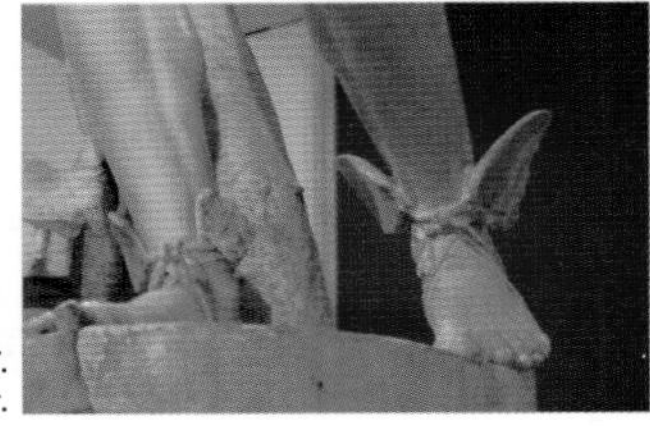

이탈리카에서 출토된 전령의 신 헤르메스상.
스페인에서 발굴된 가장 우수한 고대 조각상이다.

황금의 탑 Torre del Oro 뷰포인트

과달키비르 강에 놓인 산 텔모 다리 Puente de San Telmo 옆에 우뚝 솟은 정12각형의 탑. 1220년 무어인이 적의 침입을 감시하기 위한 망루로 사용했으며, 강 맞은편에 있었던 은의 탑과 쇠사슬을 연결해 적의 침입을 막고 배들의 통행을 제한했다고 한다. 황금의 탑이라는 이름은 건설 당시 탑의 상부가 황금색 타일로 장식돼 있었기 때문이라는 설과 신대륙으로부터 가져온 황금을 보관하는 장소로 쓰였기 때문이라는 설이 있지만 확실하지는 않다. 마젤란이 여기에서 세계 일주를 떠난 인연으로 지금은 해양박물관으로 사용되고 있다. 탑 꼭대기는 전망대로 개방해 세비야 부의 원천이었던 과달키비르 강의 시원한 풍경을 감상할 수 있다.

Map P.321-C3 **주소** Paseo de cristobal colón s/n **전화** 954 222 419 **운영** 월~금요일 09:30~17:30, 토·일요일 10:30~18:30 **휴무** 공휴일 **입장료** 일반 €3, 학생 €1.50, 매주 월요일 무료 **가는 방법** 대성당에서 도보 7분

왕립 마에스트란사 투우장 Plaza de Toros de la Real Maestranza

세비야는 론다와 함께 근대 투우가 시작된 곳이다. 바로크 양식으로 완벽한 원형으로 짓는 게 스페인 투우장의 전통인데 이 투우장은 원형에 가까운 타원형으로 지었다(1761~1881). 현재 스페인에 남아 있는 투우장 가운데 가장 오래된 곳 중 하나로 마드리드의 벤타스 투우장과 쌍벽을 이룬다. 경기는 3월 말 또는 4월 초에 있는 성주간(세마나 산타 Semana Santa)을 기점으로 시작해 10월 12일 건국기념일에 막을 내린다. 봄 축제가 있는 4월에는 매일 경기가 있다. 경기 스케줄은 관광안내소에 문의하면 된다.
경기가 없는 날에는 가이드 투어로 경기장과 박물관을 둘러볼 수 있다. 박물관에는 역대 투우사들의 초상화, 그들이 입었던 화려한 의상, 유명한 경기 기록사진, 광고 포스터, 투우를 소재로 한 그림 등을 전시하고 있다. 피카소의 작품도 있으니 놓치지 말자. 투우장 앞 정원에는 유명한 투우사의 동상도 있으니 기념촬영도 잊지 말자.

Map P.320-B3 **주소** Paseo Colón 12 **전화** 954 224 577 **홈페이지** www.realmaestranza.com, www.plaza detorosdelamaestranza.com **운영** 09:30~21:30, 투우경기가 있는 날 09:30~15:00 **입장료** €10 **가는 방법** 대성당에서 도보 15분 또는 황금의 탑에서 도보 5분

순수 예술 미술관 Museo de Bellas Artes

17세기의 수도원 건물을 개조해서 만든 미술관. 세비야 학파를 이끈 바로크 미술 거장들의 작품을 전시한 곳으로 유명하다. 특히 세비야 사람들이 사랑하는 무리요 Murillo와 수르바란의 컬렉션은 세계 제일이다. 17세기 스페인 및 유럽 회화의 천재로 불렸던 후안 데 발데스 레알의 작품도 전시하고 있다. 그 밖에 벨라스케스, 엘 그레코의 작품도 놓치지 말자. 규모가 작아 관람하는 데 부담스럽지 않고 무데하르 양식으로 지어진 건물 자체도 감상할 만하다.

Map P.320-A3 **주소** Plaza del Museo 9 **전화** 955 542 942 **운영** 9~7월 화~일요일 09:00~21:00, 8월 화~일요일 09:00~15:00 **휴무** 월요일 **입장료** 일반 €1.50, 학생 무료 **가는 방법** 대성당에서 도보 20분

메트로폴 파라솔 Metropol Parasol(Setas de Sevilla) 뷰포인트

우주에서 온 흰색 생명체 아니면 거대한 버섯 모양 아니면 거대 와플 같기도 하다. 구시가지를 걷다 만나는 메트로폴 파라솔은 중세시대의 모습을 간직한 주변 환경과 너무 달라 파격적이다. 그런데 너무 잘 어울려 고개를 갸우뚱하게 한다. 건물이 있던 자리는 19세기부터 시장이 있던 자리로 낡고 오래돼 황폐해져 가는 곳을 재개발한 것이다. 건물은 건축가이자 예술가인 독일 출신의 쥬겐 마이아 Jürgen Mayer의 작품으로 새로운 기술, 신소재, 도시계획에 중심을 두고 사람과 자연, 공간이 조화를 이뤄야 한다는 그의 건축철학과 도시문화, 상업 활성화라는 주민들의 목표가 잘 반영됐다. 세비야의 과거와 현재를 이어주는 공간으로 대성당의 기둥, 인근의 무화과나무 등을 디자인의 모티브로 삼았다. 메트로폴 파라솔(대도시의 양산)은 이름에서 유추할 수 있듯이 우리나라의 정자나무 같은 곳이다. 시내 관광을 하다 휴식이 필요하다면 한번 들러보자. 건물 안에 있는 시장도 구경하고 카페나 레스토랑에 들러 식사를 하는 것도 좋겠다. 살아 움직이는 유기체처럼 생긴 지붕은 파노라마 전망대로 산책을 즐기며 시내 풍경을 감상할 수 있다. 어둠이 찾아오면 건물은 화려한 조명 옷을 입고 또 다른 매력을 발산한다.

모티브가 된 대성당 기둥과 무화과나무

Map P.320-A2 **주소** Pl. de la Encarnación, s/n **홈페이지** www.setasdesevilla.com **운영** 09:30~00:30, **입장료** 전망대 €10 **가는 방법** 대성당에서 도보로 10분

필라토스의 저택 Casa de Pilatos

유대인 지구에 있는 귀족의 저택. 메디나셀리 알칼라 공작 부처의 거처로 건축가 파드리케 엔리케스 데 리베라가 1519년 예루살렘을 여행하고 돌아와 지은 것이다. 세비야에서 가장 아름다운 저택 중 하나로 무데하르·고딕·르네상스 양식이 혼합되어 있다. 다채로운 타일로 장식된 안뜰에는 24개의 로마 황제 흉상들이 있다. 저택의 이름인 필라토스(본디오 빌라도)는 그리스도에게 사형을 선고한 총독의 이름에서 유래한 것이다. 예루살렘의 총독 필라토의 성관을 모델로 지었다는 설이 있지만 확실하지는 않다. 일반인들에게 개방하고 있으니 세비야 명문 귀족의 화려한 저택을 구경하고 싶다면 꼭 들러보자.

Map P.320-A1 **주소** Plaza de Pilatos 1 **전화** 954 225 298 **운영** 09:00~18:00, **입장료** 1층 €10, 1·2층 €12(15:00~19:00 월요일 무료 입장) **가는 방법** 대성당에서 도보 20분

마카레나 성당 Basílica de la Macarena

'눈물 흘리는 성모 마리아'로 유명한 세비야 종교의 상징. 1941년 신바로크 양식으로 지어져 희망의 성모 마카레나 Nuestra Señora de la Esperanza Macarena에게 봉헌됐다. 성당 안에 모셔진 성모 마카레나는 유난히 젊고 아름답다. 고뇌에 찬 모습으로 눈물을 흘리는 모습은 매우 극적이다. 거기다 금은보화로 장식한 왕관과 호화찬란한 옷차림으로 사람들을 맞는다. 실내를 어둡게 하고 정중앙에 조명을 설치해 더욱 드라마틱하게 연출돼 있다. 성모 마리아에 대한 세비야 사람들의 깊은 신앙심을 느낄 수 있는 곳이다. 성모 마리아와 함께 예수 고난상도 있다. 사실 육안으로는 눈물까지 확인이 불가능하니 옆에 있는 기념품 가게에 들러보자. 눈물을 흘리는 모습이 생생하게 찍힌 사진 한 장쯤 구입해 여행 중 건강을 빌어줄 행운의 마스코트로 보관하는 것도 좋다. 성당 부속 박물관에는 성주간(세마나 산타) 퍼레이드에 쓰인 가마와 성모 마카레나의 아름다운 의상들이 전시돼 있다.

Map P.320-A1 **주소** C. Bécquer 1–3 **전화** 954 901 800 **운영** 성당&박물관 월~토요일 09:00~14:00, 17:00~21:00, 일요일·공휴일 09:30~14:00, 17:00~21:00 **입장료** 성당은 무료, 박물관 €5 **가는 방법** 대성당에서 도보 30분 또는 필라토의 집에서 도보 5분

성모 마카레나는 투우사의 수호성인이기도 하다.

알아두세요

성주간 '세마나 산타 Semana Santa'

성주간은 예수님이 십자가를 지고 골고다 언덕으로 오르는 순간부터 부활하기 전까지 고난의 일주일을 말한다. 전 세계 기독교인들이 기념하는 날이지만 그 중에서도 세비야가 세계적으로 유명하다. 이 기간에는 성서에 나오는 이야기를 재현한 수많은 퍼포먼스와 퍼레이드가 벌어진다. 성모 마카레나 역시 가마 위에 올라 퍼레이드에 참여한다. 거리에 성모 마카레나가 등장하면 시민들은 열광하고 종교 축제는 절정에 달한다. 이 시기가 되면 세비야는 전 세계에서 온 성지 순례객으로 넘쳐난다.

Restaurant

세비야 사람들은 바 Bar나 메손에 들러 여러 가지 요리를 맛보는 걸 유난히 좋아한다. 구시가 여기저기에 다양한 타파스를 즐길 수 있는 바와 레스토랑이 많다. 문 앞에 걸려 있는 메뉴판을 확인하고 들어가면 된다. 아침은 현지인들처럼 마음에 드는 바를 정해 신선한 빵과 달걀 프라이, 오렌지 주스, 커피로 즐겨 보자. 현지인들이 자주 찾는 식당가를 가고 싶다면 구시가에서 도보 10분이면 닿을 수 있는 테투안 Tetuán 거리와 시에르페스 Sierpes 거리에 가보자.

LEVÍES CAFÉ BAR

맛있는 타파스와 맥주 한잔 하기에 그만인 곳. 요리 맛이 좋아 더욱 인기가 있다. 바는 우리나라 호프집 분위기로 하루 일과를 마치고 맥주 한잔에 저녁 대신 맛있는 요리를 먹는 재미가 쏠쏠하다.

Map P.320-B1 **주소** C. San Jose 15 **전화** 954 215 308 **영업** 11:00~24:00 **예산** 타파스 한 접시당 €3~, 맥주나 음료 €1.50~2 **가는 방법** 대성당에서 도보 5분

RESTAURANTE CASA CHEMA EL ANZUELO

관광지에서 조금 벗어난 곳에 위치한 현지인들에게 인기 있는 레스토랑. 내부는 온통 타일로 장식돼 있으며 관광지와는 달리 차분한 분위기다. 안달루시아 지방의 전통요리를 맛볼 수 있으며 특히 세비야식 송아지 요리와 대구 요리가 유명하다.

Map P.321-C3 **주소** San Jorge 6 **전화** 954 336 177 **영업** 매일 12:00~16:30, 20:00~24:00 **예산** 주요리 €15~, 음료 €1.80~ **가는 방법** 대성당에서 도보 20분. 이사벨 2세 다리 Puente de Isabel II를 건너면 바로 있다.

CASA PLÀCIDO

산타 크루스 지구 안쪽에 위치한 타파스 전문점. 실내는 안달루시아 전통 바 분위기가 물씬 난다. 벽면 가득 붙어있는 포스터와 액자 등이 볼거리. 가게 앞 길거리에도 작고 앙증맞은 식탁과 의자가 놓여 있다. 맞은편에 있는 게 바로 Hostería del Laurel(P.344 참조)이다.

Map P.320-B2 **주소** C. Mesón del Moro 5 **전화** 954 563 971 **홈페이지** www.casaplacido.es **영업** 매일 11:30~16:30, 19:30~24:00 **예산** 타파스 한 접시당 €2~3, 맥주나 음료 €2~ **가는 방법** 대성당에서 도보 5분

BODEGUITA ANTONIO ROMERO

소문난 타파스 전문점. 산타 크루스 지구와 근처에 지점만 3곳. 실내는 세비야 특유의 전통적인 분위기가 물씬 풍긴다. 영어 메뉴판도 있지만 뭘 먹어야 할지 모를 때에는 직원 추천 메뉴도 괜찮다. 샐러드와 다양한 종류의 타파스를 주문해 보자.

Map P.320-B3 **홈페이지** www.bodeguitaantonioromero.com **영업** 화~일요일 12:30~00:15 **휴무** 월요일 **예산** 타파스 €2.50~3

1호점 주소 C/ Antonia Díaz 19 **전화** 954 223 939

2호점 주소 C/ Gamazo 16 **전화** 954 210 585

3호점 주소 C/ Antonia Díaz 5 **전화** 954 221 455

TABERNA COLONIALES

스페인과 안달루시아 전통음식을 맛볼 수 있는 식당 겸 타파스 전문점. 안달루시아 특유의 전통 인테리어에 맛난 음식과 와인 리스트, 합리적인 가격 등으로 현지인들에게도 인기가 많다. 시내에만 두 곳을 운영 중이니 숙소와 가까운 곳을 방문하면 된다. 2호점은 선술집 Los Coloniales(Map P.320-A2 주소 Pl. Cristo de Burgos 19).

Map P.320-B3 **주소** C. Fernández y González 36 **전화** 954 50 11 37 **홈페이지** https://tabernacoloniales.es **영업** 12:30~24:00 **예산** 타파스 €3~, 요리 €15~ **가는 방법** 대성당에서 도보 5분

BODEGA SANTA CRUZ

산타 크루스 지구에서 가장 유명한 바. 언제나 입구부터 사람들이 가득해 그 인기를 실감할 수 있다. 세비야에 머무는 동안 아침 식사 한 번은 꼭 여기서 해 보자. 실내는 낡고 혼잡하지만 잘되는 집이 모두 그렇듯 3~4명의 바텐더들이 능수능란하게 손님의 요구를 충족시켜준다.

Map P.320-B2 **주소** Rodrigo Caro 1 **전화** 954 218 618 **영업** 08:00~24:00 **예산** 빵과 커피 €3~ **가는 방법** 대성당에서 도보 3분

LA AZOTEA

세비야 맛집으로 타파스와 와인으로 유명하다. 시내 여러 곳에 지점이 있으며 대성당 근처 산타 크루스 지구에도 있다.

Map P.320-B2 **주소** C. Mateos Gago 8 **전화** 955 116 748 **홈페이지** www.laazoteasevilla.com **영업** 09:00~23:00 **예산** 타파스 €4~(바는 무료, 테이블은 €1.50 기본료가 붙음)

Shopping

사는 즐거움

세비야는 스페인에서도 손꼽히는 관광지답게 다양한 기념품을 살 수 있는 곳이다. 특히 투우와 플라멩코 관련 제품은 스페인에서 최고다. 산타 크루스 지구 일대에는 한 집 걸러 하나씩 기념품점이 있다. 현지인들이 즐겨 찾는 백화점과 상점은 누에바 광장 Plaza Nueva 주변에 모여 있다. 특히 테투안 Tetuán 거리와 시에르페스 Sierpes 거리는 놓치지 말자.

추천 쇼핑 아이템

그림·사진 엽서

1 세비야의 아름다움과 플라멩코 댄서의 찰나의 아름다움을 담은 엽서

2 옛날 활약한 유명 플라멩코 무용수와 투우사들의 로맨틱한 모습이 그려져 있다.

이색 기념품

1 세비야를 상징하는 그림으로 가득한 기념 티셔츠.

2 꼭 깨물어주고 싶은 인형들. 볼 때마다 웃음 짓게 한다.

플라멩코 소품

1 색깔도 다양한 플라멩코 전용 구두

2 여성의 몸매를 더욱 돋보이게 하는 화려한 의상. 가장파티 좋아하는 조카에게 줄 선물로도 안성맞춤이다.

3 무용수들의 화려한 머리장식과 액세서리. 섬세한 세공과 우아한 모양이 여성의 마음을 사로잡는다.

4 세비야의 추억을 되새기게 하는 심금을 울리는 플라멩코 CD.

5 멋진 춤을 위해 부채와 짝짝이도 사 본다. 부채는 어머니께 드릴 선물로도 그만이다.

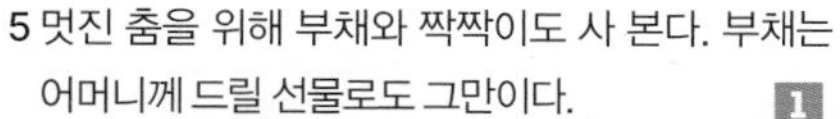

도자기 제품

1 우리나라에서는 살 수 없는, 세상에 단 하나뿐인 핸드메이드 작품.

2 안달루시아 전통 방식의 도자기 제품. 이왕이면 이름 있는 상점에서 구입하는 게 좋다.

Entertainment

노는 즐거움

선술집을 연상케 하는 작은 타블라오에서 하는 정통 플라멩코와 극장식 레스토랑에서 하는 플라멩코 등 감상할 수 있는 곳도 다양하다. 티켓은 관광안내소·숙소·공연장에서 구입할 수 있으며 인기 있는 곳은 미리 예약하는 게 좋다. 그 밖에 대학가 주변의 술집이나 나이트클럽도 발달해 있다. 밤늦게까지 즐기고 싶다면 황금의 탑 맞은편 베티스 거리 Betis로 가보자. 바와 레스토랑, 나이트클럽이 즐비한 이곳은 밤 12시를 넘겨야 활기를 띠기 시작한다.

LOS GALLOS

산타 크루스 광장에 있으며 세비야에서 가장 유명한 타블라오다. 벽에 걸린 유명한 플라멩코 무용수의 사진이 인상적이다. 여러 무용수들의 다양한 춤을 감상할 수 있고, 연륜이 쌓인 카리스마 넘치는 가수들의 음악이 정열적이다. 단체손님을 받지 않기 때문에 어수선하지 않아 쇼에 집중하기 좋다.

Map P.320-B1 **주소** Plaza de Santa Cruz 11 **전화** 954 216 981 **홈페이지** www.tablaolosgallos.com **쇼** 매일 19:00, 20:45(1시간 반) **요금** €35 **가는 방법** 대성당에서 도보 5분

EL ARENAL

17세기 저택을 개조해 만든 200명을 수용할 수 있는 대형 타블라오. 유명한 무용수 크레 베레스가 운영해 수준 높은 공연을 감상할 수 있다.

Map P.320-B3 **주소** Rodo 7 **전화** 954 216 492 **홈페이지** www.tablao elarenal.com **쇼** 매일 19:00, 21:30(1시간) **요금** 음료 포함 €42, 타파스 포함 €62, 디너 포함 €81 **가는 방법** 대성당에서 도보 5~7분

Travel Plus

페리아 축제 Feria de Abril

스페인의 3대 축제 중 하나로 기원은 약 150년 전으로 거슬러 올라간다. 옛날 시내에 목축시장이 열리면 장이 서는 기간 내내 사람들은 시장 관계자가 친 텐트에 머물렀다고 한다. 그곳에 머무는 동안 사람들은 술 마시고 노래하고 춤을 췄는데 이게 바로 세비야 봄 축제의 유래다. 매년 4월에 축제가 시작되면 크고 작은 텐트(카세타)가 세워지고 남자들은 목동의 복장을 하고 여자들은 전통 드레스를 입고 축제를 즐긴다. 축제는 6일간 계속되며 도시 전체는 춤과 노래로 넘쳐난다. 축제의 마지막 밤은 화려한 불꽃놀이로 마감한다.

축제 기간 대략 4월 말부터 1주간 (해마다 바뀐다)

LA CASA DEL FLAMENCO

수준 높은 연주와 가수, 댄서의 공연을 감상할 수 있다. 단 한 명의 무희, 가수, 기타리스트가 나와 1시간을 이어간다. 자연미 넘치는 아름다운 무슬림식 정원에 설치한 작은 공연장, 그 무대 주위에 둘러앉아 공연을 가까이서 감상할 수 있다. 워낙 적은 인원만 수용하니 반드시 예약하도록 하자.

Map P.320-B1 **주소** C. Ximénez de Enciso 28 **전화** 955 029 999 **홈페이지** www.lacasadelflamencosevilla.com **쇼** 17:30,19:00, 20:30, 22:00(1일/4회) **소요시간** 1시간 **요금** €22 **가는 방법** 대성당에서 도보 5~7분

EL PATIO SEVILLANO

투우장 옆에 있는 대형 타블라오. 관광객을 위한 곳으로 플라멩코의 다양한 장르를 모두 선보인다. 아름다운 무용수들이 화려한 옷을 입고 춤추는 모습이 장관이다.

Map P.320-B3 **주소** Paseo Cristóbal Colón 11 **전화** 954 214 120 **홈페이지** www.elpatiosevillano.com **쇼** 매일 19:00, 21:30(1시간 30분) **요금** 음료 포함 €40, 타파스 포함 €65, 디너 포함 €80 **가는 방법** 대성당에서 도보 10분

Accommodation 쉬는 즐거움

안달루시아 특유의 타일 장식과 파티오가 있는 낭만적인 분위기의 사설 호스텔이 많다. 이들은 대부분 구시가인 산타 크루스 거리에 모여 있으며 소규모로 운영하는 개인 민박이어서 도미토리는 없고, 개인실로 운영되는 것이 일반적이다. 요금은 욕실 유무와 시즌에 따라 달라지고, 대체로 아침식사는 포함되지 않는다. 여름 성수기와 축제 기간에는 숙소 구하기가 어려우므로 미리 예약하는 게 좋다. 관광안내소에서 숙소를 예약할 수 있고, 요금표가 적힌 호스텔 리스트도 얻을 수 있다.

OASIS BACKPACKER'S HOSTEL

대성당에서 쇼핑가가 있는 누에바 광장 Plaza Nueva 북쪽에 위치한다. 젊은이들의 취향에 맞춰 인테리어를 한 꽤 규모 있는 호스텔. 주방·인터넷·커피 등을 무료로 제공한다. 주말 밤에는 저렴한 값에 저녁도 먹을 수 있다.

Map P.320-A3 **주소** Calle Compañia 1 **전화** 955 228 287 **홈페이지** www.oasissevilla.com **요금** 도미토리 €17~, 더블룸 €44~ **가는 방법** 대성당에서 도보 20분. 산타 후스타 역에서 버스 32번을 타고 엥카르나시온 광장 Plaza Encarnación에서 하차. 입구는 성당 옆 골목 안에 있다.

SAMAY HOSTEL

차분한 분위기의 호스텔. 위치·시설이 모두 훌륭하다. 주방·세탁시설 그리고 멋진 옥상 테라스까지 갖추고 있다. 인터넷도 무료로 사용할 수 있다. 주요 역과 관광명소 사이에 있어 어느 곳이든 도보로 갈 수 있다.

Map P.320-B1 **주소** Av. Menendez Pelayo 13 **전화** 954 720 983 **홈페이지** www.hostelsamay.com **요금** 도미토리 €20~39 **가는 방법** 대성당이나 산타 후스타 역에서 도보 10~15분 또는 버스터미널에서 도보 8분

HOSTAL GOYA

구시가 중심부에 자리 잡고 있는 깨끗한 호스텔. 전통 가옥을 현대적으로 개조했으며 방마다 욕조가 있다. 시설도 호텔 수준이다.

Map P.320-B2 **주소** Mateos Gago 31 **전화** 954 211 170 **홈페이지** www.hotelgoyasevilla.com **요금** 싱글 €30~, 트윈 €45~ (시즌에 따라 요금 변동) **가는 방법** 산타 크루스 거리에 위치. 대성당에서 도보 5분

HOTEL ALCÁNTARA

18세기의 건물을 개조해 2002년에 오픈한 호텔. 아름다운 파티오가 있는 전형적인 귀족의 저택이다. 넓고 아름다운 방이 가장 큰 자랑이며 무료로 인터넷과 자전거를 이용할 수 있다. 요금에는 아침 식사도 포함돼 있어 매일 아침 파티오에 앉아 낭만적인 식사를 할 수 있다. 또한 산타 크루스 지구 안에 위치해 시내 관광이 매우 편리하다.

Map P.320-B1 **주소** C. Ximénez de Enciso 28 **전화** 954 500 595 **홈페이지** www.hotelalcantara.net **요금** 시즌에 따라 싱글 €45~117, 트윈 €50~152 **가는 방법** 대성당에서 도보 5분

LA ABADÍA DE LA GIRALDA

18세기 왕궁을 개조한 호텔. 건물 외관과 안쪽은 세비야와 잘 어울리는 붉은색 계열로 채색돼 있다. 대성당이 불과 100m 떨어져 있어 호텔 옥상에서도 볼 수 있다. YH 계열 호텔은 오래된 궁전, 메손, 특별한 빌딩 등을 전통은 살리되 모던하고 예술적 감각으로 개조한 것이 특징이다.

Map P.320-B2 **주소** Abades 30 **전화** 954228324 **홈페이지** https://abadiagiralda.alojamientosconencantosevilla.com **요금** 시즌에 따라 싱글 €50~, 트윈 €81~114 **가는 방법** 대성당에서 도보 2분

HOTEL SIMÓN

19세기 귀족의 저택을 개조한 호텔. 전형적인 안달루시아풍 건물로 내부는 아름다운 타일이 깔려 있고 꽃, 앤티크 소품으로 장식돼 있다. 테마별로 꾸민 방은 개성이 넘친다. 숙박료가 비싸지만 기념 삼아 머물러 볼 것을 추천하며 늘 만실이 되므로 미리 예약해야 한다.

Map P.320-B3 **주소** García de Vinuesa 19 **전화** 954 226 660 **홈페이지** www.hotelsimonsevilla.com **요금** 시즌에 따라 싱글 €56~, 트윈 €68~ **가는 방법** 대성당에서 도보 1분

HOSTERÍA DEL LAUREL

"세기의 바람둥이 돈 후안이 귀부인을 유혹해 은밀하게 사랑을 나누던 장소"로 산타 크루스 지구에서 가장 유명한 숙소. 실제 세비야의 귀족을 모델로 한 돈 후안의 이야기는 유럽의 많은 작가들에 의해 소설과 오페라 등으로 쓰여졌다. 호텔 라우렐은 19세기 극작가 호세 소릴로가 돈 후안 이야기의 배경으로 채택하면서 그 명성이 100년이 지난 지금까지 이어지고 있다. 특별한 곳인 만큼 예약을 서두르자. 1층은 세비야에서 Top 10으로 꼽히는 타파스 바다.

Map P.320-B2 **주소** Plaza de los Venerables 5 **전화** 954 220 295 **홈페이지** www.hosteriadellaurel.com **요금** 시즌에 따라 싱글 €55~70, 트윈 €85~110 **가는 방법** 대성당에서 도보 5분

ALBERGUE JUVENIL

현대적인 건물을 사용하는 공식 유스호스텔. 깨끗하고 저렴하나 구시가에서 멀리 떨어져 있다. 이곳을 숙소로 정할 예정이라면 10회권을 구입하는 게 경제적이다.

Map P.321-D2 **주소** Issac Peral 2 **전화** 955 181 181 **홈페이지** www.inturjoven.com **요금** 도미토리(아침 포함) 만 26세 미만/이상, 시즌에 따라 €15~25/€19~29 **가는 방법** 역에서 버스 C1번을 타고 Casino de la Exposición에서 하차해 버스 34번으로 환승해 Av. de Reina Mercedes에서 하차

찬란한 이슬람 문화를
꽃피웠던 문화의 도시

코르도바

CÓRDOBA

지명 이야기

· 코르도바는 페니키아어로 '풍요롭고 귀한 도시'라는 뜻의 Kartuba에서 유래한다.

이런 사람 꼭 가자!!

· 스페인 이슬람 문화의 중심지였던 도시에 호기심이 있다면
· 사원을 비롯한 이슬람 건축에 관심이 있다면
· 코르도바 여성을 주로 그린 훌리오 로메로의 그림에 관심이 있다면

코르도바는 남부 스페인 중심에 위치. 광물과 농산물이 풍부하고, 지중해와 연결돼 있는 과달키비르 강의 종착지이다. 예부터 이베리아를 거쳐 간 많은 이민족들은 이곳의 가치를 알아보고 중요도시, 수도로 삼아 발전시켰다. 중세 스페인 이슬람 세력의 알 안달루스의 수도였으며, 후우마이야 왕조가 세운 코르도바 칼리프 왕조의 수도였다. 10세기 코르도바는 '세계의 보석'으로 불리며 정치, 문화, 예술의 중심지이자, 학문의 중심지로 전성기를 누렸다. 당시 인구가 50만 명에 달했으며 서유럽에서 가장 큰 도시로 파리, 런던의 10배 크기였다고 한다. 관용 안에서 무슬림·기독교인·유대인들이 조화롭게 공존했으며 중근동 이슬람 세계의 선진 지식을 연구, 번역해 서유럽에 전했다. 고대 로마 시대의 철학자 세네카와 루카누스, 중세 시대의 철학자 이븐 루시드와 모세 벤 마이몬 등이 코르도바 출신이다.

INFORMATION 여행 전 유용한 정보

홈페이지

코르도바 관광청 www.turismodecordoba.org

관광안내소

중앙 ⓘ Map P.349-A2

무료 지도, 관광 안내, 숙소 예약 등의 업무를 한다. 플라멩코 공연 스케줄과 관광명소 운영 시간표, 근교행 버스·열차 시간표를 얻어두면 편리하다.

주소 Plaza de Triunfo(메스키타에서 도보 3분)
전화 902 201 774 **운영** 월~토요일 09:00~19:00, 일·공휴일 09:30~14:30

역 ⓘ

전화 902 101 081 **운영** 매일 09:00~14:00, 15:00~18:00

ACCESS 가는 방법

마드리드와 세비야를 잇는 열차가 코르도바에 정차하기 때문에 두 도시 중 한 곳에 묵으면서 당일치기 여행이 가능하다. 마드리드의 아토차 역에서는 초고속 열차 AVE·Talgo 등만 운행하므로 철도패스 소지자라도 반드시 좌석을 예약해야 한다. 세비야에서는 특급열차와 일반열차가 운행되므로 시간 선택만 잘하면 예약 없이 이용할 수 있다. 또한 마드리드와 론다, 마드리드와 그라나다를 잇는 열차도 코르도바에 정차하니 이동하는 중간에 내려 반나절 여행이 가능하다.
코르도바 중앙역 Estación de Ferrocarril Map P.349-A1 은 새로 지은 건물로 매우 현대적이다. 지하 플랫폼에 내려 에스컬레이터를 타고 1층으로 올라가면 매표소·관광안내소·코인 로커 등이 있다.
역에서 구시가까지는 2㎞ 정도로 도보로 30분가량 걸린다. 걷기 싫다면 6번 플랫폼 쪽에 있는 출구로 나가 버스 3·4번을 이용하자. 텐디야스 광장 Plaza de las Tendillas이나 Fernando 거리에서 내려 천천히 구시가로 걸어가면 된다.

세비야와 그라나다 등 안달루시아 지방도시에서는 버스를 이용하는 게 시간과 비용이 절약된다. 버스터미널 Estación de Autobuses은 중앙역과 시내버스 정류장을 사이에 두고 마주하고 있다.

열차 요금
코르도바 → 마드리드 2등석 €34~50
코르도바 → 세비야 2등석 €21~40

버스 요금
코르도바 → 그라나다 €18
코르도바 → 세비야 €15

3·4번 버스 노선
역 → Av. América DC → Gran Capitán → Tendillas Sur(C.Marcelo) → Diario Córdoba → San Fernando → El Potro(La Ribera)
◆파란색 역이 모두 구시가로 갈 수 있는 역이다.
시내버스 1회권 €1.30(운전사에게 구입)

주간이동 가능 도시		
코르도바	마드리드 Atocha	초고속열차 AVE 1시간 46분
코르도바	세비야	열차 54분~1시간 35분, 버스 2시간
코르도바	그라나다	열차 1시간 35분, 버스 2시간 40분
코르도바	론다	열차 2시간

MASTER OF CÓRDOBA

코르도바 완전정복

산 라파엘 승리의 기념비(페스트 기념비)

유럽에서 가장 화려한 이슬람 문화를 꽃피웠던 코르도바의 구시가는 현재 세계문화유산으로 등록돼 있다. 구시가의 중심에는 2만5000명이 함께 기도를 했다는 어마어마한 규모의 메스키타와 탐험가 콜럼버스와 인연이 깊은 알카사르가 있다. 메스키타를 감싸고 있는 구시가는 한때 유대인이 모여 살았던 곳이다. 13세기 이후 귀족들의 저택이 들어서고 집집마다 아름다운 파티오를 꾸미면서 코르도바는 꽃의 도시, 파티오의 도시로 불리게 됐다. 해마다 5월이면 파티오 경연이 열리고 도시 전체가 꽃으로 가득해진다.

코르도바는 수도와 가까워서 시골스러운 안달루시아 지방도시 중에서는 가장 현대적이고 세련됐다. 마드리드에 머무르면서 당일치기 여행을 하거나 마드리드와 세비야, 마드리드와 론다 간을 열차로 이동할 때 잠시 들러 반나절 정도 돌아봐도 된다. 여유가 있다면 구시가에 있는 낭만적인 숙소에 하룻밤 머물며 느긋하게 시내 관광을 즐기는 것도 좋다. 먼저 관광안내소에 들러 지도와 관광정보, 각 명소의 운영 시간 리스트를 얻자. 시즌, 요일, 시에스타 등에 따라 운영 시간이 다르므로 매우 유용하다. 시내 관광의 하이라이트는 메스키타와 알카사르다. 제일 먼저 메스키타를 둘러본 다음 과달키비르 강 방향으로 내려가보자. 오른쪽으로 가면 알카사르가, 왼쪽으로 향하면 포트로 광장과 로메로 박물관이 나온다. 강 건너에는 구시가 풍경을 감상할 수 있는 칼라오라 탑이 있으며, 유대인들이 살았다는 구시가의 좁은 골목들에는 로맨틱한 분위기의 레스토랑·카페·기념품점이 즐비하다. 밤에는 타블라오에서 플라멩코 공연을 보는 것도 놓치지 말자.

시내 관광을 위한 Key Point

랜드마크 메스키타와 관광안내소가 있는 Torrijos 거리

Best Course

추천 코스 1 : 반나절 코스

역 또는 버스터미널 → 메스키타 → 알카사르 → 칼라오라 탑 → 포트로 광장 → 유대인 지구→ 텐디야스 광장 Plaza de las Tendillas

◆시간이 없다면 내부 관람은 메스키타 또는 알카사르 중 하나를 선택해 보자.

예상 소요 시간 4~5시간

추천 코스 2 : 하루

역 또는 버스터미널 → 메스키타 → 알카사르 → 칼라오라 탑 → 포트로 광장 → 로메로 박물관 → 유대인 지구 → 비아나 궁전 → 텐디야스 광장

◆미술 작품에 관심이 있다면 로메로 박물관을, 코르도바를 대표하는 파티오를 보고 싶다면 비아나 궁전을 보자.

예상 소요 시간 하루 또는 하루 반나절

사라진 코르도바 칼리파국의 궁정도시 '메디나 아사하라 Medina Azahara'

코르도바 시내에서 서쪽으로 8Km 떨어진 곳에 위치한 메디나 아사하라는 천 년 전에 세워진 코르도바 칼리파국의 궁정도시랍니다. 스스로를 칼리파로 칭하고 코르도바 칼리파국을 세운 아브드 알 라흐만 3세에 의해 940년에 세워진 것으로, 최고 전성기를 누렸던 그의 아들 알-하캄 2세에까지 이어져 건설됐답니다. 971년 알-하캄 2세의 죽음으로 내분과 내전이 잦아지고 결국 궁정도시도 코르도바 칼리파국의 운명과 함께 역사에서 사라져 천 년 동안 세상에 알려지지 않았답니다. 20세기 초 땅 속에 묻혀있던 것을 발견해 현재 전체 부지의 10%를 발굴, 복원한 상태로 2018년 유네스코 세계문화유산에 등재돼 세상에 알려지기 시작했어요.

코르도바 시내에도 왕궁이 있었는데 이곳에 왜 요새화 된 궁정도시를 건설했을까요? 여기에 두 가지 이유가 전해지는데요. 첫 번째는 코르도바 칼리파국의 힘을 보여주려는 정치적 목적이랍니다. 10세기 중반 이슬람 제국은 3개의 칼리파국으로 분열돼 스스로가 유일한 칼리파라고 주장하며 싸우던 시절이었답니다. 두 번째는 전설적인 로맨티스트로 알려진 아브드 알 라흐만 3세가 사랑하는 후궁 아사하라 Azahara를 위해 천국 같은 궁정을 지었다고 합니다. 궁전을 빨리 완성하려고 만 명의 최고 장인들을 동원해 25년 만에 완성했다고 합니다. 하루는 그라나다 출신의 아사하라가 그라나다의 눈 덮인 산을 그리워하자 궁정 주변 산에 온통 하얀 꽃이 핀 아몬드 나무를 심어 아사하라를 기쁘게 했다는 이야기는 유명하답니다.

궁정도시는 동서로 1,500m, 남북으로 750m 규모이며, 고도에 따라 상, 중, 하, 3개의 구역으로 나뉘며 왕궁, 모스크, 정부기관, 정원, 주택가, 공용 목욕탕 등이 있습니다. 상부에는 코르도바 전체를 내려다 볼 수 있는 왕궁이 위치하고 있으며 접견실인 살롱 리코 Salón Rico는 메스키타와 같은 원주기둥이 세워져 있습니다. 매일 코르도바 시내에서 버스가 운영되니 홈페이지를 통해 알아보고 방문해 보세요. 로마에 있는 로마시대의 유적처럼 여행자들의 상상력을 자극하는 아주 특별한 고고학 유적지랍니다.

홈페이지 www.museosdeandalucia.es/web/conjuntoarqueologicomadinatalzahra

◆**메디나 아사하라**는 Madinat Al-Zahra 또는 Medina Azahara로 아랍어로 '빛나는 도시'라는 의미. Azahara는 스페인어 발음으로 '아사하라', '아사아라'지만 검색어로는 영어식 발음으로 '아자하라' 등이 있다.

◆**칼리파**는 아랍어(영어로 '칼리프')로 '뒤따르는 자'라는 뜻으로 무함마드 사후 이슬람 제국의 정치와 종교 지도자를 칭하는 말. 아미르는 아랍어(영어로 '에미르')로 '사령관 또는 장군'을 뜻함. 코르도바 칼리파국 이전에는 '코르도바 아미르'로 불렀다. 오늘날 아랍에미리트는 '아미르가 다스리는 연합국'을 의미한다.

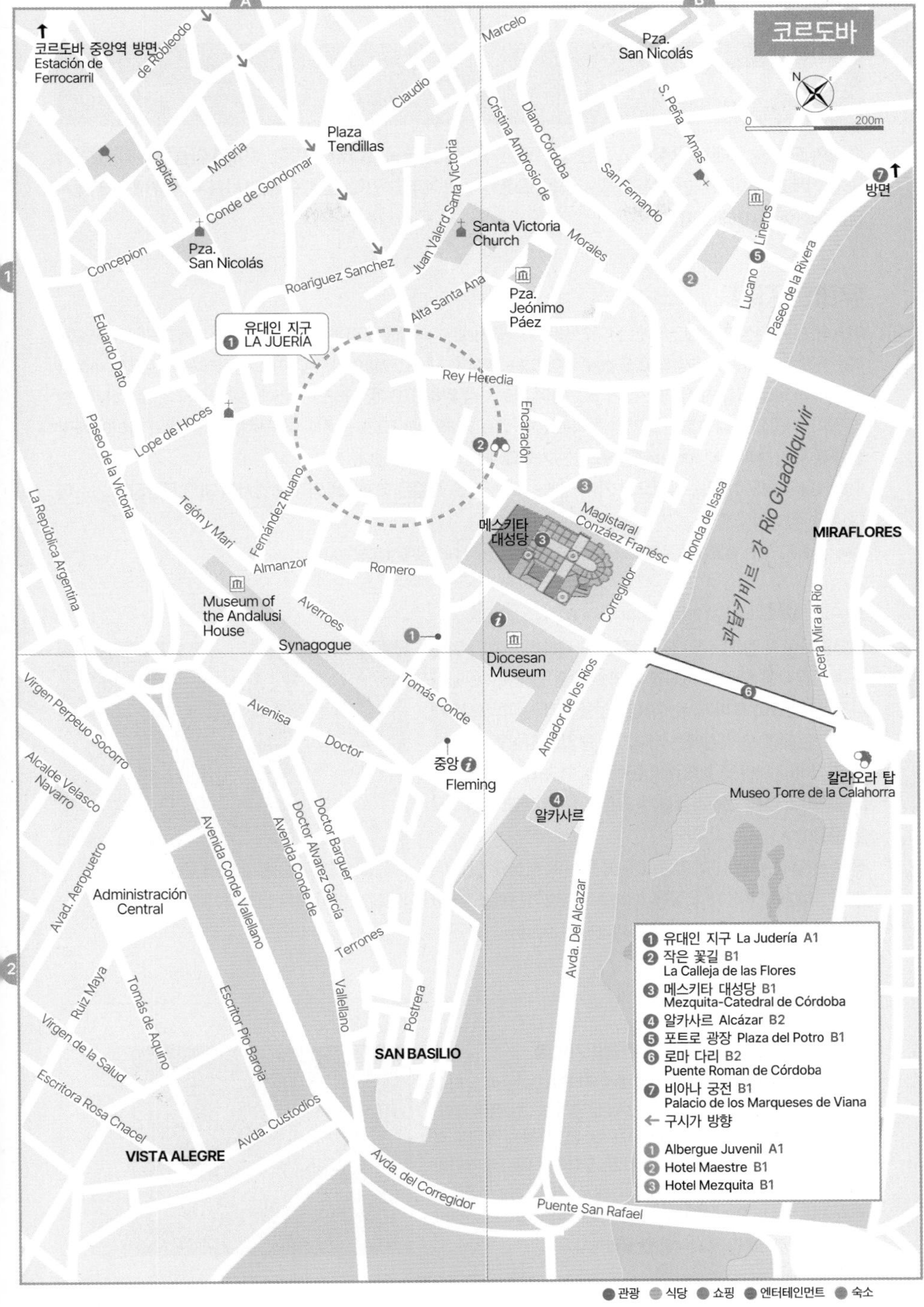

코르도바
코르도바 중앙역 방면
Estación de Ferrocarril
Plaza Tendillas
Pza. San Nicolás
Santa Victoria Church
Pza. Jeónimo Páez
유대인 지구
LA JUERIA
Museum of the Andalusi House
Synagogue
메스키타 대성당
Diocesan Museum
중앙
Fleming
알카사르
칼라오라 탑
Museo Torre de la Calahorra
과달키비르 강 Rio Guadalquivir
MIRAFLORES
SAN BASILIO
VISTA ALEGRE
Administración Central
방면
200m
1 유대인 지구 La Judería A1
2 작은 꽃길 B1
La Calleja de las Flores
3 메스키타 대성당 B1
Mezquita-Catedral de Córdoba
4 알카사르 Alcázar B2
5 포트로 광장 Plaza del Potro B1
6 로마 다리 B2
Puente Roman de Córdoba
7 비아나 궁전 B1
Palacio de los Marqueses de Viana
← 구시가 방향
1 Albergue Juvenil A1
2 Hotel Maestre B1
3 Hotel Mezquita B1
관광 식당 쇼핑 엔터테인먼트 숙소

Attraction 보는 즐거움

중세의 모습을 그대로 간직하고 있는 코르도바 구시가는 골목마다 유적마다 로마와 이슬람 시대를 거쳐 중세 기독교로 이어지는 역사의 발자국을 또렷하게 보여주고 있다. 코르도바 구시가지는 유네스코 세계 문화유산에 등재돼 있다.

유대인 지구 La Judería

이슬람 제국 시절 이곳에 정착한 유대인들은 국가경제에 이바지해 존중을 받았다. 하지만 기독교도인의 국토회복운동으로 유대인은 추방되고 오늘날 남아 있는 흔적은 시나고그뿐이다. 텐디야스 광장에서 구시가로 내려가는 일대가 바로 유대인 지구다. 좁은 골목길이 미로처럼 얽혀 있으며, 새하얀 벽면에는 아기자기한 꽃 화분이 걸려 있다. 이곳의 시나고그는 스페인 전역에 남아 있는 3개의 시나고그 중 하나다. 근처에는 27세의 나이에 사망한 투우사 마놀레테 Manolete를 추모하는 가묘와 투우 박물관이 있다.
메스키타 대성당이 있는 광장으로 가기 전에 나오는 작은 꽃길은 코르도바의 기념엽서에 자주 등장하는 명소이니 꼭 들러보자.

Map P.349-A1 **가는 방법** 역에서 버스와 도보로 20분, 메스키타 대성당에서 도보 10분

◆ 작은 꽃길 La Calleja de las Flores 뷰포인트

안달루시아의 집들은 무더운 여름을 쾌적하게 보내기 위해 꽃과 아름다운 타일로 장식한 파티오(안뜰)를 만든다. 해마다 5월이면 코르도바에서는 아름다움을 뽐내는 파티오 축제가 열리는데 축제 기간에는 지나가는 행인도 감상할 수 있도록 집집마다 대문을 활짝 열어둔다. 그 외 기간에 여행자가 코르도바의 파티오를 감상할 수 있는 곳은 호스텔이나 이 작은 꽃길이다.
작은 꽃길에는 1년 내내 아름다운 꽃 화분이 장식돼 있고 예쁜 기념품점이 즐비하다. 골목 사이로 바라보이는 메스키타 대성당의 모습이 매우 인상적이다.

Map P.349-B1 **가는 방법** 메스키타 대성당에서 도보 5분

Travel Plus

장인의 손길이 느껴지는 코르도바 기념품

은세공과 가죽 제품으로 유명한 코르도바에는 이슬람 문화를 계승한 가죽 제품 장인 '코르도반'이 운영하는 전문점이 많다. 작은 꽃길에 있는 메르얀 Meryan은 1952년에 문을 연 전통 있는 가죽 제품 전문점으로 지갑·가방·신발뿐만 아니라 가구와 벽걸이 장식, 그림 등 예술작품이라 해도 손색이 없는 제품들을 판매하고 있다. 비싼 가격이 부담스럽지만 가죽 팔찌나 자그마한 액세서리 종류도 있으니 한번 골라보자.

물의 정원

양 왕을 알현 중인 콜럼버스

알카사르 Alcázar de los Reyes Cristianos 뷰포인트

정식 명칭은 '가톨릭 군주 왕궁'. 이 땅을 지배했던 왕들의 궁전 터에 1328년 알폰소 11세가 무데하르 양식으로 지었다. 1482년 가톨릭 양왕 이사벨 여왕과 페르난도 2세가 그라나다를 정복하기 위해 1492년까지 본부로 삼았다. 비슷한 시기에 콜럼버스가 신대륙 발견을 위한 항해 비용을 협상한 역사적인 장소이기도 하다. 요새 궁전인 만큼 궁전, 성벽, 정원으로 이뤄져 있다. 궁전 구경에 앞서 성벽에 올라 궁과 정원 풍경, 저 멀리 과달키비르 강과 아름다운 시내 풍경을 감상해 보자. 궁 안에는 로마 시대의 석관과 모자이크 등을 전시하고 있으며 물의 정원은 이슬람 풍으로 가톨릭 양왕을 알현 중인 콜럼버스 동상이 있다. 알카사르 바로 앞에는 왕실 마구간 건물이 있다. 듬직하고 영리한 왕의 말로 불리는 안달루시아 말을 볼 수 있다.

Map P.349-B2 **주소** Calle de las Caballerizas Reales s/n **전화** 957 420 151 **운영** 9/16~6/14 화~금요일 08:15~20:00, 토요일 09:30~18:00,일요일 08:15~14:45 6/15~9/15 화~일요일 08:15~14:45 **휴무** 월요일 **입장료** 일반 €4.91, 학생 €2.66 **가는 방법** 메스키타에서 도보 5분

로마 다리 Puente Roman de Córdoba 유네스코 뷰포인트

메스키타 대성당 바로 아래 과달키비르(아랍어로 큰 강) 강을 가로지르는 다리. 1세기 로마인이 세운 길이 331m, 16개의 아치가 특징이다. 남부 카디스와 스페인 북쪽 국경인 피레네 산맥을 잇는 고대 고속도로 '비아 아우구스타 Via Augusta'의 일부였다. 2,000년 동안 도시와 함께 한 건축물로 메스키타 대성당만큼 코르도바를 상징하는 명물이다. 메스키타 대성당쪽 다리가 시작되는 곳에는 푸엔테 문 Puente del Puente이 있고 맞은편에는 칼라오라 탑 Torre de la Ca Calahorra이 있다. 14세기 로마교를 지키기 위해 세운 이슬람 시대의 요새. 현재 안달루시아 박물관으로 사용하고 있으며 탑 꼭대기에는 구시가를 조망할 수 있는 전망대가 있다. 해 질 녘의 풍경이 가장 아름답다.

Map P.349-B2 **주소** Puente Romano s/n **홈페이지** www.torrecalahorra.es **운영** 10월·3~5월 10:00~19:00, 11~2월 10:00~18:00, 6~9월 10:00~14:00·16:30~20:30 **입장료** 일반 €4.50, 학생 €3 **가는 방법** 메스키타에서 도보 5분

메스키타의 '원주의 숲'과 천장

메스키타 대성당 Mezquita-Catedral de Córdoba

2천년 스페인 종교사와 역사가 응축된 곳이자 중세 스페인 이슬람 건축의 백미를 보여주는 건축물. 메스키타는 스페인어로 모스크(이슬람 사원)를 뜻하는 말이지만 코르도바의 이슬람사원은 관사를 붙여 라 메스키타 La Mezquita로 부른다.

메스키타의 자리는 최초엔 로마인의 야누스 신전이 있었고, 서고트인들은 이곳에 세인트 빈센트 성당을 지었다. 코르도바를 수도로 하는 후우마이야 왕조를 세운 아브드 알 라흐만 1세가 785년, 기존에 있던 성당을 증개축 해 세상에서 가장 크고 아름다운 모스크를 지었다. 987년에야 완공된 모스크는 2만 5천명이 동시에 기도를 할 수 있는 규모였다고 한다. 1236년 도시가 카스티야의 페르난도 3세에 의해 재정복되면서 기독교 성당으로 바뀌었다. 1523년 카를로스 1세의 명으로 사원 중앙을 철거하고 르네상스 양식의 대성당을 지었다. 이를 둘러본 카를로스 1세는 "세상에서 가장 독창적인 것을 파괴하고 어디서나 볼 수 있는 것을 그 자리에 세웠다"라고 건축가에게 후회하는 말을 남겼다. 이스탄불의 아야 소피아 성당이 모스크로 개조된 것처럼 코르도바의 메스키타는 모스크를 성당으로 개조한 것으로 한 공간에 이슬람과 기독교 양식이 공존하는 세계 유일의 건축이 탄생했다. 이름도 '메스키타 대성당'이다. Map P.349-B1

알아두세요

티켓은 온라인으로 미리 예약하는 것이 좋으며 종교유적지로 복장에 신경 써야한다. 노출이 심한 옷을 입었을 땐 입장이 거부될 수 있다. 모스크는 기본적으로 중정, 미나렛(탑), 기도실로 이뤄져 있다. 메스키타는 이 세 곳과 그 안에 대성당이 있다고 생각하면 된다. 중정에 해당하는 오렌지 정원을 시작으로 기도실인 주 건물을 감상하자. 미나렛(종탑)은 올라갈지는 선택하면 된다(관람 시간 2~3시간).

주소 Calle Cardenal Herrero 1
홈페이지 https://mezquita-catedraldecordoba.es
운영 성당 10:00~19:00(일요일 08:30~11:30, 16:00~19:00), 종탑 09:30~18:30(30분 간격 입장)
입장료 모스크 대성당 일반 €13, 학생 €10, 야간방문 €20, 종탑 €3(30분 간격으로 입장)
가는 방법 역에서 도보 20~30분

메스키타 대성당 둘러보기

중정, 오렌지 정원 Patio de los Naranjos

북쪽 종탑 옆에 있는 면제의 문 Puerta del Perdón이 정문이다. 면제의 문을 통해 들어가면 오렌지 정원이 나온다. 매표소와 관광안내소가 있는 곳으로 기도실로 들어가기 전 몸을 깨끗이 하는 중정이었다. 무료로 입장이 가능한 구역.

미나레트, 종탑 Campanario (알미나르 탑 Torre de Alminar) 뷰포인트

무슬림의 기도시간을 알려주는 높이 93m의 첨탑, 미나레트 Minaret. 1593년 르네상스 양식의 종루로 변경 후 기독교인들의 기도시간을 알려주게 됐다. 종탑 꼭대기에는 코르도바의 수호천사 라파엘 조각상이 있다.

메스키타 대성당 구조도

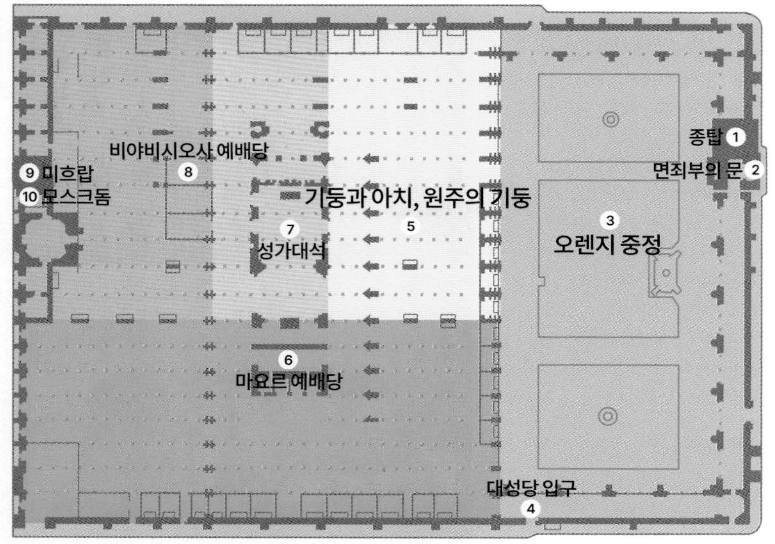

◆색으로 구분된 구역들은 785~988년 각각 다른 왕에 의해 증개축 됐다.

기도실, 메스키타 대성당 주 건물

모스크와 성당 구역으로 나뉜다. 모스크 구역은 메스키타 아치, 기도실 미흐랍, 무슬림 왕실 기도실인 마크수라 Maqsura 등이 있으며 성당 구역은 중앙 예배당, 성가대석, 비야비시오사 예배당 등이 있다.

① 기둥과 아치

'원주의 기둥'으로 불리는 856개의 원주와 아치. 흰돌(사암)과 붉은 돌(홍예석)을 번갈아 쓴 도벨라스 양식의 아름다운 아치가 미적으로 환상적이다. 로마 건축에 영향을 받아 발전시킨 서고트 족의 말발굽형 이중 아치를 도입, 아치에 로마 신전의 돌을 사용해 오직 메스키타에서만 볼 수 있는 모스크를 탄생시켰다. 원래 1,200개의 기둥이 있었으나 중앙에 성당을 짓기 위해 300개 이상의 기둥을 철거했다.

② 미흐랍 Mihrab

미흐랍은 모스크에서 가장 중요한 공간. 무슬림들이 메카를 향해 기도할 수 있도록 이슬람의 성지 메카의 방향이 표시돼 있다. 무데하르 양식의 7각형, 열쇠구멍 모양을 하고 있으며 비잔틴 제국의 모자이크 장인이 16톤의 유리와 금 모자이크로 정교하게 장식했다. 다행히 원형 그대로 보존하고 있다.

③ 중앙예배당과 성가대석 Capilla Mayor&Coro

모스크 중앙에 석주를 철거한 후 1523년에 시작해 100여년이 지나 완성했다. 바티칸의 시스티나 성당에 영감을 받아 고딕, 르네상스, 바로크 양식으로 지어졌다. 성서 내용의 조각과 천장화가 인상적인 마호가니 성가대석은 18세기 중반 바로크 양식으로 만들어졌다.

④ 비야비시오사 예배당

Capilla de Villaviciosa

초기 기독교 예배당, 1520년대까지 중앙 예배당으로 쓰였다. 아치와 기둥이 있는 무데하르와 고딕 양식으로 지어졌다.

이름만큼 깜찍한 포트로 광장

포트로 광장 Plaza del Potro

훌리오 로메로의 그림

훌리오 로메로 박물관 입구

유대인 거리 동쪽에 있는 17세기 분위기가 감도는 작은 광장. 포트로는 '망아지'라는 뜻인데 세르반테스의 『돈키호테』에 나오는 포트로 여관 Posada del Potro이 이곳에 있어서 유명해졌다. 광장 한쪽에 여관이 있고 중앙에는 코르도바의 상징인 망아지 조각상이 있는 분수가 있다. 여관 맞은편에는 고야·무리요 등의 작품을 전시한 코르도바 미술관 Museo Provincial del Bellas Artes과 흑발의 코르도바 여성을 그린 화가 훌리오 로메로 데 토레스 미술관 Museo Julio Romero de Torres이 한 건물에 있다.

훌리오 로메로 박물관은 꼭 들러보자. 그의 그림 속 여성은 집시와 플라멩코 무용수를 연상하게 한다. 「코르도바의 시 Poema de Córdoba」「오렌지와 레몬 Naranjas y Limones」 등이 대표작이다. 그림에 반했다면 기념엽서나 소장용 그림을 사는 것도 좋다. 오직 코르도바에만 있기 때문이다. Map P.349-B1

• **훌리오 로메로 박물관 주소** Plaza del Potro 1–4 **전화** 957 491 909 **홈페이지** www.museojulioromero.cordoba.es **운영** 9/16~6/14 화~금요일 08:15~20:00, 토요일 09:30~18:00, 6/15~9/15 화~토요일 08:15~14:45 일·공휴일 09:30~14:45 **입장료** 일반 €4.50, 학생 €2.25 **가는 방법** 메스키타에서 도보 10분

비아나 궁전

Palacio de los Marqueses de Viana

14세기에 건축돼 최근까지 비아나 후작의 저택이었으며, 현재는 파티오 박물관으로 일반에 공개하고 있다. 안으로 들어가면 화려하고 우아한 스페인 귀족의 생활을 엿볼 수 있고, 제각각 테마가 다른 파티오는 감탄사가 절로 나올 만큼 아름답다. 스페인 특유의 파티오에 관심 있다면 좋은 기회이니 들러보자.

Map P.349-B1 **주소** Palacio de los Marqueses de Viana **홈페이지** www.palaciodeviana.com **운영** 9~6월 화~토요일 10:00~19:00, 일·공휴일 10:00~15:00 7·8월 화~토요일 09:00~15:00, 일·공휴일 10:00~15:00 **휴무** 월요일 **입장료** €8~12(매주 수요일 9~6월 14:00~17:00, 7~8월 14:00~15:00 무료 입장) **가는 방법** 구시가에서 도보 20분

Accommodation

쉬는 즐거움

유대인 지구, 메스키타 주변, 포트로 광장 주변에 대부분의 숙소가 모여 있다. 호스텔은 작은 규모로 가족이 운영하는 것이 대부분이며, 여럿이 자는 도미토리 형태의 숙소는 거의 없다. 하지만 아름다운 파티오가 있고 시설도 좋은 곳이 많으니 요금이 조금 부담스럽더라도 개인실을 이용해 보는 것도 좋다.

ALBERGUE JUVENIL

공식 유스호스텔. 메스키타와 가까워 시내 관광이 편리하다. 현대적인 건물로 도미토리 외에 여러 형태의 방이 있고, 안뜰이 있어 휴식하기에도 좋으며 요금이 저렴하다. 성수기에는 미리 예약하는 게 좋다.

Map P.349-A1 **주소** Plaza Juda Leví s/n **전화** 955 181 181 **홈페이지** www.inturjoven.com **요금** 도미토리(아침포함) 만 26세 미만/이상, 시즌에 따라 €15~25/€19~29 **가는 방법** 역에서 버스 3번을 타고 구시가에서 하차. 메스키타에서 도보 5분

HOTEL MAESTRE

전형적인 안달루시아풍 건물. 중앙에는 아름다운 타일이 깔려 있으며 화분으로 꾸민 파티오가 예쁘다. 객실은 1·2층에 있다. 호텔 옆에는 호스텔이 있고, 아파트도 운영하니 렌털을 원한다면 문의해 보자.

Map P.349-B1 **주소** Romero Barros 4 y 6 **전화** 957 472 410 **홈페이지** www.hotelmaestre.com **요금** 호텔 싱글 €25~55, 트윈 €38~85, 호스텔 싱글 €24~55, 트윈 €30~75 **가는 방법** 역에서 버스 3번을 타고 Fernando 거리에서 하차. 또는 포트로 광장에서 도보 3분

HOTEL MEZQUITA

메스키타가 있는 광장에 자리 잡은 소박하고 깔끔한 호스텔. 창을 통해 메스키타를 전망할 수 있는 방도 있다.

Map P.349-B1 **주소** Plaza Santa Catalina 1 **전화** 957 475 585 **홈페이지** www.hotelmezquita.com **요금** 싱글 €25~, 트윈 €41~ **가는 방법** 메스키타에서 도보 2분

절벽 위의 도시
론다
RONDA

스페인에서 가장 기억에 남는 풍경을 추천하라면 1순위가 바로 론다이다. 과달레빈 강이 만든 타호 협곡 위에 조성 된 이 도시는 험준한 자연과 인간이 만들어낸 문명이 멋진 하모니를 이룬다. 산악 지대에 둘러싸여 있어 '둘러싸이다'라는 뜻의 이름이 붙었으며, 놀랍게도 100미터 깊이로 갈라진 틈이 도시를 반으로 가르고 있다. 안달루시아 특유의 하얀 집들과 내려다보면 아찔한 계곡, 신시가와 구시가를 잇는 누에보 다리는 스페인의 숨은 비경이다. 햇빛에 따라 신비로운 분위기를 자아내는 이곳에서 미국의 문호 헤밍웨이가 집필 활동을 했다. 그는 론다의 풍경에 반해 '사랑하는 사람과 로맨틱한 시간을 보내기 좋은 곳'으로 추천했다고 한다. 또한 근대 투우의 창시자 프란시스코 로메로의 고향이자 스페인에서 가장 오래된 투우장도 바로 이곳에 있다.

이런 사람 꼭 가자!!

- 안달루시아 지방의 하얀 마을을 여행하고 싶다면
- 협곡 위에 건설된 도시가 궁금하다면
- 투우를 테마로 한 여행을 계획했다면

ACCESS 가는 방법

도시 규모는 작지만 워낙 유명한 관광지여서 열차·버스 등 교통수단이 발달해 있다. 그라나다·세비야·코르도바·말라가 등에서 당일치기 여행지로 인기가 있으나 이동 시간이 편도 3시간 정도 걸리는 것을 고려해 아침 일찍 서둘러야 한다. 마드리드·코르도바·그라나다에서는 열차를, 세비야·말라가에서는 버스를 이용하는 게 편리하다.

론다 역 Estación Renfe Map P.360-A1 은 신시가 북쪽에 있다. 역을 나와 Av. de Andalucia를 따라 오른쪽으로 7분 정도 걸어가면 버스터미널 Estación de Autobuses Map P.360-A1 이다. 터미널 앞의 San José 거리를 계속 걸어 내려가면 Jerez 거리와 만나게 되고 이 길을 왼쪽으로 5분쯤 걸으면 멀리 알라메다 타호 공원 Alameda del Tajo과 투우장, 누에보 다리가 있는 스페인 광장 Plaza de España이 보인다. 15~20분 소요.

주간이동 가능 도시		
론다	세비야	열차 3시간~3시간 30분(1회 환승) 버스 2시간~2시간 15분
	코르도바	열차 2시간 4분
	말라가	열차 2시간~2시간 41분(직행 또는 1회 환승), 버스 1시간 30분~ 3시간
	그라나다	열차 2시간 25분~4시간(1회 환승)
	마드리드 Atocha	초고속열차 AVE 4시간 30분

MASTER OF RONDA

론다 완전정복

구시가의 관광 포인트는 여러 각도에서 감상하는 도시 풍경이다. 한나절 정도면 충분히 둘러볼 수 있지만 1박2일 머물면서 시간에 따라 분위기가 달라지는 누에보 다리를 감상해 볼 것을 추천한다. 주요 볼거리는 누에보 다리를 건너 구시가에 모여 있다. 깊은 계곡 위에 세워진 누에보 다리를 건너 왼쪽으로 내려가면 아랍 문화유산인 목욕탕과 아랍 다리가 나오고, 직진하면 시청과 론다의 수호성인을 모시고 있는 산타 마리아 라 마요르 성당이 나온다. 투우장과 전망대가 있는 알라메다 타호 공원은 다리를 건너기 전에 있다. 이곳 풍경에 푹 빠졌다면 절벽 위의 레스토랑과 카페에 들러 멋진 풍광을 감상하면서 저녁 식사를 하거나 차 한잔의 여유를 만끽해 보자. 현대적인 쇼핑가는 Espinel(La Bola) 거리다.

뷰 포인트로 가는 안내 표지판을 따라가자.

시내 관광을 위한 Key Point

랜드마크 스페인 광장 Plaza de España

베스트 뷰 포인트 누에보 다리

Best Course 역 또는 버스터미널 → 투우장&알라메다 타호 공원 → 누에보 다리 → 아래에서 올려다보는 전망대 → 아랍 목욕탕 → 무어 왕의 저택

예상 소요 시간 3~4시간

론다 관광청 www.turismoderonda.es

관광안내소 Map P.360-B2 **주소** Paseo Blas Infante s/n (투우장 옆) **운영** 월~금요일 09:30~18:00(토요일 ~17:00, 일요일 ~14:30) ◆통합입장권 Bono Turístico 판매 일반 €8, 학생 €6.50(누에보 다리 전시실, 아랍 목욕탕, 몬드라곤 궁전, 호아킨 페이나도 박물관)

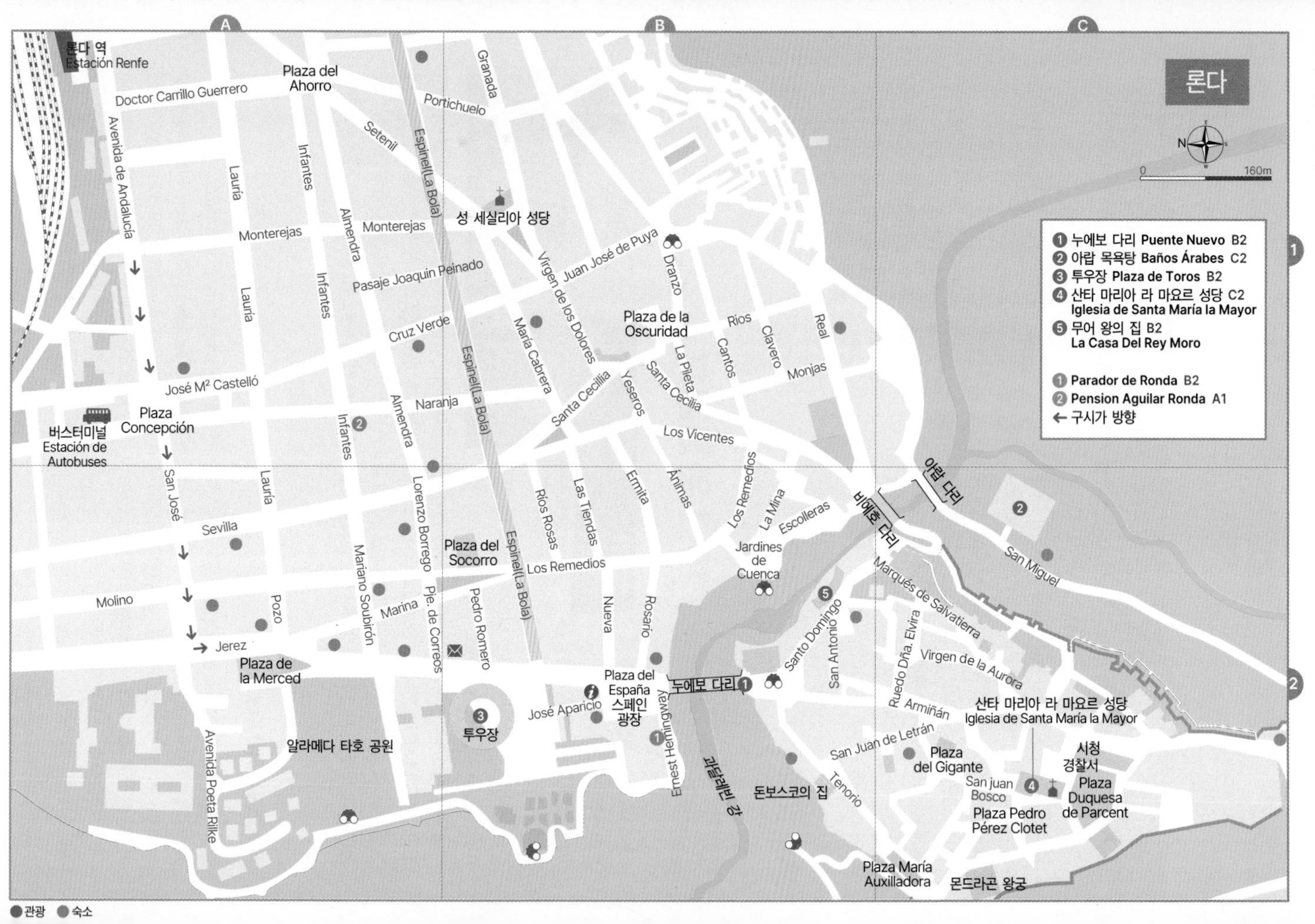

론다
0
160m
1 누에보 다리 Puente Nuevo B2
2 아랍 목욕탕 Baños Árabes C2
3 투우장 Plaza de Toros B2
4 산타 마리아 라 마요르 성당 C2
Iglesia de Santa María la Mayor
5 무어 왕의 집 B2
La Casa Del Rey Moro
1 Parador de Ronda B2
2 Pension Aguilar Ronda A1
← 구시가 방향
A
B
C
1
2
론다 역
Estación Renfe
버스터미널
Estación de Autobuses
Plaza Concepción
Plaza del Ahorro
Plaza de la Merced
Plaza del Socorro
Plaza de la Oscuridad
Plaza del España
스페인 광장
투우장
성 세실리아 성당
누에보 다리
비에호 다리
아랍 다리
과달레빈 강
Jardines de Cuenca
산타 마리아 라 마요르 성당
Iglesia de Santa María la Mayor
시청
경찰서
Plaza Duquesa de Parcent
Plaza Pedro Pérez Clotet
Plaza del Gigante
Plaza María Auxilladora
몬드라곤 왕궁
돈보스코의 집
알라메다 타호 공원
Avenida de Andalucía
Doctor Carrillo Guerrero
José Mª Castelló
San José
Molino
Jerez
Sevilla
Pozo
Lauría
Infantes
Almendra
Monterejas
Setenil
Portichuelo
Granada
Espinel(La Bola)
Pasaje Joaquin Peinado
Cruz Verde
Naranja
Lorenzo Borrego
Mariano Soubirón
Marina
Pje. de Correos
Pedro Romero
Los Remedios
Ríos Rosas
María Cabrera
Virgen de los Dolores
Juan José de Puya
Santa Cecilia
Las Tiendas
Nueva
Ermita
Rosario
Ánimas
Yeseros
Los Vicentes
La Pileta
Dranzo
Cantos
Rios
Clavero
Monjas
Real
La Mina
Escolleras
José Aparicio
Ernest Hemingway
Santo Domingo
San Antonio
Marqués de Salvatierra
Ruedo Dña. Elvira
Armiñán
San Juan de Letrán
Virgen de la Aurora
San Miguel
San juan Bosco
Tenorio
Avenida Poeta Rilke
● 관광 ● 숙소

Attraction

보는 즐거움

지옥을 연상케 하는 깊은 협곡 위에 자리 잡은 신비의 도시. 그 협곡 양쪽을 잇는 누에보 다리는 아무리 보아도 신기할 따름이다. 협곡과 누에보 다리를 함께 감상하기 위해 여행자들은 아래로 아래로 자꾸 이동하게 된다.

누에보 다리

천 길 낭떠러지 위에서 내려다보면 다리가 후들후들

누에보 다리 Puente Nuevo 뷰포인트

신시가와 구시가를 이어주는 다리로 론다의 상징과도 같다. 1735년에 세워진 원래 다리가 무너진 후 1751년에 새로 짓기 시작해 42년 만에 완공됐다. 그 때문에 '새것'이라는 뜻의 누에보 다리로 불리게 된 것이다. 길이 30m의 짧은 다리이지만 험준한 협곡과 그 아래 흐르는 과달레빈 강 Río Guadalevín을 내려다보면 아찔함에 현기증이 날 정도다. 관광객들은 저마다 잔뜩 몸을 사리고 다리 아래를 내려다본다. 다리는 3층 구조로 다리 중앙 아치모양 위에 방이 있다. 옛날에는 감옥, 바 등 다양하게 사용되다 지금은 다리 역사와 건축 과정 등을 알려주는 전시장으로 사용하고 있다. 입구는 신시가지 방향에서 다리 오른쪽에 보이는 출입구로 들어가면 된다.

Map P.360-B2 **가는 방법** 역과 버스터미널에서 도보 5~7분

• **누에보 다리 전시관 운영** 09:30~19:00 **입장료** 일반 €2.50, 학생 €2

누에보 다리 뷰 포인트

론다 최고의 볼거리는 뷰 포인트에서 감상하는 론다 풍경이다. 특히 둘로 쪼개진 땅을 누에보 다리로 연결한 풍경이다. 자연과 사람이 만들어낸 풍경을 감상하는 순간 감탄사가 절로 나온다. 누에보 다리를 건너 구시가에서 협곡 아래로 내려가는 길을 따라 가면 두 곳의 전망대가 있다. 신시가와 구시가를 잇고 있는 누에보 다리 풍경을 아래에서 올려 다 볼 수 있다. 쿠엥카 정원은 신시가에서 누에보 다리와 구시가를 바라 볼 수 있는 전망대이다. 뷰 포인트로 가는 길 중간 중간에 안내 표지판도 있다.

• **구시가 뷰 포인트** Plaza de Maria Auxiliadora에서 5분 정도 내려가면 첫 번째 전망대 Mirador Puente Nuevo de Ronda(**주소** Calle Tenorio 20), 5분 더 내려가면 두 번째 전망대 Ronda Bridge View Point(**주소** Ctra. de los Molinos 1955)가 나온다. 산책로와 전망대는 공사 등으로 폐쇄된 경우가 있으니 미리 ⓘ에 문의해 보거나 택시 투어(€15)를 이용해 보자.

• **신시가 뷰 포인트** 쿠엥카 정원 Jardines De Cuenca(**주소** Calle Escolleras 1)

무어 왕의 집 La Casa Del Rey Moro 뷰포인트

저택은 이름과 달리 무어 왕이 살았던 곳은 아니다. 건물은 18세기 지어진 것으로 1911년에 주인이 바뀌면서 네오 무데하르 양식으로 개조했다. 정원은 1912년 프랑스 조경사가 스페인 이슬람 양식과 프랑스 정원 스타일을 가미해 조성했다. 평범해 보이는 이곳의 하이라이트는 14세기에 만든 물 광산 La Mina이다. 14세기 론다는 그라나다와 함께 세비야 기독교인들과 잦은 전쟁을 치렀다. 성 안에서 전쟁 중 가장 중요한 게 물이었기에 론다의 무어왕 아보멜릭은 협곡을 깎아 365개의 계단을 만들어 과달레빈 강과 연결했다. 공격을 받을 때마다 론다인은 이 계단을 통해 물을 길어 사용했다. 통이 달린 물레방아로 물을 끌어올리고 동물 가죽 물통에 담아 기독교 포로들이 인간띠를 만들어 옮겼다고 한다. 전쟁 중 비밀통로로도 사용되었고, 가톨릭 양왕이 론다를 함락시킨 후에는 무어 왕이 이곳에 보물을 숨겼다는 이야기도 전해졌다. 지금의 계단은 1911년에 복원한 것으로 300여개 정도 된다. 사연 많은 어둡고 습한 계단을 따라 내려가면 누에보 다리 아래 고요하고 신비로운 과달레빈 강이 나온다.

Map P.360-B2 **주소** C. Cta. de Santo Domingo 9 **홈페이지** http://casadelreymoro.org **운영** 10~4월 10:00~20:00, 5~9월 10:00~21:30 **입장료** €10 **가는 방법** 누에보 다리에서 도보 2분

산타 마리아 라 마요르 성당 Iglesia de Santa María la Mayor

론다의 수호성인에게 봉헌된 성당으로 마을의 종교적 상징물이다. 원래 이슬람 사원이 있던 자리에 15~17세기에 걸쳐 여러 가지 건축 양식이 가미돼 완성됐다. 성당 안은 고딕과 바로크 양식으로 지어졌으며 종탑은 무데하르 양식으로 원래 이슬람 사원 때의 것이다. 누에바 다리를 건너 기념품 가게가 즐비한 Armiñán 거리를 지나 시청사가 있는 두케사 광장에 있다. 다리 건너 거리 구경도 할 겸 한번 방문해 볼 만하다.

Map P.360-C2 **주소** Plaza Duquesa de Parcent **전화** 952 874 048 **운영** 11~2월 10:00~18:00, 3·10월 10:00~19:00, 4~9월 10:00~20:00 **입장료** €4.50 **가는 방법** 누에보 다리를 건너 도보 10분

아랍 목욕탕 Baños Árabes

아랍 목욕탕 내부

이슬람인의 지혜를 엿볼 수 있는 자연채광

13~14세기에 만든 건축물. 스페인에 남아있는 아랍 목욕탕 중 보존 상태가 가장 좋다. 내부는 냉탕·온탕·열탕 순으로 이용할 수 있도록 3부분으로 나뉘어 있고, 천장을 올려다보면 채광을 겸한 별 모양의 작은 유리문들이 있다. 기능과 멋을 모두 살린 아랍인의 장인정신이 엿보인다. 다큐멘터리를 보여주는 상영실도 있어서 건축에 관심이 있는 사람에게는 또 다른 재미가 될 것이다.

Map P.360-C2 **주소** Barrio de Padre Jesús, C. San Miguel **운영** 화~금요일 09:30~19:00, 월·토요일 10:00~14:00, 15:00~18:00, 일요일 10:00~15:00 **입장료** €4.50 **가는 방법** 누에보 다리에서 내리막길을 따라 도보 10~15분

투우장 Plaza de Toros

투우장 내부

유명 투우사들의 의상과 강렬한 인상의 포스터

1785년에 만든 스페인에서 가장 오래된 투우장. 멀리서도 한눈에 알아볼 수 있는 하얀색 둥근 외벽과 노란색 지붕이 매우 인상적이다. 내부는 바로크풍으로 건설되었으며, 2층 계단 하나하나에 타일로 투우와 관련된 그림을 그려 놓았다. 투우를 상징하는 붉은 천과 소를 모는 케이프를 처음 도입한 근대 투우의 창시자 프란시스코 로메로와 론다가 배출한 스타급 투우사들을 기념하기 위한 곳이다. 투우 경기가 없을 때는 박물관과 투우장을 셀프 가이드로 돌아볼 수 있다. 박물관에는 로메로 일가와 투우사들의 의상, 사진, 당시의 투우 장면을 그린 그림과 경기 포스터 등을 전시하고 있다. 매년 9월에는 18세기 고야 시대의 전통 의상을 입은 '고야'식 투우가 열린다.

알라메다 타호 공원 전망대

Map P.360-B2 **주소** C. Virgen de la Paz 15 **홈페이지** www.rmcr.org **운영** 11~2월 10:00~18:00, 4~9월 10:00~20:00, 3·10월 10:00~19:00 **입장료** €9 **가는 방법** 역에서 누에보 다리로 가는 길에 있다. 누에보 다리에서 도보 3분

Accommodation 쉬는 즐거움

PARADOR DE RONDA

파라도르의 전경

18세기 시청사 건물을 개조한 파라도르. 누에보 다리 바로 옆에 있어 비경을 감상하기에 그만이다. 고풍스러운 외관과는 달리 내부 인테리어는 현대적이다. 발코니 누에보 다리 쪽으로 나 있는지에 따라 요금이 달라진다. 정원에는 수영장도 있다.

Map P.360-B2 **주소** Plaza de España s/n **전화** 95 287 7500 **홈페이지** www.parador.es **요금** 트윈 €150~ **가는 방법** 누에보 다리 바로 옆

내부 객실 사진

PENSION AGUILAR RONDA

한적한 골목 안에 있는 호스텔. 신시가에 위치하고 있지만 구시가와도 가깝다. 요금도 저렴하고 가족적인 분위기여서 편안함이 느껴지는 곳이다.

Map P.360-A1 **주소** Naranja 28 **전화** 95 287 1994 **요금** 싱글 €25, 트윈 €36~ **가는 방법** 버스터미널에서 도보 7분 또는 누에보 다리에서 도보 7분

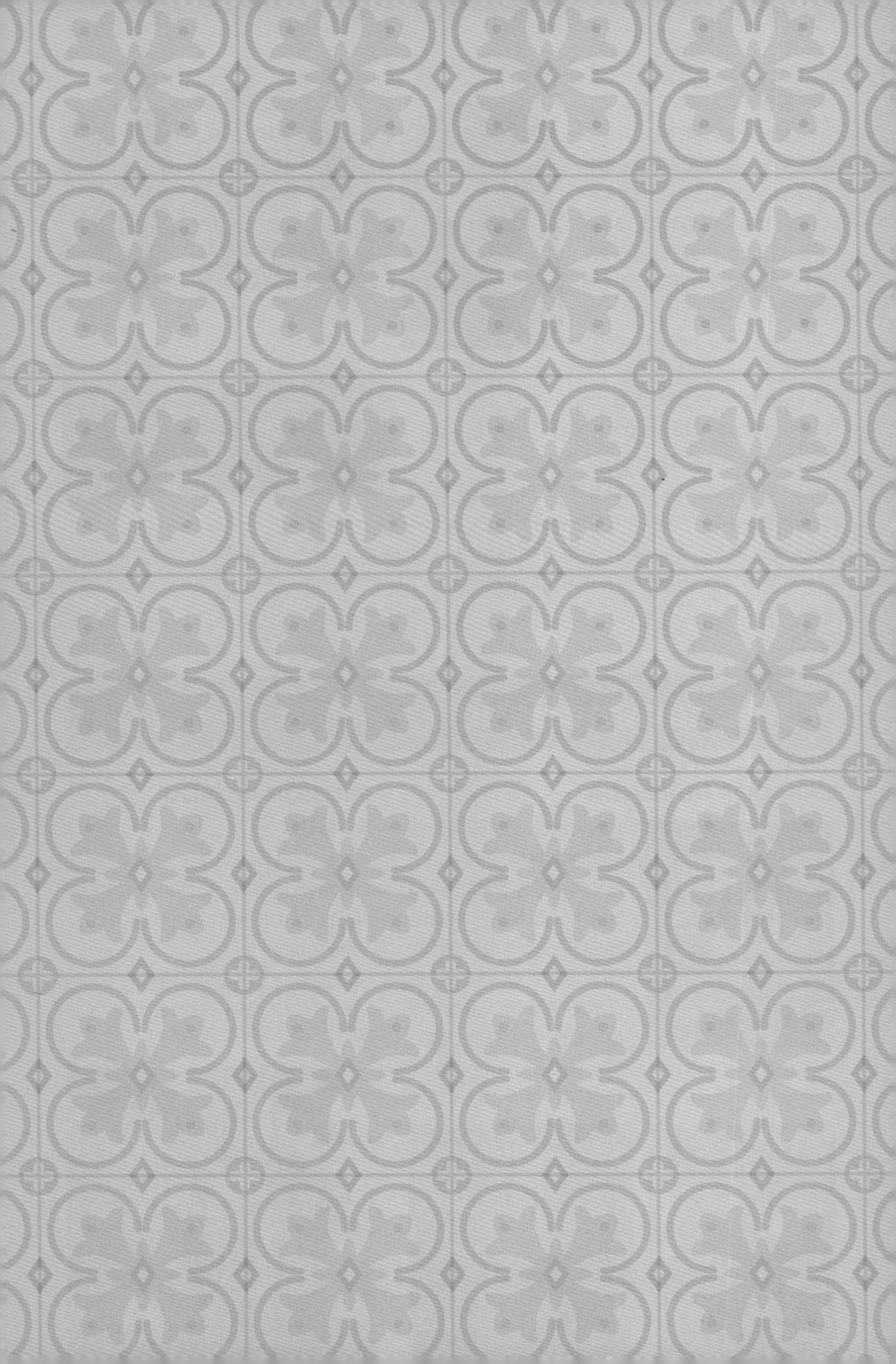

포르투갈
PORTUGAL

포르투갈 여행 키워드 5

포르투 상 벤투 역 안에 있는 엔히크 왕자의 북아프리카 세우타 침공을 묘사한 아줄레주 벽화

Keyword 01 15~16세기 유럽 최강의 국가가 되다! 발견의 시대

Keyword 02 유럽 최대의 자연재해, 리스본 지진

Keyword 03 포르투갈의 무혈 쿠테타, 카네이션 혁명

Keyword 04 파두의 여왕, 아말리아 호드리게스

Keyword 05 세계적인 문학의 거장, 페르난도 페소아와 주제 사라마구

리스본의 메트로는 아줄(갈매기, 파랑색), 아마렐라(꽃, 노랑색), 베르드(돛단배, 초록색), 베르멜랴(나침반, 빨강색)선으로 나뉜다. 이는 갈매기가 노니는 리스본에서 돛단배를 타고 바다로 모험을 떠났고 나침반을 사용해 신세계를 발견, 카네이션(꽃) 혁명으로 자유를 찾았음을 상징한다. 문학을 사랑하는 민족답게 메트로 노선에도 리스본인들의 정신적 가치를 담고 있다. 포르투갈 여행 키워드 역시 포르투갈을 조금이라도 깊이 이해할 수 있는 사건, 인물, 문학, 예술 등을 꼽아보았다. 마음에 드는 키워드가 있다면 포르투갈 여행의 테마로 삼아보자. 전문 서적을 뒤져보고 여행 중 직접 마주하게 되는 테마의 모든 것이 여행에 더 큰 즐거움을 선사해 줄 것이다.

Keyword 01

15~16세기 유럽 최강의 국가가 되다!

발견의 시대

발견의 탑(리스본)

포르투갈의 탐험가들은 발견의 시대(포르투갈의 대항해의 시대; 1415~1580년)를 통해 오세아니아를 제외한 전 세계에 식민지를 건설하였고, 인도와의 향신료 독점 계약, 식민지였던 브라질에서 대량의 금과 은이 발견되면서 유럽 제일의 국가가 되었다. 항해왕 엔히크 왕자 Infante Dom Henrique de Avis(1394~1460년)는 발견의 시대 시작을 이끈 인물로 사그르스에 빌라 두 인판트 Vila do Infante(왕자의 마을)를 세워 항해술, 지도 제작, 선박기술 등 숙련된 기술자들을 모아 항해학을 크게 발전시켰다. 1488년에는 바르톨로뮤 디아스 Bartolomeu Diaz(Dias)(1450~1500년)가 아프리카 최남단 희망봉에 이르렀고, 1497년 바스코 다 가마 Vasco da Gama(1469~1524년)는 유럽인 최초로 아프리카 남단을 지나 인도까지 항해한 최초의 인물이었다. 페르디난드 마젤란 Ferdinand Magellan(1480~1521년)은 포르투갈 사람으로 인류 최초로 지구를 일주하는 항해의 선단을 이끌었던 지휘자였다. 포르투갈의 용감한 모험가들은 직접 지구가 둥글다는 걸 증명해 보였으며 발견의 시대를 통해 전 세계는 활발한 무역, 무자비한 정복과 식민지배가 시작됐다. 지구 반대편에서 시작된 발견의 시대의 영향으로 우리나라는 1598년 임진왜란, 20세기 초에는 일본의 식민 지배를 겪는다. 발견의 시대의 나비효과라 할 수 있다.

Keyword 02

유럽 최대의 자연재해, **리스본 지진**

대지진으로 무너진 카르무 수녀원(리스본)

1700년대의 리스본은 여전히 번영하는 도시였다. 1755년 11월 1일 만성절 아침, 땅이 크게 흔들리고 건물들이 도미노처럼 쓰러졌다. 사람들은 건물이 없는 부둣가로 몰려갔지만 40여 분 뒤 테주 강으로 거대 해일이 일었고, 5일 동안 도시 전체가 화염에 휩싸였다. 이때 리스본의 4분의 3이 파괴됐다. 일부 사람들은 종교 재판소가 이단을 제대로 처벌하지 못해 신이 벌을 내린 것이라 믿었지만 이 사건으로 인해 유럽의 문화와 철학이 신에서 인간 중심으로 변화하는 계기가 되었다. '죽은 자는 묻고, 산 자는 치유해주어라!' 리스본을 지금의 모습으로 재건한 인물은 조세 1세 Dom José I의 총리였던 폼발 후작이었다. 폼발 후작은 리스본을 지진에 강하고 기능적이며 미적 감각까지 뛰어난 계획도시로 재건해 중세 도시에서 국제적 인프라를 갖춘 근대 상업 도시로 탈바꿈시켰다. 여행 중 만나는 현재 리스본의 모습은 이때 재건된 것이다.

Keyword 03

포르투갈의 무혈 쿠테타,
카네이션 혁명

독재 정권과 카네이션 혁명을 보여주는 알주브 박물관(리스본)

4월 25일 다리(리스본)

군부 좌파 청년 장교들은 독재자 살라자르를 중심으로 36년(1932~1968년) 동안 지속된 독재 정권과 시대를 거스르며 계속된 식민지 전쟁에 대한 반발로 1974년 4월 25일에 쿠테타를 일으켰다. 쿠테타 소식을 들은 시민들은 거리로 나와 행진하는 군인들에게 카네이션을 나눠주었고, 군인들은 총을 쏘지 않는다는 의미로 카네이션을 총구에 꽂았다. 이를 '4월 25일 혁명' 또는 '리스본의 봄'이라 부르며 이 사건을 계기로 포르투갈의 민주화가 시작됐다. 오늘날 '4월 25일'은 '자유의 날'이라는 국경일로 지정해 기념하고 있으며 포르투갈 사람들에게 카네이션은 자유를 상징한다. 영화 〈리스본행 야간열차〉를 보면 독재정권 시절 암울했던 리스본의 당시 상황을 짐작할 수 있다. 리스본의 알주브 박물관 Museu do Aljube은 과거 정치 감옥으로 사용된 곳으로 독재정권 시절과 카네이션 혁명을 기억하기 위해 설립되었다.

Keyword 04

파두의 여왕, 아말리아 호드리게스

“내가 파두 Fado를 부르는 게 아니에요. 파두가 나를 부르죠!”

아말리아 호드리게스 Amália da Piedade Rebordão Rodrigues(1920~1999년)는 포르투갈의 민요 파두를 세계적인 음악 장르로 대중화시키는데 공헌한 가수로 포르투갈 역사상 가장 위대한 포르투갈인 14위에 랭크되었다. 가난한 대장장이 딸로 태어난 아말리아 호드리게스는 어린 시절에는 부둣가에서 과일 장사를 했으며 15살부터 노래를 부르기 시작해 파두 가수가 됐다. 노동자의 노래였던 파두 공연에 오케스트라 반주를 시도했고 파두 작사에 포르투갈의 많은 시인이 참여하게 해 파두의 수준을 높였다. 2011년에는 세계무형문화유산으로도 등재됐다. 리스본 시내 곳곳에 자리한 파두 하우스에서는 매일 밤 파두 공연이 펼쳐지며, 이곳에서 음악 CD도 구입할 수 있다. 1954년에 녹음된 〈검은 배 Barco Negro〉는 우리나라에서도 큰 인기를 누렸다.

Keyword 05

세계적인 문학의 거장,

페르난도 페소아와 주제 사라마구

페르난도 페소아가 자주 들렀다는 카페(리스본)

문학을 사랑하고 문학에 관심을 갖고 싶다면 포르투갈을 대표하는 두 작가의 책을 읽어보자. 페르난도 페소아 Fernando António Nogueira Pessoa(1888~1935년)는 인간 개인의 내면을 심도있게 기록했고 주제 사라마구는 사회와 인간을 다룬 풍자 소설을 많이 썼다. 이들의 작품을 통해 인간, 사회와 사람, 우리에 대해 같이 고민해 보는 것은 어떨까? 페소아는 사후 유명해진 작가로 오늘날 포르투갈 최고의 시인이자 리스본의 영혼으로 불린다. 대표작으로는 〈불안의 책〉이 있으며 이 책은 페소아 자신의 독백이자 고백, 영혼의 기록이다. 주제 드 소자 사라마구 José de Sousa Saramago(1922~2010년)는 20세기 세계문학의 거장이자 노벨 문학 수상자로 대표작으로는 〈눈먼 자들의 도시〉가 있으며 영화로도 만들어져 큰 인기를 누렸다. 리스본에는 두 작가의 기념관이 있으며 페소아가 즐겨 찾았다는 카페나 레스토랑, 거리 등이 아직도 남아있어 페소아의 팬이라면 꼭 들르는 명소가 됐다.

국가 기초 정보

국가명 포르투갈 공화국 República Portuguesa

국기 초록은 희망, 빨강은 1910년 10월 혁명의 피를 상징한다. 천구의 天球儀 위에 방패, 그 방패 안에 5개의 작은 방패와 7개의 성이 있다. 5개의 작은 방패는 십자가 위의 수난을, 7개의 성은 이슬람으로부터 탈환한 성을 상징한다.

수도 리스본 **면적** 약 9만 2141㎢ (한반도의 약 5분의 2) **인구** 약 1053만 명

공용어 포르투갈어 **인종** 이베리아족·켈트족·라틴족·게르만족·무어족 등의 혼혈 **종교** 가톨릭 **통화** 유로 €

정치 공화제 (대통령 마르셀루 헤벨루 지 소자 Marcelo Rebelo de Sousa)

간추린 역사

포르투갈이 역사에 등장한 것은 고대 로마의 지배를 받으면서부터다. 기원전 2세기 무렵부터 500여 년간 로마 제국의 식민지로 있으면서 라틴 문명의 영향을 받았고 624년에는 서고트 왕국, 711년에는 이슬람 세력의 지배를 받는다. 이때 기독교 세력은 지속적인 국토회복운동을 벌여 1139년 즉위한 아폰수 엔히크가 이슬람 세력을 축출하고 마침내 스페인으로부터 독립해 신왕조를 세운다. 그후에도 국토회복운동을 꾸준히 전개한 결과 1239년 오늘날의 영토를 확보하게 된다.

페르난두 1세 사후에는 왕위 계승을 둘러싼 분쟁에서 아비스 기사단장 돈 주앙이 패권을 거머쥐며 새로이 아비스 왕조를 개창한다. 아비스 왕조는 항해왕자 엔히크 등을 중심으로 해외로 진출하는 신항로 개척에 심혈을 기울였다. 이러한 지속적인 투자에 힘입어 1488년 바르톨로메우 디아스의 희망봉 발견을 시작으로 1498년 바스코 다 가마의 인도 항로 개척, 1500년 알바레스 카브랄의 브라질 도착, 1543년 동양 진출이라는 값진 결과를 낳았다. 대항해 시대를 구축한 포르투갈은 해외에서 유입한 부를 기반으로 미술·건축·문학 분야에서도 눈부신 발전을 거듭한다. 이 시기에는 이슬람·인도·고딕 양식이 혼합된 마누엘 양식이 유행하기도 했다. 그러나 1578년 세바스티앙 왕이 사망한 후 아비스 왕조가 멸족되자 왕위는 혼인을 통해 스페인에 넘어간다.

1640년 포르투갈의 브라간사 공작이 스페인에 반기를 들고 국왕에 즉위, 스페인에서 독립하여 브라간사 왕조가 시작된다. 17세기 중반 이후 브라질에서 금이 발견되자 재정이 풍부해졌고 중앙집권화가 가속되었다. 1793~1810년에 걸쳐 프랑스의 침략을 받기도 했으나 나폴레옹의 몰락, 영국과의 동맹을 통해 국토를 회복할 수 있었다. 이후 영국의 섭정과 브라질 독립 등으로 인해 정치적 혼란에 빠지는데, 1910~1926년에 무려 45번이나 정부가 교체되는 혼란을 겪었다. 거기에 1932년부터 36년 동안 안토니우 드 올리베이라 살라자르 António de Oliveira Salazar의 독재정권이 들어섰다. 1975년 카네이션 혁명으로 자유를 되찾고 1976년이 되어서야 신헌법 공포, 국회의원 선거, 대통령 선거를 통해 민주정부를 수립했다. 1986년 EC 회원국이 된 후 경제가 활기를 되찾고, 1994년 EU 회원국에 가입하면서 가장 눈부신 발전을 했다.

알아두세요

2024년 공휴일

1/1 신년
3/19 아버지의 날
3/29 성 금요일*
3/31 부활절*
4/25 혁명기념일
5/1 노동절
6/10 포르투갈 데이
8/15 성모승천일
10/5 공화국수립기념일
11/1 만성절
12/1 독립기념일
12/8 성모수태고지의 날
12/25 크리스마스
*해마다 날짜가 바뀌는 공휴일

한국과의 관계

1961년 4월 15일 외교관계 수립. 1975년 주포르투갈 대한민국 대사관 개설, 1988년 주한 포르투갈 대사관이 개설됐다. 1554년 이후에 서양 지도에 우리나라가 본격적으로 등장했는데 포르투갈에서는 1513년경 프란시스코 호드리게스가 그린 지도에 우리나라가 처음으로 등장했다. 임진왜란 당시 명나라군 수군 특공대로 활약한 포르투갈 흑인 병사가 조선을 방문한 최초의 서양인으로 기록돼 있다.

포르투갈 사람과 문화

이베리아 반도에서 스페인에 둘러싸여 있는 포르투갈은 스페인의 식민지였다. 그래서인지 포르투갈 사람들은 스페인을 싫어한다. 포르투갈 사람들은 잘 놀고, 흥분하는 스페인 사람들과는 정반대의 성향으로 보수적이면서 조용하고 소박하다. 두 나라를 모두 여행하고 나면 쉽게 느낄 수 있다. 스페인 사람들에 비해 포르투갈 사람들은 영어도 꽤 잘하는 편이다.

포르투갈 사람들의 대표적인 정서는 '사우다드 Saudade'라는 말로 표현된다. 우리나라의 '한'과 비슷한데 수많은 외세의 침략으로 맺힌 서러움, 뱃사람들의 가족에 대한 그리움, 대항해 시대의 전성기를 그리워하는 향수 등 다양한 정서가 담겨 있다. 애절한 선율의 파두는 포르투갈 사람의 마음을 대변하는 전통 민요다.

포르투갈 여행 시기와 기후

해양성·지중해성·대륙성 기후가 복합적으로 나타난다. 여름에는 매우 덥고, 겨울에는 대체로 온난하다. 5~10월은 건기, 11~4월은 우기다.

여행하기 좋은 계절 연중 여행하기 좋다. 그중에서 5~9월이 가장 좋다.

여행 패션코드 대서양과 인접해 있어 바닷가에 있는 휴양도시들이 많다. 한여름에 해수욕과 휴양을 즐기고 싶다면 수영복을 준비하자. 겨울에는 비가 많이 내리고 날씨도 꽤 쌀쌀하니 방한복을 준비하는 게 좋다.

Travel Plus

알고 보니 포르투갈에서 유래된 것

16세기 이후 포르투갈은 일본과 활발한 교류를 맺고 있었다. 이때 일본을 통해 포르투갈의 문화가 우리나라에 전해지게 되었다. 예를 들면 빵은 포르투갈의 빵 Pang에서 유래했고, 스페인 카스티야 지방의 카스티야 Castilla는 포르투갈어로 카스텔라 Castella로 발음돼 우리나라에 전해졌다. 오늘날 빵과 카스테라는 우리나라와 포르투갈이 같은 발음을 사용한다. 그 밖에 화투는 일본인들이 포르투갈 상인들의 카르타 Carta 놀이를 보고 흉내 내 즐긴 것이 우리나라에 들어와 조선 사대부가 즐기던 수투(數鬪)와 접목돼 개발된 놀이다.
고추는 임진왜란 당시 포르투갈에서 일본으로, 일본에서 우리나라로 전해졌다고 한다. 담배 역시 15세기 콜럼버스가 아메리카 대륙의 원주민들이 피우던 것을 유럽으로 전했고, 17세기 경에는 포르투갈 을 통해 일본으로 유입됐으며 일본을 통해 우리나라에 들어오게 됐다.

현지 오리엔테이션

추천 웹사이트 포르투갈 관광청 www.visitportugal.com **국가번호** 351

비자 무비자로 90일간 체류 가능(셍겐 조약국) **시차** 우리나라보다 9시간 느리다(서머타임 기간 –8시간)

전압 220V, 50Hz (콘센트 모양이 우리나라와 동일)

전화 거는 요령

국제전화 포르투갈 → 한국, 포르투갈 → 유럽

00 + 국가번호(한국 82) + 지역번호 또는 핸드폰 기지국 (0을 뺀다) + 전화번호

예)00–82–2–123–4567 또는 00–82–10–123–4567

국내전화 시내·시외 전화 모두 0을 뺀 지역번호를 포함해 입력해야 한다.

시내전화 예)리스본 시내 21–1234 5678 시외전화 예)리스본→포르투 22–1234 5678

주요 지역 번호 리스본 21, 포르투 22, 코임브라 239

인터넷 & 우편

포르투갈 전역에서 무선인터넷을 사용할 수 있다. 호텔, 호스텔 등은 물론 카페와 레스토랑 등에서도 무선인터넷을 제공한다. 공항과 시내에는 통신사 매장도 많아 유심 구입도 쉽게 할 수 있다. 우체국은 코헤이우 Correio라 부르며 보통 CTT로 표시한다. 우리나라에 엽서를 부치면 7일 정도 소요된다. 우표는 우체국 외에 길가에 있는 자동판매기에서 구입할 수 있고, 호텔 등은 우편서비스를 제공한다.

Travel Plus

영업시간

관공서 월~금요일 09:00~12:00, 13:30~17:00
우체국 월~금요일 09:00~18:00
은행 월~금요일 08:30~15:00
상점 월~금요일 09:00 또는 10:00~19:00, 토요일 09:00~13:00 (◆몇몇 상점들은 13:00~15:00 사이에 문을 닫기도 함)
레스토랑 점심 12:00~15:00, 저녁 19:00~22:00

치안 및 주의 사항

1. 스페인에 비해 치안은 꽤 좋은 편이지만 리스본과 포르투와 같은 주요 관광지에서 여행객을 대상으로 한 소매치기, 절도, 강도와 같은 생계형 범죄가 증가하고 있어 주의해야 한다.
2. 관광명소를 오가는 대중교통 수단 안에서는 소매치기를 조심해야 한다. 또 신분증을 반드시 소지해야 하는게 의무화되어 최소한 여권사본이라도 가지고 다니자. 리스본에는 여행자를 위한 전담 경찰이 따로 있어 언제든지 도움을 요청할 수 있다.
3. 인적이 드문 이면도로보다 큰길로 다니는 것만으로도 사건, 사고를 예방할 수 있다.
4. 어느 정도의 현금을 가지고 다니자. 저렴한 숙소, 상점, 레스토랑 등은 현금만 받는 경우가 많다. 역 안 매표소에서 표를 구입할 때 신용카드로 결제하려면 여권을 보여줘야 한다. 여권이 없다면 자동판매기를 사용하자.

긴급 연락처 응급전화 SOS(경찰·소방·응급) 112 관광경찰 21 880 4030(리스본)

한국대사관 La Embajada de Republica de Corea

주소 Av. Miguel Bombarda 36–7 (리스본) **전화** 21 793 7200

현지 교통 따라잡기

유럽 최서단에 위치한 포르투갈은 큰마음을 먹지 않고는 여행하기 쉬운 나라는 아니다. 가장 편리한 교통수단은 비행기. 유일하게 스페인에서 열차·버스 등을 이용할 수 있다.

비행기

유럽 여행을 하면서 포르투갈 여행을 계획했다면 항공 예약은 리스본 IN 또는 리스본 OUT으로 예약하는 게 편리하다. 대부분의 국제선은 리스본으로 운항되며 우리나라에서 운항되는 직항은 없고 유럽계 항공사를 이용해야 한다. 시간 절약을 위해선 저가 항공도 이용해 볼 만하다. 저가 항공은 유럽 각지에서 운행되며 특히 스페인과 독일, 영국 등에서 많이 운항된다. 일정에 따라 단순 리스본 왕복, 포르투 In, 리스본 Out 등 다양하게 이용할 수 있다.

한국 ↔ 스페인 취항 항공사 KL, AF, LH, BA, OS, AZ 등 (P.471 참조)

유럽 ↔ 스페인 저가 항공사 TAP Air Portugal, Vueling, Iberia Airlines, Aireuropa, Ryanair, EasyJet, Germanwings, Airberlin

홈페이지 위치 버짓 www.whichbudget.com (모든 저가 항공 조회 가능)

철도 & 버스

버스는 마드리드·세비야 등에서 이용할 수 있다. 단, 안달루시아에서 출발하는 버스는 성수기에만 운행되는 경우가 대부분이다. 국내 여행은 행선지에 따라 열차와 버스를 적절히 이용하자. 열차역도 행선지에 따라 역이 달라지고, 버스는 운행하는 회사에 따라 터미널이 다르다. 버스 운행 시간도 요일·주말·공휴일 등에 따라 변동이 심하니 반드시 터미널이나 ⓘ 등에서 확인하는 게 좋다.

① 철도

포르투갈의 국영 철도 Caminhos de Ferro Portugueses(CP)는 포르투갈의 주요 도시로 운행된다. 특히 리스본과 포르투 사이에는 초고속 열차 알파가 운행된다. 열차의 종류는 초고속열차인 알파 펜둘라르 Alfa Pendular(AP), 급행열차인 인테르시다드 Intercidade(IC), 보통열차인 헤지오날 Regional(R), 근교선인 우르바누스 Urbanos(U) 등이 있다. 초고속열차와 급행열차는 철도패스가 있어도 반드시 좌석을 예약해야 한다.

포르투갈 철도청 홈페이지 www.cp.pt

알파 펜둘라르 리스본→코임브라→포르투→브라가, 리스본→파루 등으로 운행

인테르시다드 리스본→포르투, 리스본→파루, 리스본→베자 등으로 운행

② 버스

버스는 포르투갈 전역을 연결하고 있으며 지역에 따라서 열차보다 훨씬 빠르고 편리하다. 가장 대표적인 버스 회사는 RE사 (Rede Expressos)다. 포르투갈 최대의 버스 회사로 포르투갈 전역으로 운행한다. 매표소가 문을 닫은 새벽, 심야에는 운전사에게 직접 티켓을 구입할 수 있다.

홈페이지 www.rede-expressos.pt

포르투갈의 숙박시설

고급호텔에서 저렴한 호스텔까지 다양하며 유럽의 어느 도시보다 시설이 좋고 저렴하다. 성수기는 4~10월, 비수기는 11~3월이고 부활절 연휴, 축제, 바캉스 기간이 1년 중 숙박료가 가장 비싸다.

① 호텔 Hotel

오텔로 발음, 별1~5개로 표시해 등급을 나눈다. 레스토랑이 없는 호텔은 레지덴셜 Residencial이다.

② 포우자다 Pousadas

스페인의 파라도르같이 성, 수도원, 귀족의 저택 등 유서 깊은 건축물을 개조해 운영하고 있는 고급 숙박시설. 호화로운 궁전 생활을 꿈꿨다면 이곳에서 꼭 자보자. 예약은 관광안내소, 홈페이지를 통해 하자.

홈페이지 www.pousadas.pt

③ 에스탈라젱 Estalagem

관광명소나 자연경관이 빼어난 곳에 있는 유서 깊은 건축물을 개장해 운영하고 있는 숙박시설이다.

④ 투리즈무 데 아비타상
Turismo de Habitação (TH)

영주의 저택, 유서 깊은 건축물을 개조해 여행자를 위해 운영하는 숙박시설. 농촌 마을의 전원주택, 소박한 민가 등도 있다. 오직 포르투갈에서만 있는 숙박시설로 역시 특별한 체험을 하고 싶은 여행자라면 추천한다. **홈페이지** www.turihab.pt

⑤ 펜상 Pensão

호텔과 호스텔 사이의 숙박시설. 별1~4개로 표시한다. 펜상보다 좀더 좋은 숙박시설을 알베르가리아 Albergaria라 한다.

포르투갈 음식의 특징

포르투갈은 유럽에서 쌀을 가장 많이 소비하는 나라로 알려져 있다. 따라서 쌀요리가 많고, 대서양에 인접해 있어 해산물 요리가 발달해 있다. 특히 소금에 절여 말린 대구 '바칼랴우 Bacalhau'를 즐겨 먹는데 조리법만 1000여 가지에 이른다. 그 밖에 오징어와 문어도 자주 먹는다. 대부분 맛이 담백하고 느끼하지 않아 우리 입맛에 잘 맞는다. 레스토랑에 들어서면 자리에 앉자마자 올리브 절임과 빵·버터·치즈·잼 등이 서빙 된다. 99%가 별도의 돈을 지불해야 하므로 원하지 않는다면 미리 사양하는 게 좋다. 대부분 영어 메뉴가 준비돼 있어 주문하기 수월하나 정확한 조리 방식이나 소스 등이 소개되지 않아 입에 맞지 않을 수 있으니 종업원에게 미리 물어보는 게 좋다. 테이블에는 늘 올리브유와 식초, 소금이 있다. 모두 야채샐러드와 빵에 발라 먹기 좋으니 활용해 보자. 팁은 의무적이지는 않지만 약간의 거스름돈을 주거나 전체 요금의 5~10% 정도가 적당하다.

포르투갈 대표 음식

대구요리 Bacalhau a gomes de Sá

대표적인 전통음식으로 대구, 양파와 삶은 감자, 계란 등을 섞어 오븐에 구운 요리

돼지 바지락 Come de porco Alentejana

돼지고기에 빨간 피망, 바지락 등을 넣어 맛을 낸 요리

조개 수프 또는 죽 Arros Marisco Shellfish rice

밥에 온갖 해산물을 넣고 죽처럼 끓인 요리. 풍부한 해산물 국물 맛이 일품이다. 주문시 소금을 아예 넣지 말거나 적게 넣어달라고 요청해야 우리 입맛에 맞는다.

에그 타르트 Pastéis de nata

에그 타르트의 기원은 18세기 말 리스본 근교의 벨렝 지구에 있는 제로니무스 수도원에서다. 해마다 이곳 수녀들은 수녀복에 풀을 먹이기 위해 엄청난 양의 달걀흰자를 사용하는데 남은 노른자가 아까워 만들기 시작했다고 한다. 오늘날 여행 중 꼭 먹어봐야 하는 포르투갈의 명물이 됐다.

예산 짜기

포르투갈의 물가는 우리나라에 비해 싼 편이다. 특히 숙박비가 저렴해 호텔도 이용해 볼 만하다.

1일 예산 하루 만에 리스본과 친구 되기
(P.392 참조)

숙박비	도미토리 €20
교통비	24시간 티켓 €6.60
3끼 식사	아침 빵+차 €3, 점심·저녁 15~20, 계란타르트 2개 €2
입장료	4곳 €30~(일반 기준)
기타 경비	엽서·물·간단한 기념품 등 €20
1일 경비	€96.60 ≒ 13만 7,172원 (2023년 9월 기준)

◆ 포르투갈에서의 일일경비는 10만 원 미만이 적당하다.

추천 쇼핑 아이템

닭 인형 행운을 가져다준다는 속설이 있으며 포르투갈에서만 살 수 있다.

포르투 와인 포트 와인의 대명사인 포르투 와인. 맛도 그만! 가격도 저렴하다.

포르투갈 도자기 포르투갈은 도자기로도 유명하다. 전통 도자기부터 모던한 도자기까지 종류도 가격도 다양하다.

세일 기간

겨울 세일 1월 7일~2월, 여름 세일 7~8월

Tax Refund Tax-Free 간판이 있는 ETS 가맹점에서 1회 쇼핑 금액이 €61.35 이상이 되면 세금을 환급받을 수 있다. 쇼핑 후 바로 Tax Free 서류를 작성해 공항에서 신고하면 된다.

닭 인형

포르투 와인

포르투갈 도자기

알아두세요

현지어 따라잡기

기초 회화		표지판		숫자	
안녕하세요	[아침] 봉 디아 Bom dia [점심] 보아 타르데 Boa tarde [저녁] 보아 노이테 Boa noite	화장실	라바부 Lavabo (남 오멘 Homen, 여 세노라 Senhora)	1	웅 Um
				2	도이쉬 Dois
헤어질 때	차우 Tchau	경찰서	폴리시아 Policia	3	뜨레쉬 Três
고맙습니다	오브리가두 Obrigado	병원	오스피탈 Hospital	4	꽈뜨루 Quatro
실례합니다	콩 리센사 Com licença	우체국	코헤이우 Correio	5	싱꾸 Cinco
미안합니다	데스쿨프 Desculpe	기차역	에스타상 Estação	6	세이쉬 Seis
도와주세요!	소꼬후 Socorro!	매표소	빌레테리아 Bilheteria	7	세뜨 Sete
얼마예요?	콴투 쿠스타 Quanto custa?	편도 티켓	오 빌레트 데 이다에 볼타 O bilhete de ida	8	오이뚜 Oito
계산해주세요!	아 콘타 파스 파부르 A conta, faz favor!	왕복 티켓	오 빌레트 데 이다에 볼타	9	노베 Nove
네	씽 Sim	플랫폼	플라타포르마 Plataforma	10	데즈 Dez
아니오	낭 Não	출발	파르티다스 Partidas	100	셍 Cem
		도착	셰가다스 Chegadas	1000	밀 Mil

리스본과 근교도시

언덕으로 달리는 노란색 트램

빨래가 널려있는 정겨운 풍경

세상에서 제일 맛있다는 에그 타르트

사람들을 즐겁게 해 주는 길거리 버스킹

.

포르투갈에선 이렇게 소박한 여행을 꿈꾸셨다구요?

.

그럼

그림 같은 풍경은 선물입니다.

마음 속 가득 담아가세요.

포르투에서 케이블카를 타러 가던 중,
동 루이스 1세 다리에서 바라 본 모습

7개 언덕의 도시

리스본

LISBOA

7개의 언덕으로 이루어진 리스본은 이베리아 반도에서 가장 긴 테주 Tejo 강 하구에 자리 잡고 있다. 고대부터 항구도시로 발달해 1255년 아폰수 3세가 수도로 정한 이후 15세기 대항해 시대를 맞이하고 잇따른 신대륙 발견으로 최고의 전성기를 누렸다. 하지만 1755년 대지진으로 도시 대부분이 파괴돼 화려했던 리스본의 역사는 과거 속으로 사라지게 된다. 폐허가 됐던 리스본은 그후 포르투갈의 정치가 폼발 후작의 재건 계획에 의해 파리를 닮은 아름다운 도시로 새롭게 탄생하게 된다. 오늘날 리스본은 바다 같이 넓은 테주 강, 7개의 언덕 어디에서 봐도 아름답다. 언덕을 오르내리는 노란색 트램과 서민들의 삶이 묻어나는 좁은 골목길은 리스본 여행의 매력 포인트다. 순박하고 친절한 사람들과 동유럽 다음으로 저렴한 물가는 또 다른 매력으로 여행자의 마음을 사로잡는다.

지명 이야기

리스본은 영어식 발음. 포르투갈어로는 '리스보아 Lisboa'다.
고대 페니키아어로 '좋은 항구'라는 뜻.

이런 사람 꼭 가자!!

· 이베리아 반도의 또 다른 이국적인 수도를 여행하고 싶다면
· 빨래가 널려 있는 정겨운 시내 뒷골목을 여행하고 싶다면
· 세상에서 제일 맛있는 달콤한 에그타르트를 먹어 보고 싶다면

여행 전 유용한 정보

홈페이지

포르투갈 관광청 www.visitportugal.com
리스본 관광청 www.visitlisboa.com

관광안내소

무료 지도를 나눠 주고, 시내 관광 안내, 숙소 및 각종 공연 예약도 해준다. 쇼핑 및 파두 공연과 관련된 무료 정보를 얻어두자. 각 명소에서 발행한 할인 쿠폰이나 기념품 교환권도 미리 챙겨두면 매우 유용하다. 그 밖에 근교 및 지방으로 가는 교통편과 출발 역 등에 대해서도 정보를 얻어두자.

코메르시우 광장 ⓘ Map P.394-A1

교통의 요충지에 위치. 시내 관광 정보 제공 외에 기념품 판매와 환전 업무도 하고 있다.
주소 Rua do Arsenal 15 **전화** 21 031 2700
운영 월~금요일 09:30~19:00 **휴무** 토·일요일

포스 궁전 ⓘ

중앙 ⓘ로 리스본에 관한 모든 정보를 안내받을 수 있다. 시내 교통 지도와 파두 관련 정보, 근교행 교통 정보 등을 얻어두자. 바로 옆에는 여행자를 위한 경찰서가 있다.
주소 Praça dos Restauradores 24 **전화** 21 346 3314
운영 매일 09:00~18:00

산타 아폴로니아 역내 ⓘ

운영 07:30~13:00·14:00~16:30
휴무 월·일요일·공휴일

유용한 정보지

『Follow Me Lisboa』는 관광안내소에서 얻을 수 있는 무료 가이드북. 관광명소에 대해 간단히 소개한 다음 운영 시간, 교통편을 상세히 알려 준다. 쇼핑·공연·숙소 정보까지 있어 매우 유용하다.

환전

유로화가 통용권이므로 환전에 어려움은 없다. 시내 곳곳에서 은행과 ATM 기기를 찾을 수 있다. Multibanco가 포르투갈에서 가장 대중적인 은행이다. 여행객을 노리는 소매치기들이 많으므로 환전 또는 ATM을 이용할 때에는 반드시 주위를 살피는 게 안전하다.

Multibanco ATM

주소 ① R. 1ºde Dezembro 133(호시우 광장 근처 Map P.394-B1), ② R. Augusta 62(아우구스타 거리 Map P.394-A1) ③ R. Áurea 75(코메르시우 광장 근처 Map P.394-A1) **운영** 24시간

슈퍼마켓

바이샤 지구에는 다양한 규모의 슈퍼마켓이 있으며 중국인이 운영하는 아시안 마켓에는 한중일 식료품은 물론 푸드코트도 있어 한중일 음식부터 동남아시아 음식까지 맛볼 수 있다. 우리나라 식료품과 음식이 그립다면 이용해 보자.

Pingo Doce Chão do Loureiro

대형 슈퍼마켓, 아우구스타 거리에서 도보 7분
주소 Largo Chão do Loureiro **영업** 08:30~21:00

Amanhecer(Supermercado Oriental)
아시아 슈퍼마켓. 호시우 광장에서 도보 7분
주소 R. Palma 41 A 1o andar **운영** 월~토요일 09:00~20:30, 일요일 10:00~20:00

Pingo Doce Map P.394-B1
호시우 역 뒤쪽 Rua 1 de Dezembro 거리에 있다.
영업 09:00~21:00

이동 통신사

Vodafone, MEO, NOS 등 3개 통신사가 있으며 심카드는 공항, 시내 통신사 매장에서 쉽게 구할 수 있다. 가장 많이 알려진 곳이 보다폰 Vodafone이다.

보다폰 Vodafone
호시우 광장에 위치, 영어 가능한 직원이 상주해 있다. 유심칩 구입 및 충전할 때 좋으나 매장을 찾는 사람들이 많아 꽤 기다려야 한다.
주소 Praça D. Pedro IV Nº 4 e 5 **운영** 월~금요일 09:00~19:00, 토요일 10:00~13:00 **휴무** 일요일

경찰서

Tourism Police(PSP)
여행자 전용 경찰서로 도난 및 분실에 대한 Police Report 작성과 현지인과의 트러블, 불공정거래 같은 여행 중 발생할 수 있는 사건·사고 관련 업무를 주로 하고 있다. 영어도 잘 통하고, 친절하다.
주소 Palàcio Foz, Praça dos Restauradores(포스 궁전 안) **전화** 21 342 1623 **홈페이지** http//www.safecommunitiesportugal.com/psp-lisbon-tourism-support/

ACCESS

가는 방법

비행기·열차·버스 등으로 연결된다. 유럽 최서단에 위치해 비행기를 이용하는 것이 가장 편리하며, 스페인에서 갈 경우 야간 이동에는 열차 · 버스를, 주간 이동에는 저가항공을 이용하면 편리하다.

비행기

우리나라에서 출발하는 직항편이 없어 1회 경유하는 유럽계 항공사를 이용해야 한다. 항공 예약을 할 때는 리스본을 여행의 시작 도시 또는 마지막 도시로 계획하고 스케줄을 잡는 게 편리하다.
국제선은 시내에서 7㎞ 정도 떨어진 포르텔라 드 사카벵 공항 Aeroporto Portela de Sacavém에 도착한다. 공항은 터미널1과 터미널2로 나뉜다. 대부분의 항공사는 터미널1로, 국영 항공사인 탑 포르투갈 Tap Portugal과 부엘링, 라이언 에어 같은 저가항공사는 터미널2로 운항한다.
공항에서 시내까지는 공항버스, 시내버스, 메트로 등을 이용할 수 있다. 공항과 시내 간 거리가 멀지 않기 때문에 일행이 여럿이거나 밤늦게 도착했다면 택시를 타도 좋다. 그러나 바가지 쓸 수 있으니 반드시 미터기를 사용하고, 출발 전 목적지까지 대략적인 요금을 확인하도록 한다. 보통 시내까지 택시 요금은 짐 포함 €15~20 정도가 적당하다. 단, 러시아워 시간은 피하는 게 좋다.
공항 홈페이지 www.ana.pt

✈ 사카벵 공항 → 시내

공항버스 Aerobus
가장 많이 이용하는 교통수단. 2개의 노선이 순환선으로 운행하며 대부분의 여행자는 숙소와 관광지가 모여 있는 구시가로 운행하는 1번 버스를 이용한다. 티켓은 24시간 유효, 버스만 리스본 시내버스를 무제

한 이용할 수 있으며 자동발매기, 운전사에게 직접 구입하면 된다. 시내까지는 30~40분 정도 소요.

홈페이지 www.aerobus.pt **운행** 07:30~23:00(20~25분 간격) **요금** 일반 €4, 어린이/4인 이상 단체/리스보아 카드 소유자 €2(온라인 구매 10% 할인) **1번 버스 구시가 주요 정류장** ①공항 → (중략) → ⑧Pç.da Figueira → ⑨Pç. do Comércio → ⑩Cais Sodré → ⑪Pç. do Comércio → ⑫Rossio

메트로

메트로 역 근처에 숙소가 있는 경우 많이 이용한다. 공항과 연결된 메트로 역은 빨간색 라인 Aeroporto 역. 구시가로 연결된 메트로 역은 대부분 초록색 라인에 모여 있어 최소 한 번은 갈아타야 한다. 시내까지는 25~30분 소요.

운행 06:30~01:00(6~10분 간격)
요금 1회권 €1.90(리스보아 카드 소지 시 무료)

시내버스

가장 저렴한 교통수단. 행선지에 따라 다양한 노선이 발달해 있으며 그중에서 관광지가 모여 있는 구시가와 신시가로 운행되는 노선은 아래와 같다. 심야버스도 있다. 도착 로비에서 나오면 바로 앞에 승차장이 있다.

①22번 버스
공항 → 폼발 후작 광장 Marquês do Pombal(매일 운행)

②44번 버스
공항 → 주중 카이스 두 소드르 역, 주말에는 폼발 후작 광장까지 운행

③208번 심야버스
오리엔트 역→공항→카이스 두 소드르 역
운행 주간 05:00~24:00, 심야 23:30~04:30
요금 1회권 €2

택시

큰 짐이 있는 경우 요금에 €1.50 정도를 더 내야 하며 €1 미만의 거스름돈은 팁으로 주는 게 관례다. 시내까지 20~30분 소요.

운행 및 요금 06:00~21:00 €15~18, 21:00~06:00 €19~22 ◆Uber, Cabify, Bolt, Kapteh 등 공유택시 이용시 €15

철도

스페인의 마드리드에서는 야간열차를 타고 갈 수 있으며, 그 밖에 다른 지방에서도 열차를 이용할 수 있다. 리스본의 역은 시내에만 5곳이 있다. 행선지에 따라 출발하는 역이 다르므로 미리 확인해 두자. 티켓은 포르투갈 국영철도 홈페이지를 통해 출발일로 2개월 전부터 예매할 수 있으며, 서두르면 40~60%까지 할인받을 수 있다.

철도청 홈페이지 www.cp.pt

산타 아폴로니아 역
Estação de Santa Apolónia Map P.394-A2

1865년에 개장, 리스본에서 가장 오래된 역. 스페인에서 오는 국제열차와 국내 코임브라·포르투 같은 곳을 오가는 중·장거리 열차가 도착한다. 국제열차 매표소와 관광안내소·대기실 등은 3번 플랫폼에 있다. 역은 작고 소박하며 시내에서 1.5㎞ 정도 떨어져 있는 알파마 Alfama 지구 동쪽 끝의 테주 강가에 있다. 시내까지는 메트로 Santa Apolónia 역과 연결돼 있어 이용하면 편리하다. 시내버스 46·90번을 이용하면 호시우 광장까지, 시내버스 9·47·746·759번을 타면 코메르시우 광장까지 갈 수 있다. 택시를 타면 약 €5 정도 나온다.

코인 로커
운영 매일 24시간 요금 소 €3, 중 €3.50, 대 €5

철도패스 소지자 국제열차 예약료
리스본→마드리드 T4 €29, 좌석 €9.50

카이스 두 소드르 역
Estação Cais do Sodré Map P.394-A1

에스투릴·카스카이스 방면 열차가 발착한다. 코메르시우 광장 서쪽 테주 강변에 위치해 있어서 역에는 리스본 근교 도시로 향하는 페리 승선장 Estação de Terreiro do Paço이 있다. 역에서 구시가인 호시우 광장이나 바이샤 Baixa 지구까지는 도보 약 15분. 버스는 44·45·15번이 역과 시내를 운행하고 있다. 메트로 역과도 연결되어 있다.

호시우 역 Estação do Rossio Map P.394-B1

구시가와 신시가의 경계에 있는 호시우 광장과 헤스타우라도레스 광장 사이에 위치. 켈루스, 신트라 방면 열차가 드나든다. 임마누엘 양식의 역사 건물은 관광 차원에서도 들러볼 만하다. 메트로 Restauradores 역과 연결돼 있으며 구시가는 도보로 갈 수 있다. 교통의 중심지로 모든 버스·트램·메트로 등이 연결돼 있다.

오리엔트 역 Estação do Oriente Map P.394-B2

시내 북동쪽에 있는 현대적인 역. 산타 아폴로니아 역으로 가는 모든 열차가 이곳에 정차하며 파루 Faro, 라구스 Lagos, 알부페이라 Albuferia 등 남부행 열차가 드나든다. 신트라 등 근교행 국철도 운행된다. 메트로 Oriente역과 연결돼 있어 시내까지 이용하면 편리하다.

버스

리스본 근교와 지방으로 여행할 때 유용한 교통수단. 버스 회사와 행선지에 따라 터미널이 달라진다. 국제선과 장거리 버스가 운행되는 세트 히우스 버스터미널이 중앙 터미널 구실을 한다. 소도시를 여행할 계획이라면 관광안내소에서 미리 터미널 정보를 얻어두자.

고속버스 홈페이지 www.renex.pt

세트 히우스 버스터미널 Terminal Rodoviário de Sete-Rios

RE·Renex사 등의 장거리 버스가 운행되는 터미널로, 국제선인 스페인행 버스와 코임브라·포르투행 버스가 발착한다. 2004년에 오픈해 깨끗하고 현대적이다. 중앙 홀에 국내·국제선 전용 매표소가 있다. 티켓 구입 시 학생증을 보여주면 10% 할인해준다. 터미널에서 나와 에스컬레이터를 타고 내려가면 신트라행 국철이 운행되는 자르딩 줄로지쿠 Jardim Zoológico 역이 나온다. 역과 연결된 메트로를 이용하면 시내까지 편리하게 갈 수 있다.

RE사 홈페이지 www.rede-expressos.pt

장거리 버스

리스본 → 포르투

3시간 30분 소요, 요금 €20

리스본 → 코임브라

2시간 20분 소요, 요금 €13.80

리스본 → 마드리드

10시간 소요(1일 2회 야간버스), 요금 €45(1회 경유)

리스본 → 세비야

9시간 소요(1일 2회 야간버스), 요금 €45

리스본 - 도시 간 교통편·이동 시간

	출발	도착	교통편·이동 시간
근교이동 가능 도시	리스본 Estação do Rossio 역	신트라	국철 40~47분
	리스본 Estação do Rossio 역	카스카이스	국철 33분
	리스본	호카곶	국철과 버스 총 1시간 10분
주·야간이동 가능 도시	리스본 Santa Apolónia 역 / Sete-Rios 역	포르투	열차·버스 각 3시간~3시간 30분, 비행기 1시간
	리스본 Santa Apolónia 역 / Sete-Rios 역	코임브라	열차·버스 각 2시간~2시간 30분
	리스본 Sete-Rios 역	나자레	버스 1시간 50분
	리스본	마드리드	저가항공 1시간 20분, 야간버스 8시간 30분

TRANSPORTATION

시내 교통

리스본은 그다지 크지 않지만 볼거리가 도시 곳곳에 흩어져 있고 언덕이 많기 때문에 다양한 대중교통을 적절히 이용하는 것이 효율적이다. 리스본의 대중교통수단으로는 카리스 Carris사에서 운영하는 버스 Autocarro, 트램 Eléctrico, 높은 언덕을 오르내리는 3개 노선의 전차형 엘리베이터(푸니쿨라르)와 산타 주스타 엘리베이터 Elevador Santa Justa 등이 있으며 별도로 운영되는 4개 노선의 메트로 Metro가 있다.

Carris

홈페이지 www.carris.pt **운행** 주간 05:00~24:30, 심야 23:30~05:30

메트로

홈페이지 www.metrolisboa.pt **운행** 06:30~01:00(주간 5분 간격, 새벽&심야 10~15분 간격)

알아두세요

전차형 엘리베이터(푸니쿨라르) Ascensores e Elevador는 라브라 Lavra, 비카 Bica, 글로리아 Glória 선이 있다. 평지에서 언덕까지 2~3분 안에 오른다. 특색 있는 교통수단이니 꼭 타볼 것을 추천한다.

티켓 구입 및 사용 방법

티켓은 카리스 전용, 메트로 전용, 공용권이 있으며 카리스 Carris라고 표시된 전용 매표소나 메트로 역 등에서 구입할 수 있다. 모든 정류장에는 도착 시각을 알리는 전자식 게시판이 있으며 노선도가 붙어있어 편리하다. 승차 시 우리나라처럼 자동 인식 기계에 티켓을 갖다 대면 된다. 원데이 또는 24시간 티켓이어도 승차 때마다 기계에 갖다 대 인식시켜야 한다. 메트로는 들어가고 나올 때 티켓이 필요하니 잃어버리지 않도록 주의하자. 시내 관광 시 대중교통을 많이 이용할 예정이라면 1회권보다는 충전식 교통카드인 비바 비아젬 Viva Viagem 카드를 구입하는 게 더 경제적이다. 많은 관광명소를 방문할 예정이라면 입장권과 교통권이 모두 포함된 리스보아 카드 Lisboa Card를 추천한다.

탑승 후 티켓을 인식기에 댄다.

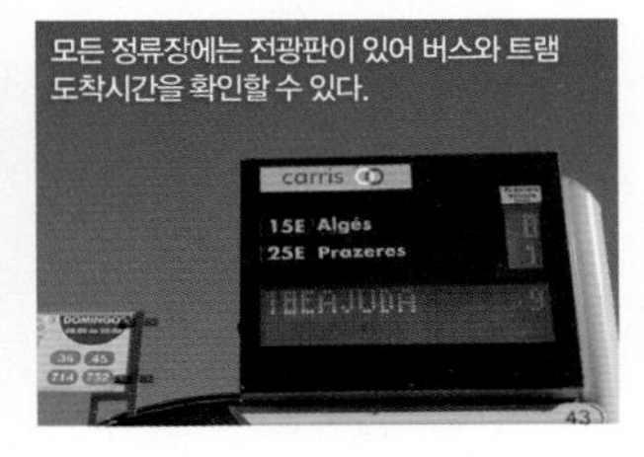

모든 정류장에는 전광판이 있어 버스와 트램 도착시간을 확인할 수 있다.

비바 비아젬 Viva Viagen 카드

충전식 교통카드로 초록색 ML과 흰색 CP 카드 두 종류가 있다. 카드는 시내 대중교통, 페리, 근교 기차 이용 여부에 따라 선택하면 된다. 카드 발급비로 €0.50를 지불해야 하며 1년 동안 사용할 수 있다. 최초 원하는 티켓 구입 시 선택하면 충전되어 나온다. 카드 사용에 문제가 있을 때 증빙서류로 영수증이 필요하므로 여행이 끝날 때까지 보관하자.

1회권 메트로+Carris €1.80(1시간 유효), 버스 €2.10, 트램 €3.10/ 전차형 엘리베이터(비카, 글로리아, 라브라) €4.10(2회 사용)/ 산타 주스타 엘리베이터 €6(2회 사용, 전망대 포함)
24시간권 24h Day Ticket 최초 사용 시간으로부터 24시간 사용

ML 카드 Carris+Metro
€6.80(시내 관광 시)

ML 카드 Carris+Metro+Transtejo
(Cacilhas 테주 강 맞은 편행 페리) €9.80

CP 카드 Carris+Metro+CP
(신트라, 카스카이스 등 근교 기차) €10.80

충전 Zapping €3~40(Carris 1회 사용 시 €1.35 차감)

리스보아 카드 Lisboa Card

시내 모든 교통수단과 근교 신트라와 카스카이스행 국철, 관광명소 입장료 등을 포함한다. 투어버스·공항버스를 이용할 때도 할인 혜택이 있다. 카드는 홈페이지, 관광안내소에서 판매한다.

홈페이지 www.lisboacard.org
요금 24시간 €27, 48시간 €44, 72시간 €54

추천 트램 노선

노선	주요 정류장	주요 노선
28번 트램	아우구스타 거리에 인접한 콘세이상 거리 Rua de Conceição	바이후 알투 Bairro Alto, 바이샤, 알파마 지구를 연결하는 황금 노선. 카몽이스 광장, 아우구스타 거리, 대성당, 포르타스 두 솔 광장, 상 조르즈 성 등을 오가는 28번 트램만 이용하면 리스본의 뒷골목과 아름다운 풍경을 모두 감상할 수 있다.
15번 트램	피게이라 광장 또는 코메르시우 광장	구시가와 벨렝 지구를 연결하는 황금 노선. 28번 트램이 노란색의 구형이라면 15번 트램은 보기에도 산뜻한 최신식이다.

알아두세요

대중교통 티켓 구입처 및 주의사항

구시가 내 카리스 Carris 티켓 구입처는 헤스타우라도레스 광장 메트로 역 앞, 피게이라 광장, 산타 주스타 엘리베이터 계단 위에 있다. 비바 비아젬 카드는 기차역 또는 메트로 역에 있는 자동발매기 또는 매표소에서 구입 가능하나 모든 역에서 판매하는 건 아니다. 자동발매기에 따라 메트로가 포함되지 않는 경우도 있으니, 없다면 메트로 역에 있는 매표소나 자동발매기를 이용하는 게 좋다. 비바 비아젬 카드에는 신트라행 교통티켓(Train&Bus 1일권)도 충전이 가능하다. 단, 전에 충전한 모든 티켓을 모두 사용한 빈 카드여야 한다. 카드 이상 시 교체를 위한 증빙서류로 영수증이 필요하니 늘 소지하자.

비바 비아젬 카드 구입 가능한 메트로 역

파란색 라인 Colegio Militar, Jardim Zoologico
노란색 라인 Marquees de Pombal, Campo Grande
초록색 라인 Baixa–Chiado, Cais do Sodre
빨간색 라인 Oriente, Aeroporto

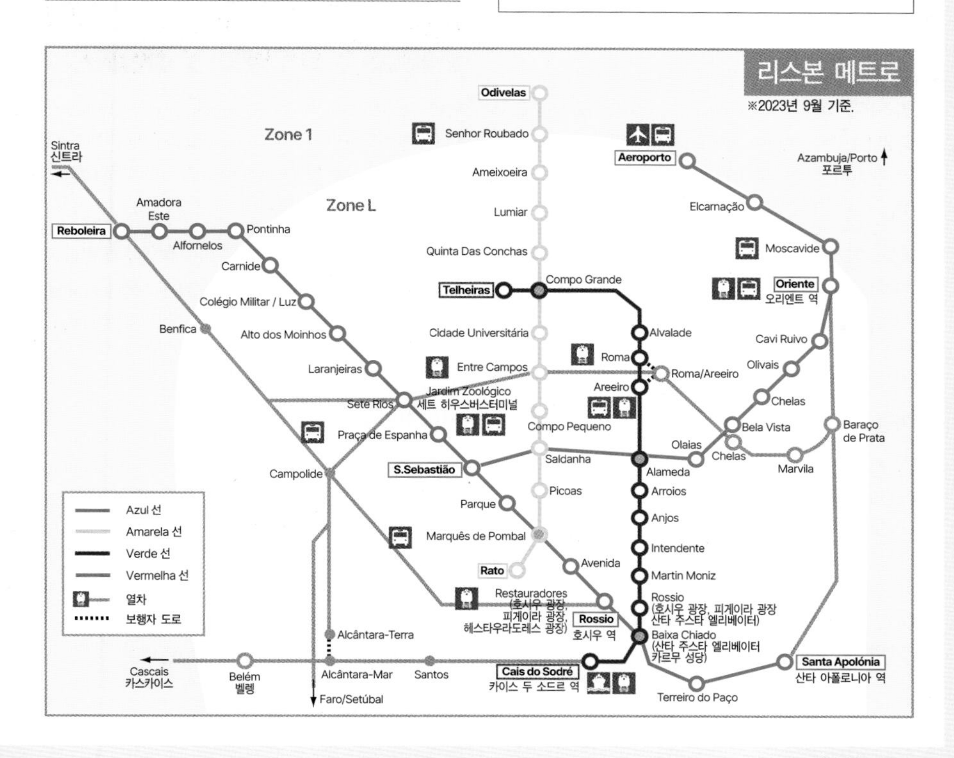

MASTER OF LISBOA

리스본 완전정복

리스본은 대항해 시대가 열리고 세상의 중심에 우뚝 섰지만 스페인의 유명 도시들에 가려 우리에게 알려진 게 거의 없다. 유럽과 아프리카, 아메리카의 문화가 뒤섞이면서 생겨난 그들만의 독특한 문화가 존재하지만 우리에겐 너무나 생소하다. 유럽의 다른 수도들과는 달리 세상에 알려진 대단한 보물도 없다. 그럼에도 불구하고 리스본은 참 매력적인 도시다.

서민들의 삶이 고스란히 남아있는 7개의 언덕 위에 숙소를 잡고 창문으로 내려다보는 시내 풍경은 그렇게 평화롭고 아름다울 수가 없다. 구식 노란색 트램에 몸을 싣고 차창 밖 풍경을 감상하는 것 역시 잊을 수 없는 멋진 경험이다. 수도원에서 비법이 전수된 에그타르트 맛은 세상에서 제일이다. 이런 소소한 즐거움만으로도 유럽 서쪽 끝의 도시 리스본을 여행해볼 만한 가치가 있다. 유럽에서 가장 느긋한 이곳은 공기부터 느리고 여유롭다.

리스본은 크게 구시가, 신시가, 벨렝 지구로 나뉘고 구시가는 또 바이샤, 바이후 알투, 알파마 지구로 나뉜다. 관광명소는 대부분 구시가에 모여 있지만 구시가에서 떨어져 있는 벨렝 지구에도 명소들이 있으니 꼭 챙겨봐야 한다. 신시가는 구시가 북쪽 지구로 리스본의 현대적인 모습을 볼 수 있다. 시내 관광은 도보와 함께 적절히 대중교통을 이용하는 게 좋다. 특히 트램이 유용하다. 걷다 지치면 무조건 타면 된다.

시내 관광은 2~3일이 적당하다. 첫날은 벨렝 지구와 구시가 전체를 돌아보고, 둘째 날은 바이후 알투와 알파마 지구를 트램과 도보로 꼼꼼히 돌아보자. 셋째 날은 쇼핑을 하고 뒷골목을 탐방하거나 꼭 보고 싶은 박물관이나 유적지를 골라서 찾아가자. 아니면 당일치기로 근교의 신트라, 호카곶, 카스카이스 등을 여행하는 것도 추천한다.

이것만은 놓치지 말자!

① 상 조르즈 성에서 내려다본 리스본 전경과 야경
② 세계문화유산인 제로니무스 수도원을 구경하고 맛있는 에그타르트 먹기
③ 산타 주스타 엘리베이터 전망대에서 바라본 리스본 풍경
④ 28번 트램을 타고 돌아보는 바이후 알투와 알파마 지구

시내 관광을 위한 Key Point

랜드마크

① **호시우 광장** Praça Rossio
구시가·신시가가 연결되는 허브 광장으로 교통의 중심지

② **아우구스타 거리** Rua Augusta
최대 번화가이자 모든 관광명소들과 연결되는 보행자 전용 거리. 리스본을 여행하는 내내 매일 이 거리를 지나게 된다.

1 바이샤 지구 B2
평지. 후시우 광장을 중심으로 북쪽과 남쪽 지구. 최대 번화가이자 쇼핑가이며 교통의 중심지이다.

2 바이후 알투&시아두 지구 A2
언덕. 레스토랑, 바, 클럽, 파두 하우스 등이 모여 있어 밤이 더 화려한 곳.

3 알파마 지구 B2
언덕. 그림엽서에 자주 등장하는 리스본 서민 동네. 정상에 상 조르즈 성이 있다.

4 벨렝 지구와 서부 A2
16세기 대항해 시대의 유적이 많이 남아 있으며 이곳에 그 유명한 에그타르트집이 있다.

5 신시가 B1
리베르다드 거리 북쪽 지구. 고급 호텔, 고층 빌딩 등이 모여 있다.

1day Course

하루 만에 리스본과 친구 되기

1

푸니쿨라르 글로리아선을 타고 1분

헤스타우라도레스 광장의 포스 궁전 P.409

바이샤 지구, 메트로 Restauradores 역

Mission 운치 있는 푸니쿨라르 글로리아 안에서 기념촬영

6

트램 E15번 이용, 15분

제로니무스 수도원 P.404

세계문화유산으로 지정된 벨렝 지구 최고의 유적지

Mission 선원들이 항해에서 무사 귀환을 빌었다는 조각을 찾아보자!

7

도보 3분

Pastérs de Belém P.412

Mission 입에서 살살 녹는 에그타르트 맛보기!

도보 5분

8

트램 E15번 이용, 20분, 코메르시우 광장에서 트램 28번으로 환승 후 20분

발견의 탑 & 벨렝 탑 P.405

테주 강변에 있는 기념탑. 발견의 탑에는 항해왕 엔히크 왕자를 선두로 리스본의 위대한 탐험가들이 조각돼 있다. 도보 7분 거리에 벨렝 탑이 있다.

9

트램 28번 이용, 20분 또는 도보 30분

상 조르즈 성 P.400

알파마 지구. 리스본 시내를 감상할 수 있는 최고의 전망대. 석양으로 물든 아름다운 풍경에 빠져보자. 시간에 여유가 있다면 트램 28번이 지나는 포르타스 두 솔 광장이나 대성당에 들러보자.

첫날 관광의 포인트는 다양한 교통수단을 이용해 구시가와 벨렝 지구를 돌아보는 것. 24시간 티켓을 구입하자. 여행의 시작은 관광안내소가 있는 포스 궁전이다. 궁전 옆 언덕 위로 오르는 푸니쿨라르를 타고 상 페드루 드 알칸타라 전망대를 시작으로 바이후 알투 지구를 대충 둘러보자. 오늘 관광의 하이라이트는 벨렝 지구다. 아름다운 테주 강변에 있는 세계문화유산들을 둘러보고 세상에서 가장 맛있는 에그타르트도 먹어보자. 다시 트램을 타고 알파마 지구로 이동해 상 조르즈 성에 올라 석양 무렵의 시내 풍경을 감상하자. 트램을 타고 바이샤 지구로 내려와 산타 주스타 엘리베이터에 올라 야경을 감상하는 것으로 마무리하자. 멋진 풍경에 반해 리스본과 사랑에 빠지게 된다.

2

도보 5분 »

상 페드루 드 알칸타라 전망대 P.399

바이후 알투 지구. 리스본 최고 심장부 바이샤 지구를 조망할 수 있다. 맞은편 언덕에는 상 조르즈 성이 보인다.

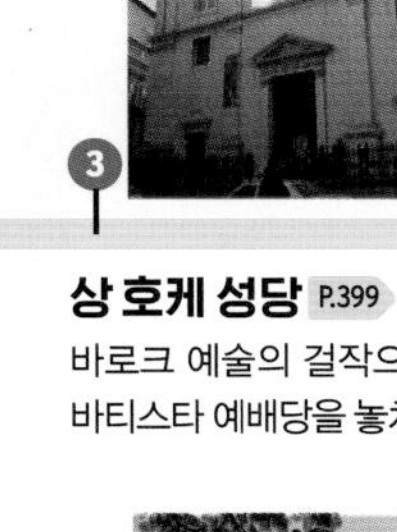

3

»

상 호케 성당 P.399

바로크 예술의 걸작으로 불리는 상 주앙 바티스타 예배당을 놓치지 말고 구경하자.

도보 5분

4 카르무 성당

«

카르무 수녀원 P.399

Mission 카페 '아 브라질레이라 A Brasileira'에 들러 시인과 기념촬영하기!

5

« 도보 5분 «

카르무 & 가헤트 거리 P.413

리스본 최고의 쇼핑거리를 구경 후 피게이라 바이샤 지구의 피게이라 광장으로 이동한다.

10 산타 주스타 엘리베이터

아우구스타 거리 P.396

바이샤 지구. 리스본 최대의 번화가이자 쇼핑거리.

Mission 산타 주스타 엘리베이터를 타고 전망대에 올라 시내 야경 감상

알아두세요

❶ 관광안내소에 들러 시내지도와 교통지도를 얻자. 유용한 쿠폰이 있는지도 살펴보자.
❷ Carris에서 24시간 티켓을 구입하자. 매표소는 헤스타우라도레스 광장 메트로 역 앞
❸ 점심 먹기 좋은 곳 : 카르무 거리 또는 벨렝 지구

◆리스본의 관광지를 전체적으로 훑어보는 일정으로 생각보다 타이트하다. 공들여 보고 싶은 박물관이나 명소 등은 다음날로 계획하자.

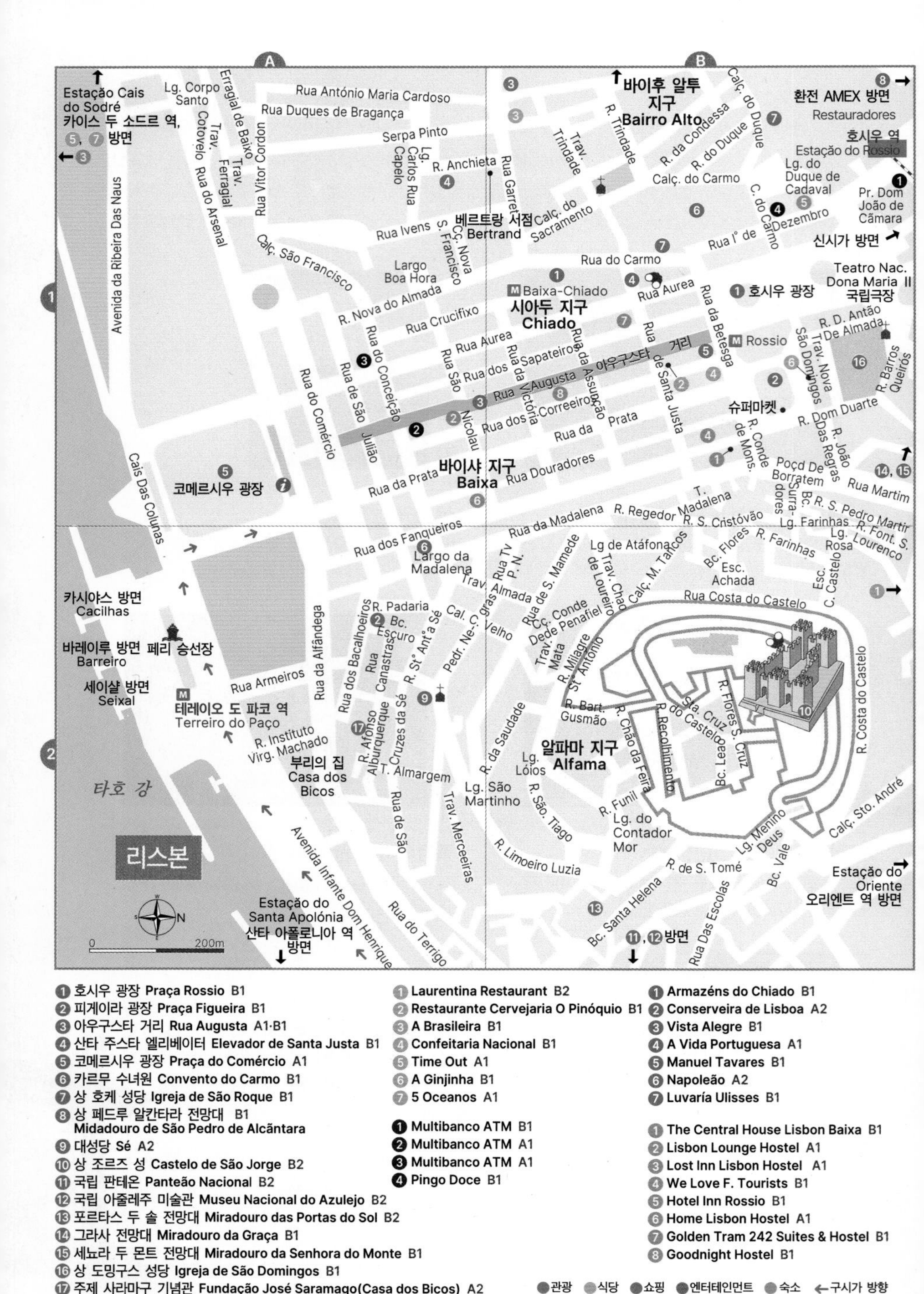
리스본
바이후 알투 지구
Bairro Alto
시아두 지구
Chiado
바이샤 지구
Baixa
알파마 지구
Alfama
타호 강
Estação Cais do Sodré
카이스 두 소드르 역, 5, 7 방면
환전 AMEX 방면
Restauradores
호시우 역
Estação do Rossio
신시가 방면
Teatro Nac. Dona Maria II
국립극장
1 호시우 광장
Rossio
Baixa-Chiado
베르트랑 서점
Bertrand
아우구스타 거리
슈퍼마켓
코메르시우 광장
카시야스 방면
Cacilhas
바레이루 방면 페리 승선장
Barreiro
세이샬 방면
Seixal
테레이오 도 파코 역
Terreiro do Paço
부리의 집
Casa dos Bicos
Estação do Oriente
오리엔트 역 방면
Estação do Santa Apolónia
산타 아폴로니아 역 방면
11, 12 방면
14, 15
Rua António Maria Cardoso
Rua Duques de Bragança
Serpa Pinto
R. Anchieta
Rua Garrett
Rua Ivens
Calç. do Sacramento
Calç. do Carmo
Rua do Carmo
Rua Aurea
Rua da Betesga
Rua Augusta
Rua dos Sapateiros
Rua dos Correeiros
Rua da Prata
Rua Douradores
Rua do Comércio
Rua da Madalena
Rua dos Fanqueiros
Largo da Madalena
Rua Costa do Castelo
Rua Armeiros
Rua da Alfândega
Avenida Infante Dom Henrique
Avenida da Ribeira Das Naus
Cais Das Colunas
R. Dom Duarte
Rua Martim
R. de S. Tomé
Rua Das Escolas
Bc. Santa Helena
R. Limoeiro Luzia
Calç. Sto. André
R. Costa do Castelo
Rua do Terrigo
0 200m
1 호시우 광장 Praça Rossio B1
2 피게이라 광장 Praça Figueira B1
3 아우구스타 거리 Rua Augusta A1·B1
4 산타 주스타 엘리베이터 Elevador de Santa Justa B1
5 코메르시우 광장 Praça do Comércio A1
6 카르무 수녀원 Convento do Carmo B1
7 상 호케 성당 Igreja de São Roque B1
8 상 페드루 알칸타라 전망대 B1 Midadouro de São Pedro de Alcântara
9 대성당 Sé A2
10 상 조르즈 성 Castelo de São Jorge B2
11 국립 판테온 Panteão Nacional B2
12 국립 아줄레주 미술관 Museu Nacional do Azulejo B2
13 포르타스 두 솔 전망대 Miradouro das Portas do Sol B2
14 그라사 전망대 Miradouro da Graça B1
15 세뇨라 두 몬트 전망대 Miradouro da Senhora do Monte B1
16 상 도밍구스 성당 Igreja de São Domingos B1
17 주제 사라마구 기념관 Fundação José Saramago(Casa dos Bicos) A2
1 Laurentina Restaurant B2
2 Restaurante Cervejaria O Pinóquio B1
3 A Brasileira B1
4 Confeitaria Nacional B1
5 Time Out A1
6 A Ginjinha B1
7 5 Oceanos A1
1 Multibanco ATM B1
2 Multibanco ATM A1
3 Multibanco ATM A1
4 Pingo Doce B1
1 Armazéns do Chiado B1
2 Conserveira de Lisboa A2
3 Vista Alegre B1
4 A Vida Portuguesa A1
5 Manuel Tavares B1
6 Napoleão A2
7 Luvaría Ulisses B1
1 The Central House Lisbon Baixa B1
2 Lisbon Lounge Hostel A1
3 Lost Inn Lisbon Hostel A1
4 We Love F. Tourists B1
5 Hotel Inn Rossio B1
6 Home Lisbon Hostel A1
7 Golden Tram 242 Suites & Hostel B1
8 Goodnight Hostel B1
관광 식당 쇼핑 엔터테인먼트 숙소 ← 구시가 방향

Attraction 보는 즐거움

바다 같이 넓은 강이 있어 더 여유로워 보이는 리스본은 유럽에서 가장 살고 싶은 수도로 꼽힌다. 복잡하기 이를 데 없는 다른 나라 수도에 비하면 여유롭고 평화로운 분위기이며 현지인들 역시 따뜻하고 친절하다.

바이샤 Baixa 지구, 바이후 알투&시아두 Bairro Alto&Chiado 지구, 알파마 Alfama 지구 등 볼거리가 많이 모여 있는 지역이다. 리스본 최고의 번화가인 바이샤 지구에서는 화려한 상점들과 광장을, 바이후 알투&시아두 지구에서는 대지진의 흔적과 뒷골목 풍경을, 알파마 지구에서는 이슬람의 흔적과 서민의 삶 등을 살펴볼 수 있다.

바이샤 지구 Baixa

'낮은 땅'이라는 바이샤 지구는 고지대인 바이후 알투와 알파마 지구 사이에 있는 리스본의 중심부이자 최대 번화가이다. 1755년 리스본 대지진 이후 새롭게 정비된 신시가지로 상점·레스토랑·기념품점·카페 등이 늘어서 있다. 바이샤 지구의 중심은 호시우 광장으로 맞은편에는 피게이라 광장이 있다. 호시우 광장 북쪽으로는 헤스타우라도레스 광장과 아베니다 다 리베르다드 대로, 폼발 후작 광장이 있고, 남쪽에 위치한 보행자 거리인 아우구스타 거리를 따라 내려가면 코메르시우 광장과 바다처럼 넓은 테주 강이 나온다. Map P.394-A1·B1

호시우 광장

호시우 광장의 물결 모양 바닥 장식

◆ 호시우 광장 Praça Rossio

바이샤 지구의 중심부. 1874년 동 페드루 4세 동상을 세우며 광장의 명칭이 페드루 4세 Praça Dom Pedro IV 광장으로 변경됐지만 리스본 사람들은 여전히 호시우 광장으로 부른다.

광장 중앙에는 동 페드루 4세 동상과 화려하게 장식된 프랑스풍 분수가 있다. 과거에는 국가 행사나 투우장으로 이용했으며 이교도들에 대한 종교재판과 화형식이 거행되기도 했다. 북쪽에 있는 왕궁 같은 웅장한 건물은 옛 종교재판소 자리에 건립한 마리아 2세 국립극장 Teatro Nacional D. Maria II이다. 호시우 광장은 피게이라 광장과 함께 시내 교통의 중심지이며, 광장 주변으로는 유서 깊은 건축물과 카페, 상점 등이 즐비하다. 무엇보다 광장에서 인상적인 것은 흰색과 검정색 타일로 꾸민 물결 모양의 바닥 장식이다. 칼사다 포르투게사 Calçada Portuguesa라 부르는 바닥 장식으로 포르투갈에서만 볼 수 있는 특징이다.

Map P.394-B1 **가는 방법** 메트로 Rossio 역 또는 Restauradores 역에서 하차

피게이라 광장 안 버스 정류장

◆ 피게이라 광장 Praça Figueira

호시우 광장 맞은편에 있다. 드넓은 광장도 멋지지만 광장을 에워싸고 있는 상점들이 볼만하다. 얼핏 보면 현대적이고 세련된 분위기지만 천천히 살펴보면 세월의 손때가 역력한 오래된 서민식당, 낡은 테이블과 장식이 오히려 골동품처럼 느껴지는 카페, 작은 기념품점 등이 광장과 대조되어 인상적인 풍경이 펼쳐진다. 주말에는 아프리카에서 건너온 흑인들이 이곳에 모여 아프리카 전통 의상을 입고 펼치는 이색적인 공연이 열리기도 한다.

Map P.394-B1 **가는 방법** 메트로 Rossio 역 또는 Restauradores 역에서 하차. 또는 버스 14·37번이나 트램 12·15번 이용

◆ 상 도밍구스 성당 Igreja de São Domingos

상처투성이 모습 그대로 굳건히 자리를 지키고 있는 기적과 희망의 성당. 1755년 대지진, 1959년 화재로 인해 무너지고 뒤틀리고 그을렸지만 복구가 늦어져 그 모습 그대로 간직한 채 일반인들에게 공개하고 있다. 리스본 유일의 흑인 성직자가 있어서 흑인 신도들이 많으며 성당 앞 광장은 리스본에 사는 아프리카 공동체 주민들이 즐겨 찾는다. 묘한 감동을 주는 곳으로 생각보다 여행객들이 많이 찾는다.

Map P.394-B1 **가는 방법** 호시우 광장에서 도보 3분

◆ 아우구스타 거리 Rua Augusta

세련되고 멋스러운 리스본 최대의 번화가이자 쇼핑거리. 일직선으로 난 대로는 보행자 전용 도로이며, 장인들의 수작업으로 만든 칼사다 포르투게사(타일바닥)는 거리 분위기를 쾌적하게 만들어준다. 유명 브랜드 숍과 예스러운 상점이 조화를 이루는 아우구스타 거리를 산책하듯 걸어보자. 거리 남쪽에는 액세서리와 기념품, 아름다운 리스본의 모습을 담은 그림을 파는 노점상들이 즐비하다.

Map P.394-A1·B1 **가는 방법** 피게이라 광장에서 도보 2분

아우구스타 거리

◆ 산타 주스타 엘리베이터 Elevador de Santa Justa 

저지대에 위치한 바이샤 지구와 언덕 위의 바이루 알투 지구를 연결하는 공공 엘리베이터. 에펠탑을 설계한 에펠의 제자 라울 메스니에르 Raoul Mesnier du Ponsard가 1902년에 철골로 만든 신고딕 양식의 건축물이다. 1902년부터 1907년까지는 증기로 운행했으며 지금은 전기로 운행한다. 45m에 달하는 엘리베이터의 꼭대기는 현재 전망대로 운영하고 있다. 작가 페소아는 이곳에서 바라보는 시내 풍경의 아름다움을 이야기하기도 했다. 환상적인 야경을 볼 수 있다.

Map P.394-B1 **주소** R. do Ouro **전화** 21 413 8679 **홈페이지** www.carris.pt/pt/ascensores-e-elevador **운행** 엘리베이터 5~10월 07:30~23:00, 11~4월 07:30~20:40, 전망대 5~10월 09:00~23:00, 11~4월 09:00~21:00 **요금** 왕복 티켓+전망대 €6, 전망대 €1.50 ◆24시간 티켓 소지자는 전망대 입장료만 내면 된다. **가는 방법** 아우구스타 거리에서 도보 3~5분

◆ 코메르시우 광장 Praça do Comércio

바다 같은 테주 강 위에 아름답게 떠 있는 유럽에서 가장 아름다운 광장 중 하나. 아우구스타 거리와 연결된 아우구스타 거리 아치 Arco da Rua Augusta(도시 재건에 대한 승리의 아치)를 지나면 'ㄷ'자 모양으로 건물이 에워싸고 있고 정면으로 테주 강이 펼쳐진다. 광장 중앙에는 대지진 이후 재건에 힘썼던 동 조제 1세 Don Jose I의 동상이 있다. 대지진 이후 폼발 후작을 도와 도시 재건에 앞장선 건 귀족이 아닌 상공인들이었다. 왕궁이 벨렝 지구로 옮겨지면서 이곳은 세계 무역이 이뤄진 부두로 발전했고, 이 때문에 왕궁 광장이 상업이라는 뜻의 코메르시우 Comércio 광장으로 이름이 바뀌었다.

아우구스타 거리 아치는 포르투갈을 빛낸 위인들이 조각돼 있다. 개선문 꼭대기의 조각은 마리아 1세가 바스쿠 다 가마와 폼발 후작에게 상으로 월계관을 씌워주는 모습이다. 엘리베이터를 타고 아치 전망대에 오르면 멋진 광장 풍경을 감상할 수 있다. 광장을 둘러싸고 있는 건물은 대부분 정부 청사가 들어서 있으며 1층에는 상점과 레스토랑, 카페, 기념품점, 관광안내소 등이 있다. 교통의 중심지이기도 한 이곳은 산타 아폴로니아 역과 벨렝 지구로 가는 버스·트램·메트로 등을 이용할 수 있다. 부둣가는 멋진 산책로이자 풍경을 감상할 수 있는 전망대이다. 하루 중 어느 때든 잠시 쉬어가기 좋으며 석양 무렵이나 길거리 버스킹 감상에도 그만이다. 광장에 있는 마르티뉴 다 아르카다 Martinho da Arcada(1782년)는 리스본에서 가장 오래된 레스토랑으로 작가 페르난도 페소아가 단골손님으로 유명하다. 너무 관광지화 돼 아쉽지만 테주 강을 바라보며 커피 한잔을 즐기거나 사색에 잠겨보는 것을 추천한다(주소 Praça do Comércio 3).

Map P.394-A1 **가는 방법** 아우구스타 거리에서 도보 5~7분. 버스 2·11·13·81·91번 또는 트램 15·25번 이용

코메르시우 광장

석양 무렵의 코메르시우 광장 풍경

바이후 알투 지구 안의 시아두 지구

바이후 알투&시아두 지구
Bairro Alto&Chiado

바이샤 지구의 서쪽에 있는 언덕. 바이후 알투는 '높은 지역'이라는 말로 예부터 서민 노동자들이 모여 살던 곳이다. 바이후 알투와 이어진 시아두 Chiado 지역은 16세기부터 상업지구로 발달한 곳으로 18~19세기에는 고급 식당과 상점, 카페, 서점 등이 들어서면서 귀족은 물론 지식인과 예술가 등 리스본의 셀럽들이 즐겨 찾았다. 지역의 중심 광장은 시인들의 이름을 땄고 광장과 거리 곳곳에는 100년 된 가게들이 여전히 건재하다. 이름난 전망대에서는 각각 다른 시내 풍경을 감상할 수 있고 매일 밤 파두 하우스에서는 파두 가수들의 애절한 노랫소리가 울려 퍼진다. 꼭 챙겨봐야 하는 대단한 관광명소는 없지만 예나 지금이나 낭만이 넘쳐 매력적인 곳이다. Map P.394-B1

풍자시인 안토니우 히베이루

◆ 카몽이스 광장 Praça Luis de Camões
시아두 지구의 중심광장. 광장에는 3개의 동상이 있다. 광장 이름이 된 포르투갈의 민족시인인 루이스 바스 드 카몽이스 Luís Vaz de Camões(1524~1580년)의 동상과 시아두 지구의 이름이 된 길거리 풍자시인 안토니우 히베이루 António Ribeiro(1520~1591년)의 동상이 있다. 시아두는 '씩씩거리다'라는 뜻으로 안토니우 히베이루가 폐 질환으로 씩씩거리는 소리를 내 얻게 된 별명이다. 마지막으로 작가 페르난도 페소아의 동상으로 카페 아 브라질레이라 Cafe A Brasileira 앞에 있다.

가는 방법 호시우 광장에서 도보 10분 또는 트램 28번 이용 또는 메트로 Baixa–Chiado 역에서 도보 1분

카몽이스 광장

카페 아 브라질레이라

◆ 카르무 수녀원 Convento do Carmo

1755년 리스본 대지진의 참상을 말없이 전해주는 역사의 증인. 1389년에 설립되었으며 1755년 대지진으로 뼈대만 앙상하게 남은 폐허가 됐다. 여러 차례 복구 사업이 진행되다 1834년에 중단하는데, 폐허가 인간의 정서와 상상력을 자극하는 상징물로 생각한 19세기 초 낭만주의를 따른 것이다. 채움이 아닌 비움으로 더 많은 사색과 영감을 주는 곳이다. 일부 남아있는 건물은 현재 고고학박물관 Museu Arqueoló으로 이곳에서 발굴한 구석기와 신석기 시대 유물을 전시하고 있다.

알파마 지구에서 바라본 카르무 수녀원

Map P.394-B1 **주소** Largo do Carmo **전화** 21 347 8629 **홈페이지** www.museuarqueologicodocarmo.pt **운영** 11~4월 10:00~18:00, 5~10월 10:00~19:00 **휴무** 일요일 **입장료** €7 **가는 방법** 트램 28번 이용 또는 메트로 Baixa-Chiado 역에서 도보 1분

◆ 상 호케 성당 Igreja de São Roque

16세기에 지은 흑사병 희생자의 수호성인 상 호케(성 로크)에게 봉헌된 성당. 소박한 외관과 달리 성당 안은 금, 대리석, 피렌체의 아줄레주 등으로 화려하게 장식돼 있다. 상 주앙 바티스타 예배당 Capela de São João Baptista은 바로크 미술의 걸작으로 손꼽는 곳으로 베네치아의 장인 니콜라 살비와 루이지 반비텔리가 디자인해 전 세계에서 구해온 온갖 보석으로 장식했다. 성당 옆에는 종교화와 제례용품 등을 전시하는 종교미술관이 있다.

Map P.394-B1 **주소** Largo Trindade Coelho **전화** 21 323 5065 **홈페이지** www.museudesaoroque.pt **운영** 10~3월 월요일 13:00~18:00, 화~일요일 10:00~18:00 4~9월 월요일 13:00~19:00, 화~일요일 10:00~19:00 **휴무** 공휴일 **입장료** 성당 무료, 종교미술관 일반 €10, 학생 €5 **가는 방법** 전차형 엘리베이터 글로리아선 종점에서 도보 2분

◆ 상 페드루 알칸타라 전망대 Miradouro de São Pedro de Alcântara 뷰포인트

호시우 광장이 있는 바이샤 지구와 상 조르즈 성이 있는 알파마 지구를 감상할 수 있는 전망대. 리스본을 대표하는 엽서 속에 자주 등장하는 풍경이다. 바이샤 지구의 헤스타우라도레스 광장에서 전차형 엘리베이터 글로리아 엘리베이터 Elevador da Glória를 타면 쉽게 갈 수 있다.

Map P.394-B1 **가는 방법** 전차형 엘리베이터 글로리아선 종점에서 도보 1분

◆ 산타 카타리나 전망대 Miradouro de Santa Catarina 뷰포인트

테주 강과 4월 25일 다리, 강 건너 카실랴스 지역의 크리스투 헤이(그리스도 상) 등을 한눈에 감상할 수 있는 전망대. 돌 석상은 민족시인 루이스 바스 드 카몽이스의 대표 서사시 '우스 루지아다스'에 나오는 전설의 바다 괴물이다. 근처에 전차형 엘리베이터 비카 엘리베이터 Ascensor da Bica가 테주 강변의 칼랴리스 광장 Largo de Calhariz에서 상 파울루 거리 Rua de São Paulo 사이를 운행한다. 바이루 알투 지역의 서민적인 풍경을 감상할 수 있는 곳으로 역시 리스본을 소개하는 엽서에 자주 등장한다.

알파마 지구 Alfama 뷰포인트

바이샤 지구의 동쪽에 있는 언덕. 리스본에서 가장 오래된 동네이자 파두의 발상지로 주로 어부들과 어업에 종사하는 사람들이 살았다. 다행히 1755년 대지진의 피해를 보지 않아 옛 모습 그대로 남아있다. 집마다 빨래가 나부끼고 미로처럼 얽혀있는 좁은 골목길을 노란색 트램이 달리는 모습이 인상적이 곳이다. 주요 볼거리는 언덕과 강변에 있으며 언덕에 있는 명소로는 대성당, 상 조르즈 성, 포르타스 두 솔 전망대 등이, 테주 강변에 있는 명소로는 파두 박물관, 주제 사라마구 기념관, 국립 판테온, 아줄레주 국립박물관 등이 있다. '알파마 지구에선 길을 잃어도 좋다!'라는 말이 있다. 서민들의 삶이 묻어있는 골목길을 거닐고 지루해질 만하면 나오는 전망대에 들러 풍경을 감상해 보자. Map P.394-B2

◆ 대성당 Sé

대성당 전경

대성당 내부 풍경

리스본의 상징적인 건축물 중 하나로 대지진에도 살아남았다. 1147년 포르투갈 최초의 왕 엔리케 Henriques의 명으로 이슬람 세력을 몰아낸 것을 기념하기 위해 모스크가 있던 자리에 세웠다. 초기에는 로마네스크 양식으로 지어졌으나 900년의 세월이 흐르면서 고딕, 바로크 양식 등이 가미됐다. 두 개의 종탑과 중앙 문 위의 장미창은 초기 로마네스크 양식 그대로이다. 성당 안쪽의 고딕 양식의 회랑에는 2,000년 이전의 고고학 발굴물로 가득 차 있다. 로마시대의 상점과 거리, 이슬람 시대의 가옥, 중세시대의 물웅덩이 등이다. 대성당은 28번 트램이 지나는 곳으로 대성당과 트램을 배경으로 기념사진을 찍어보자.

Map P.394-A2 **주소** Largo da Sé **홈페이지** www.sedelisboa.pt **운영** 5~10월 09:30~19:00, 수·토요일 10:00~18:00 11~4월 월~토요일 10:00~18:00 **휴무** 일요일 **입장료** €5 **가는 방법** 버스 37번 또는 트램 12·28번을 타고 대성당에서 하차 후 도보 1분

◆ 상 조르즈 성 Castelo de São Jorge

리스본에서 가장 오래된 성. 고대 페니키아인들이 터전을 마련했으며 서고트족, 무슬림, 기독교 등 1500년 동안 리스본의 지배층이 바뀔 때마다 증·개축을 반복하며 5.4Km에 이르는 성벽과 77개의 탑이 세워졌다. 오랫동안 왕궁과 요새로 쓰이다가 1755년 대지진으로 파괴되어 군사 주둔 시설이나 빈민 아동 보호소 등으로 쓰였다. 현재 일반들에게 공개하고 있으며 왕궁과 성벽, 탑, 박물관 등을 둘러볼 수 있다. 무엇보다 이곳 전망대에서 바라보는 테주 강과 구시가지 풍경이 일품이다. 석양 무렵이 가장 좋다.

Map P.394-B2 **주소** R. de Santa Cruz do Castelo **홈페이지** www.castelodesaojorge.pt **운영** 3~10월 09:00~21:00, 11~2월 09:00~18:00 **입장료** 일반 €15, 학생 €7.50 **가는 방법** 버스 37번을 타고 Chão de Feira 에서 하차 후 도보 1분. 또는 트램 12·28번을 타고 Miradouro Staluzia에서 하차 후 도보 10분

28번 트램 길을 따라 만나는 멋진 전망대

포르타스 두 솔 전망대 Miradouro das Portas do Sol

알파마에서 제일 먼저 만나게 되는 전망대이자 가장 인기 있는 곳. 전망대 중앙에는 리스본의 수호성인 상 비센테의 동상이 세워져 있다. 바로 옆에는 산타 루지아 성당이 있고 그 아래가 산타 루지아 전망대 Miradouro de Santa Luzia이다. 성당 외벽에는 대지진 이전의 리스본의 모습을 담은 아줄레주가 있으니 놓치지 말자.

Map P.394-B2 **주소** Largo Portas do Sol **가는 방법** 28번 트램을 타고 Largo das Portas do Sol 하차 후 바로

그라사 전망대 Miradouro da Graçal

알파마 중간에 위치한 전망대로 성 조르즈 성과 테주 강, 4월 25일 다리까지 한 눈에 감상할 수 있다. 정식 명칭은 소피아 드 멜루 브라이너 안드레센 전망대 Miradouro Sophia de Mello Breyner Andresen로 독재정치에 저항한 포르투갈 여류 시인의 이름을 땄다. 전망대 앞 그라사 성당은 1271년에 지은 것으로 대지진으로 파괴된 것을 18세기에 바로크 양식으로 복원했다.

Map P.394-B1 **주소** Calçada da Graça **가는 방법** 28번 트램을 타고 Graça역 하차 후 도보 4분

세뇨라 두 몬트 전망대 Miradouro da Senhora do Monte

알파마 지구에서 가장 높은 곳에 위치한 전망대. 원거리 리스본 시내 풍경을 감상할 수 있다.

Map P.394-B1 **주소** Largo Monte 가는 방법 28번 트램을 타고 Rua da Graça역 하차 후 맞은편 Miradouro 표시를 따라 오르막길을 따라 5분

◆ 국립 판테온 Panteão Nacional 

포르투갈을 빛낸 위인들의 유해를 모시는 곳. 원래 이름은 산타 엥그라시아 성당 Igreja de Santa Engrácia으로 포르투갈 역사상 가장 위대한 인물로 꼽히는 엔히크 왕자와 바스코 다 가마를 기리기 위해 지었다. 17세기 말에 완성되기까지 300년이라는 긴 시간이 걸렸는데 그 때문에 리스본에서는 끝없이 계속되는 일을 두고 '산타 엥그라시아 같다'는 우스갯소리가 생겼다. 현재 발견의 시대 주역인 엔히크 왕자와 바스코 다 가마, 파두의 여왕 아말리아 호드리게스, 축구 황제 에우제비우, 시인 루이스 드 카몽이스 등이 이곳에 잠들어 있다. 엘리베이터나 계단을 이용해 옥상으로 올라가면 360도 파노라마 풍경을 감상할 수 있다. 상 비센트 드 포라 성당과 산타 엥그라시아 성당 사이에 있는 산타 클라라 광장에서는 매주 화·토요일에 '여자 도둑 Feira de Ladra'이라는 재미있는 이름이 붙은 벼룩시장이 선다.

Map P.394-B2 **주소** Campo de Santa Clara, Alfama **운영** 화~일요일 10:00~17:00(4~9월 ~18:00) **휴무** 월요일 **입장료** 일반 €8, 청소년 50% 할인, 매달 첫째 주 일요일 무료 **가는 방법** 트램 28번을 타고 Igreja de São Vicente de Fora에서 하차 후 도보 5분

◆ 국립 아줄레주 미술관 Museu Nacional do Azulejo

포르투갈을 대표하는 건축 장식 아줄레주 Azulejo(타일 장식) 박물관. 14세기부터 오늘에 이르는 다양한 타일 장식을 감상할 수 있다. 아줄레주는 아랍어로 '윤이 나는 돌'이라는 뜻이다. 포르투갈의 마누엘 1세가 그라나다의 알함브라 궁전을 여행한 후 이슬람 건축의 타일 장식에 매료돼 왕궁에 처음 도입한 것이 유행이 돼 전국으로 퍼졌다. 초기에는 기하학 문양이나 꽃무늬를 그려 넣었고 17세기 말에는 성인의 초상, 바다, 풍경 등을 자유롭게 그려 넣었다. 리스본 대지진으로 목조 건물이 모두 불타자 타일 수요는 더욱 급증했다. 아줄레주는 바닷바람으로 건물의 부식을 막기 위해 사용하다 건물의 미관과 부를 과시하는 데 사용됐으며 아름다운 예술 작품도 됐다. 박물관 건물은 성모 수녀원으로 17~18세기 바로크 양식으로 지어졌다.

Map P.394-B2 **주소** Rua da Madre de Deus 4 **전화** 21 363 7095 **홈페이지** www.museudoazulejo.pt **운영** 10:00~18:00 **휴무** 월요일 **입장료** 일반 €8, 학생 €2.4 **가는 방법** 산타 아폴로니아 Santa Apólonia 역에서 도보 20분

◆ 주제 사라마구 기념관 Fundação José Saramago(Casa dos Bicos)

16세기 귀족의 저택으로, 이탈리아 여행 후 영감을 받아지었다고 한다. 건물 외벽을 다이아몬드 모양을 염두에 두고 꾸몄으나 사람들은 이곳을 뾰족코 집 Casa dos Bicos라고 불렀다. 대지진 이후 훼손돼 대구를 말리는 창고로 사용하다 2012년 새 단장 후 포르투갈 태생의 유명 소설가 주제 사라마구의 기념관으로 사용되고 있다. 기념관에는 그의 육필 원고, 노벨 문학상 메달도 있으며 도서관, 연구실, 사라마구의 책과 자료 등이 있다. 1층·지하에는 리스본 대지진 당시의 무너진 잔해들이 그대로 보존돼 있다. 건물 앞의 100년 된 올리브 나무는 주제 사라마구의 무덤으로 그의 고향에서 가져온 것이다. 올리브 나무 옆 벤치 아래에는 'Mas não subiu para as estrelas se à terra pertencia(이 땅의 일부였기에 하늘로 올라가지는 않았다)'라는 문구가 새겨져 있다. 그의 작품 〈수도원의 비망록〉의 마지막 문구이다. 주제 사라마구는 가난한 농부의 아들로 태어나 언론인, 소설가, 무신론자, 염세주의자였으며, 독재정부는 물론 체제와 종교의 문제에 대해 거침없이 비판했다. 소설 〈눈먼 자들의 도시〉를 통해 우리에게 언제나 깨어있으라는 메시지를 남겼다. '눈이 보이면, 보라. 볼 수 있으며, 관찰하라.'

Map P.394-A2 **주소** Rua dos Bacalhoeiros 10 **홈페이지** www.josesaramago.org **운영** 10:00~18:00 **휴무** 일요일 **입장료** €3 **가는 방법** 코메르시우 광장에서 도보 5분

벨렝 지구와 서부

구시가에서 6㎞ 서쪽 타호 강 연안 지역. 대항해 시대의 화려한 발자취가 남아 있는 곳으로 16세기 대항해 시대를 연 엔히크 왕자와 관련된 유적이 많다. 타호 강 건너편 연안에는 거대한 랜드마크인 크리스토 헤이가 있다.

수도원

성당 내부

제로니무스 수도원 Mosteiro dos Jerónimos 유네스코

엔히크 항해 왕자와 바스코 다 가마의 세계 일주를 기념하기 위해 1502년 마누엘 1세가 짓기 시작해 1672년에 완공되었다. 다행히 대지진의 피해를 입지 않아 본래 모습을 그대로 간직하고 있는 수도원은 마누엘 양식의 걸작으로 현재 세계문화유산으로 지정되어 있다. 남문 입구에는 엔히크 왕자의 동상이 있고, 안쪽에 있는 성모 마리아 성당에는 바스코 다 가마와 포르투갈의 대표적인 시인 루이스 데 카몽이스의 석관이 있다. 바스코 다 가마의 석관이 있는 곳에는 밧줄을 쥔 손 모양의 조각이 있는데 당시 이 손을 만지면 항해를 성공적으로 마치고 돌아올 수 있다는 믿음이 있었다고 한다. 마누엘 양식의 결정체를 보여주는 아름다운 사각형 회랑과 회랑에 둘러싸인 안뜰은 절대 놓치지 말자. 수도원 바로 옆에는 해양박물관 Museu de Marinha있다. 과거 해양제국 포르투갈의 역사를 한눈에 볼 수 있는 곳으로 대항해시대의 선박 모형도 있다.

Map P.403 **주소** Praça do Império **전화** 213 620 034 **홈페이지** www.mosteirojeronimos.pt **운영** 화~일요일 09:30~18:00 **휴무** 월요일 **입장료** 제로니무스 수도원 €10, 제로니무스 수도원+벨렝탑 €12(학생 50% 할인) **가는 방법** 트램 15번을 타고 Mosteiro dos Jerónimos에서 하차 후 도보 1분

발견의 탑 Padrão dos Descobrimentos 뷰포인트

해양국가 포르투갈의 기초를 쌓는 데 공헌한 항해 왕자 엔히크의 탄생 500주년을 기념해 1960년에 세운 기념탑. 탑은 범선 모양을 모티프로 했다. 뱃머리에 서 있는 조각상이 엔히크 왕자이고 그 뒤를 콜럼버스, 마젤란, 바스코 다 가마 등 대항해 시대의 인물들과 항해에 공헌한 기사, 천문학자, 선원, 지리학자, 선교사 등이 따르고 있다. 안에는 전망대와 리스본의 역사를 알려주는 비디오 상영관이 있다. 전망대에 올라가면 4월 25일 다리와 제로니무스 수도원을 한눈에 볼 수 있다. 발견의 탑 바닥의 칼사다 포르투게사(타일 바닥장식)는 '바람의 장미 Rosa dos Ventus'로 부르는 대형 나침반모양이다. 직경 50m로 중앙에는 세계지도가 그려져 있으며 탐험가들이 항로와 항구의 발견 연도를 표기했다.

Map P.403 **주소** Av. de Brasília **홈페이지** www.padraodos descobrimentos.pt **운영** 3~9월 10:00~19:00, 10~2월 10:00~18:00 **휴무** 월요일(단, 4~9월 개장) **입장료** €5 **가는 방법** 제로니무스 수도원에서 도보 5분

벨렝 탑 Torre de Belém 유네스코

탑의 모양이 드레스 자락을 늘어뜨린 귀부인의 모습과 닮았다고 해서 '테주 강의 귀부인'이라고도 불린다. 1515년 마누엘 1세 때 짓기 시작해 21년에 걸쳐 마누엘 양식으로 완성됐다. 원래 인도·브라질 등으로 떠나는 배가 통관 절차를 밟던 곳으로, 왕은 이곳에 나와 오랜 항해에서 돌아온 선원들을 맞이했다고 한다. 스페인 지배 시절부터 19세기 초까지는 정치범 감옥으로 사용되어 스페인에 저항하던 정치범과 독립운동가들이 고통스러운 옥살이를 한 곳이다. 현재 내부 관람이 가능한데 3층 테라스에서는 테주 강과 벨렝 지구를 감상할 수 있다.

Map P.403 **주소** Av. Brasilia **홈페이지** www.torrebelem.pt **운영** 화~일요일 09:30~18:00 **휴무** 월요일·공휴일 **입장료** 일반 €8, 학생 €4, 매달 첫째 주 일요일 무료 **가는 방법** 트램 15번을 타고 Largo da Princesa에서 하차 후 도보 5분 또는 발견의 탑에서 도보 7분

국립마차박물관 Museu Nacional dos Coches

리스본의 인기 관광명소 중 한 곳. 19~20세기 유럽 왕실과 귀족이 사용하던 각종 마차를 수집·전시하고 있다. 화려한 마차를 통해 왕족과 귀족들의 호화로웠던 생활상을 엿볼 수 있다. 유럽 다른 도시에서는 보기 드문 이색 박물관이니 한번쯤 방문해 보자. 1816년에 네오클래식 양식의 이 건물은 예전에 왕족 승마학교였다.

Map P.403 **주소** Avenida da Índia 136 **전화** 21 073 2319 **홈페이지** www.museudoscoches.pt **운영** 화~일요일 10:00~18:00 **휴무** 월요일·공휴일 **입장료** €8 **가는 방법** 트램 15번을 타고 Belém에서 하차 후 도보 2분

마트 Museu Arte Arquitetura Tecnologia(MAAT)

벨렝 지구의 새로운 랜드마크. 테조 강변을 따라 자리한 붉은색 벽돌 건물은 테조 센트럴 Tejo Central로 원래 화력발전소였던 곳을 문화 공간으로 재탄생시켜 2016년에 개관한 것이다. 그 옆의 우주 정거장처럼 생긴 기이한 모양의 하얀색 건물은 마트 MAAT로, 영국 설계사무소 AL_A의 작품이다. 이름처럼 미술, 건축, 과학기술 관련 전시를 하는 공간인데 건물 자체만으로도 충분히 볼 만한 가치가 있으니 꼭 한번 들러보자.

Map P.403 **주소** Av. Brasília, Central Tejo **홈페이지** www.maat.pt **운영** 10:00~19:00 **휴무** 화요일 입장료 일반 €11, 학생 €8 **가는 방법** 트램 15번을 타고 Belém 역 하차 후 도보 5분

마트

테조 센트럴

'느리게 읽기'라는 뜻의 레르 드바가르 서점

LX 팩토리 Museu Nacional dos Coches

리스본에서 가장 트렌디한 곳. 현지 젊은이들뿐만 아니라 예술적 감각과 자유로운 분위기를 좋아하는 여행객들에게 인기가 있다. 원래는 19세기부터 섬유, 방직, 인쇄 공장이 있던 산업단지로 2008년부터 재개발로 지금의 모습이 됐다. 리스본의 복합 문화 공간으로 독창적인 디자인과 예술작품, 상상력의 허브로 불린다. 50여 개의 다양한 상점, 프로덕션 스튜디오, 디자인 회사, 바와 레스토랑 등이 입점해 있으며 일 년 내내 음악 공연과 전시회, 패션쇼 등이 열린다. 예술을 통해 도시 재생을 한 좋은 예로 이 공간을 통해 리스본의 과거와 현재를 만날 수 있다. 레르 드바가르 Ler Devagar 서점은 LX 팩토리에서 가장 유명한 명소로 뉴욕 타임즈가 선정한 세상에서 가장 아름다운 서점 중 하나다. 잠시 들러 책 구경도 하고 차도 마셔보자. 주말에는 유흥을 즐기려는 젊은이들과 매주 일요일에 열리는 벼룩시장 LX Market을 구경하기 위해 사람들로 붐빈다.

Map P.403 **주소** Rua Rodrigues de Faria 103 **홈페이지** www.lxfactory.com **운영** 12:00~02:00(상점에 따라 다르다) **가는 방법 트램** 15·18번 또는 버스 714·720·732·738·670번을 타고 Alcântara–Av 24 de Julho 역에서 하차. 역에서 도보 7분.

- **레르 드바가르 서점 홈페이지** www.lerdevagar.com **운영** 월·일요일 11:00~21:00, 화~목요일 11:00~23:00, 금·토요일 11:00~01:00
- **벼룩시장 홈페이지** lxmarket.com.pt **운영** 매주 일요일 11:00~ 18:00

국립고대미술관 Museu Nacional de Arte Antiga

1884년에 세워진 포르투갈 최고의 미술관으로 11~19세기 유럽 미술품이 소장돼 있다.
1층은 14~19세기의 태피스트리·조각·가구, 16~18세기 아줄레주(타일), 14~15세기 십자가 컬렉션과 뒤러·홀바인·벨라스케스·반다이크 등의 작품을 전시하는 회화실로 구성돼 있다. 2층에는 이 미술관의 자랑거리인 15세기 대항해 시대 중국·인도·아프리카·아메리카의 다양한 컬렉션이 전시돼 있다.

주소 Rua das Janelas Verdes **전화** 21 391 2800 **홈페이지** www.museudearteantiga.pt **운영** 화~일요일 10:00~18:00 **휴무** 월요일·공휴일 **입장료** 일반 €10, 학생 €5, 일요일 ~14:00 무료 **가는 방법** 트램 15·18번을 타고 Cais da Rocha 역에서 하차 후 도보 2분

4월 25일 다리 Ponte 25 de Abril

유럽에서 두 번째로 긴 다리이며 벨렘 지구에서 테주 강을 바라보면 한눈에 들어온다. 1966년에 완공된 2278m의 거대한 현수교로 상단은 차량이, 하단은 열차가 다닌다. 건설 당시에는 독재자의 이름을 붙여 '살라자르의 다리'라고 불렀으나, 1974년 4월 25일 독재자를 몰아낸 무혈혁명을 기념하기 위해 지금의 이름이 붙여졌다. Map P.403

크리스투 헤이 Cristo Rei 뷰포인트

테주 강 맞은편 카실랴스 Cacilhas의 언덕에 두 팔을 벌리고 서 있는 거대한 석상이 보인다. 이 석상은 1959년 브라질의 수도 리우 데 자네이루에 있는 거대한 그리스도상을 본떠 만들었다. 티켓을 사고 석상이 있는 대좌의 탑으로 들어가면 1층에 작은 성당이 있고, 엘리베이터를 타고 올라가면 그리스도상의 발밑 전망대가 나온다. 전망대에서는 테주 강과 리스본 전체가 한눈에 들어온다. 저렴하게 페리를 탈 수 있는 기회이니 놓치지 말자.

전화 21 275 1000 **운영** 여름 09:30~19:00, 겨울 09:30~18:00(여름 시즌 ~18:45 또는 ~19:30) **입장료**€8 **가는 방법** 카이스 두 소드르 역에 있는 페리 승선장에서 카실랴스까지 간 후 버스 101번을 타고 종점에서 하차(페리 편도요금 €1.40)

강 건너에서도 보이는 거대한 그리스도 상

전망대에서 바라본 리스본 풍경

바이샤 지구&신시가

바이샤 지구는 호시우 광장 북쪽 헤스타우도레스 광장에서 1.2㎞ 뻗은 리베르다드 대로와 폼발 후작 광장까지, 신시가는 폼발 후작 광장 북쪽을 일컫는다.

헤스타우라도레스 광장

Praça dos Restauradores

헤스타우라도레스는 '복고자·부흥자'라는 뜻이다. 1640년 포르투갈이 스페인의 식민 지배에서 벗어나 독립한 것을 기념하는 광장이다. 포르투갈의 역사를 조각한 30m 높이의 오벨리스크 기념비가 중앙에 있다.

가는 방법 메트로 Restauradores 역에서 하차

리베르다드 거리

Av. da Liberdade

'포르투갈의 샹젤리제'로 불리는 리베르다드 거리는 1775년 대지진 이후 도시 재건 계획에 따라 건설한 대표적인 신흥 지역이다. 재건 사업은 폼발 후작이 주도했다. 거리 북쪽 끝 폼발 후작 광장 Praça Marquês de Pombal에는 그의 동상이 서 있다. 광장 뒤에는 1902년 영국 에드워드(에두아르두) 7세의 방문을 기념해 만든 에두아르두 7세 공원 Parque Eduardo Ⅶ이 있다. 프랑스풍 정원으로 조성된 공원 산책로를 따라 올라가면 시내 전경을 조감할 수 있는 뷰 포인트가 나온다.

가는 방법 메트로 Praça Marquês de Pombal 역 또는 Parque 역에서 하차

굴벤키앙 미술관 Museu de Calouste Gulbenkian

석유왕 굴벤키앙은 아르메니아 태생의 사업가로 만년에 리스본에 살았다. 그는 자신이 소장했던 미술품을 포르투갈에 기증하고 1969년 미술관을 오픈했다. 규모는 작지만 굴벤키앙의 높은 안목을 입증하듯 수준 높은 미술품을 전시하고 있다. 1·2실은 이집트·그리스·로마·메소포타미아의 부조와 조형물, 3실은 이슬람의 카펫·도자기·타일, 4실은 중국 청나라의 도자기와 동양 미술, 5~8실은 유럽 미술품인 루벤스·렘브란트·모네·르누아르 등의 작품, 9실은 아르누보 예술가 르네 랄리크 René Lalique의 작품이 전시되어 있다.

주소 Av. de Berna 45A **전화** 21 782 3000 **홈페이지** www.museu.gulbenkian.pt **운영** 수~월요일 10:00~18:00
휴무 화요일·공휴일 **입장료** €10 **가는 방법** 메트로 Praça de Espanha 역에서 도보 5분

Restaurant

먹는 즐거움

리스본에는 고급·중급에서 서민적인 레스토랑까지 음식점이 다양해서 예산에 맞춰 선택할 수 있다. 레스토랑이 모여 있는 곳은 바이샤 지구와 바이후 알투 지구다. 저렴한 가격의 수프도 괜찮다. 현지 음식에 적응하지 못했다면 카르무 거리에 있는 아르마젠스 두 시아두 Armazéns do Chiado 백화점 6층 푸드코트를 이용해 보자.

추천 레스토랑

대서양과 맞닿은 나라답게 해산물 요리가 발달해 있다. 특히 소금에 절인 대구(바칼라우 Bacalhau)는 포르투갈 사람들이 즐겨 먹는 식재료로 요리법만 수 백 가지나 된다. 리스본을 여행하며 포르투갈 사람들의 소울 푸드를 먹어보고 싶다면 꼭 대구 요리를 맛보자. 단 우리 입맛에 매우 짠 편이니 주문 전에 싱겁게 해 줄 것을 요청하거나 빵을 곁들여 먹자.

LAURENTINA RESTAURANT

1976년에 문을 연 대구 요리 전문점으로 현지인들은 이곳을 '대구 요리의 왕'이라고 부른다. TV 방송에 소개돼 우리나라 여행자들에게도 꽤 알려진 곳이다. 다양한 대구 요리뿐만 아니라 포르투갈 사람들이 즐겨 먹는 해산물 요리도 맛볼 수 있다. 방문 전 예약은 필수. 비싼 요리를 맛보는 만큼 미리 메뉴와 와인에 대해 살펴보고 가자. 추천 요리로는 다진 대구살과 감자튀김, 양파, 달걀 등을 넣고 볶은 바칼라우 아 브라스 Bacalhau à Bràs, 대구살 위에 양파, 베샤멜소스, 시금치 등을 쌓아 올려 오븐에 구운 바칼라우 콩 나타스 이 이스피나프리스 Bacalhau com Natas Espinafres 등이 있다.

Map P.394-B2 **주소** Av. Conde Valbom 71A **홈페이지** www.restaurantelaurentina.com **영업** 12:00~16:00·19:00~23:00 **휴무** 일요일 **예산** 주요리 €15~40 **가는 방법** 헤스타우라도레스 광장에서 207번 버스를 이용 Av. da República 역에서 하차 후 도보 10분. 또는 에두아르두 7세 공원에서 도보로 10분

BOTA ALTA

바이후 알투 지구에 있는 인기 레스토랑. 이 지역 예술가들이 단골손님으로 부담 없는 분위기에 음식 맛도 좋아 언제나 인기가 높다. 바칼라우 Bacalhau(말린 대구) 요리가 대표 요리.

주소 Travessa da Queimada 35–37 **전화** 21 342 7959 **영업** 화~금요일 12:00~14:30, 19:00~22:45, 월·토요일 19:00~22:45 **휴무** 일요일 **예산** 주요리 €10~14 **가는 방법** 포스 궁전 옆에서 전차형 엘리베이터 글로리아선 이용. 하차 후 도보 5분

TIME OUT

히베이라 시장 Mercado da Ribeira (1892년 개장한 재래시장)을 2014년에 새 단장해 문을 연 유명 푸드코트. 리스본의 유명 맛집 35개가 한곳에 모여 있다. 원하는 음식과 와인, 음료 등을 주문해 먹고 디저트까지 해결할 수 있다. 거기에 유명한 포르투갈 기념품점도 옹기종기 모여 있어 시간이 없는 여행자들에게 제격이다.

Map P.394-A1 **주소** Av. 24 de Julho 49 **홈페이지** www.timeoutmarket.com/lisboa **영업** 10:00~24:00 **가는 방법** 코메르시우 광장에서 도보 10~15분

5 OCEANOS

우리에게 잘 알려지지 않았지만 현지인들에게 해산물 요리 잘하는 집으로 알려진 곳. 4월 25일 다리 밑 부둣가(Doca de Recreio de Santo Amaro)에 있다. 고급 레스토랑이라 가격이 비싸지만 우리나라에 비하면 저렴한 편이다. 해산물과 생선은 그날 시세와 무게 등에 따라 요금이 달라지며 대구 요리, 해산물 스튜, 문어 요리 등도 맛볼 수 있다. 나란히 있는 해산물 전문점인 Restaurante Doc Cod, Doca Peixe, Restaurante Doca 6 등과 피자 전문점인 Capricciosa 등도 유명하다. 다리 밑에 위치해 소음이 조금 나는 편이지만 레스토랑에서 보이는 아름다운 강 풍경에 비하면 신경 쓰일 정도는 아니다. 저렴하게 식사를 즐기고 싶다면 점심시간대 오늘의 메뉴를 추천하며 마트 또는 LX 팩토리를 가는 날 가보자. 교통 편이 좋지 않아 저녁시간에는 택시를 이용하길 추천한다.

Map P.394-A1 **주소** Doca de Santo Amaro, Armazém 12 **홈페이지** www.5oceanos.pt **영업** 12:30~23:00(일요일~17:00) **예산** 주요리 €12~25 **가는 방법** 마트에서 도보 20분 또는 LX 팩토리에서 도보 15분

RESTAURANTE CERVEJARIA O PINÓQUIO

피노키오라는 이름의 레스토랑 겸 맥주하우스. 해산물 요리와 스테이크가 주 메뉴로 헤스타우라도레스 광장에 위치해 시내 관광 후 들르기에 좋다. 특히 포르투갈 맥주에 해산물죽이나 대구 요리를 함께 곁들여 먹으면 그만이다. 해산물죽 Seafood Rice은 쌀과 랍스터, 조개, 새우 등을 듬뿍 넣고 팔팔 끓인 요리로 우리나라 사람 입맛에 딱이다.

Map P.394-B1 **주소** Rua de Santa Justa 54 **전화** 213 465 106 **홈페이지** restaurantepinoquio.pt **영업** 12:00~23:00 **예산** 해산물죽 1인분 €22.50, 2인분 €45 **가는 방법** 호시우 광장에서 도보 5분

◆산타 주스타 엘리베이터 근처 Restaurante Marisqueira Uma는 해산물죽 Seafood Rice 전문점으로 한국인들에게 인기가 많다. 랍스터가 안 들어간 대신 값도 반값이다. **주소** R. dos Sapateiros 177 **전화** 21 342 7425 **영업** 12:00~23:00 **예산** Seafood Rice 1인분 €13.50, 2인분 €25

CERVEJARIA DA TRINDADE

워낙 유명해서 관광객들도 많이 찾아오는 레스토랑 겸 맥주 홀. 사그레스 맥주 회사에서 옛 수도원을 개조해 운영하고 있다. 벽마다 화려한 색상으로 그려진 타일 장식이 인상적이다. 시내 관광을 마치고 숙소로 돌아가기 전 저녁 식사 겸 현지 맥주를 마시면서 느긋하게 저녁시간을 보내기에 좋다.

주소 Rua Nova Trindade 20C **전화** 21 342 3506 **홈페이지** www.cervejariatrindade.pt **영업** 12:00~24:00 **예산** 새우, 삶은 조개 요리 €15~ **가는 방법** 포스 궁전 옆 전차형 엘리베이터 글로리아선 이용. 하차 후 도보 5분

유명한 카페 & 제과점

카스텔라의 종주국답게 시내에는 유명한 제과점과 카페가 많다. 특히 벨렘 지구의 에그타르트는 세계적으로 유명해 리스본에 가면 꼭 먹어야 하는 것 중의 넘버 원이다.

A BRASILEIRA

예술가와 지식인들이 자주 찾는 시아두 지구의 명물 카페로 지하는 레스토랑으로 운영하고 있다. 짙은 색의 마호가니로 장식한 실내는 은은한 조명이 더해져 고풍스러운 분위기를 자아낸다. 사람들로 붐비는 곳이니 서서 마셔도 상관없다. 카페 바로 앞에는 포르투갈의 시인 페르난두 페소아의 좌상이 있다. 옆에는 촬영을 할 수 있도록 의자도 마련돼 있으니 기념촬영을 잊지 말자.

Map P.394-B1 **주소** Rua Garrett 120–122 **전화** 21 346 9541 **영업** 08:00~24:00 **예산** 핫초코 €2~2.50, 카푸치노 €1.30~2 **가는 방법** 메트로 Baixa–Chiado 역에서 하차 또는 호시우 광장에서 도보 10분

CONFEITARIA NACIONAL

1829년부터 5대째 이어온 리스본에서 가장 오래된 과자점. 포르투갈의 크리스마스 빵으로 유명한 볼루 헤이 Bolo Rei를 만든 원조집이다. 100년이 지난 지금도 빵맛의 비밀은 주인만이 안다. 1층은 카페, 2층은 레스토랑이다. 애프터눈 티를 즐기기에 그만인 이곳에서는 여러 종류의 차나 따뜻한 핫초코에 바닐라 아이스크림 크레페를 곁들여 먹을 것을 추천한다.

Map P.394-B1 **주소** Praça da Figueira 18B **전화** 21 342 4470 **홈페이지** www.confeitarianacional.com **영업** 08:30~20:00 **예산** 차 €2~ **가는 방법** 호시우 광장에서 도보 5분

PASTÉRS DE BELÉM

1837년에 오픈한 파스텔 데 나타 Pastel de Nata(에그타르트) 전문점. 포르투갈에서 가장 맛있기로 소문난 곳이어서 늘 사람들로 붐빈다. 제로니무스 수도원에서 전해진 비법을 그대로 고수하고 있다. 단맛이 적당하고 바삭한 식감, 거기에 고소함까지 더해져 한번 먹으면 계속 먹고 싶어진다. 설탕가루와 계핏가루를 뿌려 먹으면 더 맛있다. 테이크아웃이 가능하고 안에는 카페가 있어 차와 에그타르트를 함께 즐길 수 있다.

Map P.403 **주소** Rua de Belém 84–92 **전화** 21 363 7423 **홈페이지** www.pasteisdebelem.pt **영업** 08:00~21:00 **예산** 에그타르트 1개 €1.30, 6개 €7.80 **가는 방법** 트램 15번을 타고 Mosteiro dos Jerónimos에서 하차 후 도보 1분

A GINJINHA

'진지냐를 마셔 보지 않았다면 리스본에 온 것이 아니다'라는 말이 있을 만큼 즉석에서 만들어주는 달짝지근한 체리주 진자냐는 호시우 광장의 명소 중에 명소이다. 리스본에서 가장 오래된 역사와 전통을 자랑하는 아주 작은 바로 5대째 운영 중이다. 작고 허름한 곳이라 앉을 곳도 마땅치 않지만 아침부터 문 앞은 술 한 잔을 걸치는 사람들로 붐빈다. 포트와인, 비노 베르드(숙성되지 않은 와인), 카테일, 포르투갈 맥주도 맛볼 수 있다.

Map P.394-B1 **주소** Largo de São Domingos 8 **영업** 매일 10:00~ 22:00 **예산** 작은 잔 €1.40, 한 병 €11.30 **가는 방법** 호시우 광장에 있다.

Shopping 사는 즐거움

주요 관광명소와 쇼핑가가 함께 형성돼 있어 구경도 하고, 쇼핑도 즐길 수 있다. 최대 번화가인 바이샤 지구의 아우구스타 거리에서는 기념품·의류·신발을 쇼핑하기 좋다. 시아두 지구의 카르무 거리 Rua do Carmo와 가헤트 거리 Rua Garrett에는 백화점과 쇼핑센터가 들어서 있으며 부티크, 독특한 인테리어 숍, 그 외 전통 있는 식료품점과 와인점 등이 즐비하다. 포르투갈산 도자기는 주요 관광명소 주변 어디에나 있으니 찬찬히 둘러보자.

FEIRA DE LADRA

'여자 도둑 Ladra'이라는 뜻의 재미난 이름을 가진 벼룩시장. 알파마 지구의 산타 엥그라시아 성당과 상 비센트 드 포라 성당 사이에 있는 산타 클라라 광장에서 열린다. 주로 남미·아프리카·러시아의 상인들이 옷·토산품·액세서리·그림 등의 물건을 팔고 있다. 현지인보다는 관광객을 상대하는 시장이어서 상업성이 강하다. 이곳에서는 특히 소매치기에 주의해야 한다 (P.374 치안 및 주의사항 참고).

영업 매주 화·토요일 09:00~18:00 **가는 방법** 산타 클라라 광장에 있다.

VISTA ALEGRE

비스타 알레그레는 포르투갈을 대표하는 회사. 1815년 창업 이래 1829년 포르투갈 왕실 도자기 회사로 지정됐으며 오늘날 도자기 분야 세계 6위 그룹이다. 비스타 알레그레의 강점은 디자인으로 산호초에서 영감을 얻은 코랄리아 Coralina 라인, 북아프리카 감성을 표현한 카사블랑카 Casablanca 라인, 유명 디자이너와 콜라보로 탄생한 다양한 작품으로 유명하다. 리스본의 풍경을 담은 도자기는 리스본에서만 구입할 수 있다.

Map P.394-B1 **주소** Largo do Chiado 20 **홈페이지** vistaalegre.com/international **운영** 10:00~20:00

ARMAZÉNS DO CHIADO

구시가 중심에 있어 이용하기 편리한 쇼핑센터. 규모는 작지만 의류 및 액세서리·화장품 매장, 인테리어와 전자기기 매장 등 39개의 상점이 있고 10여 개의 레스토랑도 입점해 있다. 여행 중 필요한 간단한 물건을 사거나 푸드코트, 레스토랑 등을 이용하기에 딱 좋다.

Map P.394-B1 **주소** Rua do Carmo 2 **전화** 21 321 0600 **홈페이지** www.armazensdochiado.com **영업** 매일 10:00~22:00(레스토랑 ~23:00) **가는 방법** 산타 주스타 엘리베이터 바로 뒤편이다.

CONSERVEIRA DE LISBOA

1930년도에 오픈한 통조림 전문점. 현지인과 관광객 모두에게 인기가 높다. 오픈 당시 사용한 구식 디자인을 그대로 쓰고 있으며 가게 안에는 통조림이 산처럼 쌓여 있다. 으깬 마늘과 올리브유에 절인 말린 대구 통조림이 유명하다. 흔한 참치 통조림도 있다.

Map P.394-A2 **주소** Rua dos Bacalhoeiros 34 **전화** 21 886 4009 **홈페이지** www.conserveiradelisboa.pt **영업** 월~토요일 09:00~19:00 **휴무** 일요일·공휴일 **예산** 통조림 €2~ **가는 방법** 코메르시우 광장에서 도보 3분

A VIDA PORTUGUESA

저널리스트로 활동했던 카타리나 포르타스가 한 때 창고와 향수 공장이었던 곳을 개조해 오픈한 선물용품점. 오직 메이드 인 포르투갈 상품만 취급한다. 도자기류, 비누, 로션, 치약, 수제잼, 와인, 문구류, 팬시제품 등 다양하다. 무엇을 사야할지 모른다면 꼭 들러보자. 참고로 가게 이름은 '포르투갈인의 삶'이란 뜻이다.

Map P.394-A1 **주소** R. Anchieta 11 **홈페이지** www.avidaportuguesa.com **영업** 10:00~19:30(일요일 11:00~) **가는 방법** 메트로 Baixa-Chiado 역에서 도보 5분

LUVARÍA ULISSES

1925년에 문을 연 수제 가죽장갑 전문점. 너무 작은 가게지만 아르데코 양식으로 꾸며진 인테리어와 보석처럼 진열된 우아한 가죽 장갑을 보면 바로 사고 싶은 충동이 생기는 곳이다.

Map P.394-B1 **주소** R. do Carmo 87 A **홈페이지** www.luvariaulisses.com **영업** 10:00~19:00 **휴무** 일요일 **예산** €50~170 **가는 방법** 호시우 광장에서 도보 5분

MANUEL TAVARES

바이샤 지구의 피게이라와 호시우 광장 사이에 있는 와인 전문점. 꽤 오래된 곳으로 와인과 곁들여 먹으면 좋은 안줏거리들을 판다. 포르투갈 각지의 소시지, 햄, 치즈, 말린 과일류, 견과류 등 종류도 다양하다. 선물용 와인과 안주를 사는 데 좋다.

Map P.394-B1 **주소** Rua da Betesga 1-A, B **전화** 21 342 4209 **홈페이지** www.manueltavares.com **운영** 월~토요일 09:30~19:30 **휴무** 일요일·공휴일 **가는 방법** 아우구스타 거리에서 도보 5분

NAPOLEÃO

바이샤 지구에 있는 주류 전문점. 취급하는 주류만 3000여 종에 달하며 포르투 와인의 종류도 많다. 관광객이 즐겨 찾아 영어가 잘 통한다. 길 건너에도 주류 전문점이 있다.

Map P.394-A2 **주소** Rua dos Fanqueiros 70 **전화** 21 886 1108 **홈페이지** www.napoleao.eu.cc **영업** 월~토요일 10:00~19:30 **휴무** 일요일

Travel Plus

리스본에서 살 만한 쇼핑 꾸러미

행운을 가져다준다는 닭 인형

기념품점 어디서나 살 수 있다. 크기, 색상 등에 따라 가격대가 다양하다. 가장 저렴한 액세서리는 열쇠고리인데 유럽 어디서도 살 수 없는 최고의 기념품이다.

장식용 도자기

관광명소의 기념품점마다 걸려 있는 도자기는 시선을 떼려야 뗄 수 없게 만든다. 크기가 클수록, 그림이 섬세할수록 가격은 비싸지지만 €10 정도면 하나쯤 구입해 볼 만하다.

가죽 제품, 특히 신발

스페인이 가죽 제품으로 유명하지만 포르투갈도 그 못지않게 유명하다는 사실을 모르는 사람들이 많다. 스페인보다 가격이 저렴해 더욱 매력적이다. 특히 가죽 신발이 인기 품목. 단, 한국에 비해 디자인이 투박하니 유행을 타지 않을 만한 클래식한 분위기의 신발을 고르자.

Entertainment 노는 즐거움

여행의 마무리로 포르투갈 사람들의 인생과 애환이 담긴 파두 공연을 감상해보자. 대부분의 파두 하우스는 바이루 알투와 알파마 지구에 모여 있다. 규모도 크고 고급스러운 곳이 있는가 하면 작은 선술집 같은 곳까지 다양하다. 공연만 감상하고 싶다면 파두박물관도 추천한다.

바이루 알투&시아두 지구
(호시우 광장에서 도보 10~15분 거리)

ADEGA MACHADO
1937년에 문을 연 유서 깊은 곳. 새 단장해 고급 레스토랑 분위기가 난다.

주소 R. do Norte nº 91 **홈페이지** www.adegamachado.pt

CAFÉ LUSO
1927년에 문을 연 유서 깊은 곳. 아말리아 로드리게스의 동생이 100세 가까운 나이에 이곳에서 노래를 불러 화제가 됐다. 출연 가수들의 수준이 높다.

주소 Tv. da Queimada 10 **홈페이지** www.cafeluso.pt

TASCA DO CHICO
그 옛날 서민들이 일을 마치고 들러 술 한 잔에 노래 한 곡을 안주 삼아 들었을 것 같은 선술집 분위기.

주소 R. do Diário de Notícias 39

알파마 지구
(산타 아폴로니아 역에서 도보 5~10분 거리)

MESA DE FRADES
리스본에서 가장 좋은 파두 하우스로 불리며 수준 높은 공연을 감상할 수 있다.

주소 R. dos Remédios 139

PARREIRINHA DE ALFAMA
현지인들이 손꼽는 50년 전통의 파두 하우스.

주소 Beco do Espírito Santo 1
홈페이지 www.parreirinhadealfama.com

SR. FADO DE ALFAMA
가족들이 운영하는 서민적인 분위기의 파두 하우스. 서빙을 해준 웨이터가 갑자기 파두 가수로 돌변한다.

주소 R. dos Remédios 168 **홈페이지** www.sr-fado.com

Say Say Say 구슬픈 포르투갈 노래, 파두 Fado

한마디로 표현하면 파두는 어둡습니다. 청승맞게 느껴질 정도로 구슬프죠. 게다가 동굴을 개조해서 만든 파두 전용 레스토랑, 파두 하우스에서 검은 옷을 입은 파디스타(가수)가 사랑의 상처나 바다에서 돌아오지 않는 남편과 아들을 기다리는 여인의 한을 표현한 노래를 불러 더욱 어둡게만 느껴지죠. 이처럼 파두는 슬픈 역사와 애환을 담은 포르투갈의 정서를 대변하고 있습니다. 파두를 공연하는 레스토랑은 'Casa de Fado'라고 부릅니다. 공연은 대개 21:00에 시작하는데 베테랑급 파디스타는 24:00 전후에 출연합니다. 관광안내소에 문의하면 유명한 파두 하우스와 파디스타의 공연 시간을 알려줄 테니 꼭 예약하고 가세요. 비용은 식사를 포함할 경우 €35 정도, 음료만 마시면 €15 정도입니다.

Accommodation 쉬는 즐거움

호텔은 신시가의 리베르다드 대로 Av. da Liverdade 주변에 모여 있고, 저렴한 펜션과 호스텔은 호시우 광장 주변과 바이후 알투 지구에 모여 있다. 호시우 광장 주변의 숙소로 가는 방법은 열차와 시내교통(p.388)을 참고하면 된다. 대부분의 숙소가 시설이 좋고 청결한 편이다. 비수기와 성수기의 요금 차이가 있으며, 객실에 욕실이 딸려 있는지에 따라서도 숙박료가 달라진다.

THE CENTRAL HOUSE LISBON BAIXA

포르투갈 전통 타일을 이용한 인테리어가 포인트. 구시가 평지 바이샤 지구에 위치해 어디든 걸어서 여행이 가능. 워낙 인기가 많은 곳이니 예약을 서두르자.

Map P.394-B1 **주소** R. dos Fanqueiros 300 **전화** 21 887 3552 **홈페이지** https://thecentralhousehostels.com **요금** 트윈 €68~, 4인 가족방 €127~, 도미토리 €22~ **가는 방법** 호시우 광장에서 도보 5분, 피게이라 광장에서 도보 2분

LISBON LOUNGE HOSTEL

바이샤 지구 최고의 번화가 아우구스타 거리에 있다. 새 단장을 마쳐 깨끗하고 쾌적하다. 주방·거실·세면 시설이 자랑할 만하고 무엇보다 교통과 관광의 중심지에 있다는 게 최대 매력이다.

Map P.394-A1 **주소** Rua São Nicolau, 41 **전화** 937 877 102 **홈페이지** www.lisbonlounge.com **요금** 도미토리 €20~, 트윈 1인당 €40~(아침 포함) **가는 방법** 호시우 광장, 코메르시우 광장에서 도보 5~10분

LOST INN LISBON HOSTEL

시아두 지구에 위치, 18세기에 지어진 유서 깊은 건물을 현대적이지만 고풍스럽고 따뜻한 분위기로 꾸며 편안하게 느껴진다. 모든 객실이 넓은 편이며 창을 통해 도시의 전망을 감상할 수 있다. 트윈룸과 도미토리, 여성 전용 도미토리 등이 있다. 공용 부엌이 있으며 무료 샹그리아를 제공한다.

Map P.394-A1 **주소** Beco dos Apóstolos 6 **전화** 21 347 0755 **홈페이지** www.lostinn.eu **요금** 도미토리 €30~ **가는 방법** 메트로 Cais do Sodré 역에서 도보 5분

WE LOVE F. TOURISTS

바이샤 지구에 위치해 시내 관광이 편리하다. 원목이 주를 이루는 인테리어는 친근감과 편안함을 느끼게 한다. 신트라 일일투어, 자전거 및 아이패드 대여 서비스, 유료지만 맛있는 아침과 저녁 식사를 제공한다.

Map P.394-B1 **주소** R. dos Fanqueiros 267 **전화** 21 887 1327 **홈페이지** www.weloveftourists.com **요금** 도미토리 €25~ **가는 방법** 호시우 광장에서 도보 5분, 피게이라 광장에서 도보 2분

HOME LISBON HOSTEL

시내 관광이 편리한 바이샤 지구에 위치, 이름 그대로 집처럼 편안한 분위기가 이곳 콘셉트다. 19세기 건물로 호스텔 내부의 마호가니색 나무 가구와 바닥, 원색으로 칠해진 벽 등이 고풍스럽고 세련됐다. 공용 주방이 있으며 엄마 손맛이 느껴지는 아침과 저녁 식사를 맛볼 수 있다. 자전거 대여도 해 준다. 여러 번 최고의 호스텔로 선정될 만큼 인기가 있다.

Map P.394-A1 **주소** R. de São Nicolau 13 2Esq **전화** 21 888 5312 **홈페이지** www.homelisbonhostel.com **요금** 도미토리 €40~ **가는 방법** 아우구스타 거리에서 도보 5분

GOODNIGHT HOSTEL

작지만 아늑하고 무엇보다 바이샤 지구에 있어 시내 관광이 편리하다. 집처럼 꾸며진 작은 공용실(거실)이 인상적이다. 무료 조식을 제공하며 안전한 야간 산책을 위해 야간투어도 운영 중이다. 공용 부엌도 있다.

Map P.394-B1 **주소** R. dos Correeiros 113 **전화** 21 598 9153 **홈페이지** www.goodnighthostellisbon.com **요금** 도미토리 €20~ **가는 방법** 호시우 광장에서 도보 7분

HOTEL INN ROSSIO

도미토리는 없고 개인실만 운영한다. 방에 욕실이 있는지에 따라 요금이 달라진다. 하지만 저렴한 요금에 개인실을 이용할 수 있어 좋다. 구시가 중심에 위치하고 있어 시내 관광이 편리하고, 호텔 바로 옆에는 슈퍼마켓·레스토랑·카페 등도 있다.

Map P.394-B1 **주소** Rua 1° Dezembro, 73 **전화** 21 347 4976 **홈페이지** www.innrossio.com **요금** 싱글 €70, 트윈 €130 **가는 방법** 호시우 역 바로 뒤편

HI LISBOA-POUSADA DE JUVENTUDE

시내 중심에 위치한 공식 유스호스텔. 파스텔 톤이 주를 이루는 인테리어가 현대적이고 쾌적하다. 폼발 후작 광장 근처에 있어 시내 관광에는 대중교통을 이용해야 한다.

주소 R. Andrade Corvo, 46 **전화** 21 353 2696 **홈페이지** www.pousadasjuventude.pt **요금** 도미토리 €14~€17 **가는 방법** 메트로 Picoas 역에서 하차 후 Rua Andrade Corvo 방향 출구로 나간다. 갈림길이므로 주소의 번지수를 확인하면서 찾아가야 한다.

벨라 리스보아 (한인민박)

리스본에 있는 유일한 한인민박으로 실내가 아늑하고 쾌적하게 인테리어 돼 있다. 도미토리부터 1·2인실은 물론 가족실 등이 있으며 무료로 인터넷, 차, 욕실용품 등을 제공한다. 전기장판까지 준비돼 있다. 신시가와 구시가 경계에 위치해 시내 관광이 매우 편리하고 시내 관광 및 포르투갈 여행에 대한 안내도 받을 수 있다.

주소 Rua da Conceicao da Gloria 73, 2F(한국식 3층) **전화** 936 979 980 **홈페이지** cafe.naver.com/belalisboa **요금** 도미토리 €30~35, 2인실 €80(한식 아침 포함) **가는 방법** 산타 아폴로니아 역에서 메트로 이용, Restauradores 역에서 Avenida Liberdade–Bairro alto 방향 출구로 나와 도보 10분

GOLDEN TRAM 242 SUITES& HOSTEL

산타 주스타 엘리베이터 바로 앞에 있어 시내 관광, 쇼핑, 맛집 여행 등을 하는데 최상인 호스텔. 오래된 건물을 깔끔하고 감각적으로 개조해 꽤 인기가 있다. 트윈, 더블룸이 있으며 도미토리는 남녀 공용, 남·여 분리 도미토리 등이 있다. 요금은 방 타입별, 기간별로 변동이 있다.

Map P.394-B1 **주소** Rua Aurea 244 **전화** 21 322 9100 **홈페이지** goldentram242lisbonnehostel.com **요금** 10인 도미토리 €14~(아침 포함) **가는 방법** 아우구스타 거리에서 도보 3~5분. 산타 아폴로니아 역에서 메트로 이용, Baixa-Chiado 역에서 하차 후 도보 7분

리스본 근교 3색 여행

포르투갈의 산과 바다, 세계문화유산을 단 하루 만에 둘러보고 싶다면 리스본 근교인 신트라, 호카곶, 카스카이스를 여행해 보자. 아침부터 저녁까지 눈앞에 펼쳐지는 다양한 자연 경관과 유적들은 만족스러운 하루를 만들어 줄 것이다. 리스본이 유럽 여행에서 가장 기억에 남는 여행지로 꼽히는 것도 그런 이유에서가 아닐까?

울창한 숲과 세계문화유산이 있는 신트라 Sintra

울창한 숲에 감싸인 신트라는 동화 속 마을처럼 작고 아름답다. 산꼭대기에는 세계문화유산인 페나 성, 산 중턱에는 무어인의 성터, 마을 광장에는 왕궁이 있다. 여행자의 감각을 만족시켜 주는 포르투갈 최고의 관광명소다. 자세한 내용은 P.420 참고.

멋스러운 휴양지의 여유로움을 만끽할 수 있는 카스카이스 Cascais

작은 어촌에 불과했지만 지금은 여름 휴양지로 각광받는 곳이다. 특별히 볼만한 것은 없지만 쇼핑가와 바닷가를 산책하듯 둘러보거나, 분위기 좋은 카페에 앉아 차분하게 하루를 마무리하기에 그만이다. 버스 터미널에서 역까지는 도보 5분 거리다. 시내 쇼핑가와 번화가가 역과 연결돼 있으니 역으로 가면 편리하다. 카스카이스에서 출발한 열차는 리스본의 Cais do Sodre 역에 도착한다.

끝없이 펼쳐진 바다가 보이는

호카곶 Cabo da Roca

유럽의 최서단인 호카곶은 땅끝 마을이라는 의미 자체만으로 가슴 벅찬 곳이다. 유럽을 돌아 이곳까지 왔구나 생각하면 더욱 의미가 커진다. 아슬아슬한 화강암 절벽, 끝을 알 수 없는 망망대해, 등대와 기념비, 포르투갈 전통 가옥 안에 있는 관광안내소가 볼거리의 전부다. 특별히 뭘 하려고 하지 말자. 끝없이 펼쳐진 바다를 바라보고, 바닷바람을 맞으며 가장 먼저 떠오르는 이에게 엽서 한 장을 써 보자. 호카곶에서는 그것만으로도 충분하다. 이곳에서 카스카이스행 버스를 탈 때는 타기 전에 반드시 행선지를 물어 봐야 한다. 잘못하면 신트라로 다시 갈 수 있다(P.426 참조).

초원으로 둘러싸인 호카곶

석양 무렵의 호카곶. 빛에 따라 풍경이 변한다.

대서양이 시작되다.

ACCESS 리스본 근교로 가는 법

리스본에서 아침 일찍 출발해 유적지가 가장 많은 신트라를 반나절 정도 둘러본 후 호카곶, 카스카이스 순으로 여행하면 된다. 세 도시를 제대로 보려면 아침 일찍 서두르는 게 좋다. 그렇지 않으면 신트라만 여행하자. 잦은 이동으로 점심식사를 거를 수 있으니 샌드위치나 간단한 간식, 음료 등을 미리 준비해 가는 것도 좋다. 버스 이동을 하는 내내 포르투갈의 멋진 자연 경관이 펼쳐지니 절대 자지 말자.

Scott URB사 버스 시간 조회 www.scotturb.com

◆ 원활한 이동을 위해 버스 배차 시간표를 ⓘ에서 받아 두거나 홈페이지를 참고하자. 버스 안이 혼잡하거나 버스 배차 시간이 맞지 않다면 택시를 이용하는 것도 추천한다.

Best Course 리스본 호시우 역(편도 €2.30, 국철로 40분)→신트라 역(편도 €2.60, 1253·1624번 버스로 30분)→호카곶(편도 €2.60, 1624번 카스카이스행 버스로 35분)→카스카이스 역(편도 €2.30, 국철로 35분)→리스본 카이스 두 소드르 역 예상 소요 시간 하루

포르투갈의 '에덴 동산'

신트라

SINTRA

리스본에서 북서쪽으로 28㎞ 떨어진 신트라는 예부터 포르투갈 왕족과 영국 귀족에게 사랑받은 아름다운 전원도시다. 영국의 시인 바이런은 '에덴 동산'이라고까지 칭송했다. 아기자기하게 꾸며진 시내를 빠져나와 우거진 숲 속의 산책로를 따라가다 만나게 되는 아름다운 성을 보노라면 바이런의 말에 충분히 공감하게 될 것이다. 리스본의 부산한 분위기와는 전혀 다른, 여유가 배어 있는 신트라에서는 느림의 미학을 배우게 된다. 7월의 주말에는 음악제가 열려 이색적인 볼거리도 선사한다.

이런 사람 꼭 가자!!

· 독일 퓌센의 노이슈반슈타인 성보다 더 아름다운 페나 성이 궁금하다면
· 포르투갈에서만 볼 수 있는 독특한 건축 양식에 관심 있다면

INFORMATION 여행 전 유용한 정보

홈페이지

신트라 관광청 www.cm-sintra.pt

관광안내소

역내 ⓘ

여행에 꼭 필요한 시내 지도와 신트라 시내버스 434번, 호카곶행 403번 버스 시간표를 얻어두면 매우 유용하다.

운영 매일 10:00~12:00, 14:00~18:00

중앙 ⓘ

주소 Praça da República 23(왕궁 근처)

운영 매일 09:30~18:00(8월 ~19:00)

ACCESS 가는 방법

신트라는 리스본에서 당일치기 여행지로 인기 있는 곳이며 포르투갈 최대의 관광지 중 하나이다. 리스본에서 호시우 역 또는 오리엔트 역에서 신트라행 국철이 20~30분 간격으로 운행한다. 구시가지에 있는 호시우 역에서 에스컬레이터를 타고 3층으로 올라가면 매표소와 플랫폼이 나온다. 티켓은 신트라만 여행할 예정이라면 왕복 티켓을 호카곶, 카스카이스 등을 여행하고 리스본으로 돌아올 예정이라면 편도 티켓을 구입하면 된다. 포르투갈 철도패스 소지자 또는 리스본 카드를 구입했다면 무료이다.

신트라 역 Sintra Estação에 도착하면 중앙 홀에 있는 ⓘ에 들러 시내지도, 버스 노선 및 운행 시간표부터 얻자. 역에서 구시가까지는 시내버스를 이용하면 된다. 구시가의 왕궁, 페나성으로 가려면 434버스, 구시가의 왕궁, 헤갈레이라 별장으로 가려면 435번 버스를 타야 한다. 신트라에서 모든 버스를 24시간 동안 무제한 이용하려면 Hop on hop off all Bases 24 hours 티켓을 구입하자. 티켓은 자동 발매기 또는 운전사에게 직접 구입할 수 있다. 종이 영수증으로 돼 있으니 분실 또는 손상되지 않게 조심하자. 버스 운행이 적고, 여러 정류장을 돌아가는 편이며, 언제나 만석이라 시간이 없는 여행자라면 콜택시와 적절한 도보 여행도 추천한다. 역에서 구시가 왕궁까지는 걸어서 15~20분 정도 걸린다.

주간이동 가능 도시		
신트라	리스본	국철 40분
	호카곶	버스 30분
	카스카이스	버스 1시간

리스본→신트라

요금 편도 €2.40, Hop on hop off all Bases 24 hours Turístico diário €12.50

신트라 버스회사 홈페이지 www.scotturb.com

주요 버스 노선

①434번 버스 (페나 성행)

운행 시간 10:00~17:00 (한시간에 4번)

운행 노선 역 Sintra Estação → 왕궁 근처 ⓘ Centro Histórico–Tourismo → 무어인의 성 Catelo do Moouros → 페나 성 Palácio da Pena → 왕궁 주변 Centro Histórico → 역 Sintra Estação

②435번 버스 (헤갈레이라 별장행)

운행 시간 10:00~17:00 (한시간에 3번)

운행 노선 역 Sintra Estação → 왕궁 Palácio Nacional de Sintra → 헤갈레리아 별장 Quinta da Regaleira → Palácio de Monserrate

③1624번 버스 (호카곶행)

운행 시간 06:30~20:00 (한시간에 2~3번)

운행 노선 역 Sintra Estação → (중략) → 호카곶 Cabo da Roca → (중략) → 카스카이스 역 Caiscais Terminal

④1253번 버스 (헤갈레이라 별장, 호카곶행)

운행 시간 09:00~18:40 (한시간에 1~2번)

운행 노선 역 Sintra Estação → 헤갈레이라 별장 Quinta Da Regaleir → 몬세라트 궁전 Palácio de Monserrate → 카보다 호카 Cabo Da Roca → 신트라 역

MASTER OF SINTRA

신트라 완전정복

리스본에서 열차를 타고 40분이면 도착하는 신트라는 숲에 둘러싸인 동화 같은 마을이다. 왕궁과 헤갈레이라 별장이 있는 구시가, 해발 450m 위에 있는 페나성과 무어인의 성터가 있다. 모두 신트라 관광의 하이라이트라고 해도 과언이 아닐 정도로 하나 같이 흥미롭고 호기심을 자극한다. 대부분의 명소를 모두 제대로 둘러보려면 하루 이상이 걸린다. 각자 주어진 시간과 보고 싶은 것을 확실하게 정해 일정을 미리 계획하는 게 좋다.

①대부분의 명소를 들러보고 싶다면 신트라에서 1박을 할 것을 추천한다. 명소들을 천천히 들러보고 1박 한 후 호카곶, 카스카이스까지 들러보고 리스본으로 가자. 아니면 ②당일치기로 신트라만 여행하자. 만약 하루 만에 신트라, 호카곶, 카스카이스 여행을 계획했다면 신트라에서는 페나성 또는 헤갈레이라 별장 중 하나만 관람하고 왕궁 주변을 잠시 들러보고 바로 이동해야 한다. 버스 이동시간이 중요하므로 미리 ⓘ에서 버스 운행 시간표를 얻어 계획을 세워야 한다. 어디든 긴 줄을 서서 기다려야하니 티켓도 미리 구입하자. 신트라는 전원도시로 자연을 만끽하고 싶다면 하이킹도 추천한다. 역에서 구시가, 구시가에서 페나성이나 헤갈레이라 별장까지 원한다면 걸어서 다닐 수 있다. 인기있는 관광도시답게 관광명소와 버스 안은 언제나 사람들로 북적인다. 가능하면 일찍 여행을 서두르고 티켓도 미리 미리 구입해 두자. 상황에 따라 과감하게 택시를 이용하는 것도 추천한다.

신트라 명소 통합 티켓

2~6곳 중 티켓을 많이 살수록 할인율이 높아진다. 최소 5~10%까지 할인되며 온라인상으로 예약하면 5% 추가 할인을 받을 수 있다.

홈페이지 www.parquesdesintra.pt

시내 관광을 위한 Key Point

랜드마크 헤푸블리카 광장 Praça da República(광장에 왕궁이 있다)

Best Course 기차역 → 434번 버스 이용 → 페나 성 → 434번 버스 이용 왕궁으로 이동. 435번 버스 이용 또는 걸어서 헤갈레이라 별장으로 이동 → 헤갈레이라 별장 → 걸어서 왕궁으로 이동. 왕궁 및 구시가 산책 → 434번 버스 이용 또는 걸어서 20분 → 기차역

점심 먹기 좋은 곳 왕궁 주변의 구시가

예상 소요 시간 하루

Attraction

보는 즐거움

신트라는 독특한 양식의 페나 성과 왕궁으로 유명하다. 왕궁을 둘러싼 광장도 아름답지만 광장 뒤 오르막 뒷골목에는 예쁘장한 상점과 레스토랑들이 즐비해 더욱 흥미롭다.

왕궁 Palácio Nacional de Sintra

14세기에 건축해, 공화제가 선포된 1910년까지 포르투갈 왕실의 여름별장으로 쓰이던 곳으로 원래는 무어인의 요새 중 하나였다. 왕궁은 무데하르 양식과 고딕·르네상스·마누엘 양식이 혼재하며 원뿔형으로 솟아오른 두 개의 흰색 굴뚝은 신트라의 상징이다. 안으로 들어가면 포르투갈 왕실의 호화로웠던 생활을 엿볼 수 있다.

주소 Largo Rainha D. Amélia **전화** 21 923 7300 **홈페이지** www.parquesdesintra.pt/en/parks-monuments/national-palace-of-sintra **운영** 09:30~18:30 **입장료** €13 **가는 방법** 역에서 도보 15~20분

페나 성 입구

페나 성

Palácio Nacìonal da Pena 유네스코 뷰포인트

해발 450m의 산 정상에 있는 페나 성은 유럽 어디에서도 볼 수 없는 독창적인 건축물이다. 이슬람·르네상스·마누엘·고딕 양식이 혼합된 이 성은 원래 16세기 수도원 건물이었는데 페르디난두 2세가 독일의 건축가를 불러들여 1839년에 완성했다. 페르디난두 2세는 퓌센에 노이슈반슈타인 성을 세운 루트비히 2세의 사촌이다. 성 전체는 노란색이 주를 이룬다. 버스에서 내려 정문으로 들어가면 울창한 숲이 나오고 거기서 오르막길을 오르면 동화 속에서나 존재할 것 같은 아름다운 페나 성이 얼굴을 내민다. 내부는 셀프 가이드 투어로 돌아볼 수 있고 전망대에서는 아름다운 산과 테주 강, 대서양이 발 아래로 펼쳐지는 훌륭한 전망도 만끽할 수 있다.

주소 Estrada da Pena **전화** 21 923 7300 **홈페이지** www.parquesdesintra.pt **운영** 09:30~18:30 **입장료** 성+공원 €20 **가는 방법** 왕궁에서 도보 1시간 또는 역에서 버스 434번을 타고 20분

무어인의 성터

무어인의 성터 Castelo dos Mouros 뷰포인트

7~8세기에 무어인이 해발 450m 산 위에 건축한 성벽. 1147년 아폰수 엔히케스에게 성이 함락당한 후 현재 성벽만 남아 있다. 특별한 볼거리는 없지만 성터의 탑에 오르면 신트라의 전경을 볼 수 있다.

전화 21 923 7300 **홈페이지** www.parquesdesintra.pt **운영** 09:30~18:30 **요금** €12 **가는 방법** 왕궁에서 도보 1시간 또는 역에서 버스 434번을 타고 20분

헤갈레이라 별장 Quinta da Regaleira

포르투갈의 숨은 명소로 가우디의 건축물만큼 흥미로운 공간이다. '백만장자 몬테이루의 궁전 Palácio do Monteiro dos Milhões'이라는 별명을 가진 이 멋진 공간은 19세기말 커피와 보석 등을 수출해 큰 부자가 된 브라질 출신의 카르발류 몬테이루 António Augusto de Carvalho Monteiro의 여름 별장이다. 부지 면적 약 4헥타르의 땅에 별장과 정원이 조성돼 있다. 이탈리아 출신 건축가 루이지 마니니 Luigi Manini가 1904년에 공사를 시작해 1910년에 완성했는데, 별장 건물은 당시 유행했던 신마누엘 양식으로 지어졌다. 관광의 하이라이트는 울창한 숲으로 이뤄진 정원 탐험. 숲을 따라 분수, 석굴, 호수 등을 지나 위로 올라가면 27m 깊

이의 포수 이니시아티쿠 Poço Iniciático(입회우물)가 나온다. 9층 구조의 계단을 따라 내려가면 다시 지하터널과 연결되고 터널을 따라 걸어가면 두 개의 출구가 나온다. 두 개 중 한 곳을 선택해 나오면 돌다리를 건너 밖으로 빠져나오게 돼 있다. 이 모든 과정은 서양의 비밀 결사 단체인 프리메이슨 Freemaison의 입교 의식으로 죽음과 메이슨 교도로의 환생을 의미한다. 당시 프리메이슨의 신봉자였던 카르발류 몬테이루는 프리메이슨, 템플 기사단, 장미십자단, 연금술, 포르투갈 신화와 그리스·로마 신화 등을 상징하는 것들을 별장 곳곳에 장식하고 의미를 부여했다. 별장의 숨은 의미를 알면 알수록 신비롭고 비밀스럽게 느껴진다. 그래서 기묘하게 아름답다는 표현을 하는지 모르겠다.

주소 Quinta da Regaleira **전화** 219 106 650 **홈페이지** www.regaleira.pt **운영** 10:00~12:00·13:00~18:00 **휴무** 12/24·25·1/1 **입장료** €12 **가는 방법** 왕궁에서 도보 15분 또는 버스 435번을 타고 Quinta da Regaleria 역 하차 후 바로

Restaurant

먹는 즐거움

PIRIQUITA II

시내 관광을 마친 후 점심식사와 티타임을 위해 들러보자. 레스토랑 겸 카페로 오늘의 메뉴를 추천한다. 후식으로는 따뜻한 홍차 한잔과 신트라의 전통 과자 케이자다 Queijada와 트라베세이루 Traveseiro를 먹어보자. 치즈를 넣어 만든 둥근 모양의 케이자다는 포르투갈 전역에서 먹을 수 있지만 신트라가 원조다. 겉은 딱딱하고 속은 부드러운데 13세기부터 전해 내려온 것이다. 베개라는 뜻의 트라베세이루는 달걀크림이 들어간 파이다. 씹는 맛이 부드럽고 매우 달다. 근처에 본점도 있다.

주소 Rua das Padarias 18 **전화** 21 923 1595 **홈페이지** https://piriquita.pt **운영** 10:00~18:00 **예산** 트라베세이루 4개 €7.90, 케이자다 €1~2(6개 €6) **가는 방법** 왕궁에서 도보 5분

케이자다와 트라베세이루

레스토랑 내부 전경

선물용 케이자다 세트

유럽 대륙 최서단

호카곶

CABO DA ROCA

간간이 광고에 등장해 '저 멋진 곳에 나도 가봤으면…' 하는 소망을 불러일으키는 호카곶은 유라시아 대륙의 서쪽 끝에 자리하고 있다. 끝없이 펼쳐진 파란 대서양과 절벽 밑으로 부서지는 하얀 파도가 눈부시다.
이 바다를 친구 삼아 우뚝 서 있는 십자가는 신대륙으로 향하던 유럽인의 설렘과 모험심을 보여주는 듯하다. 십자가를 받치고 있는 비석에는 '이곳에서 땅이 끝나고 바다가 시작된다'라는 포르투갈의 시인 카몽이스의 시구가 새겨져 있다. 이곳의 관광안내소에서는 유럽 대륙 최서단(最西端)에 도착했다는 증명서 Certificado를 발급해준다. 고풍스러운 문양의 이 증명서를 받아들면 대륙의 끝에 도착했다는 실감이 든다.
호카곶의 볼거리는 웅대한 자연의 파노라마다. 바다를 마주한 단애(斷崖) 위로는 거친 바위와 녹색의 풀만 깔려 있고, 가장 높은 곳에는 대양을 향해하는 배를 위해 등대가 설치돼 있다.

가는 방법 & 완전 정복

근처에 숙박 시설이 없으므로 리스본에서 당일치기로 둘러보는 것이 좋다. 신트라나 카스카이스를 경유해 호카곶에 도착하면 드넓게 펼쳐진 녹지대가 먼저 눈에 들어온다. 돌아갈 버스 시간표를 확인한 다음 저 멀리 십자가가 보이는 호카곶 쪽으로 간다. 십자가를 중심으로 바닷가의 절벽에서 느긋하게 시간을 보내다 관광안내소로 가서 최서단 도착 증명서(€11)를 받는 것으로 마무리하자. 이동에 많은 시간이 걸리지만 구경은 1시간이면 충분하다. 기념품점과 레스토랑 등이 있으니 시간이 남는다면 차라도 한잔하며 버스를 기다리자 (P.419 교통편 참조).

주간이동 가능 도시		
리스본	신트라	국철 40분
리스본	카스카이스	국철 35분
신트라 또는 카스카이스	호카곶	버스 30분

호카곶 ⓘ

최서단 도착 증명서 발급. 버스정류장 역할도 하며 안에는 대기실도 있다.

운영 10~4월 09:00~18:30, 5~9월 09:00~19:30

포르투갈의 발상지

포르투

PORTO

포르투갈 제2의 도시 포르투는 대서양으로 흐르는 도루 Douro 강 하구에 위치해 일찍부터 항구 도시로 발달했으며 로마제국과 이슬람의 지배를 받았다. 고대 로마인들은 이곳을 '포르투스 칼레'라 불렀고 이것이 포르투갈 국가명의 어원이 됐다. 11세기 십자군 운동에서 이슬람 세력을 물리친 프랑스 귀족 앙리 드 부르고뉴는 이 지역의 백작이 되자 프랑스에서 포도 씨를 들여왔고 그것이 포르투가 세계적인 와인 산지가 된 계기가 됐다. 그후 앙리의 아들 아폰수 1세가 이슬람 세력을 격파하고 포르투갈의 왕을 자처했으며 그가 확장한 영토는 지금의 포르투갈 영토가 됐다. 세계문화유산인 역사지구에는 유럽 어디에서도 볼 수 없는 독특한 건축 양식의 건물이 즐비하고 거기에 더해 로맨틱한 도루강 풍경은 포르투를 여행 중 가장 기억에 남는 곳으로 손꼽게 만든다.

이런 사람 꼭 가자!!

· 유럽에서 숨은 로맨틱한 여행지를 찾는다면
· 포트와인으로 유명한 포도주 산지를 여행하고 싶다면
· 리스본에 반해 또 다른 포르투갈 여행지를 찾는다면

INFORMATION 여행 전 유용한 정보

홈페이지

포르투 관광청 www.portoturismo.pt

관광안내소

무료 지도를 제공한다. 숙박·시내교통편·와이너리·투어 관련 정보가 유용하다. 대성당·볼사 궁전 앞과 빌라 노바 데 가이아에도 안내소가 있다.

중앙 ⓘ Map P.433-B1

주소 Rua Clube dos Fenianos 25(시청사 옆) **전화** 300 501 920 **운영** 11~4월 매일 09:00~19:00, 5~7·9~10월 매일 09:00~20:00, 8월 매일 09:00~21:00

대성당 ⓘ Map P.433-B2

주소 Terreiro da Sé(대성당) **전화** 223 393 472 **운영** 11~4월 09:00~19:00, 5~10월 09:00~20:00

ACCESS 가는 방법

비행기·열차·버스 등 다양한 교통편을 이용할 수 있다. 특히 저가 항공사의 운항 편수가 늘어나 비행기 이용자 수가 많아졌다. 열차와 버스는 리스본과 근교 등으로 여행할 때 유용하다.

비행기

포르투갈 제2의 도시답게 리스본, 스페인의 마드리드, 바르셀로나, 세비야는 물론 런던, 파리, 로마 등 유럽 주요 도시에서 항공편이 운항한다. 프란시스쿠 데 사 카르네이루 공항 Aeroporto Francisco de Sá Cameiro(OPO)은 시내에서 북서쪽으로 19Km 떨어져 있고 메트로 역이 연결돼 있어 시내까지 쉽게 갈 수 있다. 그 외 공항버스, 심야버스, 택시 등이 있으며 대략 30~40분 정도 소요된다.

공항 홈페이지 www.ana.pt

프란시스쿠 데 사 카르네이루 공항 → 시내

메트로 E선

공항에서 시내까지 가는 데 가장 편리한 교통수단. 구시가 역 중 하나인 Trindade 역까지 한 번에 갈 수 있다. 티켓은 충전식 교통 카드인 안단테 Andante를 구입하자. 공항은 4존 Zone으로 시내에서 몇 번 정도 대중교통을 이용할지 등을 고려해 종류를 선택하면 된다 (P.430 시내교통 참조).

운행 06:00~01:00 **소요 시간** 약 40분 **요금** 카드 보증금 €0.60+1회권 €2.25

버스

시내버스는 공항에서 구시가의 클레리구스 성당 인근에 있는 Cordoaria 역까지 운행, 버스 노선이 숙소와 가깝다면 이용하자. 심야버스 3M은 구시가의 Av. Aliados 또는 메트로 Trindade 역으로 운행한다. 자정부터 이른 새벽에 대중교통을 이용하고 싶다면 추천한다. 티켓은 운전기사에게 직접 구입하면 된다. 1회 요금 €2.25

①시내버스 601·602·604번

운영 공항 출발 05:40~00:55, 시내 출발 05:30~01:10(25분 간격 운행)

②심야버스 3M

운영 01:00~05:00(한 시간에 한 대씩 운행)

택시

일행이 여럿이거나 너무 늦은 시간이라면 택시를 이용하자. 기본 요금 외에 주말과 공휴일, 저녁 9시부터 새벽 6시까지 할증 요금이 붙으며, 큰 짐 1개 당 €1.50가 추가된다. 시내까지 20~30분 소요. 요금은 €20~25.

주요 콜택시 전화번호 Raditaxis 22 507 3900, Tax Invicta 22 507 6400

철도

리스본, 코임브라, 근교 도시로의 여행에서 많이 이용하게 된다. 포르투갈의 열차를 이용하고 싶다면 리스본과 포르투 구간을 이용해 보자. 티켓은 인터넷으로 예약할 수 있으며 미리 예약할수록 저렴하다. 기차역은 캄파냐 역 Estação Campanhã과 상 벤투 역 Estação São Bento Map P.433-B1 두 곳이 있다. 캄파냐 역은 중앙역으로 구시가지로부터 2.5Km 정도 떨어져 있으며 리스본을 비롯한 대부분의 열차가 운행한다. 상 벤투 역은 구시가지 중심에 위치하고 있으며 브라가 Braga, 기마랑이스 Guimarães, 아베이루 Averiro 등 근교로 가는 열차가 운행한다. 대부분의 열차는 캄파냐 역을 통과해 두 역을 이동할 때 이용하면 편리하다(5분 소요). 지하에는 메트로 역이 연결돼 있다.

티켓 예매 www.cp.pt(포르투갈 철도청)

버스

버스는 열차에 비해 가격이 저렴하고 소요시간도 비슷해 인기가 있다. 단, 행선지에 따라 운영하는 회사가 달라 터미널도 제각각이다. 버스를 이용할 때에는 반드시 터미널의 위치를 확인해야 한다. 리스본과 포르투를 오가는 대표적인 버스 회사는 RE(Rede Expressos)사 Map P.433-C1 이다. 티켓 예매는 인터넷 또는 애플리케이션으로 할 수 있으며 티켓도 모바일에 저장된 것을 그대로 보여주면 된다. RE사 버스터미널은 구시가지의 상 벤투 역에서 동쪽 언덕에 있으며 구시가까지는 도보로 15~20분 정도 걸린다. 짐이 많거나 내리막길 오르막길을 걷기가 불편하다면 숙소까지는 택시를 이용하자.

RE사 버스터미널

주소 Campo 24 de Agosto 125

홈페이지 www.rede-expressos.pt

버스 요금

포르투 → 리스본 €19

포르투 → 코임브라 €11.90

주·야간이동 가능 도시		
포르투	리스본	열차·버스 각 3시간~3시간 30분, 저가항공 1시간
포르투	마드리드	저가항공 1시간 20분, 야간버스 8시간 30분
포르투	바르셀로나	저가항공 1시간 50분
포르투	코임브라	열차·버스 1시간 15분
포르투	나자레	버스 3시간

포르투 버스터미널

시내 교통

메트로·버스·트램·등산열차 등 다양한 교통수단이 발달해 있다. 구시가지의 대부분은 도보로 둘러볼 수 있지만 언덕길을 오르내리는 게 힘들다면 적절하게 이용하는 것도 추천한다. 특히 오래된 트램이나 언덕을 오르는 푸니쿨라르(등산열차)는 관광 삼아서라도 꼭 타보길 추천한다. 티켓은 공용이며 우리나라의 충전식 교통카드인 안단테 카드 Andante Card를 구입해 사용하면 편리하다. 초기 카드 구입비는 €0.60로 1년 동안 유효하며 원하는 금액을 충전해 사용할 수 있다. 그 밖에 24시간 동안 사용할 수 있는 안단테 24, 안단테 투어 카드 등이 있다. 티켓은 메트로 역 내 자동발매기, STCP 지정 매표소, 관광안내소 등에서 구입할 수 있으며 존 Zone(구시가 2존, 공항 4존)에 따라 요금이 달라진다. 버스나 트램은 운전사한테 직접 구입할 수 있으나 약간의 수수료가 붙는다. 메트로는 플랫폼 입구 또는 환승 시에도 단말기에 카드를 인식시켜야 한다. 버스와 트램은 탑승 후 단말기에 카드를 인식 시키면 된다. 불시에 티켓 검사가 있으니 벌금을 내고 싶지 않다면 무임승차는 금물이다. 그 밖에 시내 관광명소 입장료 및 할인혜택, 대중교통 요금이 포함된 포르투 카드 Porto Card, 주요 관광명소들로 운행하는 투어 버스 등이 있다. 어떤 티켓을 구입해야 할지 종류가 다양해 고민스럽겠지만 전체 체류일, 대중교통 이용횟수, 방문하고 싶은 관광명소 등을 고려해 선택하자.

티켓 구입 및 사용 방법

1회권

존(Zone)에 따라 요금이 달라지며 1회권부터 11회권까지 충전이 가능하다.

요금 1회권 2존 €1.40 , 3존 €1.80, 4존 €2.25, 11회권 2존 €12, 3존 €15, 4존 €18.50

안단테 24시간권 Andante 24

처음 게시한 시간으로부터 24시간 동안 대중교통을 무제한 이용할 수 있다.

요금 2존 €5.15, 3존 €6.65, 4존 €8.30

안단테 투어 카드 Andante Tour Card

존에 관계없이 24시간 또는 72시간 동안 대중교통을 무제한 이용할 수 있다.

요금 안단테 투어 카드 1(24시간권) €7, 안단테 투어 카드 3(72시간권) €15

Travel Plus

포르투 카드 Porto Card

주요 관광명소 무료 입장 및 할인, 지정 레스토랑과 상점 할인 등의 혜택이 있으며 대중교통 요금 포함 카드도 별도로 있다. 단, 트램은 제외. 공항, 역, 시내 관광안내소에서 구입할 수 있다.

요금 1일권 €6, +교통패스 €13, 2일권 €10, +교통패스 €20, 3일권 €13, +교통패스 €25

메트로 Metro

A·B·C·D·E·F, 6개의 노선이 있으며 도심은 물론 공항, 근교까지 연결해 가장 편리한 교통수단이다. 생각보다 교통체증이 심해 붐비는 시간에는 메트로가 가장 좋다.

홈페이지 www.metro-porto.pt **운영** 06:00~01:00

메트로

버스 Bus

포르투 구석구석을 연결하고 있으며 세할베스 현대미술관, 카사 다 뮤지카가 있는 보아비스타 Boavista 지구와 해변이 있는 포즈 Foz를 가는데 이용하면 편리하다. 구시가의 주요 버스 정류장은 상 벤투 역과 리베르다드 광장에 있다.

홈페이지 www.stcp.pt **운영** 06:00~09:00

버스

트램 Tramvía

노란색 트램이 리스본의 상징이라면 포르투에는 오래된 베이지색 트램이 상징이라 할 수 있다. 모두 3개의 노선이 있으며 교통수단이라기보다는 관광객을 위한 재미난 탈거리이다. 정해진 목적지가 없더라도 꼭 한 번 챙겨 타보자.

1번 트램 (강변을 따라 해변까지 운행)

운행 구간 Infante–Passeio Alegre **운행** 09:30~18:00

18번 트램

운행 구간 Massarelos–Carmo **운행** 09:15~19:00

22번 트램 (구시가 순환선)

운행 구간 Carmo–Guindais Batalha **운행** 10:00~ 19:00

푸니쿨라르 Funicular Map P.433-B2

Funicular dos Guindais라고 부르며 동 루이스 1세 다리(Ribeira 지구)에서 언덕 위에 있는 바탈랴 Batalha 지구까지 거의 수직으로 올라가는 등산열차. 등산열차의 시작은 1891년이며 지금의 것은 1994년에 보수한 것이다. 5분 소요.

홈페이지 www.metrodoporto.pt **운영** 4~11월 08:00~20:00, 5·6·9·10월 일~수요일 08:00~22:00, 목~토요일 08:00~24:00, 8월 08:00~01:00 **요금** 1회권 €2.50(안단테 카드 사용 가능)

케이블카 Teleférico de Gaia

동 루이스 1세 다리 위에서 빌라 노바 드 가이아 지구까지 운행하는 4인용 케이블카. 도루 강을 따라 펼쳐지는 포르투 구시가의 멋진 풍경을 감상할 수 있어 인기가 있다.

홈페이지 www.gaiacablecar.com **운영** 4/26~9/24 월~일요일 10:00~20:00, 3/24~4/25·9/25~10/24 10:00~19:00, 10/25~3/23 10:00~18:00 **요금** 편도 €6, 왕복 €9

투어버스 Tour Bus

시티 사이트 씽 City-Sightseeing과 엘로우 버스 Yellow bus가 있다. 구시가지와 외곽에 있는 명소들로 운행한다. 투어버스를 타고 2시간 동안 한 바퀴 돌아보거나 짧은 시간 동안 많은 곳을 가야 할 때 이용해 볼만하다. 버스 외에 입장료, 크루즈 등의 할인 혜택이 있다.

City-Singhtseeing

홈페이지 www.city-sightseeing.com

운행 09:00~18:45(30분 마다) **요금** €15

Yellow Bus

운행 09:00~18:15(30분 마다) **요금** €15

MASTER OF PORTO

포르투 완전정복

여기가 어디지? 석양 무렵 강을 사이에 두고 오래된 고택이 로맨틱하게 펼쳐진 사진 한 장에 반해 여행을 결심하게 되는 곳을 꼽으라면 포르투가 아닌가 싶다. 너무 낯설고 우리에게 알려진 게 없어 더 매력적인 곳. 도루 강을 내려다보며 사진 속의 주인공이 되는 순간 더 바랄 게 없을 것 같은 곳이 포르투 여행이다. 유럽의 서쪽 끝 사진 한 장에 반해 이곳까지 왔다면 느리게 걷고 느리게 감상하고 느리게 느껴보자. 머무는 동안 매일 같은 풍경을 감상해도, 전망대를 찾아 각도를 바꿔가며 감상해도 좋다. 거기에 포트와인까지 곁들이면 어떨까? 해리포터의 작가 조앤 롤링도 이곳에서 2년 동안 머물며 〈해리포터〉를 집필했다니 예술적 영감을 얻기에 딱 좋은 곳이다.

관광지는 크게 구시가지와 신시가지로 나눌 수 있으며 구시가지는 리베르다드 광장 Praça da Liverdade을 중심에 두고 동서남북으로 뻗은 언덕길에 주요 관광명소가 있다. 구시가지는 도루 강 사이에 있는 히베이라 Ribeira와 빌라 노바 드 가이아 Vila Nova de Gaia 지구, 클레리구스 성당 주변과 반대편 언덕에 있는 산투 일데폰소 성당 주변으로 나뉜다. 신시가지는 보나비스타 Bonavista 지구와 포즈 Foz do Douro 지구 등이 있다. 포르투 여행의 하이라이트는 동 루이스 1세 다리가 있는 도루 강으로 구시가의 명소들과 함께 도보로 하루 만에 돌아 볼 수 있다. 포트와인 시음이 포르투 여행의 이유 중 하나라면 하루 더 머물며 빌라 노바 데 가이아에서 시간을 보내자. 요즘 포르투에서 뜨는 여행지 세할베스 Serralves (현대 미술관)와 해변까지 여행하려면 전체 일정은 2~3일 정도로 계획하자.

이것만은 놓치지 말자!

① 석양 무렵 도루 강 크루즈 즐기기
② 동 루이스 1세 다리 위에서 도루 강 풍경 감상하기
③ 다양한 포트와인 매일 맛보기
④ 도루 강변으로 이어진 미로 같은 길 거닐기

시내 관광을 위한 Key Point

랜드마크

리베르다드 광장 Praça da Liverdade
여행의 출발점이자 교통의 중심지. 가까이에는 상 벤투 역이 있고 메트로, 버스, 트램, 투어버스 등이 광장 주변에 정류장이 있다.

1 클레리구스 성당 Igreja dos Clérigos B1
2 리베르다드 광장 Praça da Liberdade B1
3 대성당 Sé B2
4 볼사 궁전 Palácio da Bolsa A2
5 상 프란시스쿠 성당 Igreja de São Francisco A2
6 동 루이스 1세 다리 Ponte de Dom Louis I B2
7 렐루 서점 Livraria Lello A1
8 카르무 성당 Igreja do Carmo A1
9 인판트 동 엔히크 광장 A2 Praça Infante Dom Henrique
10 소아레스 도스 레이스 국립미술관 A1 Museu Nacional de Soares dos Reis
11 비토리아 전망대 Miradouro da Vitória A2
12 산투 일데폰소 성당 C1 Igreja de Santo Ildefonso
13 볼량 시장 Mercado do Bolhão B1

1 산타 카타리나 거리 B1·C1
2 Abadia do Porto B1
3 Majestic C1
4 Solar Moinho de Vento A1

1 Best Guest Hostel B1
2 The Poets Inn A1
3 Peninsular Hotel B1
4 The House of Sandeman Hotel&Suites B2

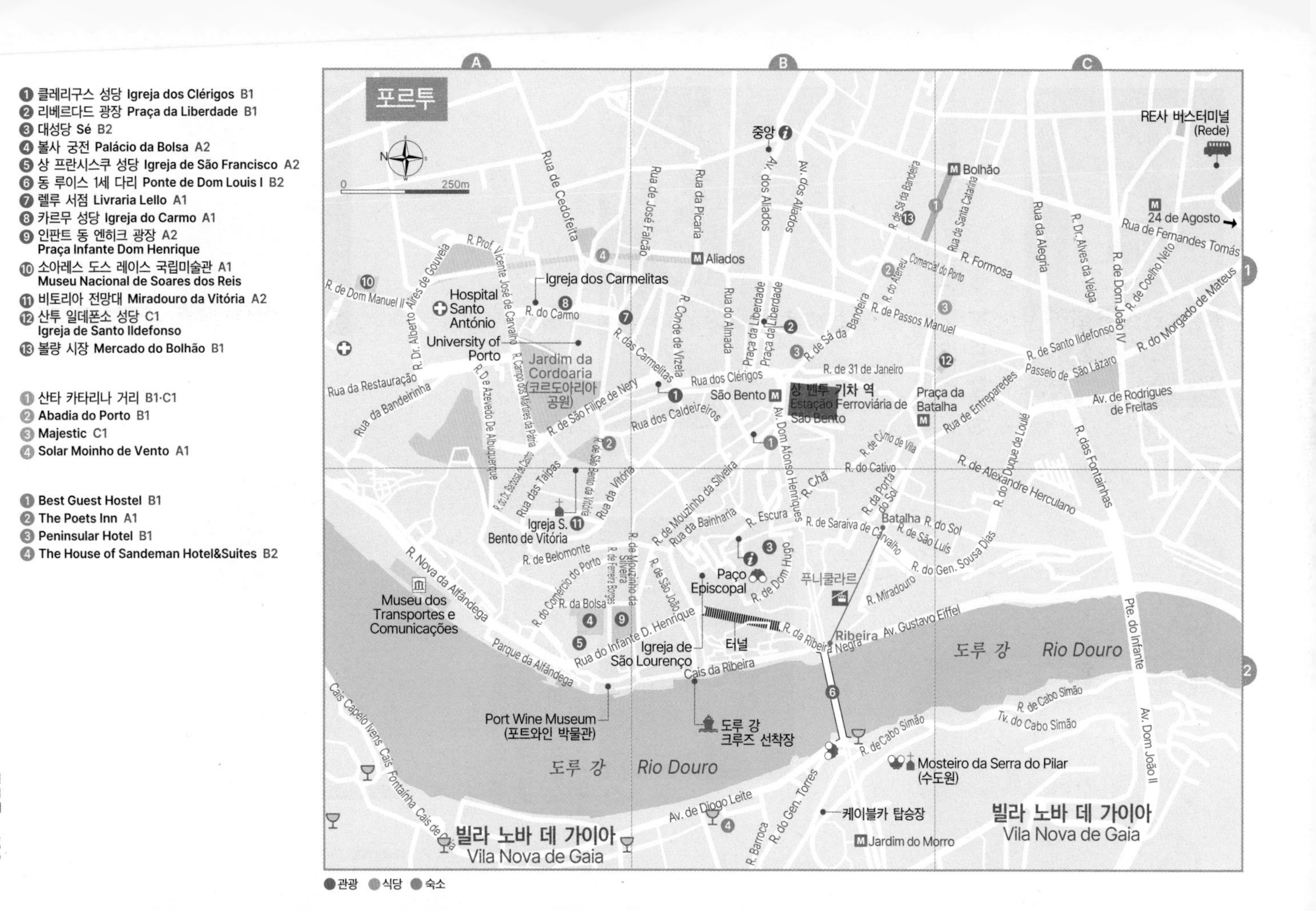

1

도보 5분

상 벤투 기차 역 P.436

세상에서 가장 아름다운 기차역. 중앙 홀 아줄레주 벽화를 감상하자.

6

도보 5~7분

히베이라 지구 P.437

동 루이스 1세 다리의 1층으로 바로 건널 수 있다. 선착장에서 크루즈 티켓도 알아보고 맞은편을 배경을 사진도 찍어보자. 카페에 앉아 사람 구경도 좋다.

7

도보 5분

상 프란시스쿠 성당 P.439

포르투갈에서 가장 화려하고 아름다운 바로크 양식의 성당 중 하나. 크루즈에 앞서 잠시 들러 감상해 보자.

도보 5분

8

도보 5분

도루 강 크루즈 P.440

오늘 여행의 하이라이트! 크루즈 내내 강변의 구시가 풍경을 감상할 수 있으며 사방이 너무 아름다워 눈을 뗄 수 없다.

9

1분

등산열차(푸니쿨라르) 타기 P.431

역은 동 루이스 1세 다리 근처에 있다. 절벽을 직각으로 올라가는 5분 동안에도 도루 강의 멋진 풍경을 감상할 수 있다.

포르투 여행의 진면목은 도루 강변의 아름다운 풍경을 감상하는 것이다. 케이블카, 크루즈, 등산열차를 타고 다양한 각도로 포르투갈 제일의 풍경인 도루 강을 감상해 보자. 강변 산책로를 따라 거닐어도 좋다. 북적이는 인파에 피곤해졌다면 강변 카페에 앉아 차 한 잔의 여유도 즐겨보자. 여행의 마무리는 구식 트램을 타고 구시가를 한 바퀴 돌아보는 것으로!

2

도보 5분

대성당 P.437

대성당 광장은 포르투에서 처음 만나게 되는 전망대이다. 포르투 왕실의 중요한 행사가 있던 곳인 만큼 잠시 성당 안으로 들어가 보자.

3

동 루이스 1세 다리 P.439

다리 2층에서는 도루 강을 사이에 두고 빌라 노바 데 가이아와 히베이라 지구가 한눈에 들어온다. 확 트인 시야 덕분에 기분까지 좋아진다.

도보 3분

4

케이블카 타기 P.431

정류장은 다리 건너에 있다. 하나 둘 셋! 온통 유리로 된 케이블카에 몸을 싣는 순간 흥분과 함께 맞은편 히베이라 지구 풍경이 눈길을 사로잡는다.

5

도보 1분

빌라 노바 데 가이아 P.441

포르투 포트와인 회사 와인 창고가 줄을 지어 들어서 있다. 바람을 타고 거리 가득 와인 향기가 난다. 맘에 드는 양조장에 들러 와인 투어를 즐겨보거나 와인 한잔에 점심을 먹자.

10

22번 트램 타고 구시가 한 바퀴

그래도 아쉽다면 22번 트램을 타고 구시가 한 바퀴 돌아보자.

알아두세요

❶ 대성당 옆에 ⓘ가 있으니 지도와 교통 관련 문의를 하고 싶다면 들러보자.

❷ 등산열차와 트램은 안단테 카드를 사용할 수 있다. 없다면 그때그때 구입하면 된다.

❸ 밥 먹고 쇼핑하기 좋은 곳 : 빌라 노바 데 가이아의 푸드코트 또는 인판트 동 엔히크 광장에 있는 시장

Attraction 보는 즐거움

과거로 시간 여행을 한 듯 사람도 건물도 너무도 낯선 곳이다. 세계문화유산으로 지정된 역사지구는 손질되지 않은 채 오랜 세월의 때가 묻어 있지만 소박하면서도 투박한 포르투갈인들의 기질을 느낄 수 있어 더없이 좋다. 어디를 둘러봐도 모두 엽서에서 나온 듯한 멋진 풍경들이다.

리베르다드 광장 Praça da Liberdade

구시가의 중심 광장으로 최대 번화가이자 교통의 중심지이다. 광장 중앙에는 동 페드로 1세의 기마상이 있다. 광장을 중심으로 동서남북으로 오르막길이 펼쳐진다. 광장과 일직선으로 연결된 북쪽의 알리아두스 거리 Avenida dos Aliados에는 시청이, 광장 맞은편에는 타일(아줄레주) 장식이 화려한 상 벤투 역과 대성당이 있다. 광장 서쪽 언덕에는 클레리구스 성당과 카르무 대성당이, 광장 동쪽 언덕에는 산투 일데폰소 성당과 구시가 최고 번화가인 산타 카타리나 거리 Rua Santa Catarina 등이 있다.

Map P.433-B1 **가는 방법** 상 벤투 역에서 도보 2분

◆ 상 벤투 기차 역 Estação Ferroviária de São Bento

세상에서 가장 아름다운 기차역 중 하나로 유네스코가 지정한 세계문화유산이다. 건물 터는 베네딕트회 수도원이 있던 자리로 역 이름의 유래가 됐다. 화려하고 웅장한 3층 건물로 건축가 조제 마르케스 다 실바 José Marques da Silva가 설계를 맡아 보자르 Beaux-Arts 양식 (유럽의 과거 양식을 답습한 것. 19세기 중엽 프랑스를 중심으로 유행)으로 1903년에 완성했다. 중앙 홀의 아줄레주 벽화는 조르즈 콜라수 Jorge Colaço가 1905년부터 1916년까지 제작한 것으로 2만 여개의 타일로 포르투갈의 중요한 역사를 묘사한 것이다. 1140년 레온 왕국과의 독립 전쟁 '발데베즈 전투', 1415년 포르투갈의 세우타 점령, 1387년 돈 주앙 1세가 영국에서 온 왕비를 맞는 장면 등이 아름다운 타일로 장식돼 있다.

Map P.433-B1 **주소** Praça Almeida Garrett **가는 방법** RE사 버스터미널에서 도보 15~20분 또는 대성당에서 도보 5분

히베이라 지구 Ribeira

세계문화 유산으로 지정된 포르투 역사지구. 여행자들의 마음을 사로잡는 곳으로 멋진 전망대이자 요새 같은 대성당, 미로처럼 얽혀있는 골목길, 포르투에서 내부가 가장 화려하게 장식된 상 프란시스쿠 성당, 도루 강변의 주인공 동 루이스 1세 다리와 강변 산책로 카이스 다 히베이라 등이 있다.

가는 방법 행선지에 따라 다르며 대부분 도보 가능

◆ 대성당 Sé

1387년 돈 주왕 1세 Don João I와 랭카스터 가문의 필리파 왕비가 결혼식 올렸고, 1394년에는 항해 왕 엔히크 왕자가 세례를 받은 곳이다. 상 벤투 역에서 남쪽 언덕 위에 있는 대성당은 원래 요새가 있던 자리에 12~13세기에 로마네스크와 고딕양식으로 지어졌고, 18세기까지 바로크 양식이 가미돼 지금의 모습에 이르렀다. 정면에 있는 2개의 탑이 초기 건축물이다. 성당 내부에서는 반도마의 성모 마리아 Nossa Senhora Vandoma 상, 17세기에 은세공으로 만든 사크라멘투 제단 Capela do Santissimo Sacramento, 푸른색 타일로 장식된 고딕식 회랑 등이 주요 볼거리이다. 대성당 광장에선 아름다운 도루 강 풍경을 감상할 수 있고 매주 토요일에 토산품을 파는 장이 선다.

수치심의 기둥.
죄인을 묶어두는 용도로 쓰였다.

Map P.433-B2 **주소** Terreiro da Sé **전화** 22 205 9028 **운영** 4~10월 09:00~18:30, 11~3월 09:00~17:30 **요금** 성당 내부 무료, 회랑 €3 **가는 방법** 상 벤투 역에서 도보 5분 또는 리베르다드 광장에서 도보 7분

◆ 볼사 궁전 Palácio da Bolsa

19세기 중반 신고전 양식으로 지어진 이 건축물은 포르투 상업조합의 상징이며 최근까지 증권거래소로 사용됐다. 내부에는 잘나가던 시절의 포르투 경제를 엿볼 수 있는 '아랍의 방 Salão Arabe'이 있다. 알함브라 궁전을 모티브로 18년에 걸쳐 지었으며 현재는 콘서트홀로 사용하고 있다. 내부는 가이드 투어로만 돌아볼 수 있다.

Map P.433-A2 **주소** Rua de Ferreira Borges 101 **전화** 223 399 013 **홈페이지** www.palaciodabolsa.com **운영** 09:00~18:30 입장료 가이드 투어 일반 €12, 학생 €7.50(30분 소요) **가는 방법** 리베르다드 광장에서 도보 20분 또는 동 루이스 1세 다리에서 도보 5분

볼사 궁전 내부

볼사 궁전

◆ 인판트 동 엔히크 광장 Praça Infante Dom Henrique

항해왕 엔히크 왕자의 동상이 있고 한쪽엔 상 프란시스쿠 성당이 있다. 광장에서 남쪽으로 내려가면 시민들의 휴식처로 사랑받는 도루 강변의 카이스 다 히베이라 Rua da Ribeira 거리가 나온다.

Map P.433-A2 **가는 방법** 대성당에서 도보 5~7분

◆ 상 프란시스쿠 성당 Igreja de São Francisco

포르투에 있는 유일한 고딕 양식의 건물이며 14세기 프란시스쿠 여자 수도원의 부속 건물로 지어졌다. 그 후 17~18세기에 성당 내부를 섬세한 나무 조각으로 덮고 금도금을 해 포르투갈에서 가장 화려하고 아름다운 바로크 양식의 성당 중 하나로 꼽힌다. 안으로 들어가는 순간 황금색으로 빛나는 실내에 압도된다.

Map P.433-A2 **주소** Rua do Infante D. Henrique **전화** 22 206 2125 **운영** 10~3월 09:00~19:00, 4~9월 09:00~20:00 **입장료** 일반 €8, 학생 €6.50 **가는 방법** 볼사 궁전에서 도보 2분

◆ 동 루이스 1세 다리 Ponte de Dom Luís I

상 프란시스쿠 성당을 감상한 후 도루 강변으로 걸어 내려가면 왼쪽 강변에 카이스 다 히베이라 거리가 이어지고 아치형으로 세워진 동 루이스 1세 다리가 보인다. 1886년 총 길이 172m로 세워진 이 다리는 에펠의 제자 테오필 세이리그 Teofilo Seyrig가 설계했다. 도루 강에 놓인 다섯 개의 다리 중 가장 아름다운 다리로 꼽힌다. 이중 다리로 위쪽에는 인도·차도와 함께 메트로 선로가 있고, 아래에는 인도와 차도가 있다.

카이스 다 히베이라 거리 쪽의 동 루이스 1세 다리 밑에는 구시가로 쉽게 올라갈 수 있는 케이블카가 연결돼 있고, 인도를 따라 다리를 건너면 와인 양조장이 즐비한 빌라 노바 데 가이아 Vila Nova de Gaia 지역이다.

Map P.433-B2 **가는 방법** 상 프란시스쿠 성당에서 도보 5분

Travel Plus

도루 강 크루즈

동 루이스 1세 다리가 있는 카이스 다 히베이라 거리에서 출발해 도루 강 상류에서 하류까지 있는 6개의 다리를 돌아보는 일정. 강을 따라 세계문화유산에 등록된 강변의 구시가 풍경을 감상할 수 있다. 사방이 너무 아름다워 눈을 뗄 수 없다.

코스 동 루이스 1세 다리에서 출발 → 인판트 다리 Ponte Infante D. Henrique(높이 285m, 2002년 완성) → 마리아 피아 다리 Ponte D. Maria Pia(1877년 에펠이 설계한 철도 전용 다리) → 상 주앙 다리 Ponte de S. João(1991년에 건설. 마리아 피아 다리 역할을 물려받음) → 프레이쇼 다리 Ponte do Freixo(1995년에 건설. 차량 전용 다리) → 동 루이스 1세 다리 → 아하비다 다리 Ponte da Arrábia(1963년에 건설. 차량 전용 다리)

빌라 노바 데 가이아 Vila Nova de Gaia

동 루이스 1세 다리를 건너면 와인 냄새 가득한 빌라 노바 데 가이아 지역이다. 미뇨 Minho 지방에서 수확한 포도가 이곳 와인 공장에서 포트와인으로 탄생한다. 특히 강변에 있는 Av. Diogo Leite 거리에는 와이너리가 즐비한데 와인을 사랑하는 사람이라면 어디부터 들어가야 할지 흥분될 것이다. 와이너리마다 공장의 역사, 와인을 만드는 과정을 보여주는 가이드 투어가 있고 무료시음 및 와인 상점도 운영하고 있다. 입구에 들어서면 와인 냄새가 진동한다. 엄청난 크기의 와인 통이 일렬로 누워 있는 모습 역시 인상적이다. 거리 중앙에 있는 관광안내소에 먼저 들러 와인 관련 지도와 정보를 얻으면 유용하다. 옛날 포트와인을 실어 나르던 배 '라벨루 Rabelo'를 주인공으로 맞은편 포르투 풍경을 배경으로 촬영하면 멋진 기념사진이 나온다.

Map P.433-A2·B2·C2 **가는 방법** 히베이라 거리에서 동 루이스 1세 다리를 건너면 된다. 도보 5분

Say Say Say 포트와인 Port Wine

항구를 의미하는 포르투 Porto 지역에서 만들어진 와인이 포트와인이라는 것은 쉽게 추측할 수 있습니다. 그 옛날 프랑스 귀족에 의해 포도 씨가 전해진 이래로 이 일대에서 생산되는 포도는 당도와 맛이 뛰어나기로 유명합니다. 100년 전쟁으로 프랑스의 보르도 지방을 잃은 영국은 포르투에서 와인을 수입했다고 합니다. 운송 도중 와인 맛이 변질되는 것을 막기 위해 발효가 반 정도 됐을 때 와인통으로 옮긴 후 5~10% 정도의 브랜디를 넣었다고 하네요. 그래서 알코올 농도 짙은 단맛의 포토와인이 탄생한 거죠.

클레리구스 성당 주변

리베르다드 거리에서 클레리구스 성당을 향해 오르막길을 따라 올라오면 성당 뒤편으로 평지가 이어진다. 성당 바로 뒤에 있는 큰 건물은 포르투 대학으로 대학 맞은편에 있는 게 카르무 성당이다. 소아레스 도스 레이스 국립 미술관은 여기서 10분 정도 걸어가면 있다.

가는 방법 행선지에 따라 다르며 대부분 도보 가능

◆ 클레리구스 성당 Igreja dos Clérigos 뷰포인트

포르투갈의 대표적인 바로크 양식 건축물로 이탈리아 출신 건축가이자 화가인 니콜로 나소니 Niccoló Nasoni가 설계를 맡아 1732년에 건설을 시작해 1750년에 완공했다. 높이 75.6m의 클레리구스 탑 Torre dos Clérigos은 도시의 스카인 라인을 담당하고 있다. 성당보다 더 상징적인 건축물로 22개의 나선형 계단을 따라 탑에 올라가면 구시가 풍경을 감상할 수 있어 인기가 있다.

Map P.433-B1 **주소** S. Filipe Nery **전화** 22 014 5489 **운영&입장료** 데이패스 09:00~19:00 성당+타워+박물관 €8, 나이트패스 19:00~23:00 탑 €5 **가는 방법** 리베르다드 광장에서 도보 7분

클레리구스 성당

◆ 렐루 서점 Livraria Lello

BBC 선정 세상에서 가장 아름다운 서점 Top 10에 당당히 이름을 올렸다. 해리 포터의 저자 조앤 롤링이 영감을 얻었다는 곳으로 알려지면서 더 유명세를 타고 있다. 원래 서점을 1894년에 렐루 Lello 형제가 인수해 당시 유행했던 신고딕 양식으로 지었으며 아르누보 양식의 요소가 가미되었다. 서점 안은 1, 2층 구조로 벽면 가득 책이 빼곡하게 꽂아 있으며 실내 인테리어가 목재로 돼 있어 편안하고 아늑한 분위기다. 1, 2층을 잇는 붉은색 계단은 서점에서 가장 인기 있는 촬영 장소로 해리 포터의 움직이는 마법의 계단의 모티브가 됐다. 천장 스테인드글라스에는 서점의 교훈인 '노동의 존엄성 Decus in Labore'이란 글귀가 새겨져 있다. 워낙 인기가 있어 서점 안을 구경하려는 사람들로 붐빈다. 현재 유료 입장이며 책을 사면 입장료만큼 할인해 준다.

Map P.433-A1 **주소** Rua das Carmelitas 144 **운영** 09:00~19:30 **입장료** €8 **가는 방법** 클레리구스 성당에서 도보 1분

◆ 카르무 성당 Igreja do Carmo

건물 벽면 전체가 아줄레주 타일로 장식돼 포르투를 대표하는 사진 속에 자주 등장하는 성당. 카르멜 산의 성모 교회 Igreja de Nossa Senhora do Monte do Carmo 또는 카르멜 제3수도회 교회 Igreja dos Terceiros do Carmo라고도 불린다. 한 몸처럼 보이는 쌍둥이 건물은 폭 1m를 사이에 두고 카르무 수도사와 카르멜회 수녀회(카르멜리타스 성당) 성당으로 나뉘어 있다. 17세기에 카르멜리타스 성당 Igreja dos Carmelitas이 바로크 양식으로 지어졌고 18세기에 카르무 성당이 로코코 양식으로 지어져 구분해 보면 확연히 다름을 알 수 있다. 건물 외벽에 타일 장식은 카르멜 수도회의 설립 배경이 된 카르멜 산의 성모 이야기를 담은 것이다.

Map P.433-A1 **주소** R. do Carmo **전화** 22 207 8400 **입장료** 무료 **운영** 09:30~17:00 **가는 방법** 클레리구스 성당에서 도보 4분 또는 상 벤투 역에서 도보 10분

◆ 소아레스 도스 레이스 국립미술관 Museu Nacional de Soares dos Reis

박물관 이름은 19세기의 포르투갈 조각가 안토니우 소아레스 두스 레이스 António Soares dos Reis를 기리기 위해 붙여진 이름이다. 포르투갈 왕위 계승 전쟁에서 이긴 페드루 4세 Pedro IV가 미구엘 1세 Miguel I 편에 섰던 수도회의 재산을 몰수한 후 미술품과 보물들을 전시한 게 박물관의 시초이다. 전시품이 늘어나면서 1942년 지금의 건물(카항카스 궁전)로 옮겨졌다. 궁전 건물은 1795년에 신고전주의 양식으로 지어진 사업가 모라이스와 카스트루 가문의 저택이었다. 그 후 19세기 페드루 5세 Pedro V가 인수 해 왕실 별궁으로 사용하다 1915년에 자선 단체에 기증해 병원으로 사용됐다. 포르투갈에서 가장 역사가 오래된 국립박물관인 만큼 많은 이야기를 담고 있다. 현재 3천여 점의 그림, 조각, 도자기, 금속 세공, 가구 등이 전시돼 있으며 안토니우 소아레스 두스 레이스의 전시실도 별도로 있다. 대표 작품으로 《추방자 O Desterrado》가 가장 유명하다.

Map P.433-A1 **주소** R. de Dom Manuel II 44 **전화** 223 393 770 **홈페이지** www.museusoaresdosreis.gov.pt **입장료** 일반 €8(포르투 카드 이용 시 50% 할인) **운영** 10:00~18:00 **휴무** 월요일, 1/1, 5/1, 6/24, 12/25 **가는 방법** 상 벤투 역에서 도보 15분 또는 클레리구스 성당에서 도보 7분

◆ 비토리아 전망대 Miradouro da Vitória

상 벤투 다 비토리아 거리 Rua de São Bento da Vitória는 클레리구스 성당을 등지고 오른쪽으로 이어진 좁은 골목길이다. 이 거리는 중세시대 말기에 유대인들이 모여 살았던 곳으로 반들반들한 자갈 깔린 길이 오랜 세월을 말해준다. 거리를 구경하며 끝까지 걸어 가다보면 소박하지만 멋진 전망대가 나온다. 전망대에서 좁은 골목길을 따라 걸어 내려가면 도루강으로 이어지는 인판트 동 엔히크 광장 Praça Infante Dom Henrique이 나온다.

Map P.433-A2 **주소** R. de São Bento da Vitória 11 **운영** 09:00~21:00 **가는 방법** 클레리구스 성당에서 도보 5분

산투 일데폰소 성당 주변

클레리구스 성당 반대편 언덕. 구시가 최고의 쇼핑가 산타 카테리나 거리 Rua de Santa Catarina와 볼량 시장으로 유명하다. 관광보다는 먹고 마시고 쇼핑하기 좋은 곳이다.

가는 방법 상 벤투 역에서 도보 10분

◆ 산투 일데폰소 성당 Igreja de Santo Ildefonso

성당은 7세기 톨레도의 주교였던 성 일데포소 Santo Ildefonso 기리기 위한 곳. 원래 있던 교회를 허물고 1739년에 바로크 양식으로 새로 지었다. 화강암으로 지었으며 두 개의 종탑이 특징이다. 건물 외벽을 장식한 아줄레주 타일은 상 벤투 역을 작업한 조르즈 콜라수의 작품이다. 약 11,000개의 타일이 쓰였으며 성 일데폰소의 일대기와 성서의 상징적인 이미지들이 그려져 있다. 포르투갈의 초기 바로크 양식을 대표하는 건축물로 상업지구인 바탈랴 광장 Praça da Batalha쪽으로 가면 눈길이 저절로 가는 곳이니 잠시 들러보자.

Map P.433-C1 **주소** R. de Santo Ildefonso 11 **운영** 월요일 15:00~17:15, 화~토요일 09:00~12:15·15:00~17:15, 일요일 09:00~11:00 **입장료** 무료 **가는 방법** 상 벤투 역에서 도보 7분

◆ 볼량 시장 Mercado do Bolhão

1914년에 문을 연 100년 된 재래시장. 건축가 코헤이아 다 실바 Correia da Silva에 의해 당시에는 최첨단 공법을 사용해 신고전주의 양식으로 지어졌다. 1층에는 기념품점과 꽃집, 빵집 등이 모여 있고 2층에는 정육점, 과일, 채소 등을 파는 가게가 있다. 맛있는 요리와 디저트도 먹고, 소소한 쇼핑을 즐기고 싶은 관광객들이 즐겨 찾는다.

Map P.433-B1 **주소** R. Formosa **전화** 223 326 024 **운영** 월~금요일 07:00~17:00, 토요일 07:00~13:00 **휴무** 일요일 **가는 방법** 메트로 Bolhão 역에서 바로. 또는 상 벤투 역에서 도보 10분

신시가지

보아비스타 지구 Boavista는 포르투의 신시가지로 세할베스 현대미술관과 포르투의 상징적인 현대 건축물인 카사 다 뮤지카 Casa da Música로 유명하다. 카사 다 뮤지카는 네덜란드 건축가 렘 쿨하스의 작품으로 다양한 음악 공연을 즐길 수 있는 예술의 전당이다. 음악 애호가라면 홈페이지나 관광안내소 ⓘ를 통해 공연 정보 및 티켓 예매를 해 보자. 단순하게 건물만 감상하고 싶다면 구시가에서 카사 다 뮤지카, 세할베스 현대미술관, 포즈 순으로 둘러보고 구시가로 가면된다.

가는 방법 메트로 D선 상 벤투 역에서 탑승 후 Trindade 역에서 C선으로 환승, Casa da Música 역에서 하차. 음악당을 둘러본 후 버스 201·202·502번을 타고 Serralves 역 정차. 세할베스 현대미술관을 둘러 본 후 버스 202번(버스정류장까지 도보 10분)을 타고 페르골라 다 포즈 Pergóla da Foz로 이동하자. 바다 산책 후 버스 500번을 타고 상 벤투 역으로 가자. 1번 트램을 타고 싶다면 페르골라 다 포즈에서 버스 1M 또는 500번 버스를 타고 Senhora da Luz 역에서 하차 후 도보 4분 거리에 있는 1번 트램 정류장 Passeio Alegre 역에서 타면 된다.

◆ 세할베스 현대미술관 Museu de Arte Contemporânea de Serralves

미술관, 저택, 넓은 정원이 어우러진 복합문화 공간. 매표소를 지나 나오는 흰색의 단층 건물이 미술관이다. 흰색의 도화지 같은 건물 안으로 들어서면 작가들의 개성을 마음껏 발휘한 전시공간이 나온다. 실내 곳곳에 크기가 다른 창을 통해 자연광이 들어오고 난해한 작품 감상이 지루해질만하면 커다란 창으로 보이는 정원 풍경으로 기분전환이 된다. 박물관에는 전시 공간보다 더 매력적인 레스토랑과 카페, 상점 등도 있으니 잠시 들러보자. 원래부터 레스토랑이 목적지라도 상관없다. 공원만큼 넓은 정원은 소풍을 즐기기에 그만이다. 정원 곳곳에 개성 넘치는 조각 작품들이 전시돼 있고 넓은 잔디를 관람석으로 한 야외 공연장도 있다. 공원을 거닐다 나오는 핑크색의 단아한 저택은 세할베스 저택 Casa Da Serralves으로 특별전시관이다. 미술관을 방문해 공간이 이끄는 대로 걷다 보면 자연스럽게 힐링이 된다. 세할베스 현대미술관은 포르투갈이 낳은 현대 건축의 거장 알바루 시자 Álvaro Joaquim de Melo Siza Vieira가 건축한 곳이다. 거대하고 화려한 건물보다는 주변 환경과 자연에 녹아 있는 건축물이 특징이다. 실내는 창을 통해 들어오는 자연 채광으로 따뜻하고 편안한 분위기를 연출했고 창을 통해 시시각각 변하는 자연을 감상할 수 있게 했다. 언제나 그의 건축물은 너무 단순해 별 거 없어 보이지만 직접

체험할수록 공간이 주는 깊이와 특별함 때문에 그를 모더니즘 건축의 시인이라고 부른다. 오늘날 전시 공간은 단순 작품을 감상하는 공간이 아니다. 만남의 장소이자 휴식의 공간이다. 건축가가 이끄는 대로 편안하게 예술을 접해 보자.

주소 R. Dom João de Castro 210 **전화** 22 615 6500 **홈페이지** www.serralves.pt **운영** 여름 시즌(4~9월) 월~금요일 10:00~19:00, 토·일요일·공휴일 10:00~20:00, 겨울 시즌(10~3월) 월~금요일 10:00~18:00, 토·일요일·공휴일 10:00~19:00 **입장료** €24 **가는 방법** 상 벤투 역에서 버스 1M번 또는 Praça D. João I에서 버스 200번을 타고 Fluvial(Norte)역(30~40분 소요)에서 하차 후 도보 15분. 박물관까지 꽤 걸어야 하니 지도 애플리케이션을 활용하자.

◆ 포즈 Foz do Douro

1번 트램을 타고 도루 강을 따라 달리다 보면 대항해 시대를 추억하게 하는 대서양이 펼쳐진다. 포즈는 예부터 도시 상류층이 거주하는 곳으로 대서양을 따라 이어지는 멋진 해변이 있다. 특히 페르골라 다 포즈 Pergóla da Foz는 1930년에 네오 클래식 양식으로 지어진 해변 산책로 포즈를 상징하는 명소 중 하나다. 세할베스 현대미술관을 방문 후 잠시 들러 보거나 구시가 관광 후 석양 무렵 들러 해안가를 산책해 보자.

가는 방법 상 벤투 역에서 버스 1M번 또는 500번을 타고 Crasto역 하차(25분 소요) 후 도보 1분

Travel Plus

알바루 시자의 건축물

알바루 시자의 건축에 관심 있다면 관광안내소(ⓘ)에 문의해 보자. 포르투 구시가지에는 상 벤투 São Bento 지하철역, 포르투 대학교 건축학부, 근교의 레싸 수영장 등이 있다. 우리나라에는 안양 예술 공원 파빌리온(2005), 파주 출판 단지의 미메시스 아트 뮤지엄, 아모레퍼시픽 기술 연구원 등을 설계했다.

Restaurant

먹는 즐거움

물가가 저렴한 포르투에는 싸고 맛있는 레스토랑이 많다. 특히 항구도시답게 해산물요리가 발달해 있다. 로맨틱한 노천식당에서 해산물을 즐기고 싶다면 도루 강변의 카이스 다 히베이라 거리 Rua da Ribeira를 추천한다. 레스토랑·카페·기념품점이 모여 있어 현지인과 여행자들로 늘 붐비는 곳이다. 포르투의 최대 쇼핑가는 산타 카타리나 거리 Rua Santa Catarina Map P.433-B1·C1 다. 근처엔 현지인들의 부엌을 책임지는 볼량 시장 Mercado do Bolhão Map P.433-B1 도 있으니 활기 넘치는 시장을 구경하고 싶다면 들러보자.

ABADIA DO PORTO

맛있는 타파스와 맥주 한잔 하기에 그만인 곳. 요리 맛이 좋아 더욱 인기가 있다. 바는 우리나라 호프집 분위기로 하루 일과를 마치고 맥주 한잔에 저녁 대신 맛있는 요리를 먹는 재미가 쏠쏠하다.

Map P.433-B1 **주소** Rua do Ateneu Comercial do Porto 22–24 **전화** 22 200 8757 **홈페이지** www.abadiadoporto.com **운영** 월요일 점심 닫음, 저녁 18:30~22:30 화~토요일 점심 12:00~15:00, 저녁 18:30~22:30 **휴무** 일요일 **예산** 주요리 €10~20 **가는 방법** 상 벤투 역에서 도보 10분

MAJESTIC

1921년에 오픈한 전통과 역사를 자랑하는 정통 카페. 실내 인테리어는 세기말에 유행했던 아르누보 양식으로 장식돼 있다. 쇼핑가 Santa Catarina 거리에 있어 볼량 시장을 둘러보거나 구시가를 구경하다 잠시 들러 애프터눈 티를 마시기에 그만이다.

Map P.433-C1 **주소** Rua Santa Catarina 112 **전화** 22 200 3887 **홈페이지** www.cafemajestic.com **운영** 월~토요일 09:00~23:00 **휴무** 일요일 **예산** 애프터눈 티 세트 €10~ **가는 방법** 상 벤투 역에서 도보 5분

SOLAR MOINHO DE VENTO

클레리구스 성당 근처에 있는 포르투갈 전통 요리 전문점. 1905년 선술집에서 시작해 1950년도부터 레스토랑으로 운영 중이다. 100년 된 역사만큼 건물은 골동품 같은 분위기가 난다. 토마토 쌀을 곁들인 문어 필레, 대구 튀김 등 대구와 문어로 만든 다양한 요리를 맛볼 수 있다.

Map P.433-A1 **주소** R. de Sá de Noronha 81 **전화** 22 205 1158 **홈페이지** www.solarmoinhodevento.com **운영** 12:00~22:00 **휴무** 일요일 **예산** 주요리 €15~20 **가는 방법** 클레리구스 성당에서 도보 3분

Accommodation 쉬는 즐거움

물가가 싼 포르투는 숙소 역시 저렴한 편이다. 특히 호텔, 펜션이 시설에 비해 요금이 싸니 이용해 볼 것을 추천한다. 언덕이 많은 구시가에서는 숙소 위치가 매우 중요하다. 비싸더라도 상 벤투 역 주변에 숙소를 구하는 게 여러모로 편리하다. 관광안내소에서 숙소 정보를 얻거나 예약할 수 있다.

BEST GUEST HOSTEL

상 벤투 역 근처에 있어 구시가를 도보로 돌아보는 데 매우 편리하다. 건물은 오래됐으나 내부는 새 단장해 깔끔하고 쾌적하다. 객실은 나무 소재로 돼 있으며 메인 컬러가 오렌지라 따뜻한 분위기가 감돈다.

Map P.433-B1 **주소** R. de Mouzinho da Silveira 257 **전화** 22 205 4021 **홈페이지** www.bestguesthostel.com **요금** 4인 도미토리 €35~(아침 포함) **가는 방법** 상 벤투 역에서 도보 5분

THE POETS INN

구시가에 위치해 시내 관광이 편리하고 내부 인테리어가 산뜻하게 꾸며져 인상적이다. 부엌시설도 갖추고 있다.

Map P.433-A1 **주소** Rua dos Caldeireiros 261 **전화** 22 332 4209 **홈페이지** www.thepoetsinn.com **요금** 도미토리 €18~20, 트윈룸 €50~(아침 포함) **가는 방법** 클레리구스 성당에서 도보 5분

THE HOUSE OF SANDEMAN HOTEL & SUITES

1790년에 창립한 Sandeman 와인 회사에서 운영하는 호스텔 겸 호텔, 도루강변에 있는 와인 저장고가 있는 건물 안에 있다. 포트 와인 마니아라면 꼭 이곳에 숙소를 정해보자. 와이너리를 돌며 대낮부터 취기가 오르면 숙소로 돌아와 쉬기 딱 좋다. 도루강이 바라다보이는 전망 좋은 방도 좋지만 야외 테라스에서 와인을 즐길 수 있고 무료로 웰컴 드링크, 자전거 대여도 제공한다. 도미토리 인기가 많아 예약은 서둘러야 한다.

Map P.433-B2 **주소** Largo Miguel Bombarda 67 **전화** 22 112 7221 **홈페이지** https://thehouseofsandeman.pt 요금 2인실 €100~150, 도미토리 €20~40 **가는 방법** 동 루이스 다리에서 도보 5분

PENINSULAR HOTEL

건물은 오래됐지만 새로 꾸며 깔끔하고 쾌적하다. 특히 구시가 중심에 위치해 관광, 쇼핑, 교통편 등이 모두 편리한 게 장점이다.

Map P.433-B1 **주소** Rua Sá da Bandeira 21 **전화** 22 200 3012 **홈페이지** www.hotel-peninsular.net **요금** 싱글 €26~36, 트윈 €50~(아침 포함) **가는 방법** 상 벤투 역에서 도보 2분

POUSADAS DE JUVENTUDE DE PORTO

공식 유스호스텔로 시내에서 멀리 떨어져 있지만 현대적인 시설과 전망이 좋아 이용해볼 만하다. 호스텔에서 구시가까지 버스 207번이 운행된다.

주소 Rua Paulo da Gama 551 **전화** 22 616 3059 **홈페이지** www.pousadasjuventude.pt **요금** 도미토리 €10~(아침 포함) **가는 방법** 메트로 Casa da Música 역에서 버스 204번을 타고 호스텔 앞에서 하차

여행 준비 & 실전

• 여행 기초 정보

◆ 우리나라와의 시차는?
우리나라보다 8시간 느리다. 한국시간 오전 10시는 스페인 시간 새벽 2시가 된다. 3월 마지막 일요일부터 10월 마지막 일요일까지는 서머타임 적용 기간으로 7시간 느리다.

◆ 비행 시간은?
직항인 대한항공이 마드리드까지 13시간. 프랑스, 독일, 네덜란드 항공사같이 1회 경유하는 경우 갈아타는 시간까지 포함하면 15시간 이상 걸린다.

◆ 여행하기 가장 좋은 시기는?
스페인은 어느 계절에 여행해도 좋다. 그러나 무더위를 피하고 싶다면 4·5·10월이 최상이다.

◆ 여권과 비자는?
관광, 비즈니스 등 일반적인 방문 목적이라면 무비자로 90일간 체류가 가능하다. 단 여권의 유효기간이 체류일로부터 6개월 이상 남아 있어야 한다.

◆ 전압, 플러그는?
220V, 50Hz. 콘센트 모양이 우리나라와 동일해 가전제품을 그대로 사용할 수 있다.

◆ 언어?
스페인어를 사용하며 표준어는 카스티야어다. 지방에 따라 자기들만의 언어를 쓰지만, 영어가 잘 통하지 않아 보디랭귀지가 훨씬 편리할 때가 많다. 간단한 스페인어를 익히고 가거나 스페인어 사전이 있으면 매우 유용하다.

◆ 통화는?
2002년부터 유럽통화인 유로화(€)를 사용한다. 지폐는 7종, 동전은 8종류.
2024년 5월 기준 €1 = 약 1,460원

◆ 숙박 종류와 예약은?
호화 호텔부터 저렴한 호스텔, 민박까지 다양해 선택의 폭이 넓다. 출발전 전문사이트를 통해 예약하거나 여행사를 통해 예약할 수 있다. 현지 공항, 역, 관광지 안에 있는 관광안내소에서도 여행자를 위한 숙소 예약을 해 준다.

◆ 현지 물가?
스페인의 물가는 한국과 비슷하다. 입장료는 비싼 편이고 대체적으로 숙박비와 식료품 등은 저렴하다. 축제와 여름 성수기에는 숙박료·입장료 등이 평소와 달리 매우 비싸진다.

알아두세요

주한 스페인 대사관

스페인은 90일 동안 무비자 여행이 가능하다. 90일 이상 체류하려면 출발 전에 스페인 대사관에서 비자를 발급받아야 한다. 스페인의 공휴일 및 주요 관공서 홈페이지 등을 확인할 수 있다.
주소 서울시 용산구 한남대로 36길 17(지하철 6호선 한강진 역 하차) **전화** 02 794 3581 **이메일** emb.seul@maec.es **운영** 비자 업무(방문 문의 신청 및 발급) 월·수·금요일 09:00~13:00, 비자 전화 문의 월~목요일 14:30~16:30, 기타 업무 화·목요일 09:00~13:00 **휴무** 토·일요일

주스페인 한국 대사관

스페인 경제, 정세, 여행 등에 대한 정보를 얻을 수 있고 특히 실시간 사건, 사고 등에 대한 사례들이 올라와 도움이 된다.
주소 González Amigó 15, 28033 Madrid **대표전화** 91 353 2000, 근무시간 외 긴급연락처 648 924 695 **홈페이지** esp.mofat.go.kr **운영** 월~금요일 09:00~18:00 **휴무** 토·일요일

• 여행 준비편

1 내게 꼭 맞는 여행 스타일 찾기

스페인과 포르투갈만을 돌아보는 여행을 계획한 여행자라면 이미 서유럽을 여행한 경우가 많다. 그래서 가이드나 인솔자가 있는 패키지나 단체배낭여행보다는 개개인의 취향에 맞게 하는 자유 여행을 선호한다. 10일 미만의 여행이라면 항공권과 호텔이 포함된 에어텔, 10일 이상의 여행이라면 자유 여행, 호텔팩, 맞춤여행 등 취향에 맞게 결정하자.

현지 여행은 마음대로! 호텔팩과 에어텔

호텔팩은 가장 인기 있는 여행 형태로 상품도 다양하다. 일정이 정해져 있으며 여권 발급비와 현지 생활비를 제외하고 호텔·항공권·철도패스·버스·저가항공 티켓·여행자보험 등이 가격에 포함되어 있다. 최소 1명부터 10~20명이 같은 일정으로 같은 날짜에 출발하는 상품 등 다양하다. 여행에 필요한 모든 준비를 여행사에서 대행하고 여행자는 스케줄에 맞춰 이동, 호텔 투숙, 시내 관광 등을 하면 된다.

에어텔은 항공사가 개발한 상품으로 여행사를 통해 예약할 수 있다. 보통 8~15일 미만 일정이며, 저렴한 비용으로 항공권과 호텔을 이용할 수 있다. 단 항공료가 워낙 싼 까닭에 예약 후 72시간 안에 발권해야 한다. 대부분의 에어텔 상품은 여행 일정이 정해져 있지만 항공권은 최대 30일까지 체류가 가능하므로 예약 시 일정을 추가하거나 변경이 가능하다. 특히 허니문이나 가족여행, 직장인 휴가 등에 적합하다.

출발 전 내 마음대로 세팅한 맞춤여행

자유배낭여행과 호텔팩을 접목시킨 형태다. 나만의 일정에 맞춰 항공·숙소를 예약하고 철도패스·버스·저가 항공 티켓 등을 구입한다. 맞춤여행을 하려면 개별적으로 준비하는 방법도 있지만 여행사 직원에게 상담을 받고 함께 준비하는 게 효율적이다. 상담을 한 후 일정을 정하고 거기에 맞춰 항공권과 호텔 예약, 일정에 맞는 철도패스 등을 구입하면 된다. 출발 전에 개별 오리엔테이션도 받을 수 있고 개인의 취향에 맞게 일정을 짤 수 있다는 게 가장 큰 장점이다. 맞춤여행을 선택하려면 일단 여행 기간과 여행하고 싶은 여행지를 정하고 여행사를 방문하는 게 중요하다. 일정이 확정되면 항공과 호텔 예약 상황을 바로 확인할 수 있다. 개별 오리엔테이션 전까지 일정을 변경하거나 수정할 수도 있으니 부담도 줄어든다.

즉흥 여행이 가능한 자유배낭여행

가장 클래식한 여행 스타일. 항공권 구입부터 현지 관광은 물론 의식주 해결까지 여행의 모든 부분을 스스로 해결해야 한다. 그 때문에 다른 형태의 여행보다 심적인 부담이 크다. 그러나 철저한 여행 준비를 통해 경비를 절감하고, 알찬 여행을 즐길 수 있다. 여행사를 통해 항공권과 철도패스 등을 함께 구입하면 일정 및 예산 짜기, 현지 여행에서 주의해야 할 점 등에 대한 상담을 받을 수 있어 편리하다. 현지에서 문제가 발생했을 때 도움을 받을 수도 있다.

모든 건 여행사에 맡긴다. 단체배낭여행

같은 일정으로 같은 날짜에 20명 정도의 사람이 함께 출발하는 상품이다. 여권과 현지 개인 경비를 제외하고 호텔·항공권·유레일패스·여행자보험 등이 가격에 포함되어 있다. 가장 큰 특징은 전문 인솔자(TC)가 함께 가는데 비행기나 열차 이동, 호텔 체크인·체크아웃, 여행 전반에 대한 간단한 오리엔테이션, 위급 사항 등 여행의 기술적인 부분을 도와주는 역할을 한다. 도시 여행은 개인 취향에 맞춰 자유롭게 하면 된다.

☑ 여행 상품 선택 시 체크 리스트

☑ **여행사는 믿을 만한가.**
여행자들의 평가 후기를 꼼꼼하게 살펴보자. 위급 상황 발생 시 대처 능력 등이 중요하다.

☑ **이용 항공사의 출발·도착 시간 체크.**
출발·도착 시간이 너무 이르거나 늦으면 관광 시간을 2일 이상 허비할 수도 있다.

☑ **공항 이용세 포함 여부.**
유럽 왕복 항공권의 공항 Tax는 40만~60만 원 정도다.

☑ **호텔의 등급과 위치 파악.**
호텔의 시설은 좋은데, 위치가 공항 근처나 대도시 근교일 수도 있다. 이동하는 데 많은 시간을 들여야 하기 때문에 금액이 조금 비싸더라도 시내나 교통이 편리한 곳에 있는지 확인하는 게 좋다.

☑ **현지 교통편 포함 여부.**
저가 항공, 철도패스, 버스 티켓 예약 및 Tax 등이 포함되는지 확인하자.

☑ **야간열차 이용 횟수.**
1~2회 정도가 적당하다. 침대칸 예약비 포함 여부도 확인하자.

☑ **여행자 보험 가입 여부.**
상해·질병·도난 등에 대한 최대 보상 한도액을 꼭 확인하자. 보상액이 적다면 별도로 더 가입하자.

☑ **숙소 및 시내 관광 중 식사 포함 여부.**
어느 정도 수준의 식사인지 확인하자. 음료와 테이블 팁은 별도인 경우가 많다.

☑ **현지 가이드 포함 여부.**
가이드 및 전용차량 운전사에게 주는 팁이 포함되는지 확인하자.

☑ **주요 관광 명소 및 공연 입장료 포함 여부**
프라도 미술관, 가우디 주요 건축물, 알함브라 궁전, 플라멩고 공연 등은 반드시 예약해야 입장이 가능하다. 연중 붐비는 곳으로 불포함이라면 출발 전 일정에 맞춰 예약하자.

☑ **선택 관광 포함 여부.**
적정가 이하로 내놓는 여행 상품은 선택 관광이 들어가 있는지 확인해 보자. 이것은 여행사의 상술일 가능성이 높아서 결과적으로 비싼 여행을 할 수도 있다.

☑ **출발 인원수 확인.**
20명 내외가 가장 적당하다.

☑ 포함되지 않은 사항에 대해 궁금한 내용을 체크하고 각각의 비용도 문의하자. 선전용 할인 가격에 현혹되지 말자. 배보다 배꼽이 더 클 수 있다.

QA 자주 하는 질문 FAQ

여자 혼자 여행해도 괜찮을까요?

A 물론입니다. 스페인은 인도나 네팔, 이집트에 비하면 치안 상태도 좋고 여행자들을 위한 편의시설이나 서비스가 훌륭한 편입니다. 너무 늦은 밤이나 인적이 드문 거리를 혼자 걷는 일만 피한다면 혼자 여행해도 안전합니다.

여행사 상품을 선택할 때, 꼼꼼히 체크해야 할 내용은 어떤 게 있나요?

A 우리나라 사람들은 상품을 고를 때 몇 개국, 몇 개 도시가 포함돼 있는지, 즉 얼마나 많은 도시들이 포함되어 있는지를 매우 중요하게 생각합니다. 하지만 짧은 기간 안에 많은 도시를 제대로 여행하는 건 불가능합니다. 나라나 도시 수보다 여행하는 도시를 제대로 관광할 수 있도록 일정이 짜여 있는지 살펴보는 게 우선입니다. 체크 리스트를 보고 하나하나 따져보세요.

2 스페인 여행 시즌 캘린더

★ 해마다 날짜가 변경

	1월 Enero	2월 Febrero	3월 Marzo	4월 Abril	5월 Mayo	6월 Junio
국경일	**1일** 신년 **6일** 주현절 (동방박사축일)	**14일** 발렌타인 데이 **28일** 안달루시아의 날 (안달루시아)	**24~31일** 성주간 (Semana Santa) 및 부활절 연휴★	**23일** 산 조르디의 날(카탈루냐)	**1일** 근로자의 날 **2일** 마드리드의 날 **16일** 이시드로의 날 (마드리드)	**11일** 성체축일(마드리드, 카스틸랴 라만차) **24일** 산 후안의 날 (카탈루냐)
축제일		**23일~3월 9일** 헤레스 플라멩코 축제★	**15~19일** 불의 축제 (발렌시아)	**14일~20일** 세비야 봄 축제★	**6~19일** 파티오 축제 (코르도바)★	**13~15일** Sónar Festival(바르셀로나 electronic music)★ **6월 7일~7월 7일** 그라나다 국제 뮤직&댄스 페스티벌★
시즌정보	1월 6일 주현절은 예수 탄생을 축하해 동방박사들이 방문한 날. 전날 화려한 퍼레이드가 있다. 1월은 겨울철 최대 바겐세일 기간. 쇼핑 마니아라면 절대 놓치지 말자.		봄이 성큼 다가오는 시기. 스페인 전역에서 봄을 축하하는 축제가 펼쳐진다. 산 호세의 불 축제가 열려 투우 시즌의 개막을 알린다. 축구 및 각종 스포츠 시즌도 시작된다.		여름 바캉스를 앞두고 상점가는 이벤트나 바겐세일을 준비한다. 1년 중 제일 활기찬 계절로 여행하기 가장 좋은 시기다.	

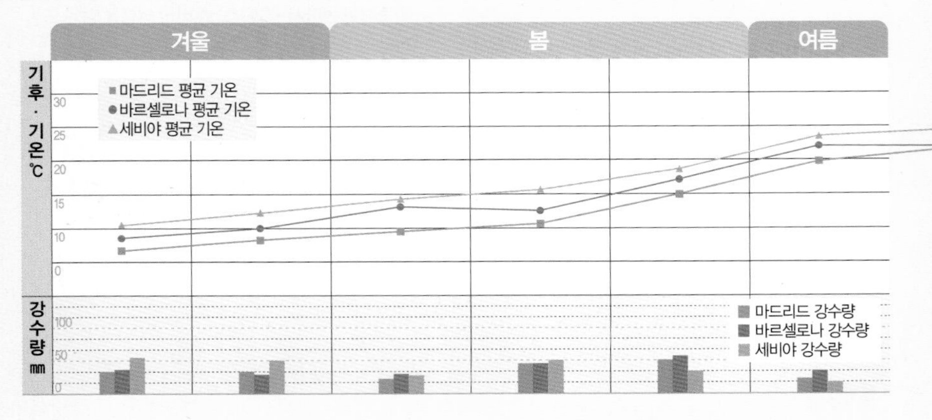

① 시차

우리나라보다 8시간 느리다. 서머타임(3월 마지막 주 일요일~10월 마지막 주 토요일) 기간에는 7시간 느리다.

② 스페인 3대 축제

150년 전통의 세비야의 봄 축제, 세계적인 팜플로나의 소몰이 축제, 봄을 알리는 발렌시아의 불 축제 등이 있다.

③ 에스파뇰 리그 개최

시즌 전반 8월 말~12월 중순, 시즌 후반 1월 중순~5월 초

④ 여행 시기와 기후

지역에 따라 기후가 다양하다. 북부와 북서부는 비가 많이 내리는 해양성 기후, 중부와 남서부는 건조한 대륙성 기후, 남부는 연중 온난한 지중해성 기후다. 마드리드를 포함한 스페인 중부는 고지대로 다른 지역에 비해 기온이 낮다. 특히 한겨울에는 매우 쌀쌀한 편이라 두꺼운 옷이 반드시 필요하다. 스페인의 여름은 길고 매우 무덥다. 한낮의 더위는 살인적이라 강한 태양열에 대한 대비가 필요하다.

여행하기 가장 좋은 계절 4~10월

날씨 정보 www.accuweather.com

7월 Julio	8월 Agosto	9월 Septiembre	10월 Octubre	11월 Noviembre	12월 Diciembre	
25일 사도 성야고보의 날	**15일** 성모승천일	**11일** 카탈루냐 데이 (바르셀로나)	**12일** 에스파냐 데이 (신대륙 발견 기념일)	**1~2일** 만성절 연휴 **9일** 수호성인의 날	**6일** 제헌절 **8일** 성령수태일 **25일** 크리스마스 **26일** 성 에스테반의 날(카탈루냐)	국경일
6~14일 팜플로냐 소몰이 축제★	**28일** 부뇰 토마토 축제★	**22~25일** 메르세 축제 (바르셀로나)★		**8~16일** 세비야 유럽 필름 페스티벌		축제일
여름철 대바겐세일 기간. 쇼핑가는 온통 세일을 알리는 표지를 걸어 놓고 20~70%까지 싸게 판매한다. 8월은 바캉스철이라 도시는 썰렁하다.		스페인 전역에서 가을 축제가 열린다. 특히 10월은 콜럼버스가 신대륙을 발견한 달. 겨울 신상품이 나오는 시즌으로 코트, 가죽 백, 구두 등을 구입하려면 참고하자.		마드리드에서 재즈 페스티벌이 열리고 11월 말부터는 스페인 전역이 크리스마스 분위기로 들뜬다. 도시마다 크리스마스 장이 서니 구경하자.		시즌정보

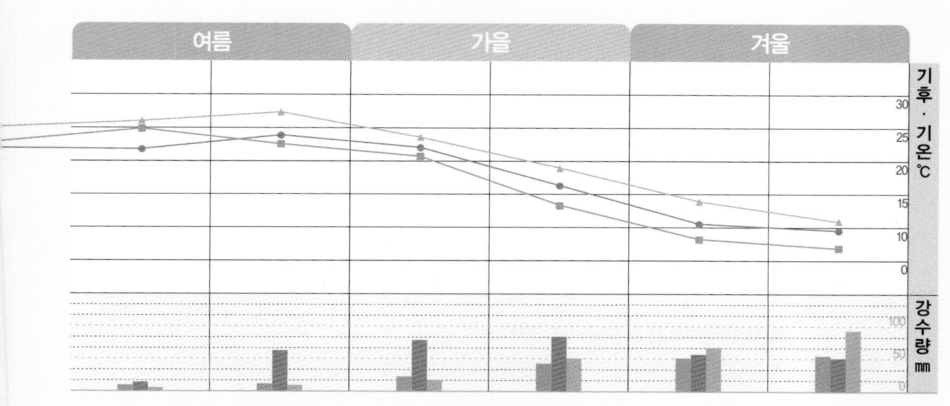

마드리드와 카스티야 지방

표고 600m의 고원지대에 위치해 대륙성 기후다. 맑은 날이 많고 강수량이 적으며 기온의 일교차 및 연교차가 심하다. 한여름에는 30℃가 넘지만 습도가 낮아 그늘에만 가면 선선하고 쾌적하다. 고산지대에 있다 보니 겨울은 몹시 춥다. 겨울철에 여행하려면 방한에 신경을 써야 한다. 여름에도 일교차가 심해 아침과 저녁에는 쌀쌀하므로 긴팔 옷이 필요하다.

바르셀로나와 카탈루냐 지방

바르셀로나를 중심으로 한 카탈루냐 지방은 지중해 연안에 위치해 지중해성 기후를 띤다. 여름에는 비가 적고 고온건조하며 겨울에는 비가 많고 온난다습한 최상의 기후. 4계절 여행하기 좋은 곳이며 한여름에는 피서지로 겨울에는 피한지로 인기가 높다. 연중 강렬한 태양 때문에 선크림, 선글라스, 모자 등 준비는 필수다.

세비야와 안달루시아 지방

태양의 나라로 불리는 스페인의 이미지에 가장 부합하는 지역. 한여름에는 기온이 40℃까지 올라가 한낮에는 도저히 여행이 불가능하다. 가장 좋은 여행 시기는 봄과 가을이다. 여름이 길고 겨울이 짧아 숙소에서는 냉방에만 신경을 쓰는 경우가 많다. 겨울철에 여행하려면 실내 방한에 신경을 써야 한다. 실내에서 입을 두꺼운 옷을 준비하자.

3 여행 준비 다이어리

출발 전에 얼마나 철저히 여행을 계획하고 준비하는가에 따라 여행의 만족도와 질은 달라진다. 여행 준비 과정을 즐기는 사람도 있지만, 신경 써야 할 것들이 한두 가지가 아니기 때문에 골치 아파 하는 사람도 많다. 그러나 해외여행은 국내여행과는 다르기 때문에 마음가짐을 달리해 차근차근 준비해 보자. 준비가 철저할수록 현지에서의 여행은 한결 가볍고 여유로워진다. ◆모든 예약은 여권상 영문 이름과 반드시 동일해야 한다.

6개월 전	**꼭 가고 싶은 여행지 선정하기** 내가 꼭 가고 싶은 나만의 여행지를 찾는 게 매우 중요하다. 평소에 동경하고 그려온 여행지가 있었던 게 아니라면 막연하다. 스페인이나 포르투갈을 여행할 국가로 정했다면, 관련 도시들을 소개한 가이드북을 꼼꼼하게 읽어보자. 마음이 끌리는 도시들을 나열해보면 여행할 루트가 그려질 것이다. ◆여행 잡지, 여행 전문 사이트나 동호회에 올린 기행문, TV에서 방영하는 스페인과 포르투갈 관련 다큐멘터리 등을 보는 것도 도움이 된다.
4~6개월 전	**항공권 예약하기** '아침 일찍 일어나는 새가 먹이를 구한다'라는 말이 있다. 좋은 항공권을 싸게 구입하기 위해서도 얼리버드 정신이 필요하다. 항공료는 전체 여행 경비의 3분의 1을 차지하고, 항공권 예약은 여행 준비의 반을 차지한다. 성수기에는 여행객들이 몰리기 때문에 저렴한 항공권을 구하기가 쉽지 않다. 항공권은 빨리 구입할수록 저렴하기 때문에 미리미리 준비하자. 세부 일정이 없더라도 여행 기간과 IN/ OUT 도시만 정해지면 예약이 가능하다. 여권은 항공권을 예약한 후에 발급받아도 된다. 예약 때는 여권과 동일한 영문 이름만 있으면 된다. ◆성수기 6~7월 출발 조기 할인 항공권은 2~3월부터 판매한다. ◆저렴한 항공권은 조건에 따라 예약 후 바로 발권해야 하는 경우가 많다. 발권 전에 반드시 취소, 환불 규정을 확인하자.
3~4개월 전	**세부 일정 짜기 & 숙소 예약하기** 가고 싶은 여행지 리스트가 정해졌다면 이제 구체적인 일정을 짜고, 1일 이상 머물 도시의 숙소를 예약하자. 스페인과 포르투갈 전도를 하나 구해 가고 싶은 도시를 표시하고 동선을 이어본다. 체류 일정을 고려해 이동 수단과 소요 시간 등을 적는다. 일정을 짤 때 욕심은 금물! 보통 한 도시에서 2~3일 정도 머무는 일정이 클래식하다. 여기에 하루 정도 할애해 다녀올 수 있는 근교 도시를 추가한다면 금상첨화! 일정이 정해지면 숙소를 예약하고 도시 간 이동을 위한 열차, 버스, 저가 항공권 등을 예약하자. 다음은 세부 일정에 맞춰 박물관 및 유명 관광명소 티켓도 예약하자. ◆여행 노트를 준비해 나만의 가이드북을 만들어보자. 관심이 가는 관련 기사를 스크랩하거나 인터넷에서 수집한 정보를 복사해 붙여두면 도움이 된다. 여행 준비 과정에서 느낀 점을 그때그때 적는 것도 중요하다. ◆웹서핑은 상세검색을 잘 해야 좋은 정보를 얻을 수 있다. 바르셀로나, 가우디, 프라도 미술관, 세비야, 카르멘, 스페인의 역사, 타파스 등 검색어를 구체적으로 쳐서 관련 정보를 찾자.

2~3개월 전	**여권과 각종 증명서 발급받기** 해외에서 신분증으로 통용되는 여권, 각종 할인 혜택을 받기 위한 국제학생증 또는 국제청소년증 등을 준비한다. 저렴한 유스호스텔에 묵을 예정이라면 유스호스텔 회원증도 필수다. 그 밖에 여행 기간에 맞는 여행자보험에도 가입하자. ★ TIP ★ 모든 증명서들은 7일 정도면 준비할 수 있다. 그러나 여권은 성수기에 신청자가 많아 1개월 이상 걸릴 수도 있으니 미리미리 신청해 두자.
30일 전	**최종 점검 & 오리엔테이션** 계획한 일정과 예약 사항에 변동이 없는지 최종 점검한 후 잔금을 지불하고 호텔 바우처, 철도패스, 여행자보험증명서 등을 받자. 여행사를 통해 한꺼번에 신청했다면 각종 증빙서류 등을 받을 때 각각의 사용 방법과 주의사항에 대해 상세한 안내를 받자. 이때 중요한 사항을 빠트리지 않도록 궁금한 것들을 미리 적어서 물어보면 좋다.
7~14일 전	**짐 꾸리기 & 환전** 짐은 여유롭게 싸고, 환전은 시내 은행에서! 일주일 정도 여유를 두고 천천히 짐을 싸라. 방 한쪽에 트렁크를 놓아두고, 생각나는 것들이 있을 때마다 가방에 넣는 것도 좋은 방법이다. 새로 구입해야 할 여행물품은 인터넷으로 가격을 비교해서 저렴하게 구입하자. 환전은 신분증만 있으면 은행에서 간단히 할 수 있으니 1일 경비×여행 일수를 합산해 하루 전까지만 준비하면 된다. ◆공항의 환전율은 좋지 않으니 꼭 시내 은행에서 미리 환전하자.
비행기 출발 2~3시간 전	**출국 수속** 인천국제공항 홈페이지를 미리 참조해 교통편을 확인한 후 비행기 출발 3~4시간 전에는 도착해야 한다.

자주 하는 질문 FAQ

한 달 만에도 준비가 가능한가요?

A 시간이 없다면 가이드북 한두 권을 구입해 마음에 드는 추천 일정대로 여행을 계획하세요. 두세 군데 여행사에 들러 마음에 드는 상담원을 정하고 항공권, 숙소, 현지 교통 예약표, 여권, 각종 증명서를 한꺼번에 신청하면 됩니다. 담당자가 있으니 여행 준비 기간 동안 궁금한 것도 물어보고 출발 전에 오리엔테이션도 받을 수 있어 편리합니다. 호텔이 예약된 호텔팩을 이용하는 것도 한 방법입니다. 같은 날짜, 같은 프로그램으로 10~20명 정도가 함께 출발하니 처음에는 어색해도 마음 맞는 친구도 사귈 수 있고 부족한 부분도 채울 수 있을 겁니다.

나 홀로 여행자가 가장 신경 써야 하는 것은?

A 낯선 곳을 혼자 여행한다는 것은 책에서 소개하는 많은 이야기들과는 달리 그다지 낭만적이지 않습니다. 하나부터 열까지 스스로 알아서 해야 하고 갈등 빚을 사람이 없는 대신 멋진 유적지에 갔을 때나 맛있는 요리를 먹을 때 즐거움을 함께 나눌 친구도 없습니다. 하지만 현지에서 만나게 되는 새로운 사람과의 인연은 두고두고 추억으로 남을 것입니다. 출발 전 도시별 숙소 리스트는 최소 3개 정도는 뽑아 가는 게 좋고요. 만일의 사고에 대비해 여행자보험에 가입하는 게 현명합니다. 그리고 여행 중 밀려오는 고독을 즐길 수 있는 마음가짐이면 충분합니다.

4 효율적으로 여행 정보 수집하기

'아는 만큼 보인다'는 말처럼 여행에 필요한 정보 수집은 여행의 질을 좌우한다. 하지만 손가락 하나 클릭하면 쏟아지는 수많은 인터넷 정보와 다양한 여행 관련 서적까지 정보가 넘쳐나는 것이 문제다. 아래 소개한 스텝 1-2-3을 따라하면 시간 절약과 효율적인 정보 수집이 가능하다.

Step 1

가이드북으로 전반적인 스페인과 포르투갈을 익히자!

뭘 알아야 궁금한 것도 생긴다. 스페인과 포르투갈이 어떤 나라인가 알고 싶다면 정통 가이드북을 읽자. 각 나라에 속한 도시의 특징과 놓치지 말아야할 관광명소 등이 간추려져 있어, 어떤 도시들이 내 취향인지 선택하는 데 도움이 되고, 관련 주의점 등이 요약돼 있어 여행 준비 단계에서 현지 여행까지 가장 많은 도움을 받을 수 있다. 스페인과 포르투갈을 주제로 쓴 가벼운 에세이를 읽어 보는 것도 좋다.

Step 2

인터넷으로 정보를 수집할 때는 검색어를 구체적으로!

인터넷 검색은 다양하고 따끈따끈한 최신 정보를 가장 쉽고 간단하게 얻을 수 있는 방법이다. 하지만 방대한 정보 중 내가 필요로 하는 양질의 정보를 얻기 위해서는 오랜 시간과 정성이 필요하다. 짧은 시간 안에 최상의 정보를 수집하고 싶다면 구체적으로 검색하는 게 현명하다.

① 이베리아 반도보다는 스페인·포르투갈 같은 나라명, 나라명보다는 도시명, 도시명보다는 꼭 보고 싶은 주요 관광명소와 그에 얽힌 인물·사건 등을 구체적으로 쳐야 자세한 정보를 얻을 수 있다.

② 현지 교통에 대한 정보 수집은 각국 철도청 사이트와 저가 항공사 홈페이지에서 가능하다. 시간 조회를 할 수 있고 필요하다면 예약도 할 수 있다.

③ 각국의 관광청 사이트를 조회하면 볼거리 외에도 숙소나 식당, 다양한 엔터테인먼트 정보를 수집할 수 있다.

Step 3

전문 여행사의 전문가와 상담하기!

여행사에서는 내가 세운 계획이 효율적인지 객관적으로 판단해 주고, 정확한 정보를 제공해 준다. 여행사를 직접 방문해 상담하고, 조언을 구하면 가이드북이나 인터넷으로 수집한 정보의 부족한 면이 채워져 여행의 밑그림을 탄탄하게 완성할 수 있다. 구체적인 일정 짜기에 도움을 얻을 수 있고 선택한 일정에 꼭 맞는 항공권과 철도패스 등도 추천받을 수 있어 여행 계획이 구체화된다. 덤으로 전문가들의 알짜배기 여행 비결도 얻을 수 있으니 친밀도를 높이는 것도 좋다.

출발 전 방문하면 도움이 되는 사이트

각국 관광청
나라와 도시에 대한 전반적인 여행 정보
스페인 관광청 www.spain.info(한국어 부분 지원)
포르투갈 관광청 www.visitportugal.com

여행 대표 커뮤니티 여행 중 실시간으로 업데이트 되는 여행자들의 생생한 여행 정보
네이버 카페 〈유랑〉, 다음 카페 〈배낭길잡이〉

안전 및 치안 국가 개요 및 이슈, 안전, 치안 정보 등
외교 통상부 www.mofa.go.kr
해외 안전 여행 정보 www.0404.go.kr

축제 및 이벤트
두산대백과 유네스코 유산 및 축제 정보 등
www.doopedia.co.kr
유네스코 방문 도시 유네스코 유적 정보
https://en.unesco.org/
세계축제 공휴일 및 각국 축제정보
www.timeanddate.com/holiday

유럽전문여행사
항공권, 현지 교통 예약표, 여행 문의 등
아이엠투어 www.iamtour.com

5 일정 짜기 노하우

전체 루트 짜기가 여행의 큰 그림이라면, 여행할 도시별 세부 일정 짜기는 작은 그림이라고 할 수 있다. 항공 예약 및 현지 교통 예약표, 예산 짜기는 현지 여행의 성공 여부까지 좌우하므로 여행 준비 과정 중 가장 중요하다. 복잡하고 까다로워 스트레스 받기 쉬운 과정이지만 즐거운 마음으로 아래 소개한 간단한 일정 짜기의 공식을 따라해 보자.

Step 1

꼭 가고 싶은 도시를 뽑아라!

가이드북, 신문, 잡지, 텔레비전 다큐멘터리 등을 보다 보면 자신의 마음을 사로잡는 도시가 있을 것이다. 전문가가 제시하는 여행 일정이야 어디까지나 참고사항이다. 여행지 선정은 반드시 꼭 가고 싶은 도시 위주로 하자.

Step 2

선정한 도시를 내 여행 기간에 맞게 배치하자!

계획한 여행 기간 안에 선정한 도시들을 적절하게 배열해보자. 너무 많은 도시를 선정했다면 우선순위를 정해야 한다. 대도시인 경우 3~4일, 중·소도시인 경우 1~2일 정도 머문다는 생각 하에 추리면 된다. 이때 욕심은 절대 금물이다! 되도록 대도시에서 여유 있게 머물며 근교 도시까지 돌아보는 일정으로 계획하자. 다음은 지도상에 선정한 도시를 표시해 도시 간 동선을 정한다. 여행을 시작할 도시와 마지막 도시는 대도시로 해야하는데, 항공권 예약 시 국제선은 대도시 중심으로 연결되기 때문이다. 현지 교통국 홈페이지에서 각 도시 간 이동 시 소요 시간과 요금 등을 확인해 두면 좀 더 효율적인 일정을 짤 수 있다. 이렇게 전체 그림이 그려지면 항공예약 및 현지 교통 예약표 구입, 전체 여행 경비 예산 짜기가 가능해진다.

★ TIP ★ EU회원국의 솅겐조약 Schengen Agreement에 의해 유럽 내에서 체류할 수 있는 기간은 최대 6개월 내 90일로 제한돼 있다.

Step 3

도시별 상세 일정을 짜라!

전체 일정이 정해졌다면 다음은 도시별 상세 일정을 짜보자. 가이드북에 나온 모든 관광명소를 여행하는 건 불가능하므로, 꼭 돌아보고 싶은 1순위 리스트와 2순위 리스트를 정해 동선을 만들자. 거기에 그 도시에서만 먹어볼 수 있는 음식이나 놀이, 공연 등도 적절히 넣으면 세부 일정이 완성된다. 대도시 체류 일정이 3일이라고 할 때, 도시 여행 첫째 날은 시내 전경을 감상할 수 있는 뷰 포인트와 꼭 둘러봐야 할 유명 관광명소를 위주로 돌아보고, 둘째 날은 현지인의 삶을 엿볼 수 있는 뒷골목과 시장을 둘러보고 셋째 날은 박물관, 미술, 건축 기행이나 각종 엔터테인먼트 등 관심 테마를 주제로 한 여행을 할 것을 추천한다. 단, 박물관 및 유적지의 운영은 주말, 공휴일, 축제일 등에 영향을 받으니 미리 확인해둘 필요가 있다.

Advice

여행자들이 가장 후회하는 일정은?

현지에 대해 잘 모르는 여행자들은 짧은 시간 안에 많은 나라와 도시를 여행하려고 무리하게 일정을 짭니다. 그 일정을 따르다 보면 언제나 시간에 쫓겨 무엇 하나 제대로 볼 수 없게 됩니다. 또 막연하게 남들이 좋다고 추천한 것만 따라다닌다면, 취향에 맞지 않는 곳도 있기 때문에 당연히 흥미를 잃게 됩니다. 일정은 반드시 여유 있게 짜고, 하루쯤은 자신의 취향에 맞는 테마 여행을 즐기도록 하세요. 부디 양보다 질을 추구하는 여행 일정을 짜 보시길 바랍니다.

6 예산 짜기와 경비 절약법

쓸데없는 지출을 막기 위해 여행 예산을 미리 산출해 보는 것은 중요하다. 전체 여행 경비에 크게 영향을 미치는 것으로는 여행 시기, 항공료와 숙박시설, 현지 교통비 등이 있다. 여름 성수기와 축제 기간에는 물가가 몇 배로 오른다는 사실을 기억해 두고, 그 기간을 피해 여행 일정을 잡으면 과도한 지출을 줄일 수 있다. 전체 지출 계획을 규모있게 짜서, 쓸 때는 쓰고 아낄 때는 아끼면서 합리적인 여행을 즐기자. 아래 제시한 리스트의 금액만 더해 봐도 대략적인 자신의 경비를 산출할 수 있다.

01 스페인 & 포르투갈 여행 경비 산출 표

출발 전 준비 경비

품목	Key word	예상 경비
왕복 항공권	전체 여행 경비의 3분의 1을 차지한다. 성수기는 피하고, 되도록 3개월 전에 빨리 예약해야 저렴한 항공권을 구할 수 있다.	135~175만 원
도시 간 교통비	여행기간, 일정 등에 따라 열차, 버스, 저가 항공 등을 이용하게 된다. 시간이 없다면 수수료가 들더라도 여행사를 통해 예약하고 경비를 절약하고 싶다면 현지 사이트에 접속해 직접 구입하자. 일찍 예약할수록 싸고 좋은 티켓을 살 수 있다.	이동 횟수, 교통편에 따라 다르지만 3회 이상 이용 시 25~30만 원 (P.474, 491, 492 참조)
숙박료	호텔부터 호스텔까지 숙박 시설의 급수와 방 종류에 따라 요금이 다양하다. 일정만 확실하다면 서두르자. 일찍 예약할수록 숙박료도 저렴하다.	3성급 호텔 2인실 1박/1인 약 8만원, 유스호스텔 도미토리 1박/1인 약 4~5만 원
기타	여권, 각종 할인카드, 여행자보험 가입, 여행 물품 구입비 등 여행 물품은 가능하면 미리미리 준비하자. 트렁크, 옷, 신발, 화장품, 비상약 등 인터넷이나 할인 매장 등을 찾아 미리 쇼핑하면 여행 경비를 꽤 절약할 수 있다.	25만 원

1일 현지 여행 경비

품목	Key word	예상 경비
식비	아침은 숙소에서, 점심은 패스트푸드, 저녁은 현지 레스토랑을 이용할 경우	저렴한 한 끼 식사 약 5,000원~1만원, 괜찮은 식당에서 한 끼 식사 약 4~6만 원
입장료	하루에 관람할 수 있는 박물관이나 유적지는 최대 3곳 정도다. 미리 홈페이지를 검색해 보고 무료 관람일, 할인 티켓 등을 알아보고 예약하자.	5~6만 원
시내 교통비	24시간 티켓 하나면 트램·버스·메트로까지 다양하게 이용할 수 있다.	1~2만 원
기타 잡비	여행 중 필요한 물품이나 간식비, 유료 지도, 유료 화장실, 공중전화, 코인 로커 이용료, 쇼핑 등으로 지출하는 경비	2~3만 원

Advice

여행 경비 산출의 예

Q 만 26세 이상의 직장인입니다. 14일간 스페인 & 포르투갈 핵심 일주로 여행할 계획입니다. 숙박은 2성급 호텔이나, 호스텔이라도 2인실을 이용하고 싶습니다. 전체 여행 경비는 얼마나 들까요?

A 출발 전에 드는 경비는 항공료 145만 원+철도패스 2등석 1개월 내 5일 33만 원 + 숙박료 1인/1박당 4만 원 × 10박 = 40만 원 + 기타 25만 원 = 243만 원입니다. 여기에 현지 경비는 숙박비를 제외한 1일 경비를 7만 원으로 예상할 때 7만 원×14일(전체 여행 일수) = 98만 원 + 50만 원(열차 예약비 + 버스 티켓 + 예비비 등)입니다. **총 예상 전체 여행 경비는 251만 원 + 148만 원 = 약 399만 원입니다.**

02 여행 경비를 아끼기 위한 몇 가지 노하우

① 여행사를 거치지 않고 모두 직접 예약하고 수속한다.

항공권, 현지 교통편 예약 티켓, 호텔 및 호스텔 예약, 여행자보험 등은 인터넷을 검색해 최저가 상품을 찾아보고 직접 예약한다. 여행사를 통하면 수수료가 있기 때문에 직접 하면 조금이라도 절약할 수 있다. 단 시간과 노력을 아낌없이 투자해야 한다.

② 환율 좋은 곳에서 환전한다.

각 은행 홈페이지를 조회해 환율이 가장 좋은 곳을 골라 환전한다. 신용카드나 현금카드 등도 해외에서 사용하는 경우 수수료가 있기 때문에, 수수료가 낮은 은행을 꼼꼼히 따져본다.

③ 여행물품 준비는 미리미리!

여행 물품 구입비도 만만치 않다. 좋은 브랜드의 트렁크는 100만원대인 것도 있다. 보통 20만~30만원대부터 저렴하게는 10만원대도 있으니, 가격 대비 기능과 디자인을 고려해 준비하자. 그 밖에 신발, 옷, 비상약품 등의 갖가지 물품을 홈페이지나 할인매장 등을 찾아 미리 쇼핑하면 여행 경비를 꽤 절약할 수 있다.

④ 시내 관광에 적절한 교통패스를 구입하자.

바르셀로나, 마드리드 같은 규모가 큰 대도시에서는 무조건 걷지 말고 대중교통을 적절히 이용해야 한다. 기간에 상관없이 횟수로 사용할 수 있는 10회권 패스를 구입해서 사용하자. 몬세라트 같이 근교로 여행하는 날에는 종합티켓을 미리 구입하면 메트로 요금까지 포함돼 있다. 일부 근교행 국철은 철도패스가 있으면 무료다.

⑤ 현지 관광안내소에서 운영하는 무료 시티투어에 참여하자.

각 도시의 관광안내소에서는 여행자들을 위해 간단한 시티투어를 무료로 진행하기도 한다. 또한 바르셀로나에서는 여행자들에게 시민들이 사용하는 자전거를 무료로 이용하도록 서비스하므로 교통비를 줄일 수 있다.

⑥ 박물관 무료 관람일을 체크해두자.

프라도 미술관을 비롯한 스페인의 유명 박물관은 정기적으로 무료 관람일이 있다. 매월 첫째 월요일이나 주말 오후 등 다양한데, 이는 각 홈페이지에서 확인 가능하다.

⑦ 아침 식사는 든든히, 물병은 늘 휴대하자.

숙소에서 아침 식사가 제공되는 경우라면 든든히 챙겨 먹고 여행을 시작하자. 아침을 잘 먹으면 점심은 가볍게 때울 수 있어 비용이 절감된다. 관광지는 음료수가 비싸므로, 늘 물병을 휴대하면 간식비를 줄일 수 있다.

7 여권 및 각종 카드 발급 받기

만 26세 미만 여행자는 유럽을 여행할 때 다양한 할인 혜택을 받을 수 있다. 학생이라면 반드시 국제학생증을 발급 받고, 만 26세 미만이라면 국제청소년증을 발급 받자. 렌터카를 이용하려면 국제운전면허증도 준비하자.

전자여권이란?

우리나라에서는 여권의 보안성을 극대화하기 위해 비접촉식 IC칩을 내장하여 바이오 인식 정보와 신원정보를 저장한 전자여권 ePassport, electronic passport을 발급하고 있다. 바이오 인식 정보에는 얼굴과 지문, 신원정보에는 성명, 여권번호, 생년월일 등을 수록하게 된다. 여권 신청은 반드시 본인이 해야 하며, 여권 접수는 서울 지역 모든 구청과 광역시청, 지방 도청 여권과에서 한다.

알아두세요

인천공항 영사민원서비스센터에서는 긴급한 사유의 당일 출국자에 한해 사진부착식 단수여권을 발급해주거나 기존 여권의 유효기간을 연장(최장 6개월 연장) 해주고 있다.
전화 032-740-2777 **업무시간** 09:00~18:00(점심시간 12:00~13:00) **휴무** 법정공휴일

여권 신청·발급 과정

Step 1. 서류 준비

여권 신청서는 외교통상부 사이트나 발급 기관에 구비돼 있다. 여권과 관련한 상세 정보는 외교통상부 사이트를 통해 확인할 수 있다. 또 접수 시 기다리는 수고를 줄이기 위해 접수일 예약제도 실시하고 있다.
외교부 여권안내 홈페이지 www.passport.go.kr

• 구비 서류

①일반여권 발급 신청서 1통 : 외교통상부 홈페이지에서 다운받거나 또는 발급 기관 내에 구비
②여권용 사진 1매 : 단, 사진전사식 여권이나 긴급 사진 부착식 여권 신청 시에는 2매 제출
③신분증 : 주민등록증 또는 운전면허증
④병역 미필자 : 국외여행허가서 1통(25세 이상 37세 이하), 병무청 홈페이지에서 간단히 신청할 수 있으며, 신청 2일 후에 출력할 수 있다.

• 병무청 민원 상담

전화 1588-9090 → 2번(병무청 민원 상담) → 4번(상담원 연결) **홈페이지** www.mma.go.kr
◆미성년자(18세 미만)의 경우, 법정대리인 동의서(동의자가 직접 신청하는 경우 포함), 동의자의 인감증명서(여권발급동의서에 날인된 인감과 동일 여부 확인), 법정대리인 신분증

Step 2. 여권 신청하기

준비한 서류를 해당 과에 제출한다. 여권 신청은 본인이 직접 해야 한다. 대리신청은 친권자·후견인 등 법정 대리인, 배우자, 본인이나 배우자의 2촌 이내 친족으로서 18세 이상인 사람만 가능하다.

• 여권의 종류 및 수수료

복수여권 10년 유효, 발급 비용 50,000~53,000원
단수여권 1년 1회 사용, 발급 비용 20,000원
군 미필자인 경우 단수여권 또는 복수여권, 발급 소요기간 4~5일, 발급 비용 단수여권 20,000원, 복수여권 15,000원
미성년자인 경우 일반여권, 5년 유효, 발급 비용 30,000~45,000원

Step 3. 신원조회 및 여권서류심사

여권 신청을 접수하면 각 지방 경찰청에서 신원조회 과정을 거친 후 결과 회보, 여권서류심사 과정을 거쳐 여권을 제작한다.

Step 4. 여권 발급 및 수령

접수일로부터 수령일까지 대략 4~5일 정도 소요된다. 신분증을 가지고 본인이 직접 수령하면 된다.
여권을 발급 받으면 서명란에 즉시 서명을 해두고, 여행 중에 여권을 분실하지 않게 주의하자.

국제학생증

학생이라면 누구나 발급 받을 수 있는 세계 공통의 학생신분증이다. 해외여행 중 비행기·버스·열차는 물론 시내교통과 미술관·박물관 입장료, 숙박 등에도 할인 혜택을 받을 수 있다. 국제학생증은 ISIC·ISEC 두 종류가 있으며, 발급 후 1~2년간 유효하다.

• 구비 서류

반명함판 또는 여권용 사진 1매/ 신분증(주민등록증이나 여권 등 본인 확인이 가능한 것)/ 학생증·재학증명서·휴학증명서 원본

발급 비용 34,000~62,000원

알아두세요

학생증이 있어도 명소에 따라 EU학생에게만 할인해 주거나 나이에 따라 혜택을 적용 받지 못할 수도 있다.

국제청소년증

만 12세 이상~26세 미만의 청소년이라면 누구나 발급 받을 수 있는 국제신분증이다. 국제학생증과 같이 비행기·버스·열차는 물론 시내교통과 미술관·박물관 입장료, 숙소 등에 다양한 할인 혜택이 있다. 국제학생증을 발급 받을 수 없는 경우 준비해가면 매우 유용하다. 국제청소년증은 IYTC·IYEC 두 종류가 있으며, 발급 후 1년간 유효하다.

• 구비 서류

반명함판 또는 여권용 사진 1매/ 신분증(주민등록증이나 여권 등 본인 확인 가능한 것)

발급 비용 34,000~62,000원

• 발급처

ISIC와 IYTC는 키세스 여행사에서 발급하며, ISEC는 ISEC 한국본사 또는 대부분의 여행사에서 발급받을 수 있다. IYEC의 경우는 ISEC 한국본사에서 발급 받아야 한다. 신청한 날 바로 받을 수 있으며, 홈페이지를 통해 신청할 수도 있다.

키세스 여행사

전화 02-733-9494 **홈페이지** www.isic.co.kr

ISEC 본사

전화 1688-5578 **홈페이지** www.isecard.co.kr

국제운전면허증

현지에서 렌터카를 빌려 운전하려면 국제운전면허증이 반드시 필요하다. 가까운 운전면허 시험장에 가서 신청하면 1시간 이내에 발급 받을 수 있다. 발급일로부터 1년간 유효하다.

홈페이지 www.safedriving.or.kr

• 구비 서류

운전면허증 / 여권 / 반명함판 사진 또는 여권용 사진 1매 / 국제운전면허증 교부 신청서 / 수수료 8,500원 (고객센터 1577-1120)

Advice

군 미필자인 경우?

나이에 따라 1년 단수여권 또는 복수여권을 발급 받을 수 있습니다. 군 미필자라도 병역서류 없이 24세가 되는 해까지 복수여권(최장 유효기간 5년) 발급이 가능하며, 25세 이상 37세 이하의 병역미필자는 병무청에서 발급한 국외여행허가서의 허가기간에 따라 유효기간이 부여됩니다.

국내에서 여권을 재발급해야 하는 경우는?

여권을 분실하거나, 만료일이 6개월 미만 남아 있거나, 여권이 훼손되었을 경우 재발급해야 합니다. 여권을 재발급하려면 반드시 구여권이 필요합니다. 재발급 사유가 분실인 경우는 여권과에서 먼저 분실신고 또는 사유서를 작성하셔야 합니다. 잦은 분실신고는 여권 발급에 불이익을 당할 수 있으므로 보관에 주의하세요.

유효기간 만료일이 6개월 미만 남아 있다면 해외에서 입국을 거부당하게 되니 출발 전 반드시 확인해야 합니다. 발급 소요기간이 7일 이상 걸리므로 확인은 미리미리 해두세요. 여권이 훼손되었다면 입국심사를 받을 때 위조여권 등으로 의심을 받을 수도 있습니다.

8 스마트폰 100% 활용하기

스마트폰의 단순한 기능만 사용 중이라면 여행을 위해 스마트폰 마니아가 돼 보자. 다양한 애플리케이션을 설치해 사용해 보고 현지에서 활용해 보자. 잦은 검색으로 저렴한 숙박과 항공권을 구매하고 낯선 도시 여행을 위해 지도 사용 방법을 연습해 보자. 서툰 영어 실력도 문제없다. 번역기 하나만 있으면 전 세계 누구와도 간단한 대화가 가능하다.

Step 1

스마트폰 관리

다양한 애플리케이션을 깔고 검색하고 필요한 정보를 저장해 두려면 저장 공간에 여유가 있어야 한다. 무엇보다 여행 중 고장이 나면 큰일이기 때문에 스마트폰의 환경을 최적화하자. 필요하다면 A/S를 받아 두는 것도 좋다.

Step 2

필요한 애플리케이션 리스트 꾸리기

필요한 애플리케이션 리스트를 정리해 보고 직접 깔아 사용해 보자. 항공권, 숙박, 버스, 차량 렌탈, 번역기, 지도, 날씨 정보 등. 출발 전 꼭 필요한 애플리케이션만 남기고 정리해 두면 현지에서 편리하게 쓸 수 있다.

Step 3

로밍 서비스 vs 유심 구입

해외에서 자유롭게 통화를 하고 데이터를 사용하려면 해외 로밍 서비스 Roaming Service를 이용하거나 유심 USIM(또는 SIM Card라 함)을 구입해 사용해야 한다. 모두 여행기간, 통화 가능여부 및 이용시간, 데이터 사용량에 따라 요금이 달라진다. 출발 2주 전부터 요금 및 조건 등을 따져보고 원하는 상품을 신청하자.

• 로밍 서비스

로밍 서비스는 국경을 넘어 각국의 이동통신망에 접속하는 것으로 목적지에 도착해 스마트폰을 켜는 순간 로밍 서비스가 자동으로 연결된다. 내 폰을 그대로 사용할 수 있어 편리하나 데이터 요금이 비싼 나라에서 사용하는 경우 생각지도 않게 요금 폭탄을 맞을 수 있다. 이를 방지하기 위해 출발 전 데이터 차단 서비스를 신청하거나 적당한 데이터 로밍 상품을 구입해 쓰자. 해외 로밍시 통화 및 문자사용 요금에 대한 정보도 미리 알아 두자. 여행 중 구입한 데이터를 모두 사용했다면 한국에 있는 통신사에 연락해 재구매를 하거나 현지 통신사에서 유심을 구입해 사용하면 된다.

• 유심 구입

유심(USIM: Universal Subscriber Identity Module)은 휴대폰 속 개인정보 보관소이다. 아주 작은 칩으로 쉽게 넣었다 뺐다 할 수 있다. 포털 사이트에서 '스페인 유심', '포르투갈 유심', '유럽 유심'만 검색해도 국내에서 구입할 수 있는 다양한 종류의 유심을 찾을 수 있다. 데이터 및 통화, 문자 사용량에 따라 요금이 달라지며 우편 및 공항 수령이 가능하다. 여행 중에 구입하려면 유럽의 대표적인 통신사 보다폰 Vodafone을 이용하자. 현지 공항, 역, 시내 곳곳에 매장이 있으며 여행자를 위한 다양한 종류의 유심을 판매한다. 영어회화가 가능한 직원과 상담이 가능하며 여행기간 및 예상 데이터 사용량 등을 고려해 상품을 고르면 직원이 직접 유심을 교체해 준다. 데이터 소진 시 충전도 가능하다. 유심을 교체하면 사용 중인 모든 기능은 그대로고 전화번호만 변경된다. 여행 중 예약에 필요한 전화번호로 사용하면 된다.

여행에 유용한 애플리케이션

항공권

전 세계 항공권 조회. 항공권을 예약했다면 해당 항공사 애플리케이션도 깔자. 바로 비행기 티켓 조회, 좌석 지정, 체크인도 가능하다.

스카이스캐너
Skyscanner

로우 코스트 에어라인
Low cost airlines

숙박

전 세계 호텔 검색. 예약, 예약 변경도 가능하고 호텔 바우쳐 기능도 한다. 애플리케이션이 지도와 연동돼 있어 현지에서 숙소를 찾을 때 편리하다.

부킹닷컴
Booking.com

호텔스닷컴
Hotels.com

아고다
Agoda

열차

열차 시간 및 가격 조회. 티켓 구입 및 티켓 기능을 갖추고 있다.

스페인 철도청
Renfe

포르투갈 철도청
CP

버스

버스 시간 및 가격 조회. 티켓 구입 및 티켓 기능을 갖추고 있다.

알사 Alsa

플릭스 버스
Flixbus

지도

여행 중 가장 중요한 애플리케이션. 도보 및 대중교통 이용 시 소요시간 등 제시. 출발 전 사용 방법을 숙지해 두자. 미리 연습해 보는 것도 좋다.

구글 맵스
Google maps

택시

바가지 쓸 일이 없고 급할 때 유용하다. 우리나라 카카오택시와 같은 개념. 택시를 예약하고 결재까지 한꺼번에 할 수 있다. 스페인 전역에서 사용할 수 있다. 그 밖에 프리나우 Free Now, 우버 Uber, 캐비파이 Cabify, 볼트 Bolt 등도 있다.

마이 택시
mytaxi

여행정보 및 레스토랑

여행자들이 실시간 리뷰를 달아 여행 중 근처 식당 조회 및 맛집 찾기에 좋다. 더 포크는 예약과 취소가 모두 가능한 애플리케이션이다.

트립어드바이저
TripAdvisor

더 포크
The fork

번역기

영어, 스페인어, 중국어 등 전 세계 언어로 간단한 대화가 가능하다. 영어를 잘 못하는 사람들과 현지어로 이야기 할 수 있고 숙소나 항공사에서 온 예약 확인서나 항공 규정 같은 어려운 문서를 번역하는 데 도움이 된다.

구글 번역
Google Translate

◆**주의** 스카이스캐너, 로우 코스트 에어라인, 오미오 Omio 등 종합사이트를 통해 항공권, 열차, 버스 등을 예약하는 게 편리한 반면 운행 지연, 결항 등에 대한 안내문이 늦게 전달 또는 누락되거나 환불 시에도 두 단계를 거쳐야 해 오래 걸리는 경우가 많다. 불안하다면 예약한 회사 애플리케이션이나 홈페이지에 회원가입을 한 후 예약번호 조회 및 변동 사항을 직접 확인하는 게 안전하다. 해외 사이트에서 신용카드 결제 시 개인정보 해킹 등으로 결제 사고가 발생할 수 있다. 여행 중에도 결제 내역을 확인하고 여행을 마친 후 신용카드를 해지하고 새로 카드를 재발급 받는 게 안전하다.

9 저렴한 항공권을 잡아라!

싼 항공권을 구입하는 것이 여행 경비를 최대한 줄이는 방법이다. 저렴한 항공권을 구입하고 싶다면 부지런히 항공권 가격 비교 사이트나 애플리케이션을 검색해보자. 전문 여행사에 전화로 문의 해 보는 것도 좋다. 적당한 항공권이 결정됐다면 최대한 빨리 구입하는 게 좋다. 단, 가격에 집착해 항공 스케줄에 자신의 여행을 억지로 맞춰서는 안 된다. 이는 정말 어리석은 일이다. 조금 비싸더라도 내 여행에 꼭 맞는 항공권을 구입하는 게 중요하다.

알아두세요

항공권 비교 사이트 애플리케이션을 깔고 알림 서비스 받기. 적당한 항공권을 찾았다면 항공료와 유류할증료, 유효기간, 날짜 변경 및 환불 여부, 마일리지 적립, 수화물 조건 등을 따져봐야 한다.
① 스카이 스캐너 www.skyscanner.com
② 카약 www.kayak.com
③ 플레이 윙즈 www.playwings.com
④ 땡처리 닷컴 www.ttang.com

01 비행기 요금 상식

항공료는 항공사에 따라 다르고 여행 시즌인지 아닌지, 경유편인지 직항편인지에 따라서도 차이가 난다. 내 스케줄에 꼭 맞으면서도 저렴한 항공권을 구입하고 싶다면 미리 알아보고 서둘러 예약하는 것이 최선이다. 참고로 항공권은 출발일로부터 최대 1년 전부터 예약이 가능하다.

- 항공료는 비수기와 성수기에 따라 차이가 난다.
- 항공권은 경유를 많이 할수록 더 저렴하다.
- 같은 목적지라도 우리나라 항공사보다 다른 나라 항공사의 요금이, 그리고 편도보다 왕복 요금이 더 저렴하다.
- 항공사에 따라 학생 또는 만 25~30세 미만을 대상으로 하는 Youth 특별할인요금이 있으니 해당된다면 미리 알아보고 구입하자.
- 목적지와 귀국지가 같은 도시인 경우가 목적지와 귀국지가 서로 다른 경우보다 가격이 더 저렴하다.
- 각 항공사에는 조기 할인 항공권이라는 것이 있다. 스케줄도 좋고 요금도 저렴하지만, 출발 3~4개월 전에 미리 구입해야 하고 예약 후 72시간 안에 발권해야 하는 단점이 있다. 이 점을 고려하여 신중하게 결정해야 한다.
- 할인 항공권에도 출국일과 귀국일 변경 불가능, 귀국지 변경 불가능, 환불 불가능, 마일리지 적립 불가 등의 제약 조건이 있으니 미리 확인하자.

02 최저가 항공권을 구입하는 고수들의 노하우

① 항공권은 선착순, early bird 할인 항공권을 구입해라!

항공권은 싸고 좋은 순으로 예약 마감이 된다. 무조건 빨리 예약하는 것이 돈 버는 지름길. 특히 해마다 항공사들은 6~8월에 출발하는 여행자들을 위해 파격적인 요금의 early bird 할인 항공권을 1~3월에 판매한다. 단, 일정 변경이나 환불, 마일리지 적립이 불가능한 것이 대부분이며, 티켓 구입도 예약 후 72시간 안에 발권해야 하는 등의 까다로운 조건들이 붙기도 한다.

② 성수기는 물론 주말과 공휴일도 피하자.

1년 중 항공료가 가장 비싼 시기는 6~8월이다. 특히 7월 중순부터 8월 중순까지는 최성수기인데 이때는 좌석 예약도 어렵지만 항공료도 부르는 게 값일 정도로 비싸다. 항공사에 따라 같은 스케줄이라도 주중보다 주말 요금이 비싸고, 추석과 설 명절같이 긴 연휴 기간 역시 항공료가 비싸다. 성수기와 공휴일은 피할 수 있다면 피하는 것이 상책이다.

③ 항공권은 많이 경유할수록 저렴하다.

경유하는 항공권은 저렴하다. 시간과 체력이 허락한다면 경유하는 항공권을 이용해라. 경유지에서의 스톱오버 Stop Over도 가능해 일주일 정도 머물며 도쿄, 방콕, 싱가포르, 쿠알라룸푸르, 홍콩 등도 여행할 수 있어 1석 2조다. 2회 경유편은 당연히 1회 경유편에 비해 더 저렴하다.

④ 공항세도 꼼꼼히 따져봐야 한다.

항공권 구입 시 항공료 외에 공항이용세·전쟁보험료·관광진흥기금·유류할증료를 포함해 지불해야 한다. 미국 달러로 공시되므로 구입 당일 환율에 따라 가격변동이 있다. 환승 횟수가 많으면 비행기 삯이 저렴해도 공항에 지불해야 하는 세금이 늘어나 배보다 배꼽이 더 큰 경우도 있다. 유럽에서 공항세가 가장 비싼 나라는 영국이고, 공항세가 가장 싼 나라는 이탈리아이니 일정을 짤 때 참고하도록 하자.

03 알아두면 편리한 항공 용어

① 오픈 티켓 Open Ticket

출발일은 정하지만 귀국일은 유동적이라 정하지 않고 Open으로 발권하는 티켓

② 픽스 티켓 Fix Ticket

출발일과 귀국일을 지정해 발권하는 티켓

③ 스톱오버 Stop Over

경유지에서 24시간 내에 출발하지 않고 관광 등을 목적으로 며칠 체류할 수 있는 시스템

④ 트랜스퍼/트랜짓 Transfer/Transit 환승

⑤ 리컨펌 Reconfirm

귀국 시 현지에서 항공 예약을 재확인하는 것

⑥ 스탠바이 Stand By

예약이 확약되지 않아 공항에서 빈자리가 날 때까지 대기하는 것

⑦ 오버 부킹 Over Booking

항공사들은 취소 고객에 대한 대비로 예약을 여유 있게 받는다. 리컨펌이 반드시 필요하다면 오버 부킹일 가능성이 높다. 귀국 전에 반드시 리컨펌을 해야 한다.

⑧ 코드셰어 Codeshare

2개 이상의 항공사가 공동 운항. 한 비행기를 두 항공사가 판매한다. 예를 들어 에어프랑스 티켓을 구입하고 대한항공을 탈 수 있다.

Q A 자주 하는 질문 FAQ

왜 환승 시 2시간 이상 기다려야 하나요?

A 비행기는 열차와 달리 정시 출발, 정시 도착이 불가능합니다. 착륙 후 플랫폼에 이르기까지 시간이 꽤 소요되고 필요하다면 환승을 위해 체크인을 한 번 더 해야 합니다. 게다가 갈아타는 플랫폼이 멀리 있다면 이동하는 데도 시간이 더 걸리죠. 가장 이상적인 환승 시간은 2시간입니다. 2시간 이상은 상관없지만 2시간 미만이라면 비행기가 연착할 경우 시간이 부족하고, 짧은 환승 시간으로 마음이 조급해져서 실수할 수 있으며, 짐이 분실되거나 제때 도착하지 않는 일까지 발생할 수 있습니다. 항공권을 예약했다면 발권 전에 반드시 환승 시간을 확인해야 합니다. 2시간보다 짧다면 항공사나 여행사 직원에게 발생할 문제에 대해 미리 물어보고 답변을 들어둘 필요가 있습니다.

외국 항공사도 한국인 승무원이 있나요?

A 우리나라에서 출발하는 비행기에는 한국인 승무원이 있습니다. 하지만 경유지에서 최종목적지까지는 없습니다. 이유는 출발지에서 목적지를 기준으로 승무원을 배치하니까요.

2회 이상 경유하는 항공사를 이용해도 괜찮을까요?

A 2회 이상 경유하는 항공사는 우리나라에서 출발하는 비행기가 아닙니다. 그래서 제3국 경유지인 도쿄, 오사카, 홍콩, 방콕, 델리, 싱가포르 등까지 아시아나, 대한항공, 일본, 홍콩, 태국, 싱가포르항공 등을 타고 간 후 그곳에서 처음에 구입한 항공사 비행기를 타게 됩니다. 여러 나라 비행기를 타게 되고 비행 시간도 20시간 이상 걸려 만만치 않지만 시간 여유가 있다면 이용해 볼 만합니다. 항공료도 저렴하고 제3국, 자국 스톱오버 Stop Over가 가능해 여러 나라를 여행할 수 있습니다. 환승도 그리 어렵지 않으니 걱정하지 마세요.

10 항공권으로 돈 버는 노하우

100만원이 넘는 항공권, 잘만 활용하면 1석2조의 효과를 얻을 수 있다. 저렴한 항공권과 호텔을 원한다면 항공사의 에어텔을 이용하고, 생각지 않은 공짜 여행을 즐기고 싶다면 스톱오버나 마일리지 프로그램을 적극 활용해 보자. 문의 및 예약은 모두 항공사와 전문 여행사를 통해 할 수 있다.

01 여행일정이 단기라면 에어텔을 이용하자.

유럽의 항공사들은 특가 항공권이나 정규 요금과 별도로 아주 저렴한 에어텔 요금을 내놓는다. 에어텔은 항공권과 호텔을 묶어 판매하는 것으로 시즌별로 다양한 에어텔 상품을 판매한다. 일정 그대로 항공권과 호텔을 이용해도 되고 일정 변경 및 호텔 투숙 최소 2~3박 규정만 따라도 에어텔에 포함된 저렴한 항공권을 이용할 수 있다. 10일 미만의 단기 여행자라면 에어텔을 이용하자. 특히 허니문, 가족여행, 비즈니스 여행에 매우 유용하다.

02 덤으로 얻는 공짜 여행의 기회, 스톱오버를 활용하자.

항공권을 선택할 때 스톱오버 제도를 잘만 활용하면 돈과 시간을 절약할 수 있다. 유럽 항공사를 이용해 스톱오버를 요청하면 파리, 뮌헨, 프랑크푸르트, 암스테르담, 빈, 헬싱키 등 스페인과 포르투갈 외의 유럽 도시를 여행할 수 있고, 터키항공이나 중동 지방의 항공사를 이용해 스톱오버를 하면 이스탄불, 두바이, 도하 등 유럽과 대조적인 이슬람 국가를 여행할 수 있다. 중국, 일본, 동남아시아 항공을 이용해 스톱오버를 하면 금요일 밤마다 출발하는 아시아의 유명한 주말 여행지로 여행을 할 수 있다. 스톱오버는 항공권을 예약할 때 미리 신청해야 하며 대부분 무료이지만 약간의 추가 비용을 지불해야 하는 경우도 있다.

[사례1] 에어프랑스 또는 터키항공을 이용해 바르셀로나 IN, 마드리드 OUT으로 스페인 왕복 항공권을 예약한 경우. 비행기는 각각 파리 및 이스탄불을 경유하게 돼 있다. 항공 예약을 할 때 현지 입국 또는 출국 시 경유지인 파리 또는 이스탄불에서 2~3일 정도 머물 수 있도록 스톱오버를 요청하면 이 도시들도 여행할 수 있다.

[사례2] 오스트리아항공을 이용해 바르셀로나 IN, 리스본 OUT으로 왕복 항공권을 예약한 경우. 비행기는 각각 제3국과 빈을 경유하게 돼 있다. 귀국할 때 경유지인 빈에서 7일 머물 수 있도록 스톱오버를 요청하자. 스페인과 포르투갈도 여행하고 덤으로 빈과 그 주변에 있는 프라하, 부다페스트까지 여행할 수 있다.

03 항공 마일리지는 필히 적립한다.

여행이 흔해진 요즘 비행기를 타는 횟수도 많아졌다. 항공사마다 고객 유치를 위해 다양한 마일리지 프로그램을 운영하고 있으니 차곡차곡 마일리지를 모으면 국내·해외 여행을 공짜로 할 수도 있다. 귀찮다고 생각할지 모르지만 유럽 여행 한 번으로 제주도 무료 왕복 항공권을 얻을 수 있다는 사실을 안다면 당장 마일리지에 등록하고 싶을 것이다. 또한 마일리지를 사용해 좌석 업그레이드도 가능하므로 16시간 동안의 긴 비행을 편안하게 할 수 있다. 그 밖에 숙박, 렌터카, 각종 레포츠 등의 무료 및 할인 혜택도 있다. 항공권을 구입하면 홈페이지에 마일리지 적립 카드를 신청하자. 카드가 배송되는 데 2주에서 1달 정도 걸리니 출발 전에 여유를 두고 신청하자. 출발 전에 카드를 수령하지 못했

다면 홈페이지에서 임시카드를 프린트해 가면 된다. 귀국 후 홈페이지를 통해 구간별 마일리지 적립 여부를 확인하고 누락된 구간이 있으면 항공권과 보딩 패스를 잘 보관했다가 항공사에 들러 추가 적립을 요청하면 된다. 마일리지도 유효 기간이 있으니 소멸되기 전에 챙겨 쓰자.

마일리지 적립 방법

• 한 항공사만 계속 이용한다. 또는 스타얼라이언스, 스카이 팀은 회원사와 마일리지를 공유하므로 회원 항공사만 이용한다.

• 대한항공 또는 아시아나 항공사 마일리지 프로그램과 연계된 신용카드를 이용한다.

마일리지 프로그램

세계의 항공사들이 항공 동맹을 맺어 한 개의 마일리지 카드로 전체 회원 항공사들의 마일리지를 적립할 수 있도록 한 프로그램. 동맹 항공사의 마일리지를 적립하면 국내 항공을 저렴하게 이용하거나 무료로 이용할 수 있는 기회가 주어지니 잊지 말고 적립하자. 그 밖에 라운지 이용, 좌석 업그레이드도 가능하다.

• 스카이 팀 SKY TEAM

대한항공 · 델타항공 · 아에로멕시코 · 알이탈리아 · 에어프랑스 · 체코항공 · 네덜란드항공 · 러시아항공 · 중국남방항공 · 중국동방항공 · 에어유로파 · 케냐항공 · 아르헨티나 항공 · 대만 중화항공 · 가루다 인도네시아 항공 · 중동항공 사우디아 항공 · 타롬루마니아항공 · 베트남항공 · 샤먼항공

홈페이지 www.skyteam.com

• 스타 얼라이언스 STAR ALLIANCE

아시아나항공 · 루프트한자 · 스칸디나비아항공 · 싱가포르항공 · 에어뉴질랜드 · 에어캐나다 · 오스트리아항공 · 유나이티드항공 · 전일본공수(ANA일본항공) · 타이항공 · 폴란드항공 · 에어차이나 · 이집트항공 · 남아프리카항공 · 스위스국제항공 · 탑포르투갈 · 터키항공 · 아드리아항공 · 에게해항공 · 인도항공 · 아비앙카항공 · 브뤼셀항공 · 코파항공 · 크로아티아항공 · 에티오피아항공 · 에바항공 · 심천항공

홈페이지 www.staralliance.com

• 원 월드 ONE WORLD

아메리칸에어라인 · 영국항공 · 이베리아항공 · 핀에어 · 캐세이패시픽 · 콴타스항공 · 란칠레항공 · 일본항공 · 로얄요르단항공 · 에어베를린항공 · TAM항공 · 말레이시아항공 · S7 에어라인 · 카타르항공 · 스리랑카항공

홈페이지 www.oneworld.com

• 플라잉 블루 FLYING BLUE

에어프랑스 · 네덜란드항공

홈페이지 www.airfrance.co.kr, www.klm.com

11 초간단 항공권 예약 및 발권

온라인상으로 항공 예약 및 발권이 가능하고 항공권도 항공사 또는 여행사를 통해 이메일로 받을 수 있다. 항공권 발권 전후 필요한 필수사항 등도 꼼꼼히 확인하자. 항공권 구입 후에는 면세점 쇼핑도 가능하다.

01 항공권 구입 요령

먼저 여행 루트, 기간, 선호하는 항공사 등을 정한다. 항공 예약은 출발일 6~12개월 전부터 가능하며 예약 시 정확한 출발일과 귀국일, 목적지와 귀국지, 여권과 동일한 영문 이름만 있으면 된다. 예약 후 티켓이 발권되기 전까지 날짜, 현지 입국지 변경이 가능하다.
항공권을 구입했다면 적혀 있는 영문 이름이 여권과 동일한지, 예약한 출발일과 귀국일, 목적지와 귀국지 등이 제대로 되어 있는지, 예약 상태가 OK로 확약되어 있는지를 반드시 확인해야 한다. 또한 귀국 시 현지에서 해당 항공사에 예약재확인 Reconfirm이 필요한지 미리 확인하자. 항공사 마일리지카드도 만들자.

02 항공권 구입 시 꼭 확인해야 하는 것들

• 유효 기간

정상 요금의 이코노미 클래스 항공권인 경우 유효 기간이 1년인 경우가 일반적·할인 티켓인 경우 15일, 1·3·6개월 등 유효 기간의 제한이 있다.

• 환불 여부

정상 요금의 티켓은 환불 요청 시 약간의 취소료 외에 전액 환불받을 수 있지만 할인 항공권은 환불이 전혀 되지 않거나 금액의 10~20% 정도만 환불한다.

• 현지에서 귀국지 및 날짜 변경 여부

정상 요금의 티켓은 귀국지와 날짜 변경이 가능하지만 저렴한 할인 티켓은 불가능하다. 단, 귀국지 변경은 불가능하나 날짜 변경은 현지에서 1회에 한해 무료 또는 약간의 수수료를 내고 가능한 티켓도 있다.

• 항공료 외에 공항 Tax 확인

항공료는 공항이용세·전쟁보험료·관광진흥기금·유류할증료를 포함해 지불해야 한다. 미화로 공시되므로 구입 당일 환율에 따라 가격 변동이 있다.

• 경유지 숙박 제공 여부

경유하는 항공편을 이용하는 경우 항공사 사정상 목적지까지 당일 연결편이 없어 경유지에서 숙박을 해야 하는 경우가 있다. 숙박 제공여부도 확인하자.

• 다국적 마일리지 프로그램이 발달해 협력사끼리는 공동 운항하는 경우가 많다. 예를 들어 대한항공을 예약했는데 시간에 따라 에어프랑스를 탈 수도 있다. 여러 나라 항공사를 이용할 수 있다는 장점도 있지만 꼭 타보고 싶어 예약한 항공사라면 공동 운항인지 확인해 볼 필요가 있다.

03 전자 티켓 E-Ticket

전자 티켓은 기존의 종이 항공권에 기재되어 있던 출발일, 편명 등의 발권 정보가 항공사의 시스템에 전자 데이터로 보관되어 발권되는 전자 항공권을 말한다. 발권 후에는 이메일로 예약 내용을 받아 프린트해 사용하면 된다. 예약 후 발권 전에 개인의 여권번호, 생년월일, 국적 등을 입력하게 돼 있어 여권만 있으면 Check in이 가능해졌다. 항공권 구입을 위해 항공사 또는 여행사를 찾아가야 하는 번거로움이 사라지고 분실이나 도난을 걱정할 필요가 없어졌다.
항공권을 구입했다면 스마트폰에 항공사 애플리케이션부터 깔자. 로그인 후 예약 및 티켓을 확인하고 원하는 좌석도 미리 예약 해 두자. 유아식·기념일·특이체질·종교 등을 고려한 기내식 등도 미리 요청할 수 있다. 출발 24시간 전부터는 직접 체크인도 가능하다.

12 스페인·포르투갈 취항 항공사

스페인과 포르투갈 여행이 선풍적인 인기를 끌면서 다양한 항공사가 운행 중이다. 직항편은 대한항공과 아시아나 항공이 있으며 경유편으로는 유럽 · 중동 · 아시아계 항공사가 있다. 유럽계 항공사는 대도시 외에도 다양한 도시로 항공편이 운항중이다. 직항에 비해 요금이 저렴하고 운항 횟수도 많아 편리하다. 모든 항공 운항시간은 현지시각으로 표기되며 도착시간에서 출발시간을 빼고 유럽과의 시차(7~9시간)를 더하면 전체 비행시간을 알 수 있다. (+1)은 다음날 도착을 의미한다.

직항편 ✈ 한국에서 스페인까지 직행

01 대한항공 Korean Air (KE)

KOREAN AIR

바르셀로나, 마드리드 단순왕복 또는 바르셀로나 In, 마드리드 Out으로 예약 가능. 짧은 운항시간, 최상의 운항스케줄, 서비스까지 친절해 요금이 비싸지만 않다면 우리나라 사람들이 가장 선호할 조건을 갖췄다. 에어프랑스, 네덜란드 항공사와 공동 운항하는 비행기를 이용하는 경우 파리, 암스테르담에서 1회 경유하는 편도 이용할 수 있다. 매일 운행.

홈페이지	www.koreanair.com
취항 도시	마드리드·바르셀로나(주 3~4회 운항)
바르셀로나 In / Out 운항 스케줄 (14시간 5분 소요)	**출국편** : 11:50 인천 출발 새벽부터 서두를 필요가 없다. → 19:00 바르셀로나 도착 이른 저녁이라 숙소까지 이동하는 데 부담이 적다 **귀국편** : 21:00 바르셀로나 출발 전일 관광 후 비행기를 타면 된다. → 16:10(+1) 인천 도착 차 막히기 전에 집으로 이동
마드리드 In / Out (화, 목, 일 운항) 운항 스케줄 (14시간 45분 소요)	**출국편** : 09:55 인천 출발 → 18:00 마드리드 도착 **귀국편** : 20:00 마드리드 출발 → 15:40(+1일)

02 아시아나 항공 Asiana Airlines (OZ)

2018년 8월부터 바르셀로나 신규 취항. 단순 바르셀로나 왕복 여행에 좋다. 대한항공과 운항시간이 비슷해 요금 비교 후 이용하자. 귀국편이 저녁 시간대라 출국 당일 하루 종일 시내 관광을 할 수 있어 좋다.

홈페이지	flyasiana.com
취항 도시	바르셀로나 (주 3회 운항)
바르셀로나 In / Out 운항 스케줄 (14시간 20분 소요)	**출국편** : 11:50 인천 출발 → 19:10 바르셀로나 도착 (화·목·토 운항) **귀국편** : 21:00 바르셀로나 출발 → 16:45(+1) 인천 도착

1회 경유 ✈ 유럽계 항공사
한국에서 유럽까지 바로, 유럽에서 환승 1회

01 에어프랑스 Air France (AF) · 네덜란드항공 KLM Royal Dutch Airlines (KL)

AIR FRANCE KLM Royal Dutch Airlines

두 항공사의 합병으로 스페인과 포르투갈로 가는 노선이 더욱 다양해졌다. 한국에서 파리·암스테르담까지는 직항이지만 스페인과 포르투갈의 도시로 가려면 갈아타야 한다. 하지만 운항시간, 소요시간이 거의 직항과 비슷하고 기내 서비스도 좋아 꽤 인기가 있다. 공동운항으로 한 개의 항공권으로 다양한 항공사를 이용할 수도 있다.

홈페이지	www.airfrance.co.kr, www.klm.com/home/kr/ko
취항 도시	파리·암스테르담 외 유럽 전역(매일 운항)
에어프랑스 운항 스케줄 (18시간 10분 소요)	**출국편** : 10:50 인천 출발 → 18:00 파리 도착 / 21:05 파리 출발 → 22:55 바르셀로나 도착 **귀국편** : 06:10 바르셀로나 출발 → 08:05 파리 도착 / 13:25 파리 출발 → 08:40(+1) 인천 도착

네덜란드 항공 운항 스케줄 (18시간 35분 소요)	**출국편** : 23:05 인천 출발 근무 끝나고, 결혼식 끝나고 바로 출발하기 좋은 시간 → 06:00(+1) 암스테르담 도착 / 08:15 암스테르담 출발 → 10:25 바르셀로나 도착 아침 도착이라 체력만 된다면 바로 시내 관광이 가능 **귀국편** : 17:15 바르셀로나 출발 반나절 시내 관광 후 비행기를 타면 된다. → 19:35 암스테르담 도착 / 21:45 암스테르담 출발 → 16:25(+1) 인천 도착 차 막히기 전에 집으로 이동

02 독일항공 Lufthansa (LH)

Lufthansa 독일의 국적기. 뮌헨과 프랑크푸르트를 경유해 유럽의 주요 도시로 취항한다. 편리한 항공 스케줄, 쾌적한 기내, 깔끔한 서비스, 정확성 등이 장점으로 우리나라 사람들에게 인기 있는 항공사 중 하나다. 경유지인 뮌헨, 프랑크푸르트도 여행하고 싶다면 며칠간 스탑오버로 예약하자.

홈페이지	www.lufthansa.com
취항 도시	뮌헨·프랑크푸르트 외 유럽 전역 (매일 운항)
뮌헨 경유 운항 스케줄 (16시간 50분 소요)	**출국편** : 11:40 인천 출발 → 17:40 뮌헨 도착 / 19:25 뮌헨 출발 → 21:30 바르셀로나 도착 **귀국편** : 11:45 바르셀로나 출발 → 13:45 뮌헨 도착 / 15:50 뮌헨 출발 → 09:55(+1) 인천 도착
프랑크푸르트 경유 운항 스케줄 (17시간 45분 소요)	**출국편** : 12:25 인천 출발 → 18:40 프랑크푸르트 도착 / 21:00 프랑크푸르트 출발 → 23:05 바르셀로나 도착 한밤중이니 숙소까지 교통편은 미리 예약해 두기 **귀국편** : 10:25 바르셀로나 출발 → 12:35 프랑크푸르트 도착 / 15:25 프랑크푸르트 출발 → 09:55(+1) 인천 도착

03 핀에어 Finair (AY)

핀란드 국적기. 유럽과 아시아를 잇는 최단 북부 노선이다. 인천과 헬싱키까지 직항으로 운항하며 경유지에서 스톱오버도 가능하다. 헬싱키와 근교 도시 여행을 원한다면 2~3일 정도 머물러 보자. 북유럽과 이베리아 반도를 함께 여행할 수 있다.

홈페이지	www.finnair.com/kr/ko
취항 도시	헬싱키 외 유럽 전역
헬싱키 경유 운항 스케줄 (16시간 소요)	**출국편** : 21:40 인천 출발 근무 끝나고, 결혼식 끝나고 바로 출발하기 좋은 시간 → 05:30(+1) 헬싱키 도착 환승까지 시간이 충분하니 헬싱키 시내 관광 계획을 세워두자! / 17:05 헬싱키 출발 → 20:05 바르셀로나 도착 **귀국편** : 10:05 바르셀로나 출발 → 15:10 헬싱키 도착 / 17:30 헬싱키 출발 → 11:20(+1) 인천 도착

04 터키항공 Turkish Airlines (TK)

TURKISH AIRLINES 터키 국적기. 인천과 이스탄불을 직항으로 운항하며 인천에서 자정에 출발해 직장인이나 허니무너에게 인기가 있다. 6~24시간 이스탄불 경유시 무료로 시티 투어도 제공한다. 블루모스크가 있는 이스탄불은 세계 최대 관광지 중 하나로 가능하면 2일 이상 머물러보자.

홈페이지	www.turkishairlines.com
취항 도시	이스탄불 외 유럽 전역 (매일 운항)
이스탄불 경유 운항 스케줄 (18시간 10분 소요)	**출국편** : 23:20 인천 출발 근무 끝나고, 결혼식 끝나고 바로 출발하기 좋은 시간 → 04:55(+1) 이스탄불 도착 / 07:30 이스탄불 출발 → 10:10 바르셀로나 도착 **귀국편** : 19:00 바르셀로나 출발 반나절 시내 관광 후 비행기를 타면 된다. → 23:30 이스탄불 도착 / 01:50 이스탄불 출발 → 17:40(+1) 인천 도착

05 스위스 항공

Swiss International Air Lines (LX)

2007년 루프트한자에서 인수, 2024년 5월부터 인천·취리히를 주3회 직항으로 운항하게 됐다. 스페인과 포르투갈까지는 스위스 항공뿐만 아니라 운항편수가 많은 루프트한자도 이용할 수 있어 매우 편리하다. 환승 시 당일 연결이 안 되는 경우 취리히에서 1박해야 한다.

홈페이지	www.swiss.com/kr/ko/homepage
취항 도시	마드리드·바르셀로나·리스본 등 유럽 전역
로마 경유 **운항 스케줄** **(16~20시간 소요)**	**출국편** : 09:55 인천 출발 → 16:50 취리히 도착 / 21:25 취리히 출발 → 23:15 바르셀로나 도착 한밤중이니 숙소까지 교통편은 미리 예약해 두기 **귀국편** : 09:35 바르셀로나 출발 → 11:25 취리히 도착 / 13:40 취리히 출발 → 08:25(+1) 인천 도착

1회 경유 ✈ 제3세계 항공사
한국에서 제3의 국가로, 환승 후 유럽으로

06 아랍에미레이트항공 (EK)

아랍에미레이트 국적기. 두바이를 경유해 유럽으로 가며 인천에서 자정에 출발해 직장인과 허니무너에게 인기가 있다. 허니문 요금이 별도로 있으니 문의해보자. 두바이에서 스탑오버도 가능하니 세상에서 제일 높은 빌딩 버즈 칼리파를 구경하자.

홈페이지	www.emirates.com/kr/korean
취항 도시	마드리드·바르셀로나·리스본 등 유럽 주요도시
두바이 경유 **운항 스케줄** **(21시간 소요)**	**출국편** : 23:55 인천 출발 → 04:25(+1) 두바이 도착 / 08:15 두바이 출발 두바이 경유 시간이 긴 편. 경유시간이 잠자는 시간이라 컨디션 조절에 신경 쓰자. → 13:25 바르셀로나 도착 **귀국편** : 15:30 바르셀로나 출발 → 00:15(+1) 두바이 도착 / 03:40 두바이 출발 → 17:00 인천 도착

07 카타르항공 (QR)

카타르 국영 항공사. 도하를 경유해 유럽으로 가며 인천에서 이른 새벽에 출발해 직장인과 허니무너에게 인기가 있다.

홈페이지	www.qatarairways.com/ko-kr
취항 도시	마드리드·바르셀로나·리스본 등 유럽 주요 도시
도하 경유 **운항 스케줄** **(약 20시간 소요)**	**출국편** : 01:20 인천 출발 근무 끝나고, 결혼식 끝나고 바로 출발하기 좋은 시간 → 05:45 도하 도착 / 08:50 도하 출발 → 14:40 바르셀로나 도착 도착 후 산책하듯 가벼운 시내 여행이 가능한 시간 **귀국편** : 16:25 바르셀로나 출발 → 23:35 도하 도착 / 02:40(+1) 도하 출발 → 17:35 인천 도착

08 에티하드 항공 (EY)

아랍에미리트 연방 국영 항공사, 2003년 만수르 왕실의 칙령으로 설립되었다. 아랍에미리트 항공에 이어 중동에서 4번째로 큰 항공사로 수도 아부다부 국제공항이 허브공항이다. 인천에서 밤에 출발해 직장인, 허니무너들에게 인기가 있다.
저녁에 출발해 밤새 비행을 하고 경유지에서 환승 전까지 이른 새벽 시간을 보내야 해 컨디션이 나빠지지 않도록 신경 써야 한다. 경유지 스탑오버도 생각해보자.

홈페이지	www.etihad.com/ko-kr
취항 도시	마드리드·바르셀로나·리스본 등
아부다비 경유 **운항 스케줄** **(약 21시간 20분 소요)**	**출국편** : 18:00 인천 출발 → 22:45 아부다비 도착 / 02:45(+1) 아부다비 출발 → 07:55 바르셀로나 도착 아침 도착이라 호텔 체크인이 가능한지, 짐을 맡길 수 있는지 여부를 미리 확인해야 한다. **귀국편** : 11:10 바르셀로나 출발 → 19:30 아부다비 도착 / 22:15 아부다비 출발 → 11:40(+1) 인천 도착

13 기차표 구입하기

열차는 버스, 비행기에 비해 가장 편리한 교통수단. 특히 역이 시내 중심에 위치하고 있어 숙소와 관광지로의 이동이 쉽다. 버스에 비해 요금이 비싼 게 단점이지만 프로모션 티켓(할인티켓)을 구입할 수 있다면 훨씬 저렴하다. 탑승 2~3개월 전부터 각국의 철도청 홈페이지 또는 앱을 수시로 들어가 확인해 보자. 국영 철도청 외에 스페인에는 이리요 Iryo, 위고 OUIGO 같은 민간 철도 회사 등도 있다. 티켓은 출발 전 예약하는 게 좋으니, 회원 가입 후 수시로 할인여부를 확인하자. 티켓은 이메일로 받은 PDF 파일 티켓을 프린트 해 가거나 스마트폰에 저장된 티켓을 사용하면 된다.

01 렌페 Renfe

스페인 국영 철도 회사. 출발 2~3개월 전부터 예약 가능. 정확한 프로모션 날짜를 알 수 없어 수시로 확인해 봐야 한다. 우리나라에서 렌페 홈페이지 및 애플리케이션 전속이 원활하지 못해 가설 사설망(VPN) 애플리케이션을 깔고 사용해야 하는 번거로움이 있다. 수수료가 발생하지만 한국어로 간단히 예약할 수 있는 대행사도 있으니 이용해 보자. Renfe Avlo는 렌페에서 운영하는 저가철도회사로 마드리드, 바르셀로나, 사라고사, 발렌시아 등으로 운행한다.

렌페 www.renfe.com **오미오** www.omio.co.kr
레일클릭 railclick.com/ko **클룩** www.klook.com/ko

스페인 기차 종류

- **고속 열차** 아베 AVE, 아반트 AVANT, 알비아 ALVIA, 알타리아 ALTARIA
- **일반 열차** 중거리 일반 열차 MD, TALGO, LD, 근거리용 일반 열차 Regional

좌석 등급

Preferente 일등석, Tourista Plus 우등석, Tourista 일반석

02 이리요 Iryo

2022년 1월부터 운행을 시작한 스페인 민간 고속철도회사. 마드리드·바르셀로나, 마드리드·쿠엥카·발렌시아, 마드리드·코르도바·세비야·말라가 등으로 운행한다. 열차가 신형이라 깨끗하고 요금도 렌페에 비해 저렴한 편. 렌페와 달리 우리나라에서 홈페이지 접속에도 문제가 없다.

홈페이지 https://iryo.eu/en/meetus/we-are-iryo

03 위고 OUIGO

프랑스의 저가 고속철도 회사. 마드리드·바르셀로나, 바르셀로나·사라고사 등 일부 노선만 운행 중. 렌페보다 가격이 저렴해 인기가 있으나 취소 시 환불 불가. 렌페와 달리 우리나라에서 홈페이지 접속에도 문제가 없다.

홈페이지 www.ouigo.com

Advice

철도패스 구입해야 할까요?

우리나라 여행사를 통해 구입할 수 있는 유럽의 철도패스는 종류에 따라 한나라, 두 나라, 여러 나라를 여행할 수 있습니다. 1개월에 3일, 2개월에 15일 등 일정 기간 동안 날짜를 표시한 날은 열차 이용 횟수에 상관없이 무제한 탑승이 가능해 스페인과 포르투갈 여행에서도 열차 이용 횟수가 많으면 구입하곤 했답니다. 하지만 비행기, 버스, 열차 등 다양한 교통수단을 이용할 수 있고 미리 예약만 하면 충분히 저렴한 티켓을 구입할 수 있어 철도패스 구입보다 직접 하나하나 예약하는 것을 선호합니다.

14 여행자보험 가입·활용하기

'나에겐 아무 일 없을거야' '돈이 아까워'라는 생각으로 보험 가입에 무심한 경우가 있다. 하지만 사고는 어떤 상황에서 일어날지 모르기 때문에 최소한의 대비책으로 반드시 가입하자. 여행 중 가장 많이 발생하는 사고는 소지품 도난과 상해 또는 질병이다. 이 품목만큼은 보상액이나 조건 등을 세심하게 따져보고 가입하는 게 현명하다.

Step 1

가입 전에 포함 사항 꼼꼼히 따져보기

보험에 가입하기 전 현실적으로 잃어버리기 쉬운 휴대품에 대한 배상액이나 현지에서 병원을 이용할 경우의 보상액 등을 자세히 살펴보자. 휴대품의 경우 통틀어 한도액을 20만 원, 30만 원 정도로 한정해 보상하는 곳이 있는가 하면 품목 하나하나에 대해 한도액을 정하는 곳도 있다.

보험 가입은 여행사를 통해 하는 게 가장 간편하며, 보험사의 홈페이지를 통해서 직접 신청할 수도 있다. 출발 전 공항에서도 가입이 가능하다.

해외 여행자보험 가입 가능한 보험사

KB 손해보험 www.kbinsure.co.kr, 1544-0800
삼성화재 www.samsungfire.com, 1588-5114
AIG 해외여행자보험 www.aig.co.kr, 1544-2792
현대해상 www.hi.co.kr, 1588-5656

Step 2

가입 전에 포함 사항 꼼꼼히 따져보기

여행자보험은 여행 중 사고가 발생하면 현지로 바로 보상금이 지불되는 게 아니라 귀국 후 서류 제출 및 심사를 거쳐 보상해 준다. 그래서 여행 중 사고가 발생하면 증거 확보에 최선을 다해야 한다. 가장 빈번하게 일어나는 휴대품 도난과 병원을 이용했을 경우를 소개한다.

① 도난을 당했을 때

도난을 당했다면 가장 먼저 가까운 경찰서로 가서 도난신고부터 하자. 경찰서에선 육하원칙에 따라 질문을 한 후 도난증명서 Police Report(Denuncia Policial)를 작성해 준다. 도난증명서는 어느 나라 언어로 쓰든 상관없다. 그러나 도난 경위와 도난당한 품목을 최대한 자세히 적는 것이 중요하다. 증명서에 도난을 의미하는 thief 또는 stolen 등의 단어가 들어가야 하며, 분실을 뜻하는 lost라는 단어가 들어간 경우 개인의 부주의로 보고 혜택을 받을 수 없으니 리포트를 받은 즉시 그 자리에서 확인하는 게 좋다. 귀국 후 보험사에 제출하면 심사를 거친 후 보상 한도액 내에서 보상 처리를 한다. 항공권·유레일패스·현금 등은 유가증권에 해당하므로 보험 혜택을 받을 수 없으며, 소지품이나 쇼핑한 물건 등에 한해서만 보상받을 수 있다. 도난증명서는 여권, 여행자수표 등의 재발급 신청에도 필요한 서류다.

② 병원을 이용했다면

해외에서 병원을 가는 일은 드물겠지만, 부득이하게 가야할 일이 생길 수 있다. 상해든 질병이든 여행 중 병원을 이용했다면 진단서 Doctor's description와 영수증을 꼭 챙겨야 한다. 또한 처방전을 받아 약을 사먹었다면 약 구입 영수증도 중요한 증빙서류가 되니 잘 챙겨두자. 귀국 후 보험사에 이 서류들을 보내야만 보상을 받을 수 있다.

Step 3

귀국 후 보험사에 청구하기

귀국 후 먼저 보험사와 통화한 후 구비서류를 준비해 제출하면 1~2개월 이내에 심사를 통해 보상액을 책정하고, 개인 통장으로 입금해 준다.

필요 서류는 신분증·통장사본·사고경위서·증권번호·개인 연락처 등이다. 단, 지병으로 생긴 행위는 보험회사가 책임을 지지 않는다. 또한 레저 활동을 목적으로 갔다면 일반 보험으로는 처리가 불가능하니 각자의 목적에 맞는 보험을 드는 게 중요하다.

15 복잡한 환전 쉽게 해결하기

스페인과 포르투갈은 유로화(€)를 사용하므로 출발 전에 은행에서 환전을 해야 한다. 환전의 기본 원칙은 여러 번 할수록 손해를 본다는 것. 가장 좋은 방법은 우리나라 돈을 유로화로 한 번만 바꿔 사용하는 것이지만 현금은 분실이나 도난을 당하면 보상을 받을 수 없으므로 신용카드, 국제현금카드 등으로 분산해 준비해 가야 한다. 사실 환전에는 정답이 없다. 각각의 장단점을 파악해 환전으로 인한 손해를 최대한 줄여보자. 지혜롭게 환전하면 여행 때 쓸 수 있는 돈을 조금이라도 늘릴 수 있다.

01 현금 CASH

현지에서 바로 사용할 수 있어 편리하지만 도난 또는 분실할 경우 아무런 보상을 받을 수 없어 위험 부담이 크다. 그렇다고 현금 없이 여행을 떠나는 것도 위험하다. 전체 여행 경비에서 3분의 1 또는 4분의 1 정도는 편리한 현금으로 준비해 가자.

우리나라의 은행 환율은 은행마다 다른데 은행 간에 경쟁이 심해져 환전 우대 쿠폰까지 발행한다. 은행 홈페이지만 부지런히 조회해도 유리한 환율로 환전을 할 수 있다. 은행에서 환전하려면 여권 또는 주민등록증 같은 신분증이 있어야 한다는 사실도 잊지 말자. 그리고 화폐는 현지에서 사용하기 편리하게 소액권으로 준비해 가자.

돈 버는 현금 환전 방법

- 공항은 우리나라뿐만 아니라 어디나 환율이 좋지 않기로 정평이 있다. 특히 수수료가 시내에 비해 엄청 비싼 편이니 가능한 한 미리 시내은행에서 해 두자.
- 'KEB 하나은행=환전은행'이라는 생각은 버리자. 환전 수수료나 환율을 타 은행과 비교해 보면 큰 차이가 없다. 특별한 경우가 아니면 본인의 주거래 은행을 이용하는 게 더 낫다.
- 환전을 위해서는 꼭 은행에 가야 한다는 고정관념을 버리자. 은행들은 인터넷으로 환전할 경우 환율 우대를 해줄 뿐 아니라 여러 사람이 모여 함께 하는 공동 구매를 이용하면 더 좋은 환율로 환전할 수 있다. 거기에 무료 해외여행자보험 가입은 보너스!

Travel Plus

스페인&포르투갈 통화, 유로화

유로 €, 보조통화는 센트 ¢이다. 스페인에서는 에우로, 센티모로 발음한다. 7종류의 지폐와 8종류의 동전이 있다. 지폐와 동전의 앞면 디자인은 유로를 사용하는 모든 나라가 공통이지만 동전의 뒷면은 나라에 따라 디자인이 다르다.

€1 = 100¢ = 약 1,420원 (2023년 9월 기준)

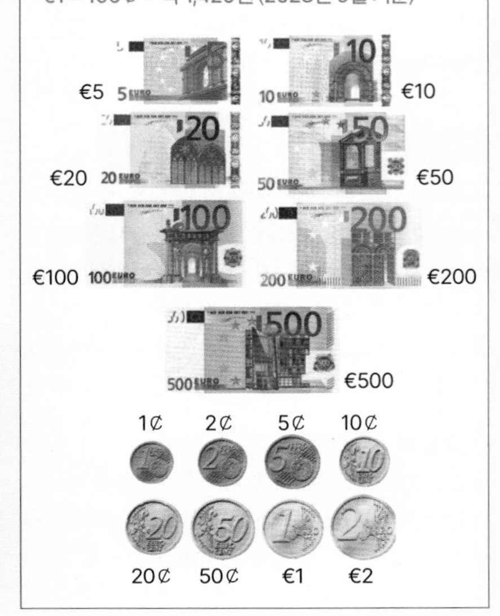

02 국제현금카드 International Debit Card

해외 어디서나 국내 예금을 찾아서 사용할 수 있고 환전의 번거로움이 없다. 현금을 들고 다니지 않아도 되니 도난이나 분실의 불안함이 없다는 장점이 있다. 국내의 통장에 넣어둔 돈을 현지 은행 ATM에서 현지 화폐로 찾아 쓸 수 있다. 단, 돈을 인출할 때마다 수수료는 발생한다. 국민은행·KEB 하나은행·신한은행 등 가까운 주거래 은행에서 발급 받을 수 있지만 최소 예치금액이 정해져 있으며 발급 시 수수료가 발생할 수 있다. 현금카드의 분실을 생각해 최소 2개를 더 발급해 가는 게 안전하다.

카드 발급 및 사용 방법

발급 자격 만 18세 이상 국민인 거주자

발급 서류 현금이 인출될 통장과 도장, 신분증

사용 방법 ATM에 카드 넣기 → 언어를 '영어'로 선택 → 인출 Withdrawal을 선택→ 계좌 Account 또는 적금 Saving 선택→ 필요한 금액 입력→ 비밀번호 Pin Number 입력 →나온 돈을 세어본 후 카드를 뽑는다.

03 신용카드 Credit Card

신용카드사에서 제공하는 호텔 할인, 렌터카 서비스, 마일리지 적립 등의 혜택을 함께 누릴 수 있다는 장점이 있다. 단, 해외에서 사용하는 카드 정산은 모두 달러 USD로 이뤄진다. 즉, 바르셀로나에서 €100짜리 물건을 구입하더라도 결제는 달러로 환산한 뒤 다시 원화로 청구된다는 뜻이다. 달러로 환산된 거래 금액이 원화로 청구되는 기준일은 거래 내역이 카드사로 접수되는 날이다. 만약 5월 1일에 거래를 했더라도 5월 20일에 접수가 되면 접수일의 전신환 매도율이 적용된다. 그러므로 청구되는 시점이 환율이 하락하는 시기라면 신용카드를 쓰는 것이 유리하지만 반대로 환율이 상승 중이라면 현금을 쓰는 것이 더 나을 수도 있다. 또한 국제카드를 이용할 경우 카드사마다 약간의 차이는 있지만 국제거래 처리 수수료가 부과된다. 간혹 현지에서 신용카드를 쓸 경우 본인 여부를 확인하기 위해 여권을 보여 달라는 경우가 있다. 그럴 경우를 대비해 학생인 경우 가족 카드를 만들면 된다. 가족 카드는 발급까지 최소 7~10일 정도 소요되므로 출발 전 미리 신청해야 한다. 해외에서 사용 가능한 신용카드는 비자 VISA, 마스터 MASTER, 아멕스 AMERICAN EXPRESS, 다이너스 DINERS가 대표적이다. 도난 및 분실을 대비해 반드시 신고전화번호 정도는 여러 곳에 적어 가자. 단, 카드 재발급은 귀국 후에나 가능하므로 신용카드는 2개 정도 준비해 가는 게 현명하다. 귀국 후 해외에서 사용했던 신용카드는 분실 신고 및 사용 중지 시키는 게 좋다. 카드번호 유출로 인한 사고를 막기 위해서이다.

Advice

여행 중 카드 사용시 주의할 점!

현금은 비상금으로 최소로 준비하고 체크카드는 물건 구입보다는 현지에서 현금을 인출할 때 사용하는 게 좋습니다. 해킹 및 부정 사용 시 바로 돈이 빠져 나가기 때문에 사고가 생겼을 때 해결이 불가능하기 때문입니다. 현지 ATM은 은행 운영시간에 이용하는 게 좋습니다. 현금 발급에 문제가 있거나 카드가 반환되지 않는 사고가 발생했을 때 바로 문의하고 도움을 받을 수 있기 때문입니다. 비밀번호는 꼭 손으로 가리고 누르는 게 안전하며 깨지거나 헐거운 부분이 있는 ATM 기기는 카드 복제기가 설치됐을 수도 있으니 주의해야 합니다.

DCC(Dynamic Currency Conversion)란 해외에서 신용카드 사용 시 원화로 결제됨으로써 현지 화폐로 한 번, 다시 원화로 한 번 환전돼 이중 수수료를 내야 합니다. 해외에서 카드 결제를 할 땐 반드시 Euro or Won이라는 질문에 Euro 또는 Local currency라고 말하세요. ATM을 이용할 때도 USD 또는 Won이 아닌 Euro로 인출하고, Conversion이 보인다면 Without Conversion을 선택하세요. 은행이 아닌 Moneybox, Your Cash, Euronet, Cardpoint, Cashzoned, Travelex 등은 사설 ATM 기기로 수수료가 매우 비싸다는 걸 기억해 두세요.

16 짐 꾸리기

가방이 가벼울수록 여행의 무게도 가벼워진다. 가방을 꾸리다 보면 모든 것들이 꼭 필요한 물건처럼 느껴지겠지만 막상 여행 중에 사용하는 것은 정해져 있으니 최대한 간단하게 꾸리자. 여유가 있다면 출발 한 달 전부터 리스트를 정리해 보고 빌릴 수 있는 건 빌리고 구입해야 하는 건 싸고 좋은 것으로 준비하자. 생각보다 꽤 돈이 든다. 여행 중 필요한 걸 그때그때 사고 싶다면 보조가방 하나만 들고 가도 상관없다. 스페인이나 포르투갈 모두 쇼핑하기 좋은 곳이다.

꼭 챙겨야 하는 물품

① 큰 가방

캐리어가 무난하다. 24~28인치 크기가 적당하며 짐이 적다면 20인치 기내용 캐리어도 추천한다. 기내용 캐리어를 가져가면 공항에서 짐을 붙이고 찾는 시간을 절약할 수 있으며 저가항공을 이용할 때도 항공료가 저렴하다. 캐리어를 구입할 때에는 가볍고 충격에 강한 소재인지, 바퀴가 튼튼한지 살펴보자. 캐리어 속 물건들을 분류하고 수납할 수 있는 여러 종류의 파우치도 함께 준비하면 편리하다. 분실 방지 및 내짐에 대한 표시로 눈에 띄는 이름표를 달자.

천으로 된 캐리어

하드케이스

② 작은 가방

기내용 또는 시내 관광을 위한 작은 가방이나 배낭을 준비하면 된다. 소매치기에 대비한 도난 방지용 가방들이 인기다. 가볍고 접을 수 있는 시장가방도 유용하다.

③ 옷

가장 많은 부분을 차지하는 게 옷이다. 공연 관람, 고급 레스토랑 등 잘 차려입고 가야 하는 경우도 있으니 패션과 기능을 고려해 현명하게 챙겨보자. 여성에게는 원피스나 치마를 추천한다. 시내관광, 공연관람, 레스토랑 등 어디서나 어울린다. 더운 여름이라도 카디건이나 얇은 점퍼 하나 정도는 챙겨가는 센스. 겨울철 실내 온도가 낮은 편이라 실내복에 신경 쓰자.

④ 신발

신발은 신중하게 고르자. 하루 종일 걸어야 하니 기능적인 면을 많이 따져봐야 한다. 가벼우면서 쿠션이 있어 오래 걸어도 발에 무리가 가지 않는 경등산화나 운동화가 좋다. 숙소에서 신을 수 있는 슬리퍼도 챙기자. 물에 젖어도 상관없는 것으로 준비하면 가까운 곳에 잠시 나갈 때나 욕실에서 신을 수 있어 좋다.

⑤ 비상약품

영어나 현지어에 능통해도 내 몸에 딱 맞는 약을 찾기란 쉽지 않다. 종합 몸살감기약, 진통제, 해열제, 소화제, 지사제, 일회용 밴드, 연고 등은 기본이며 컨디션 조절을 위한 영양제와 비타민도 가져가자. 부위별 파스도 준비하자.

⑥ 모자&선글라스&우산

강렬한 햇볕을 피할 수 있는 모자와 선글라스는 필수이다. 우산은 양산으로 사용할 수 있는 작고 가벼운 우산을 준비하는 게 좋다.

⑦ 비상식량

비상식량은 현지 음식에 물렸거나 입맛에 안 맞을 때 시간이 없을 때 유용하다. 김, 볶은 고추장, 라면, 김치캔, 햇반 등 리스트를 꾸려보자. 라면포트도 가져가면 편리하다. 아파트를 이용할 예정이라면 기본양념과 미니 전기밥솥도 준비하자.

Travel Plus

비행기 탈 때 짐 꾸리기 주의 사항!

☑ 기내수화물 무게 최대 10~12Kg, 위탁수화물 무게 최대 23Kg. 초과 시 별도의 요금을 지불해야 하니 짐을 꾸린 후 무게를 재보자. 항공사마다 규정이 다르니 해당 홈페이지를 확인해야 한다.

☑ 기내 액체류 반입 규정. 위탁수하물에는 개별 용기 하나당 500ml 이하, 총용량 2L까지만 가능하며 기내용 가방에는 1인당 1L 투명 한 비닐 지퍼백 1개만 가져갈 수 있다.

☑ 위탁수하물로 붙이면 안 되고 기내로만 반입 가능한 품목. 전자제품 보조 배터리, 전자담배, 연료전지가 장착된 전자장비 카메라, 휴대전화, 노트북 등, 휴대용 의료 전자 장비용 여분 배터리, 소형 라이터 등.

여행 준비 목록 Check List

필수/선택	품목	체크/항목	내용	체크
필수	보조가방	여권	사진이 있는 페이지를 3장 정도 복사해 따로 보관하자	✓
필수		사진	비상시를 대비한 여권용 사진으로 3~4장을 준비하자	
필수		국제학생증	현지에서 할인도 받고 신분증 대용으로도 사용하고!	
필수		철도패스	도시를 이동할 때 유용한 패스	
필수		여행자보험	유비무환! 여행자보험	
필수		가이드북	현지 여행을 도와줄 바이블	
필수		필기구&일기장&수첩	일기도 쓰고, 가계부도 쓰고, 가족에게 엽서도 보내고	
필수	의류	속옷	3~4벌 정도	
필수		반팔 티셔츠	2~3벌 정도 (계절에 맞게 준비)	
필수		재킷 또는 카디건	1~2벌 정도	
필수		반바지	1~2벌 정도 (계절에 맞게 준비)	
필수		긴 바지	1~2벌 정도	
필수		원피스 또는 치마(여성)	1~2벌 정도	
필수		신발	운동화·슬리퍼·샌들(계절에 맞게 준비)	
필수		모자 & 선글라스	무난한 것으로 준비	
필수	위생용품	세면도구	칫솔·치약·샴푸·비누·때타월·스포츠 타월	
필수		화장품	본인이 쓰던 것을 준비하자	
선택		생리용품	본인이 사용하던 제품이 최고다	
필수		손톱깎이	여행 중에도 손톱은 계속 자라니까	
선택		면봉	귓속의 먼지를 제거하거나 화장을 고칠 때 유용	
선택		빗과 면도기	본인이 사용하던 것을 준비하자	
필수	카메라 가방	카메라	작은 소품가방에 배터리·메모리카드·USB·리더기·멀티콘센트를 챙겨놓자	
필수	기타	비상약	일주일 정도의 비상약을 준비하자 – 감기약·진통제·해열제·소화제·지사제·일회용 밴드·연고·파스 등	
선택		맥가이버 칼	과일을 깎거나 호신용으로 유용	
선택		비닐봉지	젖은 빨래나 쓰레기 등을 처리할 때 유용	
선택		옷걸이 2개	숙소에서 빨래를 말리거나 옷을 걸어 놓을 때 유용	
선택		3단 우산	현지에서 비싼 돈 주고 사기 아깝다	
선택		노트북 또는 아이패드	일주일 이상의 여행자라면 유용	
선택		여행용 티슈&물티슈	여러모로 유용하다. 특히 씻지 못했을 경우!	
필수	지갑 속	한국 돈 약간	공항에 오고 갈 경비	
필수		현지 여행 경비	각종 신용카드 및 체크카드와 약간의 현금	

1 인천국제공항 출·입국하기

여행의 시작과 끝은 공항에서 이뤄진다. 출발 당일 공항에 첫발을 내딛는 순간 스페인으로의 여행이 시작된다. 공항에는 최소 2~3시간 전에 여유있게 도착해야 한다. 낯선 곳으로 간다는 생각에 들뜨겠지만, 탑승 수속부터 비행기 탑승까지 꽤 복잡한 절차를 거쳐야하는 만큼 정신을 바짝 차리자. 특히 해외여행객이 가장 몰리는 6~8월에는 적어도 3시간 전에 공항에 도착하는 게 안전하다. 2018년 제2 여객터미널이 생기면서 이용 항공사에 따라 출발하는 터미널이 달라졌다. 제1 또는 제2 여객터미널인지 미리 확인해 두자.

인천공항으로 가는 법

공항으로 가는 교통수단으로는 공항버스, 리무진, 공항철도 AREX 등이 있다. 가장 대중적인 교통수단은 우리나라 전역으로 운행되는 공항버스와 리무진으로 집 근처 버스정류장 위치만 파악하면 돼 편리하다. 요즘은 공항철도 AREX(Airport Express)도 많이 이용하는데, 서울지하철 1·2·4·5·6·9호선과 KTX가 연결되어 있어 국제선을 이용하는 지방여행자들도 편리하게 공항까지 갈 수 있다. 상세한 공항 교통 정보는 홈페이지를 통해 확인해 두자. 어디서 출발하든 공항에는 비행기 출발 2~3시간 전에는 도착해야 한다.

인천국제공항

문의 1577-2600 **홈페이지** www.airport.kr

공항철도

문의 1599-7788 **홈페이지** www.arex.or.kr

노선

일반열차 서울역~공덕역~홍대입구역~디지털미디어시티역~김포공항역~계양역~검암역~청라국제도시역~운서역~공항화물청사역~인천국제공항1역~인천국제공항2역
직통열차 서울역~인천국제공항1역~인천국제공항2역

시간 및 요금

일반열차

·[인천국제공항1역] 59분 소요 / 05:20~23:40 (서울역 출발행) / 요금 4,150원

·[인천국제공항2역] 66분 소요 / 05:20~23:40 (서울역 출발행) / 요금 4,750원

직통열차

·43분 소요 / 06:10~22:50 (서울역 출발행) / 요금 인천국제공항1역 9,500원

·51분 소요 / 06:10~22:50 (서울역 출발행) / 요금 인천국제공항2역 9,500원

도심공항터미널 이용하기

도심공항터미널은 서울역 도심공항터미널, 삼성역 도심공항터미널, 광명역 도심공항터미널 등 3곳이 있다. 탑승수속, 수하물 위탁, 출국심사까지 모두 마친 후 열차 또는 공항리무진을 타고 공항으로 이동, 전용 출국통로를 이용해 출국장으로 바로 들어갈 수 있다. 공항에 비해 덜 붐비고 짐을 빨리 붙일 수 있어 좋다. 단 공항터미널마다 이용할 수 있는 항공사가 다르고, 코로나19에 따른 도심공항터미널 임시운영중단으로 사전출국심사가 불가한 곳이 있으니 홈페이지를 통해 미리 확인해봐야 한다.

서울역 도심공항터미널

문의 1599-7788 **홈페이지** www.arex.or.kr

삼성역 도심공항터미널

문의 02-551-0077~8 **홈페이지** www.calt.co.kr

광명역 도심공항터미널

문의 1544-7788 **홈페이지** www.letskorail.com

인천국제공항

제1터미널과 제2터미널이 있으며 항공사에 따라 이용 터미널이 다르다. 출발 전 맞는 터미널을 확인해 두자. 공항 홈페이지를 통해 확인이 가능하나 공동 운항 비행기를 이용하는 경우 터미널이 전혀 다를 수 있으니 미리 여행사 또는 항공사에 문의해 두자. 제1터미널과 제2터미널 사이에는 무료 셔틀버스를 운행하며 15~18분 정도 소요된다. 셔틀트레인(열차)은 6분 정도 소요되며 유료로 운행된다(900원).

터미널별 운항항공사

제2터미널 대한항공, 진에어, 에어프랑스, KLM 네덜란드 항공, 델타항공, 중화항공, 가루다인도네시아, 샤먼항공 등

제1터미널 아시아나 항공, 에어부산, 에어서울 등 저가항공사, 기타 외국항공사 등

01 출국하기

제1터미널 또는 제2터미널 출국장은 모두 건물 3층이다. 버스를 이용하면 3층에 도착하므로, 바로 들어가면 된다. 항공 체크인을 위해 해당 항공사 카운터를 찾아가자. 체크인과 간단한 출국 절차를 밟은 후 비행기에 탑승하면 된다.

Step 1. 탑승 수속 Check-in

3층에 있는 전광판 또는 안내 데스크에서 항공사 체크인 데스크를 확인하자. 데스크에 여권과 항공권을 보여주면 좌석이 표기된 탑승권 Bording pass을 준다. 큰 짐이 있다면 별도로 붙이고(위탁수화물), 마일리지 적립도 잊지 말자. 군미필자는 체크인 시 국외여행허가증명서만 제출하면 바로 병무신고가 된다. 항공사에 따라 웹 또는 모바일로 미리 체크인도 할 수 있다. 개인정보 입력 및 좌석 선택을 하면 끝. 단 공항에서 탑승권 발권 및 짐 붙이기 등은 별도로 해야 한다. 탑승권을 받았다면 환전, 보험, 로밍 등 필요한 용무를 마치고 가능하면 빨리 출국장으로 들어가자. 출국장이 붐비면 비행기 탑승에 차질이 생길 수 있다.

• 체크인 시 알아야 할 것들

☑ 탑승권 Bording Pass

❶승객명 ❷출발지 ❸도착지 ❹편명 ❺출발 날짜 ❻출발 시간 ❼탑승구 ❽탑승시간 ❾좌석번호

체크인을 하면 탑승구와 기내 좌석번호가 적힌 보딩 패스를 받는다. 이때 직항인 경우는 1장, 1회 환승인 항공편은 2장을 준다. 인천공항 수속 시 한꺼번에 받을 수 있다. 2회 환승인 항공편의 경우 보딩 패스는 총 3장을 받아야 하지만 인천공항에서 모두 받을 수는 없다. 우선 인천공항에서는 제3국인 베이징, 상하이, 도쿄까지만 보딩 패스를 발급하고, 제3국에 도착해 체크인을 한 번 더 해야 남은 두 장의 보딩 패스를 받을 수 있다. 수하물은 인천공항에서 최종 목적지로 바로 보내는 경우와 제3국에서 찾아 다시 부쳐야 하는 경우가 있다.

☑ 좌석 선택

창가 Window seat 쪽과 통로 Aisle seat 쪽 중 원하는 좌석을 선택하자.

☑ 수하물

이코노미 클래스 20kg, 비즈니스 클래스 30kg까지 무료로 부칠 수 있고, 기내 반입은 7~12kg까지 허용한다. 항공사마다 약간의 차이가 있을 수 있으니 홈페이지를 미리 참조하자.

☑ 수하물 보관표 Baggage Tag

수하물 보관표는 짐을 찾을 때까지 잘 보관해야 하며, 짐을 분실했다면 신고 시 제출해야 하는 증빙서류다.

☑ 마일리지 적립

체크인 시 마일리지 적립을 잊었다면 항공권과 보딩패스를 잘 보관했다가 귀국 후 6개월 이내에 항공사에 방문해 적립하면 된다.

☑ 액체·젤류 휴대 반입 제한

용기 1개당 100mL 이하여야 하며 1L 이하의 투명 지퍼락 비닐 봉투 안에 용기들을 넣고 지퍼가 잠겨 있어야 한다. 지퍼락 봉투는 1인당 1개만 허용된다. 면세점에서 액체, 젤류 화장품을 구입한 경우 면세점에서 받은 그대로 개봉하지 않고 최종 목적지까지 가면 된다. 면세점 구입품은 구입 당시 받은 영수증이 훼손탐지 가능봉투(STEB) 안에 동봉된 경우에 한해 용량에 관계없이 반입 가능하다.

Step 2. 세관 신고 및 출국 심사

체크인을 마쳤다면 지체하지 말고 출국장으로 들어가자. 여권과 탑승권을 보여준 후 출국장으로 들어가면 바로 세관신고대가 나온다. 고가의 전자제품 등의 귀중품이 아니라면 특별히 신고할 필요는 없다. 검색 요원의 안내에 따라 휴대 물품을 X-Ray 보안검색 컨베이어 벨트 위에 올려놓고 금속탐지기를 통과해야된다. 출국 심사대에서 여권과 탑승권을 심사관에게 제출하면 여권에 출국 도장을 찍고 항공권과 함께 돌려준다.

안내 표지판 확인하기

내 탑승구 미리 가보기 또는 소요시간 미리 가늠해보기

Step 3. 탑승구 확인 및 면세 쇼핑

출국 심사를 마쳤다면 비행기 탑승구 Gate가 있는 면세 구역이 나온다. 미리 탑승구 위치와 탑승 시간 등을 확인하고 자유시간을 갖자. 비행기 탑승은 출발 시간으로부터 30~40분 전에 시작된다.

Travel Plus

빠른 출국을 위한 팁

• 셀프 체크인 & 셀프 백드롭

셀프 체크인은 항공권을 구입 후 인터넷, 애플리케이션, 공항 내 무인발권기를 통해 직접 체크인을 하는 서비스이다. 필요한 사항을 기입하면 발권기에서 탑승권을 발급해 준다. 데스크가 붐빌 때 편리하다. 셀프 체크인(웹/모바일/키오스크)으로 탑승권을 발급받은 승객에 한해 직접 짐을 붙이는 셀프 백드롭 서비스도 이용할 수 있다.

• 교통약자 우대 서비스

노약자, 장애인, 임산부, 7세 미만 유아 동반 2인 등을 위한 전용 출국장 이용. 이 서비스를 이용하려면 체크인 시 항공사 직원에게 이용대상자임을 확인받고 교통약자우대카드를 받아 전용 출국장에서 보여주면 된다. 줄설 필요가 없어 이용객이 많은 성수기에는 매우 편리하다. 전용 출국장은 변동이 있을 수 있으니 항공사 직원에게 안내를 받자.

• 자동 출입국 심사 제도

보다 빠른 출입국 심사를 위한 자동 서비스. 출입국 심사대를 거치지 않고 바로 기계에 여권을 직접 스캔하고 지문만 찍으면 되는 편리한 시스템이다. 공항이 복잡한 성수기에는 긴 줄을 피할 수 있어 편리하다. 단, 만 14세 이상 국민은 자동출입국심사 등록센터에서 사전 등록해야하며 주민등록증 미소지한 만 14세 이상~14세 미만은 법정대리인 동반 및 가족 관계 확인 서류를 제출해야 한다.

전화 032-740-7400(제1터미널), 7368(제2터미널)

홈페이지 www.ses.go.kr

02 공항 편의시설 이용하기

공항에는 관광서는 물론 은행, 통신사, 보험사, 약국, 편의점, 카페, 레스토랑, 서점 등 다편의 시설이 있다. 출발 전 미리 공항 홈페이지를 참조하자.

① 민원행정서비스

여권민원센터는 긴급 여권을 발급해 주며 국제운전면허발급센터에서는 국제운전면허증 발급 및 갱신, 연기 등을 할 수 있다. 병무청에서는 병역의무자 국외여행 허가, 출입국자 병역사항 확인·관리 업무를 한다. 예방접종실에서는 국제공인예방접종 및 증명서 발급 등을 한다. 무인 민원 발급기 및 즉석사진촬영기 등도 있다.

② 로밍서비스

SK 텔레콤, KT 텔레콤, LG 텔레콤 외에 와이파이 도시락, 플레이 와이파이, 월드 로밍 등의 영업점이 있다. 로밍서비스 신청 및 유심 수령을 할 때 이용하자.

③ 은행&보험사

신한은행, 우리은행, KEB 하나은행이 입점해 있으며 환전 및 여행자 수표를 구입할 수 있다. 인터넷으로 환전을 했다면 이곳에서 수령도 가능하다. 삼성화재와 에이스손해보험에서 여행자 보험을 들 수 있다.

④ 택배

우체국, 한진택배, CJ대한통운 등이 입점해 있으며 짐이 많아 붙이지 못했다면 이곳에 수화물을 보관하거나 붙일 때 이용하면 좋다. 포장도 가능하다. 우체국은 금융업무까지 한다.

⑤ 세탁소

한겨울 더운 나라로 여행을 떠날 때 두꺼운 외투가 부담스러울 때 이용하자.

⑥ 인터넷 라운지

인터넷, 프린트, 팩스, 복사, 스캔 등 간단한 사무 업무를 볼 수 있다.

03 한국으로 귀국하기

현지 여행과 긴 비행으로 많이 지쳤겠지만 아직 간단한 입국 절차가 남아 있다. 기내에서 나눠주는 세관 신고서를 작성하고, 간단히 입국 심사를 받자. 모니터의 항공편명을 확인하면 짐 찾는 곳이 표시돼 있다. 혹시 짐을 찾지 못했다면 분실신고 센터에서 수하물 보관표를 보여주고 신고를 해야 한다. 간단히 세관검사를 마치고 나가면 입국장 메인 홀이다. 꿈에도 그리던 집으로!

귀국 절차

비행기 도착 → 검역(해당 사항이 있을 경우 검역질문서를 심사대에 제출) → 입국 심사(입국 심사대에 여권을 제시) → 수하물 찾기(모니터 확인 후, 해당 번호의 수취대에서 수하물을 찾는다) → 세관검사(세관 신고 물품이 있는 경우 신고서를 제출한 후 세관의 검사를 받는다) → 입국장

Travel Plus

휴대품 면세 범위

여행자의 휴대품 중 주류 2병(합산 2ℓ 이하이며 US $400 이하), 담배 1보루(200개비, 시가 50개비, 액상 20㎖), 향수 60㎖ 등은 면세해준다. 그 외 해외에서 구입한 기타 물품은 최대 US $800미만까지만 면세가 가능하다. 단, 담배와 주류는 만 19세 이상인 여행자에 한한다.

2 기내 서비스 100% 이용하기

공항에서의 설렘을 만끽하며 마침내 비행기에 탑승한다. 직항을 이용한다면 유럽까지 12시간 정도 걸리지만 직항이 아닌 이상은 16시간 정도의 시간을 비행기에서 보내야 한다. 출발의 설렘은 잠시고 좁고 불편한 장거리 여행이 현실이다. 지루하기 짝이 없는 긴 비행 시간을 기내 서비스를 적절히 이용해 극복하자.

01 기본 기내 서비스와 매너 익히기

스페인이나 포르투갈행 비행기는 기본 기내 서비스로 두 끼의 식사와 중간에 샌드위치·라면 등 스낵을 제공한다. 지루함을 달래기 위해 영화와 음악이 제공되며, 개인용 모니터가 설치돼 있는 경우 게임도 가능하다. 그 밖에 개인용 담요가 제공된다. 승무원의 친절한 서비스를 받고 싶다면 간단한 기내 매너도 기억해 두자.

① 기내식

하늘에서 즐기는 기내식은 여행의 큰 즐거움이다. 하지만 미니어처 같은 적은 양의 기내식을 보는 순간 실망하기 쉽다. 성인 한 명의 하루 칼로리 섭취 권장량은 2000kcal이지만 기내식은 권장량 기준으로 한 끼에 500~700kcal다. 기내는 지상보다 기압이 약 20% 가량 낮기 때문에 많이 먹으면 배에 가스가 차고 소화도 잘 안 된다.

② 개인용 모니터

내 맘대로 조종이 가능한 개인용 모니터가 장착된 비행기를 탄 경우 다양한 영화, TV 프로그램, 음악, 게임 등의 서비스가 제공된다.

③ 화장실

노크는 절대 금물. 비행기 화장실 문에는 비었음 VACANT과 사용 중 OCCUPIED이라는 글자가 전광판으로 표시된다. 실수하는 일 없이 이용하기 전에 반드시 확인하자.

④ 자리 이동하기

탑승한 비행기에 빈 좌석이 많다면 좌석을 옮길 수 있다. 누워도 상관없다. 단, 좌석을 옮길 때는 승무원에게 미리 이야기하고 동의를 얻은 후 옮겨야 한다.

⑤ 담요

긴 비행 시간 동안 숙면을 취할 수 있도록 베개와 담요가 제공된다. 더 필요하다면 승무원에게 요청하면 된다. 단, 기념 삼아 담요를 챙겨서는 안 된다.

⑥ 승무원 부르기

승무원을 부를 때는 좌석 옆에 있는 사람 모양의 버튼을 누르면 된다. 큰 소리로 승무원을 부르거나, 몸을 터치하는 건 매우 무례한 행동이다.

⑦ 신발 벗기

신발 신고 있기가 답답하다면 벗어도 된다. 대부분의 항공사는 수면 양말을 갖추고 있기 때문에 요청하면 받을 수 있다. 1회용 슬리퍼를 준비하는 것도 센스!

⑧ 옷 준비하기

기내는 일정한 온도를 유지해야 하기 때문에 에어컨을 계속 가동한다. 4계절 언제나 양말과 상·하의 모두 긴 옷을 챙겨야 추위를 피할 수 있다.

⑨ 의자 젖히기

비행기에 올라 자리에 앉자마자 의자를 뒤로 젖히는 사람이 있다. 하지만 비행기 이착륙 때는 의자를 젖히면 안 된다. 물론 식사 때도 젖혔던 의자를 바로 세우는 게 예의다. 또한 나만 편하자고 한없이 뒤로 젖혀서는 안 된다.

⑩ 아기와 어린이를 위한 서비스

아기를 위한 유아식과 어린이를 위한 메뉴가 있으며 24개월 미만의 아기를 위해선 아기 바구니 서비스도 제공된다. 단, 비행기 출발 24시간 전까지 항공사로 직접 예약해야 한다. 예민한 아기와 어린이를 위해 모형 비행기와 퍼즐 같은 장난감도 제공한다.

02 기내에서의 건강 관리 어드바이스 5

장시간 비행기를 타면 유난히 몸이 피곤해지는 것을 느끼게 된다. 목이 마르고, 에어컨 때문에 기침도 나오고, 눈은 뻑뻑하고 발은 퉁퉁 붓는다. 이는 비행기 내부 상황이 지상과는 다르고 오랜 시간 같은 자세로 앉아 있어야 하기 때문이다. 약간의 센스를 발휘해 건강 관리를 해보자.

① 얼굴에 수분을 공급하자.

기내는 매우 건조하기 때문에 10시간 넘게 비행기 안에 있다면 지상에서와 같은 피부 관리가 필요하다. 메이크업을 하고 기내에 탑승했다면 잘 시간에는 클렌징 티슈를 사용해 지워주는 게 좋다. 또한 보습 크림을 수시로 발라주고 워터 스프레이도 필수다. 이 외에 탄산음료나 커피, 홍차보다는 주스나 물을 자주 마시는 게 피부에 도움이 된다. 만약 창가 자리에 앉아 햇빛을 쬐게 된다면 자외선 차단제를 발라 주는 게 좋다. 일부 항공사에서는 보습용 마스크 팩을 제공하기도 한다.

② 인공 눈물이 필요해!

사람이 쾌적하다고 느끼는 습도는 30~40%이지만 기내의 습도는 15% 내외다. 습도가 낮아 눈물이 증발하기 때문에 비행기 안에서는 눈이 괴롭다. 눈이 건조해지면 뻑뻑하고 침침해서 사물도 잘 안 보이게 된다. 특히 안구건조증 환자나 시력교정 시술을 받은 지 얼마 지나지 않은 경우 각막염까지 걱정해야 할 판이다. 만약 렌즈를 착용하고 기내에 탑승했다면 안경으로 바꾸는 게 좋다. 인공눈물을 수시로 넣어 안구 표면에 수분을 공급하거나 눈 주변에 따뜻한 물수건을 대고, 책 또는 영화를 볼 때 눈을 자주 깜빡이는 것도 도움이 된다.

③ 수시로 기지개를 켜자.

장시간 기내에 앉아 있으면 회사에서 야근할 때보다 허리가 더 아픈 것처럼 느껴진다. 좁은 의자에 같은 자세로 앉아 있을 때 척추가 받는 하중이 서 있을 때보다 더 크기 때문이다. 디스크가 있는 사람은 특히 조심해야 한다. 50분에 한 번씩 5분 정도 통로를 산책하듯 걷거나 기지개를 켜면서 허리를 늘려 주는 간단한 스트레칭이 필요하다.

④ 귀가 먹먹하고 잘 안 들려요!

비행기가 이착륙할 때나 고도를 변경할 때 귀가 먹먹해지고 잘 안 들리게 된다. 기압 변화 때문에 귓속 일부 기관이 막혀 발생하는 현상이다. 이를 해결하려면 코를 손으로 막고 입을 다문 채 숨을 코로 내쉬면 된다. 껌을 씹고 하품을 하는 것도 도움이 된다. 기내 환경이 익숙하지 않은 신생아나 유아의 경우 우유를 먹이거나 인공 젖꼭지를 빨게 하면 도움이 된다.

⑤ 다리가 붓거나 저려요!

장시간 같은 자세로 앉아 있으면서 자주 움직이지 않는 경우 피로, 근육의 긴장, 다리 부종, 어지럼증 등의 증상이 나타날 수 있다. 이를 예방하기 위해서는 몸을 조이지 않는 편안한 옷을 입고, 자주 일어나 복도를 걸어 다니거나 발과 무릎을 주물러 주고, 앉아서 발목을 뒤로 젖혔다 폈다 스트레칭을 반복하자. 다리를 꼬고 앉는 것은 좋지 않다.

Travel Plus

이코노미 클래스 증후군을 아시나요?

한때 전 세계를 발칵 뒤집어 놓은 이코노미 클래스 증후군. 장시간 비행기를 탄 후 다리가 붓고 혈액 순환이 잘 안 되며 다리 안쪽에 혈전이 생겨 일부 조각이 혈류를 타고 돌다가 폐에 들어가 호흡 곤란을 일으켜 사망에 이르는 현상을 일컫는 말이다. 그래서 당시 1, 2등석에 비해 좁고 불편했던 이코노미 클래스의 좌석 간격을 더 넓혀야 한다는 등 많은 의견들이 나왔지만 최근 학계의 발표에 의하면 이코노미 클래스 증후군은 좌석의 간격보다는 운동 유무가 더 큰 영향을 준다고 한다. 즉, 계속 자리에 앉아만 있으면 안 된다.

3 스페인·포르투갈 입국하기

스페인과 포르투갈의 입국 절차는 생각만큼 까다롭지 않다. 셍겐조약 가입국으로 가맹국을 경유해서 온 경우 이미 입국 심사를 마쳤기 때문에 스페인과 포르투갈에서는 간단하게 여권만 보여주면 입국 심사대를 통과할 수 있다. 너무 긴장한 모습은 오해를 불러일으킬 수 있으니 단정하고, 침착한 모습에 미소만 더하면 금상첨화다.

✈ 비행기 갈아타기 ✈

Step 1 환승 표지판과 탑승구 안내 모니터 확인

비행기가 환승지에 도착한 후 밖으로 나오면 환승 Transfer 또는 Transit 또는 Flight Connection이라고 쓰여진 표지판을 확인하자. 이 표시를 그대로 따라가면 환승 로비가 나오고 면세점과 각 탑승구로 연결된 통로들이 나온다. 이동하는 중에 공항 모니터를 보고 타야 하는 비행기의 탑승구 Gate를 확인하자.

Step 2 출발 시각 30~40분 전에 탑승구로 가기

유럽 내에서 한 번 환승해 목적지에 도착하는 유럽계 항공사의 경우, 인천에서 출발할 때 최종 목적지의 탑승권까지 함께 받는 경우가 대부분이다. 만약 탑승권을 받지 못했다면 환승을 위한 항공사 카운터에 도착해서 탑승권을 받아 출발 30~40분 전에 탑승구 Gate로 가면 된다. 시간이 남는다면 면세점을 구경하자.

Step 3 모르면 공항 직원의 도움 받기

간혹 각국의 공항 구조에 따라 터미널이 바뀌는 경우가 있는데 이럴 때는 공항에서 운행하는 무료 셔틀 버스를 이용하면 된다. 만약 모르겠다면 공항 내 제복을 입고 돌아다니는 직원에게 비행기 티켓을 보여주고 도움을 요청하는 게 현명하다.

입국 순서

① 입국심사대로 가기

비행기에서 내려 Arrival이라고 쓰여 있는 표지판을 따라가다 보면 Passport Control 또는 Immigration이라고 쓰여진 입국 심사대가 나온다.

② 입국심사 받기

외국인 Foreigner과 내국인 Native으로 나눠지는데, 해당되는 곳에 줄을 선 후 여권만 보여주면 된다. 이때 입국 심사관이 얼마나 머물 것인지 또는 어디서 머무는지 등의 간단한 질문을 할 수도 있다. 단, 셍겐조약 가맹국을 경유해 입국했을 경우 스페인이나 포르투갈에서는 입국 심사를 하지 않는다.

③ 위탁수하물 찾기

입국 심사대를 빠져나오면 수하물을 찾기 위해 Baggage Claim이라고 적힌 곳으로 가자. 전광판을 보면 내가 타고 온 항공편명과 수하물 수취대의 번호가 나오니 그곳으로 가서 기다렸다가 짐을 찾은 후 세관신고가 필요 없는 녹색 문 Nothing to Declare으로 나가면 된다.

④ 공항에서 필요한 일처리하기

공항 로비에서 관광안내소에 들러 시내행 교통편과 대략적인 정보를 얻은 후 시내로 이동하자. 환전을 해야 한다면 환율이 시내보다 좋지 않으니 최소한의 교통비만 환전하자. 원한다면 유심 구입이나 차량 렌트 등도 할 수 있다.

알아두세요

셍겐 조약 Schengen agreement이란?

유럽 각국이 공통의 출입국 관리 정책을 사용하여 국경 시스템을 최소화해 국가 간의 통행에 제한이 없게 한 것. 아일랜드와 영국을 제외한 모든 유럽연합(EU) 국가와 EU 비가입 국가 가운데 아이슬란드, 노르웨이, 스위스 등 총 26개국이 해당 국가다. 출입국 심사는 최초로 입국하는 가맹국과 마지막으로 출국하는 가맹국에서만 하면 된다.

알아두세요

스페인 & 포르투갈 입국 시 면세 범위

담배 200개비, 시가 50개비, 파이프 담배 250g 중 한 가지, 와인 또는 그 외 알코올류 2L, 향수 50cc

수하물 분실 & 분실신고

아무리 기다려도 내 수하물이 나오지 않는다면? 당황하지 말고 Lost & Found 또는 Lost Baggage라고 쓰여진 분실센터로 가자. 짐을 찾지 못했다는 설명과 함께 인천공항에서 짐을 부치고 받았던 수하물 보관표 Baggage Tag를 보여주고 분실신고를 하면 된다. 신고 시 머물 예정인 숙소 주소와 연락처를 적어야 하며, 만약을 위해 한국의 집주소와 연락처 등도 남기면 도움이 된다. 그 도시에 머무는 동안 짐을 찾게 되면 항공사에서 숙소까지 짐을 배달해 주지만 끝까지 찾지 못했다면 귀국 후 항공사에서 정한 규정에 의해 보상받을 수 있다.

4 스페인·포르투갈 출국하기

탑승 수속, 세금환급 (Tax Refund)을 위해 공항에는 3~4시간 전에 도착하는 게 안전하다. 전날 출발 터미널, 공항행 교통편 등에 대해 확인하고 예약해 두자.

출국 순서

Step 1 입국심사대로 가기(Tax refund)

유럽 어느 도시에서 쇼핑을 했든지 세금 환급은 최종 출국 도시 공항에서 해야 한다. 공항에 도착하면 체크인 전에 'VAT refund', 'Tax Free', 'VAT office'라는 표지판을 따라 가면 세관 사무소를 찾을 수 있다. 세관환급서류를 보여주면 세관도장을 찍어준다. 이때 구입한 물건을 확인하는 경우도 있어 쉽게 보여줄 수 있게 짐을 꾸려두자. 도장을 받았으면 신용카드(7일~3개월 소요)로 환급받을 예정이라면 상점에서 준 전용봉투에 넣어 동봉해 전용 우체통에 넣으면 된다. 세금환급대행사 글로벌 블루 Global Blue와 플래닛 Planet 등이 있으니 서류에서 회사를 확인한 후 글로벌 블루는 전용 우체통에 그 외 다른 회사는 노란색 우체통에 넣으면 된다. 서류에 DIVA 마크가 있다면 세관사무소 근처에 배치된 DIVA 전용 자동기기를 사용해 된다. 한국어 서비스를 제공하며 서류 등록 후 승인을 받으면 전용 우체통에 넣기만 하면 끝.

Step 2 체크인 및 출국심사하기

공항 내 모니터를 보고 해당 체크인 데스크를 찾아보자. 대부분 비행기 출발 2시간 전에 운영한다. 여권과 항공권(E-티켓, 모바일 티켓, 종이 프린트 티켓 등)을 보여주고 짐도 붙이고 보딩 패스도 받는다. 체크인이 끝났다면 바로 출국장으로 들어가자. 보안검색 및 출국심사까지 받아야 해 생각보다 시간이 꽤 걸린다.

Step 3 현금 세금 환급 받기 및 비행기 타기

출국심사를 마치면 면세구역 및 탑승구가 나온다. 현금 환급은 글로벌 블루사 전용창구와 그 외 회사는 글로벌 익스체인지 창구에서 받으면 된다. 현금 환급은 바로 쓸 수 있어 좋은 반면 수수료가 붙는다. 시간의 여유가 있다면 면세점을 돌아보다 출발 30~40분 전에는 출발 탑승구로 가자.

알아두세요

숙소를 나서기 전 준비

- ☑ 모바일로 미리 좌석 지정, 24시간 전이라면 직접 온라인 체크인도 해 두자.
- ☑ 세관환급서류 작성해 두기 (이름, 이메일주소, 전화, 주소, 신용카드번호, 서명 등)
- ☑ 현금 또는 신용카드 부분에 원하는 환급 방법에 표시하기
- ☑ 세관환급서류에 표시된 세금환급 대행사별로 분류, DIVA 자동 기기 사용 여부도 확인.

5 철도 여행의 기술

스페인의 국영철도는 렌페 RENFE (Red Nacional de los Ferrocarriles Españoles)라고 부른다. 마드리드를 중심으로 전국으로 철도 노선이 발달해 있다. 7시간 이상의 장거리 이동에는 야간열차를, 주요 도시 간 이동에는 초고속열차를 이용하면 편리하다. 그 밖에 대도시에서 근교로 운행하는 근교열차 등이 있다. 원활한 열차 여행을 위해 열차 종류, 티켓 구입 방법, 탑승 요령 등을 익혀두자. 열차 여행이 훨씬 즐거워진다. 포르투갈에서의 열차 여행도 스페인과 거의 비슷하다.

스페인 철도청 홈페이지 www.renfe.es, **포르투갈 철도청 홈페이지** www.cp.pt

열차의 종류

① 아베 AVE ☑ 철도패스 소지자 좌석 예약 필수

비행기에서 내려 Arrival이라고 쓰여 있는 표지판을 따라가다 보면 Passport Control 또는 Immigration이라고 쓰여진 입국 심사대가 나온다.

② 라르가 디스탄시아 Larga Distancia ☑ 철도패스 소지자 좌석 예약 필수

400㎞ 이상의 장거리를 달리는 특급 · 급행열차. 특급에는 Altaria, Arco, Euromed, Talgo 등이 있으며 급행에는 Estrella Expreso, Diurno 등이 있다.

③ 레히오날레스 Regionales

도시와 지방을 잇는 지방선. 쾌속 TRD와 Regional Exprés, 완행 Regional 등이 있다. 쾌속 TRD는 지정석으로 철도패스 소지자라 해도 예약은 필수. 그 밖의 열차는 예약 없이도 탑승이 가능하다.

④ 세르카니아스 Cercanias

근교선. 마드리드, 바르셀로나, 발렌시아, 말라가 등 대도시와 근교를 연결하는 근교열차다. 모든 좌석은 자유석으로 철도패스 소지자는 예약 없이 탑승해도 상관없다.

역에서 열차 티켓 예약 및 구입하기

티켓은 역에 있는 매표소에서 사면 된다. 행선지, 탑승일, 원하는 시간과 좌석 등을 이야기하자. 언어에 자신이 없다면 메모지에 적어 보여주면 훨씬 정확하다. 대부분의 매표소는 대기표를 뽑고 기다리는 순번제로 운영되며 창구도 다음 열차 Salida Próxima, 곧 출발 Salida Inmediata, 당일 출발 Salida Hoy, 예매 Venta Anticipada, 국제열차 Venta Internacional 등으로 나뉘어 있으니 확인하고 줄을 서도록 한다.

철도패스 소지자는 첫 탑승 전에 매표소에서 패스를 개시해야 한다. 전체 여정에 필요한 야간열차의 침대칸 Sleeping Car 또는 쿠셰트 Couchette, 초고속열차의 지정 좌석 예약 티켓도 한꺼번에 구입하자. 티켓 구입 시 신용카드로 결제하려면 미리 말해야 한다. 신분증을 요구하는 경우도 많으니 여권 사본도 함께 보여주자. 스페인 철도청에서는 60일 이내 같은 선로로 왕복할 경우 돌아오는 표를 살 때 갈 때의 표를 보여주면 AVE나 특급열차는 20%, 급행열차는 10% 할인해

아토차 역내 매표소

대기표를 뽑자.

순서와 매표소는 전광판을 확인하자.

표를 구입한다.

주고 당일 왕복은 25% 할인해주니 알아두자. 야간열차의 침대칸은 4인실, 2인실로 나뉘어 있고 4인실은 남녀 객실이 분리돼 있다. 커플이 생이별을 하고 싶지 않다면 비싸더라도 2인실을 이용하자.

스페인의 역은 언제나 사람들로 붐벼 티켓을 구입하는 데 생각보다 시간이 많이 걸린다. 티켓은 시내에 있는 RENFE 사무실이나 여행사에서도 구입이 가능하다. 시간을 조금이라도 절약하고 싶다면 약간의 수수료를 지불하더라도 미리 우리나라에서 예약하고 가자.

티켓 구입 메모

- 날짜
- 행선지 출발지 → 목적지
  (시간 및 열차 종류도 정해졌다면 쓰자)
- 인원 어른 Adulto, 어린이 Niño
- 좌석 종류
  1등석 Primera Clase 또는 Preferente,
  2등석 Segunda Clase 또는 Turista
  금연 No-Fumador, 흡연 Fumador
- 편도 Ida, 왕복 Ida y Vuelta

◆ 철도패스 소지자는 패스를 보여주면 된다.

스페인 역 완전정복

스페인은 철도여행이 특히 발달한 곳으로 역에는 여행자들의 편의를 위해 매표소, 여행안내소, 짐 보관소, 환전소, 레스토랑 및 편의점, 화장실, 대합실 등 최상의 시설이 갖춰져 있다. 외국인의 왕래가 많은 대도시는 영어도 잘 통하는 편이고, 편의시설 안내 표지판이 그림으로 되어 있어 초보 여행자라도 누구나 쉽게 이용할 수 있다.

① 티켓 구입 및 철도패스 개시하기

철도패스 개시는 유럽의 어느 역에서나 할 수 있다. 철도패스를 사용하기 전에 역내 매표소 또는 유레일 에이드 센터 Eurail Aid Center에 여권과 철도패스를 보여준 후 개시일을 말하면 된다. 담당 직원은 본인 확인 후 철도패스에 개시일과 만료일을 표기한 후 스탬프를 찍어준다. "Start, Please!" 또는 "Open, Please!"라는 짧은 영어 한마디면 된다. 철도패스 개시 후엔 패스 종류와 유효기간에 맞춰 열차를 이용하면 된다.

② 관광안내소 최대한 활용하기

목적지에 도착했다면 여행지로 이동하기 전에 반드시 관광안내소에 들러 무료 지도를 얻자. 숙소 찾아가는 법이나 저렴한 숙소 소개, 이벤트 및 행사, 공연 정보, 근교 도시 정보 및 1일 투어 등에 대해 문의하면 낯선 도시 여행에 큰 도움을 받을 수 있다.

③ 무거운 짐은 코인 로커를 이용하자.

야간열차를 타야 하는 날이나 잠시 들러 반나절 정도 여행하는 도시에서는 역에 있는 코인 로커를 이용하면 편리하다.

renfe
Billete y Reserva

0028 AQBE4865
00000000 5348
486504253473 02110 11/02/07 13:16
Nombre:

TREN	CLASE	FECHA	SALIDA	LLEGADA	COCHE	PLAZA	Departamento
❶ A9618	❷ 1	❸ 12/02	❹ 09.00	❺ 11.35	❻ 0005	❼ 14B	❽ NO FUMA

PTA.ATOCHA ❾ --> SEVILLA SJ ❿
402 PASES INT./INTERRAIL
Informado y conforme el cliente con los datos del billete.
METALICO
Precio: ⓫ ***10,00 TOTAL: ***10,35
Gastos gestion: ****0,35 IVA 7%: **0,65
EL CONTROL DE ACCESO AL TREN SE CIERRA 2 MIN. ANTES DE SU SALIDA
07100293302310

기차표 보기

❶ 열차 번호
❷ 좌석 등급
❸ 탑승일
❹ 출발 시간
❺ 도착 시간
❻ 열차 칸 번호
❼ 좌석 번호
❽ 금연석
❾ 출발 역
❿ 도착 역
⓫ 요금
(패스 소지자 좌석 예약료)

열차 탑승 순서

Step 1 출발 1~2시간 전까지 역에 도착하기

출발 시간 전에 여유 있게 역에 도착하는 것이 좋다. 열차 안에서 먹을 물과 간단한 도시락을 준비하자.

Step 2 전광판을 보고 플랫폼을 확인하자

역에서는 누구의 안내도 없이 전광판을 통해 해당 플랫폼을 확인한 후 각자 알아서 열차에 탑승해야 한다. 열차가 처음 출발하는 역인 경우 이미 1시간 전부터 플랫폼에 정차하고 있어 여유롭게 탑승이 가능하나, 잠시 들러 통과하는 역인 경우에는 정시에 도착해 정시에 출발하는 경우가 대부분이므로 미리 플랫폼에 가 있는 것이 안전하다.

출발 살리다스 Salidas, 도착 예가다스 Llegadas
플랫폼 비아 Via

Step 3 보안 검색하기

플랫폼으로 들어가기 전 긴 줄을 서서 소지품 및 몸에 대한 보안 검색을 한다. 가능하면 열차 출발 시간보다 여유있게 도착하는 게 안전하며 소지품 중 칼 같은 뾰족한 물건이 있다면 압수 당 할 수 있다.

Step 4 차량번호를 확인하자

플랫폼을 찾았다면 각 차량에 쓰여 있는 행선지, 1 · 2등석, 예약했다면 차량번호 등을 확인한 후 탑승하자. AVE는 역마다 전용 탑승구가 따로 마련돼 있다. 탑승구로 들어가기 전에 짐에 대한 X-Ray 보안 검색 절차가 있다.

Step 5 좌석 찾기

패스 소지자가 낮에 이동할 경우, 각국의 초특급 열차가 아니라면 예약 없이 탑승이 가능하다. 단, 예약되어 있지 않은 자리에 착석해야 한다. 예약된 좌석은 차장이 미리 좌석에 예약되었다는 표시를 해둔다.

Step 6 야간열차 타기

야간열차의 쿠셰트나 침대칸을 예약해 이용하는 경우는 예약표에 나와 있는 차량번호를 확인한 후 탑승하면 된다. 차장이 탑승 전에 미리 확인해주므로 잘못 타는 경우는 거의 없다. 국제선인 경우에는 탑승 후 철도패스, 예약표, 여권 등을 거둬가며 도착 1시간 전에 돌려준다. 나라에 따라 여권 검사가 개별적으로 이루어져 철도패스와 예약표만 거둬가는 경우도 있다.

Step 7 도착 시간을 미리 알아두자.

도착에 관한 별도의 안내방송이 없으니 시간을 확인한 후 알아서 내려야 한다. 도착할 시간이 되면 미리 짐을 챙겨서 나와 있는 것이 좋다.

ⓒ레일유럽

6 버스 여행의 기술

스페인은 버스 노선이 발달해 있어 열차로 갈 수 없는 구석구석까지 연결한다. 무엇보다 운임이 저렴하고 어떤 구간은 열차보다 빠르거나 비슷하다. 모든 차량은 냉난방 시설을 잘 갖추고 있으며 비교적 편안하고 쾌적하다. 버스터미널이 모두 시내 중심에 위치하고 있어 숙소나 관광지로 이동하기도 편리하다. 원한다면 스페인 전역을 버스만으로 여행할 수도 있다.

버스의 종류

① 국제 장거리 버스

유럽 각국의 도시와 스페인을 연결하는 버스. 주로 마드리드와 바르셀로나로 운행한다. 포르투갈, 프랑스, 이탈리아 등 인접 국가에서 운행하는 버스가 많다. 시즌에 따라 이용객이 많으므로 티켓을 미리 예약하는 게 안전하다.

② 장거리 버스

마드리드, 바르셀로나, 그라나다, 세비야 등 대도시를 연결하는 버스. 축제나 세일 기간, 연휴 기간에는 유동인구가 많기 때문에 티켓을 예약하는 게 안전하다.

③ 중거리 버스

대도시와 근교 도시를 연결하는 버스. 특히 안달루시아 지방의 소도시로 여행하는 데 좋다. 노선에 따라 미리 예약하는 게 좋지만 당일 판매만 하고 예약을 받지 않는 경우도 있다. 당일 판매는 버스 출발 1시간 전에 하는 곳도 많다.

버스 티켓 예약 및 구입하기

티켓은 버스 회사 홈페이지, 애플리케이션에서 예약 또는 터미널 매표소에서 구입할 수 있다.

대도시는 버스 회사와 행선지에 따라 터미널이 달라지고 버스 종류에 따라서도 달라질 수 있다. 또한 같은 터미널 안에서도 버스 회사와 행선지에 따라 매표소가 달라질 수 있으니 주의해야 한다. 모든 버스터미널에는 버스 안내소 ⓘ를 운영하고 있으므로 매표소나 탑승구의 위치를 물어보면 된다. 스페인은 시즌과 요일에 따라 버스 운행 횟수가 크게 달라진다. 특히 토·일요일, 공휴일에는 현저하게 운행 횟수가 줄어드니 주말이나 공휴일을 피하거나 미리미리 티켓을 예매하자. 당일치기 근교 여행을 할 때는 편도보다 왕복 티켓이 더 저렴하다. 왕복 티켓을 끊었다면 돌아오는 티켓은 오픈 티켓이다. 탑승 전에 매표소에서 미리 좌석표로 교환해야 한다.

주요 버스 회사

유로라인 www.eurolines.com
알사 Alsa www.alsa.es
아우토 레스 Auto Res www.auto-res.es

현지어로 된 버스 시간표 이해하기

directo 직통버스
ruta 완행버스, diario 매일
laborables 월~금요일(공휴일 제외)
de lunes a sabados 월~토요일
vie. y. dom. 금·일요일
diario exc.sab. 토요일 제외한 매일
domingos y festivos 일요일·공휴일

버스 탑승하기

버스 출발 30분~1시간 정도 전에는 터미널에 도착하는 게 안전하다. 매표소에서 티켓을 구입한 후 전광판을 보거나 버스 안내소 ⓘ에서 승강장의 위치를 확인하자. 버스는 출발 15분 전부터 탑승하기 시작하는데 큰 짐은 운전사가 짐칸에 실어준다. 대부분 자유석이지만 티켓의 좌석번호 Plaza 난에 번호가 표시돼 있으면 지정석이다. 탑승 전에 물과 간단한 간식 정도는 준비하자.

7 저가항공 여행의 기술

많은 운항횟수, 저렴한 가격 덕분에 비행기도 열차, 버스만큼 흔한 교통수단이 됐다. 열차와 버스로 이동하면 5시간 이상 걸리는 곳을 한 시간 만에 갈 수 있는 것도 매력이다. 단 미리 예약해야 저렴한 티켓을 구입할 수 있으며 출입국을 위한 공항 이동 시간 등도 고려해야 한다. 저렴한 티켓은 기다려 주지 않으니 찾았다면 바로 구매하자. 단, 저렴할수록 스케줄 변경 및 환불 불가 등의 조건이 따르니 일정이 확실해야 한다.

주요 저가항공사

① 부엘링 Vueling www.vueling.com

바르셀로나를 거점으로 운항하는 저가항공사. 스페인에서 가장 대중적인 항공사로 가장 많은 국내선은 물론 국제선을 운항 중이다.

② 라이언 에어 www.ryanair.com

아일랜드를 거점으로 운항하는 유럽 최대의 저가항공사. 스페인과 포르투갈, 스페인과 유럽 대도시로 여행하는 데 한 번쯤은 이용하게 된다. 저렴한 요금 대신 근교도시 공항을 이용하는 경우도 많으니 꼭 확인하자. 모바일 체크인 필수, E-티켓을 미리 출력해야 한다. 국제선인 경우 공항 체크인 데스크에서 비자 확인 도장을 받자. 라이언 에어 다음으로 유럽 제2의 저가항공사로는 이지젯(www.easyjet.com)이 있다.

③ 이베리아 항공&포르투갈 항공 www,iberia.com, www.flytap.com

스페인과 포르투갈 국영항공사. 날짜가 촉박해 예약할 때 많이 이용하게 된다. 국영 항공사인 만큼 스페인과 포르투갈 전역, 유럽, 전 세계로 운항하는 스케줄이 발달해 있다.

④ 에어 유로파 www.aireuropa.com

스페인 국적의 항공사로 마드리드를 거점으로 운항하는 저가 항공사. 스페인과 포르투갈은 물론 카나리아와 발레아레스 제도로 운항하는 스케줄이 발달해 있다. 스카이팀 회원으로 마일리지 적립이 가능하다.

예약 및 구입하기

항공 일정이 확정되면 가격 비교 사이트를 통해 원하는 항공사를 찾아보자. 항공사를 찾았다면 홈페이지 회원가입 후 바로 예약하면 된다. 단 포함내역, 환불규정, 수화물 무게 및 사이즈, 체크인 여부, 좌석 지정 여부 등을 꼼꼼히 확인한 후 예약하자.

◆스카이스캐너 www.skyscanner.co.kr

온라인 예약 방법

Step 1 출발지, 도착지, 날짜, 인원수 등을 선택 후 찾기 Search 클릭

Step 2 출발시간, 요금 조건 선택 후 계속 Continue 클릭. 예를 들어 베이직 Basic은 가장 저렴하며 기내 수화물만 허용 , 옵티마 Optima는 23Kg의 위탁수화물 허용 및 좌석 지정, 타임플렉스 Timeflex는 23Kg 위탁수화물, 좌석지정, 기내 서비스, 스케줄 변경 및 환불 등을 포함한다.

Step 3 탑승자 정보 입력 및 약관에 동의 후 계속 Continue 클릭.

Step 4 수화물 추가 및 좌석 지정 옵션 창이 뜬다.

Step 5 해외 사용 가능한 신용카드로 결재하기. 신용카드는 예약자의 것이 안전하며 영문이름은 여권과 동일해야 한다.

Step 6 이메일로 E-ticket이 전송된다.

비행기 타기

저가항공은 대부분 온라인 체크인이 필수이다. 온라인 체크인은 출발 30일 전부터 1시간 전까지 다양하다. 항공사에 따라 E-ticket을 프린트해 공항에 가져가야 한다. 짐에 대한 규정이 까다로운 만큼 홈페이지를 통해 짐의 크기 및 무게 등을 확인해 두자. 출발 공항과 도착 공항 확인은 필수. 기내로 짐을 들고 타는 사람들이 많아 늦게 타면 짐 넣을 공간이 없어 곤란할 수 있으니 서두르자.

8 SOS! 문제 해결 마법사

여행의 즐거움도 좋지만 문제가 생기면 마음이 상할 뿐 아니라 일정에도 큰 차질이 생기니 늘 긴장을 늦추지 말고, 문제가 생겼다면 침착하게 대처하자. 여행 중 위급한 사항은 누구에게나 생길 수 있다. 이런 상황을 대비해 아래와 같은 대처 요령들을 미리 숙지해두자.

SOS! 몸이 아프거나 상해를 입었을 때

여행 중에 몸이 아프거나 상해를 입었을 경우 보험에 가입돼 있어도 현지에서 바로 혜택을 받을 수는 없다. 일단 병원을 이용한 후 진단서와 영수증을 챙기자. 약 처방을 받고 약국에서 약을 사 먹었다면 역시 영수증을 챙기자. 귀국 후 보험사에 청구하면 심사 후 보상을 받을 수 있다.

SOS! 여권 분실 및 도난

여권은 출발 전에 3장 정도 복사해서 한 장은 집에 두고, 두 장은 복대와 큰 가방에 보관하자. 여권을 도난당하거나 분실했다면 가장 먼저 가까운 경찰서에 가 신고하고 Police Report를 받자. 대사관에 여권복사본, 여권용 사진 2장, Police Report를 제출하면 주말이 끼지 않았다면 3~4일 정도면 새로 발급해 준다. 여권 복사본이 없다면 여권번호, 여권만료일과 발급일만으로도 가능하니 미리 적어두면 유용하다.

SOS! 현금 분실 시

현금을 분실했거나 도난당했을 때에는 방법이 없다. 여행자보험사에서도 현금만은 보상해 주지 않는다. 현금카드나 신용카드가 있다면 사용하고, 여행이 불가능하다면 우리나라에서 송금 받는 방법이 있다. 송금은 전 세계에 약 10만 개 지점을 가진 미국 송금 업체 Western Union을 이용하면 된다. 관광지로 유명한 도시라면 반드시 지점이 있다. 우리나라에서 국민·기업·부산은행·농협 등을 통해 송금할 수 있다. 돈을 부친 사람이 10자리의 송금번호와 송금 받을 지점을 알려주면 송금번호와 신분증을 가지고 가면 찾을 수 있다.

Western Union 홈페이지 www.westernunion.com

SOS! 신용카드 분실 시

카드를 분실했다는 사실을 알았다면 즉시 카드사에 전화를 해서 분실 신고를 해 타인이 사용하지 못하도록 카드를 정지시켜야 한다. 카드사의 분실 신고 센터는 24시간 운영되기 때문에 시간에 상관없이 전화하면 된다. 만약 카드사 전화번호를 모를 경우 가족에게 전화해 바로 신고해 줄 것을 부탁하자. 이때 주민등록번호가 필요하다.

알아두세요

카드사별 분실 신고 번호

국민카드 1588-1788, 신한카드 1544-7200, 삼성카드 1588-8700, KEB 하나카드(구 외환카드) 1800-1111, 현대카드 1577-6200, 우리카드 1588-9955

SOS! 배낭 및 짐 분실 시

배낭이나 짐을 잃어버렸다고 여행이 중단되는 경우는 극히 드물다. 짐이 없어졌을 때도 일단 경찰서로 가서 사고경위서 Police Report를 받아야 한다. 그래야 나중에 귀국 후 보험사에 제출해 보상 한도액 내에서 보험금을 받을 수 있기 때문이다. 단, 분실 Lost이 아닌 도난 Stolen이어야 보상이 가능하다. 분실은 개인의 부주의로 인한 것이기 때문에 보험 혜택을 받지 못한다. 가방이 없어졌다면 기분은 많이 나쁘겠지만 최소한의 물품을 구입해 여행을 계속하자.

SOS! 철도패스 분실 시

철도패스는 분실 시 재발행이 되지 않으며 유가증권에 해당하므로 여행자보험을 들었어도 아무런 보상을 받을 수 없다. 만약 여행 초기에 분실했다면 현지에서 사서 여행을 계속 하는 수밖에 없다.

9 How to Eat 먹는 기술

미식가의 나라 스페인은 온화한 기후와 비옥한 토양 덕분에 다양하고 신선한 식재료를 구할 수 있다. 이 나라 사람들도 우리나라 사람들처럼 자연산을 좋아한다. 또한 함께 밥을 먹는 자리는 배를 채우기 위한 것 이상의 의미를 담고 있다. 또한 소문난 식당이라도 알아내면 차로 몇 킬로미터를 달리는 수고도 마다하지 않는다. 금강산도 식후경이라는 말이 있으니 끼니마다 스페인의 다양한 요리들에 도전해보자. 그리고 우리나라와 다른 그들의 식사 예절과 문화도 익혀 제대로 된 서비스를 받고 먹는 즐거움에도 푹 빠져보자.

맛있는 집 찾는 방법

☑ 숙소 프런트 데스크 직원에게 개인적으로 가는 식당을 추천받는다.

☑ 사람들이 줄 서서 기다리는 식당은 일단 90% 맛있는 집이다.

☑ 시골 마을에 가면 서민식당 메렌데로 Merendero를 찾아라. 여름철 옥외식당으로 싸고 맛있는 코스요리를 먹을 수 있다.

☑ 여행 중 만나는 현지인들이 추천하는 타파스 바를 가봐라. 추천인이 즐겨 먹는 타파 이름까지 적어서 가면 가이드북에도 없는 아주 특별한 요리를 먹어볼 수 있다.

☑ 가이드북과 관광안내소에서 소개하는 유서 깊은 곳. 아무리 맛이 없어도 중간은 간다.

☑ 스페인 중국식당 역시 스페인 스타일로 오늘의 메뉴가 있다. 춘권, 수프, 샐러드, 볶음밥, 탕수육, 라조기, 디저트 등이 포함돼 있다. 중국 딤섬과 일식 스시를 함께 내 놓는 회전초밥집도 많다. 동양식이라 뭐든 다 입에 맞는다.

레스토랑 이용 시 기본 매너

아래 소개한 이용 방법은 레스토랑이나 카페 모두 같다. 격식을 차려야 하는 레스토랑인 경우는 미리 예약하거나, 차림새와 식사 예절에도 반드시 신경 써야 한다. 그렇지 않은 경우에도 시내 관광 중 레스토랑을 이용한다면 옷차림이야 어쩔 수 없지만 최소 음료와 주요리를 주문해야 하며, 팁 역시 신경 써야 한다.

Step 1
테이블 착석은 반드시 웨이터의 안내를 받아라!

레스토랑 입구에 들어서면 일단 문 앞에 서 있자. 곧 웨이터가 다가올 것이고 인원과 금연석 또는 흡연석 등을 확인한 후 자리로 안내해 줄 것이다. 우리나라에서처럼 마음대로 자리에 앉았다간 그 순간부터 웨이터가 무례하게 나온다. 혹시 웨이터가 안내해준 자리가 마음에 들지 않는다면 원하는 자리를 말하면 된다. 같은 레스토랑이라도 서서 먹는 것과 앉아서 먹는 요금이 다르고 테이블 위치에 따라서도 요금이 다른 곳이 많다.

Step 2 음료부터 주문해라!

웨이터가 메뉴판을 주면 먼저 음료부터 정해라. 맥주, 사이다, 콜라, 와인 그리고 미네랄워터 등 주요리와 적당히 어울릴 만한 음료를 선택하면 된다. 음료 주문 후 메뉴 선택에 웨이터의 도움이 필요하다면 문의해도 좋다. 음료가 서빙될 때까지 천천히 메뉴를 고르면 된다.

Step 3

음식을 주문하고, 느긋하게 식사 시간을 즐기자.

음료는 주요리와 함께 마실 수 있도록 천천히 마시고, 주요리가 나오면 느긋하게 즐겨보자. 필요한 게 있다면 웨이터를 큰소리로 부르지 말고, 눈과 가벼운 손짓으로 부르면 된다. 시간이 없거나 마땅히 주문할 게 없을 때는 모둠요리, 플라토 콤비나도를 시키자. 큰 접시에 스테이크 또는 생선요리, 샐러드, 포테이토 또는 크로켓 등이 한꺼번에 담겨 나온다.

Step 4

계산은 자리에서 하고, 팁을 챙겨주자

식사를 마쳤다면 웨이터에게 계산서를 부탁하자. 외국은 더치페이가 익숙해 따로 계산하고 싶다면 한 명씩 별도로 계산할 수 있도록 서비스를 제공한다. 외국 사람들에겐 흔한 일이니 필요하다면 활용하자. 웨이터의 서비스가 괜찮았다면 전체 금액의 10%를 팁으로 테이블 위에 두는 게 예의다.

알아두세요

생선요리 VS 고기요리 먹는 법

① 생선요리는 뒤집어 먹지 않는다.

생선요리를 시켰다면 집에서 먹는 것처럼 생선 한 면을 발라 먹은 다음 뒤집는 것은 삼가야 한다. 서양에서는 생선요리는 뼈를 따라 왼쪽에서 오른쪽으로 발라서 자신 앞에 놓은 후 먹을 만큼 잘라가면서 먹는다. 한쪽을 다 먹은 다음에는 뒤집지 말고 그 상태에서 다시 나이프를 이용해 살을 발라 먹으면 된다.

② 고기요리는 잘라가며 먹는다.

거창하게 한 끼를 즐기기로 마음먹고 시킨 스테이크. 한번에 다 썰어 놓고 먹기보다는 먹을 때마다 잘라가면서 먹는 것이 예의다. 뼈가 있는 경우 뼈에서 떼어내기 어려운 부분을 손으로 잡고 뜯는 건 매우 실례되는 행동이다. 고기가 남아 있어 아깝더라도 그대로 남겨두자.

SPECIAL THEME

스페인 음식에 대해 알아보기

스페인 음식의 특징은 한마디로 다양성이다. 스페인 역사와 깊이 관련된 로마·이슬람·유대인 등의 영향을 받아 재료, 조리방법, 문화 등에서 다양성을 띠게 됐다. 로마로부터 마늘과 올리브가 전해져 스페인 음식에 없어서는 안 될 기본 재료가 됐으며, 이슬람을 통해 파프리카를 비롯한 다양한 향신료와 오렌지, 레몬 등이 전해졌다. 또 15세기 신대륙 발견과 동시에 아메리카로부터 감자, 토마토, 고추, 옥수수, 코코아 등이 전해져 스페인뿐만 아니라 유럽 대륙 전역에 영향을 미쳤다. 워낙 음식이 다양하므로 국가를 대표하는 요리보다 여행하면서 그 지역을 대표하는 요리들을 먹어 보는 게 최고다.

향토 요리

향토 요리는 지방마다 다른 지형과 기후, 전통 생활 방식 등의 영향을 받아 재료와 조리 방식 등도 달라지므로 다양한 맛이 난다. 마드리드와 바르셀로나 같은 대도시에서는 스페인 전역의 향토 요리를 맛볼 수 있으므로 스페인 전역을 돌아보지 않아도 전국 맛 투어가 가능하다.

북부 요리

스페인 북부인 바스크, 갈리시아, 아스투리아스 지방은 다습하고 비가 많이 내리는 곳으로 고기와 생선요리가 발달했다. 바스크 지방은 스페인 최고의 식도락 메카로 요리대회, 회원제로 운영되는 미식가 모임 등이 유명하다. 갈리시아 지방은 어패류 요리로 이름이 났으며, 아스투리아스 지방은 사과주(시드라)를 넣어 음식을 만든다.

핀초스 Pinchos

타파의 일종으로 카나페처럼 빵 위에 다양한 재료들을 얹어 꼬치로 고정시킨 요리. 시각적으로도 아름답다.

감바스 아 라 플란차

Gambas a la Plancha

새우 철판 소금구이

바칼라오 알 필필

Bacalao al Pilpil

소금에 절인 대구에 마늘, 고추, 올리브 오일 등을 넣고 끓인 요리

풀포 아 라 가예가

Pulpo a la Gallega

문어를 감자와 함께 삶은 후 얇게 썰어 올리브 오일, 소금, 파프리카를 뿌려 먹는 요리

지중해 요리

카탈루냐 지방의 요리. 밀, 올리브, 와인 세 가지를 중심으로 쌀과 콩류, 마늘과 야채류, 치즈와 요구르트류, 생선과 고기류, 과일과 채소류 등으로 만드는 최고의 건강식이다. 특히 신선한 해산물 요리가 발달해 있다.

에스케이사다
Esqueixada
카탈루냐 대표 샐러드. 말린 대구를 넣은 샐러드에 올리브 오일과 식초를 뿌려 먹는다.

엔살라다 데 마리스코스
Ensalada de Mariscos
신선한 야채와 해산물 샐러드

부티파라
Butifarra
잣을 넣어 만든 카탈루냐 전통 돼지고기 소시지에 구운 강낭콩을 곁들여 먹는 요리

사르수엘라
Zarzuela
오징어, 아귀, 조개 등을 넣고 토마토 소스로 맛을 낸 스튜

메세타 요리

마드리드를 포함한 중앙고원의 요리. 카스티야 이 레온, 카스티야 라 만차 지방이 포함된다. 여름에는 덥고 겨울에는 추운 대륙성 기후 때문에 원기 회복을 위한 고기요리가 발달했다.

코시도 Cocido
식욕을 자극하는 스튜요리. 콩, 야채, 고기를 넣고 푹 삶아 내놓는 가정식으로 국물과 건더기를 따로 담으면 2가지 요리가 된다. 마드리드의 대표 요리

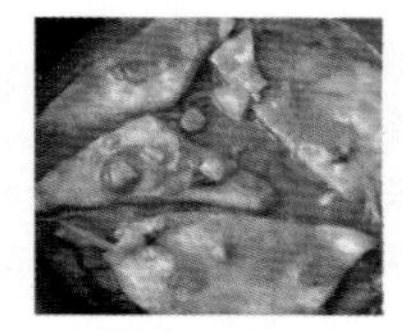

로모 데 바칼라오 알 아호 아리에로 Lomo de Bacalao al Ajo Arriero
소금에 절인 대구를 토마토, 마늘과 함께 끓인 요리

마사팡
Mazapán
13세기 무어인들이 전해 준 과자. 톨레도의 명물로 아몬드 가루와 벌꿀로 만들었다.

코치니요 아사도
Cochinillo Asado
세고비아 명물 요리. 생후 3주 된 새끼돼지를 3시간 이상 구운 요리

남부 요리

카나리아제도와 안달루시아 지방의 요리. 남부 요리는 이곳을 거쳐 간 수많은 문명의 결정체다. 지역에 따라 스튜요리가 발달했고, 해안 지역은 해산물요리가 맛있으며 이슬람의 영향으로 과자와 빵류도 있다. 그 밖에 돼지고기와 햄 등도 발달했다.

가스파초 Gazpacho
토마토와 오이를 갈아서 올리브 오일, 식초, 마늘을 넣어 맛을 낸 차가운 수프

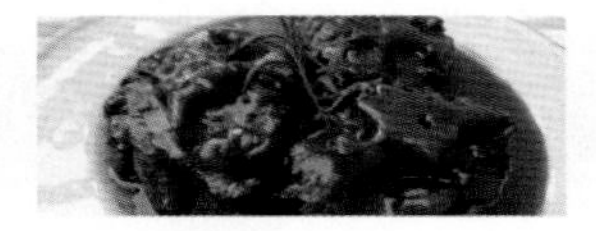

라보 데 토로 Rabo de Toro
코르도바의 명물 요리로 수소의 꼬리를 부드럽게 삶아 토마토로 맛을 낸 요리

칼라마레스 로마노
Calamares Romano
거품을 낸 달걀흰자로 튀김옷을 입힌 오징어 튀김

10 How to Buy 쇼핑의 기술

현지에서 구입하는 물품들은 우리나라에서 구할 수 없는 독특한 아이템들이어서 희소성이 높다. 거기에 여행의 추억까지 담긴 물건이라면 어찌 소중하지 않을까? 하지만 관광하는 데도 빠듯한 시간 때문에 여유 있게 쇼핑을 즐기기가 쉽지 않다. 관광과 쇼핑, 두 마리 토끼를 모두 잡기 위해 몇 가지 쇼핑 노하우를 익혀두자.

똑똑하게 쇼핑하기

☑ 아이템을 먼저 정하자.

계획적이고 효율적인 쇼핑을 위해 미리 상세한 리스트와 선물해야 할 사람 리스트도 만들어 보자.

☑ 각국, 각 도시를 대표하는 완소 아이템을 구입하자.

스페인은 와인과 올리브, 포르투갈은 코르크와 포트와인 등 각 나라와 도시를 대표하는 아이템은 그곳이 아니면 사기 어렵다. 가치가 있다면 꼭 구입하자.

☑ 바겐세일을 공략하자.

연 2회 1월과 7월에 바겐세일(레바하스)이 시작된다. 좋은 물건은 시작하는 날부터 일주일 안에 동이 난다. 이 시기에 여행을 한다면 기회를 놓치지 말자.

☑ 신체 사이즈를 알아두자.

우리나라와 기본적으로 사이즈가 다르고, 브랜드별로도 약간씩 차이가 있다. 마음에 든다면 반드시 입어 보거나 신어 보고 구입하자.

☑ 영수증을 챙겨두자.

환불과 교환은 우리나라보다 더 쉽게 이루어진다. 구입할 때 받은 영수증과 상품에 붙은 태그 및 상표를 버리지 않았다면 OK!

☑ 부가세 환급(VAT)을 받자.

외국인이 물건을 구입할 경우 수출로 간주하여 면세를 받을 수 있다. 단, 하루 한 곳에서 일정 금액(스페인 €90.16, 포르투갈 €61.35) 이상을 사야 환급 받을 수 있다. 또한 부가세 환급 서비스 Tax Free에 가맹된 상점에서만 가능하다.

현찰로 환급 받는 경우

물건을 다 사고 돈을 지불한 후 Tax-free, please라고 얘기한다. 점원이 내민 용지를 작성하고 여권을 보여주면 작성된 용지에 도장을 찍어 한 장을 돌려준다. 여권 사이에 이것을 잘 끼워 보관했다가 출국하는 공항에서 TAX-REFUND 창구를 찾아가 구입한 물건들을 보여준 후 도장을 받으면 된다. 그 자리에서 현금을 주는 곳이 있는가 하면, CASH TAX-REFUND 창구를 또 한번 찾아가야 환급받을 수 있는 곳도 있다.

카드로 환급 받는 경우

계산을 카드로 할 경우 대부분의 경우 환급 또한 카드로 받는데 보통 우리나라에 돌아와 한두 달 내에 받을 수 있다. 카드 명세서를 보면 금액에서 마이너스가 돼서 나온다. 출국하는 공항에서 TAX-REFUND 창구를 찾아가 구입한 물건을 보여준 후 서류에 도장을 받아 봉투에 넣은 다음 우체통에 투입하면 된다.

현지 의류 & 신발 사이즈 기준표

품목/의류	여자 사이즈				남자 사이즈		
한국	44	55	66	77	95	100	105
유럽	36	38	40	42	48	50	52
미국	2	4	6	7	13~14	14~15	15~16

품목/신발	여자 사이즈					남자 사이즈				
한국	225	230	235	240	245	255	260	265	270	275
유럽	31 1/2	36	36 1/2	37	37 1/2	40 1/2	41	42	42 1/2	43

11 How to Stay 현지 숙박의 기술

여행 중에 쌓인 피로를 풀며 다음 여정을 위해 재충전할 수 있는 곳이 바로 숙소다. 그런 만큼 숙소 선택은 매우 중요한 문제다. 자칫 인색해지기 쉬운 짠돌이 배낭족이라도 숙소만은 쾌적한 곳을 이용하자. 숙소는 시설, 관광지와의 거리, 안전, 숙박료를 고려해 결정하면 된다. 스페인은 세계적인 관광지답게 고급 호텔, 호화 리조트, 호텔 겸 레스토랑, 소박한 호스텔까지 다양한 숙박시설을 갖추고 있다. 요금은 시즌별로 달라지며 축제가 있는 기간에는 할증료가 적용된다. 호텔 요금에는 7%의 IVA 부가가치세가 가산되며 해마다 10%씩 인상된다. 요금표는 프런트 데스크나 방에 게시하도록 의무화돼 있으니 반드시 확인하자.

숙박 시설의 종류

오텔, 오텔 아파르타멘토, 오스탈과 펜시온, 카사 데 우에스페데스와 폰다, 파라도르, 유스호스텔 등이 있으며 규모와 시설, 서비스 등에 따라 1~5개의 별로 등급이 매겨진다. 모든 숙박 시설에는 문패처럼 등급 표지판이 붙어 있어 여행자들이 쉽게 확인할 수 있다.

① 오텔 Hotel (호텔)

'H' 마크로 표시. 시설과 규모, 서비스 등에 따라 별 1~5개로 구분된다. 별이 많을수록 고급 호텔이다. 별 2개 이상이면 샤워실과 화장실 설비가 기본, 별 3개 이상은 욕조와 아침 식사가 포함된다. 레스토랑이 없는 호텔은 오텔 레시덴시아로 구분해 부른다. 모든 호텔 요금에는 7~16%의 IVA 부가가치세가 붙는다. 숙박 요금에 포함 여부를 꼭 확인해야 한다.

호텔은 기본적으로 편안하고 쾌적한 시설과 친절한 서비스, 바, 레스토랑, 비즈니스센터, 헬스클럽 등 각종 편의시설 등을 갖추고 있다. 시내 중심에 있는 호텔은 큰 규모의 현대적인 건물보다는 작고 오래된 것들이 많다. 외관이 허름해도 내부는 잘 꾸며져 있는 경우가 대부분이니 겉모습만 보고 너무 걱정하지 않아도 된다. 호텔은 우리나라에서 미리 예약하고 가는 게 경제적이고 편리하다.

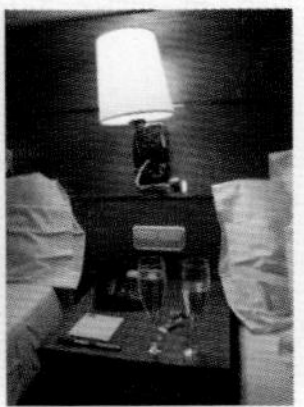

② 오텔 아파르타멘토 Hotel Apartamento (호텔 아파트먼트)

'HA' 마크로 표시. 우리나라의 콘도처럼 거실과 부엌이 있고 생활용품까지 갖추고 있는 곳. 내 집 같은 분위기로 직접 요리를 해 먹고 다른 사람의 방해를 받고 싶지 않은 장기 체류 여행자에게 적합하다. 대체로 일주일 이상 머물러야 이용이 가능하지만 3~4박 이상이면 이용할 수 있는 곳도 있다.

③ 오스탈과 펜시온 Hostal & Pensión (호스텔과 펜션)

'H'와 'P' 마크로 표시. 가족이 소규모로 운영하는 경우가 많아 스페인의 민박이라 생각하면 된다. 시설과 규모, 서비스 등에 따라 별 1~3개로 구분되며 호텔보다 저렴하고 유스호스텔보다 비싸거나 비슷하다. 스페인 여행 중 가장 많이 이용하게 되는 숙박 시설로 유스호스텔처럼 운영하는 대형 호스텔부터 가족끼리 운영하는 소규모 호스텔까지 다양하다. 대형 사설 호스텔은 공식유스호스텔과 거의 같은 수준의 시설을 갖추고 있지만 규칙이 유스호스텔보다 자유롭다. 또

숙박 제공 외에 바, 각종 시티투어, 자전거 렌털 등 다양한 엔터테인먼트를 개발해 제공하고 있다. 호스텔은 운영 형태, 규모, 요금 등이 다양하고 각 나라와 도시마다 부르는 방식과 특징이 다르다. 비수기인지, 성수기인지에 따라 요금이 다르고 비수기에는 흥정도 가능하다. 예약은 인터넷이나 전화로 하는 게 일반적이다. 방은 도미토리·2인실이 가장 많고 욕실 포함, 공용욕실 사용 여부에 따라 요금이 다르다. 아침 포함 여부도 숙소에 따라 다르다.

④ 카사 데 우에스페데스와 폰다
Casa de Huespedes & Fonda

'CH'와 'F' 마크로 표시. 가장 저렴한 숙박 시설로 잠만 잘 수 있는 곳. 대도시에는 사라져 거의 볼 수 없지만 지방에는 아직 남아 있다.

⑤ 파라도르 Parador

스페인의 국영호텔로 스페인 각지의 고성, 귀족의 저택, 수도원 등을 일류 호텔로 개조해 운영하고 있다. 전국에 93개가 있으며 호텔처럼 별 3~5개로 등급이 매겨져 있다. 스페인 여행 중 아주 특별한 숙소에서 1~2박 정도 머물고 싶다면 추천한다. 가장 인기 있는 곳은 마드리드 근교 톨레도의 파라도르와 그라나다 알함브라 궁전 안에 있는 파라도르다. 워낙 인기가 많아 수개월 전에 예약이 마감된다. 파라도르의 레스토랑과 바는 투숙객이 아니라도 이용할 수 있어 차를 마시거나 그 지방의 향토요리를 맛보고 싶다면 꼭 들러보길 추천한다. 다양한 할인 프로그램도 운영하고 있으니 홈페이지를 통해 확인하자.

홈페이지 www.parador.es

⑥ 유스호스텔 Albergue Juvenil

정식 명칭은 International Youth Hostel 또는 YHA로 현지 청소년이나 배낭족을 위한 숙소.

대형으로 운영되며 가격 대비 시설이 좋고 쾌적해 배낭족에게 인기가 많다. 방은 여럿이 함께 사용하는 도미토리, 2인실, 가족실 등이 있고 샤워실과 화장실은 공용이다. 개인용 로커, 인터넷, 세탁, 부엌 시설 등을 잘 갖추고 있고, 여럿이 수다 떨기 좋은 TV룸이나 당구나 탁구 등을 즐길 수 있는 스포츠 시설, 정원도 잘 갖춰져 있다. 일반적으로 간단한 아침이 포함돼 있다. 숙박료는 회원증 유무와 만 26세 이상, 미만에 따라 차이가 있고 예약은 전화, 인터넷 등을 통해 할 수 있다. 체크인은 15:00~17:00 이후에나 가능하며 리셉션은 07:00~10:00, 17:00~20:00에만 운영한다. 체크아웃은 10:00 이전에 해야 하고 24:00~01:00는 불을 끄고 출입문을 잠그는 시간(Curfew)으로 일제히 잠을 자야 한다. 소등 시간 전에 숙소에 들어가지 못했다면 돈을 지불했다고 해도 투숙이 불가능하다. 혼자 여행하는 여행자에게 가장 경제적이고 안전한 숙박 시설. 같은 또래, 같은 처지의 외국인 친구를 사귀기에 그만이다.

홈페이지
한국 유스호스텔 www.hostel.or.kr
국제 유스호스텔 www.hihostels.com
스페인 유스호스텔 www.reaj.com

⑦ 한인 민박

스페인의 주요 도시에 많고 시설은 일반 가정집에서 대규모 시설까지 천차만별이다. 대부분은 개인 주택을 민박으로 운영하는 경우가 많아 규모가 작고, 가족적이다. 무엇보다 말이 통해 여행정보를 얻거나 도움을 받기에 좋고 아침으로 한식을 먹을 수 있는 게 큰 장점. 단, 민박은 불법으로 운영되는 경우가 많고, 시설이 제대로 갖춰져 있지 않은 경우 화장실 및 욕실 사용 등이 매우 불편하다. 대부분의 민박집은 홈페이지가 있으니 미리 알아본 후 예약하자.

시즌별 숙박 요금과 예약

스페인의 숙박 요금은 시즌에 따라 다르다. 성수기 봄, 준성수기 봄·가을, 비수기 겨울, 특별기간 성 주간(이스터), 크리스마스 등. 8월의 바캉스 기간에는 해안에 있는 리조트 요금이 올라가고 대도시의 호텔 요금은 내려간다. 달별로 요금 변동이 있으며 하이 시즌은 3~6·9·10월, 로우 시즌은 1·2·7·8·11·12월 등이다. 또한 평일보다 주말과 공휴일 숙박료가 좀 더 비싸다. 숙박 일수에 따라서도 요금이 달라지고 아침 식사 포함 여부, 공동샤워실인지 개인샤워 시설을 갖췄는지에 따라서도 요금이 달라진다.

숙박 예약은 전문 회사 홈페이지 또는 앱을 통해 예약이 가능하면 일찍 예약하거나 프로모션 등을 통해 싸고 좋은 숙소를 구할 수 있다. 예약시 위치, 시설, 취소 조항 등을 꼼꼼히 따져봐야 한다. 여행객이 많이 찾는 유럽의 많은 도시에서는 도시세 City Tax를 징수하고 있다. 1박 당 €1~7로 호텔 체크인 시 별도로 데스크에서 징수한다. 도시별, 인원수, 숙박일수 등에 따라 달라지며 호텔의 등급이 높아질수록 더 많은 도시세를 내야 한다.

숙박전문회사

부킹닷컴 www.booking.com
아고다 www.agoda.com
에어비앤비 www.airbnb.co.kr
카약 www.kayak.co.kr

숙소 이용 시 꼭 지켜야 할 매너

☑ 체크인 Check in

대부분의 숙소는 12:00~14:00에 체크인이 가능하다. 체크인 시 영문 이름으로 예약을 확인하거나, 호텔인 경우에는 호텔 바우처를 제시하면 간단히 할 수 있다. 방 열쇠를 받으면서 아침 식사 시간과 장소, 부대시설 이용 등에 대해 문의해 두자. 요청하면 시내 무료 지도 및 간단한 여행안내도 받을 수 있다.

☑ 체크아웃 Check out

체크아웃은 숙소마다 조금씩 다르지만 보통 12:00 이전까지 하는 것이 일반적이다. 호텔의 경우 미니바, Pay TV, 전화 등 유료 시설물을 이용했다면 요금을 지불하고 방 열쇠를 반납하는 것으로 간단히 끝난다. 대부분 숙소에서는 무료로 짐을 보관해 주니 필요하다면 큰 짐을 맡겨도 좋다.

☑ 객실 이용

숙소에서는 항상 다른 투숙객에게 피해가 가지 않도록 주의해야 한다. 물론 여행을 가면 밤까지 일행과 즐거운 시간을 보내게 마련이다. 하지만 지나친 행동은 제재를 받거나 심한 경우 경찰이 출동하는 불상사가 발생할 수도 있다. 객실에 머무르는 동안에는 매일 아침 메이드가 청소를 해주게 된다. 이때 귀중품 보관에 주의해야 하며, 잠시 객실을 비우더라도 귀중품을 챙겨 가는 것이 안전하다. 호텔의 객실 문은 닫히면 자동으로 잠기게 되어 있으니 객실을 나올 때는 열쇠를 소지해야 한다.

☑ 아침 식사

호텔의 아침 식사는 컨티넨탈식 Continental, 아메리카식 American, 뷔페식 Buffet 등으로 제공된다. 컨티넨탈식이 가장 기본으로 간단하게 빵과 잼, 커피 또는 차가 제공된다. 간혹 우유와 시리얼이 제공되는 경우도 있다. 아메리카식은 컨티넨탈식에 과일, 소시지와 햄, 삶은 달걀 또는 오믈렛, 요거트 등이 추가 제공된다. 뷔페식은 Cold Buffet와 Hot Buffet로 나뉘는데 Cold는 컨티넨탈식 뷔페, Hot은 아메리카식 뷔페를 말한다.

☑ 욕실 사용

욕실에는 기본적으로 수건, 비누, 샴푸, 샤워 젤, 헤어캡 등이 준비되어 있으며 곳에 따라 헤어드라이어까지 준비되어 있다. 간혹 욕실 수건을 몰래 챙기는 여행자가 있는데 절대 이런 일이 없도록 하자. 유럽의 욕실 바닥에는 카펫이 깔려 있는 경우가 많으니 샤워할 때 카펫이 젖지 않도록 샤워 커튼을 욕조 안쪽으로 드리워 사용해야 한다. 방심한 사이 물이 흘러 방까지 적시는 경우가 있으므로 주의가 필요하다.

☑ 객실 내에서의 전화 사용

호텔 객실에 있는 전화는 객실 간 통화와 시내통화, 그리고 국제전화가 모두 가능하다. 단 객실 간의 전화 사용은 무료이지만, 시내 및 국제통화를 하는 경우 세금 및 봉사료가 추가돼 일반전화보다 3~4배 정도 비싸다는 것을 알아두자.

☑ Safety Box

일종의 귀중품 보관함으로 객실 내에 작은 금고가 마련되어 있거나 호텔 프런트 데스크에서 직접 보관해 주는 경우가 있다. 무료로 사용할 수 있으며 여권, 현금, 항공권 등 귀중품 보관에 유용하다.

☑ 미니바

미니바는 객실 내 냉장고로 음료수와 주류, 간단한 스낵이 준비되어 있다. 미니바를 이용하면 체크아웃 시 별도 비용을 지불해야 한다. 단, 일반 가격보다 3~4배 정도 비싸니 이용 전에 꼭 가격표를 확인하자.

☑ Pay TV

객실 내 TV 채널에는 일반 채널과 성인영화, 현재 상영 중인 영화를 볼 수 있는 PAY TV 채널이 있다. 대부분 TV 근처에 PAY TV 안내문이 있으니 꼭 확인하도록 하자. 만약 이용했다면 체크아웃 시 별도로 지불하면 된다.

☑ 팁 Tip

객실을 이용하면 방 청소를 해준 메이드에게 팁을 주는 게 매너다. 하루에 €1~2면 적당하다.

저자 어드바이스: 유럽 숙박 시설에 대해 자주 하는 질문?

도미토리가 뭐죠?

A 4·6·8·10인 이상이 함께 사용하는 방의 종류 중 하나입니다. 2층 침대로 돼 있고 개인 로커가 별도로 있는 경우가 많죠. 흔히 배낭족들이 많이 이용하는데 남녀혼숙인 경우도 흔하니 싫다면 미리 확인하는 게 좋습니다.

공용 샤워실은 우리나라처럼 개방형인가요?

A 아닙니다. 전 세계에서 온 여행자들이 홀딱 벗고 함께 샤워를 하는 모습을 상상하셨나요? 공용 샤워실이라도 한 사람이 들어갈 수 있도록 칸막이가 쳐져 있으니 안심하셔도 됩니다.

도미토리 형식의 저렴한 숙소를 이용할 때 소지품 관리는 어떻게 해야 하나요?

A 요즘은 개인용 로커가 방마다 준비돼 있어 문제가 없지만 그렇지 않다면 늘 소지하셔야 합니다. 혼자 하는 여행이라면 복대를 비닐에 넣어 보이는 곳에 놓고 샤워를 하는 게 안전합니다. 로커는 있지만 열쇠와 자물쇠가 없는 경우도 있으니 여분의 열쇠와 자물쇠를 들고 다니면 좋습니다.

여럿이 사용하는 숙소를 이용하는데 특별히 주의할 사항이 있나요?

A 있습니다. 도미토리 이용 시 소곤소곤 작은 소리로 대화하고, 취침 시간은 룸메이트들과 웬만하면 맞추는 게 좋습니다. 공용 샤워실이나 화장실을 이용하셨다면 나올 때 깨끗하게 정리정돈을 하는 게 예의입니다.

숙박비 지불 방식은?

A 신용카드가 일반화돼 있어 신용카드 결제도 가능하지만 도미토리 같은 저렴한 숙소는 공식 유스호스텔이 아닌 경우 현금 지불을 요구하는 경우가 많습니다. 체크인을 하자마자 숙박비를 꼭 지불할 필요는 없고요. 여권이나 신용카드 사본을 제시했다면 체크아웃 시 지불해도 상관없습니다.

저렴한 호스텔에서 제공되는 아침 식사는?

A 간단하게 빵과 잼, 커피 또는 차 등이 제공됩니다. 먹고싶은 만큼 양껏 먹을 수 있는 뷔페식과 정해진 양만 제공하는 배급식이 있죠.

12 여행 중 한국으로 소식 전하기

외국에 나간 자식 걱정 때문에 부모님 밤잠 설치게 하는 것도 불효다. 시차 적응 하느라, 구경하느라 정신없어서 연락 못했다고 변명하지 말고 '도착은 잘했을까?' '아프진 않을까?' 집에서 가슴 졸이시는 가족을 생각해 도착하면 소식부터 전하자. 스페인의 전화는 여러 종류가 있다. 요금도 지불 방식도 다르므로, 각자의 편의와 능력(?)에 따라 이용해 보자.

전화

요즘엔 휴대폰으로 통화하는 게 일반적이지만, 동전이 많이 남아 있다면 시내 곳곳에 있는 공중전화를 이용해봐도 좋다. 전화카드는 신문가판대, 우체국, 담배가게, 일부 인터넷카페, 편의점 등에서 구입할 수 있다. 고유번호와 비밀번호를 눌러 사용할 수 있는 국제전화카드는 인터넷카페나 편의점 등에서 구입할 수 있는데 저렴한 요금으로 국제전화를 사용할 수 있다. 시내·외 통화도 가능하다.

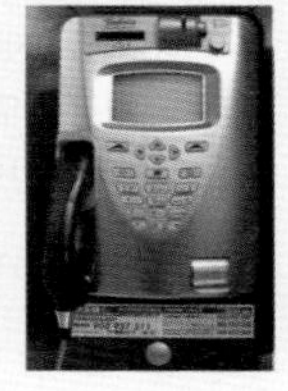

주요 지역번호

마드리드 91 / 바르셀로나 93 / 톨레도 925 / 세비야 95 / 그라나다 958 / 코르도바 957

전화 거는 요령

• 국제전화 : 스페인↔한국, 스페인↔유럽

00+국가번호(한국 82)+지역번호 또는 핸드폰 통신사 번호(0을 뺀다)+전화번호

예)00-82-2-123-4567 또는 00-82-10-123-4567

• 국내전화

국내에서의 모든 전화는 시내·외 전화 모두 0을 뺀 지역번호를 포함해 입력해야 한다.

시내전화 : 예)마드리드 시내 91-123 4567

시외전화 : 예)마드리드→바르셀로나 93-123 4567

① 선불카드

전화카드는 칩 내장형과 고유번호형 두 종류가 있다. 칩 내장형은 공중전화에 그대로 삽입해 사용하면 되고, 고유번호형은 엄청 많은 숫자를 눌러야 접속된다. 당연히 요금은 고유번호형 카드가 저렴하다. Pin Number 전화카드 또는 인터내셔널 전화카드라고 말하면 구입할 수 있다.

고유번호형 카드 사용 방법

카드 접속번호→핀 Pin 번호(즉석복권처럼 스크래치 부분을 긁으면 번호가 나온다)→국가번호(한국 82)를 포함한 상대방 전화번호를 누른다. 지역번호와 핸드폰 통신사 번호에서 0은 포함해 눌러야 하는 경우와 빼고 눌러야 하는 경우가 있다.

② 수신자 부담 전화

흔히 콜렉트 콜로 부르는 전화 방식으로 전화를 받는 사람이 돈을 내야 한다. 전화 요금이 가장 비싼 게 단점이지만 공중전화만 있으면 언제든 이용할 수 있어 편리하다.

③ 스마트폰

스페인은 자동로밍 서비스가 제공되는 곳으로 통신사별로 요금 등을 확인하자. 2010년 9월 이후에 구입한 스마트폰이라면 현지에서 유심 U-Sim 카드만 교체해 사용할 수 있다. 보다폰 Vodafone은 유럽의 대표적인 통신사로 여기서 유심 카드를 구입하면 된다.

우편

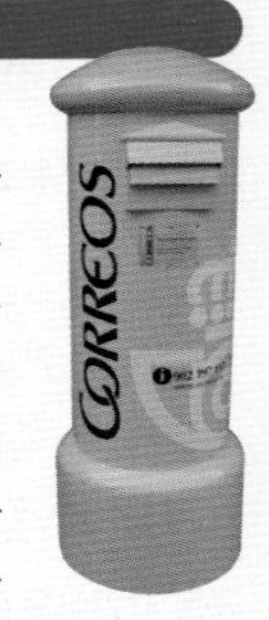

가장 낭만적인 소식통이다. 또한 자신이 여행하는 도시마다 일기 쓰듯이 자신에게 엽서를 보낸다면 나중에 돌아와서도 그 도시를 추억할 수 있어 웬만한 기념품보다 근사한 선물이 될 것이다. 엽서는 관광안내소 또는 거리의 기념품 판매점에서, 우표는 우체국이나 엽서를 파는 기념품점, 신문가판대 등에서 구입할 수 있다. 호텔이나 호스텔 리셉션에서는 우표를 판매하거나 직접 보내주는 서비스를 제공하기도 한다. 엽서를 보내면 보통 5~7일 후에 한국에 도착한다. 엽서의 내용과 주소는 모두 한글로 표기해도 되나 주소 아래에는 반드시 'Republic of Korea' 또는 'South Korea'와 'AIR MAIL'이라고 영어로 써야 한다. 스페인어로 한국은 Corea, 항공편은 Por Avión, 우표는 세요 Sello, 엽서는 포스탈 Postal이다.

코레오 Correo(우체국)

운영 월~토요일 09:00~14:00(대도시는 오후, 휴일에도 운영한다) **엽서 가격** €1.20 **우표 가격** 1세트(5개) €7.50, 1개당 €1.50

인터넷

인터넷 보급률과 속도 등은 우리나라를 따라올 수 없지만 꽤 일반적이다. 번화가에는 인터넷카페가 있고 호텔, 호스텔, 민박 등은 모두 무료 인터넷 서비스를 제공하고 있다. 때에 따라 한국어 지원이 안 되면 네이버 SE검색을 이용해 보자. http://se.naver.com을 치면 가운데 박스가 나오고 바로 옆에 '한/영 입력기'와 '윈도 한글 설정'이 있다. 윈도 한글 설정을 클릭하면 각 컴퓨터에 깔려있는 윈도 체계별로 한글을 설정하는 방법이 나와 있다. 영문 윈도 기준으로 나오지만 메뉴 순서는 언어에 상관없이 같으니 참고해 따라하면 된다.

인터넷카페 easyeverything

요금 1시간 €1~1.50(수시로 들러 나눠 사용할 수 있다)

팬데믹 이후 출입국 정보

★ 2023년 8월 기준

	사증(VISA)	코로나 19 증명서	특별입국 절차	의무격리
한국 → 스페인	×	×	×	×
스페인 → 한국	×	×	o	×

(대한민국 국민 기준)

우리나라 출국 → 스페인 입국

한국인은 스페인 입국 시 사증(비자 VISA)가 필요 없다.
우리나라 국민은 사증 없이 최대 90일간 스페인에 체류할 수 있다.

스페인으로 입국 시 코로나 19 관련 증명서가 필요 없다.
2022년 12월 16일부로 코로나 19관련 입국제한 조치 및 격리 조치 등이 모두 해제됐다.

스페인에서 마스크를 의무적으로 착용해야 하는 장소가 있다.
2022년 실외, 실내 마스크 착용 의무가 점진적으로 해제. 단 의료기관, 요양원, 비행기, 철도, 메트로, 시내버스, 택시 등을 이용할 때에는 마스크 착용이 지속되고 있다. 여행을 위한 마스크는 현지에서도 구입할 수 있으니 적당히 준비하자. 의약품으로 분류되는 수술용 마스크(덴탈마스크) 는 반입이 금지되어 공항에서 압수당할 수 있다.

스페인에서 코로나 19에 확진된다면?
무증상 또는 경증 확진자, 밀접 접촉자에 대한 자가격리 의무가 해제됐다. 확진자는 마스크를 착용하고 약국에서 처방전 없이 타이레놀 계열의 파라세타몰 Paracetamol과 신속자가진단키트 '테스트 데 안티헤노스 Test de antígenos'를 쉽게 구할 수 있다.

스페인 출국 → 우리나라 입국

한국으로 입국하는 모든 입국자는 입국 전 검역정보 사전입력 시스템(Q-Code)을 통해 검역 정보를 입력해야 한다. 대한민국 공항 입국 시 검역관에게 정보 입력 후 이메일로 받은 QR코드를 제시하여 건강 상태를 확인 받아야 한다.

홈페이지 https://cov19ent.kdca.go.kr/cpassportal

알아두세요

2023년 8월 기준 스페인과 포르투갈 모두 입국 시 코로나 19 관련 서류 제출에 대한 의무가 폐지됐다.

간단한
스페인어 회화집

스페인어 인구는 중국어, 영어에 이어 3위에 해당한다.
스페인어를 사용하는 인구가 많아서 인지
다른 나라에 비해 영어가 잘 통하지 않는 편이다.
때문에 여행 중 간단한 스페인어를 익혀 사용하면 매우 편리하다.
외국인이 더듬더듬 스페인어로 말하는 순간 현지인들은 환하게 웃으며 친절해 진다.
유용하게 활용할 수 있는 간단한 스페인어를 익혀보자.

◆ 스페인은 각 지방마다 고유의 언어가 있다. 표준어는 마드리드를 중심으로 사용하는 카스티야어다.
발음은 우리나라의 된소리(거센소리)에 가까우며 소리 나는 대로 읽으면 된다.
단 J는 영어의 H로 발음한다. 예를 들어 Justa는 주스타가 아니라 후스타로 발음한다.
H는 묵음으로 hombre는 홈브레가 아니라 옴브레로 발음한다.

• 기본 단어

달

1월	[에네로]	Enero	5월	[마요]	Mayo	9월	[셉티엠브레]	Septiembre
2월	[페브레로]	Febrero	6월	[후니오]	Junio	10월	[옥투브레]	Octubre
3월	[마르소]	Marzo	7월	[훌리오]	Julio	11월	[노비엠브레]	Noviembre
4월	[아브릴]	Abril	8월	[아고스토]	Agosto	12월	[디시엠브레]	Diciembre

요일

월요일	[루네스]	Lunes
화요일	[마르테스]	Martes
수요일	[미에르콜레스]	Miércoles
목요일	[후에베스]	Jueves
금요일	[비에르네스]	Viernes
토요일	[사바도]	Sábado
일요일	[도밍고]	Domingo
평일	[디아 라보라블레]	Día laborable
주말	[핀 데 세마나]	Fin de Semana
공휴일	[디아 페스티보]	Día festivo

계절

봄	[프라마베라]	Primavera
여름	[베라노]	Verano
가을	[오토뇨]	Otoño
겨울	[인비에르노]	Invierno

시간

아침(오전)	[마냐나]	mañana
정오	[메디오디아]	mediodía
점심(오후)	[타르데]	tarde
저녁	[노체]	noche
자정	[메디아노체]	medianoche

시간

오늘	[오이]	hoy
내일	[마냐나]	mañana
모레	[파사도 마냐나]	pasado mañana
어제	[아예르]	ayer
그제	[안테아예르]	anteayer
이번주	[에스타 세마나]	esta semana
다음주	[프록시마 세마나]	próxima semana

색

흰색	[블랑코]	Blanco	갈색	[마론]	Marrón
빨강색	[로호]	Rojo	파랑색	[아술]	Azul
분홍색	[로사]	Rosa	보라색	[모라도]	Morado
주황색	[나란하도]	Naranjado	검정색	[네그로]	Negro
노랑색	[아마리요]	Amarillo	회색	[그리스]	Gris
베이지색	[베이헤]	Beige	밝은	[끌라로]	Claro
초록색	[베르데]	Verde	어두운	[오스꾸로]	Oscuro

숫자

1	[우노]	Uno	11	[온세]	Once	30	[트레인타]	Treinta
2	[도스]	Dos	12	[도세]	Doce	40	[쿠아렌타]	Cuarenta
3	[트레스]	Tres	13	[트레세]	Trece	50	[신쿠엔타]	Cincuenta
4	[쿠아트로]	Cuatro	14	[카토르세]	Catorce	60	[세센타]	Sesenta
5	[신코]	Cinco	15	[킨세]	Quince	70	[세텐타]	Setenta
6	[세이스]	Seis	16	[디에시세이스]	Dieciséis	80	[오첸타]	Ochenta
7	[시에테]	Siete	17	[디에시시에테]	Diecisiete	90	[노벤타]	Noventa
8	[오초]	Ocho	18	[디에시오초]	Dieciocho	100	[시엔]	Cien
9	[누에베]	Nueve	19	[디에시누에베]	Diecinueve	1000	[밀]	Mil
10	[디에스]	Diez	20	[베인테]	Veinte			

표지판

언제?	[쿠안도]	Cuándo?	어떻게?	[코모]	Cómo?	어느 것?	[쿠알]	Cuál?
어디서?	[돈데]	Donde?	왜?	[포르 케]	Por qué?	얼마?	[쿠안토]	Cuanto?
무엇?	[케]	Qué?	누구?	[키엔]	Quién?			

• 여행 중 유용한 단어

표지판

개점	[아비에르토]	Abierto	시장	[메르카도]	Mercado	출구	[살리다]	Salida
폐점	[세라도]	Cerrado	기차역	[에스타시온]	Estación	매표소	[타키야]	Taquilla
경찰서	[폴리시아]	Polícia	플랫폼	[안덴]	Andén	티켓	[비예테]	Billete
병원	[오스피탈]	Hospital	출발	[살리다]	Salida	도착	[예가다]	Llegada

레스토랑

예약	[레세르바]	Reserva	백포도주	[비노 블랑코]	Vino blanco	후추	[피미엔타]	Pimienta
메뉴	[메누]	Menú	적포도주	[비노 틴토]	Vino tinto	설탕	[아수카르]	Azúcar
미네랄 워터	[아구아 미네랄]	Agua mineral	소고기	[테르네라]	Ternera	디저트	[포스트레]	Postre
커피	[카페]	Café	닭고기	[포요]	Pollo	포크	[테네도르]	Tenedor
우유	[레체]	Leche	생선	[페스카도]	Pescado	나이프	[쿠치요]	Cuchillo
술	[알코올]	Alcohol	빵	[판]	Pan	젓가락	[팔리요스]	Palillos
맥주	[세르베사]	Cerveza	소금	[살]	Sal	계산서	[쿠엔타]	Cuenta
						영수증	[레시보]	Recibo

그밖의 기본 단어

신사	[세뇨르]	Señor	약	[메디시나스]	Medicinas
기혼 여성	[세뇨라]	Señora	담배	[시가르리요스]	Cigarrillos
미혼 여성	[세뇨리타]	Señorita	그림엽서	[포스탈레스]	Postales
공중변소	[세르비시오스]	Servicios	바와 주점에서 먹는 안주	[타페오]	Tapeo
화장실	[로스 아세오스]	Los Aseos	술집을 순례하는 것	[차테오]	Chateo

• 때에 따른 인사말: 안녕하세요

항시	[올라]	Hola!	작별인사 안녕	[아디오스]	Adiós
아침	[부에노스 디아스]	Buenos días	또 만나요	[아스타 루에고]	Hasta luego
점심	[부에나스 따르데스]	Buenas tardes	네	[씨]	Sí
저녁	[부에나스 노체스]	Buenas noches	아니오	[노]	No

• 간단한 인사말

감사합니다.	[그라씨아스]	Gracias.
다시 한 번 감사드려요.	[그라씨아스 데 누에보]	Gracias de nuevo.
수고하세요.	[껠 레 바야 비엔]	Que le vaya bien.
잘 지내세요.	[꾸이데세]	Cúidese.
여행 잘 하세요.	[부엔 비아헤]	Buen viaje.
별말씀을요.	[데 나다]	De nada.
실례합니다.	[뻬르돈]	Perdón.
저기요!	[뻬르돈]	Perdón!
미안합니다.	[로 시엔토]	Lo siento.
아, 죄송해요.	[아이, 로 씨엔또]	Ahy, lo siento.
괜찮습니다.	[노 빠사 나다]	No pasa nada.
부탁합니다.	[뽀르 파보르]	Por favor.
저 급해요.	[뗑고 쁘리사]	Tengo prisa.

• 상황에 따른 기초 회화

처음 만났을 때

처음 뵙겠습니다. 저는 인디라고 해요.
[에스 운 쁠라쎄르 꼬노쎄를레, 쏘이 인디]
Es un placer conocerle, soy Indy.

저는 한국 사람입니다.
[쏘이 꼬레아노] Soy Coreano.

안녕하세요. 만나서 반가워요.
[올라! 엥깐따도 데 꼬노쎄를레]
Hola! Encantado de conocerle.

제 이름은 ○○○입니다.
[메 야모 ○○○] Me llamo OOO.

당신의 이름은 무엇입니까?

[꼬모 세 야마] Cómo se llama?

어떻게 지내세요? [꼬모 에스타] Cómo está?

잘 지내요. [비엔 그라씨아스] Bien, gracias.

영어 할 줄 아세요? [아블라 잉글라스] Habla Inglés?

저는 스페인어를 못해요.

[노 아블로 에스빠뇰] No hablo español.

무슨 일을 하세요?

[꾸알 에스 수 쁘로페시온] Cuál es su profesión?

저는 회사원이에요.

[뜨라바호 엔 우나 오피씨나] Trabajo en una oficina.

저는 학생이에요.

[쏘이 에스뚜디안떼] Soy estudiante.

이건 뭐예요? [께 에스 에스또] Qué es esto?

이건 스페인어로 뭐라고 해요?

[꼬모 세 디쎄 에스또 엔 에스빠뇰]

Cómo se dice esto en español?

만나서 반가웠어요. 다음에 또 만나요.

[아 시도 운 쁠라쎄르 꼬노쎄를레. 아스따 루에고]

Ha sido un placer conocerle. Hasta luego.

네, 그럼 안녕히 가세요.

[이구알멘떼, 아디오스] Igualmente, adiós.

공항 입국 심사장에서

국적이 어디입니까?

[꾸알 에스 수 나씨오날리닫] Cuál es su nacionalidad?

한국입니다. [쏘이 델 라 레뿌블리까 데 꼬레아]

Soy de la República de Corea.

방문 목적은 무엇입니까?

[꾸알 에스 엘 쁘로뽀시또 데 수 비시따]

Cuál es el propósito de su visita?

관광입니다.

[벵고 뽀르 뚜리스모] Vengo por turismo.

얼마나 머무르실 예정입니까?

[꾸안또 세라 수 에스딴씨아] Cuánto será su estancia?

어디에 머무르실 예정입니까?

[돈데 쁠라네아 알로하르세]

Dónde planea alojarse?

관광안내소에서

관광 안내소는 어디에 있나요?

[돈데 에스따 엘 쎈뜨로 데 인포르마씨온 뚜리스띠까]

Dónde está el centro de información turística?

무료 지도가 있나요?

[아이 마빠스 그라뚜이또스]

Hay mapas gratuitos?

입장료는 얼마인가요?

[꾸안또 꾸에스따 라 엔뜨라다]

Cuánto cuesta la entrada?

이 여행 프로그램은 시간이 얼마나 걸리나요?

[꾸안또 두라 에스떼 쁘로그라마 데 비아헤]

Cuánto dura este programa de viaje?

시내 관광 중일 때

길을 잃었어요. 도와주세요.

[메 에 뻬르디도. 아유데메, 뽀르 파보르]

Me he perdido. Ayúdeme, por favor.

제가 지금 있는 곳이 어디인가요?

[돈데 노스 엥꼰뜨라모스 아오라]

Dónde nos encontramos ahora?

이 지도에서 여기가 어디쯤 위치하나요?
[돈데 에스따 에스떼 루가르 엔 에스떼 마빠]
Dónde está este lugar en este mapa?

괜찮으시다면 저를 그곳까지 데려다 주시겠어요?
[시 놀 레 임뽀르따, 뿌에데 예바르메 아스따 아이]
Si no le importa, puede llevarme hasta ahí?

메트로 역까지 가는 길 좀 알려 주세요.
[뽀르 파보르, 인디께메 엘 까미노 빠라 이르 아스따 라 에스따씨온 데 메뜨로] Por favor, indíqueme el camino para ir hasta la estación de metro.

걸어서 갈 수 있을까요?
[뽀드레 이르 안단도] Podré ir andando?

거기까지 가는 데 얼마나 걸릴까요?
[꾸안또 따르다레 빠라 예가르 아스따 아이]
Cuánto tardaré para llegar hasta ahí?

가장 빨리 가는 방법은 뭐예요?
[꾸알 에스 라 포르마 데 예가르 아이 마스 라삐도]
Cuál es la forma de llegar ahí más rápido?

지름길은 어떻게 가요?
[꾸알 에스 엘 아따호] Cuál es el atajo?

공항까지는 얼마나 걸리나요?
[꾸안또 띠엠뽀 세 따르다 아스따 엘 아에로뿌에르또]
Cuánto tiempo se tarda hasta el aeropuerto?

호텔에서

❶ 예약 및 체크인 시

체크인하고 싶습니다.
[끼에로 아쎄르 체낀] Quiero hacer check-in.

방을 예약하고 싶습니다. [끼시에라 아쎄르 우나 레세르바]
Quisiera hacer una reserva.

2인실을 원합니다. [아비따씨온 도블레, 뽀르 파보르]
Habitación doble, por favor.

2인실은 1박에 얼마입니까?
[꾸안또 꾸에스따 우나 노체?]
Cuánto cuesta una noche?

빈방 있어요? [아이 알구나 아비따씨온 리브레]
Hay alguna habitación libre?

더 싼 가격은 없나요? [노 아이 따리파스 마스 바라따스]
No hay tarifas más baratas?

1박에 얼마인가요?
[꾸안또 꾸에스따 우나 노체] Cuánto cuesta una noche?

세금과 봉사료가 포함된 요금인가요?
[에스딴 잉끌루이도스 엘 임뿌에스또 이 엘 세르비씨오 엔 라 따리파]
Están incluídos el impuesto y el servicio en la tarifa?

아침 식사를 포함한 요금인가요?
[에스따 잉끌루이도 엘 데사유노 엔 라 따리파]
Está incluído el desayuno en la tarifa?

예약을 취소하겠습니다.
[보이 아 깐쎌라르 라 레세르바]
Voy a cancelar la reserva.

이 근처에 다른 호텔은 없나요?
[아이 알군 오뜨로 오뗄 뽀르 아끼 쎄르까]
Hay algún otro hotel por aquí cerca?

❷ 룸 타입을 선택할 때

어떤 방을 원하세요?
[께 아비따씨온 데세아]
Qué habitación desea?

침대 두 개인 방으로 주세요.
[데메 우나 아비따씨온 꼰 도스 까마스, 뽀르 파보르]
Déme una habitación con dos camas, por favor.

해변 쪽 방으로 주세요.
[데메 우나 아비따씨온 꼰 비스따 알 마르, 뽀르 파보르]
Déme una habitación con vista al mar, por favor.

조용한 방으로 주세요.

[데메 우나 아비따씨온 뜨랑낄라, 뽀르 파보르]

Déme una habitación tranquila, por favor.

❸ 호텔 서비스 요청할 때

내일 아침에 모닝콜을 부탁합니다.

[메 뿌에데 아쎄르 우나 야마다 마냐나 뽀를 라 마냐나 빠라 데스뻬르따르메, 뽀르 파보르]

Me puede hacer una llamada mañana por la mañana para despertarme, por favor?

다른 방으로 바꿔 주세요.

[깜비에메 데 아비따씨온, 뽀르 파보르]

Cámbieme de habitación, por favor.

수건 좀 더 주세요.

[메 다 마스 또아야스, 뽀르 파보르]

Me da más toallas, por favor?

제 방을 청소해 주세요.

[뿌에데 림삐아르 미 아비따씨온, 뽀르 파보르]

Puede limpiar mi habitación, por favor?

방에 열쇠를 둔 채 문을 잠갔습니다.

[에 쎄라도 라 뿌에르따 꼰 라 야베 덴뜨로 델 라 아비따씨온]

He cerrado la puerta con la llave dentro de la habitación.

귀중품을 맡기고 싶습니다.

[끼시에라 구아르다르 로스 옵헤또스 데 발로르]

Quisiera guardar los objetos de valor.

열쇠 좀 맡아 주세요.

[뿌에데 구아르다르메 라스 야베스, 뽀르 파보르]

Puede guardarme las llaves, por favor?

변기가 고장 났어요.

[라 따싸 델 세르비씨오 세 아 에스뜨로뻬아도]

La taza del servicio se ha estropeado.

다른 담요로 바꿔 주세요.

[깜비에메 라 만따 뽀르 오뜨라 만따,뽀르 파보르]

Cámbieme la manta por otra manta, por favor.

방이 너무 추워요.

[아쎄 데마시아도 프리오 엔 라 아비따씨온]

Hace demasiado frío en la habitación.

방이 너무 더워요.

[아쎄 데마시아도 깔로르 엔 라 아비따씨온]

Hace demasiado calor en la habitación.

온수가 나오지 않아요.

[노 살레 아구아 깔리엔떼]

No sale agua caliente.

문이 잠겨 들어갈 수가 없어요.
마스터키를 부탁합니다.

[세 메 아 쎄라도 라 뿌에르따 이 노 뿌에도 엔뜨라르. 메 뿌에데 다르 라 야베 마에스뜨라, 뽀르 파보르]

Se me ha cerrado la puerta y no puedo entrar. Me puede dar la llave maestra, por favor?

❹ 체크아웃할 때

체크아웃하고 싶어요.

[끼시에라 아쎄르 엘 체까웃]

Quisiera hacer el check-out.

저녁까지 제 짐을 보관해 주실 수 있어요?

[메 뿌에데 구아르다르 엘 에끼빠헤 아스딸 라 노체, 뽀르 파보르]

Me puede guardar el equipaje hasta la noche, por favor?

택시를 불러 주세요.

[야메메 운 딱씨, 뽀르 파보르]

Llámeme un taxi, por favor.

영수증 주세요.

[데메 엘 레씨보, 뽀르 파보르]

Déme el recibo, por favor.

❶ 주변에서 추천받을 때 & 예약할 때

이 근처에 괜찮은 식당이 어디예요?
[아이 알군 레스따우란떼 부에노 뽀르 아끼 쎄르까]
Hay algún restaurante bueno por aquí cerca?

유명한 식당을 추천해 주시겠어요?
[메 뿌에데 레꼬멘다르 알군 레스따우란떼 파모소] Me puede recomendar algún restaurante famoso?

이 근처에 한국 식당이 있어요?
[아이 알군 레스따우란떼 꼬레아노 뽀르 아끼 쎄르까]
Hay algún restaurante coreano por aquí cerca?

예약하고 싶어요. 창가 자리로 부탁해요.
[엔 라 벤따나, 뽀르 파보르] En la ventana, por favor.

얼마나 기다려야 해요? [꾸안또 아이 께 에스뻬라르]
Cuánto hay que esperar?

❷ 자리 선택할 때

어떤 자리를 원하세요?
[께 시띠오 끼에레] Qué sitio quiere?

창가 자리를 원합니다.
[엔 라 벤따나, 뽀르 파보르] En la ventana, por favor.

자리를 창가로 바꿔 주세요.
[깜비에노스 데 시띠오 알 라 벤따나, 뽀르 파보르]
Cámbienos de sitio a la ventana, por favor.

흡연석으로 부탁해요. [엔 푸마도레스, 뽀르 파보르]
En fumadores, por favor.

금연석으로 부탁해요. [노 푸마도레스, 뽀르 파보르]
No fumadores, por favor.

테라스에 앉고 싶어요.
[끼시에라 센따르메 엔 라 떼라싸, 뽀르 파보르]
Quisiera sentarme en la terraza, por favor.

저쪽 테이블로 옮기고 싶어요.
[끼시에라 깜비아르메 알 라 메사 데 아이]
Quisiera cambiarme a la mesa de ahí.

가능하다면 조용한 테이블에 앉고 싶어요.
[씨 에스 뽀시블레, 끼시에라 센따르메 엔 우나 메사 뜨랑낄라]
Si es posible, quisiera sentarme en una mesa tranquila.

❸ 주문하기

주문하시겠어요? [바 아 뻬디르] Va a pedir?

네, 주문할게요. [씨, 보이 아 뻬디르] Sí, voy a pedir.

좀 있다가 주문할게요. [바모스 아 뻬디르 마스 따르데]
Vamos a pedir más tarde.

이 집에서 가장 인기 있는 메뉴는 뭐예요?
[꾸알 에스 라 에스뻬씨알리닫 델 라 까사]
Cuál es la especialidad de la casa?

요리를 추천해 주시겠어요? [께 메 레꼬미엔다 우스떼드]
Qué me recomienda usted?

저 사람이 먹는 것과 같은 걸로 주세요!
[끼에로 쁘로바르 엘 쁠라또 이구알 께 아겔]
Quiero probar el plato igual que aquel.

소금 적게 넣어 주세요. [끼에로 운 뽀꼬 살]
Quiero un poco sal.

생수 주세요. [데메 아구아 미네랄, 뽀르 파보르]
Déme agua mineral, por favor.

여기요, 메뉴판 다시 보여 주세요.
[뻬르돈, 메 엔세냐 라 까르따 오뜨라 베쓰, 뽀르 파보르]
Perdón, me enseña la carta otra vez, por favor?

건배하십시다. 건배! [운 브린디스! 살룻]
Un brindis! Salud!

아주 맛있어요. 풍미가 좋네요.
[에스따 무이 리꼬. 띠에네 무이 부엔 사보르]
Está muy rico. Tiene muy buen sabor.

포장해 주세요. [빠라 예바르, 뽀르 파보르]
Para llevar, por favor.

❹ 계산하기

계산서 주세요. [라 꾸엔따, 뽀르 파보르]

La cuenta, por favor.

신용 카드로 계산해도 되나요?

[세 뿌에데 빠가르 꼰 따르헤따 데 끄레디또]

Se puede pagar con tarjeta de crédito?

따로 계산해 주세요.

[노스 꼬브라 뽀르 세빠라도, 뽀르 파보르]

Nos cobra por separado, por favor?

감사합니다. 거스름돈은 가지세요.

[그라씨아스, 께데세 꼰 엘 깜비오]

Gracias, quédese con el cambio.

쇼핑할 때

몇 시에 문 열어요? [아 께 오라 세 아브레]

A qué hora se abre?

몇 시에 문 닫아요? [아 께 오라 세 씨에라]

A qué hora se cierra?

좀 둘러봐도 될까요? [뿌에도 에차르 우나 오헤아다]

Puedo echar una ojeada?

저것 좀 보여 주세요. [메 엔세냐 에소 뽀르 파보르]

Me enseña eso, por favor?

이거 입어 봐도 됩니까? [뿌에도 쁘로바르메 에스또]

Puedo probarme esto?

다른 것 좀 보여 주세요. [메 뿌에데 엔세냐르 오뜨라 꼬사]

Me puede enseñar otra cosa?

이건 얼마예요? [꾸안또 꾸에스따 에스또]

Cuánto cuesta esto?

이 가격이 할인 가격인가요?

[에스 에스떼 엘 쁘레씨오 레바하도]

Es este el precio rebajado?

비싸요 . [에스 까로] Es caro.

좀 깎아 주세요. [멜 로 뿌에데 레바하르]

Me lo puede rebajar?

위급 상황 시

화장실은 어디예요? [돈데 에스따 엘 세르비씨오]

Dónde está el servicio?

어디가 아프세요? [돈데 레 두엘레] Dónde le duele?

배가 아파요. [메 두엘레 엘 에스또마고]

Me duele el estómago.

여기가 아파요. [뗑고 운 돌로르 아끼] Tengo un dolor aquí.

의사를 만나고 싶어요. [끼시에라 베르 알 메디꼬]

Quisiera ver al médico.

여기 다친 사람이 있어요! 구급차를 불러 주세요!

[아끼 아이 운 에리도 야메 아 우나 암불란씨아]

Aquí hay un herido! Llame a una ambulancia!

사람 살려! 살려 주세요! [소꼬로! 소꼬로!]

Socorro! Socorro!

여기 의사나 간호사 있어요?

[아이 아끼 알군 메디꼬 오 엔페르메로]

Hay aquí algún médico o enfermero?

이 근처에 병원이 있어요?

[아이 알군 오스삐딸 뽀르 아끼 쎄르까]

Hay algún hospital por aquí cerca?

도와주세요! [아유다] Ayuda!

경찰을 불러 주세요. [야메 아 라 뽈리씨아]

Llame a la policía.

분실물 센터는 어디에 있나요?

[돈데 에스따 라 오피씨나 데 옵헤또스 뻬르디도스]

Dónde está la oficina de objetos perdidos?

Index

프렌즈 시리즈 10

프렌즈 스페인·포르투갈

초판 1쇄 2012년 7월 4일
개정 10판 2쇄 2023년 12월 15일
개정 10판 4쇄 2024년 10월 2일

지은이 | 박현숙
사진 | 황영근

발행인 | 박장희
대표이사·제작총괄 | 정철근
본부장 | 이정아
파트장 | 문주미
책임편집 | 허진

기획위원 | 박정호

마케팅 | 김주희, 이현지, 한륜아
디자인 | 변바희, 김미연, 양재연

발행처 | 중앙일보에스(주)
주소 | (03909) 서울시 마포구 상암산로 48-6
등록 | 2008년 1월 25일 제2014-000178호
문의 | jbooks@joongang.co.kr
홈페이지 | jbooks.joins.com
네이버 포스트 | post.naver.com/joongangbooks
인스타그램 | @j__books

©박현숙, 2024

ISBN 978-89-278-8005-9 14980
ISBN 978-89-278-8003-5(세트)

• 이 책은 저작권법에 따라 보호받는 저작물이므로 무단 전재와 무단 복제를 금하며 책 내용의 전부 또는 일부를 이용하려면 반드시 저작권자와 중앙일보에스(주)의 서면 동의를 받아야 합니다.
• 책값은 뒤표지에 있습니다.
• 잘못된 책은 구입처에서 바꿔 드립니다.

중앙books는 중앙일보에스(주)의 단행본 출판 브랜드입니다.